新形态教材

生物技术与生物工程系列

生物技术制药

（第4版）

主　编　夏焕章

编　者（按姓名拼音排序）

罗文新（厦门大学）

马俊锋（吉林大学）

倪现朴（沈阳药科大学）

苏冬梅（沈阳三生制药有限责任公司）

夏焕章（沈阳药科大学）

于荣敏（暨南大学）

于湘晖（吉林大学）

高等教育出版社·北京

内容提要

《生物技术制药》(第4版)根据生物技术制药的最新发展与高新技术应用修订完善了有关章节。全书全面系统介绍了生物技术药物制备的一般规律、基本方法、制造工艺、控制原理及其规模化生产过程。全书共分8章:绪论、基因工程制药、动物细胞工程制药、抗体制药、疫苗、植物细胞工程制药、酶工程制药和发酵工程制药。本书采用“纸质教材 + 数字课程”的出版形式,纸质教材与数字课程一体化设计,具有很强的实用性、针对性和可读性。

本书可作为生物技术、生物工程、生物制药和制药工程等专业的本科课程教材,还可供生物技术、制药及相关领域的研究生、科技工作者和工程技术人员参考使用。

图书在版编目(CIP)数据

生物技术制药 / 夏焕章主编 . --4版 . -- 北京 : 高等教育出版社, 2022.2 (2023.12 重印)

ISBN 978-7-04-057924-6

Ⅰ. ①生… Ⅱ. ①夏… Ⅲ. ①生物制品 - 生产工艺 - 高等学校 - 教材 Ⅳ. ① TQ464

中国版本图书馆 CIP 数据核字 (2022) 第 012852 号

SHENGWU JISHU ZHIYAO

项目策划 吴雪梅 王 莉 单冉东

策划编辑 单冉东 责任编辑 单冉东 高新景 特约编辑 陈亦君 封面设计 张志奇
责任印制 耿 轩

出版发行 高等教育出版社
社 址 北京市西城区德外大街4号
邮政编码 100120
印 刷 山东临沂新华印刷物流集团有限责任公司
开 本 889mm×1194mm 1/16
印 张 21
字 数 630千字
购书热线 010-58581118
咨询电话 400-810-0598

网 址 http://www.hep.edu.cn
http://www.hep.com.cn
网上订购 http://www.hepmall.com.cn
http://www.hepmall.com
http://www.hepmall.cn
版 次 1999年9月第1版
2022年2月第4版
印 次 2023年12月第3次印刷
定 价 49.00元

物 料 号 57924-00

数字课程（基础版）

生物技术制药

（第4版）

主编　夏焕章

登录方法：

1. 电脑访问 http://abook.hep.com.cn/57924，或手机扫描下方二维码、下载并安装 Abook 应用。
2. 注册并登录，进入“我的课程”。
3. 输入封底数字课程账号（20 位密码，刮开涂层可见），或通过 Abook 应用扫描封底数字课程账号二维码，完成课程绑定。
4. 点击“进入学习”，开始本数字课程的学习。

课程绑定后一年为数字课程使用有效期。如有使用问题，请点击页面右下角的“自动答疑”按钮。

生物技术制药（第4版）

本数字课程与纸质教材一体化设计，紧密配合。数字课程包括知识拓展、科技视野、技术应用、发现之路、自测题、教学课件、教学视频及微课等版块，充分运用多种形式的媒体资源，丰富知识的呈现形式，拓展教材内容。在提升课程教学效果的同时，力图培养学生的创新思维和创新能力。

用户名：　密码：　验证码：　5360　忘记密码？　登录　注册

http://abook.hep.com.cn/57924

扫描二维码，下载Abook应用

出版说明

2020年，首届全国教材工作会议的召开和全国教材建设奖的设立，标志着我国进入了全面加强教材统筹管理，大力提升教材建设科学化水平的新时期，将各学科教材建设带入了“十四五”时期的新起点。

2013年起，教育部高等学校生物技术、生物工程类专业教学指导委员会与高等教育出版社在“本科教学工程”的背景下，共同组织实施了“高等学校生物技术与生物工程专业精品资源共享课及系列教材”建设项目。2015年以来陆续出版了适应生物技术与生物工程专业教育教学、反映教改成果和学科发展的理论课及实验课教材，合计20种，得到全国综合、理工、师范、农林和医药类高校的广泛使用及好评。

为实现生物技术与生物工程专业系列教材的持续建设与完善提高，积极促进新时期一流教材、一流课程、一流专业建设，2019年，教育部高等学校生物技术、生物工程类专业教学指导委员会与高等教育出版社在武汉共同举办了“生物技术与生物工程专业课程及新形态教材建设研讨会”，决定在“十四五”时期开展本系列教材新一轮的编写与出版工作。会议深入研讨了教材建设的新形势和学科教学的新需求，提出新时期本系列教材的编写指导思想：

1. 充分认识高校教材建设在落实立德树人根本任务、培养面向未来的高素质创新人才中的基础性地位，认真落实《普通高等学校教材管理办法》的有关要求，以更强的责任心与使命感投入教材编写与出版工作。

2. 针对生物产业发展和专业人才培养需求，编写内容注重介绍基本原理、关键技术及其应用实践，强调工程化应用的系统知识和技能，注意引入相关的新理论、新技术、新工艺和新产品，体现培养学生综合能力的导向，促进创新意识与创新能力的形成。

3. 采用“纸质教材 + 数字课程”的新形态教材出版形式，纸质教材内容精炼、主线突出，多种媒体形式的数字课程资源与纸质教材内容一体化设计、紧密结合，起到促进理解、拓展延伸、巩固深化等作用，形成立体化、网络化的课程综合知识体系。

4. 适应信息技术深度融入教育教学趋势下“教”与“学”方式的变化，强化前沿进展、应用案例、深入学习、习题自测等课程资源的建设与应用，引导学生自主学习与主动探索，支持翻转课堂、混合式教学等的开展，助力具有高阶性、创新性和挑战度的课程教学，有效支持一流课程建设。

感谢教育部高等学校生物技术、生物工程类专业教学指导委员会各位委员，本系列教材的各位编者及所在高校多年以来对教材建设的有力支持和倾力投入，使得本系列教材得以持续锤炼和不断完善。新一版生物技术与生物工程专业系列教材将在“十四五”期间陆续出版，诚挚希望全国广大高校师生继续关心本系列教材，提出更多宝贵意见与改进建议，以期共同为深化课程教学改革、提高课程教学质量、培养一流人才作出积极贡献。

高等教育出版社

2021 年 1 月

出版说明（2015 年）

第4版前言

20世纪80年代生物技术药物开始产业化。胰岛素、白介素、促红细胞生成素、集落刺激因子等基因重组药物、基因工程抗体和基因工程疫苗相继开发成功并在临床上广泛应用，为制药工业带来了革命性的变化。随着现代生物技术不断升级，生物技术在新药研究、开发、生产和改造传统制药工业中得到日益广泛的应用，生物技术新药在新药研发中的比重越来越大，逐渐成为新药研发主流。40多年来，一个庞大的生物技术制药产业已经形成，生物技术制药已成为发展最快、效益最高的新兴产业之一。

本书第3版入选教育部高等学校生物技术、生物工程类专业教学指导委员会指导建设的“高等学校生物技术与生物工程专业精品资源共享课及系列教材”建设项目，以“纸质教材+数字课程”的形式进行一体化设计，数字课程对纸质教材起到补充和拓展作用，方便学生理解和掌握教材知识。

第4版沿袭了第3版的编写体系与基本内容，结合生物技术制药领域的最新发展，对各章内容进行修订与更新。全书共8章，包括绪论、基因工程制药、动物细胞工程制药、抗体制药、疫苗、植物细胞工程制药、酶工程制药和发酵工程制药，系统介绍了生物技术药物的研究和制造方法。

本书是各位编者在总结多年教学与科研工作经验的基础上编写而成，紧随学科发展前沿，注重生物技术制药领域的新进展、新理论，力争保持教材内容的先进性。在编写中既注重生物技术的基础知识、基本理论和基本技能，又注重生物技术药物制备的一般规律、基本方法、制造工艺、控制原理及其规模化生产过程。本书可作为高等学校本科生、研究生、生物技术药物研发相关工作从业人员的教材和参考书。

第4版的编写分工为：第1章、第2章由夏焕章编写，第3章由苏冬梅编写，第4章由罗文新编写，第5章由于湘晖编写，第6章由于荣敏编写，第7章由马俊锋编写，第8章由倪现朴编写。全书由夏焕章统稿，倪现朴协助统稿和审校样稿，王超、王储、王蔚然、陈光、游敏等协助完成数字课程资源制作、图表制作、文字校对等工作。高等教育出版社单冉东编辑为本书的出版给予了大力支持。

由于生物技术制药领域涉及的知识广泛且发展迅速，虽然编者已尽努力，但知识水平毕竟有限，书中难免存在错误或不足之处，敬请读者谅解并提出宝贵修改意见，以期日臻完善。

编　者

2021年3月

第3版前言

20世纪80年代生物技术药物开始产业化。胰岛素、白介素、促红细胞生成素、集落刺激因子等基因重组药物，基因工程抗体和基因工程疫苗相继开发成功并在临床上广泛应用，为制药工业带来了革命性的变化，生物技术在制药领域发挥着越来越重要的作用。30多年来，全球已形成了一个庞大的生物技术制药产业，生物技术制药已成为发展最快、效益最高的新兴产业之一。

本书是教育部高等学校生物技术、生物工程类专业教学指导委员会指导建设的“高等学校生物技术与生物工程专业精品资源共享课及系列教材”建设项目之一，以“纸质教材+数字课程”的形式进行一体化设计，数字课程对纸质教材起到补充和拓展作用，方便学生理解和掌握教材知识。

在第2版基础上，结合生物技术制药领域的最新发展，第3版对各章内容进行更新，并增加了“疫苗”一章。全书共8章，包括绪论、基因工程制药、动物细胞工程制药、抗体制药、疫苗、植物细胞工程制药、酶工程制药和发酵工程制药，系统介绍了生物技术药物的研究和制造方法。

本书是各位编者在总结多年教学与科研工作经验的基础上编写而成，紧随学科发展前沿，注重生物技术制药领域的新进展、新理论，力争保持教材内容的先进性。在编写中既注重生物技术的基础知识、基本理论和基本技能，又注重生物技术药物制备的一般规律、基本方法、制造工艺及其控制原理。本书编写分工为：第1章、第2章由夏焕章编写，第3章由苏冬梅编写，第4章由罗文新编写，第5章由于湘晖编写，第6章由于荣敏编写，第7章由马俊锋、付学奇编写，第8章由倪现朴、夏焕章编写。全书由夏焕章统稿，倪现朴协助统稿和审校样稿。王超、王储、王蔚然、陈光、高文丽、崔浩、韩威、游敏等协助完成数字课程资源、图表制作，文字校对等工作。高等教育出版社王莉、单冉东、高新景编辑为本书的出版给予了大力支持。

由于生物技术制药领域涉及的知识广泛且发展迅速，虽然编者已尽努力，但知识水平毕竟有限，书中难免存在错误或不足之处，敬请读者谅解并提出宝贵修改意见，以期日臻完善。

编　者

2015年12月

第2版前言

自1982年第一个基因工程产品——人胰岛素投入市场，生物技术药物得到迅速发展，医药生物技术已成为整个生物技术中发展最快、效益最好和影响最大的重要分支。生物药物的种类和数量迅速增加，对人类的生命健康、疾病治疗产生了很大的影响，产生了巨大的社会效益和经济效益。

1999年熊宗贵教授主编的《生物技术制药》是国内第一本系统阐述生物技术制药基本原理的教材，已被国内几十所院校使用。本书是《生物技术制药》的修订版，此次修订是根据各学校在使用中提出的意见以及生物技术制药近5年来的新发展而进行的。

本书由长期从事生物技术药物教学和科研工作具有丰富的教学和科研经验的教授及专家编写。以医药生物技术为基础，系统介绍生物技术药物的研究、开发和制造方法，反映生物技术制药领域的新进展。内容包括基因工程制药、动物细胞工程制药、抗体制药、植物细胞工程制药、酶工程制药和发酵工程制药等7章。使学生能够系统地掌握生物技术药物研发和规模化生产过程，培养和提高学生从事生物技术药物研发和生产的能力。

本教材是“生物技术和生物工程专业规划教材”之一，可作为生物技术、生物工程与生物制药等专业的专业课教材，也可作为生物化工与其他药学类专业的参考教材，还可作为生物医药科技人员的参考书。

生物技术制药领域涉及的知识广泛、发展非常迅速，限于编者知识水平，本书难免有错误和不足之处，敬请读者原谅并提出宝贵意见。

编　者

2005年8月

第1版前言

生物技术是一门具有悠久历史、又与现代科学和技术密切结合的学科。20世纪70年代以来，DNA重组技术等分子生物学技术的不断发展，赋予了生物技术崭新的内容，使之成为真正的高技术领域——现代生物技术。它促使工农业生产和医疗卫生事业发生了革命性的变化，特别是用于医疗卫生事业的医药生物技术的发展，使疾病的治疗和诊断、药物的研究和生产以及其他卫生保健事业出现了崭新的局面。其中最成功的是生物技术用于新型药物的研制，已有近30种基因工程药物投放市场，产生了巨大的社会效益和经济效益，对新药的研制、开发以及未来医药工业结构调整产生重大影响。有人预言，21世纪将是生命科学的世纪，医药工业被誉为21世纪的“朝阳产业”，特别是现代生物技术的迅速发展，更促进了当今世界制药工业的迅猛发展，所以我们应加速现代生物技术制药的培养，以迎接21世纪的挑战。

本教材系教育部“面向21世纪教学内容和课程体系改革”项目“生物技术制药六年制专业课程体系和教学内容改革研究和实践”的研究成果，是生物技术制药专业的专业课教材。根据现代生物技术与制药有着密切关系的几个主要技术，如基因工程、抗体工程、酶工程和动、植物细胞培养等进行编写，内容包括基因工程制药、抗体工程制药、酶工程制药和动、植物细胞培养制药等8章，既阐明它们的基本原理、方法和影响因素，又用实例说明如何利用这些新技术来研究和生产新型药物。其中第二章为生物药物概论，说明生物药物的天然来源和特性，展示了开发新的生物药物的源泉；第八章利用现代生物技术改造传统制药工业，展示了现代生物技术应用的宽阔领域。关于生物技术中的发酵工程和下游的分离精制工程，可参考中国医药科技出版社出版的《发酵工艺原理》（熊宗贵主编）和《分离纯化工艺原理》（顾觉奋主编）以及其他有关资料。

本书是以医药生物技术的主要分支技术为基础来编写的，参加编写的皆是在各个领域中具有丰富教学、科研经验的教授和研究员，有熊宗贵（第1章，沈阳药科大学）、林永齐、林琳（第2章，吉林大学、大连医科大学）、夏焕章（第3、8章，沈阳药科大学）、周正任（第4章，中国医科大学）、肖成祖（第5章，军事医学科学院生物工程研究所）、于荣敏（第6章，沈阳药科大学）、付学奇（第7章，吉林大学）。中国医学科学院医药生物技术研究所王以光教授等给予审查，并提出许多宝贵意见。还有许多同志参加制图、打字、校对等工作，在此均致以衷心的谢意。

由于生物技术发展快，涉及的知识领域宽广，限于编者的水平和时间仓促，错误和不足之处在所难免，希望读者批评指正。

编　者

1999年3月

目 录

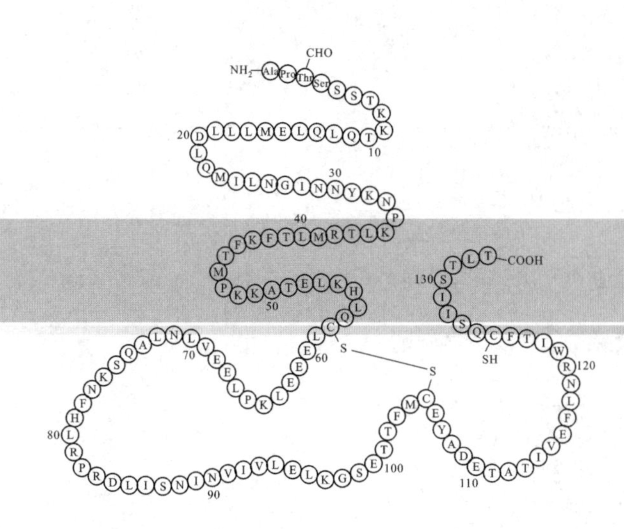

1 绪论

- 1.1 生物技术的发展史
- 1.2 生物技术药物
- 1.3 生物技术制药

生物技术制药是20世纪80年代初伴随着DNA重组技术和淋巴细胞杂交瘤技术的发明和应用而诞生的。从第一个基因工程药物胰岛素诞生后，生物制药技术飞速发展，为医疗业、制药业的发展开辟了广阔的前景，极大地改善了人们的生活。因此，世界各国普遍把生物技术制药确定为21世纪科技发展的关键技术和新兴产业之一。

通过本章学习，可以掌握以下知识：

1. 生物技术与医药工业的关系；
2. 生物技术药物的分类和特性；
3. 生物技术制药的任务；
4. 生物药物在预防、诊断、治疗中的应用。

知识导图

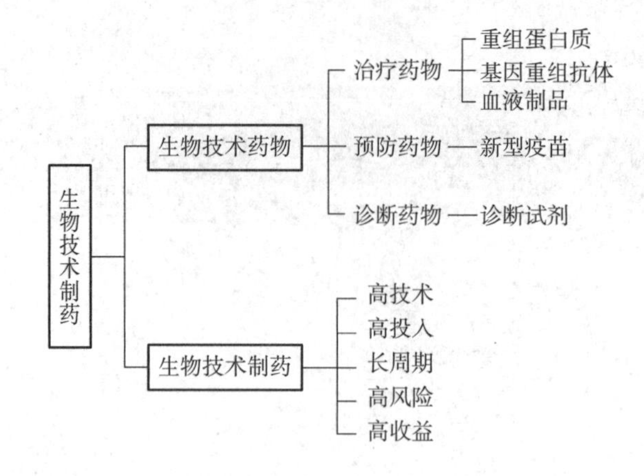

关键词

生物技术药物　基因工程　细胞工程　酶工程　发酵工程　蛋白质工程　糖链工程
基因工程重组蛋白质　基因工程抗体　基因工程疫苗　基因诊断　基因治疗　合成生物学

1.1 生物技术的发展史

1.1.1 生物技术概述

生物技术（biotechnology）是以生命科学为基础，利用生物体（或生物组织、细胞及其组分）的特性和功能，设计构建具有预期性状的新物种或新品系，并与工程相结合，利用这样的新物种（或品系）进行加工生产，为社会提供商品和服务的一个综合性的技术体系。它所含的主要技术有：基因工程、细胞工程、酶工程和发酵工程等。基因工程是生物技术的核心和关键，也是主导技术；细胞工程是生物技术的基础；酶工程是生物技术的条件；发酵工程是生物技术获得最终产品的手段，上述 4 个方面是相互联系的。蛋白质工程（protein engineering）则是在基因工程基础上综合蛋白质化学、蛋白质晶体学、计算机辅助设计等知识和技术发展起来的新研究领域，开创了按人类意愿设计和研制蛋白质的新时期，被称为第二代基因工程。生物技术研究的对象已从微生物扩展到动物、植物，从陆地生物扩展到海洋生物，因而继 20 世纪 80 年代出现第二代基因工程（蛋白质工程）之后，又出现了第三代生物技术——海洋生物技术，大大扩大了研究与应用范围。

与生物技术相关的学科很多，有生物学（含微生物学、分子生物学、遗传学等）、化学、工程学（含化学工程、电子工程等）、医学、药学、农学等，其中生物学、化学和工程学是其主要的学科基础。正因为生物技术是一门多学科的综合技术体系，而不是单学科的技术体系，因此要求从事生物技术研究和开发生产的人员，要尽可能掌握全面的知识，并能与有关学科协作从事研究，特别是当今生物技术已不像初期停留在技术操作，已向纵深发展，并与其他学科交叉，形成了许多分支学科。例如，将糖生物学的知识具体应用到生物技术领域后形成了一个新分支学科——糖链工程。糖链工程与人类健康相关的医药有密切关系，尤其是在细胞表层存在的糖蛋白和糖脂等糖链化合物对生命信息的传递有着重要作用，它是各种生物生存所不可缺少的。计算机科学的快速发展，促进了计算机科学和

知识拓展 1-1
糖链工程

生命科学相结合，形成了一门新的学科——生物信息学，它已成为生命科学研究中不可缺少的工具，使生物学家能够快速分析所得的生命信息，更好地理解生命现象和疾病的发生过程，也能使药物学家发现更好的新药。目前，生物技术研究的广度在不断扩大，深度也在向纵深持续发展。

1.1.2 生物技术的发展简史

从广义角度来看，生物技术是人类对生物资源（包括微生物、动物、植物）的利用、改造并为人类服务的技术，因而具有悠久的历史。人类在古代就已利用生物体和古老的技术来生产各种产品，并为自身服务。生物技术的发展过程按其技术特征可以分为 3 个不同的发展阶段：传统生物技术、近代生物技术和现代生物技术阶段。3 个阶段的发展过程、技术特征和产品类型概述于下。

（1）传统生物技术

传统生物技术的产品和有关技术的应用已有悠久的历史，早在公元前几千年，就有了酿酒和制醋的生产，其技术核心是酿造技术。但是，人们在很长的时期内，不知道这些技术的内在原理。直到 1680 年显微镜的发明，人们才知道自然界有微生物的存在。1857 年，Pasteur 利用实验的方法证明了乙醇（俗称酒精）发酵是活酵母所引起的结果，其他不同的发酵产物则是由其他微生物发酵所形成的。1897 年，发现了磨碎的“死”酵母仍能使糖发酵而形成乙醇，并将其中所含的活性物质称为“酶”（enzyme）。这一系列的研究逐渐揭开了发酵现象的奥秘。

受到上述研究结果的启发，从 19 世纪末到 20 世纪 30 年代，许多工业发酵的产品陆续出现，开创了工业微生物的新世纪，生产出的产品有：乳酸、乙醇、丙酮、丁醇、柠檬酸、淀粉酶等。这些产品的生产过程比较简单，大多数属于嫌气发酵或表面培养，对生产设备的要求也不高，产品的化学结构较为简单，属于微生物的初级代谢产物。

（2）近代生物技术

🔍 **发现之路 1–1**
青霉素的发现

20 世纪 40 年代初，由于第二次世界大战的爆发，军队急需疗效好而毒副作用小的抗细菌感染的药物。1941 年，美国和英国合作研究开发 1928 年由英国人 Fleming 发现，并于 1940 年经 Florey 及 Chain 等提取，又经临床证明具有卓越疗效和低毒性的青霉素。经过大量研究工作后，终于在 1943 年把要花费大量劳动力（涵盖清洗、装料、灭菌、接种、培养到出料等过程）和占用大量空间（生产 1 kg 含量为 20% 的青霉素要用约 80 000 个 1 L 的培养瓶）的表面培养法，改造成为生产效率高、产品质量好、通入无菌空气进行搅拌发酵的沉没培养法。发酵罐的体积最初达 5 m^3，产品的产量和质量大幅度提高，生产效率明显提高，成本显著下降。这给生物技术的发酵工业带来了革命性的变化，因而近代生物技术的技术特征是微生物发酵技术。以后，研究人员又开发了一系列发酵新技术，如无菌技术、控制技术、补料技术等。这就构成当代微生物工业兴起的开端。

之后，链霉素、金霉素、红霉素等抗生素相继问世，兴起了抗生素工业，促进工业微生物的生产进入了一个新的阶段。抗生素生产的经验很快地促进了其他发酵产品的发展，最突出的是 20 世纪 50 年代的氨基酸发酵工业、60 年代的酶制剂工业以及一些原来用表面培养法生产的产品都改用沉没培养法生产。近代生物技术产业的主要产品有：医药业的抗生素、维生素、甾体激素、氨基酸；轻工食品业的工业酶制剂、食用氨基酸、酵母、啤酒；化工业的乙醇、丙酮、丁醇、沼气；农林牧渔业的农用抗生素等农药等。

近代生物技术阶段的特点有：①产品类型多。不但有菌体的初级代谢产物（氨基酸、有机酸、酶制剂等），也有次生代谢产物（抗生素、多糖等），还有生物转化（甾体化合物等的转化）、酶反应（如 6- 氨基青霉烷酸的酰化反应）等的产品。②生产技术要求高。主要表现在发酵过程中，要求在纯种或无杂菌条件下进行运转；大多数菌体是需氧菌，需要通入无菌空气进行好气发酵；不少发酵产品是医药用品或食用品，产品质量要求也非常严格。③生产设备规模巨大。从发酵罐看，常用的搅拌通气发酵罐体积可达 500 m^3，作为这一时期技术最高、规模最大的单细胞蛋白质工厂的气升式发酵罐的容积已超过 2 000 m^3。④技术发展速度快。以发酵工业中提高产品的产量和质量所需的关键物质——菌种为例，其活力和性能获得了惊人的提高，如青霉素发酵的菌种，初期的发酵效价仅为 200 U · mL^{-1}，目前国际上已达 80 000 U · mL^{-1}，可见其发展速度之快，发酵控制技术等都得到前所未有的提高。

（3）现代生物技术

1953 年，美国人 Watson 和英国人 Crick 共同提出了生命物质 DNA 的双螺旋结构模型，这项重大发现揭开了生命科学划时代的一页。此后的 20 年中，科学家们又研究出了一系列与 DNA 有关的新发现和成果（表 1-1），这为分子生物学和分子遗传学的建立和发展奠定了基础，也为 DNA 的重组奠定了基础。此后，这些基础研究的成果很快向应用研究和开发研究拓展。1973 年，美国的 Boyer 和

表 1-1 现代生物技术的主要发现和成果

年代	主要发现和成果
1953 年	提出了 DNA 双螺旋结构模型
1956 年	提出了遗传信息是通过 DNA 碱基对的顺序来传递的理论
1957 年	论证了 DNA 的复制过程包括双螺旋互补链的分离
1958 年	分离得到 DNA 聚合酶 I，用其在试管内制得 DNA
1960 年	发现 mRNA，并证明 mRNA 传递信息并指挥蛋白质的合成
1966 年	破译了全部遗传密码
1967 年	分离得到 DNA 连接酶
1969 年	成功地分离出第一个基因
1970 年	发现第一个限制性内切核酸酶，发现反转录现象
1971 年	用限制性内切核酸酶酶切产生 DNA 片段，用 DNA 连接酶得到第一个重组 DNA 分子
1972 年	合成了完整的 tRNA 基因
1973 年	Boyer 和 Cohen 建立了 DNA 重组技术
1975 年	Köhler 和 Milstein 建立了单克隆抗体技术
1976 年	DNA 测序技术诞生
1978 年	在大肠杆菌中表达出胰岛素
1981 年	第一个单克隆抗体诊断试剂盒在美国被批准使用
1982 年	用 DNA 重组技术生产的第一个动物疫苗在欧洲被批准使用
1983 年	基因工程 Ti 质粒用于植物转化
1986 年	采用杂交瘤技术生产的鼠源单抗 muromonab-CD3（OKT3）成为首个上市的治疗性单抗
1988 年	PCR 方法问世
1990 年	美国批准第一个体细胞基因治疗方案
1997 年	英国培育出第一只克隆羊多莉
1998 年	美国批准艾滋病疫苗进行人体实验
2001 年	人类基因组草图完成
2003 年	中国研制的重组腺病毒 -p53 注射液成为世界上第一个正式批准的基因治疗药物
2008 年	我国第一个用于治疗恶性肿瘤的功能性单抗药物“泰欣生”（尼妥珠单抗注射液，nimotuzumab）获准上市
2010 年	美国批准首个癌症治疗疫苗 PROVENGE 用于晚期前列腺癌的治疗，开创肿瘤免疫治疗的新纪元
2014 年	美国批准首个全人源化 PD-1 抗体药物 Keytrude
2019 年	中国首次利用合成生物学技术研制出 1 类抗生素新药可利霉素

Cohen首次在实验室中实现了基因转移（DNA重组），为基因工程开启了通向现实的大门，使人们有可能在实验室中组建按人们意志设计出来的新的生命体。

现代生物技术的发展趋势主要体现在下列几个方面：基因操作技术日新月异并不断完善；新技术、新方法一经产生便迅速地通过商业渠道出售专项技术并在市场上加以应用；基因工程药物与疫苗研究和开发突飞猛进；新的生物治疗制剂的产业化前景十分光明，21世纪整个医药工业将面临全面的更新改造；转基因植物和动物不断取得重大突破；现代生物技术在农业上的广泛应用将给农业和畜牧业生产带来新的飞跃；阐明生物体基因组及其编码蛋白质的结构与功能是当今生命科学发展的一个主流方向，目前已有众多生物的全基因组序列被测定，与人类重大疾病相关的基因和农作物产量、质量、抗性等有关基因的结构与功能及其应用研究是今后一个时期研究的热点和重点；基因治疗取得重大进展，有可能革新整个疾病的预防和治疗领域；蛋白质工程是基因工程的发展，它将分子生物学、结构生物学、计算机技术结合起来，形成一门高度综合的学科；信息技术的飞跃发展渗透生命科学领域，形成引人注目、用途广泛的生物信息学。

合成生物学也极大推进了生物技术制药的发展。2003年，美国加州大学伯克利分校J. Keasling教授采用酵母细胞表达天然植物药青蒿素分子，实现微生物代谢工程制药。采用计算机辅助设计、人工合成基因、基因网络乃至基因组等技术，将细胞作为细胞工厂来进行重新设计，从而进入了合成生物技术制药时代，并将实现细胞制药厂的产业化。

随着科学技术的不断创新，一些高新技术在药物创新过程中得到越来越多的应用。高通量快速筛选技术、后基因组计划、功能基因的发现和生物信息学的发展极大地推动了新药的开发和研制。

1.2 生物技术药物

1.2.1 生物技术药物概述

一般来说，采用DNA重组技术或其他新生物技术研制的蛋白质或核酸类药物，称为生物技术药物（biotechnological drug），包括细胞因子、重组蛋白质药物、抗体、疫苗和寡核苷酸药物等，主要用于肿瘤、心血管疾病、传染病、糖尿病、贫血、自身免疫性疾病、基因缺陷病和许多遗传疾病的治疗。其在临床上已得到广泛应用，解决了许多曾经难以攻克的重大疾病难题。同时，一些合成肽、miRNA、融合蛋白、治疗性抗体和个性化治疗药物也有望成为新一代的有效药物进入临床应用。这些药物的出现必将对药物相关的理念、界定、观念和内涵产生重大的影响。

生物技术药物与天然生化药物、微生物药物、海洋药物和生物制品一起归类为生物药物。现代生物药物已形成4大类型：①应用DNA重组技术（包括基因工程技术、蛋白质工程技术）制造的基因重组多肽、蛋白质类治疗剂；②基因药物，如基因治疗剂、基因疫苗、反义药物和核酶等；③来自动物、植物、微生物或海洋生物的天然生物药物；④合成与部分合成的生物药物。

生物药物广泛用于医学的各领域，在疾病的预防、诊断、治疗等方面发挥着重要作用。按其功能用途可以分为3类：①治疗药物，治疗疾病是生物药物的主要功能。生物药物以其独特的生理调节作用，对许多常见病、多发病、疑难病均有很好的治疗作用，且毒副作用低。例如，生物药物对糖尿病、免疫缺陷病、心脑血管病、内分泌障碍、肿瘤等的治疗效果是其他药物无法替代的。②预防药物，对于许多传染性疾病来说，预防比治疗更重要。预防是控制传染性疾病传播的有效手段，生物药物在预防和控制传染性疾病尤其是病毒性传染病方面发挥了巨大作用，常见的预防药物主要有各种疫苗、类毒素等。③诊断药物，疾病的临床诊断也是生物药物重要用途之一，用于诊断的生物药物通常具有速度快、灵敏度高、特异性强的特点。现已应用的有免疫诊断试剂、酶诊断试剂、单克隆抗体诊断试剂、放射性诊断药物和基因诊断药物等。

《中华人民共和国药典》（以下简称《中国药典》）2020年版三部收载了生物药物共计153种，其中包括预防类54种、治疗类88种、体内诊断试剂类4种、体外诊断试剂类7种。

1.2.2 生物技术药物的特性

① 分子结构复杂 生物技术药物是应用基因修饰的生物体产生的蛋白质或多肽类产物，或是依据靶基因化学合成互补的寡核苷酸，所获产品往往相对分子质量较大，具有复杂的分子结构，且以多聚体存在。有些药物以现有分析方法还能完全确认其化学结构特征，如产品的空间构象等。生物制药的发展趋势是从细胞因子等激动剂为主的产品，转变为以拮抗作用为主的新生物技术药物，越来越多的相对分子质量较大、结构复杂的功能性蛋白质得到开发，如很多抗体和酶都是相对分子质量在50 000～200 000的糖蛋白。

② 具有种属特异性 许多生物技术药物的药理学活性与动物种属及组织特异性有关，生物技术药物在不同动物种属的作用靶点（例如受体）存在结构差异或信号转导通路不同，从而可表现出不同的反应类型。来自人源基因编码的蛋白质或多肽类药物，其中有的与动物的相应蛋白质或多肽的同源性有很大的差别，即不同种属的动物其同类受体的功能或结构可能存在差异，因此某种生物技术药物可能在猴体内有生物活性，而在大鼠体内无活性。基因药物具有很高的选择性，一种基因药物并不是适用于所有的人种，不同人种的基因存在较多差别。

③ 治疗针对性强、疗效高 生物技术药物生理和药理活性极高，但其引发的生物学反应却会逐级放大。用量极少就会产生显著的效应，如白介素-12的作用剂量为0.1 μg，干扰素的作用剂量为20～30 μg。生物技术药物相对来说副作用较小、毒性较低、安全性较高。

④ 稳定性差 蛋白质或多肽药物较不稳定、易变性，在酸、碱及体内环境下易失活，也易为微生物污染或酶解破坏。

⑤ 基因稳定性 生产菌种及细胞系的稳定性和生产条件的稳定性非常重要，它们的变异将导致生物活性的变化或产生意外的或不希望出现的一些生物学活性。

⑥ 免疫原性 许多来源于人的生物技术药物在动物中有免疫原性，所以在动物中重复给予这类药物将产生抗体；有些产品在人体对人源性蛋白也能产生血清抗体，主要可能是重组药物蛋白质在结构及构型上与人体天然蛋白质有所不同所致。对实验动物来说，很多生物技术药物是异源性大分子，具备免疫原性，动物会产生相应抗体，其诱发的免疫反应有可能影响安全性评价的结果。如重组人干扰素γ可形成免疫复合物而导致肾小球肾炎。

⑦ 体内的半衰期短 生物技术药物口服给药不易吸收，一般只有注射给药。生物技术药物往往降解迅速，其在体内的降解部位广泛并且半衰期较短。

⑧ 受体效应 许多生物技术药物是通过与特异性受体结合，调控信号转导通路而发挥药理作用，且其受体分布具有动物种属特异性和组织特异性，因此药物在体内分布有组织特异性和药效反应快的特点。

⑨ 多效性和网络性效应 许多生物技术药物往往可以作用于多种组织或细胞，具有广泛的作用靶点和病理生理、药理作用；且在人体内相互诱生、相互调节，彼此协同或拮抗，形成网络性效应，因而可具有多种功能，发挥多种药理作用。

⑩ 生产系统复杂性 生物技术药物的结构特性容易受到各种理化因素的影响，且分离提纯工艺复杂。生产系统复杂性致使它们的同源性、批次间一致性及安全性的变化要大于化学产品，所以对GMP步骤的要求、生产过程的检测也相应更为重要和严格。

⑪ 质量控制的特殊性 生物技术药物质量控制体系是针对生产全过程，采用化学、物理和生物学等手段而进行的全程、实时的质量控制。重组蛋白质药物的用量随着临床治疗的需求越来越大，由微

克级上升到了毫克甚至克级，需长期重复用药的生物产品也越来越多。对于临床用药周期长、剂量大的产品的质量控制，仍是一个需要重点关注的问题。

1.3 生物技术制药

1.3.1 生物技术制药概述

生物技术制药是以生物体、组织、细胞等为原料，综合利用物理、化学、生物化学、生物技术、微生物学、药学等科学的原理和方法进行药物制造的技术。生物技术制药产业是集生物学、医学、药学的先进技术为一体，以组合化学、药物基因组学、功能抗原学、生物信息学等高新技术为依托，以分子遗传学、分子生物学、生物物理学等学科的突破为后盾形成的产业。

当今世界，生命科学的发展十分迅猛，高新技术不断涌现。以医药生物技术为核心的第一次生物技术浪潮正在向纵深发展。医药生物技术的突破和发展，正在使人类疾病的预防、诊断、治疗等产生革命性的变化，推动了医学史上继公共卫生制度建立与麻醉术、疫苗和抗生素应用之后的第四次革命，将在人类预防及战胜一系列重大疾病、保障身体健康的进程中发挥越来越重要的作用，使人类的健康水平再度迈上新台阶。与此同时，医药生物技术的发展推动了一个朝阳产业——生物技术制药产业的崛起。生物技术制药产业以基因工程、细胞工程、酶工程、蛋白质工程、发酵工程等为手段，并将现代生物技术与各种形式的新药研究、开发、生产相结合，生产生物技术药物等相关产品的产业，现已成为当前生物产业中极具活力、市场前景良好的高技术产业之一。

生物技术制药为制药工业带来了革命性的变化，全球医药市场的重心正在逐步从化学药转向生物技术药物，生物技术制药成为医药产业的重要组成部分。全球生物制药产业经历了两次跨越式发展阶段，第一发展阶段从 1982 年重组胰岛素问世至 1997 年 G-CSF 成为第一个年销售额超过 10 亿美元的生物技术药物，这个阶段主要是 EPO、G-CSF、INF-α 等细胞因子类产品，这些产品在 1994—1997 年生物制药产业第一发展阶段的后期已从快速增长期进入平稳发展期，此间全球生物制药产业都面临发展后劲不足的局面，年销售额一直徘徊在 100 亿美元左右。1997 年以后，随着 rituxan、remicade、herceptin 和 enbrel 等多种治疗性抗体相继批准上市，生物制药产业进入了第二个快速发展阶段，近 10 年其年增长速度已连续保持在 15% 以上。

发现之路 1-2
重组胰岛素的发现

1.3.2 生物技术制药特征

（1）高技术

主要表现在其高知识层次的人才和高新的技术手段。生物技术制药是将基因组、蛋白质组、生物芯片、转基因动物、生物信息学等与药物研究相结合，是知识密集、技术含量高、多学科高度综合互相渗透的新兴产业。以基因工程药物为例，上游技术（即工程菌的构建）涉及目的基因的合成、纯化、测序，基因的克隆、导入，工程菌的培养及筛选；下游技术涉及目标蛋白的纯化及工艺放大，产品质量的检测及保证。生物技术制药产业瓶颈之一——哺乳动物细胞规模化培养就是一项非常复杂的系统工程，要在人为设定的、模拟生物有机体的可控环境中培养哺乳动物细胞并非易事。例如，一个完整的全自动细胞培养体系，仅控制节点就多达数百个，需要非常精确且严谨的操作流程和规范。

（2）高投入

生物技术制药是一个投入巨大的产业，从新药研发立项到产品成熟，往往需要投入大量的资金用于研发设备、研发人员、研发材料及药物效果测试等。生物医药企业产品的成本结构与一般产品不同，以研究开发费、技术开发费、中试费用、技术引进费用为主的间接费用所占比重大。生物医药产业需要的除研发外的固定资产投入也非常高，以占最主要市场份额的治疗性抗体来说，一个抗体产品的生产线一般需要3亿～5亿美元的投资，每克抗体生产成本在2 000～5 000美元。每个上市药物的平均研发开支约14亿美元，并随新药开发难度的增加而增加。一些大型生物制药公司的研究开发费用占销售额的比率超过了20%。显然，雄厚的资金是生物技术药物开发成功的必要保障。

（3）长周期

生物技术药物从开始研制到最终转化为产品要经过很多环节：实验室研究阶段、中试生产阶段、临床试验阶段（Ⅰ、Ⅱ、Ⅲ期）、规模化生产阶段、市场商品化阶段以及监督。每个环节的药政审批程序严格复杂（图1–1），而且产品培养和市场开发较难，所以开发一种新药的周期较长，一般需要8～10年，甚至10年以上的时间。

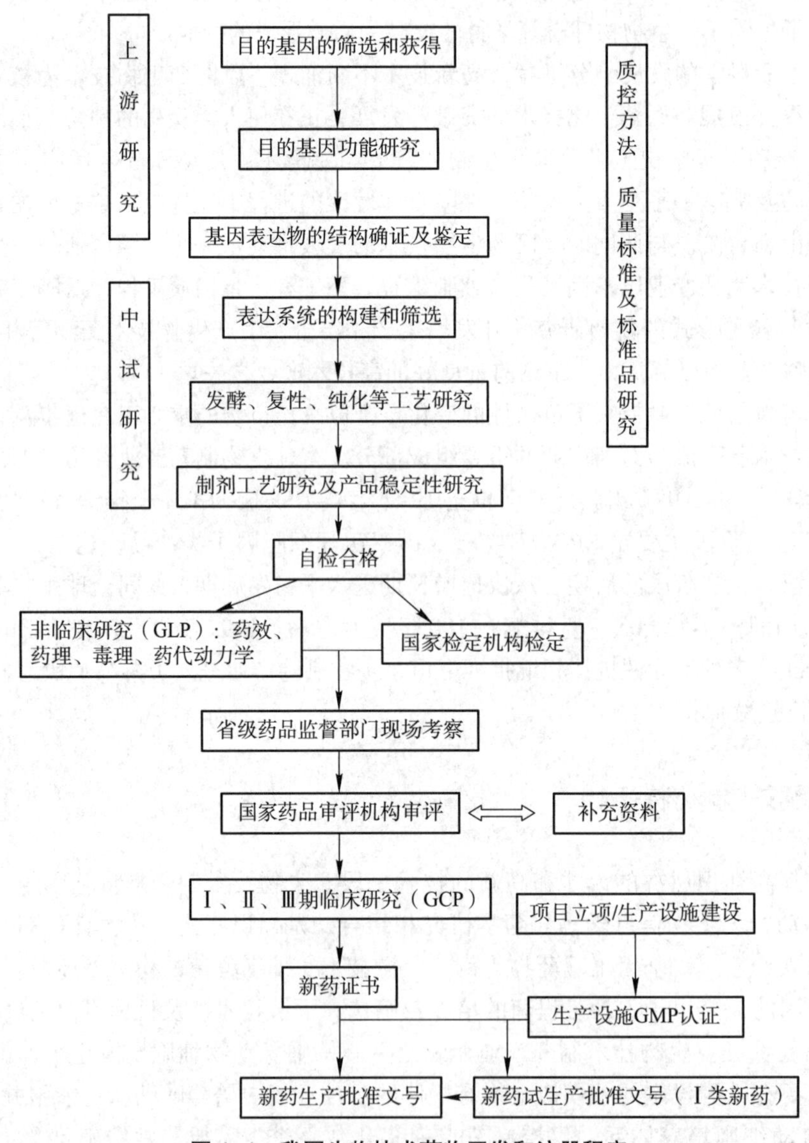

图1–1 我国生物技术药物开发和注册程序

（4）高风险

生物医药产品的开发有较大的不确定风险。新药的投资从生物筛选、药理、毒理等临床前实验、制剂处方及稳定性实验、生物利用度测试，直到用于人体的临床试验以及注册上市和售后监督一系列步骤，可谓是耗资巨大的系统工程，任何一个环节失败将前功尽弃。并且某些药物具有“两重性”，可能会在使用过程中出现不良反应而需要重新评价。一般来讲，一个生物技术药物的成功率仅有5%～10%。另外，市场竞争的风险也日益加剧，“抢注新药证书、抢占市场占有率”是开发技术转化为产品时的关键，也是不同开发商激烈竞争的目标，若被别人抢先拿到药证或抢占市场，就会前功尽弃。

（5）高收益

长期以来困扰着医学界的一个重大课题是，一些在疾病预防、诊断和治疗中有着重要价值的药物，如激素、淋巴因子、神经多肽、调节蛋白、酶类、凝血因子等人体活性多肽以及某些疫苗，由于材料来源困难或由于技术方法问题而无法研制成功——即使勉强沿用传统技术予以研制，亦因药源有限而供不应求，而且这类制品往往因为副作用大而疗效不佳。而用生物技术可以大量廉价地生产这些药物，可以满足患者治疗的需要，具有巨大的社会经济效益。生物技术药物的利润回报率很高，例如1 g抗体价格可达7万元，其每克单价可能是黄金的数百倍。一种新生物药一般上市后2～3年即可收回所有投资，尤其是拥有新产品、专利产品的企业，一旦开发成功便会形成技术垄断优势，利润回报能高达成本的10倍以上。

1.3.3 生物技术在制药中的应用

生物技术应用于制药工业不仅可大量生产廉价的防治人类重大疾病及疑难病的新型药物，而且将引起制药工业技术的重大变革。利用生物技术生产有应用价值的药物是当今医药发展一个重要的方向，它有两个不同的途径：一是用克隆的基因表达生产有用的肽类和蛋白质药物，二是利用生物技术改造传统的制药工业。

（1）基因工程重组蛋白质及多肽药物

1982年，重组人胰岛素经美国食品药品监督管理局（FDA）批准作为第一个基因工程药物上市。目前促红细胞生成素、粒细胞集落刺激因子等均已成为年销售额超过10亿美元的“重磅炸弹”。表1–2列出一些已上市的基因工程多肽药物。

表1–2 已上市的基因工程多肽药物

名称	作用
干扰素（interferon，IFN）	抗病毒、抗肿瘤、免疫调节
白细胞介素（interleukin，IL）	免疫调节、促进造血
集落刺激因子（colony stimulating factor，CSF）	刺激造血
促红细胞生成素（erythropoietin，EPO）	促进红细胞生成，治疗贫血
肿瘤坏死因子（tumor necrosis factor，TNF）	杀伤肿瘤细胞、免疫调节、参与炎症和全身性反应
表皮生长因子（epidermal growth factor，EGF）	促进细胞分裂、创伤愈合、胃肠道溃疡防治
神经生长因子（nerve growth factor，NGF）	促进神经纤维再生
骨形态生成蛋白（bone morphogenetic protein，BMP）	骨缺损修复、促进骨折愈合
组织型纤溶酶原激活物（tissue-type plasminogen activator，t–PA）	溶解血栓、治疗血栓疾病
凝血因子Ⅷ、Ⅸ	治疗血友病
生长激素（growth hormone，GH）	治疗侏儒症
胰岛素（insulin）	治疗糖尿病
超氧化物歧化酶（superoxide dismutase，SOD）	清除自由基、抗组织损伤、抗衰老

（2）基因工程抗体

自1976年杂交瘤技术产生以来，单克隆抗体（简称“单抗”）药物发展迅速，已经历鼠源化单抗、人鼠嵌合单抗、人源化单抗以及全人源化单抗4个发展阶段。1986年第一个治疗性单克隆抗体药物muromonab-CD3（OKT3）上市，1994年第一个基因工程改造产生的嵌合抗体阿昔单抗批准上市，1997年第一个DNA重组技术获得的人源化抗体达利珠单抗批准上市，2002年第一个噬菌体展示技术产生的全人源化抗体阿达木单抗批准上市。自2006年首次进行PD-1靶向单克隆抗体nivolumab的临床试验以来，当前已有6种PD-1/PD-L1单克隆抗体药物获得美国FDA批准，可用于治疗14种癌症和1种其他的适应证，抗PD-1/PD-L1药物已成为免疫肿瘤学领域的“主角”，单抗行业进入加速发展的黄金时代，不断诞生“重磅炸弹级”药物。在2018年全球销售额排名前10的药物中，有6个是单克隆抗体（阿达木单抗、帕博利珠单抗、曲妥珠单抗、贝伐珠单抗、利妥昔单抗、纳武利尤单抗）和2个抗体融合蛋白（依那西普、阿柏西普），其中排名第1的阿达木单抗已连续7年位列第1。凭借优异的市场表现与广阔的应用前景，抗体药物成为生物药物领域的璀璨明珠。近年，我国单抗药物研制取得了重大突破，自主研发单抗创新药和对标国际的生物类似药相继上市，但与国际市场相比，上市销售产品仍较少，市场空间巨大，或将迎来黄金发展机遇期。

治疗性抗体药物是生产难度最大、技术水平最高的生物技术药物，构建和高水平表达重组抗体是生物工程上游技术中难度最大的技术，国外普遍采用的商业化表达抗体的CHO工程细胞，用于抗体生产的工程细胞系表达水平可达20～70 PCD（$pg \cdot cell^{-1} \cdot d^{-1}$）。此外，由于治疗性抗体用量大，需要大规模的动物细胞反应器生产，生产抗体的单个反应器规模一般大于10 000 L，有的已达到20 000 L，并且是8～12个反应器同时生产，生产技术极为复杂。

（3）基因工程疫苗

基因工程疫苗即应用基因工程方法或分子克隆技术，对病原的保护性抗原基因进行分离，将其导入原核或真核系统，促使其表达出该病原的保护性抗原，经纯化处理后制成疫苗；或把病原的毒力相关基因删减或进行突变，促使其转型为不携带毒力相关基因的缺失疫苗或突变疫苗。应用基因工程技术能研制出不含感染性物质的亚单位疫苗、稳定的减毒疫苗以及能预防多种疾病的多价疫苗。

众所周知，疫苗是一类通过增强免疫力来对抗特定疾病的生物制剂，它通过特定抗原“模拟”致病微生物，激活人体免疫系统并在机体再次遇到病原生物时将其识别并消灭。传统的疫苗主要用于预防疾病，即预防性疫苗，它在控制人类及动物传染病中起到非常重要的作用，但它对免疫低下的机体及已发病的个体无效。随着免疫学研究的发展，人们希望疫苗可以在已发病个体中，通过诱导特异性的免疫应答，达到治疗疾病或防止疾病恶化的效果，这类疫苗产品便是治疗性疫苗。作为一种新型的疾病治疗手段，治疗性疫苗通过打破机体的免疫耐受，提高机体特异性免疫应答，清除病原体或异常细胞，因而其相比于目前常见的化学合成或生物类药物有着特异性高、副作用小、疗程短、效果持久、无耐药性等优势，这也使得治疗性疫苗成为继单克隆抗体之后基于人体免疫系统开发的又一类革命性新药物。流感疫苗、狂犬疫苗和乙肝疫苗等迅速崛起，宫颈癌等癌症疫苗、肺炎疫苗、治疗性乙肝疫苗、治疗性艾滋病疫苗等陆续进入临床，备受市场关注。基因工程疫苗在疫病控制方面具有很大潜能，成为当下生物技术药物的热点之一。

（4）核酸疫苗

核酸疫苗又称为基因疫苗，包括DNA疫苗与RNA疫苗，由编码能引发保护性免疫反应的病原体抗原的基因片段与载体共同组建而成。基于对病原基因组信息的研究，阐明其侵染性、致病性、免疫性机理，然后进行基因疫苗的开发。基因疫苗将编码外源性抗原的基因插入到含真核表达系统的质粒上，然后将质粒直接导入人体内，基因疫苗在进入机体后不和宿主染色体结合，但其能实现表达抗原蛋白，诱导机体产生免疫应答。抗原基因在一定时限内的持续表达，不断刺激机体免疫系统，使之达到防病的目的。

基因疫苗的优越性体现在可以克服减毒活疫苗可能的返祖并诱发人类与动物疾病及病毒出现变异进而对新型变异株不发挥作用的缺陷。和常规疫苗相比较，基因疫苗具备生产过程简易、成本低廉、质量易于控制、免疫期限较长、热稳定性优良、便于储存与运输等诸多优势，并具备弱毒活疫苗的效果，易被制作成多价疫苗，将会在疾病防治领域有广袤的发展空间。尽管如此，基因疫苗的缺陷也是显而易见的，DNA 整合过程中可能把外源 DNA 和宿主染色体整合为一，造成基因插入性突变发生率相应增加；基因疫苗中的免疫抗原可能会对动物肌肉、神经等组织造成危害等。

（5）基因诊断

基因诊断是通过基因芯片等工具对致病基因进行检测。从分子生物学角度来看，疾病可能是基因组信息存储与传输错误所致，也是特异性基因组结构与环境因素之间不协调性的产物，不论是器质性还是功能性疾病无不与基因密切相关。人类基因组计划的完成意味着人们对生命及人体疾病将有最本质认识的可能。探索并阐明人类基因组的结构，界定致病基因并确定其所处的位置，而后通过基因诊断，就可以评价患者患病的危险程度，以及针对性采取各种预防措施，以此降低发病风险与程度。由于每个个体都存在不同数量的致病基因，因此基因诊断的市场前景巨大。

（6）基因治疗

根据临床统计，25%的生理缺陷、30%的儿童死亡和 60%的成年人疾病都是遗传疾病引起的，随着对遗传疾病致病机理的深入研究，人们自然想到如果能够使变异基因和异常表达的基因变为正常基因和正常表达基因，那么就可从根本上治愈遗传疾病，这就是基因治疗（gene therapy）的基本思想。20 世纪 80 年代，随着基因分离技术的发展，人的体细胞基因治疗逐渐变得现实起来，人们正式提出并不断完善了基因治疗的概念。基因治疗系向靶细胞或组织中引入外源基因 DNA 或 RNA 片段，以纠正或补偿基因的缺陷，关闭或抑制异常表达的基因，从而达到治疗的目的。即采用基因工程技术，将正常外源基因及其调控序列，导入该基因已发生突变而呈缺陷的遗传病患者体内，并使导入的基因正常发挥作用，以纠正或改善患者体内缺陷基因所引起的致病症状。目前基因治疗主要集中在少见的代谢性疾病［如腺苷脱氨酶（ADA）缺乏症］、恶性肿瘤、单基因遗传疾病和传染病（如 HIV 感染所导致的 AIDS）。HIV 感染的基因治疗方案之一是采用基因操作方法，把具有治疗作用的目的基因转移到合适的靶细胞内，使其再表达为 RNA 或蛋白质后，干扰 HIV 的基因表达调控，以达到防治 HIV 感染目的。

（7）动物基因工程药物

随着基因重组技术、免疫学等基础研究的进展，人们研究利用动物活体作为基因表达系统以生产所需蛋白质已逐步实现。将需要的活性蛋白质基因导入家畜或家禽的受精卵，受精卵发育而来的转基因动物在器官中带有导入的目的基因，它可分泌导入目的基因相应的蛋白质，称为生物反应器。如 Wright 等利用羊的 β 乳球蛋白调控 α1- 抗胰蛋白酶基因在羊的乳腺中进行表达，其产率达到每升奶 35 g，而临床上治疗肺癌或肺气肿使用的剂量只在毫克水平。从抗病、优质、高产的动物中取得目的基因克隆，再将克隆的基因导入动物种系细胞，在染色体正确整合后，获得具有目的基因特征的动物，称为转基因动物。转基因动物是基因组中整合有外源性基因的一类动物，是现代分子育种技术的成果，可用来生产人们生活所需的药物。主要运用将 DNA 导入细胞的技术，结合从细胞中分离出细胞核移植到去核卵母细胞中的核移植方法，将单个有功能的基因插入到高等生物的染色体中，并在其中表达。日本实验动物中央研究所将人脊髓灰质炎病毒受体的基因转入小鼠，成功地繁育出 TgPVR21 转基因小鼠，这种动物对脊髓灰质炎病毒特别敏感，可代替灵长类动物（如猴）做脊髓灰质炎疫苗的神经毒力试验。转基因动物的开发将进一步提高实验药理学和毒理学的专一性和灵敏度，从而使更多新药更可靠地进入临床。20 世纪 90 年代以来，欧美发达国家先后研究利用转基因动物代替制药厂生产多肽药物的技术并取得明显进展，研究者将用于产生目标产品的人的有关基因整合到所选择的哺乳动物细胞内，培养出转基因动物，由此已经生产出 t-PA、流感疫苗和乙肝疫苗等药物。除此之外，还可利用基因工程技术给动物造成某种疾病，而后把这种带病动物作为筛选治疗该疾病新药的动物模型。

（8）植物基因工程药物

以植物细胞作为基因表达系统的基因工程就是植物基因工程。将植物的某些有用的目的基因导入农作物，与传统育种技术结合，得到具有抗病、抗虫害、抗旱并提高光合作用及固氮效率等性能的优良品种是植物基因工程在农业中的应用。近年来英国剑桥的农业遗传公司（AGC）利用植物基因工程，已成功地在植物中生产动物疫苗，它将口蹄疫病毒植入侵染豇豆的豇豆花叶病毒（CPMV）或HIV的部分表面蛋白基因，随着这些杂合病毒粒子在豇豆植株中生长的同时，外源蛋白即在CPMV粒子表面表达，利用这种方法可生产动物和人的疫苗。由于表达量高，故生产成本较低，利用植物基因工程开发新药有很大前景。特别值得一提的是我国传统医学的瑰宝——中草药，其有效成分如生物碱、皂苷、糖苷、黄酮等大部分是次生代谢产物，加强对次生代谢产物途径及其调节机制的研究，可在人工培养过程中有目的地加入已知的有效代谢中间产物、促进剂或抑制剂，增加有效成分的产量。还可通过关键酶对代谢途径进行遗传操作，控制并加强需要的代谢途径或终止不需要的代谢途径，以达到获得较多有效成分、去除或减少不需要的有毒成分的目的。研究道地药材基因组特征，可建立优良品种标准基因图谱，解决道地药材真伪鉴别问题。还可通过对道地药材特有的有效成分研究，为新药开发提供先导化合物。对功能基因组序列结构和调节机制的研究，还能提高有效成分的产量和去除有害成分，用于转基因中药材的构建和解决濒危药材的供应问题。

（9）核酸类药物

核酸类药物包括DNA药物、反义RNA、RNAi药物、核酶等。随着现代生物技术的研究深入，反义技术、蛋白质工程、糖工程、基因工程制药均已开始应用。这类产品多为人工设计，在生理活性、血液中稳定性、耐热性及耐蛋白酶影响等方面性能优于天然型蛋白质。反义技术是根据碱基互补原理，用人工合成或生物体合成的特定互补的DNA或RNA片段（或其化学修饰产物）抑制或封闭基因表达的技术。反义药物其本身是核酸而不是蛋白质，治疗的目的是阻止有害蛋白质的产生，针对癌基因、抑癌基因、生长因子及其受体、细胞信号转导系统功能分子、细胞周期调控物质、酶类等基因，以及病原生物（如HIV、SARS）的结构基因。许多癌基因的高表达、原癌基因及肿瘤相关基因的激活都与肿瘤细胞发生密切相关。抑制此类基因的表达，封闭肿瘤药物抗性基因表达均可达到抑制肿瘤相关性状和肿瘤发生的目的。目前就有20多个针对卵巢癌、乳腺癌、前列腺癌、结肠癌、实体瘤等肿瘤发生相关基因的反义药物进入临床研究。

（10）利用转基因动植物生产蛋白质类药物

克隆的基因不仅导入细菌和培养的细胞，而且能转入动植物体内、改变其遗传特性。转基因动物（transgenic animal）是指在其基因组内稳定地整合有外源基因、并能遗传给后代的动物。1982年，Palmiter等将克隆的生长激素基因用显微注射（microinjection）的方法直接导入小鼠受精卵细胞核内，所得转基因的小鼠的肝、肌、心等组织都能产生生长激素，使人们意识到转基因技术的巨大潜力及其在遗传育种方面的划时代意义。转基因动植物将发展成为生物药物的“新一代药厂”，具有光明的前景和广阔的市场。如α1-抗胰蛋白酶的国际市场价格为每g 10万美元，而转基因羊的羊奶中的含量就可达20 $g \cdot L^{-1}$。将人的基因转入植物也可能获得治疗用途的药物，例如将人抗体基因转入烟草，从烟叶中就能提取得到人的抗体蛋白；表皮生长因子、促红细胞生成素、生长激素、干扰素等外源基因在转基因植物中也得到表达。

新的基因工程药物虽然不断涌现，但已应用的还是少数，而且由于对基因产物的整体效应等研究还不够充分，即使已批准投入市场的基因工程药物，有的疗效还不很理想。基因诊断应用的范围尚有待扩大，基因治疗理想成功的例子还不多。转基因的工作还由于基因导入后在基因组上的定位整合等知识和技术尚不成熟，因而现在转基因的工作还有许多限制、成功率还很低。这些都有待于进行许多扎实的基础研究，了解更多分子遗传学方面规律，改进和创建新的技术，才能得到提高。

（11）应用基因工程技术改良菌种，产生新的药物

应用基因工程技术改造产生新的杂合抗生素，提供了一个新的微生物药物来源。首次报道是英国Hopwood等于1985年应用基因重组技术获得新杂合抗生素mederrhodin A和双氢榴紫红素。将产麦迪霉素的生米卡链霉菌的碳霉糖4″-羟基-*O*-丙酰基转移酶基因克隆到螺旋霉素产生菌中，构建了基因工程菌，表达的发酵产物为4″-丙酰螺旋霉素。碳霉素产生菌的4″-羟基-*O*-异戊酰基转移酶基因，被克隆到螺旋霉素产生菌中，得到的产物为抗菌活性增强的4″-异戊酰螺旋霉素，创造出了新的抗菌化合物可利霉素。人们利用合成生物学，通过计算机辅助设计优化次生代谢反应链，人工合成基因调控网络，从而实现在工程菌或酵母细胞内表达外源药用生物分子的代谢工程，尤其是天然药物次生代谢药物分子。例如，2003年美国加州大学伯克利分校成功在酵母细胞内表达植物药物分子青蒿素，并于2013年成功开发出能生成青蒿素化学前体的人工酵母，建立了工业化生产青蒿素的新生产工艺。

1.3.4 我国生物技术制药现状和发展前景

我国生物技术的研究开发起步较晚，但发展迅速。经多年努力，已基本做到国外有的产品我国也已上市或正在研究开发中。生物药是目前最具投资价值的医药细分领域，是制药行业近年来发展最快的子行业之一。在医疗保健支出增加、研发能力增强、政府政策积极变革及资本投资增加的推动下，过去数年，中国生物药市场正处于快速发展阶段，增长速度超越全球市场，预期未来将继续强劲增长。

（1）我国生物技术制药现状

我国目前在这一领域成果转化与产业化研究开发中主要存在3方面问题。

① 传统蛋白质药物源头枯竭，创新产品缺乏　在过去100多年，通过全世界科学家努力所发现的、具有药物开发潜力的蛋白质基本已利用殆尽，通过新的药物发现技术从庞大的蛋白质宝库中寻找新的靶点和蛋白质药物成为当务之急。我国已经产业化的21种基因工程药物和疫苗，多为跟踪仿制产品，尤其是一些疗效确切的蛋白质品种，多种剂型多家生产，单一品种多家生产。例如国内有将近20余家企业生产GM-CSF。主要原因是，蛋白质药物开发具有高投入、高风险、高收益和周期长的特点，开发周期长。国内企业研究力量薄弱，投入经费不足，难以独立研究开发创新药物。

② 蛋白质药物的大规模生产技术落后，生产成本高　目前，越来越多的蛋白质药物通过真核细胞生产，一些药物如溶栓药物、治疗性抗体等的使用剂量达几十甚至上百毫克。国内企业生产此类产品成本极高，其主要原因是，国内蛋白质药物的大规模生产相关技术（如细胞高密度大规模培养、连续灌流培养、无血清培养、蛋白质药物的纯化处理等）落后于国际先进水平，而常规的细胞培养技术，10 L的生物反应器一个周期（3～4 d）生产出的蛋白质仅够几个剂量，难于满足临床需求。

③ 研究单位和生产企业缺乏有效沟通，上下游产业链脱节　我国蛋白质药物研发以科研院所为主，但科研院所在项目研发时，常常缺乏前期的市场调研和论证，较少有目的地开发具有较好的市场前景的项目。而生产企业没有能力也不愿意过早地介入具有极大风险的创新药物研究中，导致部分产品上下游产业链脱节，新产品不能迅速产业化。

（2）我国生物技术制药发展对策

① 重点突破一批关键技术　主要包括：动物细胞高密度大规模高效培养技术；治疗性抗体研发和生产技术；新型疫苗的研发和生产技术；生物技术药物“二次创新”关键技术，如蛋白质工程技术、聚乙二醇（polyethylene glycol，PEG）化学修饰技术等；多肽药物的大规模合成技术；干细胞治疗的相关技术；核酸药物递送缓释技术等。

- 创新药物研发的关键技术。蛋白质药物产业发展最主要的瓶颈是发现新的候选药物，因此发现创新药物的相关技术是本领域当前亟待解决的首要问题。蛋白质组技术为新药发现提供了强有力的工具，引进、改造并充分利用该技术，以及发掘该技术应用过程中所产生的海量数据，获得新的药物靶点或候选药物，是创新药物研究的基础。同时，还应大力支持以人源化抗体、治疗性疫苗、多肽、核酸药物及干细胞为主的新型生物技术药物的研究开发，突破规模化制备、药物递送及释药系统、质量控制等关键技术。

● 蛋白质药物的评价技术。对于蛋白质组研究获得的候选药物，其最终能否成功上市取决于对药物的评价。因此快速、有效地对大量候选药物进行评价，是创新药物研究的重要环节。评价技术包括：研究蛋白质功能的基因敲除技术、基因打靶技术、蛋白质相互作用技术（如酵母双杂交、表面等离子体共振）及其他分子生物学技术等；研究蛋白质药物的药理学、药效学、毒理学、药物代谢等研究技术；以生物信息技术为基础的虚拟技术［早期药代 / 毒性（ADME/T）预测技术等］，该技术的日趋成熟将使新药研发的效率得到全面的提高。

● 蛋白质药物的大规模生产技术。高效表达体系和与其相关的重要表达调控组件是生物技术产业化的基础。具有自主知识产权的新型高效表达体系及其重要表达调控组件是提高我国生物技术及其产业竞争能力的关键技术之一。动物细胞大规模培养技术是将科技成果转化为现实生产力的关键一环。目前一半以上获得批准用于临床治疗的生物制品均通过细胞培养技术来生产，而且随着大分子功能蛋白和人源化抗体的开发，基因治疗和细胞治疗的进步，以及组织工程和人造器官产品的研发，需要大剂量使用的蛋白质药物大大增加。细胞大规模高密度培养、无血清或低血清培养及连续灌流培养技术，可以大大提高产品生产效率，降低生产成本。此外，大规模发酵技术和纯化技术也是蛋白质药物产业化必须解决的技术问题。

② 建立可靠高效的监管审批机制，确保药物安全有效　明确对创新型生物药物和生物类似物的定义，分别针对创新型生物药物和生物类似物建立清晰透明的监管审批制度，包括适当的准入标准和要求，确保广大患者获得安全有效的药物。首先，需要重新评估考量现行的生物药分类机制。其次，要为如何评估生物类似物的可比性、安全性及有效性建立适当的标准和要求，及时制定相应的指导方针，并向全球准则看齐。此外，在生物技术药物上市后监管政策方面还有待加强，以确保其安全性和有效性。

③ 加强基因工程药物的知识产权保护　由于医药产品研发周期长、投入大，要使新产品、新技术、新工艺能够源源不断涌现，不仅需要政府对开发研制过程给予支持，更需要对其形成的知识产权给予保护。只有研发者的权益得到保护，才能使研发、生产、营销形成良性循环，才能减少和避免假冒伪劣产品干扰市场秩序。没有专利就没有药物，加强药物专利保护能从根本上振兴我国生物技术制药产业。

④ 坚持以企业为主体的“产、学、研”结合　随着知识经济的到来，应面向市场，强化企业作为技术创新主体的地位，加快科研体制改革步伐。促进科研机构和企业联合，把经营机制引入科研体制中，扶植与强化企业作为技术创新的主体地位。研究单位和企业的结合势在必行，但这并非简单的结合，而是智力、资金的相互渗透、相互投资。企业要想获得超常效益，需要早期投入并承担风险。但研究机构也应注重效率，对企业的投入要负责任地加以利用，形成良性互动的局面。目前由于未能很好地理顺相关体制，产、学、研等各方利益亦未能很好地得到平衡。不解决好这些问题，将影响生物技术药物产业化的良性发展。

展望生物技术药物的发展趋势，不论对全球还是中国市场，生物技术制药均为蒸蒸日上的朝阳产业，发展势头迅猛。从研发品种和技术领域看，中国重点发展的生物制品包括基因工程药物、活性蛋白与多肽类药物、新型疫苗、单抗及酶诊断和治疗试剂、靶向药物等，上述品种市场需求旺盛，将带动产业快速发展。具体而言，首先，新型疫苗是我国生物医药产业的重点领域之一，发展新型疫苗和改造传统疫苗是中国医药产业的必然趋势。其次，是针对恶性肿瘤、恶性血液性疾病，心脑血管疾病、自身免疫性疾病、神经退行性疾病等重大疾病的单抗等抗体类药物，以及蛋白质药物。此外，基因治疗、免疫细胞治疗等新技术值得关注。在基因治疗方面，中国已完成全球首例 CRISPR 人体测试，基因疗法技术应用已领先于全球，而细胞治疗目前也普遍获得行业认可。创新技术不仅局限于生物学科，自动化、大数据科学领域及人工智能技术的引进将极大推动生物技术药物研发的效率和进程，例如基因和基因组数据将为科研人员提供更精准的药物治疗靶点。

开放讨论题

结合生物技术药物的特点，谈一谈应通过什么策略提高生物技术药物研发的成功率，以及生物技术药物未来的发展趋势？

思考题

1. 生物技术发展经历了哪几个阶段，各阶段的主要成就有哪些？
2. 生物技术药物分为哪些类型？
3. 生物技术药物的主要特性是什么？
4. 生物技术在制药中有哪些应用范围？

推荐阅读

WALSH G. Biopharmaceutical benchmarks 2018［J］. Nature Biotechnology，2018，36（12）：1136–1145.

点评：文章系统总结了生物药物的发展历史、发展现状和发展趋势。

网上更多学习资源……

◆教学课件

（沈阳药科大学　夏焕章）

2

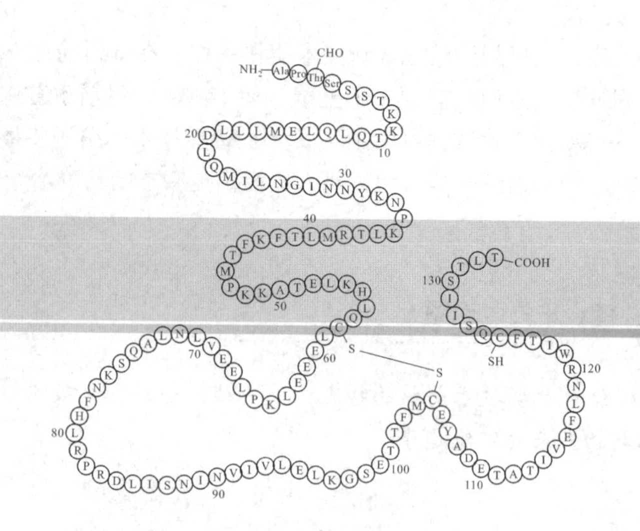

基因工程制药

20世纪80年代初期，重组人胰岛素的面市和单克隆抗体的开发宣告了一个药学新时代的到来，生物技术产品和相关技术的迅速发展促使未来的药学家和药学相关领域的科技工作者必须牢固掌握相关的理论和技术。

本章将结合基因工程药物的研制和生产过程实际，重点学习基因工程菌的构建方法、基因工程药物的生产工艺控制方法、基因工程药物分离纯化方法和质量分析方法。

通过本章学习，可以掌握以下知识：

1. 基因工程菌构建的过程；
2. 基因工程菌的不稳定性；
3. 基因工程菌发酵影响因素及控制方法；
4. 基因工程药物分离纯化方法；
5. 基因工程药物的质量控制。

知识导图

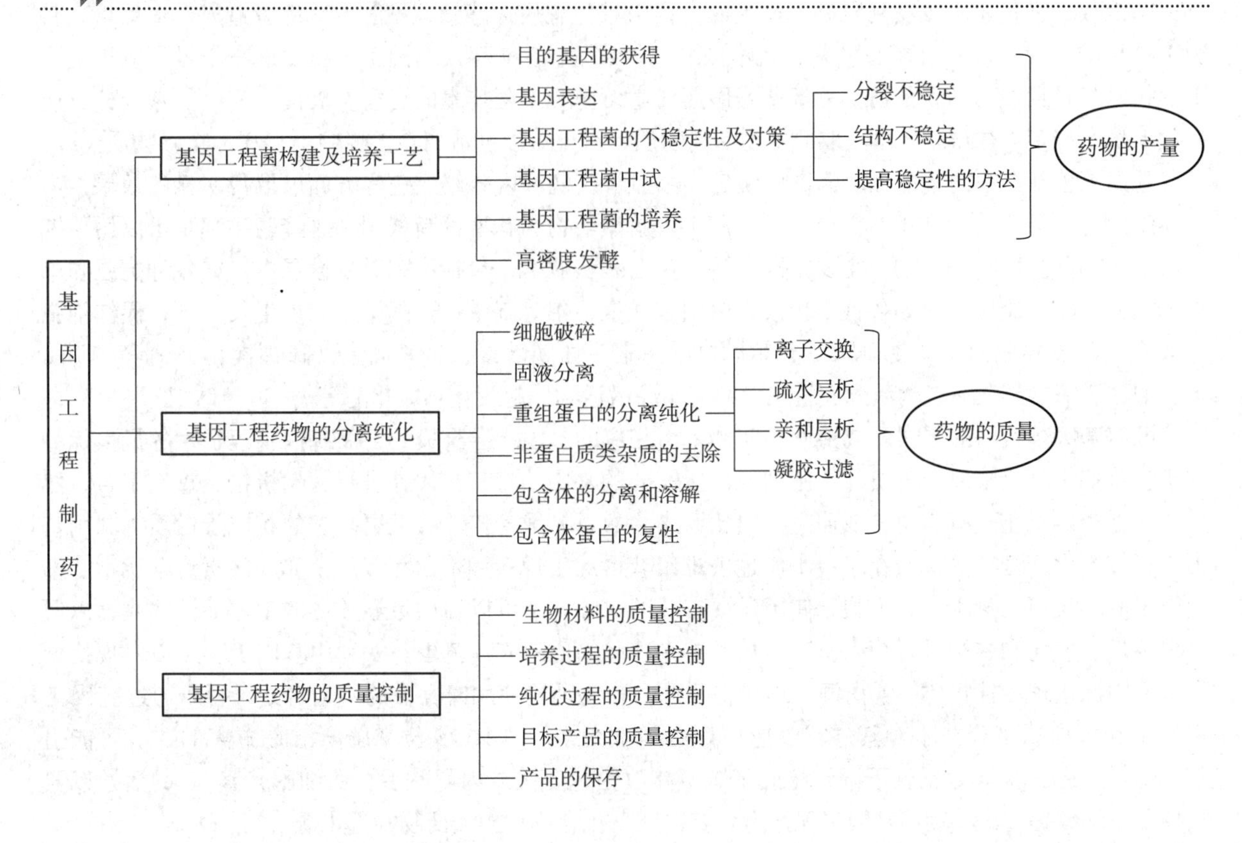

关键词

目的基因　基因表达　宿主菌的选择　产物的稳定性　融合蛋白　分泌型表达
基因工程菌的不稳定性　分阶段控制培养　固定化培养　基因工程菌中试　补料分批培养
连续培养　透析培养　高密度发酵　离子交换层析　疏水层析　亲和层析　凝胶过滤层析
基因工程药物的质量控制　产品一致性

2.1 概述

生物技术是一项与医药产业相互结合极为密切的高新技术，它的发展不仅促进医学、生命科学等基础学科发生革命性变化，也为医药工业发展开辟了更为广阔的新领域。生物技术的核心是基因工程，基因工程技术的成就之一是研制出用于生物治疗的新型药物。从1982年第一个基因重组产品——重组人胰岛素在美国问世以来，吸引和激励着科学家利用基因工程技术研制新产品，迄今累计已有约100种基因工程药物投入市场，产生了巨大的社会效益和经济效益。生物技术用于疾病的预防和疑难病症的治疗已经成为现实。

虽然一些内源生理活性物质作为药物已有多年，例如治疗糖尿病的胰岛素、治疗侏儒症的人生长激素等，但是，许多在疾病预防、诊断和治疗中有重要价值的内源生理活性物质（如激素、细胞因子、神经多肽、调节蛋白、酶类、凝血因子等人体活性多肽）以及某些疫苗，由于材料来源困难或技术方法问题而无法研制出产品，难以付之应用。即使应用传统技术将内源活性生理物质从动物脏器中提取出来，也因造价太高而使患者望而却步，即便用得起，亦因来源困难而供不应求；而且由于免疫抗原的缘故，在使用上也受到限制；在提取过程中难免有病毒感染，可能会对患者造成严重后果。基因工程技术的应用，从根本上解决了上述问题。自20世纪70年代基因工程诞生以来，最先应用基因工程技术且目前最为活跃的研究领域便是医药科学，基因工程技术的迅猛发展使人们已能够十分方便有效地生产许多以往难以大量获取的生物活性物质，甚至可以创造出自然界中不存在的全新物质。

基因工程新药在防治癌症、病毒性疾病、心血管疾病和内分泌疾病等方面已取得明显的效果，为上述疾病的预防、治疗和诊断提供了新型疫苗、新型药物和新型诊断试剂。这些药物都是难以用传统方法生产的珍贵稀有的药物，主要是医用活性蛋白和多肽类，包括：①免疫性蛋白，如各种抗原和单克隆抗体。②细胞因子，如各种干扰素、白细胞介素、集落刺激生长因子、表皮生长因子、促红细胞生成素、肿瘤坏死因子、凝血因子。③蛋白质激素，如胰岛素、生长激素、降钙素、心钠素。④酶类，如尿激酶、链激酶、葡激酶、组织型纤溶酶原激活物、超氧化物歧化酶等。

可用于医药目的的蛋白质或活性多肽都是由相应的基因指导合成的；而基因工程技术的最大优势在于它有能力从极端复杂的机体细胞内取出所需要的基因，将其在体外进行剪切拼接、重新组合，然后转入适当的细胞进行表达，从而生产出比原来多数百、数千倍（甚至更高）的相应蛋白质。利用基因工程技术生产药物的优点在于：①使过去难以获得的生理活性蛋白和多肽（如胰岛素、干扰素、细胞因子等）均可大量生产，为临床使用建立有效的保障。②可以提供足够数量的生理活性物质，以便对其生理、生化和结构进行深入研究，从而扩大这些物质的应用范围。③利用基因工程可以发现挖掘更多的内源生理活性物质。④内源生理活性物质在作为药物使用时存在的不足之处，可以通过基因工程技术和蛋白质工程技术对其进行改造。如白细胞介素-2第125位半胱氨酸是游离的，有可能引起二硫键的错配而导致活性下降，将此半胱氨酸改为丝氨酸或丙氨酸后，白细胞介素-2的活性以及热稳定性均有提高。⑤利用基因工程技术可获得新型化合物，扩大药物筛选来源。

科技视野 2-1
白细胞介素-2的改造

20世纪70年代初，DNA重组实验将哺乳动物基因导入细菌体内，并表达成功，开创了生物技术制药工业。此后，以往难以获得的诸如人胰岛素、人生长激素、α-干扰素、白细胞介素-2等多种生物技术药物陆续上市。

知识拓展 2-1
重组人干扰素α1b

我国基因工程研究起步较晚，但政府对于发展生物技术给予了足够的重视，把生物技术研究放在高新技术领域的首位。1989年我国批准了第一个在我国生产的基因工程药物"重组人干扰素α1b"——我国科学家经过8年攻关，成功地研制出世界上第一个采用中国健康人白细胞中克隆的α1b型干扰素基因，组建杂交质粒，转染大肠杆菌使之高效表达人干扰素α1b。它源于中国人基因，最适于黄种人使用，该产品的20多种指标达到国际先进水平。重组人干扰素α1b是由我国自行研制开发的具有国际先进水平的生物高科技成果，成为"863"计划生物技术领域第一个实现产业化的基因工程药物，标志着我国基因工程制药的研究和开发已跻身于世界先进国家行列。乙型肝炎表面抗原基因工程疫苗已在1992年获得国家一类新药证书并批准中试生产，这是我国投放市场的第一种高新技术疫苗。随后，hGH、t-PA、hEGF、EPO等十几种蛋白质或多肽药物也已投入生产。在2009年甲型H1N1流感病毒流行时，我国也率先利用基因工程生产出了甲型H1N1流感疫苗。

我国基因工程药物主要集中在仿制上。我国已批准上市的基因工程药物仅有重组人干扰素α1b一种是首创的，其余均是仿制的。我们必须开展创新基因工程药物的研究，如蛋白质工程产品、各种融合蛋白、各种细胞因子突变体和衍生物、小分子功能肽类等，可通过分子设计、有控制的基因修饰及基因合成，创造原来没有的、但生物功能更优越的新型基因工程药物。同时，现代生物技术是一项十分复杂的系统工程，其中的"上游技术"非常重要，是研究开发必不可少的。但从实验室成果产业化、商品化的角度来看，"下游技术"就显得更为重要。而我国生物技术"下游技术"开发落后于"上游技术"，如基因工程菌大规模发酵最佳参数的确立、新型生物反应器的研制、高效分离介质及装置的开发、分离纯化的优化控制、高纯度产品的制备技术、生物传感器等一系列仪器仪表的设计和制造、电子计算机的优化控制等。我国生物技术的“上游技术”与国际先进水平相比仅相差 3～5 年，但“下游技术”则至少落后 15 年以上。我们必须改变这种状况，加强“下游技术”的研究和开发，使之与“上游技术”同步发展，尽量缩短与国际的差距。

2.2 基因工程药物生产的过程

基因工程技术是指将目的基因插入载体、拼接、转入新的宿主细胞，构建成基因工程菌（或细胞），实现遗传物质的重新组合，并使目的基因在基因工程菌内进行复制和表达的技术。基因工程药物制造的主要步骤是：获得目的基因，构建重组质粒（DNA 重组体）、构建基因工程菌、目的基因的表达、外源基因表达产物的分离纯化、成品检定和产品包装等（图 2–1）。本章将重点介绍由基因工程菌生产的基因工程药物。

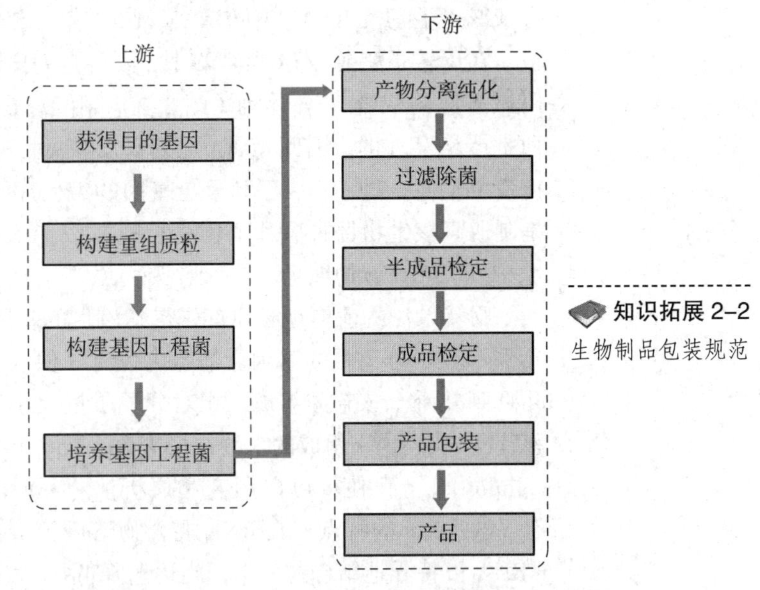

图 2–1 制备基因工程药物的基本过程

知识拓展 2–2
生物制品包装规范

基因工程药物的生产是一项十分复杂的系统工程，可分为上游和下游两个阶段。上游阶段是研究开发必不可少的基础，它主要是获得目的基因、构建基因工程菌（细胞）。下游阶段是从基因工程菌（细胞）的大规模培养一直到产品的分离纯化、质量控制等。

上游阶段的工作主要在实验室内完成。基因工程药物的生产必须首先获得目的基因，然后用限制性内切酶和连接酶将所需目的基因插入适当的载体质粒或噬菌体中并转入大肠杆菌或其他宿主菌（细胞），以便大量复制目的基因。对目的基因要进行限制性内切酶和核苷酸序列分析。目的基因获得后，最重要的就是使目的基因表达。基因的表达系统有原核生物系统和真核生物系统。将目的基因与表达载体重组，转入合适表达系统，获得稳定高效表达的基因工程菌（细胞）。

下游阶段是将实验室成果产业化、商品化，它主要包括基因工程菌大规模发酵最佳参数的确立、新型生物反应器的研制、高效分离介质及装置的开发、分离纯化的优化控制、高纯度产品的制备技术、生物传感器等一系列仪器仪表的设计和制造及电子计算机的优化控制等。基因工程菌的发酵工艺不同于传统的抗生素和氨基酸发酵，需要对影响目的基因表达的因素进行分析，对各种影响因素进行优化，建立适于目的基因高效表达的发酵工艺，以便获得较高产量的目的基因表达产物。为了获得合格的目的产物，必须建立起一系列相应的分离纯化、质量控制、产品保存等技术。

2.3 目的基因的获得

教学视频 2–1
目的基因的获得

应用基因工程技术生产新型药物，首先必须构建一个特定的目的基因无性繁殖系，即产生各种新药的基因工程菌株。来源于真核细胞的产生基因工程药物的基因是不能进行直接分离的。真核细胞中单拷贝基因只是染色体 DNA 中的很小一部分，为其 10^{-7}～10^{-5}，即使多拷贝基因也只有其 10^{-5}，因此从染色体中直接分离纯化目的基因极为困难。另外，真核基因内一般都有内含子，如果以原核细胞作为表达系统，即便分离出真核基因，由于原核细胞缺乏 mRNA 的转录后加工系统，真核基因转录的 mRNA 也不能加工、拼接成为成熟的 mRNA，因此不能直接克隆真核基因，必须采用特殊的方法分离目的基因。

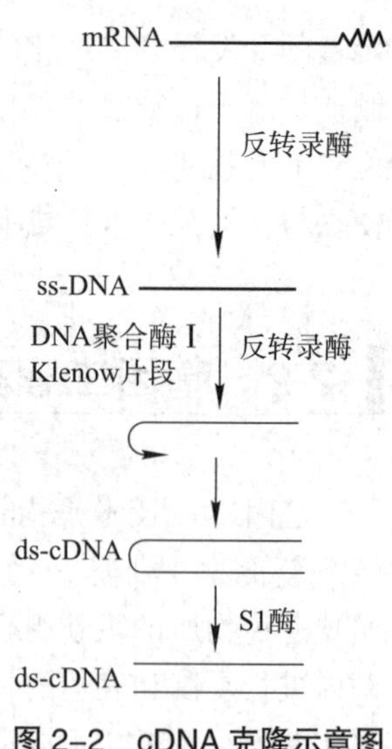

图 2-2 cDNA 克隆示意图

2.3.1 反转录法

为了克隆编码某种特异蛋白质或多肽的 DNA 序列，可以从产生该蛋白质的真核细胞中提取 mRNA，以其为模板，在反转录酶的作用下，反转录合成该蛋白质 mRNA 互补 DNA（cDNA 第一链）；再以 cDNA 第一链为模板，在反转录酶或 DNA 聚合酶 I（或者克列诺片段）作用下，最终合成编码该多肽的双链 DNA 序列（图 2-2）。由于 cDNA 与模板 mRNA 核苷酸序列是严格互补的，因此 cDNA 序列只反映基因表达的转录及加工后产物所携带的信息，即 cDNA 序列只与基因的编码序列有关，而不含内含子。这是制取真核生物目的基因常用的方法。

（1）mRNA 的纯化

反转录法的前提是必须首先得到该目的基因的 mRNA，而要分离纯化目的基因的 mRNA，其难度几乎不亚于分离目的基因。细胞内含有 3 种以上的 RNA，mRNA 占细胞内 RNA 总量的 2%～5%，由几百到几千个核苷酸组成，相对分子质量大小很不一致。在真核细胞中 mRNA 的 3′ 端常含有一多聚腺苷酸 poly（A）组成的末端，长达 20～250 个腺苷酸，足以吸附于寡脱氧胸苷酸纤维素 [oligo（dT）-cellulose] 上，使得可以用亲和层析法将 mRNA 从细胞总 RNA 中分离出来。利用 mRNA 的 3′ 端含有 poly（A）的特点，在 RNA 混合物溶液流经寡脱氧胸苷酸纤维素柱时，在高盐缓冲液的作用下，mRNA 被特异地结合在柱上，当逐渐降低盐的浓度洗脱时或在低盐溶液和蒸馏水的情况下，mRNA 被洗脱下来，经过两次寡脱氧胸苷酸纤维素柱后，可得到较高纯度的 mRNA。

（2）cDNA 第一链的合成

一般 mRNA 都带有 3′-poly（A），所以可用寡脱氧胸腺苷酸 [oligo（dT）] 作为引物，在禽成髓细胞瘤病毒（avian myeloblastosis virus，AMV）反转录酶的催化下，开始 cDNA 链的合成。往往在合成反应体系中加入一种放射性标记的 dNTP，如 α-^{32}P-dATP 或 α-^{32}P-dCTP，在反应中和反应后可通过测定放射性标记的 dNTP 掺入量，计算 cDNA 的合成效率；在凝胶电泳后，进行放射自显影分析产物的分子大小，探索最佳反应条件。一次好的反转录反应可使 oligo（dT）选出的 mRNA 中有 5%～30% 被拷贝。

（3）cDNA 第二链的合成

先用碱解或 RNase H 酶解的方法除去 cDNA-mRNA 杂交链中的 mRNA 链，然后以 cDNA 第一链为模板合成第二链。由于第一条 cDNA 链 3′ 端往往形成一个发夹形结构，所以，可以从这一点开始合成 cDNA 第二链，此反应是在 DNA 聚合酶 I 催化下完成的。核酸酶 S1 专一性切除单链 DNA，用它可以切除发夹结构。发夹结构切除后，双链 cDNA 分子的大小常用变性琼脂糖凝胶电泳进行测定。

（4）cDNA 克隆

用于 cDNA 克隆的载体有两类：质粒 DNA（如 pUC、pBR322 等）和噬菌体 DNA（如 λgt10、λgt11 等）。根据重组后插入的 cDNA 是否能够表达、经转录和翻译合成蛋白质，又将载体分为表达型载体和非表达型载体，pUC 及 λgt11 为表达型载体，在 cDNA 插入位置的上游具有启动基因顺序；而 pBR322 及 λgt10 为非表达型载体。cDNA 克隆操作中应根据不同的需要选择适当的载体。cDNA 插入片段小于 10 kb，可选用质粒载体，如大于 10 kb 则应选用噬菌体 DNA 为载体。选用表达型载体可以增加目的基因的筛选方法，有利于目的基因的筛选。

cDNA 片段与载体的连接通常采用下面方法。一种方法是加同聚尾连接，用 3′ 端脱氧核苷酸转移酶催化，使载体与 cDNA 的 3′ 端带上互补的同型多聚体序列，借助同型多聚体的退火作用形成重组分子，最后用 T4-DNA 连接酶封口。若载体加上 poly（C）[或 poly（A）] 的尾巴，则 cDNA 加上 poly（G）[或 poly（T）] 的尾巴，这两种黏性末端只能使载体与 cDNA 连接而不能自我环化。另一种方法是加人工接头连接，用 T4-DNA 连接酶在平末端接上人工接头可以使 DNA 发生连接。所谓人工接头是指由人工合成的、连接在目的基因两端的含有某些限制酶切点的寡核苷酸片段。cDNA 连上人工接头后，用该种限制酶酶切就可得到黏性末端，从而能够与载体连接。cDNA 中可能也带有同样的限制酶切点，为了保护 cDNA 不受限制酶破坏，保证 cDNA 的完整，可以在加接头前先用甲基化酶修饰这些同样的限制酶切点。

（5）将重组体导入宿主细胞

体外包装重组的 λ 噬菌体，感染感受态大肠杆菌形成噬菌斑；或转化感受态大肠杆菌使质粒进入细菌内。

（6）cDNA 文库的鉴定

根据重组体的表型进行筛选，主要有抗性基因失活法和菌落或噬菌斑颜色改变法。然后再采用凝胶电泳、分子杂交、DNA 序列分析测定等方法进行进一步筛选鉴定。

（7）目的 cDNA 克隆的分离和鉴定

从 cDNA 文库分离特异 cDNA 克隆主要采用下列两种方法：①核酸探针杂交法。用层析和高分辨率电泳等技术纯化微克量的目的蛋白质，根据目的蛋白质纯品的氨基酸序列分析结果，人工合成相应的单链寡核苷酸作为探针，从 cDNA 文库分离特异 cDNA 克隆。②免疫反应鉴定法。在既无可供选择的基因表型特征，又没有合适探针的情况下，本法是筛选特异 cDNA 克隆的重要途径。用表达型载体构建的 cDNA 文库，可利用免疫学方法分组逐一鉴定各 cDNA 的表达产物，即以某种蛋白质的抗体寻找相应的特异 cDNA 克隆。

分离得到含有目的基因的阳性克隆后，必须对其做进一步的验证和鉴定。主要是限制酶图谱的绘制、杂交分析、基因定位、基因测序、确定基因的转录方向及转录起始点等。

2.3.2 反转录 - 聚合酶链式反应法

聚合酶链式反应（polymerase chain reaction，PCR）于 1985 年创立后，人们将其与反转录方法结合起来，得到一种新的合成 cDNA 的方法，即反转录 - 聚合酶链式反应法。该方法是 mRNA 经反转录合成 cDNA 第一链，不需再合成 cDNA 第二链，而是在特异引物协助下，用 PCR 法进行扩增，特异地合成目的 cDNA 链，用于重组、克隆。

教学视频 2-2 PCR

知识拓展 2-3 聚合酶链式反应

2.3.3 化学合成法

较小分子蛋白质或多肽的编码基因可以人工化学合成。化学合成法有个先决条件就是必须已知其核苷酸序列，或者已知其蛋白质的氨基酸序列，再按相应的密码子推导出 DNA 的碱基序列。用化学方法合成此基因 DNA 不同部位的两条链的寡核苷酸短片段，再退火成为两端形成黏性末端的 DNA 双链片段。然后将这些 DNA 片段按正确的次序进行退火连接起来形成较长的 DNA 片段，再用连接酶连接成完整的基因。

知识拓展 2-4 DNA 化学合成原理

采用人工合成基因的方法进行克隆具有其独特的优越性：准确性达到 100%；可对密码子进行大规模修改，从而一次性完成对基因的改造；人工合成时可以引入特定的信号肽序列，或是在载体本身的信号肽和外源基因之间消除多余的碱基，这样既可进行分泌型表达，为将来的中下游工作奠定基础，又能使信号肽被正确切割之后在重组蛋白的 N 端没有多余的氨基酸，对于保证重组蛋白的正确折叠，乃至保证其生物活性都具有重要意义。

2.3.4 表型克隆筛选基因的方法

表型克隆直接依据表型与基因组序列或 mRNA 表达序列的联系来克隆基因，而不必事先分析其生化功能或连锁、定位，开辟了一条分离复杂性状相关基因的快捷可行的途径，是近年来发展十分迅速的一类方法，包括差异筛选法、消减杂交（SH）、mRNA 差别显示技术（DDRT-PCR）、代表性差异分析（RDA）抑制消减杂交（SSH）等。

（1）功能克隆法

依赖于基因表达产物和生物学功能的基因克隆法称为功能克隆法。该法不适用于在不知道基因相关功能信息的条件下有效地克隆新的基因。可采用基因敲除技术、RNA 干扰技术、酵母双杂交技术、高通量表达技术、流式细胞术等手段，从基因水平、表达调控水平、蛋白质水平、细胞水平获得基因功能信息。

（2）构建 cDNA 文库

通过表达序列标签（expressed sequence tag，EST）进行基因作图和基因组序列中编码序列的鉴别，EST 能提供设计引物的足够信息，可以用 PCR 技术自基因组中特异扩增相应片段，是一种十分有用的 DNA 位标。

（3）差别显示技术的应用

利用 mRNA 差别显示技术、减数 PCR 技术、消减杂交技术寻找新基因。如通过正常组织和肿瘤组织某些基因和蛋白质的差异表达，寻找在肿瘤细胞中的高表达基因或沉默基因，从而推测其可能是癌基因或抑癌基因。

2.3.5 对已发现基因的改造

技术应用 2-1
点突变技术改变蛋白质

通过对基因的功能相关区域研究，并采用基因修饰技术和点突变技术进行基因新功能研究和再确证，从而提高目的基因表达产物的稳定性和体内半衰期，提高表达产物的生物学活性，降低有效使用剂量或提高表达量，降低毒性或免疫原性。蛋白质工程药物的分子设计主要有以下方法：用突变技术更换活性蛋白质的某些关键氨基酸残基；通过增加、删除或调整分子上的某些肽段、结构域或寡糖链，使之改变活性，生成合适糖型，产生新的生物功能；将功能互补的两种基因工程药物在基因水平上融合，这种“择优而取”的嵌合型药物，其功能不仅仅是原有药物功能的加和，还会出现新的药理作用；对表达产物的后修饰改善蛋白质工程药物药理作用。

2.4 基因表达

基因表达是指结构基因在生物体中的转录、翻译以及所有加工过程。基因工程中基因高效表达是指外源基因在某种细胞中的表达活动，即剪切下一个外源基因片段，拼接到另一个基因表达体系中，使其能获得既有原生物活性又可高产的表达产物。

进行基因表达研究，人们关心的问题主要是目的基因的表达产量、表达产物的稳定性、产物的生物学活性和表达产物的分离纯化。因此在进行基因表达设计时，必须综合考虑各种影响因素，建立最佳的基因表达体系。

2.4.1 宿主菌的选择

目的基因获得后，必须在合适的宿主菌中进行表达，才能获得目的产物。宿主菌应满足以下要求：具有高浓度、高产量、高产率；能利用易得廉价原料；不致病、不产生内毒素；发热量低、需氧低、适当的发酵温度和细胞形态；容易进行代谢调控；容易进行DNA重组技术；产物容易提取纯化。

通常情况下，某一特定的治疗性蛋白，可以利用两种不同的表达系统生产，如胰岛素和人生长激素可以在大肠杆菌或酿酒酵母中表达；IFN-β可在大肠杆菌及CHO细胞中表达，其中CHO细胞中表达的IFN-β结构与人类天然蛋白质相同，大肠杆菌表达的IFN-β则是N端缺失、一个半胱氨酸被丝氨酸取代以及没有任何糖基化的蛋白质。没有任何一个表达系统在所有情况下都普遍具有优势，表达系统需要在个案的基础上选择。从安全性角度，理论上最好选择一个远离人类种属的表达系统，以使人类病原体不能污染该表达系统。

基因表达的微生物宿主细胞分为两大类，第一类为原核细胞，目前常用的有大肠杆菌、枯草芽孢杆菌、链霉菌等；第二类为真核细胞，常用的有酵母、丝状真菌等。

（1）原核细胞

① 大肠杆菌　由于大肠杆菌分子遗传学研究较深入且生长迅速，目前仍是基因工程研究中采用最多的原核表达体系。大肠杆菌由于本身的特点，其表达基因工程产物的形式多种多样，如细胞内不溶性表达（包含体）、细胞内可溶性表达、细胞周质表达，极少数情况下也可分泌到细胞外。不同的表达形式具有不同的表达水平及完全不同的杂质。

大肠杆菌中表达时不存在信号肽，故产品多为胞内产物，提取时需将细胞破碎，使细胞质内其他蛋白质也释放出来，造成提取困难。由于分泌能力不足，真核蛋白质常形成不溶性的包含体，表达产物必须在下游处理过程中，经过变性和复性处理才能恢复其生物活性。在大肠杆菌中表达时，由于不存在翻译后修饰作用，不能对蛋白质产物糖基化，因此大肠杆菌只适合于表达糖基化等翻译后修饰对其生物功能并非必需的真核蛋白，在使用上受到一定限制。目的蛋白质的N端常多一个甲硫氨酸残基，这是由于翻译常从甲硫氨酸的AUG密码子开始，也会引起免疫反应。细胞死亡后，细胞壁脂多糖游离出来形成内毒素，其具有抗原性，产生热原很难除去，还会产生蛋白酶破坏目的蛋白质。

大肠杆菌表达的产品一般都是结构相对简单、相对分子质量较小的细胞因子类蛋白质药物。在这些药物中，胰岛素及其突变体、粒细胞集落刺激因子（G-CSF）、干扰素α、干扰素β-1b和生长激素仍是销售额巨大的生物制药重要品种。而随着生物技术的进步，大肠杆菌表达比较复杂的分子（如抗体片段）也显示了较好的前景，anti-VEGF抗体片段（lucentis）、PEG化anti-TNFα抗体片段和TPO类多肽-Fc融合蛋白的上市，是大肠杆菌表达系统应用于生物制药产业中的重大突破，这些产品的市场表现将决定大肠杆菌表达系统在未来生物制药产业中的地位。

② 枯草芽孢杆菌　作为革兰氏阳性细菌的典型代表，已对于其生理、生化、遗传及分子生物学进行了详细的研究，其基因组测序已经完成。枯草芽孢杆菌自身没有致病性，只具有单层细胞外膜，能直接将许多蛋白质分泌到培养基中，不形成包含体。该菌不能使蛋白质产物糖基化，而且由于有很强的胞外蛋白酶，会对目的产物进行不同程度的降解，因此在外源基因克隆表达中受到影响。另外，该菌可用的载体相当有限，极少有蛋白质在枯草芽孢杆菌中的表达高于在大肠杆菌中的表达。目前用芽孢杆菌系统成功表达的真核基因产物有白介素-3、乙肝核心抗原、乙肝PreS2抗原、丙肝病毒壳蛋白、HIV p4Ispf-1蛋白等，成功表达的原核基因产物有甘油-3-磷酸脱氢酶、甘油激酶、纤维素酶、色氨酸合成酶等。

③ 链霉菌　链霉菌是重要的工业微生物，作为外源基因表达体系正日益受到人们的重视，已发展了一大批有实用价值的载体质粒。对链霉菌的分子遗传学研究的长足进展，特别是有关链霉菌质粒的分子生物学、链霉菌启动子、链霉菌蛋白质分泌的信号序列等方面研究的综合进展，给外源基因在链霉菌中的表达提供了理论基础，链霉菌成为继大肠杆菌、枯草芽孢杆菌之后又一个有价值的基因表达的宿主。链霉菌的模式菌株天蓝色链霉菌的基因组测序已完成。其主要特点是：无致病性，使用安全；分泌能力强，可将表达产物直接分泌到培养液中；表达蛋白基本能正确折叠，不形成包含体；具有糖基化能力；利用链霉菌进行工业化规模生产抗生素的历史悠久，在工业规模发酵技术方面已积累

了相当丰富的经验，因而可利用现有的技术及设备生产链霉菌表达的外源基因产物。在链霉菌中表达的蛋白质常常是可溶性的，因此就无须为了获得具有生物活性的蛋白质而使表达的蛋白质重新溶解并折叠成正确的构型。

（2）真核细胞

① 酵母　酵母是研究基因表达调控最有效的单细胞真核微生物，其主要特点是：基因组小，仅为大肠杆菌的4倍；世代时间短，有单倍体、二倍体两种形式；生长繁殖迅速，培养周期短，工艺简单，生产成本低，不会产生毒素，安全性可靠；遗传背景清楚，容易进行遗传操作；具有较为完善的表达控制系统；酵母是真核生物，能进行一些表达产物的加工，表达产物能糖基化，有利于保持生物产品的活性和稳定性；外源基因在酵母中能分泌表达，表达产物分泌至胞外不仅有利于纯化，而且避免了产物在胞内大量蓄积对细胞的不利影响。酵母表达系统最先使用的是酿酒酵母，1981年Hitzeman等用酿酒酵母成功地表达了人干扰素。但是，以酿酒酵母为主体的表达系统也存在一些明显的局限性，如缺乏强有力的启动子、分泌效率差、质粒不稳定、难以达到很高发酵密度、只能分泌少量蛋白质、其翻译后加工与高等真核生物有所不同等，这对外源基因的表达是很大的障碍。因此，人们在此基础上又寻找到新的酵母表达系统毕赤酵母，即甲醇营养型表达系统。已有不少真核基因在酵母中获得成功克隆和表达，如：尿酸水解酶（rasburicase）、胰高血糖素（glucagon）、GM-CSF、血小板衍生生长因子（PDGF）、胰岛素及速效或长效胰岛素突变体、水蛭素、乙肝疫苗、HPV疫苗（预防宫颈癌疫苗）等。

② 丝状真菌　丝状真菌是重要的工业菌株。其主要特点是：具有很强的蛋白质分泌能力；能正确进行翻译后加工，包括肽剪切和糖基化等，其糖基化方式与高等真核生物相似；丝状真菌的生物合成能力及有效的分泌机制，能使人们得到大量胞外生物活性蛋白；通过增加拷贝数及活性改造方法，扩大传统突变和选择方法，提高工业生产菌株生产能力；丝状真菌的发酵工艺及下游加工技术也发展得比较完善。在使用丝状真菌作为宿主表达外源蛋白，尤其是非丝状真菌蛋白时，其分泌效率往往不尽如人意，产率一般比表达同源蛋白低2～3个数量级，所以丝状真菌表达系统主要用于生产丝状真菌本身的内源性蛋白，如用作工业或食用的酶类。另外由于其转化效率较低，基因背景了解不充分，以及细胞外大量分泌蛋白酶的存在，使得异源蛋白的表达较为困难。

虽然各种微生物从理论上讲都可以用于基因的表达，但由于克隆载体、DNA导入方法以及遗传背景等方面的限制，目前使用最广泛的宿主菌仍然是大肠杆菌和酿酒酵母。一方面它们的遗传背景研究得比较清楚，建立了许多适合于它们的克隆载体和DNA导入方法，另一方面许多外源基因在这两种宿主菌中表达成功。现在不但要继续利用大肠杆菌和酵母，研究清楚影响基因表达的各种因素之间的关系，提出更有效的解决方法，而且还要寻找更好的适用于不同外源基因表达的微生物宿主菌。

2.4.2　大肠杆菌体系中的基因表达

大肠杆菌作为外源基因的表达宿主，遗传背景清楚，技术操作简便，研究周期短，培养条件简单，大规模发酵经济，因此备受遗传工程专家的重视。目前大肠杆菌是应用最广泛、最成功的高效表达体系，并常常作为高效表达研究的首选体系。

（1）表达载体

真核基因要在大肠杆菌中复制与表达，必须要有合适的表达载体把真核基因导入宿主菌中，然后将外源基因表达成蛋白质。根据真核基因在原核细胞中表达的特点，表达载体必须具备下列条件：

① 载体能够独立地复制　载体本身是一个复制子，具有复制起点。根据载体复制的特点，可将其分为严紧型和松弛型。严紧型伴随宿主染色体的复制而复制，在宿主细胞中拷贝数少（1～3个）；松弛型的复制可不依赖于宿主细胞，在宿主细胞中拷贝数可多达3 000个。

② 具有灵活的克隆位点和方便的筛选标记　以利于外源基因的克隆、鉴定和筛选，而且克隆位点

在启动子序列后，使克隆的外源基因得以表达。

③ 具有强启动子，能为大肠杆菌的RNA聚合酶所识别。

● *lac*启动子。它来自大肠杆菌的乳糖操纵子，是DNA分子上一段有方向的核苷酸序列，由阻遏蛋白基因（*lacI*）、启动基因（*P*）、操纵基因（*O*）和编码3个与乳糖利用有关的酶的基因结构所组成。*lac*启动子受分解代谢系统的正调控和阻遏物的负调控。正调控通过CAP（catabolite gene activation protein）因子和cAMP来激活启动子，促使转录进行。负调控则是由调节基因产生Lac阻遏蛋白，该阻遏蛋白能与操纵基因结合阻止转录。乳糖及某些类似物如IPTG可与阻遏蛋白形成复合物，使其构型改变，不能与操纵基因结合，从而解除这种阻遏，诱导转录发生。

● *trp*启动子。它来自大肠杆菌的色氨酸操纵子，其阻遏蛋白必须与色氨酸结合才有活性。当缺乏色氨酸时，该启动子开始转录；当色氨酸较丰富时，则停止转录。β-吲哚丙烯酸可竞争性抑制色氨酸与阻遏蛋白的结合，解除阻遏蛋白的活性，促使*trp*启动子转录。

● *tac*启动子。*tac*启动子是一组由*lac*和*trp*启动子人工构建的杂合启动子，受Lac阻遏蛋白的负调节，它的启动能力比*lac*和*trp*都强。其中*tac1*是由*trp*启动子的-35区加上一个合成的46 bp DNA片段（包括Pribnow盒）和*lac*操纵基因构成，*tac12*是由*trp*的启动子-35区和*lac*启动子的-10区，加上*lac*操纵子中的操纵基因部分和SD序列融合而成。*tac*启动子受IPTG的诱导。

● λP_L启动子。它来自λ噬菌体早期左向转录启动子，是一种活性比*trp*启动子高11倍左右的强启动子。λP_L启动子受控于温度敏感的阻遏物cIts857。在低温（30℃）时，cIts857阻遏蛋白可阻遏λP_L启动子转录。在高温（45℃）时，cIts857蛋白失活，阻遏解除，促使λP_L启动子转录。系统由于受cIts857作用，尤其适合于表达对大肠杆菌有毒的基因产物，缺点是温度转换不仅可诱导λP_L启动子，也可诱导热休克基因，其中有一些热休克基因编码蛋白酶。

● T7噬菌体启动子。它是来自T7噬菌体的启动子，具有高度的特异性，只有T7 RNA聚合酶才能使其启动，故可以使克隆化基因独自得到表达。T7 RNA聚合酶的效率比大肠杆菌RNA聚合酶高5倍左右，它能使质粒沿模板连续转录几周，许多外源终止子都不能有效地终止它的序列，因此它可转录某些不能被大肠杆菌RNA聚合酶有效转录的序列。这个系统可以高效表达其他系统不能有效表达的基因。但要注意用这种启动子时宿主中必须含有T7 RNA聚合酶。应用T7噬菌体表达系统需要2个条件：第一是具有T7噬菌体RNA聚合酶，它可以由感染的λ噬菌体或由插入大肠杆菌染色体上的一个基因拷贝产生；第二是在一个待表达基因上游带有T7噬菌体启动子的载体。

④ 具有阻遏子　使启动子受到控制，只有当诱导时才能进行转录。阻遏子的阻遏作用可以受物理因素（如温度）、化学因素（如IPTG、IAA等）的调节，因而可人为地选择启动子起始转录mRNA的时机，以获得外源蛋白表达合成的最佳时机。由于外源基因的高效表达往往会抑制宿主菌的生长、增殖，而阻遏子可使宿主菌免除此不良影响。先使宿主菌较快增殖积累到相当量，再通过瞬时消除此阻遏使表达蛋白在短时间内大量积累，从而减弱表达产物的降解。同时启动子受调节因素调节后，含外源基因的重组表达质粒的拷贝数将大大提高，这必然导致外源基因量的增高，对提高外源基因总体表达水平是非常有利的。

⑤ 具有强终止子　以便使RNA聚合酶集中力量转录克隆的外源基因，而不转录其他无关的基因，同时很强的终止子所产生的mRNA较为稳定。诱导表达时，由于强启动子所致的高水平转录反过来还会影响质粒DNA本身的复制，从而引起质粒的不稳定或脱质粒现象，因此表达载体需在外源基因的下游安置一个强转录终止子，以克服由质粒转录引进的质粒不稳定。

⑥ 所产生的mRNA必须具有翻译起始信号　即起始密码AUG和SD序列，以便转录后能顺利翻译。

（2）影响目的基因在大肠杆菌中表达的因素

外源基因在基因工程菌中的表达受基因剂量、质粒稳定性、mRNA 5′和3′非翻译区（UTR）和信号肽等上游的影响，也受宿主菌、蛋白酶、糖基化及培养条件的影响。外源基因表达产量与单位容积产量是正相关的，而单位容积产量与细胞浓度和每个细胞平均表达产量呈正相关。细胞浓度与生长速率、外源基因拷贝数和表达产物产量之间存在一个动态平衡，只有保持最佳的动态平衡才能获得最高产量；单个细胞的产量又与外源基因拷贝数、基因表达效率、表达产物的稳定性和细胞代谢负荷等有关。

① 表达质粒的拷贝数和稳定性　一般来说细菌内基因拷贝数增加，基因的表达产物也增加。外源基因是克隆到载体上的，因此载体在宿主菌中的拷贝数就直接关系到外源基因的拷贝数。多数情况下，目标基因的扩增程度同基因表达成正比，所以基因扩增为提高外源基因的表达水平提供了一个方便的方法。一般来说，外源基因的表达量随拷贝数的增加而提高，但是当拷贝数很大时，拷贝数与发酵目标产物产率的这种关系却不存在。这主要有两方面的原因：一方面，高拷贝数时外源基因的表达量不再由质粒的拷贝数决定，可能是由转录和翻译水平决定的；另一方面，高拷贝数的质粒往往很不稳定。由于质粒拷贝数的变化直接与基因目标产物的产率有关，因此对于重组蛋白的生产来说，质粒的拷贝数是一个非常重要的参数。应选择高拷贝数的质粒，并以其为基础组建表达载体。表达载体的稳定性是维持基因表达的必需条件，而表达载体的稳定性不但同表达载体自身特性有关，也与受体细胞的特性密切相关。所以在实际运用时，要充分考虑两方面的因素而确定好的表达系统。利用选择压力、尽量减少表达载体的大小、建立可整合到染色体中去的载体等方式，可以增加表达质粒的稳定性。

② 外源基因的表达效率

● 启动子的强弱。启动子是在转录水平上影响基因表达的因素，有效的转录起始是外源基因能否在宿主细胞中高效表达的关键步骤之一，也可以说，转录起始的速率是基因表达的主要限速步骤。外源基因在大肠杆菌中的有效表达，首先必须实现从 DNA 到 mRNA 的高水平转录，转录水平的高低是决定该基因能否高效表达的基础。而转录水平的高低受到启动子等调控元件的控制，因此外源的目的基因进入受体细胞，就必须受控于受体的启动子，所以在目的基因的上游，就必须连有一个适当的启动子。启动子有强有弱，要使目的基因高效表达，就得寻找强的启动子。由于真核基因启动子不能被大肠杆菌转录酶识别，因此在进行真核基因高效表达时，必须将真核基因编码区置于大肠杆菌转录酶能识别的强启动子控制下。最理想的可调控启动子应该是在发酵的早期阶段表达载体的启动子被紧紧地阻遏，这样可以避免出现表达载体不稳定，细胞生长缓慢或由于产物表达而引起细胞死亡等问题。当细胞数目达到一定的密度，通过多种诱导（如温度、药物等）使阻遏物失活，RNA 聚合酶快速起始转录。常用的强启动子有 *lac*、*trp*、*tac*、λP_L、*T7* 等。

● 核糖体结合位点（SD）的有效性。大肠杆菌核糖体结合位点对真核基因在细菌中的高效表达是十分重要的，一般 SD 序列至少含 AGGAGG 序列中的 4 个碱基。SD 序列的存在对原核细胞 mRNA 翻译起始至关重要，所以必须增加核糖体结合位点的有效性，消除在核糖体结合位点及其附近的潜在二级结构。

● SD 序列和起始密码 ATG 的距离。SD 序列和起始密码 ATG 之间的距离及其序列对翻译效率有明显影响。调整 SD 序列和起始密码 ATG 距离，改变附近核苷酸序列，可提高非融合蛋白的合成水平。表达非融合蛋白的关键是原核 SD 序列和真核起始密码 ATG 之间的距离，SD 序列与起始密码子之间的距离以 9 ± 3 个碱基为宜。距离过长过短都影响真核基因的表达。

知识拓展 2-5
密码子的偏好性

● 密码子组成。密码子偏爱性是影响翻译效率的因素之一。真核基因与原核基因对编码同一种氨基酸所喜用的密码子不尽相同，这可能与不同的宿主系统中不同种类 tRNA 的浓度有关。所以，真核系统中喜欢用的密码子，在原核细胞中的翻译效率有可能下降。为了提高表达水平，在根据蛋白质结构来设计引物或合成基因时，应选用大肠杆菌偏爱的密码子。

③ 表达产物的稳定性　当外源基因表达时，作为应急保护性反应，细胞内降解该蛋白质的蛋白酶的产量会迅速增加。所以，即使原始表达量很高，由于很快在细胞内被降解，实际产量却很低。为了提高表达产物在细胞内的稳定性，可以采用下列几种方法：a. 在培养基中加入富含氨基酸和多肽的蛋白胨或酪蛋白水解物，通过增加蛋白酶作用底物以缓和蛋白酶的水解作用。b. 组建融合基因，产生

融合蛋白。融合蛋白通过构象的改变，使外源蛋白不被选择性降解。这种通过产生融合蛋白表达外源基因，特别是相对分子质量较小的多肽或蛋白质编码的基因，尤为合适。c. 利用大肠杆菌的信号肽或某些真核多肽中自身的信号肽，把真核基因产物搬动到胞浆周质的空隙中。在胞浆周质的空隙中，外源蛋白不易被细菌酶类所降解。d. 采用位点特异性突变的方法，改变真核蛋白二硫键的位置，从而增加了蛋白的稳定性。e. 采用蛋白酶缺陷型大肠杆菌，有可能减弱表达产物的降解。黄嘌呤核苷（Ion）是大肠杆菌合成蛋白酶的主要底物，*ion*- 营养缺陷型菌株不能合成黄嘌呤核苷，从而不能合成蛋白酶，减少了表达的真核蛋白在细胞内的降解。

④ 细胞的代谢负荷　外源基因的表达产物属于异己物质，并可能对宿主菌具有毒性作用。大量的外源基因的表达产物将可能导致宿主细胞生长过程的平衡被打破，如大量的氨基酸被用于合成与宿主细胞生长无关的蛋白质，从而影响到其他代谢过程。有的表达产物本身对宿主细胞就有害，大量表达产物的积累可能导致细胞生长缓慢甚至死亡。外源基因在宿主细胞中高效表达，必然影响宿主细胞的生长和代谢，而宿主细胞代谢的损伤，又必然影响外源基因的表达。合理地调节好宿主细胞的代谢负荷与外源基因高效表达的关系，是提高外源基因表达水平不可缺少的一个环节。

为了减轻宿主细胞的代谢负荷，提高外源基因的表达水平，可以采取当宿主细胞大量生长时，抑制外源基因表达措施。即将细胞的生长和外源基因的表达分开成为两个阶段，使表达产物不会影响细胞的正常生长，当宿主细胞的生物量达到饱和时，再进行基因产物的诱导合成，以便减低宿主细胞的代谢负荷。减轻宿主细胞代谢负荷的另一个措施是将宿主细胞的生长与重组质粒的复制分开，当宿主细胞迅速生长时，抑制重组质粒的复制；当细胞生物量积累到一定水平后，再诱导细胞中重组质粒的复制，增加质粒拷贝数，拷贝数的增加必然伴随外源基因表达水平的提高。但是，在外源基因大量表达的同时，质粒上其他基因的表达水平也相应增加，不利于基因产物的分离纯化。

另外，某些蛋白质在真核系统中是一种可溶性蛋白质，但是在大肠杆菌中表达的却是不溶性蛋白质。这很可能是由于外源蛋白质在大肠杆菌中大量表达时，它们的构象发生了改变，或由于不合适的二硫键，或由于不能自由折叠，因而不能形成具有生物活性的蛋白质，而是形成一种水不溶性的包含体，这种包含体的形成也大大降低了表达产物对宿主的毒害作用。

⑤ 基因工程菌的培养条件　外源基因的高水平表达，不仅涉及宿主、载体和克隆基因三者之间的相互关系，而且与其所处的环境条件息息相关，必须进行优化。必须优化基因工程菌的培养条件，进一步提高基因表达水平。由于细菌在 100 L 以上的发酵罐中的生长代谢活动与实验室条件下 200 mL 摇瓶中的生长代谢活动存在很大差异，在进行工业化生产时，基因工程菌株大规模培养的优化设计和控制对外源基因的高效表达至关重要。

（3）真核基因在大肠杆菌中表达的形式

① 以融合蛋白的形式表达药物基因　真核基因在大肠杆菌中表达的一种简便方法是使其表达为一种融合蛋白的一部分，这种融合蛋白的氨基端（N 端）是原核序列，羧基端（C 端）是真核序列，这样的蛋白质是由一条短的原核多肽和真核蛋白结合在一起的，故称融合蛋白。表达融合蛋白的优点包括：基因操作简便；在细菌体内比较稳定，不易被细菌酶类所降解，容易实现高效表达；在某些情况下，经特殊设计，使表达的融合蛋白经化学处理［如溴化氰（CNBr）］或特异蛋白酶（如凝血因子 X、胶原酶、肠激肽酶等）水解可以切除融合蛋白氨基端的原核多肽，而获得具有生物活性的真核天然蛋白质分子。例如，在细菌蛋白和目的蛋白之间加入 Ile-Glu-Gly-Arg，这段在自然状态的蛋白质中较少出现的序列可被凝血因子 Xa 识别并在 C 端切开；另外也可在细菌蛋白和目的蛋白之间加入一个 Met，CNBr 可在 Met 处专一性地切割，从而形成两条肽链，一条是细菌蛋白，另一条是目的蛋白。融合表达的缺点是只能作抗原用，因为融合蛋白中含有一段原核多肽序列，可能会影响真核蛋白的免疫原性，所以一般不能作为人体使用的注射用药。

② 以非融合蛋白的形式表达药物基因　非融合蛋白是指在大肠杆菌中表达的蛋白质以真核蛋白的

mRNA 的 AUG 为起始，在其氨基端不含任何细菌多肽序列。为此，表达非融合蛋白的操纵子必须改建成：细菌或噬菌体的启动子—细菌的核糖体结合位点（SD 序列）—真核基因的起始密码子—结构基因—终止密码。要表达非融合蛋白，要求 SD 序列与翻译起始密码 ATG 之间的距离要合适，SD 序列与翻译起始密码 ATG 之间的距离即使只改变 2～3 个碱基，表达效率也会受到很大的影响。非融合蛋白能够较好地保持原来的蛋白质活性，最大缺点是容易被蛋白酶破坏。另外，非融合蛋白 N 端常常带有甲硫氨酸，在体内用药时可能引起人体免疫反应。

③ 分泌型表达蛋白药物基因　外源蛋白的分泌表达是通过将外源基因融合到编码原核蛋白信号肽序列的下游而实现的。利用大肠杆菌的信号肽，构建分泌型表达质粒，常用的信号肽有碱性磷酸酶信号肽（PhoA）、膜外周质蛋白信号肽（OmpA）、霍乱弧菌毒素 B 亚单位（CTXB）等。将外源基因接在信号肽之后，使之在胞质内有效地转录和翻译合成，当表达的蛋白质进入细胞内膜与细胞外膜之间的周质后时，被信号肽酶识别而切割去掉信号肽，从而释放出有生物活性的外源基因表达产物。某些真核信号肽如大鼠胰岛素原的信号肽可被细菌所识别和切割，利用某些真核多肽中自身的信号肽，把真核基因产物搬运到胞浆周质的空隙中。

分泌型表达具有以下特点：一些可被细胞内蛋白酶所降解的蛋白质在外周质中是稳定的；有些在细胞内表达时无活性的蛋白质分泌表达时则具有活性，因为这些蛋白质能按适当正确的方式折叠；蛋白质信号肽和编码序列之间被切割，因而分泌后的蛋白质产物不含氨基端起始密码 ATG 所编码的甲硫氨酸等。但是，外源蛋白分泌型表达过程中也会遇到一些问题，如产量不高、信号肽不被切割或不在特定位置上切割等。

2.4.3　酵母体系中的基因表达

酵母对外源基因的表达水平受很多因素的影响，在基因水平上，提高和控制外源基因的转录水平是提高表达水平的有效方法之一，所以筛选高效启动子就十分重要；另外，表达载体在细胞中的拷贝数和稳定性对外源基因在酵母中的表达有明显影响。在蛋白质水平，要考虑表达产物的可靠性问题，其中包括外源基因在表达系统中的遗传稳定性、不同生物来源的基因在酵母中表达后加工和修饰的情况。

（1）外源基因的剂量

由于外源基因通常是由多拷贝的质粒载体导入宿主细胞的，所以质粒的拷贝数及其在宿主细胞内的稳定性对外源基因的表达起决定作用。经同一表达载体转化后分离得到的不同转化子，其产物的表达水平不同。即使受体染色体上重组了相同数目的表达盒，转化子的表达情况也不尽相同。因此，为了获得高产量的表达菌株，需要对大量的转化子进行筛选，获得高拷贝转化子。一般情况下，转化子所含的表达盒的拷贝数越高，其外源蛋白的表达水平也越高，如在 1～8 整合拷贝数范围内，乙型肝炎表面抗原（HbsAg）表达量随基因剂量的增加而成比例升高。理论上表达量会随基因拷贝数的增加而上升，但也有少数例外，即拷贝数增加对表达产生负效应。高拷贝低表达的原因可能在于 mRNA 翻译、蛋白质折叠效率的低下，而对于一些分泌效率低的蛋白质，过高表达会对分泌途径产生负反馈抑制。

（2）外源基因的表达效率

外源基因在酵母中的表达效率主要与启动子、分泌信号和终止子有关。由于酵母对异种生物的转录调控元件识别和利用效率很低，所以表达盒中的启动子、分泌信号序列及终止子一般来自酵母本身。

① 启动子。启动子是其表达盒的核心元件，在其上游具有上游激活序列（UAS）、上游阻抑序列（URS），其功能是结合调控蛋白；下游有转录起始位点和 TATA 序列，为转录因子结合区。要使外源基因在酵母中表达，必须将外源基因克隆到酵母表达载体的启动子和终止子之间，构成一个“表达框架”。酵母的启动子由上游激活序列和保留的近端启动因子组成。近端启动因子含有一个转录所必需的 TATA 序列和 mRNA 起始转录位点——起始密码子。终止子区含有终止 mRNA 转录所需的信号。

不同的酵母启动子对不同的外源基因的表达水平的调节作用明显不同。在酵母中经常利用的启动子有组成型启动子和诱导型启动子（表 2-1）。

表 2-1 常用的酵母启动子

启动子类型	所用的基因	基因符号
组成型	磷酸甘油酸激酶	*PGK*
	烯醇酶	*ENOL*
	3- 磷酸甘油醛脱氢酶	*GAPDH*
	乙醇脱氢酶	*ADH1*，*ADH2*
	磷酸三糖异构酶	*TRI*
	信息素 α - 因子	*MF1*
	细胞色素 c	*CYC1*
诱导型	酸性磷酸酯酶	*PHO5*
	半乳糖激酶	*GAL1*
	UDP-D- 半乳糖 -4- 差向异构酶	*GAL10*

组成型启动子原则上在酵母生长各个时期都能发挥作用，但是，当外源基因产物对酵母细胞有不利影响时，过早表达常使酵母生长不良以致达不到所需的细胞密度，从而影响了总表达产量。通常采用某种代谢控制方法，如改换碳源、改变温度等，可以部分地缓解这类问题。

诱导型启动子的表达受诱导物或诱导条件的特异性影响，可以在较大范围内改变表达效率。如 *PHO5* 启动子的表达受培养基中无机磷调节，控制培养基中无机磷的水平可以得到不同的生长和调节水平，在低磷酸盐浓度时，表达效率可以改变数十倍至百倍以上。寻找高效的诱导型启动子是提高酵母表达效率的重要途径。

毕赤酵母表达最常用的启动子为醛氧化酶 *AOX1*，*AOX1* 启动子是甲醇诱导型启动子。如果外源蛋白不能表达或表达量过低，可以选择其他强启动子进行表达。如 *PGAP*（3- 磷酸甘油醛脱氢酶启动子）是一种组成型启动子。使用 *PGAP* 在发酵时不需要甲醇诱导，不需更换碳源，工艺简单，而且产量更高，所以成为替代 *PAox1* 的最强有力的启动子。另外，*PFLD1*（依赖谷胱甘肽的甲醛脱氢酶启动子）是以甲醇或甲胺为单一碳源的诱导型启动子，也是一种高水平表达的启动子。

② 分泌信号的效率。分泌信号包括信号肽部分以及前导肽部分的编码序列，它帮助后面的表达产物分泌出酵母细胞，并在适当的部位由胞内蛋白酶加工切断表达产物与前导肽之间的肽键，产生正确的表达产物分子。将表达产物分泌出细胞以外，既可以避免它们对酵母细胞可能产生的不利影响，又可以避免提取纯化时破碎细胞、分离蛋白的困难，有重要的实用意义。

分泌信号是酵母表达蛋白的起始分泌、糖基化和蛋白质折叠加工等不可缺少的因素。由于酵母表达的蛋白质的加工、转运和分泌途径都与高等真核生物相似，所以许多哺乳动物的蛋白质都能在酵母中正确加工和分泌到胞外。酵母也能利用异源的分泌信号，但利用酵母自身的分泌信号的效率一般要优于利用哺乳动物或其他生物的分泌信号。

最常用的信号肽是来源于酿酒酵母的 A 因子信号肽和毕赤酵母酸性磷酸酶信号肽，其中以 A 因子信号肽最为成功，也是使用最广泛的信号肽，它能促进多种异源蛋白在毕赤酵母中的分泌表达。但有时在表达一些蛋白质的过程中，A 因子信号肽用就不能引导外源蛋白分泌或不能有效地分泌到胞外，而使胞外目标蛋白的浓度极低，给后面的分析和检测带来不便。因此，改造信号序列，引导目标蛋白高效的胞外分泌也可提高目的蛋白质的表达量。信号肽对不同的异源蛋白分泌效率会有很大的差异，有些外源蛋白甚至不能被 A 因子和酸性磷酸酶信号肽引导分泌，需要新的信号肽才能使外源蛋白分泌。有些信号肽的分泌效率还受胞内 mRNA 的积累水平、培养条件和诱导条件的影响。

③ 终止序列的影响。对于真核基因的表达，基因编码区后接的终止序列有重要作用。终止序列保证了转录产物（mRNA）在适当部位终止和加上 poly（A）尾部，这样形成的 mRNA 可能比较稳定并被有效地翻译。在酵母中表达的人工合成基因一般不含有终止序列，必须借用外加的终止序列或载体上现有的终止序列。常用的外加终止序列有 *ADH1*、*CYC1*、*MF1* 和 *PGK*。要注意对终止序列不适当的删除会导致终止功能的剧烈下降，因此，一般不对终止序列做特殊的剪切。

（3）优化基因内部结构

外源基因在酵母中能否表达或表达量高低首先受到外源基因的内部结构的影响，也是表达成败的首要因素。可以通过以下几种途径优化基因内部结构以实现外源基因的表达。

① 优化 mRNA 5′ 端非翻译区（5′ UTR）的核苷酸序列和长度，mRNA 的非翻译区对蛋白表达的影响主要表现在 mRNA 的翻译水平上。

② 起始密码子旁侧序列改造。如果起始密码子周围容易形成 RNA 二级结构序列，将会阻止翻译的进行，通过 RNA 折叠分析可找到可能阻碍翻译正常起始的二级结构，然后利用替代密码子重新设计并调整翻译起始区及其旁侧序列，对基因进行改造。

③ A2T 序列改造。目的基因的特性对表达的影响被认为是一种种属特异性的现象。有些基因内部富含 A2T 序列，可在转录的过程中提前终止而导致仅产生低水平或截短的 mRNA，给基因的表达带来困难。因此在不改变翻译蛋白质密码子的条件下去掉 A2T 序列，进而除去 mRNA 中可能形成终止结构的区域，使目标蛋白得到表达。

④ 基因人工合成。在酵母中表达外源基因时需要进行基因序列分析，尽量采用酵母系统的密码子，需要时可以通过人工合成的方法在不改变氨基酸组成的前提下，将编码外源蛋白的密码子优化为酵母的偏爱密码子，可以实现外源蛋白在酵母体内表达或表达量的显著提高。

⑤ 氨基酸序列改造。蛋白质氨基酸序列中如果含有高度复杂的胱氨酸结构基序，这种结构可能是影响合成效率的因素之一，因此可改变这部分的碱基，消除复杂的胱氨酸结构基序。

（4）外源蛋白的糖基化

酿酒酵母能使表达的外源蛋白在分泌过程中发生糖基化。外源蛋白在酵母细胞中可发生 *N*– 糖苷键（天冬酰胺连接）和 *O*– 糖苷键（丝氨酸或苏氨酸连接）连接的两种不同的糖基化，这与哺乳动物细胞中发生的糖基化相同。由于酵母细胞在分泌过程中能正确识别外源蛋白上的 *N*– 糖基化信号，并使外源蛋白正确地折叠起来，因而使这些蛋白质分泌到胞外。酿酒酵母还能使外源蛋白发生 *O*– 糖基化。酵母细胞分泌的外源蛋白糖基化产物与天然产物完全相同，这是应用酵母生产重要医用蛋白质的最大优点之一。外源蛋白经酿酒酵母合成、氨基末端修饰、二硫键形成、蛋白质折叠和糖基化后，可以有效地以活性型分泌到培养基中。而且某些蛋白质糖基化后更加稳定，便于分离精制。

（5）阻止外源蛋白降解

外源基因在酵母中表达的过程中同时伴随着一定量的蛋白酶的表达。因此，表达的外源蛋白就存在被降解的可能，在一定程度上影响蛋白质的表达量，同时还给目的蛋白的纯化带来难度。为了提高外源蛋白在发酵液中的稳定性，免受蛋白酶降解，可采用以下几种方法：①改造酵母表达宿主菌株，缺失基因组中主要蛋白水解酶的基因，使外源基因稳定。②培养基中添加蛋白胨或酪蛋白水解物等物质作为蛋白酶的底物。③改变某些培养条件，如毕赤酵母能忍耐较宽的 pH 范围（pH 3.0 ~ 7.0），因此可调节溶液 pH 抑制蛋白水解酶活性，防止外源蛋白降解。④突变外源蛋白基因的个别位点，改变其蛋白质序列中蛋白酶的作用部位使其免受蛋白酶的破坏。

（6）选择合适的酵母生长密度

一般来讲，在诱导培养过程中，酵母生长的密度越高，菌体的生物量越大，则总的表达量亦应该越高。但是，密度越高培养基中氧和营养供给越受限制，而且外源蛋白的溶解性、稳定性、毒性都会对菌体产生影响。因此，高密度并不一定意味着高表达。

2.5 基因工程菌的不稳定性及对策

基因工程菌的稳定性是高水平发酵生产的基本条件，因此基因工程菌的稳定性问题受到极大的关注。

2.5.1 质粒的不稳定性

基因工程菌在传代过程中经常出现质粒不稳定的现象，质粒不稳定分为分裂不稳定和结构不稳定。基因工程菌的稳定性至少应维持25代。

基因工程菌的质粒不稳定常见的是分裂不稳定。质粒的分裂不稳定是指工程菌分裂时出现一定比例的不含质粒的子代菌的现象，它主要与两个因素有关：①含质粒菌产生不含质粒子代菌的频率、质粒丢失率与宿主菌、质粒特性和培养条件有关；②这两种菌比生长速率差异的大小。由于丢失质粒的菌体在非选择性培养基中一般具有生长的优势，一旦发生质粒丢失，基因工程菌在培养液中的比例会随时间快速下降，因此丢失质粒的菌能在培养中逐渐取代含质粒菌而成为优势菌，从而严重影响外源基因产物的生产。

质粒的结构不稳定是DNA从质粒上丢失或碱基重排、缺失所致基因工程菌性能的改变。质粒自发缺失与质粒中短的正向重复序列之间的同源重组有关，具有两个串联启动子的质粒更容易发生缺失；在无同源性的两个位点之间也会发生缺失；培养条件也对质粒结构不稳定性产生影响。

质粒稳定性的分析方法如下：将基因工程菌培养液样品适当稀释后，均匀涂布于不含抗性标记抗生素的平板培养基上，置37℃培养过夜；随机挑取不少于100个单菌落，分别接种到含抗性标记抗生素和不含抗生素的培养皿中，置37℃培养过夜，统计长出的菌落数。通过比较在含有或不含抗生素培养基的菌体存活数，可以检测质粒的丢失率，考查质粒稳定性。一般应重复2次以上，计算质粒丢失率。

2.5.2 提高质粒稳定性的方法

由于基因工程菌的培养与发酵受诸多因素与条件的影响，而且随机性和可变性大，要使基因工程菌的质粒保持稳定的遗传性状，仍存在各种工程问题有待于解决。由于基因工程菌的多样性，所采用的手段常缺乏通用性，一般要采取具有针对性的措施，才能获得较好的效果。为了提高基因工程菌的稳定性，可采取以下主要方法。

（1）选择合适的宿主菌

重组质粒的稳定性在很大程度上受宿主菌遗传特性的影响，宿主菌的比生长速率、基因重组系统的特性、染色体上是否有与质粒和外源基因同源序列等都会影响质粒的稳定性。同一宿主菌对不同质粒的稳定性不同，而同一质粒在不同宿主菌中的稳定性也有差别。因此对于不同的表达系统、外源基因表达产物的性质、表达产物是否需要进行后加工及其复杂程度将决定宿主菌的选择，如真核或原核生物、蛋白酶缺陷型或营养缺陷型等的宿主菌。相对而言，重组质粒在大肠杆菌中比较稳定，在枯草芽孢杆菌和酵母中较不稳定，但是也有例外。

（2）选择合适的载体

质粒载体的大小与拷贝数是影响质粒分离不稳定的重要因素。插入DNA片段的大小及特性等因素与在质粒分离不稳定性有关系，为了构建稳定的结构体，最好利用小的质粒，小的质粒在高密度发酵中遗传性状比较稳定，而大的质粒往往由于发酵环境中各种因素的影响而出现变异的概率较高。对于松弛型质粒载体，一般情况下，伴随着细胞分裂，质粒以随机方式分配到子细胞中，而质粒载体的寡聚化效应会导致质粒载体拷贝数大大降低，从而加重质粒的分离不稳定性，含低拷贝数质粒的基因工程菌产生不含质粒的子代菌的频率较大。因而增加这类基因工程菌的质粒拷贝数能提高质粒的稳定性；质粒拷贝数越高，出现无质粒子代菌的概率就越低，质粒就越稳定。但是由于大量外源质粒的存在使含质粒菌的比生长速率明显低于不含质粒菌，因而不含质粒菌一旦产生后，能较快地取代含质粒菌而成为优势菌，因而对这类菌进一步提高质粒拷贝数反而会增加含质粒菌的生长负势，对质粒的稳定性不利。对同一基因工程菌来说，通过控制不同的比生长速率可以改变质粒的拷贝数。

（3）选择压力

基因工程菌的稳定性受遗传及环境因素两方面的控制，所以可以通过基因水平的控制来限制反应器中无质粒菌的繁殖以提高系统中含质粒菌的比例。在基因工程菌培养过程中通常采用增加选择压力来提高基因工程菌的稳定性。选择压力通常包括：①在质粒构建时，加入抗生素抗性基因，在生物反应器的培养基中加入抗生素以抑制无质粒菌的生长和繁殖。在培养基中加选择压力（如抗生素等），是基因工程菌培养中提高质粒稳定性常用的方法。含有抗性基因的重组质粒转入宿主菌，基因工程菌获得了抗药性，发酵时在培养基中加入适量的相应抗生素可以抑制质粒丢失菌的生长，消除了重组质粒分裂不稳定的影响，从而提高发酵生产率。但应尽可能避免使用抗生素，必须使用时应选择安全性风险相对较低的抗生素品种，且产品的后续纯化工艺应保证可有效去除制品中的抗生素；如后续工艺不能有效去除，则不得添加。严禁使用青霉素或其他 β- 内酰胺类抗生素。②利用营养缺陷型细胞作为宿主菌，构建营养缺陷型互补质粒，设计营养缺陷型培养基抑制无质粒菌的生长和繁殖。

选择压力对于质粒或宿主细胞本身发生了突变（虽保留了选择性标记、但不能表达目的产物）的细胞无效。

（4）分阶段控制培养

外源基因表达水平越高，重组质粒越不稳定。由于外源基因高效表达造成质粒不稳定时，可以考虑将发酵过程分阶段控制，即在生长阶段使外源基因处于阻遏状态，避免由于基因表达造成质粒不稳定性问题的发生，使质粒稳定地遗传；在获得需要的菌体密度后，再去阻遏或诱导外源基因表达。由于第一阶段外源基因未表达，从而减少基因工程菌与质粒丢失菌的比生长速率的差别，增加了质粒的稳定性。连续培养时可以考虑采用多级培养，如在第一级进行生长，维持菌体的稳定性，在第二级进行表达。

（5）控制培养条件

基因工程菌的培养条件对其质粒的稳定性和表达效率影响很大。培养条件的变化对大肠杆菌的比生长速率有很大的影响，而基因工程菌的比生长速率对质粒稳定性也有很大影响，提高比生长速率有助于提高质粒稳定性。基因工程菌的比生长速率与培养环境有关，如温度、溶氧、pH、限制性营养物质浓度、有害代谢产物浓度等。由于含质粒的基因工程菌对发酵环境的改变比不含质粒的宿主菌反应慢，因而可以采用改变培养条件的方法以改变这两种菌的比生长速率，从而改善质粒的稳定性。

可调控的环境参数为培养基组分、培养温度、pH 和溶解氧浓度等。某些基因工程菌在复合培养基中具有较高的质粒稳定性，含有有机氮源如酵母抽提物、蛋白胨等营养丰富的复合培养基提供了生长必需的氨基酸和其他物质，微生物的生长较在基本培养基中快。在基本培养基中造成携带质粒的基因工程菌比例下降的主要原因是基因工程菌和宿主菌比生长速率的差异，而在复合培养基中则是由于比生长速率的差异以及质粒丢失的概率二者共同起作用。采用温度调控表达系统时，将大肠杆菌的培养温度由 30℃升到 42℃，诱导外源基因表达的同时往往造成质粒的丢失。培养基因工程菌需要维持一定的 pH 和溶氧水平，基因工程菌在低溶氧环境稳定性差的原因是由于氧限制了能量的提供，因而在发酵过程中需要保持较高的溶氧，通过间隙供氧的方法和通过改变稀释速率的方法都可提高质粒的稳定性。例如用基本培养基培养大肠杆菌 W3110（pEC901）时，在发酵过程中未发现其质粒不稳定；但进行连续培养时，发现在低比生长速率（0.302 h^{-1}）下重组质粒只可完全维持 20 代，以后即发生质粒丢失，基因工程菌比例迅速下降。随着比生长速率增大，大肠杆菌完全保留重组质粒的传代数增加，在比生长速率达到 0.705 h^{-1} 时可维持 80 代左右。

（6）固定化

固定化可以提高基因重组大肠杆菌的稳定性。基因重组大肠杆菌进行固定化后，质粒的稳定性及目的产物的表达率都有了很大提高。在游离基因工程菌系统中常用的抗生素、氨基酸等选择压力稳定质粒的手段，往往在大规模生产中难以应用。而采用固定化方法后，这种选择压力则可被省去。不同的宿主菌及质粒在固定化系统中均表现出良好的稳定性。质粒 pTG201 带有 λ 噬菌体的 P_R 启动子、cI857 阻遏蛋白基因和 *xylE* 基因（一种报告基因）。大肠杆菌 W3110（pTG201）在 37℃连续培养时，游离细胞培养 260 代后有 13% 丢失质粒，而用卡拉胶固定化的细胞连续培养 240 代后没有测到细胞丢失质粒。大肠杆菌 B（pTG201）质粒稳定性较差，游离细胞经 85 代连续培养，丢失质粒的细胞占 60% 以上，而固定化细胞在 10 ~ 20 代培养后丢失质粒的细胞只有 9%，以后维持该水平不变。

2.6 基因工程菌中试

科研成果转化需经过技术研发、中试、大规模生产三个环节。中试是衔接产业链上下游，促进科研成果产业化的重要环节。中试可以得到较大量产品供临床试验，也可以将中试所得数据供生产设计时参考。基因工程菌中试应考虑以下问题：选择适宜商品化生产的基因工程菌，设计发酵反应器，选择反应过程，发酵培养基组成，维持生产工艺最佳化的方法，工艺监测方法，工艺控制方法，工艺自动化使用方法，生物催化剂使用，产品提取方法的选择，新反应器设计与使用，分离精制技术的选择，生产厂的设计等。

2.6.1 基因工程菌选择

（1）基因工程菌应具备的条件

有高产潜力，能以工业原料（碳源）为培养基，能用一般基因重组技术获得并能生产，生产工艺能采用一般工业生产经验，能产生和分泌蛋白质，不致病、无毒性，能安全生产、符合国家卫生部门有关规定，能使蛋白质糖基化，代谢可调控，产品有特异性，发酵液黏度小。

（2）基因工程菌选择需考虑的问题

① 产率　发酵工艺成败关键因素，对产品能否投产有决定作用。应保持发酵条件最佳化，提高基因量或扩大其表达量。

② 蛋白质产品　蛋白质产品有淋巴因子、生长因子、疫苗和溶血性蛋白质等 4 类。生产蛋白质产品基因工程菌高产能力取决于以下 7 个因素：获得的蛋白质基因拷贝数，由基因到 mRNA 转录率，mRNA 转译率，mRNA 降解率，培养基内细胞浓度，细胞生长率，蛋白质产品稳定性。

2.6.2 生物反应器（发酵罐）设计

发酵罐设计应符合生物反应与化学工程需要。实验室多用小型罐，罐身附有各种传感器，能收集各种参数。设计前，应取得 5 个生物数据：培养细胞系特性，细胞生长率，发酵罐消毒方法，温度、pH、溶氧、二氧化碳及代谢产物，后处理效果。之后着手设计，并力求从化学工程角度满足生物反应要求。对此，设计中应考虑的问题包括：可变性，即视实验条件需要，能连续发酵，又能分批发酵，并附有加料管、取料管及测量仪表；易安装与移动；仪表所得数据可靠；数据重复性好；可任意装置附件，罐体为不锈钢材料，罐体与各附配件均打光，避免残渣积存。

2.6.3 发酵培养基组成

培养基与菌种关系密切，其组成及作用有：①提供化学元素，如细胞生长所需的碳、氮、氧、氢、磷及一些微量元素和金属离子；②提供特殊营养源，如氨基酸、维生素等；③提供能源，如葡萄糖，以维持代谢，促进菌体生长与产物合成；④控制代谢，培养基中加入活性物质或改变温度、pH 等，诱导菌种改变生长速率或代谢途径以增加产量。

2.6.4 工艺最佳化与参数监测控制

（1）工艺最佳化

工艺最佳化需对不同的菌种做大量试验，取得重复性好的准确数据后，模拟发酵代谢曲线，预测放大值。大规模生产中参数交叉的复杂性高，需应用计算机模拟计算。只有对菌种生物特性与发酵工艺了如指掌，最佳工艺条件设计才更合理，更易实现。工艺最佳化包括最快周期、最高产量、最好质量、最低消耗、最大安全性、最周全的废物处理效果、最佳化速度与最低失败率等的综合指标。

（2）参数监测控制

随着发酵控制手段的进一步发展，监控的发酵参数越来越详细，这就越能真实地了解和掌握细菌代谢过程，从而建立最佳工艺。生物反应中，有 4 种参数需监测与控制：①物理参数，包括转速、温度、压力、体积、流量等。②物理化学参数，包括 pH、溶解氧、CO_2 尾气分析、氧化还原电位。③化学测量，包括基质、葡萄糖浓度、产物浓度、乙酸等。④生物学和生化测量，包括呼吸熵、生物量、酶活、细胞形态等。这些测量可提供反映环境变化和细胞生长的许多重要信息，作为研究和控制发酵过程的基础，但这些还远远不能反映细菌的动态代谢过程。因此高密度发酵的发展趋势是重组菌代谢理论更完善，检测和调控手段更完备，发酵设备更加自动化，发酵放大工艺更完善。

2.6.5 计算机应用

以计算机兼容的传感器，监测生物反应各项参数，重复率达 100%。监测方法视参数性质而定。温度可用热电耦测量，各种元素可用离子敏感电极测定，还原电位可用氧化还原电极测定，热平衡可用热量计测定，全部数据均可储存在计算机内，经对比、计算，择优用于生产。出现问题，计算机自动予以调整。计算机记录与控制全部生产过程的数据，使工艺最佳化，产品产量与质量不断提高，原材料与能源消耗不断下降，成本不断降低。经计算机计算，确定控制微生物生长最重要因素，模拟出一个高质、高产、低成本生产工艺最佳化的控制微生物数学公式。

2.7 基因工程菌的培养

在进行工业化生产时，基因工程菌株大规模培养的优化设计和控制对外源基因的高效表达至关重要。优化发酵过程既包括工艺方面的因素也包括生物学方面的因素。第一是工艺方面的因素，如选择合适的发酵系统或生物反应器，目前应用较多的有罐式搅拌反应器、鼓泡反应器和气升式反应器等。生物学方面的因素包括多方面：首先是与细菌生长密切相关的条件或因素，如发酵系统中的溶氧、pH、温度和培养基的成分等，这些条件的改变都会影响细菌的生长及基因表达产物的稳定性。第二是对外源基因表达条件的优化，基因工程菌在发酵罐内生长到一定的阶段后，开始诱导外源基因的表达，诱导的方式包括添加特异性诱导物和改变培养温度等，使外源基因在特异的时空进行表达不仅有利于细胞的生长代谢，而且能提高表达产物的产率。第三是提高外源基因表达产物的总量，外源基因表达产物的总量取决于外源基因表达水平和菌体浓度，在保持单个细胞基因表达水平不变的前提下，提高菌体密度有望提高外源蛋白质合成的总量。

良好的发酵工艺对表达外源蛋白至关重要，直接影响到产品的质量和生产成本，决定着产品在市场上的竞争力。由于细胞生长和异源基因表达之间有着较大的差异，各培养参数在全过程中必须分段控制。在不同的发酵条件下，基因工程菌的代谢途径也许不一样，因而对下游的纯化工艺会造成不同的影响，要尽量建立有利于纯化的发酵工艺，以提高产品的纯度及改善其性质。

2.7.1 基因工程菌的培养方式

（1）补料分批培养

在分批培养中，为了保持基因工程菌生长所需的良好微环境，延长其对数生长期，获得高密度菌体，通常把溶氧控制和流加补料措施结合起来，根据基因工程菌的生长规律来调节补料的流加速率，具体方法如下。

① DO-Stat 方法　这一方法是通过调节搅拌转速和通气速率来控制溶氧在 20%，用固定或手动调节补料的流加速率。要获得高水平表达，补料的流加速率是关键因素，过高或过低都会降低产量。

② Balanced DO-Stat 方法　该法通过控制溶氧、搅拌转速及糖的流加速率，使乙酸维持在低浓度，从而获得高密度菌体及高表达产物。其原理是：溶氧水平及糖的流加速率对菌体代谢的糖酵解途径和氧化途径之间的平衡产生影响，缺氧时将迫使糖代谢进入糖酵解途径；糖的流加速率过大也有类似效应，当碳源供给超过氧化容量时，糖就会进入糖酵解途径而产生乙酸或乳酸。因此，操作设计战略是要维持高水平溶氧，并控制糖的流加速率不超过氧化容量，且两者是互相依赖的，由两个偶联的控制回路来实现。

③ 控制菌体比生长速率方法　基因工程菌的产物表达水平与菌体的比生长速率有关，控制菌体的比生长速率在最优表达水平可同时获得高密度和高表达。可通过两个方式来控制菌体的比生长速率。第一，通过调节糖流加速率以控制溶氧在 20%。第二，通过调节搅拌转速来控制菌体的比生长速率在最优值，可以采用两种方法来调节转速：由通气量、起始菌浓度、培养体积、尾气中 CO_2 和 O_2 分析来计算出某一时刻的真实值，通过微机反馈来控制转速；根据以前的实验数据，预先建立转速的指数控制方程，从而获得所需要的菌体的比生长速率。

（2）连续培养

连续培养是将种子接入发酵反应器中，搅拌培养至菌体浓度达到一定程度后，开动进料和出料蠕动泵，以一定稀释率进行不间断培养。连续培养可以为微生物提供恒定的生活环境，控制其比生长速率，为研究基因工程菌的发酵动力学、生理生化特性、环境因素对基因表达的影响等创造了良好的条件。

但是由于基因工程菌的不稳定性，连续培养比较困难。为了解决这一问题，人们将基因工程菌的生长阶段和基因表达阶段分开，进行两阶段连续培养。在这样的系统中关键的控制参数是诱导水平、稀释率和细胞比生长速率，优化这 3 个参数以保证在第一阶段培养时质粒稳定，菌体进入第二阶段后可获得最高表达水平或最大产率。

（3）透析培养

透析培养技术是利用膜的半透性原理使培养物和培养基分离，其主要目的是通过去除培养液中的代谢产物来解除其对生产菌的不利影响。传统的生产外源蛋白的发酵方法，由于乙酸等代谢副产物的过高积累而限制基因工程菌的生长及外源基因的表达，而透析培养技术解决了上述问题。采用膜透析装置是在发酵过程中用蠕动泵将发酵液抽出，打入罐外的膜透析器的一侧循环，其另一侧通入透析液循环，在补料分批培养中，大量乙酸在透析器中透过半透膜，降低培养基中的乙酸浓度，并可通过在透析液中补充养分而维持较合适的基质浓度，从而获得高密度菌体。膜的种类、孔径、面积，发酵液和透析液的比例、透析液的组成、循环流速、开始透析的时间和透析培养的持续时间段都对产物的产率有影响。用此法培养基因工程菌 *E.coli* HB101（pPAKS2）生产青霉素酰胺酶，可提高产率 11 倍。

（4）固定化培养

基因工程菌培养的一大难题是如何维持质粒的稳定性。有人将固定化技术应用到这一领域，发现基因工程菌经固定化后，质粒的稳定性大大提高，便于进行连续培养，特别是对分泌型菌更为有利。由于这一优点，基因工程菌固定化培养研究已得到迅速开展。

2.7.2 基因工程菌的培养工艺

利用基因重组技术构建的基因工程菌的发酵工艺不同于传统的发酵工艺，就其选用的生物材料而言，基因工程菌为含有带外源基因的重组载体的微生物细胞；从发酵工艺考虑，基因工程菌的发酵生产之目的是希望能获得大量的外源基因产物，尽可能减少宿主细胞本身蛋白质的污染。外源基因的高水平表达，不仅涉及宿主、载体和克隆基因之间的相互关系，而且与其所处的环境条件息息相关。不同的发酵条件，基因工程菌的代谢途径也许不一样，对下游的纯化工艺会造成不同的影响，因此，发酵水平的好坏还直接影响产品的纯化及其质量。仅按传统的发酵工艺生产生物制品是远远不够的，需要对影响外源基因表达的因素进行分析，探索出一套既适于外源基因高效表达，又有利于产品纯化的发酵工艺。现就几个主要因素进行分析。

（1）培养基的影响

培养基的组成既要提高基因工程菌的生长速率，又要保持重组质粒的稳定性，使外源基因能够高效表达。常用的碳源有葡萄糖、甘油、乳糖、甘露糖、果糖等。常用的氮源有酵母粉、蛋白胨、酪蛋白水解物、玉米浆和氨水、硫酸铵、硝酸铵、氯化铵等。另外，培养基中还加一些无机盐、微量元素、维生素、生物素等。如果是营养缺陷型菌株还要补加相应的营养物质。

使用不同的碳源对菌体生长和外源基因表达有较大的影响。葡萄糖和甘油相比，它们所导致的菌体比生长速率及呼吸强度相差不大，但甘油的菌体得率较大，而葡萄糖所产生的副产物较多。葡萄糖对 *lac* 启动子有阻遏作用，采用流加措施，控制培养液中葡萄糖的浓度保持在低水平，可减弱或消除葡萄糖的阻遏作用。用甘露糖作碳源，不产生乙酸，但比生长速率和呼吸强度较小。对 *tac* 启动子使用乳糖作碳源较为有利，乳糖同时还起诱导作用。

在各种有机氮源中，酪蛋白水解物更有利于产物的合成与分泌。培养基中色氨酸对 *trp* 启动子控制的基因表达有影响。

无机磷在许多初级代谢的酶促反应中是一个效应因子，如在 DNA、RNA、蛋白质的合成，糖代谢、细胞呼吸及 ATP 水平的控制中。过量的无机磷会刺激葡萄糖的利用、菌体生长和氧消耗。Ryan 等研究无机磷浓度对重组大肠杆菌生长及克隆基因表达的结果表明，在低磷浓度下，尽管最大菌体浓度较低，但产物比产率及产物浓度都最高。Jensen 等在进行补料分批培养时，降低培养基中磷含量，使菌体生长受到控制，再加大葡萄糖流加速率，可使目的蛋白产量提高一倍。由于启动子只有在低磷酸盐的情况下才被启动，因此必须控制磷酸盐的浓度，使细菌在生长到一定密度时，磷酸盐被消耗至低浓度，目的蛋白才被表达。起始磷酸盐浓度应控制在 0.015 $mol \cdot L^{-1}$ 左右，浓度低影响细菌生长，浓度高则细菌不表达。

（2）接种量的影响

接种量是指移入的种子液体积和培养液体积的比例，接种量的大小影响发酵的产量和发酵周期，它的大小取决于生产菌种在发酵中的生长繁殖速度。接种量小，菌体延迟期较长，不利于外源基因的表达。采用大接种量，由于种子液中含有大量体外水解酶，有利于对基质的利用，可以缩短生长延迟期，并使生产菌能迅速占领整个培养环境，减少污染机会；但接种量过高往往会使菌体生长过快，代谢产物积累过多，反而会抑制后期菌体的生长。将表达 rhGM-CSF 的基因工程菌——大肠杆菌 DH5α/j1 分别以 5%、10%、15% 的接种量进行发酵，结果表明：5% 接种量，菌体延迟期较长，可能会使菌龄老化，不宜表达外源蛋白产物；10%、15% 的接种量，延迟期极短，菌群迅速繁衍，很快进入对数生长期，适于表达外源蛋白产物。

（3）**温度的影响**

温度对基因表达的调控作用可发生在复制、转录、翻译或调节分子合成等水平上。在复制水平上可通过调控复制，来改变基因剂量，影响基因表达。在转录水平上可通过影响RNA多聚酶的作用，来调控基因表达；也可通过修饰RNA多聚酶调控基因表达。温度也可在mRNA降解和翻译水平上影响基因表达。温度还可能通过调节细胞内小分子的量而影响基因表达，也可通过影响细胞内ppGpp量调控一系列基因表达。

温度诱导的基因工程菌，其最佳的诱导温度可能随产物而异。温敏扩增型质粒，升温后质粒拷贝数就处于失控状态，对菌体生长有很大影响。对含此类质粒的基因工程菌，通常要先在较低温度下培养，然后升温，以大量增加质粒拷贝数，诱导外源基因表达。

温度还影响蛋白质的活性和包含体的形成。培养温度对蛋白的表达有一定的影响，37℃时基因工程菌生长较好，适合大肠杆菌蛋白表达系统的运转使得重组蛋白表达量较高。但由于蛋白质表达速度过快，其表达产物大多以不可溶的包含体形式存在，反而造成可溶性重组蛋白表达量降低，因此在加诱导剂后，选择30℃培养。分泌型重组人粒细胞－巨噬细胞集落刺激因子基因工程菌*E.coli* W3100/pGM-CSF在30℃培养时，目的产物表达量最高；温度低时影响细菌生长，不利于目的产物的表达；温度高（37℃）时由于细菌的热休克系统被激活，大量的蛋白酶被诱导，降解表达产物，因此产物表达量低于在30℃时发酵的产量。重组人生长激素在不同的温度培养还影响产物的表达形式，30℃培养时是可溶的，37℃培养时则形成包含体。

（4）**溶解氧的影响**

溶解氧是基因工程菌发酵培养过程中影响菌体代谢的一个重要参数，溶解氧浓度对菌体生长和产物生成的影响很大。菌群在大量扩增过程中，耗氧进行氧化分解代谢，饱和氧的及时供给很重要。发酵时，随DO_2浓度的下降，细胞生长减慢，ST值下降；尤其在发酵后期，随DO_2浓度的下降，ST值下降幅度更大。外源基因的高水平转录和翻译，细胞需要大量的能量，以促进细胞的呼吸作用，提高了对氧的需求，因此只有维持较高水平的DO_2值（≥40%）才能提高带有重组质粒的细胞的生长，有利于外源蛋白产物的形成。

技术应用 2-2
溶解氧测定原理

采用调整搅拌转速的方法可以改善培养过程中的氧供给，提高活菌产量。在常速搅拌下增加通气量以提高氧的传递速率是递减性的，即当气流速度越大，再增加其速度对氧的溶解度的提高作用越小。当系统被气流引起液泛时，传质速率会显著下降，泡沫增多，罐的有效利用率减小。因此，在发酵前期采用较低转速即可满足菌体生长；在培养后期，提高搅拌转速才能满足菌体继续生长的要求。这样既可以满足基因工程菌生长，获得高活菌数，又可以避免发酵培养全过程采用高转速，节约能源。

研究发现，分泌型重组人粒细胞－巨噬细胞集落刺激因子基因工程菌*E.coli* W3100/pGM-CSF在发酵过程中若溶氧量长期低于20%，则产生大量杂蛋白，影响以后的纯化。为此，在发酵过程中，应始终控制溶氧量不低于25%。

（5）**诱导剂的影响**

IPTG是一种十分有效的乳糖操纵子的诱导剂。然而由于IPTG对于人体具有潜在的毒性，当利用IPTG诱导表达应用于人体的重组药物时，有可能对最终的产品带来一些不利影响。另一方面，IPTG的价格也较为昂贵，尤其是在较大体积的发酵罐中进行诱导时，IPTG的应用会造成发酵成本的增加。

乳糖是一种二糖，没有毒性，由于其低廉的价格，使其有可能成为替代IPTG的诱导剂。乳糖本身作为一种碳源，可以被菌体所代谢利用；同时，作为一种糖类物质，它的存在亦会导致菌体的生理及生长特性发生变化。与IPTG所不同的是，乳糖自身无法进入到菌体细胞的内部，它需要借助于乳糖透过酶的作用，乳糖的转运因此受多种因素的影响。另外，乳糖进入细胞后仍然不能诱导*lac*启动子的启动。它需要经过β-半乳糖苷酶的作用转化为异乳糖才会起到诱导剂的作用。与IPTG相比，利用乳糖作为诱导剂其诱导过程更为复杂和麻烦，而且诱导效果也有所不及。

对于 P_L 启动子型的基因工程菌来说，热诱导的程序对提高外源蛋白表达量是至关重要的。细胞生长的温度突然升高 10℃以上，其细胞内就会生成某些热激蛋白，以适应变化的环境。几乎各类细胞遇到热诱导产生热激蛋白，在大肠杆菌中约产 17 种热激蛋白，如果增高的温度范围不太大（大肠杆菌中为 42℃），热激蛋白合成的速度很快又下降，恢复正常蛋白的合成。因此，热诱导表达的基因工程菌可通过在发酵罐夹层中通热蒸汽以达到迅速升温的目的，要求在 2 min 内完成诱导表达的升温过程。如果升温时间过长，则热激蛋白合成量剧增，外源蛋白相对量降低，给后续的纯化精制造成困难。

（6）诱导时机的影响

对于 P_L 启动子型的基因工程菌来说，一般在对数生长期或对数生长后期升温诱导表达。在对数生长期，细胞快速繁殖，直到细胞密度达到 10^9/mL（$OD_{600}=2.5$）为止，这时菌群数目倍增，对营养和氧需求量急增，营养和氧成了菌群旺盛代谢的限制因素。如果分批发酵培养，控制在一定的菌体密度下，进行诱导有利于外源蛋白的表达，菌体湿重一般为 8 ~ 10 $g\cdot L^{-1}$；如果采用流加工艺，补充必要的营养，加大供氧量，菌群继续倍增，菌体密度提高（25 ~ 30 $g\cdot L^{-1}$），而且表达量并不降低。这在工业化生产中确实有着巨大的潜力，生物量能够提高 2 ~ 3 倍，会产生巨大的经济效益。

（7）pH 的影响

发酵过程中 pH 的变化是由基因工程菌的代谢、培养基的组成和发酵条件所决定。细胞自身对 pH 具有一定调节能力，但当外界条件变化过于激烈时，细胞失去自身调节能力，从而影响细胞的正常生长。采用两阶段培养工艺，培养前期阶段着重于优化基因工程菌的最佳生长条件，培养后期阶段着重于优化外源蛋白的表达条件。实验发现细胞生长期的最佳 pH 范围为 6.8 ~ 7.4，而外源蛋白表达的最佳 pH 为 6.0 ~ 6.5。因此发酵前期，pH 可以控制在 7.0 左右；开始热诱导表达时，关闭碱泵，由于细胞自身代谢的结果，pH 逐渐下降；当 pH 降至 6.0 时，重新启动碱泵，采用自动调节程序，就可避免环境 pH 剧烈变化对细胞生长和代谢造成的不利影响。

总之，必须实现基因工程菌发酵的工艺最佳化。工艺最佳化需对不同的菌种做大量试验，取得重复性好的准确数据后，模拟发酵代谢曲线，预测放大值。只有对菌种生物特性和发酵工艺了如指掌，最佳工艺条件设计才更合理。

2.7.3 基因工程菌的培养设备

生物药物已进入生物技术时代，越来越多地应用发酵罐来大规模培养基因工程菌。为了防止基因工程菌丢失携带的质粒，保持基因工程菌的遗传特性，因而对发酵罐的要求十分严格。由于生物工程学和计算机技术的发展，新型自动化发酵罐完全能够安全可靠地培养基因工程菌。

常规微生物发酵设备可直接用于基因工程菌的培养。但是微生物发酵和基因工程菌发酵有所不同，微生物发酵主要收获的是它们的初级或次生代谢产物，细胞生长并非主要目标；而基因工程菌发酵是为了获得最大量的外源基因表达产物，由于这类产物是相对独立于细胞染色体之外的重组质粒上的外源基因所合成的、细胞并不需要的蛋白质，因此培养设备以及控制应满足获得高浓度的受体细胞和高表达的基因产物。

发酵罐组成部分有：发酵罐体、保证高传质作用的搅拌器、精细的温度控制和灭菌系统、空气无菌过滤装置、残留气体处理装置、参数测量与控制系统（如 pH、O_2、CO_2 等）以及培养液配制及连续操作装置等（图 2-6）。由于基因工程菌在发酵培养过程中要求环境条件恒定，不影响其遗传特性，更不能引起所带质粒丢失，因此对发酵罐有特殊要求：要提供菌体生长的最适条件，培养过程不得污染，保证纯菌培养，培养及消毒过程中不得游离出异物，不能干扰细菌代谢活动等。为达到上述要求，发酵罐材料的稳定性要好，一般要用不锈钢制成，罐体表面光滑易清洗，灭菌时没有死角。与发酵罐连接的阀门要用膜式阀，不用球形阀；所有的连接接口均要用密封圈封闭，不留“死腔”；搅拌

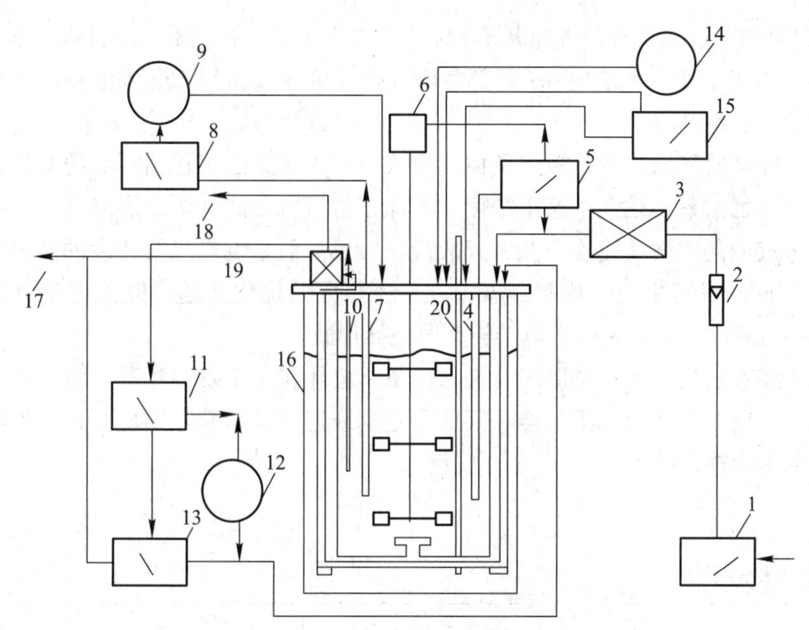

图 2-6 发酵罐结构简明示意图

1. 去水去油空压机系统；2. 转子流量计；3. 空气过滤系统；4. 溶解氧电极；5. 溶解氧控制系统；6. 搅拌转速器；7. pH 电极；8. pH 控制系统；9. 酸碱补加装置；10. 热敏电极；11. 温度控制系统；12. 加热器；13. 冷冻水浴系统；14. 消泡装置；15. 培养基流加装置；16. 培养罐体；17. 冷却水排出；18. 排气；19. 排气冷凝器；20. 取样管

器转速和通气应适当，任何接口处均不得有泄漏；要防止操作中杂菌污染，空气过滤系统要采用活性炭和玻璃纤维棉材料。为避免基因工程菌株在自然界扩散，培养液要经化学处理或热处理后才可排放，发酵罐的排气口要用蒸汽灭菌或微孔滤器除菌后，才可以将废气放出。轴封可采用磁力搅拌或双端面密封。

在发酵过程中许多控制参数会对基因工程菌的生长造成影响，需要利用发酵罐上相应的控制系统不断加以调整（表 2-2），从而达到优化控制目的。

表 2-2 控制参数及其调节方法

控制参数	调节方法
温度	冷源和热源流量
pH	加入酸、碱
空气流量	空气进出口的阀门
搅拌转速	改变电机转速
溶氧（DO）	调节通气量、罐压或搅拌转速
罐压	调节排气阀门
泡沫高度	加入消泡剂，调节通气量、罐压或搅拌转速

发酵的温度会直接影响菌体的生长、新陈代谢、调节机制和药物产量。在整个发酵过程中，由于生物热、搅拌热、蒸发热、辐射热的产生和变化，为了维持最合适的温度，需要调节罐温。可以用夹套或蛇管，也可以二者兼用来组成调温系统；根据冷却介质的不同来选择凉水塔、自来水或制冷机组提供冷源，加热介质可以是热水或水蒸气。

根据 pH 的调节确定发酵罐的酸碱平衡系统。在发酵过程当中，有些营养物质和代谢产物是电解质，当离子发生交替或变化时，就会影响发酵液的 pH。pH 变化会影响药物产量，甚至使酶和菌体失活。调节pH必然要加酸或碱，有些可能既是pH调节物质又是营养物质，如氨水。加氨水管道阀门不能使用铜质材料。为了不使发酵液的pH局部急剧变化，可通过通气管通入酸碱。因此，发酵罐的酸碱平衡系统需要选择合理设施。

根据溶氧参数确定通气比和搅拌转速及搅拌形式。不影响基因工程菌呼吸的最低氧浓度称为临界溶氧浓度。发酵液中的溶氧必须大于这个浓度，才能正常进行发酵生产。影响这一参数的两个主要因素是通气比和发酵液中的空气线速度，二者互成反比关系。而影响空气线速度的主要因素是搅拌转速及搅拌形式。对不同的发酵来说，这些因素存在一个不同的优化问题，搅拌还是解决菌体结团的手段。因此，在选用发酵罐时应首先确定搅拌转速及搅拌形式。

营养成分浓度参数的设定和补料形式及补料设备。菌体在生长发酵过程中需要不断地消耗营养物质，而且不同的生长期消耗的速率不一样，因此要定期或连续补给营养物质，根据发酵的需要可以选择定期间断补料或连续补料设备。

2.8 高密度发酵

利用基因工程菌表达重组基因产物与传统发酵培养不同，基因工程菌培养有自身的特点，即外源基因克隆在质粒上，存在结构不稳定性和分配不稳定性；随着培养环境的改变，质粒拷贝数会有增有减，基因剂量也会相应变化；大多数外源基因的表达是已知启动子控制的，因而易通过改变环境条件来调节。

2.8.1 高密度发酵的概念

高密度发酵（high density fermentation）是一个相对概念，一般是指培养液中基因工程菌的菌体浓度在50 g（DCW）· L^{-1}以上，理论上的最高值可达200 g（DCW）· L^{-1}。高密度发酵是大规模制备重组蛋白质过程中不可缺少的工艺步骤。外源基因表达产量与单位体积产量是正相关的，而单位体积产量与细胞浓度和每个细胞平均表达产量呈正相关性，因此高密度发酵可以实现在单个菌体对外源基因的表达水平基本不变的前提下，通过单位体积的菌体数量的成倍增加来实现总表达量的提高。高密度发酵可以提高发酵罐内的菌体密度，提高产物的细胞水平量，相应地减少了生物反应器的体积，提高单位体积设备生产能力，降低生物量的分离费用，缩短生产周期，从而达到降低生产成本，提高生产效率的目的。高密度发酵对发酵条件和发酵设备的要求较高。

2.8.2 影响高密度发酵的因素

在基因工程菌高密度发酵过程中，外源蛋白的表达量既取决于外源蛋白的表达水平，又取决于基因工程菌的菌体密度。过高的菌密度不仅对发酵设备，而且对发酵条件提出了严格的要求。影响高密度发酵的因素非常多，如细菌生长所需的营养条件、发酵过程中的培养温度、发酵液的pH、溶氧浓度、有害的代谢副产物，补料方式及发酵液流变学特性等都会影响大肠杆菌高密度发酵的产量。

（1）培养基

大肠杆菌高密度发酵的生物量可达150～200 g · L^{-1}，为满足菌体生长和外源蛋白表达的需要，常需投入几倍于生物量的基质。高密度发酵对基质中营养源的种类和含量比要求较高，如碳源和氨源比例偏小，会导致菌体生长旺盛，造成菌体提前衰老自溶，若比例偏大，则菌体繁殖数量少，细菌代谢不平衡，不利于产物积累。为达到理想的效果，需要对基质中营养物质的配比进行优化，以满足细菌大量繁殖和外源蛋白表达的需要。

由于优化碳源是控制高密度发酵的关键因素，人们在这一方面做了大量研究。葡萄糖因其被细菌吸收速度快，价格便宜，而成为大肠杆菌高密度发酵中最常用的碳源物质。但培养基中葡萄糖的浓度过高会导致乙酸的生成，因此保持培养基中较低的葡萄糖浓度是实现高密度发酵的关键。陈坚等对大肠杆菌高密度培养谷胱甘肽进行了研究，结果表明初始葡萄糖浓度为 $10\ g \cdot L^{-1}$ 时，重组大肠杆菌 WSH-KE 发酵 24 h，细胞干重达到最大，此时细胞内 GSH 的含量也高于其他糖浓度对应的含量。杨汝燕等对利用甘油代替葡萄糖作为碳源发酵生产重组肿瘤坏死因子进行了研究，发现甘油浓度为 $5\ g \cdot L^{-1}$ 时，最终菌密度 $OD_{600}=120$，重组肿瘤坏死因子的表达量占菌体总蛋白的 30% 以上。Arisitou 等研究了利用果糖作为碳源发酵生产重组 β- 半乳糖苷酶的情况，结果表明重组蛋白的产率比利用葡萄糖作为碳源的产率提高了 65%。

在培养基中，氮源、微量元素和无机盐的含量对细菌的生长繁殖和外源蛋白的表达也有很大影响。徐皓等在高密度发酵重组肿瘤坏死因子的实验中，研究了基质中含磷量对发酵的影响。结果表明基质中含磷量能影响表达质粒的复制速率，因而是影响菌体生长和基因表达的关键因素之一。

（2）溶氧浓度

溶氧浓度是影响高密度发酵的一个重要因素。菌体在扩增过程中，需要大量氧进行氧化分解代谢，饱和氧的及时供给非常重要。溶解氧的浓度过高或过低都会影响细菌的代谢，因而对菌体生长和产物表达影响很大。随着发酵时间的延长，菌体密度迅速增加，溶氧浓度随之下降，细胞的生长减慢。特别是在高密度发酵的后期，由于菌体密度的扩增，耗氧量极大，发酵罐各项物理参数均不能满足对氧的供给，导致菌体生长极为缓慢，外源蛋白的表达量也较差。所以，维持较高浓度的溶氧水平，不仅有利于菌体生长，而且有利于外源蛋白的表达。

要在发酵过程中保持适宜的溶氧浓度，必须确定发酵罐的通气量和搅拌速度。在一定范围内，通气量越大，溶氧浓度越高。但不能单纯依靠增加通气量来获得充足氧气，若气流速度过大，再提高通气量，会使发酵液产生大量气泡，使发酵罐的有效利用率降低。目前提高溶氧量的方法主要有：用空气分离系统提高通气中氧分压；将具有提高氧传质能力的透明颤菌血红蛋白基因克隆至菌体中；与小球藻混合培养，用藻细胞光合作用产生的氧气直接供菌体吸收。

（3）pH

稳定的 pH 是菌体保持最佳生长状态的必要条件。特别是在高密度发酵过程中，pH 的改变会影响细胞的生长和基因产物的表达。因此，在发酵条件的控制上，一定要考虑细菌的最适 pH 范围，并在发酵过程中保持一定的 pH。由于大肠杆菌利用葡萄糖产酸产气，特别是产生大量的乙酸和 CO_2，从而使 pH 降低。因此，必须及时调节 pH 使其处于适宜的范围内，避免 pH 激烈变化对菌体生长和蛋白质表达产生的负面影响。

（4）温度

培养温度是影响细菌生长和调控细胞代谢的重要因素。较高的温度有利于细菌生长，提高菌体的生物量。对于温控诱导表达的基因工程菌来说，诱导时机和持续时间对于重组蛋白的产量都有极大的影响。对于 λ 噬菌体 P_L 和 P_R 启动子型的基因工程菌，热诱导程序对于提高外源蛋白的表达量非常重要，细胞生长温度突然提高 10℃以上，细胞内就会生成某些热激蛋白，以适应变化的环境。升温过程一般要求在 2 min 内完成，如果升温时间过长，则热激蛋白合成量剧增，外源蛋白的量相对降低。升温诱导一般在对数生长期或对数生长后期，此时细菌繁殖量巨大，菌体的旺盛代谢受到抑制，此时诱导有利于外源蛋白的表达。

（5）代谢副产物

大肠杆菌在发酵的过程中，会产生一些有害的代谢副产物，如乙酸、CO_2 等，这些物质的积累会抑制菌体的生长和蛋白质的表达。培养基中葡萄糖的浓度深刻影响着细菌的代谢方式，在高密度发酵过程中，即便供氧充足，葡萄糖的浓度超过某一阈值，细菌也会产生乙酸。比生长速率过高，供氧不足，也会产生大量的乙酸。有关乙酸抑制菌体生长的机理尚未阐明，但目前一般认为，当流入中心代谢途径的碳源物质超过生物合成的需求和胞内能量产生能力时，就会产生乙酸，三羧酸循环或电子传递链的饱和可能是主要原因。乙酸的质子化形式降低了 ΔpH 对质子梯度移动力的影响，干扰了 ATP 的合成，因此，乙酸可能是通过阻碍 DNA、RNA、蛋白质、脂肪的合成而抑制菌体的生长。高浓度的 CO_2 对菌体的生长也有毒害作用，而且 CO_2 溶于发酵液也会导致 pH 的下降。为降低培养过程中代谢副产物的积累，可在保持高溶氧的同时，采用流加补料的措施，或者保持适当的比生长速率。此外，在培养基中添加某些氨基酸（甘氨酸、甲硫氨酸），也可减轻乙酸的抑制作用。

2.8.3 实现高密度发酵的方法

（1）发酵条件的改进

高密度发酵的工艺是比较复杂的，仅仅对营养物质、溶氧浓度、pH、温度等影响因素单独地加以考虑是远远不够的，因为各因素之间有协同和（或）抵消作用，需要对它们进行综合考虑，对发酵条件进行全面的优化，才可以尽可能地提高菌体密度和基因产物的生成。

① 培养基的选择　高密度发酵过程中基因工程菌在短时间内迅速分裂增殖，使菌体浓度迅速升高，而基因工程菌提高分裂速度的基本条件是必须满足其生长所需的营养物质。因此，在培养基成分的选择上，要尽量选择容易被基因工程菌利用的营养物质。如果以葡萄糖为碳源，葡萄糖需经氧化和磷酸化作用生成 1,3- 二磷酸甘油醛，才能被微生物利用。如果以甘油作为碳源，它可以直接被磷酸化，从而被微生物利用，即利用甘油作为碳源可缩短基因工程菌的利用时间，增加分裂繁殖的速度。目前，普遍采用浓度达 6 $g \cdot L^{-1}$ 的甘油作为高密度发酵培养基的碳源。另外，高密度发酵培养基中各组分的浓度也要比普通培养基高 2 ~ 3 倍，才能满足高密度发酵中基因工程菌对营养物质的需求。

② 建立流加式培养方式　当碳源和氮源等营养物质超过一定浓度时可抑制菌体生长，这就是在分批培养基中增加营养物质浓度而不能产生高细胞密度的原因。因此，高密度发酵是以低于抑制阈的营养物质浓度开始的，营养物质则是在需维持高生长速率时才添加的，所以补料分批发酵已被广泛用于各种微生物的高密度发酵。补料分批发酵是指在微生物分批发酵的过程中以某种方式连续补加一定物料的培养技术，这种技术既弥补了分批操作的不足，又能减轻连续操作中存在的一些困难，尤其避免了维持恒定体积的技术难题。补料分批发酵主要包括非反馈补料和反馈补料两种类型（表 2–3）。不同的流加技术对细菌的高密度生长和产物的表达有很大的影响。指数补料比较简单，不需复杂设备，且采用这一方法培养大肠杆菌可将比生长速率控制在适宜的范围内，因而广泛用于重组大肠杆菌的高密度发

表 2–3　大肠杆菌高密度发酵中补料分批发酵的流加技术

补料类型	流加技术	说明
非反馈补料	恒速补料	预先设定的恒定的营养流加速率，细菌的比生长速率逐渐下降，菌体密度呈线性增加
	变速补料	在培养过程中流加速率不断增加（梯度、阶段、线性等），细菌比生长速率在不断改变
	指数补料	流加速度呈指数增加，比生长速率为恒定值，菌体密度呈指数增加
反馈补料	恒 pH 法	在线检测葡萄糖或甘油浓度控制碳源的浓度；通过 pH 的变化，推测细菌的生长状态，调节流加葡萄糖速度，调节 pH 为恒定值
	恒溶解氧法	以溶解氧为反馈指标，根据溶解氧的变化曲线调整碳源的流加量
	菌体浓度反馈法	通过检测菌体的浓度，拟合营养的利用情况，调整碳源的加入量
	CER 法	通过检测二氧化碳释放率（carbon dioxide excretion rate，CER），估计碳源的利用情况，控制营养的流加
	DO-stat 法	通过控制溶解氧、搅拌和补料速率，维持恒定的溶解氧，减少有机酸的生成

酵生产。指数流加不仅在提高菌体密度、生产强度和产物表达总量方面具有明显优势，而且在生产过程中比生长速率的平均值与设定值非常接近。利用葡萄糖为碳源培养重组大肠杆菌时要控制其浓度在较低的范围内，减少乙酸的生成。目前大多数高密度发酵均采取了限制性流加葡萄糖的方法。利用发酵反馈的参数，如 pH、DO、OUR、CER 作为控制对象，和葡萄糖流加相关联，控制流加量，使培养基中葡萄糖浓度限定在较低的水平。

③ 提高供氧能力　溶解氧浓度是高密度发酵过程中影响菌体生长的重要因素之一。为了在发酵过程中保持一定的溶氧浓度，可适当提高搅拌转速，但过高的转速会产生大量的泡沫，反而会导致溶氧浓度的降低。现在有的小型发酵罐采用通纯氧混合通气来提高氧分压，但使用纯氧不安全、不经济，同时在大发酵罐中可能局部混合不均，易使细菌产生氧中毒，反而抑制了菌体的生长。生产中经常采用在发酵液中流加过氧化氢，在细胞过氧化氢酶的作用下，释放出氧气供菌体利用。

（2）构建出产乙酸能力低的工程化宿主菌

高密度发酵后期由于菌体的生长密度较高，培养基中的溶氧饱和度往往比较低，氧气的不足导致菌体生长速率降低和乙酸的累积，乙酸的存在对目标基因的高效表达有明显的阻抑作用。这是高密度发酵工艺研究中最迫切需要解决的问题。虽然在发酵过程中可采取通氧气、提高搅拌速度、控制补料速度等措施来控制溶氧饱和度，减少乙酸的生成，但从实际应用上看，这些措施都有一定的滞后效应，难以做到比较精确地控制。通过切断细胞代谢网络上产生乙酸的生物合成途径，构建出产乙酸能力低的工程化宿主菌，是从根本上解决问题的途径之一。

知识拓展 2-6
乙酸代谢

目前已知的大肠杆菌产生乙酸的途径有两条：一是丙酮酸在丙酮酸氧化酶的作用下直接产生乙酸，二是乙酰辅酶 A 在磷酸转乙酰基酶（PTA）和乙酸激酶（ACK）的作用下转化为乙酸，后者是大肠杆菌产生乙酸的主要途径。根据大肠杆菌葡萄糖的代谢途径，目前应用的代谢工程策略主要有：①阻断乙酸产生的主要途径；②对碳代谢流进行分流；③限制进入糖酵解途径的碳代谢流；④引入血红蛋白基因等。随着基因工程技术的日益完善，应用代谢工程技术对重组大肠杆菌进行改造已使之有利于外源蛋白的高表达和高密度发酵，引起了广泛的关注。

① 阻断乙酸产生的主要途径　用基因敲除技术（使缺失）或基因突变技术（使失活）大肠杆菌的磷酸转乙酰酶基因 *pta1* 和乙酸激酶基因 *ackA*，使从丙酮酸到乙酸的合成途径被阻断。Bauer 等利用乙酸代谢突变株对氟乙酸钠的抗性，从大肠杆菌 MM294 筛到了一株磷酸转乙酰基酶突变株 MD050，发酵实验表明，磷酸转乙酰基酶突变株的生长速率并未减缓，但乙酸的分泌水平有了显著的降低，IL-2 的表达也有所增强。

② 对碳代谢流进行分流　丙酮酸脱羧酶和乙醇脱氢酶Ⅱ可将丙酮酸转化为乙醇。改变代谢流的方向，把假单胞菌的丙酮酸脱羧酶基因 *pdc1* 和乙醇脱氢酶基因 *adh2* 导入大肠杆菌，使丙酮酸的代谢有选择地向生成乙醇的方向进行，结果是使转化子不积累乙酸而产生乙醇，乙醇对宿主细胞的毒性远小于乙酸。Ingram 将表达丙酮酸脱羧酶和乙醇脱氢酶Ⅱ的质粒 pL01308-10 转入大肠杆菌 TC4 菌株，发现无论在好氧条件还是厌氧条件下，菌株都可产生乙醇，细胞密度也显著提高。Aristidou 将枯草芽孢杆菌的乙酰乳酸合成酶（ALS）基因引入大肠杆菌 GJTOOl 和 RR1，乙酰乳酸合成酶可催化丙酮酸缩合为乙酰乳酸，后者在乙酰乳酸脱羧酶的作用下转化为乙偶姻，这种物质的毒性只有乙酸的 1/50，结果表明 *ALS* 基因的表达可使乙酸的水平降至对细胞的毒性阈值以下。Aristidou 还将表达 *ALS* 基因的质粒和表达 β- 半乳糖苷酶的质粒 pSM552-545C 共同转化进大肠杆菌 GJTOO1 构建一个双质粒表达系统，在补料分批培养条件下，重组蛋白的产量达 1.1 g · L^{-1}，为对照组的 2.2 倍，细胞密度也提高了 35%，同时乙酸的水平保持在 20 mmol · L^{-1} 以下，对照组为 80 mmol · L^{-1}。

③ 限制进入糖酵解途径的碳代谢流　大肠杆菌对葡萄糖的摄取是在磷酸转移酶系统（PTS）的作用下通过基团转位的方式进行的，如图 2-7 所示。该系统系由磷酸转移酶Ⅰ（酶Ⅰ）、HPr 和磷酸转移酶Ⅱ（酶Ⅱ）组成。其中酶Ⅰ和 HPr 对所有糖类都是通用的，通常为可溶性蛋白，存在于细胞质中；

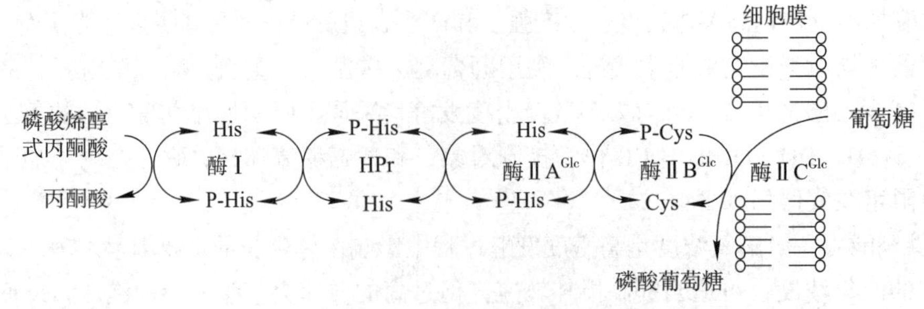

图 2-7 大肠杆菌磷酸转移酶系统示意图

酶Ⅱ对糖类具有特异性，有时是一种由 3 个结构域（A、B 和 C 结构域）组成单个蛋白，有时是由两种甚至多个蛋白组成。对葡萄糖转运有贡献的酶Ⅱ是由酶ⅡA^{Glc} 和酶ⅡCB^{Glc} 组成，该酶对葡萄糖具有特异性，其中由 *crr* 基因编码的酶ⅡA^{Glc} 存在于细胞质，由 *pts*G 基因编码的酶ⅡCB^{Glc} 位于细胞膜上，另有几种酶Ⅱ在葡萄糖的转运中也有不同程度的贡献。采用基因敲除方法破坏 *ptsG* 基因，*ptsG* 基因缺陷能够很大程度地降低葡萄糖的摄取速率，可望由此降低乙酸的累积。

知识拓展 2-7
血红蛋白

④ 引入血红蛋白基因　利用透明颤菌血红蛋白能提高大肠杆菌在贫氧条件下对氧的利用率的生物学性质，把透明颤菌血红蛋白基因 *vgb* 导入大肠杆菌细胞内，以提高其对缺氧环境的耐受力，减少供氧这一限制因素的影响，从而降低菌体产生乙酸所要求的溶氧饱和度阈值。

已有一些目标基因在乙酸能力低的工程化宿主菌中获得了比较理想的表达，一般可以使表达水平在原有基础上提高 10%～15%。

（3）构建蛋白水解酶活力低的工程化宿主菌

对于以可溶性或分泌形式表达的目标蛋白而言，随着发酵后期各种蛋白水解酶的累积，目标蛋白会遭到蛋白水解酶的作用而被降解。为了使对蛋白水解酶比较敏感的目标蛋白也能获得较高水平的表达，需要构建蛋白水解酶活力低的工程化宿主菌。

rpoH 基因编码大肠杆菌 RNA 聚合酶的 r32 亚基，r32 亚基对大肠杆菌中多种蛋白水解酶的活力有正调控作用。*rpoH* 基因缺陷的突变株已经被构建，研究结果表明它能明显提高目标基因的表达水平。到目前为止，已知的大肠杆菌蛋白水解酶基因缺陷的突变株都已被获得，其中一部分具有实际应用的潜力。

2.9 基因工程药物的分离纯化

随着基因工程药物的日益增多，分离纯化技术的作用逐渐引起人们的重视。许多医药生物技术产品如单抗、酶、激素、干扰素、各种细胞因子等都是活性肽或蛋白质。这些产品的特点是：①目的产物在初始物料中含量低。②含目的产物的初始物料组成复杂，除了目的产物外，还含有大量的细胞、代谢物、残留培养基、无机盐等；特别是产物类似物，对目的产物的分离纯化影响很大。③目的产物的稳定性差，具有生物活性的物质对 pH、温度、金属离子、有机溶剂、剪切力、表面张力等十分敏感，容易失活、变性。④种类繁多，包括大、中、小分子，结构简单和复杂的有机化合物，结构和性质复杂又各异的生物活性物质。⑤应用面广，对其质量、纯度要求高，甚至要求无菌、无热原等。因此，为了获得合格的目的产物，必须建立与上述特点相适应的医药生物技术产品的分离纯化工程。

2.9.1 建立分离纯化工艺需了解的各种因素

（1）含目的产物的起始物料的特点

利用基因工程菌进行发酵生产的产物，其上游过程中的各种因素均对分离纯化使用的技术和工艺有直接影响。这些因素包括：①菌种类型、形式，各种生物学性质，产物和副产物种类，产物在细胞内所处的位置，表达方式（胞内、胞外、包含体），代谢物种类，产物类似物、毒素和能降解产物的酶类等。②原材料和培养基的来源及质量是否稳定。③生产工艺和条件，如灭菌方法和条件，生产方式（连续、批式、半连续），生产周期，生产能力，工艺控制条件因素及方式等。④初始物料的物理、化学和生物学特性：包括产物浓度、主要杂质种类和浓度、盐的种类和浓度、溶解度、pH、黏度、流体力学性质和热力学性质等。

（2）物料中杂质种类和性质

主要包括相关性和非相关性杂质的含量、化学性质、结构、相对分子质量、电荷性质及数量、生物学性质、稳定性（对热、pH、盐、有机溶剂等）、溶解度、分配系数、挥发性、吸附性能等。

（3）目的产物特性

主要包括产物的化学、物理和生物学性质，包括化学组成、相对分子质量、等电点、电荷分布及密度、溶解度、稳定性（对热、冷冻、pH、盐、有机溶剂和金属离子等）、疏水性、扩散性、扩散系数、分配系数、吸附性能、生物活性、亲和性、配基种类、表面活性等。

（4）产品质量要求

主要包括产品质量指标，产品用途，对纯度、生物活性、比活的要求，允许的杂质种类和最大允许含量，特殊杂质的种类、最大允许量以及对使用的影响，产品剂型，贮存稳定性。

2.9.2 分离纯化的基本过程

分离纯化是基因工程药物生产中极其重要的一环，这是由于基因工程菌经过大规模培养后，产生的目的产物含量很低，杂质含量却很高。所以要得到合乎医疗要求的基因工程药物，分离纯化要比传统产品困难得多。另外由于基因工程药物是从转化细胞而不是从正常细胞生产的，所以对产品的纯度要求也高于传统产品。

基因工程药物的分离纯化一般不应超过 4～5 个步骤，包括细胞破碎、固液分离、浓缩与初步分离、高度纯化直至得到纯品，成品加工。其一般流程如图 2–8 所示。

2.9.3 细胞破碎的方法

大肠杆菌为宿主的基因工程药物多为胞内产物，分离提取这类物质时，需经细胞收集、细胞破碎和细胞碎片分离等步骤。细胞收集常用离心分离的方法，膜过滤法也逐渐得到广泛应用。细胞破碎的方法很多，可按是否外加作用力而分为机械破碎法和非机械破碎法两类，亦可按所用方法的属性分为物理破碎法、化学破碎法和生物破碎法三类。常用的物理破碎法主要是匀浆法、珠磨法和超声法，化学破碎法主要是渗透冲击和增溶法，生物破碎法主要是酶溶法。各种方法都各有其自身的优缺点，在应用时，应根据工艺和上、下游要求统筹考虑，合理选择。有时单一方法不能达到预期效果，则可将不同方法组合应用。

（1）物理破碎法

物理破碎法是常用的方法，速度快，处理量较大，不会带入其他化学物质。但在处理过程中会产生热量，必要时要采取冷却措施，以防止目的产物失活。

① 高压匀浆法　高压匀浆法是利用高压迫使细胞悬浮液通过针形阀后，因高速撞击和突然减压而使细胞破裂的方法。这一操作可多次循环，操作方便，成本较低。细胞破碎的效果与匀浆器的结构参

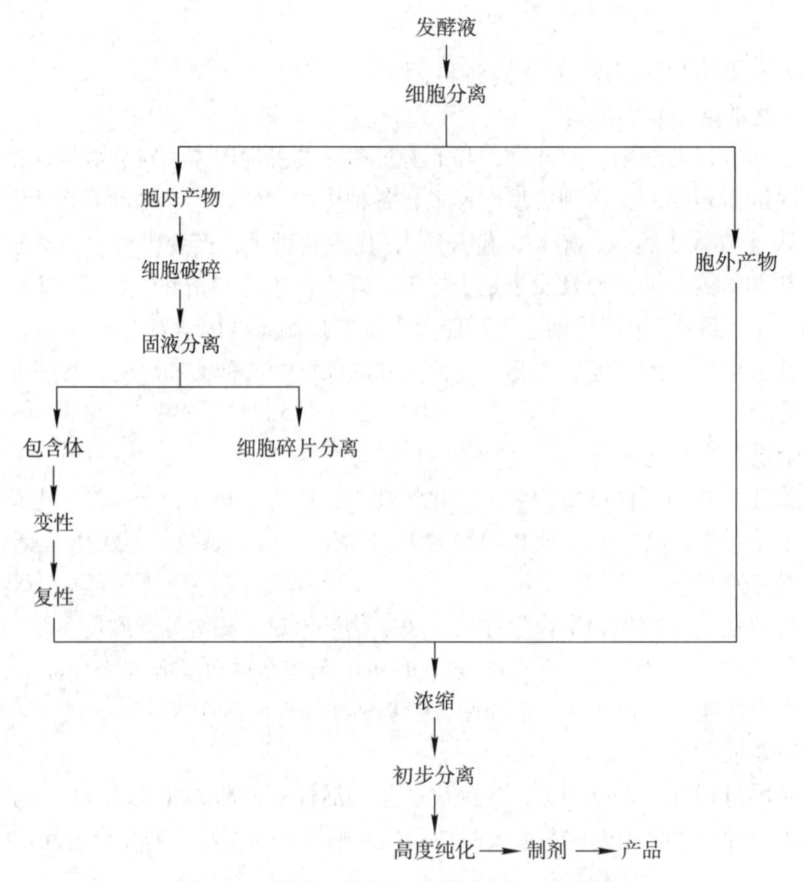

图 2-8 基因工程药物分离纯化的一般流程

数（如针形阀与阀座的形状、两者之间的距离等）、操作压力和循环次数等有关。高压匀浆法可大规模应用，且适用于多种微生物细胞，仅少数易造成堵塞的团状或丝状真菌以及较小的革兰氏阳性细菌除外。

② 高速珠磨法　高速珠磨法是将细胞悬浮液与研磨剂（通常是直径 <1 mm 的无铅玻璃小珠）一起快速搅拌或研磨，利用玻璃珠间以及玻璃珠与细胞间的互相剪切、碰撞促进细胞壁破裂而释出内含物。高速珠磨法可实现连续操作，其不足是在破碎过程中产生的热量会使样品温度迅速上升，因此必须采取冷却措施。影响珠磨破碎的因素很多，如珠体的大小和用量、搅拌器的转速、进料速度、细胞浓度和冷却温度等。这些参数不仅影响细胞破碎程度，还影响能耗。珠子的大小应根据细胞大小和浓度及操作过程中不带出珠子的要求来选择。

③ 超声破碎法　超声波破碎法是利用 15 ~ 25 kHz 的超声波来处理细胞悬浮液。一般认为在超声作用下，液体发生空化作用，空穴的形成、增大和闭合产生极大的冲击波和剪切力，使细胞破碎。超声破碎法的效率与细胞的种类、浓度和超声波的声频、声能等有关。超声破碎法是一种强烈的破碎方法，适用于多种微生物细胞的破碎，处理少量样品时操作简便，液量损失少。但超声处理易使敏感性活性物质变性失活，噪声难忍，有效能量利用率极低，操作过程产热量大，需在冰水或有外部冷却的容器中进行。该法对冷却的要求苛刻，故不易放大，目前主要用于实验室研究，工业应用的潜力有限。

④ 高压挤压法　使用特殊装置 X-Press 挤压机。把浓缩的细胞悬液冷却至 −30℃ ~ −25℃形成冰晶，用 500 MPa 以上的高压冲击，使冷冻细胞从高压阀孔中挤出，由于冰晶体磨损和包埋在冰中的细胞变形引起细胞破碎。这种方法的优点是破碎率高，细胞碎片粉碎程度低，生物活性保持较好。但本法对冷冻—融解敏感的生物活性物质不适用。

（2）化学破碎法

化学破碎法是一类利用化学试剂改变细胞壁或细胞膜的结构，或完全破除细胞壁形成原生质体后，在渗透压作用下使细胞膜破裂而释放胞内物质的方法。它们的作用机理因所用化学试剂不同而异。化学破碎法比机械破碎的选择性高，胞内产物的总释放率低，特别是可有效地抑制核酸的释放，料液黏度小，有利于后处理过程。但是，化学破碎法比机械破碎法速度低，效率差，并且由于化学试剂的添加形成新的污染，给进一步的分离纯化增添麻烦。

① 渗透冲击　渗透冲击是先将微生物细胞置于高渗介质（如高浓度的蔗糖或甘油溶液），待达成平衡后，突然稀释介质或将细胞转入水或缓冲液，在渗透压的作用下，水渗透通过细胞壁和膜进入细胞，使细胞壁和细胞膜胀破裂。此法比较温和，操作也简单，但仅适用于细胞壁较脆弱的、经酶预处理或合成受抑制而强度减弱的菌体细胞。

② 增溶法　增溶法是利用表面活性剂等化学试剂的增溶作用，增加细胞壁和膜的通透性使细胞破碎的方法。表面活性剂有阴离子型、阳离子型和非离子型 3 种，均为两性分子，含有亲水基团和疏水基团，因此既能与水作用又能与脂作用，溶解细胞壁和膜上的脂蛋白，使细胞的通透性增加，释放出胞内物质。常用的表面活性剂有阴离子型的十二烷基硫酸钠（SDS）、非离子型的 Triton X-100 等。有些有机溶剂如乙醇、异丙醇、尿素和盐酸胍等也能作用于膜蛋白，削弱其疏水相互作用，而改变细胞壁和膜的通透性，如异丙醇广泛应用于从酵母分离蛋白酶的细胞破碎工艺中。EDTA 作为金属螯合剂，可用来处理革兰氏阴性细菌（如大肠杆菌），其对细胞的外层膜有破坏作用。革兰氏阴性细菌的外层膜结构通常靠二价阳离子 Ca^{2+} 或 Mg^{2+} 结合脂多糖和蛋白质来维持，一旦 EDTA 将 Ca^{2+} 或 Mg^{2+} 螯合，大量脂多糖分子将脱落，使外层膜出现洞穴。这些区域由内层膜的磷脂来填补，导致该区域通透性增强。

③ 脂溶法　许多有机溶剂能与细胞壁和膜上的脂质作用，如在细胞悬液中加入 10% 体积的甲苯，可导致细胞壁膨胀、破裂，释放出胞内物质。类似的，氯苯、异丙苯、二甲苯等芳香族化合物的效果也很好。但苯是致癌物，除甲苯外，其他化合物的挥发性都很高。此外，高醇类的辛醇也可用来破碎细胞，且应用广泛。

（3）生物破碎法

酶溶法是用生物酶消化溶解细胞壁和细胞膜的方法。常用的生物酶有溶菌酶、β-1,3- 葡聚糖酶、β-1,6- 葡聚糖酶、蛋白酶、甘露糖酶、糖苷酶、肽链内切酶、壳多糖酶等。细胞壁溶解酶是几种酶的复合物。溶菌酶主要对细菌类有作用，其他酶对酵母作用显著。溶菌酶亦有高度的专一性，故必须根据待处理细胞的结构和化学组成来选择适当的酶，并确定相应的使用次序。

自溶是一种特殊的酶溶方式，它是利用微生物自身产生的酶来溶菌，而不需外加其他的酶。在微生物代谢过程中，大多数都能产生一种能水解细胞壁上聚合物的酶，以使生长过程继续下去。有时控制条件（温度、pH、添加激活剂等）可以增强系统自身的溶酶活性，使细胞壁自发溶解。例如，酵母在 45 ~ 50℃下保温 20 h 左右，可发生自溶。但自溶的时间较长，不易控制，故在制备具有活性的核酸或蛋白质产物时比较少用。

酶溶法具有产物可选择性释放、核酸泄出量少、细胞外形完整等优点，但也存在明显不足：①溶酶价格高，回收利用困难，大规模使用成本高；②通用性差，不同的菌种需不同的酶，且最佳条件不易确定；③存在产物抑制作用，导致释放率低。因此，酶溶法目前还只限于实验室规模应用。

2.9.4　固液分离

分离细胞碎片比较困难，可以用离心、膜过滤或双水相分配的方法，使细胞碎片分配在一相（通常为下相）而分离，同时也起部分纯化作用。①离心沉淀，离心是固液分离的主要手段，包括高速离心和超速离心。②膜过滤，常用的膜过滤技术有微滤、超滤和反渗透等。微滤用于分离细胞、细胞碎片、包含体和蛋白质沉淀物等固体颗粒。超滤用于浓缩蛋白质、多糖和核酸等大分子物质。反渗透用于脱去抗生素、氨基酸等小分子中的水分。③双水相萃取，双水相系统是由两种水溶性高聚物或一种高聚物与无机盐在水溶液中混合而成。由于两相均含较多的水，所以称为双水相。常用的双水相系统有聚乙二醇—葡聚糖和聚乙二醇—无机盐。由于聚乙二醇—葡聚糖价格贵，因此聚乙二醇—无机盐应用更广泛。双水相萃取的操作过程是，将破碎后的细胞悬液与聚乙二醇—无机盐混合，然后离心分相。聚乙二醇富集的上相一般会有目的产物和其他杂蛋白，下相含有细胞碎片、核酸、多糖等。在实际操作中，如何使细胞碎片等杂质分配在下相，同时又使活性物质尽可能多地分配在上相，需要综合考虑聚乙二醇浓度、无机盐浓度、pH 等诸多因素。

2.9.5 重组蛋白的分离纯化

基因工程菌或工程细胞经过细胞破碎和固液分离之后，目的产物仍与大量的杂质混合在一起，这类杂质可能有病毒、热原、氧化产物、核酸、多聚体、杂蛋白、与目的物类似的异构体等。因此为了获得合格的目的产物，必须对混合物进行分离和纯化。最终产品达到什么纯度要根据产品使用的目的和剂量而定，一般来说注射剂比外用剂的纯度要求高，杂质的限度要更低；高剂量的产品对纯度要求比低剂量的要高。

分离纯化主要依赖色谱分离方法。色谱技术是医药生物技术下游过程精制阶段的常用手段，其优点是具有多种多样的分离机制、设备简单、便于自动化控制和分离过程中无发热等有害效应。色谱技术分为离子交换色谱、疏水色谱、反相色谱、亲和色谱、凝胶过滤色谱、高压液相色谱等。蛋白质纯化方法通常根据产物分子的物理、化学参数和生物学特性进行设计，其在分离纯化中的作用见表 2–4。

表 2–4 产物的主要特性及其在分离纯化中的作用

产物性质	在分离纯化中的作用
等电点	决定离子交换的种类及条件
相对分子质量	选择不同孔径及分级分离范围的介质
疏水性	与疏水、反相介质结合的程度
特殊反应性	产物的氧化、还原及部分催化性能的抑制
聚合性	是否采用预防聚合、解聚及分离去除聚合体
生物特异性	决定亲和配基
溶解性	决定分离体系及蛋白浓度
稳定性	决定工艺采用的温度及流程时间等
微不均一性	影响产物的回收

选择纯化方法应根据目的蛋白质和杂蛋白的物理、化学和生物学方面性质的差异，尤其重要的是表面性质的差异，例如：表面电荷密度、对一些配基的生物特异性、表面疏水性、表面金属离子、糖含量、自由巯基数目、分子大小（相对分子质量）和形状、p*I* 值和稳定性等。选用的方法应能充分利用目的蛋白质和杂蛋白间上述性能的差异。几乎所有的蛋白质的理化性质均会影响色谱类型的选择。基因工程药物生产过程中常用的分离纯化方法见表 2–5。

2.9.5.1 离子交换层析

离子交换层析（ion exchange chromatography，IEC）是以离子交换剂为固定相，依据流动相中的组分离子与交换剂上的平衡离子进行可逆交换时的结合力大小的差别而进行分离的一种层析方法（图 2–9）。由于离子交换色谱分辨率高、容量大、操作容易，所以已成为多肽、蛋白质、核酸和许多发酵

表 2-5　基因工程药物生产过程中常用的分离纯化方法

方法	目的
离心 / 过滤	去除细胞、细胞碎片、颗粒性杂质（如病毒）
阴离子交换层析	去除杂质蛋白、脂质、DNA 和病毒等
40 nm 微孔滤膜过滤	进一步去除病毒
阳离子交换层析	去除牛血清蛋白或转铁蛋白等
超滤	去除沉淀物及病毒
疏水层析	去除残余的杂蛋白
凝胶过滤	与多聚体分离
0.22 μm 微孔滤膜过滤	除菌

产物分离纯化的一种重要方法。

（1）离子交换层析的基本原理

离子交换层析介质（固定相）常称为离子交换剂。离子交换剂由 3 部分组成：一是不溶性的惰性高分子聚合物基质，亦称载体，呈三维骨架结构，内有许多孔隙；二是共价键合于载体上的不能移动的荷电基团，称为活性基团或功能基团；三是与活性基团以离子键连接的活性离子，带有与活性基团相反的电荷，又称平衡离子或反离子。

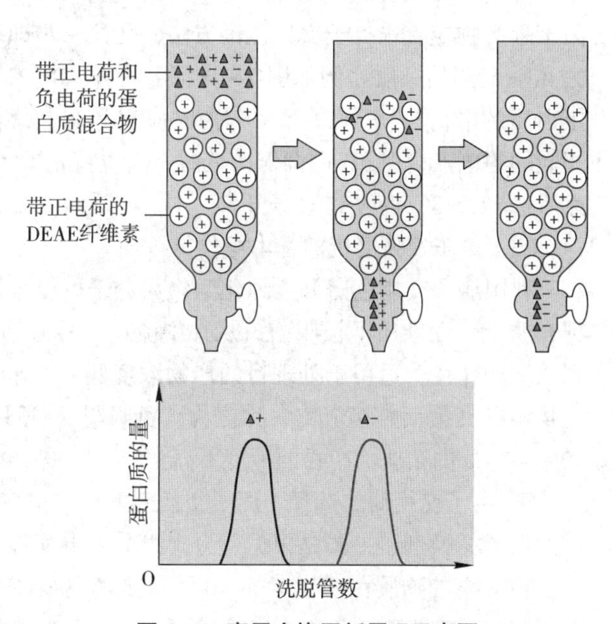

图 2-9　离子交换层析原理示意图

当离子交换剂处于水溶液中时，活性离子可从活性基团上解离下来，在基质骨架与溶液间自由迁移，并可与溶液中的同性离子，因与活性基团的化学亲和力不同而产生交换，即发生离子交换作用。若活性基团是酸性基团，释放的活性离子为阳离子，可与溶液中的其他阳离子发生交换，这类离子交换剂称为阳离子交换剂。若活性基团是碱性基团，活性离子为阴离子，则可与溶液中的其他阴离子发生交换，这类离子交换剂称为阴离子交换剂。阴离子交换剂的活性基团带正电荷，装柱平衡后，与缓冲溶液中的带负电荷的平衡离子结合。待分离溶液中可能有正电荷基团、负电荷基团和中性基团。加样后，负电荷基团可以与活性离子进行可逆的置换反应而结合到离子交换剂上，正电荷基团和中性基团则不能与离子交换剂结合，随流动相流出而被去除。选择合适的洗脱方式和洗脱液，例如按离子强度递增的梯度洗脱，随着离子强度的增加，洗脱液中的离子逐步与结合于离子交换剂的各种负电荷基团进行交换，而将各种负电荷基团置换出来，随洗脱液流出。而且，与离子交换剂结合力小的负电荷基团先置换出来，而与离子交换剂结合力强的后置换出来，这样各种负电荷基团就会按其与离子交换剂结合力从小到大的顺序逐步被洗脱下来，从而达到分离的目的。

蛋白质的等电点和表面电荷的分布主要影响其离子交换的性能，影响蛋白质离子交换色谱保留的其他因素包括交换基团和交换介质的种类、吸附和洗脱的条件（pH、离子强度、反离子）等。蛋白质是两性分子，其所带电荷性质随 pH 的变化而变化，如蛋白质在低于等电点的 pH 范围内稳定，带正电荷，就与阳离子交换剂进行反应；如蛋白质在高于等电点的 pH 范围内稳定，带负电荷，就与阴离子交换剂进行反应；如蛋白质在高于或低于等电点的 pH 范围内都稳定，那么既可以用阳离子交换剂也可以用阴离子交换剂，此时取决于工作液的 pH 及杂质的带电情况。吸附力的强弱决定于蛋白质上所带的可离解基团的数目和离解程度，后者和 pH 与 p*I* 相差程度有关。pH 与 p*I* 相差越大，离解程度越大，吸附力越强。

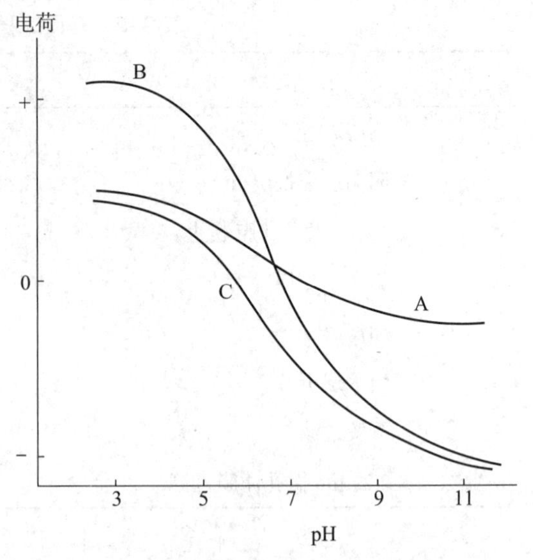

图 2–10　3 种蛋白质 A、B 和 C 的电荷与 pH 的关系（滴定曲线）

滴定曲线可以给出样品中不同蛋白质在不同 pH 下的带电状态，测定蛋白质混合物的滴定曲线可以帮助选择合适的离子交换色谱条件。在进行离子交换分离时，应选择各蛋白质滴定曲线无交叉的 pH 作为分离的缓冲液的 pH，还应考虑蛋白质在该 pH 下的稳定性和溶解性。蛋白质的表面电荷并不是均等分布，因而可以利用离子交换色谱分离等电点相同但表面电荷分布不同的两个蛋白质。等电点处于极端位置（$pI<5$ 或 $pI>8$）的基因工程产物应首选离子交换色谱方法，往往一步即可除去几乎全部的杂质。例如图 2–10 所示的 A、B、C 3 种蛋白质的电荷与 pH 的关系，分离时应选择在电荷相差最大的 pH 下进行操作。图中蛋白质 A 和 B 有相同的等电点，但 pH 向两侧改变时，其电荷相差增大。所以可选择 pH 3～4，使 B 从 A 和 C 中分出，然后选 pH＞8，将 A 和 C 分开。

（2）离子交换层析的基本操作

利用离子交换色谱分离纯化生物大分子可以采用两种方式：一是将目的产物离子化，然后被交换到介质上，而杂质不被吸附，从柱中流出，称之为“正吸附”；其优点是目的产物纯度高，还可以起到浓缩的作用，适用于处理目的产物浓度低、工作液量大的溶液。二是将杂质离子化后被交换，目的产物不被交换而直接流出，称之为“负吸附”；适用于处理目的产物浓度高的工作液，通常只可除去 50%～70% 的杂质，产物的纯度不高。

① 离子交换剂的选择　离子交换剂的种类很多，离子交换层析要取得较好的效果，首先要选择合适的离子交换剂。主要是根据待分离组分的电荷性质确定选用阳离子交换剂或阴离子交换剂。这要取决于被分离的物质在其稳定的 pH 下所带的电荷，如果带正电，则选择阳离子交换剂；如带负电，则选择阴离子交换剂。例如，待分离蛋白质的等电点为 4，稳定的 pH 范围为 6～9，这时蛋白质带负电，故应选阴离子交换剂进行分离。强酸、强碱型离子交换剂适用的 pH 范围广，常用于分离一些小分子物质或在极端 pH 下的分离。弱酸、弱碱型离子交换剂不易使蛋白质失活，故常用于分离蛋白质等大分子物质。

其次是对离子交换剂基质的选择。聚苯乙烯系离子交换树脂等疏水性较强的离子交换剂一般常用于分离小分子物质，如无机离子、氨基酸、核苷酸等。而纤维素、葡聚糖、琼脂糖等离子交换剂亲水性较强，适合于分离蛋白质等大分子物质。一般纤维素类离子交换剂价格较低，但分辨率和稳定性都较低，适于初步分离和大量制备。葡聚糖类离子交换剂的分辨率和价格适中，但受外界影响较大，体积可能随离子强度和 pH 变化有较大改变，影响分辨率。琼脂糖离子交换剂机械稳定性较好，分辨率也较高，但价格较贵。

离子交换层析柱的分辨率和流速都与所用离子交换剂的颗粒大小有关。一般来说，颗粒小，分辨率高，但阻力大，流速慢，平衡时间长；颗粒大则相反。所以，大颗粒的离子交换剂适合于对分辨率要求不高的大规模制备，而小颗粒的离子交换剂适于需要高分辨率的分析或精分离。

② 离子交换剂的预处理、再生和保存　对离子交换剂的预处理、再生和转型的目的是一致的，都

是为了使离子交换剂带上所需的活性离子。新启用的离子交换剂要先进行预处理。干粉状的离子交换剂要先进行膨化，在水中充分溶胀，使其内部的孔隙增大，将活性基团充分暴露出来；再用水浮选去除杂质和细小颗粒（包括碎片）；然后用酸（HCl）、碱（NaOH）分别浸泡处理，每种试剂处理后都要用水洗至中性，再用另一种试剂处理，最后再用水洗至中性，进一步去除杂质并使离子交换剂带上需要的活性离子。市售的离子交换剂中，阳离子交换剂通常为 Na 型（即活性离子是 Na^+），阴离子交换剂为 Cl 型（活性离子为 Cl^-）。一般地，阳离子交换剂最后用碱处理，阴离子交换剂最后用酸处理。常用的酸是 HCl，碱是 NaOH 或再加一定的 NaCl，这样处理后阳离子交换剂为 Na 型，阴离子交换剂为 Cl 型。使用的酸碱浓度一般小于 0.5 mol · L^{-1}，浸泡时间一般 30 min。处理时应注意酸碱浓度不宜过高、时间不宜过长、温度不宜过高，以免离子交换剂被破坏。另外还要注意在使用离子交换剂前要排除气泡，否则会影响分离效果。

离子交换剂的再生是指对使用过的离子交换剂进行处理，使其恢复原有性状的过程。再生时，一般是先用大量的水冲洗，去除离子交换剂表面和孔隙内部物理吸附的杂质，再用上述的酸、碱交替浸泡法处理，除去与活性基团结合的杂质，使之恢复原有的交换能力。离子交换剂经再生后，一般还要作转型处理，所谓转型是指离子交换剂由一种活性离子转为另一种活性离子的过程。如对阴离子交换剂，用 HCl 处理可将其转为 Cl 型，用 NaOH 处理可转为 OH 型，用甲酸钠处理可转为甲酸型等。

离子交换剂保存时，应首先洗去蛋白质等杂质，并加入适当的防腐剂，一般加入 0.02% 的叠氮化钠溶液，4℃下保存。

③ 层析柱　应根据分离的样品量选择合适大小的层析柱，离子交换层析用的柱子一般较粗而短，柱子不宜过长，柱的直径可放得较大，可视层析条件和需要而定。当洗脱过程中梯度变化比较剧烈时（如阶段梯度洗脱），则不能用过长的柱，否则区带扩散较宽，使分辨率降低；而采用连续梯度洗脱时，适当增加柱长能增加分辨力。层析柱安装要垂直。装柱时要均匀平整，不能有气泡。

④ 平衡缓冲液的选择　在离子交换层析中，平衡缓冲液和洗脱缓冲液的 pH 和离子强度对层析分离效果有很大的影响。离子交换柱装柱、上样后一般需要进行平衡，所用的缓冲液称为平衡缓冲液。平衡缓冲液的离子强度和 pH 的选择，一要保证各待分离组分的稳定，二要使各待分离组分与离子交换剂有适当的结合，并尽量使目的产物和杂质与离子交换剂的结合有较大的差别。要尽量使目的产物与离子交换剂有较稳定的结合，而杂质不与离子交换剂结合或结合不稳定，这样可直接去除大量的杂质，使随后的洗脱较易进行并有更好的效果。另外，平衡缓冲液中不能有与离子交换剂结合力强的离子，否则会大大降低交换容量，影响分离效果。

⑤ 上样　样品应与平衡缓冲液有相同的 pH 和离子强度，可通过透析、凝胶层析或稀释法达到此目的。样品中的不溶物应在透析后或凝胶层析前以离心法除去。离子交换层析上样量的大小取决于层析目的、样品中待分离物质的浓度及其与离子交换剂的亲和力。当待分离物质在样品中含量很低，但对离子交换剂亲和力很大时，为了浓缩富集，可将几倍于柱床体积的样品通过层析柱，直到该组分饱和为止。然后再把它从层析柱上洗脱下来。当要求高分辨率时，加样时紧密吸附的区带不应超过柱床体积的 10%。

⑥ 洗脱　离子交换层析的洗脱方式有梯度洗脱和阶段洗脱两种，洗脱时改变离子强度或改变 pH。梯度洗脱中，离子强度和 pH 的改变是逐步的、连续的；改变离子强度的梯度洗脱通常是在洗脱过程中逐步加大离子强度，使与离子交换剂结合的各组分洗脱下来；而 pH 梯度洗脱，对阳离子交换剂一般是 pH 从低到高洗脱，阴离子交换剂则是 pH 从高到低洗脱；梯度洗脱又有线性梯度、凹形梯度、凸形梯度及分级梯度等多种形式，可在计算机控制下进行。阶段洗脱是用具有不同洗脱能力的缓冲液相继进行洗脱；阶段洗脱的设备和操作简单，洗脱体积小，浓度高，便于分析；当被分离组分与交换剂的亲和力差别比较大时，阶段洗脱比较适用。

洗脱液的流速可影响离子交换层析分离效果，洗脱速度通常要保持恒定。一般说来洗脱速度慢一点，分离效果较好，但过慢会造成分离时间长、组分扩散、谱峰变宽、分辨率降低等不利影响，故要根据实际情况选择合适的洗脱速度。如洗脱峰相对集中于某一区域造成重叠，则应适当缩小梯度范围或降低洗脱速度来提高分辨率；如分辨率较好，但洗脱峰过宽，则可适当提高洗脱速度。

⑦ 样品的浓缩、脱盐　离子交换层析得到的组分往往盐浓度较高，且体积较大，样品浓度较低。故在离子交换层析后，要对所得组分要进行浓缩、脱盐处理。常用的方法有离子交换浓缩、超滤浓缩及吸水剂处理等。

2.9.5.2　疏水层析

疏水层析（hydrophobic chromatography）是利用蛋白质表面的疏水区域与固定相上疏水性基团相互作用力的差异，对蛋白质组分进行分离的层析方法。所用介质表面的疏水性为有机聚合物键合相或大孔硅胶键合相。流动相一般为 pH 6～8 的盐水溶液。在高盐浓度时，蛋白质与固定相疏水缔合；盐浓度降低时蛋白质疏水作用减弱，目的蛋白被逐步洗脱下来。与反相层析相比，疏水层析回收率较高，蛋白质与固定相的疏水作用力较弱，蛋白质变性的可能性小，蛋白质活性在层析分离过程中不易丧失，因此广泛应用于蛋白质类大分子的分离，近年来在蛋白质结构和折叠机理的研究等方面也有重要的应用。

（1）疏水层析的基本原理

疏水层析介质上的活性基团通常是一些疏水基团如丁基、苯基等。蛋白质表面多由亲水基团组成，也有一些疏水性较强的疏水区。不同蛋白质表面的疏水区有所不同，疏水性强弱也不一样。同一种蛋白质在不同的环境中，其疏水区的伸缩程度也不同，使疏水基团暴露的程度也呈现出一定的差异。疏水层析正是利用盐－水体系中蛋白质样品组分的疏水基团与层析介质的疏水基团的相互作用力的不同而使蛋白质组分得以分离的。在离子强度较高的盐溶液中，蛋白质表面疏水部位的水化层被破坏，暴露出疏水部位，疏水作用增大，使蛋白质在疏水层析介质上的分配系数随流动相盐浓度（离子强度）的提高而增强。因此，在疏水层析过程中采用高盐浓度上样，低盐浓度洗脱，即蛋白质的吸附（进料）需在高浓度盐溶液中进行，洗脱则主要采用降低流动相离子强度的线性洗脱方式。

（2）疏水层析介质

疏水层析介质通常由惰性基质和共价连接于基质上的功能基组成。 疏水层析填料最常用的基质是多聚糖（如琼脂糖），它的表面基团丰富，pH 使用范围较宽，对生物大分子有良好的相容性，但其机械强度较低，不能用于高压疏水层析。另外，在与配基偶联时常需用剧毒的 CNBr 活化。另一种常用的基质是硅胶，其最大的优点是机械强度好，可用于高压疏水层析，但它作为层析介质的基质，只有形成 Si–O–Si–C 键或 Si–C 键的键合相衍生物才稳定。另外，它的 pH 使用范围比多聚糖窄（pH 2～8）。近年来，采用表面包被一层高分子材料的硅胶作为基质，然后在高分子表层共价连接上疏水功能基，这样制成的疏水层析介质可兼有硅胶和多聚糖两者的优点。疏水层析介质功能基的重要特性是疏水性较弱，与蛋白质作用温和，因而能保证蛋白质的生物活性不丧失。功能基的密度一般较低。常用的疏水性功能基主要有苯基、短链烷基（C_3～C_8）、烷氨基、聚乙二醇和聚醚等。因疏水作用与功能基的疏水性和密度成正比，故功能基的修饰密度应随功能基的疏水性而异，高疏水性功能基的修饰密度应比低疏水性功能基的低。功能基修饰密度过小，疏水作用不足，而密度过大则洗脱困难。一般功能基的修饰密度在 10～40 mol · cm^{-3} 之间。

（3）影响疏水层析的因素

蛋白质的疏水性与其电荷性质相比要复杂得多，不易定量掌握。除疏水性介质的性质（疏水性配基的结构和修饰密度）外，流动相的组成及操作温度对蛋白质疏水作用的强弱均产生重要影响。蛋白质的疏水性吸附作用随着离子强度的提高而增大。除离子强度外，离子的种类也影响蛋白质的疏水性吸附。疏水性吸附与盐析沉淀一样，在高价阴离子的存在下作用力较强。因此在分离过程中主要利用硫酸铵、硫酸钠和氯化钠等盐溶液为流动相，在略低于盐析点的盐浓度下进料，然后逐渐降低流动相离子强度进行洗脱分离。不同种类的盐对蛋白质与疏水层析填料相互作用的影响遵循霍夫迈斯特次序（Hofmeister series）：对于阴离子，$PO_4^{3-} > SO_4^{2-} > CH_3COO^- > Cl^- > Br^- > NO^{3-}$；对于阳离子，$NH_4^+ > Rb^+ > K^+ > Li^+ > Mg^{2+} > Ca^{2+} > Ba^{2+}$。一般盐析能力强的盐能增加蛋白质与层析介质的相互作用。盐浓度也影响蛋白质在层析柱上的相互作用，在一定盐浓度范围之内，蛋白质的吸附量与盐浓度呈线性关系。被吸附的蛋白质可以通过降低盐浓度而被洗脱下来。疏水相互作用是一种吸热过程，增加温度可以提高蛋白质与功能基的相互作用力，有利于蛋白质的吸附，但温度上升易使蛋白质变性失活。流动相的 pH 是影响蛋白质在层析柱上保留行为的一个重要因素。pH 的改变会改变蛋白质的电荷性质，影响蛋白质与层析介质之间的静电相互作用，进而影响蛋白质在疏水层析柱上的保留行为。表面活性剂可与吸附剂及蛋白质的疏水部位结合，减弱蛋白质的疏水性吸附。一些难溶于水的膜蛋白可添加一定量的表面活性剂使其溶解，利用疏水层析进行洗脱分离，但选用的表面活性剂种类和浓度应适宜，浓度过小膜蛋白不溶解，过大则抑制蛋白质的吸附。SCN^-、ClO_4^- 和 I^- 等离子半径较大、电荷密度低的阴离子可减弱水分子之间相互作用，使疏水层析中的蛋白质易于洗脱。另外，一些水溶性醇（乙醇、乙二醇）、去污剂（如 Triton X-100）等，可以通过竞争结合到疏水配基上，而使结合在柱上的蛋白质更易被洗脱下来。

（4）疏水层析的应用

疏水层析的层析条件温和，样品活性回收率高。使用过程中用盐的水溶液作流动相，不使用或很少使用有机溶剂，既不易使蛋白质变性失活，又便于蛋白质分离后的处理。因此，疏水层析被成功应用于多种蛋白质的分离纯化。天然状态的核酸，其疏水基团（碱基）包埋在分子中心，与层析填料的疏水相互作用较弱；变性核酸，由于其碱基暴露在外部，可与层析填料形成疏水相互作用，这一特征可用于基因工程核酸产物（如质粒、核酸疫苗等）的分离纯化。因此，疏水层析作为一种有效的分离纯化手段，必将在生物大分子的分离纯化领域得到广泛的应用。另外，变性蛋白质经过疏水层析以后，可以得到一系列连续的复性中间体。疏水层析可以用于蛋白质的折叠机理和结构研究。变性蛋白质、变性剂和杂蛋白进入疏水层析柱后，变性蛋白质被固定相吸附的同时除去以水合状态附着在蛋白质表面和固定相表面接触区域的水分子，使水化的变性蛋白质瞬间失水，并形成局部疏水环境以利于蛋白质分子形成疏水核，并从疏水核开始折叠。随着流动相的不断变化，变性蛋白质逐渐被复性，最后被洗脱液洗脱下来。与其他的层析复性法相比，疏水层析的固定相促进变性蛋白质疏水核心的形成，所以疏水层析比其他层析法更利于复性，并可获得较高的活性回收率。

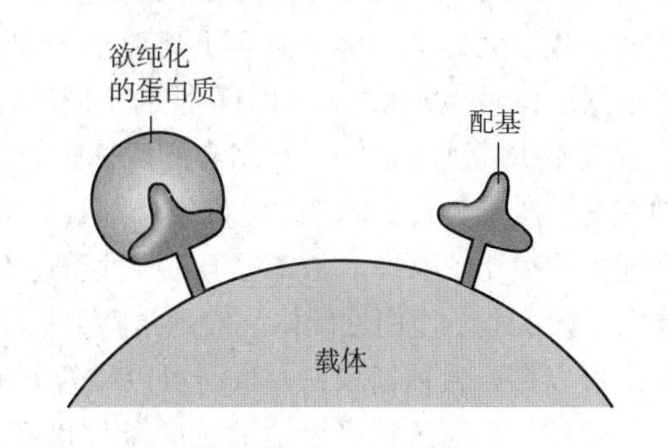

2.9.5.3 亲和层析

亲和层析（affinity chromatography，AC）是利用固定化配体与目的蛋白质之间非常特异的生物亲和力进行吸附，这种结合既是特异的，又是可逆的，改变条件可以使这种结合解除。亲和层析就是根据这样的原理设计的蛋白质分离纯化方法（图 2-11）。亲和层析是分离纯化蛋白质、酶等生物大分子最为特异而有效的层析技术，分离过程简单、快速，具有很高的分辨率，在生物分离中有广

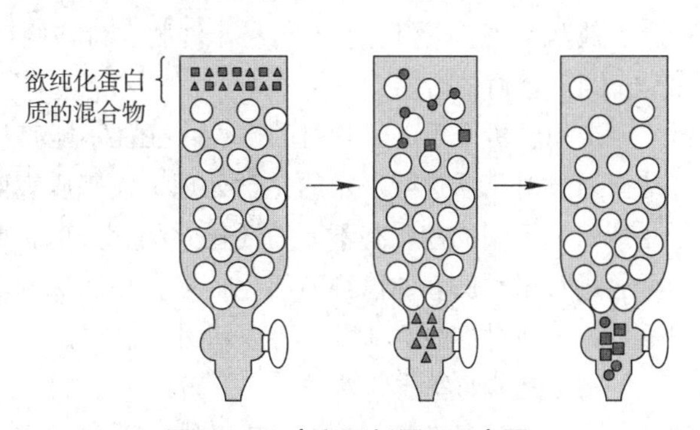

图 2-11 亲和层析原理示意图

泛的应用。同时也可用于某些生物大分子结构和功能的研究。

（1）亲和层析的基本原理

生物体中许多大分子化合物具有与其结构相对应的专一分子可逆结合的特性，如抗原与抗体、酶与底物或抑制剂、激素与受体等，这种结合往往是专一性的而且是可逆的，生物分子间的这种结合能力称为亲和力。简单地说，亲和层析的分离原理就是通过将具有亲和力的两个分子中的一个固定在不溶性基质（也称载体）上，利用分子间亲和力的特异性和可逆性，对另一个分子进行分离纯化。被固定在基质上的分子称为配体，配体与基质共价结合，构成亲和层析的固定相，称为亲和吸附剂。蛋白质的生物特异性可以帮助选择特异性的配体，一般是目的蛋白质与配体结合而不保留杂蛋白质。要选择亲和力适中而特异性较强的配基，其解离常数要求在 10^{-8} ~ 10^{-4} mol · L^{-1} 之间。蛋白质吸附后再利用洗脱液的快速变换和加入竞争剂的方法进行洗脱，亲和层析纯化成功的关键是要控制好配基的脱落问题。

（2）亲和吸附剂

选择并制备合适的亲和吸附剂是亲和层析能否取得成功的关键之一。它包括基质和配体的选择、基质的活化、配体与基质的偶联等。理想的亲和层析介质的基质应具有下述特性：①较好的理化稳定性，不易受 pH、离子强度、温度、变性剂和去污剂等的影响。②较多的化学活性基团，能与配体稳定地共价结合，且在结合后不改变基质和配体的基本性质。③多孔的立体网状结构，能使被吸附的大分子自由通过而增加配体的有效浓度。④高度亲水的惰性物质，尽量减少非特异性吸附，以使生物分子易于接近并与配体作用。⑤良好的机械性能，利于控制层析流速，最好是大小均一的珠状颗粒。用于凝胶排阻层析的凝胶如纤维素交联葡聚糖、琼脂糖、聚丙烯酰胺及多孔玻璃珠等均可作亲和层析介质的基质，其中琼脂糖凝胶具有非特异性吸附低、稳定性好、孔径均匀适当、易于活化等优点，能较好地满足上述条件，因而应用得最为广泛。

（3）配体

选择合适的配体对亲和层析的分离效果至为重要。理想的配体应具有以下性质：①与待分离物质有适当的亲和力，亲和力过弱或过强都不利于亲和层析分离。②与待分离物质之间的亲和力要有较强的特异性，这是保证亲和层析具有高分辨率的重要因素。③能与基质稳定地共价结合，在层析过程中不易脱落，且与基质偶联后，其结构没有明显改变。④较好的稳定性，能耐受操作条件的影响，可多次重复使用。实际上，完全满足上述要求的配体很难找到，应根据具体的条件尽量选择最适宜的配体。根据配体对待分离物质的亲和性的不同，可分为特异性配体和通用性配体两类。特异性配体是只与一种或很少几种生物大分子结合的配体。如生物素与亲和素（抗生物素蛋白）、抗原与抗体、酶与其抑制剂、激素与其受体等，它们结合都具有很高的特异性，作配体时都属于特异性配体。但寻找特异性配体一般比较困难，尤其对于一些性质还不很了解的生物大分子，要找到合适的特异性配体通常需要大量的实验。通用性配体一般是指特异性不是很强，能与某一类生物大分子结合的配体，如各种凝集素可以结合各种糖蛋白，核酸可以结合 RNA、RNA 的蛋白质等。通用性配体的特异性虽然不如特异性配体，但通过选择合适的洗脱条件也可以得到很高的分辨率。而且，这些配体还具有结构稳定、偶联率高、吸附容量高、易于洗脱、价格便宜等优点，因而得到了广泛的应用。

（4）基质的活化

亲和层析介质由于相对的惰性，往往不能直接与配体连接，偶联前一般需要先活化。基质的活化是指通过对基质进行一定的化学处理，使基质表面上的一些化学基团转变为易于和特定配体结合的活性基团。不同的基质有不同的活化方法，如琼脂糖可用溴化氰、环氧氯丙烷等活化；聚丙烯酰胺凝胶可通过对甲酰胺基的修饰而活化；多孔玻璃珠的活化通常采用与硅烷化试剂反应；在多孔玻璃上引进氨基，再通过这些氨基引入活性基团。

（5）配体与基质的偶联

除活化时直接引入的活化基团外，还可通过对活化基质的进一步处理，得到更多类型的活性基团。

这些活性基团可以在较温和的条件下与多种含氨基、羧基、醛基、酮基、羟基、硫醇基等的配体反应，使配体偶联于基质上。另外，通过碳二亚胺、戊二醛等双功能试剂的作用也可以使配体与基质偶联。通过以上方法，几乎任何一种配体均可找到适当的方法与基质偶联。

（6）亲和层析的基本操作

亲和层析的基本操作与一般的柱层析类似，但也有一些需要特别注意的地方。

① 上样　亲和层析纯化生物大分子通常采用柱层析的方法。亲和层析柱通常很短（10 cm 左右），上样时应注意选择适当的条件，包括上样流速、缓冲液种类、pH、离子强度、温度等，以使待分离的物质能够充分结合在亲和吸附剂上。生物大分子与配体之间达到平衡的速度很慢，所以样品液的浓度不易过高，上样时的流速应较慢，以保证样品与亲和吸附剂有充分的接触时间进行吸附。若配体与待分离生物大分子的亲和力比较小或样品浓度较高、杂质较多，可在上样后停止流动，让样品在层析柱中反应一段时间，或将上样后流出液进行二次上样，以增加吸附量。样品缓冲液的选择也是要使待分离的生物大分子与配体有较强的亲和力。另外样品缓冲液中一般要有一定的离子强度，以减小基质、配体与样品其他组分之间的非特异性吸附。在上样时可选择相对较低的温度，使待分离物质与配体有较大的亲和力，能充分结合；而在洗脱过程选择相对较高的温度，使待分离的物质与配体的亲和力下降，以便于待分离的物质的洗脱。上样后，可用平衡缓冲液洗涤，尽可能多地洗去杂质，但应注意平衡缓冲液不应对待分离物质与配体的结合有明显影响，以免将待分离物质同时洗下。

② 洗脱　亲和层析的洗脱方法可分为特异性洗脱和非特异性洗脱两种。特异性洗脱是指利用洗脱液中的物质与待分离物质（或配体）的特异亲和性而将待分离物质从亲和吸附剂上洗脱下来。其优点是特异性强，可进一步消除非特异性吸附的影响，得到较高的分辨率。另外洗脱条件也更为温和，可避免蛋白质等生物大分子变性。特异性洗脱分为两种：一种是选择与配体有亲和力的物质进行洗脱，另一种是选择与待分离物质有亲和力的物质进行洗脱。前者如用凝集素作配体分离糖蛋白时，可用适当的单糖洗脱，单糖与糖蛋白竞争对凝集素的结合，将糖蛋白从凝集素上置换下来。后者如用染料作配体分离脱氢酶时，可选择 NAD^- 进行洗脱，NAD^- 是脱氢酶的辅酶，它与脱氢酶的亲和力要强于染料，故洗脱时脱氢酶会与 NAD^- 结合而从配体上脱离出来。非特异性洗脱是指通过改变洗脱液 pH、离子强度、温度等条件，降低待分离物质与配体的亲和力而将待分离物质洗脱下来。若待分离物质与配体的亲和力较弱，一般通过连续大体积平衡缓冲液冲洗，即可在杂质之后将待分离物质洗脱下来，这种方式操作简单、条件温和，不会影响待分离物质的活性。但洗脱体积一般比较大，得到的待分离物质浓度较低。若待分离物质与配体结合较强，可通过选择适当的 pH、离子强度等条件，降低待分离物质与配体的亲和力，具体条件需实验摸索确定。但选择洗脱液的 pH、离子强度等条件时，应注意尽量不影响待分离物质的活性，且在洗脱后应注意中和酸碱、透析去除离子，以免待分离物质失活。如有失活应及时通过适当方法复性。

③ 亲和吸附剂的再生和保存　亲和吸附剂的再生是指对使用过的亲和吸附剂，通过适当的方法去除吸附在基质和配体（主要是配体）上结合的杂质，使之恢复亲和吸附能力。一般情况下，使用过的亲和层析柱可用大量洗脱液或较高浓度的盐溶液洗涤，再用平衡液重新平衡即可再次使用。但在有些情况下，尤其是当待分离样品组分比较复杂时，亲和吸附剂可能会产生较严重的不可逆吸附，使吸附效率明显下降。这时需要使用一些比较强烈的处理方法，如使用高浓度的盐溶液、尿素等变性剂或加入适当的非专一性蛋白酶，但处理时应注意不要影响配体的活性。亲和吸附剂的保存一般是加入 0.01% 的叠氮化钠溶液，4℃下保存。

2.9.5.4 凝胶过滤层析

凝胶过滤层析（gel filtration chromatography）又称为凝胶排阻层析、分子筛层析，是以多孔性凝胶填料为固定相，按分子大小对溶液中各组分进行分离的液相层析方法。填料有一定大小范围的孔穴，大分子进不去先洗脱，小分子进入孔径而后被阻滞，根据不同的蛋白质大小和形状的不同在层析柱中被分离（图 2-12）。

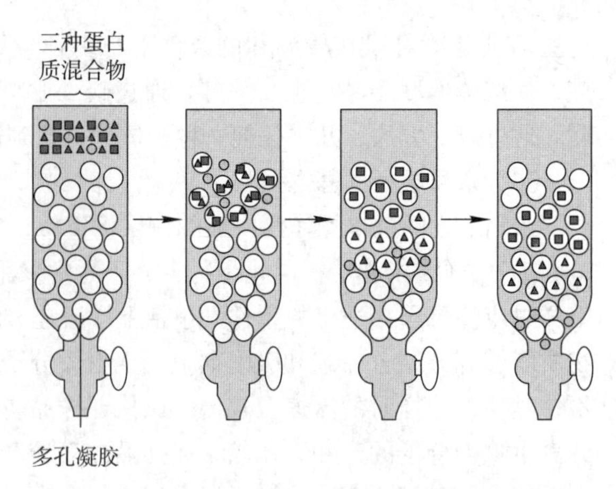

图 2-12 凝胶过滤层析原理示意图

凝胶过滤层析是生物化学中一种常用的分离手段，它具有设备简单、操作方便、样品回收率高、实验重复性好、特别是不改变样品生物学活性等优点；缺点是分辨率较低，尤其是相对分子质量相近的分子之间。凝胶过滤层析已广泛用于蛋白质（酶）、核酸、多糖等生物大分子的分离纯化，同时还应用于蛋白质相对分子质量的测定、脱盐、样品浓缩等。

（1）凝胶过滤层析的基本原理

凝胶过滤层析是依据溶质的分子大小这一物理性质进行分离纯化的。凝胶过滤层析的固定相是惰性的珠状凝胶颗粒，凝胶颗粒的内部具有立体网状结构，形成很多孔穴。当含有不同分子大小的组分的样品进入凝胶过滤层析柱后，各组分向固定相的孔穴内扩散，组分的扩散程度取决于孔穴的大小和组分分子的大小。比孔穴孔径大的分子不能扩散入孔穴内部，完全被排阻在孔外，只能在凝胶颗粒之间的空间随流动相向下流动，它们经历的流程短，流动速度快，所以首先流出；较小的分子则可以完全渗透进入凝胶颗粒内部，经历的流程长，流动速度慢，所以最后流出；而分子大小介于二者之间的分子在流动中部分渗透，渗透的程度取决于它们分子的大小，所以它们流出的时间介于二者之间，分子越大的组分越先流出，分子越小的组分越后流出。这样，样品经过凝胶层析后，各个组分便按分子从大到小的顺序依次流出，达到分离的目的。

（2）凝胶层析的基本操作

技术应用 2-3
常用的凝胶

① 凝胶的选择　凝胶的种类、型号很多，不同类型的凝胶在性质及分离范围上差别甚大，进行凝胶层析时要根据样品的性质及分离要求选择合适的凝胶，这是影响凝胶层析效果好坏的一个关键因素。一般来讲，选择凝胶首先要根据样品的情况确定一个合适的分离范围，根据分离范围来选择合适型号的凝胶。凝胶层析一般可分为两类：分组分离和分级分离。分组分离是指将样品混合物按相对分子质量大小分成两组，一组较大，另一组较小，如蛋白质样品的脱盐，这时常选用排阻极限较小的凝胶，使大分子完全排阻而小分子完全渗透，以提高分离效果。分级分离则是指将一组相对分子质量比较接近的组分分开，这时要根据样品组分的具体情况来选择凝胶。一方面凝胶的分离范围应包括所要分离的各组分的相对分子质量，另一方面要合适，不能过大。分离范围过小，某些组分得不到分离；分离范围过大，则分辨率低，分离效果不好。选择凝胶的另一因素是颗粒的大小。颗粒小，分辨率高，但阻力大，流速低，时间长，有时反而会造成严重的扩散，不利于分离；颗粒大，流速快，分辨率低，但若条件得当有时也可以得到满意的结果。在实验室通常多用 50 ~ 300 μm 直径（溶胀后的直径）的颗粒。当层析条件比较特殊时，如需在较强的酸碱中进行或含有有机溶剂等，则要仔细查阅凝胶的工作参数，选择合适类型的凝胶。

② 凝胶的处理和保存　凝胶使用前要进行预处理。对于干胶，要根据柱床体积和床体积算出需用的干胶量，取 110% ~ 120% 计算量的干胶在水中溶胀。不同类型凝胶的溶胀时间不同，吸水率较小的凝胶，溶胀时间较短，20℃下 3 ~ 6 h 即可；吸水率较大的凝胶，溶胀时间较长，20℃下需十几到几十个小时。在水浴中加热溶胀凝胶，可大大缩短时间，一般为 1 ~ 5 h，但应注意避免在酸或碱中加热，以免破坏凝胶。有些市售的凝胶是水悬浮状态的，不需溶胀处理。溶胀处理后，要对凝胶进行纯化和排除气泡。纯化可以反复漂洗，倾泻去除杂质和不均一的细小凝胶颗粒或碎片。也可以用一定的酸或碱浸泡一段时间，再用水洗至中性。排除凝胶中的气泡很重要，可通过抽气或加热的方法排除气泡。凝胶的保存一般是反复洗涤去除蛋白质等杂质，然后加入适当的抗菌剂，通常加入 0.02% 的叠氮化钠

溶液，4℃下保存。

③ 层析柱的选择 凝胶层析用的层析柱，其体积和高径比与层析分离效果的关系相当密切。层析柱的有效体积（凝胶柱床的体积）及柱的直径与长度比的选择必须根据样品的数量、性质及分离目的加以确定。对于分组分离，柱床体积一般为样品溶液体积的5倍或略高一点，柱的直径与长度比为1∶5～1∶10即可。这样流速快，时间短，样品稀释程度也小。对于分级分离，则要求柱床体积大于样品体积25倍以上，甚至多达100倍，柱的直径与长度比在1∶25～1∶100。柱的长度一般不超过100 cm。为得到高分辨率，可将柱串联使用。凝胶的装填质量将直接影响分离效果，凝胶装填后用肉眼观察应均匀、无纹路、无气泡。有条件者可用如蓝色葡聚糖-2000上柱，观察其在柱中的洗脱行为以检测凝胶柱的均匀程度。如色带狭窄、平整、均匀下降，表明柱中的凝胶装填质量好，可以使用；如色带弥散、歪曲，则需重新装柱。

④ 洗脱液的选择 凝胶层析的分离原理是分子筛作用，流动相只起运载作用，一般不必依赖流动相性质和组成的改变来提高分辨率。改变洗脱液的主要目的是为了消除组分与固定相的吸附等相互作用，故凝胶层析洗脱液的选择不那么严格。由于凝胶层析的分离机理简单以及凝胶稳定工作的pH范围较广，所以洗脱液的选择主要取决于待分离样品，一般来说只要能溶解被洗脱物质并不使其变性的缓冲液都可以用于凝胶层析。为了防止凝胶可能有的吸附作用，一般洗脱液都含有一定浓度的盐。

⑤ 加样 凝胶层析中加样要尽量快速、均匀。加样量对层析结果也有影响，加样量的多少要根据具体的实验要求而定，分级分离时加样体积一般为柱床体积的1%～5%，而分组分离时一般为柱床体积的10%～25%。另外，加样前要注意除去样品中的不溶物，以免污染凝胶柱。

⑥ 洗脱速度 洗脱速度也会影响凝胶层析的分离效果，一般洗脱速度要恒定而且合适。洗脱速度取决于多种因素，包括柱长、凝胶种类、颗粒大小等。一般来说，洗脱速度慢一些，样品可与凝胶基质充分平衡，分离效果好；但洗脱速度过慢会造成组分扩散加剧、区带变宽，反而会降低分辨率，且延长洗脱时间。所以，工作中应根据实际情况来选择合适的洗脱速度，可通过预实验来选择。凝胶的流速一般在2～10 cm · h^{-1}。

2.9.6 非蛋白质类杂质的去除

（1）DNA的去除

DNA在pH 4.0以上的环境中呈阴离子，可用阴离子交换剂吸附除去，但目的蛋白p*I*应在6.0以上。如蛋白质为强酸性，则可选择条件使其吸附在阳离子交换剂上，而不让DNA吸附上去。利用亲和层析吸附蛋白质，而DNA不被吸附，也可分离。疏水层析对分离也有效，在上柱时需要高盐浓度，会使DNA-蛋白质结合物离解，蛋白质吸附在柱上，而DNA不被吸附。

（2）热原的去除

热原主要是肠杆菌科所产生的细菌内毒素，在细菌生长或细胞溶解时会释放出来，是革兰氏阴性细菌细胞壁的组分——脂多糖，其性质相当稳定，即使经高压灭菌也不失活。注射用药必须无热原。

从蛋白质溶液中去除内毒素是比较困难的，最好的方法是防止产生热原，整个生产过程在无菌条件下进行。所有层析介质在使用前先除去热原，需在2～8℃下进行操作；洗脱液需先经无菌处理，流出的蛋白质溶液也应无菌处理，即通过0.2 μm微孔滤膜，并在2～8℃下保存。

传统的去除热原的方法不适用于蛋白质生产。相对分子质量小的多肽或蛋白质中的热原可以用超滤或反渗透的方法去除，但对大分子蛋白质无效。因为脂多糖是阴离子物质，可用阴离子交换层析法去除，此时应调节pH使蛋白质不被吸附。脂多糖中脂质是疏水性的，因而也可用疏水层析除去。另外，还可用亲和层析去除，配基可用多黏菌素B、变形细胞溶解物或广谱的抗体。

（3）病毒的去除

成品中必须检查是否含有病毒，因为患者的免疫能力低，易受病毒感染。病毒最大的来源是由宿主细胞带入。经过色谱分离，一般能将病毒除去，必要时也可以用紫外线照射使病毒失活，或用过滤法将病毒除去。

2.9.7 选择分离纯化方法的依据

（1）根据产物表达形式来选择

分泌表达产物通常体积大、浓度低，因此必须在纯化前进行浓缩处理，以尽快缩小样品的体积，浓缩的方法可用沉淀和超滤。

大肠杆菌细胞内可溶性表达产物破菌后的细胞上清液首选亲和分离方法。如果没有可以利用的单克隆抗体或相对特异性的亲和配基，一般选用离子交换色谱，处于极端等电点的蛋白用离子交换分离可以得到较好的纯化效果，能去掉大部分的杂质。

周质表达是介于细胞内可溶性表达和分泌表达之间的一种形式，它可以避开细胞内可溶性蛋白质和培养基中蛋白质类杂质，在一定程度上有利于分离纯化。为了获得周质蛋白质，大肠杆菌经低浓度溶菌酶处理后，一般采用渗透压休克的方法来获得。由于周质中的蛋白质仅有为数不多的几种分泌蛋白质，同时又无蛋白质水解酶的污染，因此通常能够回收到高质量的产物。

细胞内不溶性的表达产物——包含体对蛋白质分离纯化有两方面的影响，一是它可以很容易地与胞内可溶性蛋白质杂质分离，蛋白质纯化较容易完成；另一方面产物经过了一个变性复性过程，较易导致产物的错误折叠和形成聚合体。包含体可从匀浆液中以低速离心出来，以促溶剂（如尿素、盐酸胍、十二烷基硫酸钠）溶解，在适当条件下（pH、离子强度与稀释的环境）复性。包含体虽然增加了提取的步骤，但也有优点，表现在包含体中目的蛋白的纯度较高，可达到20%~80%，又不受蛋白酶的破坏。如果杂质的存在影响复性，也可以在纯化后再进行复性。

（2）根据分离单元之间的衔接选择

应选择不同机理的分离单元来组成一套分离纯化工艺，尽早采用高效分离手段，将含量最多的杂质先分离去除，将最昂贵、最费时的分离单元放在最后阶段。即通常先运用非特异、低分辨的分离单元，如沉淀、超滤和吸附等，这一阶段的主要目的是尽快缩小样品体积，提高产物浓度，去除最主要的杂质（包括非蛋白质类杂质）；随后采用高分辨率的操作单元，如具有高选择性的离子交换色谱和亲和色谱；凝胶排阻色谱这类分离规模小、分离速度慢的操作单元放在最后，这样可以提高分离效果。

色谱分离次序的选择同样重要，一个合理组合的色谱分离次序能够克服某些缺点，同时改变很少条件即可进行各步骤之间的过渡。当几种方法连用时，最好以不同的分离机制为基础，而且经前一种方法处理的液体应能适合于作为后一种方法的料液，不必经过脱盐、浓缩等处理。如经盐析后得到的液体，不适宜于离子交换层析，但对疏水层析则可直接应用。离子交换色谱、疏水层析色谱及亲和色谱通常可起到蛋白质浓缩的效应，而凝胶过滤色谱常常使样品稀释。在离子交换色谱之后进行疏水层析色谱就很合适，不必经过缓冲液的更换，因为多数蛋白质在高离子强度下与疏水介质结合较强。亲和层析选择性最强，但不能放在第一步，一方面因为杂质多，易受污染，使用寿命降低；另一方面，第一步时样品体积较大，需用大量的介质，而亲和层析介质一般较贵，因此亲和层析多放在第二步以后。有时为了防止介质中毒，在其前面加一保护柱，通常为不带配基的介质。经过亲和层析后，还可能有脱落的配基存在，而且目的蛋白质在分离和纯化过程中会聚合成二聚体或更高的聚合物，特别是当浓度较高，或含有降解产物时更易形成聚合体，因此最后需经过进一步纯化操作，通常使用凝胶过滤色谱，也可用高效液相色谱，但费用较高。凝胶过滤色谱放在最后一步又可以直接过渡到适当的缓冲体系中，以利于产品成形保存。

（3）根据分离纯化工艺的要求来选择

① 要具有良好的稳定性和重复性　工艺的稳定性包括不受或少受发酵工艺、条件及原材料来源的

影响，在任何环境下使用应具有重复性，可生产出同一规格的产品。为保证工艺的重复性，必须明确工艺中需严格控制的步骤和技术，以及允许的变化范围。严格控制的工艺步骤和技术越少，工艺条件可变动范围越宽，工艺重复性越好。

② 要尽可能减少组成工艺的步骤　步骤越多，产品的后处理收率越低，但原则是必须保证产品的质量，这就要求组成工艺的技术具有高效性。一般分离原理相同的技术在工艺中不要重复使用。

③ 组成工艺的各技术或步骤之间要能相互适应和协调　工艺与设备也能相互适应，从而减少步骤之间对物料的处理和条件调整。

④ 在工艺过程中要尽可能少用试剂　以免增加分离纯化步骤，或干扰产品质量。

⑤ 工艺时间要尽可能短　稳定性差的产物随工艺时间增加，收率特别是生物活性收率会降低，产品质量会下降。

⑥ 工艺和技术必须高效　收率高，易操作，对设备要求低，能耗低。

⑦ 具有较高的安全性　在选择后处理技术、工艺和操作条件时，要能确保去除有危险的杂质，保证产品质量和使用安全，以及生产过程的安全。药物生产必须保证安全、无菌、无热原、无污染。

2.10 变性蛋白的复性

教学视频 2-3
变性蛋白的复性

大肠杆菌表达体系因其具有成本低廉性、高效性和稳定性等优点在生产中被广泛应用。然而，重组蛋白在大肠杆菌中的高水平表达经常导致蛋白质聚集而形成不溶的、无活性的包含体。虽然包含体具有富集目标蛋白、抗蛋白酶、对宿主毒性小等优点，但包含体蛋白质的复性率一般都很低，这大大增加了生产基因工程蛋白质产物的成本。解决包含体蛋白质复性率低的问题一方面可以从上游水平进行解决，通过促进重组蛋白在大肠杆菌中的可溶性表达，改变大肠杆菌的生长条件，使重组蛋白与其他蛋白融合表达或共表达，或使重组蛋白分泌表达至细菌周质等策略使重组蛋白在大肠杆菌中表达成可溶的活性形式；另一方面则需要从生物工程下游技术角度去解决这一问题，优化复性过程，将包含体蛋白在体外复性得到生物活性蛋白。由于包含体中富含重组蛋白，且包含体易于分离纯化，只要能够在体外成功复性，将是大量生产重组蛋白最有效的途径之一。

2.10.1 包含体形成的原因

包含体形成的原因主要是高水平表达的结果。活性蛋白的产率取决于蛋白质合成的速率、蛋白质折叠的速率、蛋白质聚集的速率。在高水平表达时，新生肽链的聚集速率一旦超过蛋白质正确折叠的速率就会导致包含体的形成。重组蛋白在大肠杆菌中表达时，缺乏一些蛋白质折叠过程中需要的酶和辅助因子，如折叠酶和分子伴侣等，这是包含体形成的又一原因。

包含体虽然由无活性的蛋白质组成，但包含体形成对于重组蛋白的生产也提供了若干便利：包含体具有高密度，易于分离纯化；重组蛋白以包含体的形式存在有效地抵御了大肠杆菌中的蛋白酶对目的蛋白的降解；对于生产那些处于天然构象时对宿主细胞有毒害的蛋白质时，包含体形成无疑是最佳选择。

2.10.2 包含体的分离和溶解

（1）包含体的分离

包含体分离的第一步是对培养收集的重组菌进行破碎，所采用的破碎技术包括高压匀浆、超声波破碎等，为了提高破碎率，可以加入一定量的溶菌酶。包含体高度抗剪切力，用以上破碎法破碎后仍可保持完整的结构，离心除去破碎上清液后的沉淀部分用含有低浓度的变性剂（如脲和盐酸胍）、去垢剂（如 Triton X-100）、脱氧胆酸钠等化合物的缓冲液进行洗涤，如果需要对包含体进行纯化，一般多采用蔗糖密度梯度离心法。

（2）包含体的溶解

包含体的溶解一般都用强的变性剂（如脲、盐酸胍或硫氰酸盐）或去垢剂（如 SDS、正十六烷基三甲基铵氯化物）等；对于含有半胱氨酸的蛋白质，还需加入还原剂如巯基乙醇、二硫苏糖醇、二硫赤藓糖醇、半胱氨酸。温度一般选择在 30℃以促进溶解。此外，由于金属离子具有氧化催化作用，还常常需要加入金属螯合剂（如 EDTA）以除去金属离子；对于细胞周质内形成的包含体，需采用原位溶解的方法。

包含体的溶解需要打断包含体蛋白质分子内和分子间的各种化学键，使多肽链伸展，各种溶解方法都各有利弊，一般来讲，盐酸胍优于脲，因为盐酸胍是较脲强的变性剂，而且脲中常含有的异氰酸盐或酯会不可逆地修饰蛋白质的氨基或巯基。

2.10.3 包含体蛋白复性方法

一个有效的、理想的折叠复性方法应具备以下几个特点：①活性蛋白质的回收率高；②正确复性的产物易于与错误折叠蛋白质分离；③折叠复性后应得到浓度较高的蛋白质产品；④折叠复性方法易于放大；⑤复性过程耗时较短。蛋白质复性过程必须根据蛋白质不同而优化过程参数，如蛋白质的浓度、温度、pH 和离子强度等。对于含有二硫键的蛋白质，复性过程应能够促使二硫键形成。

（1）稀释、透析复性法

为了获得正确折叠的活性蛋白质，复性前可用稀释、透析、过滤、凝胶过滤层析除去变性剂、还原剂，促进蛋白质复性。

在严格控制温度、pH、离子强度等条件下，可直接降低重组蛋白的浓度，减少聚集，但重组蛋白浴液的稀释带来了复性容器加大和影响产量等问题。为解决这些问题，使重组蛋白于较高的浓度中复性，可连续慢速地把变性蛋白加入复性缓冲液中，或断续加入复性缓冲液中，这就需要有足够的时间，以免聚集；复性中通过缓慢透析可逐渐减少透析缓冲液中变性剂浓度，或用复性缓冲液稀释，使变性剂浓度下降。在体外复性过程中，变性的蛋白质要经过一系列的折叠中间体，最后形成蛋白质的天然构象。在蛋白质的折叠过程中，部分折叠的中间体的疏水簇外露，分子间的疏水相互作用引起蛋白质聚集。由于聚集是分子间的现象，聚集反应是二级（或高级）反应，而正确折叠却是一级反应，所以聚集反应更依赖于高蛋白质浓度。因此，减少聚集最直接的方法就是降低蛋白质浓度，在蛋白质浓度介于 10 ~ 50 μg · mL^{-1} 时，可以得到较高的复性率。

（2）含二硫键的蛋白的复性

对于具有含二硫键的蛋白质，由于在包含体中其所含的二硫键（分子内或分子间）多有错配，复性时还涉及正确含二硫键的重建。正确二硫键的形成方法主要有以下几种：①空气氧化法，一般是利用空气中的氧气在折叠期间氧化巯基，痕量金属离子（如 Cu^{2+}）的存在可具有催化作用，此法简单、成本低，但复性率低且氧化过程难以准确控制；②加入氧化 - 还原转换试剂，如还原型谷胱甘肽 / 氧化型谷胱甘肽等；③复性前加入氧化型谷胱甘肽，可使得氧化型谷胱甘肽与还原的蛋白质半胱氨酸之间形成二硫复合物，然后通过在复性过程中除去谷胱甘肽和变性剂，并加入低浓度的半胱氨酸取代蛋白质—S—S—谷胱甘肽中的谷胱甘肽而使二硫键正确形成；④用还原试剂或亚硫酸钠、连四硫酸钠使变性蛋白质磺化以保护巯基，复性时加入少量的还原试剂即可移去保护基团而使二硫键正确配对；⑤加入 DTT 等还原剂。

（3）封闭蛋白的疏水簇促进复性

对蛋白质结构和序列的分析可以确定出在蛋白质中可能引起分子间相互作用的疏水簇，能够改变或破坏这种疏水簇的突变，可能会减少聚集。用特异性结合疏水簇的单克隆抗体来封闭疏水簇，减少分子间结合引起的聚集。

（4）凝胶过滤层析复性

为了减少高浓度下的聚集反应，凝胶过滤层析技术也被用来进行蛋白的体外复性，层析介质的隔离作用，降低了蛋白质之间相互作用产生的聚集，使复性浓度、复性率得到很大的提高。同时，蛋白质经过凝胶过滤层析本身也可得到一定的纯化。

（5）小分子添加剂促进的复性

降低蛋白质聚集的一个简单有效的策略是用一些小分子的添加剂。一系列的添加剂都已证明可阻止蛋白质聚集。它们可能的作用为稳定蛋白质的活性状态，降低非正确折叠分子的稳定性，增加折叠中间体的稳定性，增加解折叠后状态的稳定性。添加剂并不加快折叠速率，只是抑制了副反应聚集的发生。

（6）分子伴侣或折叠酶促进的复性

应用分子伴侣和折叠酶在体外帮助蛋白质复性也可以提高复性率。但复性后分子伴侣和折叠酶的分离是比较烦琐的步骤，若分离出的分子伴侣和折叠酶不能重复使用，必将增加成本。

（7）人工分子伴侣促进的复性

变性蛋白被复性液中的去垢剂所捕获，形成蛋白质 - 去垢剂复合体，复合体的形成抑制了蛋白质的聚集，然后加入环糊精从复合体中剥去去垢剂，促使蛋白质的重折叠。

2.11 基因工程药物的质量控制

教学视频 2-4
基因工程药物的质量控制

基因工程药物与传统意义上的一般药物的生产有着许多不同之处，首先它是利用活的细胞作为表达系统来制备产品，所获得的蛋白质产品往往相对分子质量较大，并具有复杂的分子结构；另外，许多基因工程药物是一些参与人体生理功能精密调节所必需的蛋白质分子，在极微量的情况下就可产生显著效应（每剂量用量白介素 -12 仅 0.1 μg，α- 干扰素也只有 10 ~ 30 μg），任何性质或数量上的偏差，都可能贻误病情甚至造成严重危害；宿主细胞中表达的天然基因，转录或翻译后，或精制、工艺放大过程中，都有可能发生变化；基因工程药物在整个生产过程中会产生许多杂质，如内毒素、宿主细胞蛋白、蛋白突变体、DNA、氨基酸替代物、内源性病毒、蛋白水解修饰物等，因此可能含有传统生产方法不可能存在的有害物质，所以这类产品的质量控制与传统方法生产的产品有本质的差别。由于这类产品生产工艺的特殊性，除需要鉴定最终产品外，还须从基因的来源及确证、菌种的鉴定、原始细胞库等方面提出质量控制的要求，对培养、纯化等每个生产环节严格控制，才能保证最终产品的有效性、安全性和均一性。因此，对基因工程药物产品进行严格的质量控制是十分必要的。1983 年，美国 FDA 制定“重组 DNA 生产的药品、生物制品生产与检定要点”；1988 年与 1990 年，欧洲共同体分别制定“基因重组技术医药用产品生产与质量控制”“生物技术医药产品临床前生物安全性试验要求”与“生物技术生产细胞因子的质量控制”；1990 年，卫生部相继颁发“人用重组 DNA 制品质量控制要点”与“基因工程人 α- 干扰素制备与质量控制要点”。1991 年世界卫生组织（WHO）经生物鉴定专家委员会讨论后正式公布了“重组 DNA 生产的药品生物制品的生产和检定要点”。2000 年经中国生物制品标准化委员会编修，国家药品监督管理局批准，于当年 10 月 1 日起颁布执行《中国生物制品规程》。2009 年国家食品药品监督管理局公布了《关于进一步规范生物制品质量控制要求的通告》。

2.11.1 医药生物技术产品质量控制的一般性要点

（1）产品安全性评价

化学药品常规毒理学评价方法基本上不适宜对DNA重组产品的科学评价，因为蛋白质的氨基酸序列或结合在蛋白质上的糖基，与实验动物体内蛋白质或糖蛋白有显著差别。DNA重组产品安全性评价是视各个具体品种的情况，提出各不相同的安全性评价要求，这类制品安全性临床试验设计方案与试验范围须根据不同情况作不同规定。

（2）产品本身的结构

基因工程产品或者与人的多肽和蛋白质相同，或者其氨基酸序列或翻译后修饰上存在差异，或者是非人源性或外源多肽和蛋白质（如病毒、细菌抗原）。对上述后两类产品，视其特点作药动学、毒理学研究。对基因修饰产品，要做一般毒性、长期毒性以及致突变、致癌变、致畸变等遗传毒理研究。

（3）严格控制条件

宿主细胞中表达的天然基因经转录或翻译后，或精制、工艺放大过程中，都有可能发生变化，故从原料到成品制备全过程的每一步须严格控制条件与鉴定质量，确保符合标准规格、安全有效。

2.11.2 生物材料的质量控制

生物材料的质量控制是要确保编码药品的DNA序列的正确性，重组微生物来自单一克隆，所用质粒纯而稳定，以保证产品质量的安全性和一致性。所以原材料的质量控制主要是对目的基因、表达载体以及宿主细胞的检查。

（1）目的基因

根据质控要求，需明确目的基因的来源、克隆经过；对于改造过的基因应说明被修改过的密码子、被切除的肽段及拼接的方法；使用PCR技术扩增得到的基因，应说明扩增的模板、引物及酶反应条件等情况。并以限制性内切酶酶切图谱和核苷酸序列等分析方法确证基因结构的正确无误。

（2）表达载体

应提供表达载体的名称、结构、遗传特性及其各组成部分（如复制子、启动子）的来源与功能，构建中所用位点的酶切图谱，抗生素抗性标志物。

（3）宿主细胞

应提供宿主细胞的名称、来源、传代历史、检定结果及其生物学特性等；需阐明载体引入宿主细胞的方法及载体在宿主细胞内的状态，是否整合到染色体内及拷贝数，并证明宿主细胞与载体结合后的遗传稳定性；提供插入基因与表达载体两侧端控制区内的核苷酸序列；详细叙述在生产过程中，启动与控制克隆基因在宿主细胞中表达的方法及水平。

2.11.3 培养过程的质量控制

在贮存中，要求种子克隆纯而稳定；在培养过程中，要求质粒稳定，始终无突变；重复生产发酵中，基因工程菌表达稳定；始终能排除外源微生物污染。

（1）生产用细胞库

基因工程产品的生产采用种子批系统。需证明种子批不含致癌因子，无细菌、病毒、霉菌和支原体等污染，由原始种子批建立生产用工作细胞库。在此过程中，在同一实验室工作区内，不得同时操作两种不同的细胞或菌种，一个工作人员亦不得同时操作两种不同的细胞或菌种。建立原始种子批须确证克隆基因DNA序列，详细叙述种子批来源、方式、保存及预计使用期，保存与复苏时宿主载体表达系统的稳定性。对生产种子，应详细叙述细胞生长与产品生成的方法和材料，并控制微生物污染；提供培养生产浓度与产量恒定性数据，依据宿主细胞或载体系统稳定性确定最高允许传种代数。

（2）**培养过程**

培养过程中应测定被表达基因分子的完整性及宿主细胞长期培养后的基因型特征；依宿主细胞或载体稳定性与产品恒定性，规定持续培养时间，并定期评价细胞系统和产品。培养周期结束时，应监测宿主细胞或载体系统的特性，如质粒拷贝数、宿主细胞中表达载体存留程度或含插入基因的载体的酶切图谱等。

2.11.4 纯化过程的质量控制

产品有足够的生理学和生物学试验数据资料，确证提纯物分子批间保持一致性。分离纯化过程，常用分级沉淀、超滤、电泳、色谱等技术，其质量控制要求能保证去除微量DNA、糖类、残余宿主蛋白质、纯化过程带入的有害化学物质、热原，或者将这类杂质都控制在规定限度以下。

纯化工艺的每一步完成后均应测定收获物纯度，计算提纯倍数、收获率等，要对每一步的纯化效率、活性回收率和蛋白回收率进行检测，只有当这两种回收率呈正相关时，纯化过程才是有效和可行的。要明确使用的纯化方法的原理、目的以及达到预期的去除杂质的效果，在不同纯化步骤中能去除不同性质的杂质，并进行相应的工艺验证。工艺验证的内容应包括分离度、目的蛋白回收率、活性回收率、每一步纯度变化情况等，也需要包括色谱柱使用的寿命、保存条件等。纯化方法的设计应考虑到尽量去除污染病毒、核酸、宿主细胞杂蛋白、糖以及纯化过程带入的其他有害物质。纯化工艺过程中应尽量不加入对人体有害的物质，若不得不加时，应设法除去，并在最终产品中检测残留量并保证远远低于有害剂量，还要考虑到多次使用的积蓄作用。

如用柱层析技术应提供所用填料的质量认证证明，并证实从柱上不会掉下有害物质，上样前应清洗除去热原等。若用亲和层析技术，例如单克隆抗体，应检测可能污染此类外源性物质的方法，不应含有可测出的异种免疫球蛋白。如在反相纯化步骤中用到乙腈或甲醇等有机溶剂，用Protein A亲和层析纯化抗体，有机溶剂和Protein A等这些对人体有害的物质应加以去除和控制。

2.11.5 目标产品的质量控制

基因工程药物质量控制主要包括以下几项要点：产品的鉴别、纯度、活性、安全性、稳定性和一致性。任何一种单一的分析方法都已无法满足对该类产品的检测要求。它需要综合生物化学、免疫学、微生物学、细胞生物学和分子生物学等多门学科的理论与技术，才能切实保证基因工程药品的安全有效。

（1）**生物活性测定**

生物活性测定是保证基因工程药物产品有效性的重要手段，所以多肽或蛋白质药物的生物学活性是蛋白质药物的重要质量控制指标。效价测定必须采用国际上通用的办法，测定结果必须用国际或国家标准品进行校正，以国际单位表示或折算成国际标准单位。重组蛋白质是一种抗原，均有相应的抗体或单克隆抗体，可用放射免疫分析法或酶标法测定其免疫学活性。生物学效价的测定往往需要进行动物体内试验或通过细胞培养进行体外效价测定。体内生物活性的测定要根据目的产物的生物学特性建立适合的生物学模型。体外生物活性测定的方法有细胞培养计数法、^{3}H-TdR掺入法和酶法细胞计数法等。

蛋白质的比活性是指每毫克蛋白质的生物学活性，是重组蛋白质药物的一项重要的指标。它不仅是含量指标，也是纯度指标。比活性不符合规定的原料药物不允许生产制剂。蛋白质的空间结构不能通过常规方法测定，而蛋白质空间结构的改变，特别是二硫键的错配，可影响蛋白质的生物学活性，从而影响蛋白质药物的药效。比活性可以间接地反应这一情况。

（2）理化性质鉴定

目前有许多方法可用于对由重组技术所获得的蛋白质药物产品进行全面鉴定。

① 非特异性鉴别　根据还原型电泳的迁移率和高效液相色谱的保留时间和峰型来进行分析。

技术应用 2-4
免疫印迹法

② 特异性鉴别　利用免疫印迹、免疫电泳、免疫扩散等免疫学方法，确定蛋白质的抗原性。重组蛋白质产品通常用免疫印迹和斑点免疫进行鉴定，特别当电泳出现两条或两条以上区带时则应该用免疫印迹进行鉴定。

③ 相对分子质量测定　蛋白质相对分子质量测定最常用的方法有凝胶过滤法和 SDS 聚丙烯凝胶电泳（SDS-PAGE）法，凝胶过滤法可测定完整蛋白质的相对分子质量，而 SDS-PAGE 法测定的是蛋白质亚基的相对分子质量。同时用这两种方法测定同一蛋白质的相对分子质量，可以方便地判断样品蛋白质是寡蛋白质或聚蛋白质。测定结果应与理论值基本一致，但也允许有一定的误差范围，一般为 10% 左右。该法具有简便、快速、直观等特点，目前作为基因工程药物检定的常规方法。

④ 等电点测定　等电点测定是控制重组产品生产工艺稳定性的重要指标。不同蛋白质由于某些带电氨基酸（如带负电荷的 Glu、Asp 和带正电荷的 Lys、Arg、His 等）的存在，其净电荷各不相同，即等电点各不相同。均一的蛋白质只有一个等电点，有时因加工修饰等影响可出现多个等电点，但应有一定的范围。样品用等电聚焦电泳法测定等电点。重组蛋白质药物的等电点往往是不均一的，但重要的是在生产过程中，不同批次产物之间的电泳结果应该一致，以此控制生产工艺的稳定性。

⑤ 肽图分析　肽图分析是用酶法或化学法降解目的蛋白质后，对生成的肽段进行的分离分析，它是一种可检测蛋白质一级结构中细微变化的有效方法。肽图分析可作为制品与标准品作精密比较的手段，与氨基酸成分和序列分析结果合并，用于蛋白质的精确鉴别。对含二硫键的制品，肽图分析可确证制品中二硫键的排列。该技术灵敏高效的特点使其成为对基因工程药物的分子结构和细胞遗传稳定性进行评价和验证的首选方法，同种产品不同批次的肽图的一致性是工艺稳定性的验证指标。大多基因工程药物都将肽图分析作为控制其一致性的重要常规指标之一，因此肽图分析在基因工程药物质量控制中尤为重要。

蛋白质降解形成的肽段的检定可以用 SDS-PAGE 电泳法、高效液相色谱法（HPLC 法）、毛细管电泳法、质谱法来测定。SDS-PAGE 电泳法分辨率较低，相对分子质量小于 2000 的多肽不易检测，一般采用灵敏度较高的银染法显色。HPLC 主要用反相 HPLC 法，分辨率高，根据肽的长短和疏水性大小来分离。但亲水性或疏水性很强的肽用 HPLC 法不易被分离，用毛细管电泳法可以弥补这个缺陷。毛细管电泳法分辨率高，小分子按荷质比大小分离。质谱法主要是液质连用，HPLC 法分离后，用质谱法测定各个片段的相对分子质量。

⑥ 氨基酸组成分析　在氨基酸组成分析中，一般含 50 个左右的氨基酸残基的蛋白质的定量分析是接近理论值的，即与序列分析结果一致。而含 100 个左右的氨基酸残基的蛋白质的成分分析与理论值产生较大的偏差，相对分子质量越大，这种情况越严重。主要原因是不同氨基酸的肽键在水解条件下，有些水解不完全，有些则被破坏，很难做出合适的校正，但氨基酸组成分析对目的产物的纯度仍可以提供重要信息。完整的氨基酸组成分析结果，应包括甲硫氨酸、胱氨酸和色氨酸的准确值。氨基酸组成分析结果应为 3 次分别水解样品测定后的平均值。测定的重组蛋白质的氨基酸组成应与标准品一致。氨基酸组成分析采用氨基酸自动分析仪测定，包括蛋白质水解、自动进样、氨基酸分析、定量分析报告等步骤。

⑦ 部分氨基酸序列分析　N 端氨基酸序列测定是重组蛋白质的重要鉴别指标，可以确证表达产物的编码准确性。对蛋白质的全氨基酸序列分析，难度大，耗时长，从统计学观点只要测定 N 端 15 个氨基酸便可保证其顺序的正确性。一般要求对中试前三批产品至少应该测定 N 端 15 个氨基酸，C 端应根据情况测定 1～3 个氨基酸。

⑧ 蛋白质二硫键分析　二硫键和巯基与蛋白质的生物活性密切相关，基因工程药物产品的二硫键

是否正确配对是一个重要问题。测定巯基的方法有 PMCB 法、DTNB 法、NEMI 法等。

（3）蛋白质含量测定

在质量标准中设定此项目主要用于原液比活性计算和成品规格的控制。蛋白质含量可根据它们的物理化学性质采用 Folin- 酚试剂法（Lowry 法）、染色法（Bradford 法）、双缩脲法、紫外吸收法、HPLC 法和凯氏定氮法等方法。其中 Lowry 法和 Bradford 法是在质量检定中常使用的方法。

（4）蛋白质纯度分析

纯度分析是基因工程药物质量控制的关键项目。测定蛋白质纯度可根据目标蛋白质本身所具有的理化性质和生物学特性来设计。通常采用的方法有还原性及非还原性 SDS-PAGE、等电聚焦、HPLC、毛细管电泳等。应有两种以上不同机理的分析方法相互佐证，以便对目的蛋白质的纯度进行综合评价。

（5）杂质检测

基因工程产物的杂质包括蛋白质和非蛋白质两类，表 2-6 列出了通常需要检测的杂质及其检测方法

① 蛋白质类杂质　在蛋白质类杂质中，最主要的是纯化过程中残余的宿主细胞蛋白质。它的测定基本上采用免疫分析的方法，其灵敏度可达百万分之一，同时需辅以电泳等其他检测手段对其加以补充和验证。除宿主细胞蛋白质外，目的蛋白本身也可能发生某些变化，形成在理化性质上与原蛋白质极为相似的蛋白质杂质，如由污染的蛋白酶所造成的产物降解，冷冻过程中由于脱盐而导致的目的蛋白沉淀，冻干过程中过分处理所引发的蛋白质聚合等。这些由于降解、聚合或错误折叠而造成的目的蛋白变构体在人体内往往会导致抗体的产生，因此这类杂质在质量控制中也都得加以严格限定。

② 非蛋白质类杂质　具有生物学作用的非蛋白质类杂质主要有病毒和细菌等微生物、热原、内毒素、致敏原及 DNA。无菌性是对基因工程药物最基本的要求之一，通过微生物学方法来检测，应证实最终制品中无外源病毒和细菌等污染。热原可用传统的注射家兔法进行检测，目前鲎试验法测定内毒素也正越来越多地被引入到基因工程药物产品的质量控制中。必须用敏感的方法来测定来源于宿主细胞的残余 DNA 含量。一般认为残余 DNA 含量小于每剂量 100 pg 的水平是安全的，但应视制品的用途、用法和使用对象来决定可接受的程度。产品中残余 DNA 含量仍较多时，要采用核酸杂交法检测。

表 2-6　基因工程产物的常见杂质和污染物及其检测方法

杂质和污染物		检测方法
杂质	内毒素	鲎试剂、家兔热原法
	宿主细胞蛋白质	免疫分析、SDS-PAGE、毛细管电泳（CE）
	其他蛋白质杂质（如培养基）	SDS-PAGE、HPLC、免疫分析、CE
	残余 DNA	DNA 杂交、紫外光谱、蛋白结合
	蛋白质变异	肽谱、HPLC、等电聚焦（IEF）、CE
	甲酰基甲硫氨酸	肽谱、HPLC、IEF、CE
	甲硫氨酸氧化	肽谱、氨基酸分析、HPLC、质谱、Edman 分析
	产物变性或聚合脱氨基	SDS-PAGE、凝胶排阻色谱、IEF、HPLC、CE、Edman 分析、质谱
	单克隆抗体（亲和配基脱落）	SDS-PAGE、免疫分析
	氨基酸取代	氨基酸分析、肽谱、CE、Edman 分析、质谱
污染物	微生物（细菌、酵母、真菌）	微生物学检查
	支原体	微生物学检查
	病毒	微生物学检查

外源性DNA含量检测：宿主细胞DNA只视为一种细胞污染因素而不视为一种危险因素。目前均采用DNA杂交实验，用固相斑点杂交法，以地高辛标记检测试剂盒或者用同位素标记DNA探针进行测定，必须提供相应宿主细胞DNA标准品。由于设备和消耗试剂昂贵，一定程度限制了该方法的普及。由于基因工程药物的生产过程中所使用的各种表达系统中都含有大量的DNA。因此世界各国的药品管理机构都对基因工程药物中所允许的DNA残余量严加限定。WHO和美国FDA将此限量规定在每剂量100 pg。参照《中华人民共和国药典》（以下简称《中国药典》）2015年版三部附录IXB外源性DNA残留量测定法，每1次人用剂量应不高于10 ng。

（6）稳定性考察

药品的稳定性是评价药品有效性和安全性的重要指标之一，也是确定药品贮藏条件和使用期限的主要依据。对于基因工程药物而言，作为其活性成分的蛋白质或多肽的分子构型和生物活性的保持都依赖于各种共价和非共价的作用力，因此它们对温度、氧化、光照、离子浓度和机械剪切等环境因素都特别敏感，这就进一步要求对其稳定性进行严格控制。没有哪一种单一的稳定性试验或参数就能够完全反映基因工程药物的稳定性特征，必须对产品在一致性、纯度、分子特征和生物效价等多方面的变化情况加以综合评价，采用恰当的物理化学、生物化学和免疫化学技术对其活性成分的性质进行全面鉴定，并且要准确检测在贮藏过程中由于脱氨、氧化、磺酰化、聚合或降解等造成的分子变化。可选用电泳和高分辨率的HPLC，以及肽图分析等方法。

由于蛋白质是一种结构十分复杂的大分子物质，可能同时存在多种降解途径，其降解过程往往不符合阿伦尼乌斯方程（Arrhenius equation），因此通过加速降解试验来预测基因工程药物的有效期并不十分可靠。必须进行在真实条件下、真实时间的长期稳定性考察，才能确定其有效期限。

（7）产品一致性的保证

以重组DNA技术为主的生物技术制药是一个十分复杂的过程，生产周期可能长达一个月甚至更长，影响因素较多。只有对从原料、生产到产品的每一步骤都进行严格的条件控制和质量检定，才能确保各批最终产品都是安全有效、含量和杂质限度一致并符合标准规格的。

2.11.6 产品的保存

目的产物失活受多种理化因素的影响，保存时要根据其不同特性，采取不同的措施，防止变性、降解，保护其活性。

（1）液态保存

① 低温保存　蛋白质对热敏感，温度越高，稳定性越差。在绝大多数情况下可以低温保存蛋白质溶液，液态蛋白质样品在 -20 ~ -10℃以下冰冻保存比较理想。

② 在稳定pH条件下保存　多数蛋白质只有在很窄的pH范围内才稳定，超出此范围会迅速变性。蛋白质较稳定的pH一般在等电点，因而保存液态蛋白质样品时，应小心调到其稳定的pH范围内。

③ 高浓度保存　一般蛋白质在高浓度溶液中比较稳定，这是因为液态蛋白质容易受水化作用的影响。保存时蛋白质浓度不能太低，否则可能会引起亚基解离和表面变性。

④ 真空保存　蛋白质在真空状态或者在惰性气体中密闭保存，能抵抗氧化作用。

⑤ 加保护剂保存　多数蛋白质在疏水环境中才能长期保存，加入某些稳定剂可以降低蛋白质溶液的极性，以免变性失活。这类蛋白质的稳定剂有糖类、脂肪、蛋白质、多元醇、有机溶剂等；有些蛋白质在高离子强度的极性环境下才能保持其活性，加入中性盐可稳定这些蛋白质；某些蛋白质表面或内部含有半胱氨酸巯基，容易被空气中的氧缓慢氧化为次磺酸或二硫化物，使蛋白质的电荷或构象发生改变而失活，可加入2-巯基乙醇、二硫苏糖醇等，在真空或惰性气体中密闭保存。

（2）固态保存

固态蛋白质比液态蛋白质稳定，一般蛋白质含水量超过10%时容易失活。含水量降到5%时，在室温或冰箱中保存均比较稳定，但在37℃保存时活性则明显下降。长期保存蛋白质的最好方法是把它们制成干粉或结晶。冻干粉或结晶都具有强抗热性和稳定性，把它们放在干燥器中并维持在4℃以下可保存相当长的时间。

冷冻干燥是指使被干燥液体冷冻成固体，在低温低压条件下利用水的升华性质，使冰直接升华变成体而除去，以达到干燥目的的一种干燥方法。冷冻干燥要求高度真空及低温，因而适用于受热易分解破坏的药物。冷冻干燥的成品呈疏松状，易溶解，故一些生物制品如血浆、疫苗、蛋白质类药物以及一些需以稳定的固体保存而临用前溶解的注射制剂多用此法制备。冻干过程一般分3步进行，即预冻结、升华干燥和解吸干燥。为了有利于干燥，一般将冻干产品溶液配制成含4%~15%固体物质的稀溶液，先进行预冻。预冻可将溶液中的自由水固化，赋予干燥后产品与干燥前有相同的形态，防止抽空干燥时起气泡、浓缩、收缩等不可逆变化的产生，减少因温度下降引起的物质可溶性降低。将预冻后的产品置于密闭的真空容器中，其冰晶就会升华成水蒸气逸出而使产品脱水干燥。通过该步升华干燥可除去约90%的水分。但是在干燥物质的毛细管壁和极性基团上还吸附有一些水分，这些未被冻结的水分常会造成产品的不稳定，还需将其去除。由于吸附水的吸附能量高，需要在解吸干燥过程中升高温度，以提供能量。同时，为了使解吸出来的水蒸气有足够的推动力逸出产品，必须使产品内外形成较大的蒸气压差，因此该阶段箱内必须是高真空。经过冻干后产品内残余水分一般在0.5%~4%之间。

在生物制品的冻干过程中，保护剂的使用至关重要，它直接影响到冻干成品的质量及其中的生物活性物质的活性。保护剂通常选用一些低分子化合物（如谷氨酸、天冬氨酸、葡萄糖、蔗糖、肌醇等）及某些高分子化合物（如明胶、蛋白胨、可溶性淀粉、糊精等）。一些脱脂牛奶、血清等天然混合物也可以作保护剂。在冻干过程中，某些物质在真空中升华时会与水蒸气一起飞散，或出现冻干后变成绒毛状结构，在停止真空后飞散。因此，在冻干前必须在溶液中加入填充保护剂，使之成形。同时，添加保护剂可防止冻结前溶液沉淀和冻干后发生破碎，也可以使制品变得易于冻干。

冷冻干燥法具有保持产品成分稳定，抑制微生物生长和酶的降解，可长期保存等优点，非常适合于制备有热敏性和黏稠性特点的生物物质的干燥，是制备生物制品的常规方法。

2.12 基因工程药物制造实例

2.12.1 干扰素

干扰素（interferon，IFN）是人体细胞分泌的一种活性蛋白质，具有广泛的抗病毒、抗肿瘤和免疫调节活性，是人体防御系统的重要组成部分。根据其分子结构和抗原性的差异分为α、β、γ、ω等4个类型。α型干扰素又依其结构的不同再分为α1b、α2a、α2b等亚型，其区别表现在个别氨基酸的差异上，如人干扰素α2a的第23位氨基酸为赖氨酸残基，而α2b的第23位为精氨酸残基。早期，干扰素是用病毒诱导人白细胞产生的，产量低、价格昂贵，不能满足需要。现在可以利用基因工程技术在大肠杆菌中表达、发酵来进行生产。

（1）基因工程菌的组建

在干扰素重组DNA成功以前，对于干扰素的结构一无所知，因此不可能人工合成基因。在人染色体上的干扰素基因拷贝数极少（大约只有人基因组的1.5%），在加工上又有技术上的困难，所以不能直接分离干扰素基因，而是通过分离干扰素mRNA，再以干扰素mRNA为模板，通过反转录酶等使其形成cDNA。干扰素cDNA的获得是将产生干扰素的白细胞的mRNA分级分离，然后将不同部分的mRNA注入蟾蜍的卵母细胞，并测定干扰素的抗病毒活性。结果发现12S mRNA的活性最高，因此

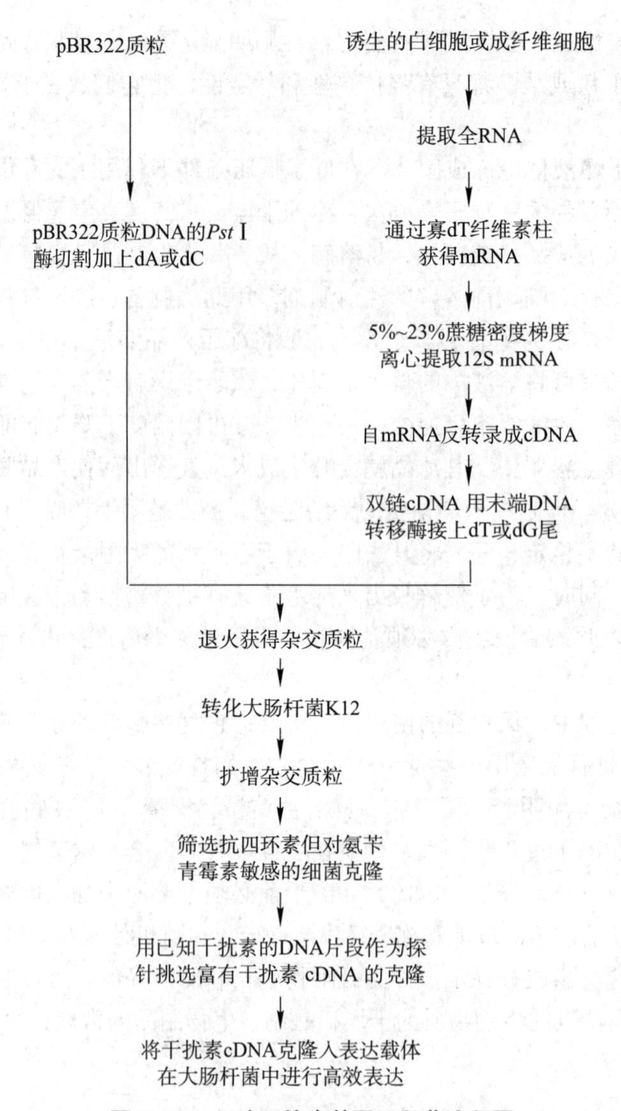

图 2-13　组建干扰素基因工程菌流程图

用这部分 mRNA 合成 cDNA。将 cDNA 克隆到含有四环素和氨苄青霉素抗性基因的质粒 pBR322 中，转化大肠杆菌 K12，获得干扰素基因工程菌（图 2-13）。

（2）基因工程干扰素的制备

制备基因工程干扰素的工艺流程如图 2-14 所示。

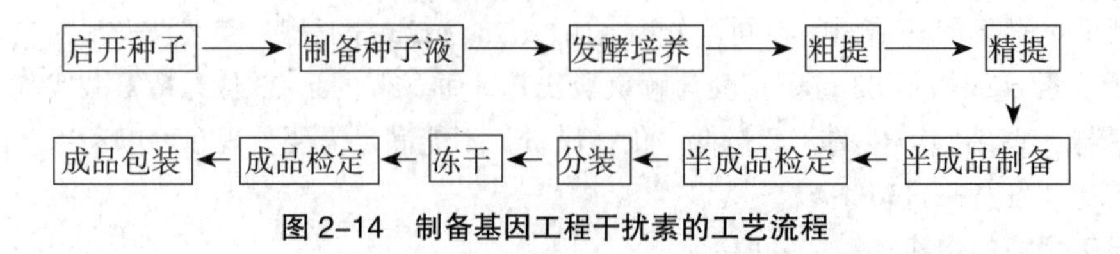

图 2-14　制备基因工程干扰素的工艺流程

① 发酵　人干扰素 α2b 基因工程菌为 SW-IFNα-2b/*E.coli* DH5α，质粒用 PL 启动子，含氨苄青霉素抗性基因。种子培养基含蛋白胨 1%、酵母抽提粉 0.5%、NaCl 0.5%。分别接种人干扰素 α2b 基因工程菌到 4 个装有 250 mL 种子培养基的 1 000 mL 三角瓶中，30℃摇床培养 10 h，作为发酵罐种子使用。用装 10 L 发酵培养基 15 L 发酵罐进行发酵。发酵培养基组成：蛋白胨 1%、酵母抽提粉 0.5%、NH_4Cl 0.01%、NaCl 0.05%、Na_2HPO_4 0.6%、$CaCl_2$ 0.001%、KH_2PO_4 0.3%、$MgSO_4$ 0.01%、葡萄糖 0.4%、氨苄

青霉素 50 mg·mL^{-1}、少量防泡剂等；pH 6.8，搅拌转速 500 r·min^{-1}，通气量为 1∶1（每分钟的体积比），溶氧为 50%；30℃发酵 8 h，然后在 42℃诱导 2～3 h 即可完成发酵。同时每隔不同时间取 2 mL 发酵液，10 000 r·min^{-1} 离心除去上清液，称量菌体湿重。

② 产物的提取与纯化　发酵完毕冷却后进行 4 000 r·min^{-1} 离心 30 min，除去上清液，得湿菌体 1 000 g 左右。取 100 g 湿菌体重新悬浮于 500 mL pH 7.0 的 20 mmol·L^{-1} 磷酸缓冲液中，于冰浴条件下进行超声破碎。然后 4 000 r·min^{-1} 离心 30 min。取沉淀部分，用 100 mL 8 mol·L^{-1} 尿素溶液，pH 7.0 的 20 mmol·L^{-1} 磷酸缓冲液，0.5 mmol·L^{-1} 二硫苏糖醇溶液室温搅拌抽提 2 h，15 000 r·min^{-1} 离心 30 min。取上清液，用同样的缓冲液稀释至尿素浓度为 0.5 mol·L^{-1}，加二硫苏糖醇至 0.1 mmol·L^{-1}，4℃搅拌 15 h，15 000 r·min^{-1} 离心 30 min 除去不溶物。上清液经截流量为 10 000 相对分子质量的中空纤维超滤器浓缩，将浓缩的人干扰素 α2b 溶液经过 Sephadex G–50 柱分离，层析柱 2 cm × 100 cm，先用 20 mmol·L^{-1} 磷酸缓冲液（pH 7.0）平衡，上柱后用同一缓冲液洗脱分离，收集人干扰素 α2b 部分，经 SDS–PAGE 检查。将 Sephadex G–50 柱分离的人干扰素 2b 组分，再经 DE–52 柱（2 cm × 50 cm）纯化人干扰素 α2b 组分，上柱后用含 0.05、0.1、0.15 mol·L^{-1} NaCl 的 20 mmol·L^{-1} 磷酸缓冲液（pH 7.0）分别洗涤，收集含人干扰素 α2b 的洗脱液。全过程蛋白质回收率为 20%～25%，产品中的杂蛋白质、DNA 及热原物质含量应检测合格。

（3）质量控制标准和要求

① 原液检定

● 生物学活性　依药典规定方法测定，采用细胞病变抑制法或报告基因法。a. 细胞病变抑制法　依据干扰素保护人羊膜细胞（WISH 细胞）免受水疱性口炎病毒（VSV）破坏的作用，用结晶紫对存活的 WISH 细胞染色，在波长 570 nm 处测定其吸光度，可得到干扰素对 WISH 细胞的保护效应曲线，以此测定干扰素生物学活性。b. 报告基因法　系将含有干扰素刺激反应元件和荧光素酶基因的质粒转染到 HEK293 细胞中，构建细胞系 HEK293puro ISRE–Luc，作为生物学活性测定细胞，当 I 型干扰素与细胞膜上的受体结合后，通过信号转导，激活干扰素刺激反应元件，启动荧光素酶的表达，表达量与干扰素的生物学活性呈正相关，加入细胞裂解液和荧光素酶底物后，测定其发光强度，以此测定 I 型干扰素生物学活性。

● 蛋白质含量　采用 Folin– 酚法（Lowry 法）测定。蛋白质在碱性溶液中可形成铜 – 蛋白质复合物，此复合物加入酚试剂后，产生蓝色化合物，该蓝色化合物在波长 650 nm 处的吸光度与蛋白质含量成正比，根据供试品的吸光度，计算供试品的蛋白质含量。

> **技术应用 2–5**
> Folin– 酚法测定蛋白质含量

● 比活性　为生物学活性与蛋白质含量之比。每 1 mg 蛋白质应不低于 1.0×10^8 IU。

● 纯度　a. 电泳法，用非还原型 SDS– 聚丙烯酰胺凝胶电泳法，分离胶胶浓度为 15%，加样量应不低于 10 μg（考马斯亮蓝 R250 染色法）或 5 μg（银染法）。经扫描仪扫描，纯度应不低于 95.0%；b. 高效液相色谱法，色谱柱以适合分离相对分子质量为（5～60）$\times 10^3$ 蛋白质的色谱用凝胶为填充剂；流动相为 0.1 mol·L^{-1} 磷酸盐 –0.1 mol·L^{-1} 氯化钠缓冲液，pH 7.0；上样量应不低于 20 μg，在波长 280 nm 处检测，以干扰素色谱峰计算的理论板数应不低于 1 000。按面积归一化法计算，干扰素主峰面积应不低于总面积的 95.0%。

● 相对分子质量　用还原型 SDS– 聚丙烯酰胺凝胶电泳法，分离胶胶浓度为 15%，加样量应不低于 1.0 μg，制品的相对分子质量应为（19.2 ± 1.9）$\times 10^3$。

● 外源性 DNA 残留量　采用 DNA 探针杂交法或荧光染色法测定。每 1 支应不高于 10 ng。

> **技术应用 2–6**
> 外源性 DNA 残留量测定

● 鼠 IgG 残留量　如采用单克隆抗体亲和色谱法纯化，应进行本项检定。每 1 次人用剂量鼠 IgG 残留量应不高于 100 ng。

● 宿主菌蛋白质残留量　应不高于蛋白质总量的 0.10%。

● 残余抗生素活性　不应有残余氨苄西林或其他抗生素活性。

● 细菌内毒素检查　每 300 万 IU 应小于 10 EU。

● 等电点　主区带应为 4.0 ~ 6.7，且供试品的等电点图谱应与对照品的一致。

● 紫外光谱　用水或生理氯化钠溶液将供试品稀释至 100 ~ 500 μg · mL^{-1}，在光路 1 cm、波长 230 ~ 360 nm 下进行扫描，最大吸收峰波长应为 278 nm ± 3 nm。

● 肽图分析　通过蛋白酶或化学物质裂解蛋白质后，采用适宜的分析方法鉴定蛋白质一级结构的完整性和准确性。应与对照品图形一致。

● N 端氨基酸序列　至少每年测定 1 次。用氨基酸序列分析仪测定，N 端序列应为 Met–Cys–Asp–Leu–Pro–Gln–Thr–His–Ser–Leu–Gly–Ser–Arg–Arg–Thr–Leu。

② 半成品检定

● 细菌内毒素检查　每 300 万 IU 应小于 10EU。

● 无菌检查　依药典规定的无菌检查法测定，应符合规定。

③ 成品检定

除水分测定、装量差异检查外，应按标示量加入灭菌注射用水，复溶后进行其余各项检定。

● 鉴别试验　按免疫印迹法或斑点免疫法测定，应为阳性。

● 物理检查　a. 外观应为白色薄壳状疏松体，按标示量加入灭菌注射用水后应迅速复溶为澄明液体；b. 可见异物，依药典规定的可见异物检查法测定，应符合规定；c. 装量差异，按药典规定的剂型要求，应符合规定。

● 化学检定　a. 水分应不高于 3.0%。如含葡萄糖，则水分应不高于 4.0%；b. pH 为 6.5 ~ 7.5；c. 渗透压摩尔浓度，依药典规定的渗透压摩尔浓度测定法测定，应符合批准的要求。

● 生物学活性　应为标示量的 80% ~ 150%。

● 残余抗生素活性　依药典规定的抗生素残余量检查法测定，不应有残余氨苄西林或其他抗生素活性。

● 无菌检查　依药典规定的无菌检查法测定，应符合规定。

● 细菌内毒素检查　每 1 支应小于 10 EU。

● 异常毒性检查　依药典规定的异常毒性检查法测定，应符合要求。

2.12.2　人白介素 -2

白介素 -2（interleukin-2，IL-2）是由 T 淋巴细胞分泌的一种糖蛋白，为一种多肽类药物，又称 T 淋巴细胞生长因子。其在机体免疫应答中具有重要作用，是一种免疫增强剂，具有抗病毒、抗肿瘤及改善和提高机体免疫功能的作用。

天然白介素 -2 基因由 396 个核苷酸加上起始密码 ATG 和终止密码 TGA 组成，编码 133 个氨基酸，其中含有 3 个半胱氨酸，第 58 位和 105 位的 Cys 间形成二硫键，第 125 位 Cys 的巯基游离，易引起 IL-2 分子内二硫键错配或分子间二聚体的形成，从而降低 IL-2 的生物活性与稳定性，同时也增加其不良反应（图 2-15）。另外与天然 IL-2 氨基酸结构组成相同的重组人白介素 -2 大多在宿主菌内以包含体形式表达，需经复性后才能进一步纯化处理，复性时往往会形成大量 58 位和 125 位之间或 105 位和 125 位之间二硫键错配的重组人白介素 -2 异构体，为进一步提纯带来困难。

（1）重组人白介素 -2

白介素是介导白细胞间相互作用的一类细胞因子。新型重组人白介素 -2（^{125}Ser IL-2）为普通白介素 -2（IL-2）的换代产品。通过反转录 PCR（RT-PCR）技术从外周血单核细胞中克隆到人的白介素 -2 cDNA。通过基因定点突变技术将其第 125 位半胱氨酸（Cys）的密码子突变为丝氨酸（Ser）或丙氨酸（Ala）的密码子，使普通 IL-2 的第 125 位 Cys 被 Ser 或 Ala 取代，从而防止分子内二硫键的错配或分子间二聚体的形成，增强药物的稳定性与生物活性，降低不良反应。在临床应用上与普通

ATG GCA CCT ACT TCA AGT TCT ACA AAG AAA ACA CAG CTA CAA CTG GAG CAT TTA CTG CTG
GAT TTA CAG ATG ATT TTG AAT GGA ATT AAT AAT TAC AAG AAT CCC AAA CTC ACC AGG ATG
CTC ACA TTT AAG TTT TAC ATG CCC AAG AAG GCC ACA GAA CTG AAA CAT CTT CAG TGT CTA
GAA GAA GAA CTC AAA CCT CTG GAG GAA GTG CTA AAT TTA GCT CAA AGC AAA AAC TTT CAC
TTA AGA CCC AGG GAC TTA ATC AGC AAT ATC AAC GTA ATA GTT CTG GAA CTA AAG GGA TCT
GAA ACA ACA TTC ATG TGT GAA TAT GCT GAT GAG ACA GCA ACC ATT GTA GAA TTT CTG AAC
AGA TGG ATT ACC TTT TCT CAA AGC ATC ATC TCA ACA CTG ACT TGA

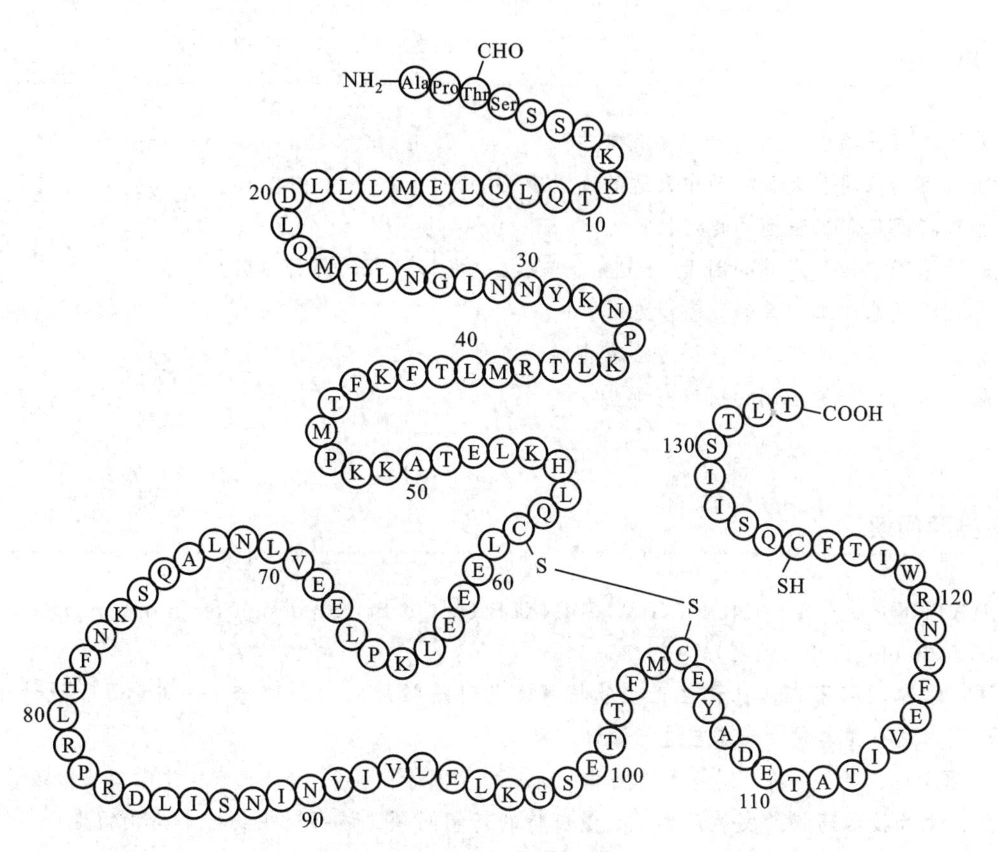

图 2-15 白介素 -2 的序列及结构

IL-2 比较，其比活性增高、疗效增强，半衰期延长，热稳定性好，纯度高，不良反应显著降低。

（2）重组人白介素 -2 基因工程菌的生产

利用定点突变方法将天然 IL-2 的第 125 位氨基酸密码子由 TGT 变为 GCT，从而将第 125 位半胱氨酸（Cys）改为丙氨酸（Ala），获得重组人 IL-2。设计并人工合成两条寡核苷酸引物，引物 1：5′-AGG AAT TCC **ATG** GCA CCT ACT TCA AGT-3′ 和引物 2：5′-AT GGA TCC **TTA TCA** AGT CAG AGT CGA GAT GAT GCT TTG **AGC** AAA GGT-3′。引物 1 含 *Eco*R I 酶切位点，ATG 起始密码子和成熟人 IL-2 5′ 端部分氨基酸编码序列；引物 2 含 *Bam*H I 酶切位点，终止密码子 TGA 和 TAA，Ala 密码子和人 IL-2 3′ 端部分氨基酸编码序列的互补序列。PCR 扩增 30 个循环得到 0.4 kb 大小的 DNA 片段，经鉴定为含 Ala^{125} 突变的 IL-2 基因。将表达质粒 pBV220 同样用 *Eco*R I 和 *Bam*H I 酶切，并用 T4 DNA 连接酶使 PCR 扩增的 Ala^{125} IL-2 编码基因与之连接，得到重组质粒 pBV220/hIL-2。将此质粒转化大肠杆菌 DH5α 得到 Ala^{125} IL-2 的基因工程菌株。

表达的 Ala^{125} IL-2 可占菌体总蛋白的 42.7%。经超声波裂菌，离心收集包含体，Sephacryl S200 凝胶过滤及用氧化剂复性和透析除盐，得到 Ala^{125} IL-2 纯品，经 HPLC 分析鉴定，纯度达 99% 以上。用

△ 技术应用 2-7
^{3}H-TdR 法

^{3}H–TdR 掺入法进行活性测定，比活性可达 1×10^{7} IU · mg^{-1}，比野生型 IL–2 比活性平均提高 30%。

开放讨论题

在基因工程药物的研发过程中如何利用基因组学、转录组学、蛋白组学与代谢组学等组学技术？

思考题

1. 基因工程药物生产的主要程序有哪些？
2. 影响目的基因在大肠杆菌中表达的因素有哪些？
3. 如何提高基因工程菌的稳定性？
4. 影响基因工程菌发酵的因素有哪些，如何控制发酵过程的各种参数？
5. 如何提高基因工程菌的高密度发酵？
6. 分离纯化蛋白质药物的色谱方法有哪些，各种方法的原理是什么？
7. 蛋白质药物质量控制的项目有哪些？

推荐阅读

1. RATHORE A S，ANURAG S，WINKLE H. Quality by design for biopharmaceuticals [J]. Nature biotechnology，2009，27 (1)：26–34.

点评：文章阐述了在工业化生产生物技术药物时质量控制的新理念——质量源于设计（QbD），以及如何利用这一理念对生产工艺进行设计。

2. 克罗姆林，辛德拉尔 . 制药生物技术 [M]. 吉爱国等，译 . 2 版 . 北京：化学工业出版社，2005.

点评：生物技术药物的发展产生了大量独特的药学问题，该书对生物技术药物的生产、给药、药动学、药物经济学方面进行了阐述，书中列举了几个临床应用的生物技术药物，对每种药物的化学、药理和适应证等多个层面进行了讨论。

3. VAN BEERS M M C，BARDOR M. Minimizing immunogenicity of biopharmaceuticals by controlling critical quality attributes of proteins [J]. Biotechnology Journal，2012，7 (12)：1473–1484.

点评：文章综述了影响蛋白质药物免疫原性的关键因素，以及在药物开发中如何通过药物设计、细胞系选择、上下游工艺等全流程控制蛋白质的关键质量属性，将生物药物的免疫原性降至最低。

网上更多学习资源……

◆教学课件　◆微课　◆自测题　◆参考文献

（沈阳药科大学　夏焕章）

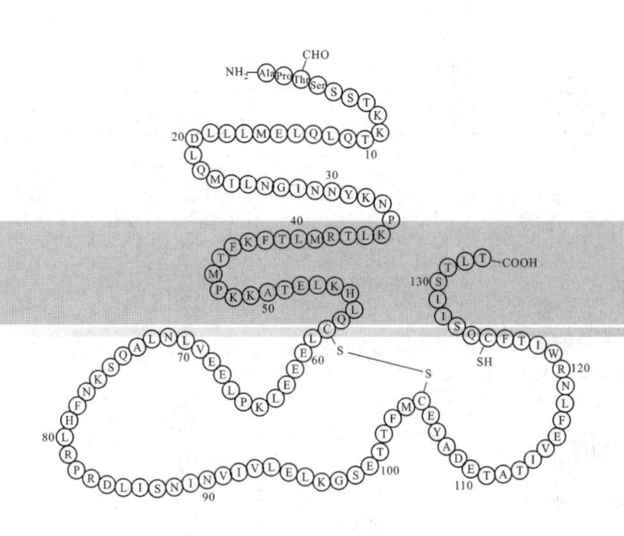

3 动物细胞工程制药

动物细胞工程制药是根据细胞生物学及工程学原理，定向改变动物细胞内的遗传物质从而获得新型生物或特种细胞产品，包括蛋白质、单克隆抗体、疫苗等。

动物细胞工程制药在整个生物制药的研究和应用中起关键作用，目前全世界生物技术药物中使用动物细胞工程生产的已超过80%，因此熟悉动物细胞的基本特性，掌握动物细胞的培养条件和培养方法，了解动物细胞表达产品的纯化、质量控制规范将在未来生物制药领域立于不败之地。

通过本章学习，可以掌握以下知识：

1. 生产用动物细胞及其构建的过程；
2. 动物细胞贴壁培养和悬浮培养的特征；
3. 动物细胞批式培养、流加式培养和灌流式培养的主要特点；
4. 常用动物细胞生物反应器的特征、发展及应用；
5. 动物细胞产品常用的纯化方法及其原理。

知识导图

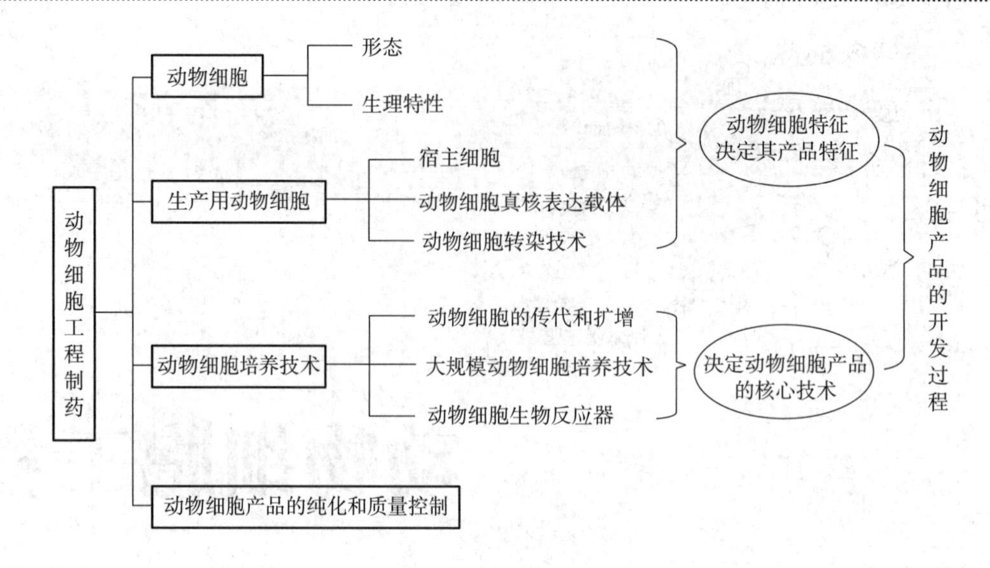

关键词

细胞工程　原代细胞　二倍体细胞系　转化细胞系　融合细胞系　重组工程细胞系　细胞转染技术　细胞单克隆化　细胞库　动物细胞培养条件　天然培养基　合成培养基　无血清培养基　化学限定性培养基　悬浮培养　贴壁培养　贴壁－悬浮培养　微载体　批式培养　流加式培养　灌注式培养

3.1　概述

发现之路 3-1
细胞学说的发现

人类认识细胞的历史不长，1665 年英国的物理学家 Hooke 用自制的显微镜观察切成薄片的软木，发现了许多蜂窝状的小室，称之为“细胞”（cell），实际上这只是死细胞留下的细胞壁。不久，荷兰科学家 Leeuwenhoek 才真正首次观察到了活的细胞。1838 年德国的植物学家 Schleiden 和 1839 年动物学家 Schwann，在各自观察了动、植物组织后的报告中把细胞作为一切动、植物体的基本结构单位，从而创立了著名的细胞学说。恩格斯把该学说列为 19 世纪自然科学的三大发现之一。

组织培养或细胞培养——将组织或细胞从机体取出，在体外模拟机体体内的生理条件下进行培养，使之生存和生长，至今已有一百多年的历史。自 1885 年德国人 Roux 用生理盐水培养鸡胚细胞开始至今，细胞培养工作已取得了巨大进展（表 3-1）。近年来随着细胞生物学、分子生物学、生物化学和基因工程等一系列学科和技术的发展，对细胞结构与功能的不断了解，细胞培养技术已经脱离了依靠经验与重复来取得成功的实验学科，成为一门崭新的工程学科——细胞工程学（cell engineering 或 cytotechnology）。尽管诞生时间不长，但依托生物技术的高度发展，细胞工程学已成为当今高新技术——生物工程研究领域中不可缺少的一个部分，并已在国民经济的许多领域，尤其是制药工业中发挥着巨大的作用。

细胞工程是以细胞为单位，按人们的意志，应用细胞生物学、分子生物学等理论和技术，有目的地进行精心设计和操作，使细胞的某些遗传特性发生改变，从而达到改良或产生新品种的目的，使细

表 3-1 细胞培养发展过程中的历史事件

年代	历史事件
1885	Roux 在生理盐水培养中能保持鸡胚细胞存活
1897	Loeb 证明从血液和结缔组织中分离的细胞在血清和血浆中可存活
1903	Jolly 观察到蝾螈白细胞在体外可进行细胞分裂
1907	Harrison 用“悬浮法”在淋巴凝块中培养了蛙神经细胞；Borrows 改进了该技术，采用了血浆凝块
1913	Carrel 采用了严格的无菌技术致使细胞可长期地培养
1916	Roux 和 Jones 采用了胰酶对贴壁的细胞进行传代培养
1923	Carrel 培养瓶作为第一种专门设计的细胞培养容器被引入细胞培养中
20 世纪 40 年代	在培养基中采用抗生素，青霉素和链霉素减少了细胞培养中的污染问题
1948	Earle 分离出鼠 L 成纤维细胞，它可从单细胞形成克隆
1952	Gey 从人的子宫癌组织中建成了一株称为 HeLa 细胞的连续细胞系
1955	Eagle 研究了各种选择的细胞在培养中的营养要求，提出了第一个被广泛使用的合成培养基
1961	Hayflick 和 Moorhead 分离出一株人成纤维细胞（WI-38），并证明它在细胞培养中有一定的寿命
1964	Littlefield 引入 HAT 培基可用于细胞筛选
1965	Ham 引入了第一个无血清培基，它可支持一些细胞增长
1965	Harris 和 Watkins 用病毒使人和小鼠细胞融合
1975	Kohler 和 Milstein 产生了第一株能分泌单克隆抗体的杂交瘤细胞
1978	Sato 用激素和生长因子的混合配方形成了开发无血清培基的基础
1982	重组人胰岛素成为第一个获准作为治疗药物的重组蛋白
1985	用重组细菌生产的人生长激素被用于治疗
1987	用重组动物细胞生产的组织型纤溶酶原激活物成为商品
1997	Laurain 等建立了悬浮细胞培养系
1999	刘勇等成功地进行了胎儿椎间盘细胞的单层培养
2001	Ohzshi、Ryo 等成功培养杂交瘤细胞生产单克隆抗体
2007	世界上第一个细胞培养生产的流感疫苗上市
2008	首个 IPS 细胞培养方法申请专利
2010	在实验室条件下成功制造出功能齐全的微型肝
2017	全球首个用于 CAR-T 细胞治疗产品批准上市
2017	人工合成酵母基因组获得重大突破

胞增加或重新获得产生某种特定产物的能力，从而在离体条件下进行大量培养、增殖，并提取出对人类有用的产品。细胞工程综合应用科学和工程技术，在深入了解细胞在基因水平上的结构与功能关系的基础上，涉及真核细胞的基因重组、导入、扩增和表达的理论和技术，细胞融合的理论和技术，细胞器特别是细胞核移植的理论和技术，染色体改造的理论和技术，转基因动、植物的理论和技术，细胞大量培养的理论和技术，以及将有关产物提取纯化的理论和技术。

1949 年 Enders 及其同事发表了第一篇关于在培养细胞中生长病毒的报告，标志着细胞工程技术开始应用于制药行业。随着基因工程的发展，人们逐渐认识到有许多基因产物不能在结构相对简单的

知识拓展 3-1
动物细胞作为宿主细胞的优越性

原核细胞内表达，它们需要经过真核细胞所特有的翻译后修饰功能，经过正确的切割、折叠后，才能形成与自然分子一样的结构与免疫原性。这就使动物细胞尤其是哺乳动物细胞一跃成为最重要的宿主细胞，用以生产各种各样的重要的生物制品。除了早期的重组人促红细胞生成素、重组人干扰素β等细胞因子类和重组人组织型纤溶酶原激活物等酶类，近年来更扩展到各种重组治疗性单克隆抗体和重组疫苗，这些药品对临床诊断、治疗和预防包括感染、癌症、心血管病、血液病、内分泌病、贫血等疾病和外伤都有着重要意义。同时细胞工程的发展也从外源基因导入进入到对宿主细胞进行基因改造的新阶段。医用蛋白质药物因具有生理活性强、疗效显著、安全性高等优点日益受到人们的重视，在过去的20多年，已经有200多种医用蛋白质药物投入市场，目前还有上百种医用蛋白质药物处于临床试验阶段，动物细胞表达药物已经成为当今生物医药产业发展的主流。本章将介绍动物细胞工程制药相关技术原理，以及在生物制药领域中最新的应用进展。

3.2 动物细胞的形态及生理特性

3.2.1 动物细胞的形态

动物细胞的结构较原核细胞复杂得多，而且已不是靠一个细胞包办一切生理活动，各种细胞都有明确的分工。为了适应其功能的需要，细胞的形态也有了相应的变化，这种变化称为分化（或称特化）。例如，肌细胞呈纺锤形，可起到收缩伸展的作用；神经细胞具有很长的分支，很多的纤维，以便接受和传递刺激；红细胞呈圆盘状，使与外界的接触面相对地增大，有利于和周围环境交换气体和在血管内流动；而上皮细胞由于要覆盖于表面，常常相互挤压成不规则的立方形、锤形。然而这些分化的形态，当细胞离体培养时经常会发生变化。

通常将体外培养的细胞分为3类：贴壁依赖性细胞（anchorage-dependent cell），简称为贴壁细胞；非贴壁非依赖性细胞（anchorage-independent cell），简称为悬浮细胞；以及兼性贴壁细胞。

（1）贴壁细胞

这类细胞的生长必须贴附在支持物表面，细胞依靠自身分泌的或培养基中提供的贴附因子（attachment factor）才能在该表面上生长、增殖。当细胞在该表面生长后，一般形成两种形态，即成纤维样细胞型（fibroblast-like cell type ）或上皮样细胞型（epithelium-like cell type）。前者主要来源于中胚层组织的细胞，如成纤维细胞、心肌细胞、平滑肌细胞和成骨细胞等。细胞生长时胞体呈梭形或不规则的三角形，中央有圆形核，胞质向外伸出2～3个突起。细胞群常借该突起连接成网，生长时呈放射状，漩涡状或火焰状走行（图3-1）。后者主要来源于外胚层和内胚层组织的细胞，如皮肤细胞、肠管上皮细胞和肺泡上皮细胞等，细胞呈扁平的不规则多角形，中央有圆形核，生长时彼此紧密连接成单层细胞片（图3-2）。上述的细胞形态不是绝对的，它将随着培养条件的变化而有所变化。

（2）悬浮细胞

这类细胞的生长不依赖支持物表面，可在培养液中呈悬浮状态生长，细胞一般呈圆形。典型的例子是血液内的淋巴细胞、用以生产干扰素的Namalwa细胞和杂交瘤细胞等（图3-3）。

（3）兼性贴壁细胞

知识拓展 3-2
悬浮驯化

在实践中还可见有些细胞并不严格地依赖支持物，它们既可以贴附于支持物表面生长，但在一定条件下，它们还可以在培养基中呈悬浮状态良好地生长，此类细胞称为兼性贴壁细胞，如常用的中国仓鼠卵巢细胞（Chinese hamster ovary cell，CHO cell）、小鼠L929细胞。当它们贴附在支持物表面生长时呈上皮或成纤维细胞的形态，而当悬浮于培养基中生长时则呈圆形，但有时他们又可相互支持贴附在一起生长。

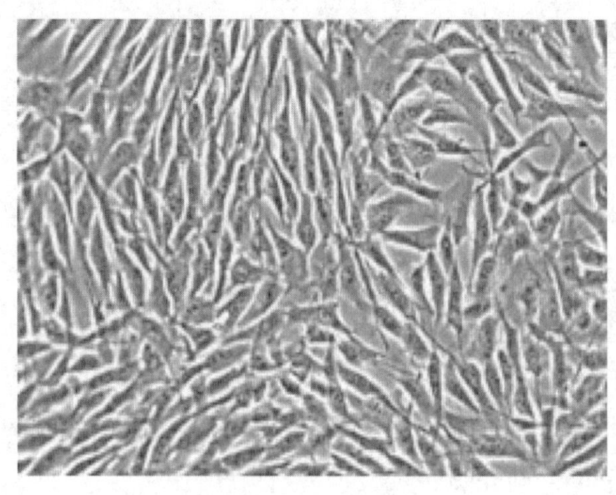

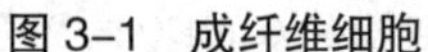
图 3-1 成纤维细胞

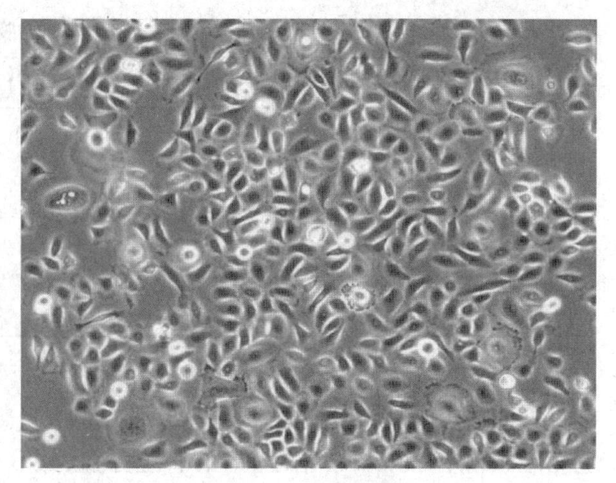

图 3-2 上皮细胞

3.2.2 动物细胞的结构和功能

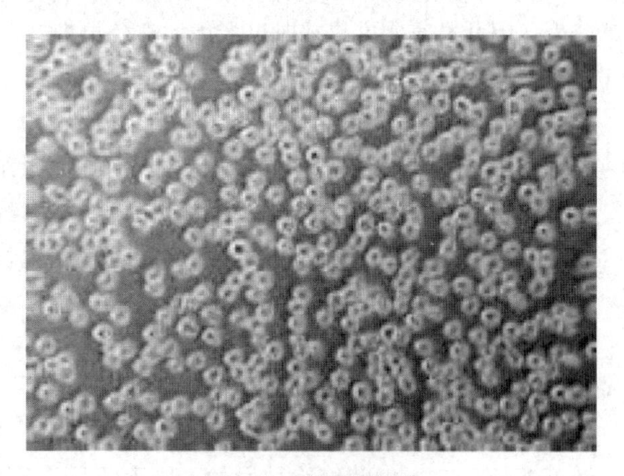

图 3-3 杂交瘤细胞

动物细胞的结构复杂，它具有细胞膜、细胞质和细胞核。细胞质内还有各种有膜围绕的、形状不同的、并有特殊功能和结构的细胞器，如内质网、线粒体、高尔基体、核糖体和溶酶体等。线粒体是有氧呼吸的主要场所，具有双层膜结构，内有 DNA、RNA 等遗传物质，它的主要作用是通过氧化磷酸化作用合成 ATP, 为细胞各种生命活动提供能量。内质网是细胞一个精致的膜系统，是通过膜连接而成的网状结构，外连着细胞膜内连着核膜，它的作用增大细胞内的膜面积，为各种生化反应提供有利条件，同时是蛋白质等大分子的运输通道，细胞内蛋白质的合成、加工以及脂质的“合成车间”。高尔基体是真核细胞内膜的组成部分，与细胞的分泌物形成有关，参与形成溶酶体，在蛋白质等大分子的输送中，它将内质网合成的蛋白质进行加工、分类与包装，然后再输送到细胞特定的部位或者分泌到细胞外面。核糖体由 RNA（rRNA）和蛋白质组成，是细胞内一种核糖核蛋白颗粒，主要功能是按照 mRNA 的指令将氨基酸合成蛋白质多肽，核糖体是蛋白质合成的场所。溶酶体是单层膜结构，主要含有水解酶，具有溶解或消化的功能，分解衰老损伤的细胞器，吞噬并杀死侵入细胞的病毒或病菌，溶酶体是细胞的“消化车间”。

3.2.3 动物细胞的化学组成和代谢

（1）动物细胞的化学组成

各种细胞的化学组成虽有很多差别，但所有的细胞主要都含有两大类物质：①无机成分，如水和无机盐；②有机成分，如蛋白质、糖类、脂质和核酸。各类物质在细胞中的组成见表 3-2。

（2）动物细胞的代谢

糖类、脂质和蛋白质的代谢，一般都可以分为 3 个降解阶段。第一阶段，先由大分子降解为小分子，如多糖降解为单糖，脂肪降解为脂肪酸和甘油，蛋白质降解为氨基酸。第二阶段，这些小分子进一步代谢产生 3 个主要的中间产物，即乙酰辅酶 A，α- 酮戊二酸和草酰乙酸。第三阶段，这 3 个中间产物进入三羧酸循环。细胞通过这样的代谢获得了生命活动所必需的能量。在体外培养的细胞，其主要的能源来自葡萄糖和谷氨酰胺。当氧供应不足时，葡萄糖的降解主要通过糖酵解途径。此时 1 mol 的葡

表 3-2 动物细胞的化学组成

化合物	质量分数 /%
水	85 ~ 90
无机盐	1 ~ 1.5
蛋白质	7 ~ 10
脂质	1 ~ 2
糖类和核酸	1 ~ 1.5

萄糖只能产生 2 mol 的 ATP，并在培基中存留大量乳酸，这对细胞的生长是不利的。当氧供应充足时，它可继续沿着三羧酸循环的途径，直至分解成 CO_2 和 H_2O，此时，1 mol 的葡萄糖可产生 36 ~ 38 mol 的 ATP。其效率要比酵解途径高 18 ~ 19 倍。因此在大量培养动物细胞的生物反应器的设计中，如何提高氧的传递效率是必须充分加以考虑的。由于果糖的代谢途径与葡萄糖不同，它产生的乳酸较葡萄糖少，因此在高密度培养时可考虑加部分果糖。

3.2.4 动物细胞的生理特点

不同于原核细胞，动物细胞的结构要比原核细胞复杂得多，它具有细胞膜、细胞质和细胞核。细胞质内还有各种有膜围绕的，形状不同的，并有特殊功能的结构，如线粒体（mitochondrion）、高尔基体（Golgi body）。相应地，动物细胞的生理和生长特点与细菌、酵母和植物细胞有很大的不同，归纳起来，大致有如下一些特点。而这些特点决定了动物细胞的培养和用动物细胞大量生产生物制品有它自己的优势和难度。

（1）细胞的分裂周期长

技术应用 3-1
各种细胞的分裂周期

动物细胞分裂所需的时间一般为 12 ~ 48 h，要比原核细胞如细菌、真菌或原始的真核细胞（如酵母等）长，它不仅随细胞种属的不同而不同，即便是同一种属，不同部位的细胞其所需的时间也不同。此外，培养的条件（如温度、pH、培养基的成分等）也会影响分裂周期的长短。

（2）细胞生长需贴附于基质，并有接触抑制现象

知识拓展 3-3
细胞周期调控机制

除少数悬浮培养细胞外，大多数正常二倍体（diploid）细胞的生长都需在一定的基质（如玻璃，塑料等）上贴附、伸展后才能生长增殖。细胞贴附的机制目前还不十分清楚，除电荷的作用、钙镁离子的作用外，还与许多贴附因子有关，如胶原、纤维结合蛋白等。

当细胞在基质上分裂增殖，逐渐汇合（confluence）成片时，即每个细胞与其周围的细胞相互接触时，细胞就停止增殖。此时若能保持充足的营养，细胞仍可存活相当一段时间，但细胞密度不再增加，称为接触抑制（contact inhibition）或密度依赖的细胞生长抑制（density-dependent cell growth inhibition）现象。因此贴壁细胞在体外培养时，生长的最大密度主要取决于贴附物的表面积。

（3）正常二倍体细胞的生长寿命是有限的

当细胞离体培养开始，即为原代培养（primary culture）；经传代后，即成为有限细胞系（finite cell line），这时即使培养条件都很理想，大多数细胞也只能生长有限的时间。细胞经若干代传代培养后将逐渐死亡，该时间的长短决定于细胞来源的种属和年龄，例如，人胚胎成纤维细胞约可培养 50 代，而成年人的成纤维细胞则培养不了 50 代，年龄越大，培养代数越少。同样是成纤维细胞，取自鸡胚的只能传代培养 30 代，取自小鼠的只能培养 8 代。细胞生长的这种有限寿命也不是绝对固定不变的。如 Rheinward 报告，在培养基内加入表皮生长因子，可使上皮细胞的寿命从原来的 50 代增加至 150 代。当细胞经自然的或人为的因素转化为异倍体后，该细胞即可转变成无限细胞系（infinite 或 immortal cell），或称为连续细胞系（continuous cell line），此时的细胞的寿命将是无限的，因此更适合工业化生产的需要。

（4）动物细胞对周围环境十分敏感

动物细胞与细菌和植物细胞相比，其培养难度要大得多，之所以如此，主要原因是动物细胞比较“娇弱”，对周围环境非常敏感，包括对各种物理和化学因素（如渗透压、pH、离子浓度、剪切力、微量元素等）的变化耐受力很弱，这是由其细胞膜结构决定的。动物细胞与细菌、植物细胞不同，在细胞膜外没有细胞壁保护，仅仅有一层很薄的黏多糖蛋白。细胞膜是由双层脂质分子镶嵌着某些蛋白质分子构成的膜，因此一切能影响脂质和蛋白分子变性的因素都会影响动物细胞的存活。

（5）动物细胞对培养基的要求高

一般地说，细菌等原核细胞对营养的要求较低，只要有碳源（如葡萄糖，麦芽糖和淀粉等）、氮源（如蛋白胨、玉米浆、酵母粉等）和一些无机盐（如磷、钠、钾、铁等）就可生长繁殖。植物细胞的要求也不高（见第6章）。而动物细胞则不然，对营养的要求很高，它不仅需要12种必需的氨基酸、8种以上的维生素、多种无机盐和微量元素，以及作为主要碳原的葡萄糖等外，还需要多种细胞生长因子和贴壁因子等才能生长（关于培养基的要求，将在6.4节中详述）。这些要求还随细胞种类的不同而不同，相对来讲，动物细胞对培养基的要求是非常苛刻的。

（6）动物细胞对蛋白质的合成途径和修饰功能与细菌不同

动物细胞的蛋白质合成除了在游离的核糖体上进行外，还在与糙面内质网上结合的核糖体上进行。在游离核糖体上合成的蛋白质都用于细胞质基质内，而在与膜结合的核糖体上合成的蛋白质是分泌性的和膜中的整合蛋白，它们多数为糖蛋白。这些寡糖链，有的在内质网中加接，有的在高尔基器内加接。在内质网中加接的是*N*–链寡糖，即在天冬酰胺残基的侧链上，连接*N*–乙酰葡糖胺（*N*–acetyl-glucosamine）、甘露糖（mannose）和葡萄糖等糖基；在高尔基体内加接的是*O*–链寡糖，即在丝氨酸、苏氨酸或酪氨酸的羟基上，共价连接岩藻糖（fucose）、唾液酸（sialic acid）、半乳糖（galactose）、*N*–乙酰葡糖胺和6–磷酸甘露糖等糖基。如前所述，蛋白质的糖基化与细胞的许多生理功能密切相关，如细胞识别、表面受体、胞内消化和外排分泌物等。原核生物由于缺少糙面内质网结构，因此无法对蛋白质进行糖基化和其他一系列翻译后修饰。这就决定了有些生物药品不能用原核细胞表达，如需要糖基化的促红细胞生成素。

技术应用 3–2
翻译后修饰的种类

纵观动物细胞的上述生理特点，不难想象，与采用原核细胞相比，采用动物细胞作为宿主细胞生产药品，有其不足的一面，如培养条件要求高，成本贵，产量低等；但也有其优越的一面，即多为胞外分泌，收集纯化方便；存在较完善的翻译后修饰（特别是糖基化），与天然的产品一致，更适于临床使用。随着对动物细胞培养基和生物反应器的研究开发，特别是治疗性单克隆抗体和疫苗等大分子蛋白药物的出现，动物细胞表达产品已经逐步占据基因工程制药的主导地位。

3.3 生产用动物细胞

3.3.1 生产用动物细胞概述

早期的生物制品法规曾规定，只有从正常组织分离的原代细胞才能用来生产生物制品，如鸡胚细胞、兔肾细胞等。以后放宽至只要是二倍体细胞，即使经多次传代也可用于生产，如WI-38、2BS等细胞等。但非二倍体细胞是绝对禁止使用的。这种规定的原因是人们担心异倍体细胞的核酸会影响到人的正常染色体，而有致癌的危险。但是随着科学的发展，特别是分子生物学和基因工程的大量实践证明采用传代细胞并不可怕，相反，由于从理论上讲这类细胞的寿命是无限的，可以无限地传代下去，这就给工业化生产创造了条件。1986年，随着用从淋巴瘤患者分离的一株传代细胞（Namalwa细

知识拓展 3–4
致瘤性研究

胞）生产的干扰素被批准用于临床以来，这种限制实际已经取消了；其后，用猴肾传代细胞（Vero 细胞）生产的狂犬病疫苗和脊髓灰质炎疫苗也被批准大量用于人群；1987 年，用杂交瘤细胞生产的 OKT3 单克隆抗体也被允许用于临床的排异反应；尤其在 1988 年后，一大批用异倍体传代细胞生产的重组基因产品，如重组人组织型纤溶酶原激活物（tissue plasminogen activator，t-PA），重组人促红细胞生成素，重组人凝血因子Ⅷ等如雨后春笋般，先后在多个国家陆续获准上市——这类转化细胞系因其具有可无限增殖、低营养需求等优点，已成为现今重组蛋白制品首选的宿主细胞。

根据来源，目前应用于生物制药领域的动物细胞包括原代细胞系（primary cell line）、二倍体细胞系（diploid cell line）、转化细胞系（transformed cell line）以及用这些细胞进行融合和重组的工程细胞系（genetically-engineered cell line）等。

（1）原代细胞

原代细胞是直接取自动物组织、器官，经过粉碎、消化而获得的细胞悬液。一般来说，1 g 组织约有 10^9 个细胞，但实际上我们不可能使之全部形成单细胞，尤其是由于在组织块内常有多种细胞组成，而真正生产需要的只是其中的一小部分，因此用原代细胞来生产生物制品常需要大量的动物，费钱费力。过去用得最多的是鸡胚细胞，原代兔肾或鼠肾细胞，以及血液的淋巴细胞。目前在有些产品的生产中仍在采用。

（2）二倍体细胞系

原代细胞经过传代、筛选、克隆，从多种细胞成分的组织中挑选并纯化出某种具有一定特征的细胞株。该细胞株仍具备“正常”细胞的特点，即：①染色体组型仍然是 $2n$ 的核型；②具有明显的贴壁依赖和接触抑制的特性；③只有有限的增殖能力，一般可连续传代培养 50 代；④无致瘤性。由于该类细胞寿命有限，故一般均从动物的胚胎组织中获取。曾被广泛用于生产的二倍体细胞系有 WI-38、MRC-5、2BS 等。

WI-38 细胞是美国 Hayflick 等在 1961 年从女性高加索人的正常胚肺组织中获得的一株人二倍体细胞系。该细胞是成纤维细胞，有限寿命 50 代。该细胞是最早被认为安全的传代细胞，在 20 世纪 60 年代被广泛用于制备疫苗。

（3）转化细胞系

这类细胞是通过某个转化过程形成的，它常常由于染色体的断裂变成异倍体，从而失去了正常细胞的特点，而获得了无限增殖的能力。这种转化过程可以是自发的，即正常细胞在传代培养过程中，大部分细胞随着传代次数的增加，寿命逐渐终结，但其中有个别细胞可自发地转化而形成有无限生命力的细胞系。这种自发的转化多发生在啮齿动物中。有的细胞需经人为的方法进行转化，如采用某些病毒（如 SV40）或某些化学试剂（如甲基胆蒽）等。此外，直接从动物的肿瘤组织中建立的细胞系也是转化的细胞。转化细胞系也称为无限细胞系或连续细胞系。由于转化的细胞具有无限生命力，而且常倍增时间较短，对培养条件和生长因子等要求较低，故更适于大规模工业化生产的需要。近年来用于生产的细胞，如 Namalwa、CHO-K1、BHK-21、Vero 细胞等都是转化细胞。

发现之路 3-2
CHO 细胞的发现和改造

为了获取上述所需细胞，除原代细胞需靠自己临时用动物组织制备外，一般都可从各国的细胞库，如美国典型培养物保藏中心（American type culture collection，ATCC）和中国典型培养物保藏中心（China center for type culture collection，CCTCC）等，或从有关研究机构索取。而各单位自己建立的细胞系除保存在各自单位外，多数也送交细胞保存中心保存。

CHO-K1 细胞是由美国科罗拉多大学医学院的 Puck 等在 1957 年从中国仓鼠卵巢中分离的一株上皮样细胞（图 3-4）。在培养时需加入脯氨酸。目前被广泛应用于构建工程细胞的包括缺乏二氢叶酸还原酶的营养缺陷突变株 CHO-dhfr$^-$ 和经改造的具有悬浮特性的 CHO-DG44 等。

Vero 细胞是在 1962 年由日本千叶大学的 Yasumura 等从正常的成年非洲绿猴肾中分离获得的。该细胞是贴壁依赖的成纤维细胞，核型为 $2n$=60，高倍体率约为 1.7%，可持续地进行培养。该细胞可支持多种病毒的增殖并制成疫苗。

BHK-21 细胞是由英国格拉斯哥大学的 Macpherson 等 1961 年从 5 只无性别的生长 1 d 的幼仓鼠的肾中分离的。现在广泛采用的是 1963 年用单细胞分离的方法经 13 次克隆的细胞，它是成纤维样细胞，核型为 $2n$=44。过去都用于增殖病毒，包括多瘤病毒、口蹄疫病毒和狂犬病病毒等并制作疫苗。现在也已被用于工程细胞的构建中，如重组人凝血因子Ⅷ。

Namalwa 细胞是 1972 年前由 Singh 从肯尼亚患有 Burkitt 淋巴瘤的患者体中获取，后在瑞典卡罗林斯卡研究所建成的一株人的类淋巴母细胞，该细胞有 2.8% 的高倍体率，多数细胞有 12 ~ 14 条标记染色体，单条 X 染色体，无 Y 染色体。通常用的培养基为 RPMI1640，添加 7% 胎牛血清。它含有部分 EB 病毒基因，但不产生 EB 病毒。该细胞曾被用于生产人白细胞干扰素。

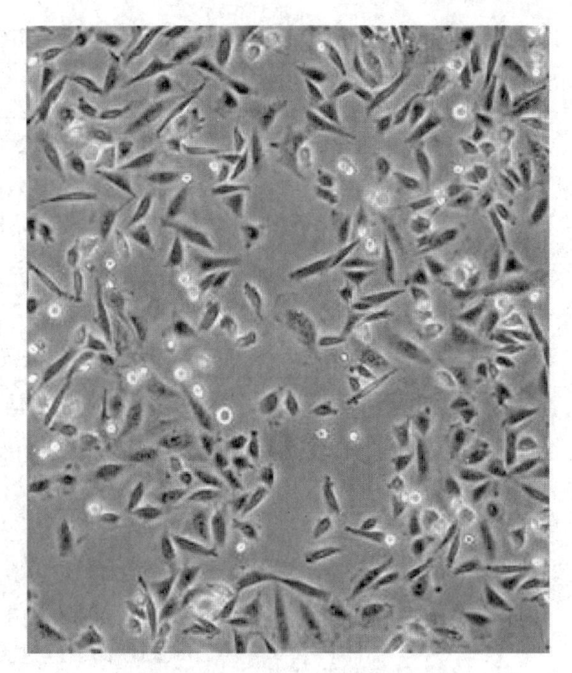

图 3-4 CHO-K1 细胞的形态

（4）工程细胞系

① 融合细胞系 细胞融合是指两个或两个以上的细胞合并成一个细胞的过程。在自然情况下，受精过程即属于这种现象。近年来，用人工方法使离体的两个不同的细胞融合已成了一个热门的课题，它不仅可使不同的动物细胞和动物细胞融合，而且也可使动物细胞和植物细胞融合，从而培养出一系列有其特性的杂种细胞和新的物种。例如 SP2/0-Ag14 细胞，它是 1978 年由瑞士的 Shulman 和英国的 Wilde 等通过融合的方法，从有抗羊红细胞活性的 BALB/c 小鼠的脾细胞和骨髓瘤细胞系 P3X63Ag8 融合的杂交瘤 SP2/HL-Ag 的亚克隆中分离获得。它不分泌任何免疫球蛋白抗体链，能耐受的 8- 氮鸟嘌呤浓度为（8-azaguanine）20 μg · mL^{-1}，但在含 HAT 选择培养基中不能存活。该细胞系已被广泛地用于单克隆抗体杂交瘤细胞的制备和抗体的生产。同类的杂交瘤细胞还包括用于基因工程单克隆抗体生产的 NS0 细胞。

科技视野 3-1
细胞融合技术概述

② 重组工程细胞系 尽管上述的原代细胞、二倍体细胞系、转化细胞系三者都还被用于生产中，但在生产中采用更多的、更有前景的是融合细胞和采用基因工程的手段构建的各种工程细胞。用于构建工程细胞的有 CHO、Vero、Sf-9、BHK-21、Per.C6 等，它们已被广泛地应用于制药生产（表 3-3）。基因工程细胞系的构建一般包括真核表达载体的构建、表达载体的转染、工程细胞株的筛选和扩增等过程。

需要注意的是，无论是哪一种细胞系，用于生产的动物细胞都应具有清晰的来源、传代历史并进行全面的检查以排除外源因子（包括细菌、真菌、病毒、支原体等）的污染。

3.3.2 动物细胞真核表达载体

为了要将外源基因在动物细胞中高效表达，首先要将其构建在一个高效表达载体内。目前一般使用的载体有两类。

一类是病毒载体，如腺病毒、反转录病毒、杆状病毒和慢病毒等。腺病毒是一种线状 DNA 肿瘤病毒，是目前应用最广泛的病毒；对腺病毒的分子生物学和转染后免疫应答已经有深入研究，该类载体的缺点是不能整合入工程细胞的基因组，容易丢失，并且某些腺病毒的抗原易引起免疫反应。反转录病毒是由具有感染性的小鼠的白血病病毒改造而来，目前也较常用，这类病毒可将外源基因导入细

表 3-3 制药工业常用的工程细胞系

来源	细胞株	特点	应用	供应者
中国仓鼠卵巢细胞	CHO-K1	野生型细胞株，培养时需加入脯氨酸	t-PA、EPO、凝血因子Ⅲ、DNA 酶、多种抗体等	ATCC
	CHO-*dhfr*⁻	二氢叶酸还原酶缺陷型		ATCC
	CHO-DG44（*dhfr*⁻）	由 CHO 细胞衍生而来	rituxan、herception、avastin 等单抗	Invitrogen
	CHO-K1SV（GS）	内源性谷氨酰胺合成酶缺陷型	soliris 单抗	Lonza
人视网膜细胞	Per.C6	通过插入腺病毒 *E1* 基因使其永生化	暂无上市药物	Crucell
草地夜蛾卵巢细胞	Sf-9	对杆状病毒高度敏感	HWTX-1，人白细胞介素 -7，SPDGFRβ/FC	Invitrogen
非洲绿猴肾细胞	Vero	可支持多种病毒的增殖	脊髓灰质炎疫苗、狂犬病疫苗、乙脑病毒疫苗等	ATCC
幼仓鼠肾细胞	BHK-21	是一株转化细胞株，建株是贴壁依赖性的，经过无数次传代驯化后可悬浮生长	口蹄疫疫苗、狂犬病疫苗及 EPO 等	ATCC
非洲绿猴肾细胞	COS	重组载体易于组建，便于使用	广泛应用于瞬时表达系统中	ATCC

胞内并整合到宿主染色体上。慢病毒也是反转录病毒的一种，它是以 HIV-1 为基础改造而来的载体，慢病毒与一般反转录病毒载体的区别在于它对分裂细胞和非分裂细胞均有感染能力，它能将目的基因整合入宿主的染色体上，从而稳定表达，且有很高的感染效率。上述几种病毒目前多被用于基因治疗中，而杆状病毒载体——昆虫细胞系统已被成功地用于 300 多种外源基因的高效表达。用杆状病毒作载体有许多优点：①该病毒基因组是双链 DNA，容易进行重组；②插入 7 ~ 8 kb 的 DNA 不影响正常病毒粒子的形成；③多角体蛋白和病毒粒子的形成无直接关系，因此用外源基因更换多角体蛋白基因仍能形成有感染力的病毒粒子；④多角体蛋白基因有非常强的启动子，产生的蛋白质可占全部蛋白质的 20% ~ 30%；⑤用光学显微镜可看到多角体，容易以此为标记物来挑选阳性克隆；⑥如果用家蚕杆状病毒，还可在蚕体直接表达外源基因。病毒载体是以病毒颗粒的方式，通过病毒包膜蛋白与宿主细胞膜相互作用将外源基因携带入细胞的。

另一类是质粒载体，通常是穿梭质粒载体，即在细菌和哺乳动物细胞两者体内都能扩增。质粒通常在细菌中保存，使用前扩增提取。真核表达质粒导入宿主细胞后随宿主染色体复制。穿梭质粒载体的结构如图 3-5 所示，主要元素包括：①允许载体在细菌体内扩增的质粒序列。例如质粒 pBR322 或其衍生载体 pAT153 的序列，包括能使质粒在细菌体内复制的起始位点（bacterial replication origin）和抗生素选择标记（selection marker）。②含有能使外源基因转录表达的调控元件。在 5′ 端转录启动需要有启动子（promotor）。目前常见的哺乳动物细胞启动子包括人和鼠的巨细胞病毒（CMV）主要立即早期启动子（CMV major immediate early promotor），这类启动子可以广泛地与谷氨酰胺合成酶（glutamine synthetase，GS）系统和二氢叶酸还原酶（dihydrofolate reductase，DHFR）系统联合使用，应用于 CHO、NS0 和 Per.C6 细胞中；同时常用的启动子还有 SV40 立即早期启动子（SV40 immediate early promotor）和劳斯肉瘤病毒（Rous sarcoma virus，RSV）长末端重复（long terminal repeat，LTR）启动子。SV40 启动子更多用于筛选基因，如 *neo* 和 *dhfr*。

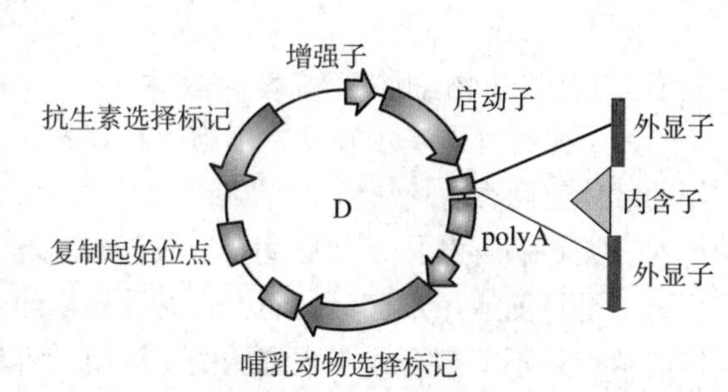

图 3-5 穿梭质粒载体的结构

另外还有 CHO 延长因子 -1（CHO-derived elongation factor-1）启动子等。为提高启动子效率，也有很多杂合启动子应用于哺乳动物细胞表达系统中。此外，哺乳动物细胞表达质粒中还包含以下调控元件：5′非翻译区的 Kozak 序列，在一些强启动子中包含有增强子（enhancer）序列，在编码区适当位置引入内含子（intron），核基质结合区，内部核糖体进入位点（internal ribosome entry sites，IRESs），以及在 3′ 非翻译区的终止序列和 poly（A）序列等。③能用以筛选出外源基因已整合的哺乳动物选择标记（mammalian selectable marker）。一般有两类选择标记，一类仅适用于密切相关的突变细胞株，如采用标记基因 *hgprt*、*tk* 和 *aprt* 等基因，它们只分别适用于 $hgprt^-$、tk^- 和 $aprt^-$ 等基因缺失的细胞株。另一类是显性作用基因，如 *neo* 基因（neomycin resistance gene，新霉素抗性基因），它能使氨基糖苷抗生素——新霉素磷酸化而失活，从而使原来对新霉素敏感的哺乳动物细胞，一旦获得含该基因的载体后，就能在含该抗生素的培养基中存活。④选择性增加拷贝数的扩增系统。基因扩增是外源基因在哺乳动物细胞内高效稳定表达的一种特殊方式。最常用的是编码 DHFR 的基因和编码 GS 的基因。氨甲蝶呤（methotrexate，MTX）是动物细胞中的关键代谢酶——DHFR 的特异性抑制剂，细胞培养物经 MTX 处理后，绝大多数细胞死亡，但在极少数幸存下来的抗性细胞中，*dhfr* 基因均得以扩增。这些抗性细胞正是通过增加相关基因的拷贝数、提高关键代谢酶的表达水平，从而抵消氨甲蝶呤的抑制效应。更重要的是，扩增的区域远远大于 *dhfr* 基因本身，即与 *dhfr* 基因相邻的外源基因同时被扩增。GS 能解除甲硫氨酸亚砜（methionine sulfoximine，MSX）对动物细胞的毒害作用。先将带有 GS 编码基因的载体转入培养的哺乳动物细胞中，由于只有多拷贝的 GS 编码基因才能抗 MSX，所以在转染过程中不必使用 GS 缺陷型的宿主细胞，而且在正常的 MSX 浓度下就能筛选到含有高拷贝外源基因的转染细胞，这是 GS-MSX 系统比 DHFFR-MTX 系统优越之处。类似的扩增系统还有腺苷脱氨酶（ADA）等。常见的真核质粒及其结构见表 3-4。

知识拓展 3-5
真核表达质粒和原核表达质粒的区别

表 3-4　常用哺乳动物细胞表达质粒及其构成

质粒（载体）/ 系统	启动子	poly（A）	筛选标记	宿主	增强子	IRES
GS	hCMV-MIE	SV40	GS	CHO，NSO	CMV	None
Per.C6	hCMV-MIE	BGH	neo	PER.C6	CMV	None
CHEF-1	CHEF-1 5′	CHEF-1 3′	DHFR/neo	CHO	None	None
EASE	hCMV	–	DHFR/neo	CHO	None	ECMV
UCOE	hCMV	–	neo/hygro	CHO	None	None
鸡溶菌酶 MAR	SV40	SV40	DHFR/neo	CHO	SV40	None
Ig Heavy-Chain Enhancer	MT1 Igκ	Mouse Igκ，Igγ	DHFR	CHO	Mouse Ig Heavy chain	None

3.3.3 动物细胞转染技术

质粒载体是通过转染进入宿主细胞的。外源 DNA 掺入真核细胞的过程称为转染（transfection）。常规的转染技术分为瞬时转染（transient transfection）和稳定转染（stable transfection）两种。瞬时转染时外源 DNA/RNA 不整合到宿主染色体中，因此一个宿主细胞中可存在多个拷贝数，产生高水平的表达，但通常只持续几天，多用于启动子和其他调控元件的分析。稳定转染时外源 DNA 既可以整合到宿主染色体中，也可能作为一种游离体（episome）存在。外源 DNA 整合到染色体中概率很小，大约 $1/10^4$ 的转染细胞能整合。通常需要通过一些选择性标记，如 *neo* 等，得到稳定转染的同源细胞系。

技术应用 3-3
瞬时转染的应用

一些常用的转染方法见表 3-5。①电穿孔法是借助电穿孔仪产生的高压脉冲电场，使细胞膜出现瞬时可逆性的小孔，外源 DNA 即可沿着这些小孔进入细胞。一般来说其转化效率较高，但进入的

DNA 拷贝数较低。为提高其效率，需根据不同的细胞摸索其最佳的电场强度、脉冲形状和电穿孔介质等。②脂质体是一种人造的脂质小泡，外周是脂双层，内部是水腔。脂质体转染是利用脂质膜包裹 DNA 或者带负电的 DNA 自动结合到带正电的脂质体上，形成 DNA- 阳离子脂质体复合物，从而吸附到带负电的细胞膜表面，经过内吞被导入。脂质体还可以介导 DNA 和 RNA 转入动物和人的体内用于基因治疗。③最新出现的阳离子聚合物转染技术，以其适用宿主范围广、细胞毒性小和转染效率高而广受青睐。其中树枝状聚合物（dendrimers）和聚乙烯亚胺（polyethylenimine，PEI）的转染性能最好，但树枝状聚合物的结构不易于进一步改性，且其合成工艺复杂。PEI 是一种具有较高的阳离子电荷密度的有机大分子，每相隔 2 个碳原子即有 1 个质子化的氨基氮原子，使得聚合物网络在任何 pH 下都能充当有效的质子海绵（proton sponge）体。研究显示 PEI 极有可能成为良好的基因治疗载体。

表 3-5 常用的转染方法

转染方法		特点	应用
化学法	DEAE- 葡聚糖法	操作简便、重复性好，但细胞毒性较大，转染时需除血清	瞬时转染
	磷酸钙法	不适用于原代细胞，转染效率低	稳定转染 瞬时转染
	脂质体法	可转染较大片段，转染效率高，但转染时需除血清	稳定转染 瞬时转染
	阳离子聚合物法	效率高、适用范围广、细胞毒性低	稳定转染 瞬时转染
病毒法	反转录病毒（RNA）	可用于难转染宿主，可转染外源 DNA 片段较小，需考虑安全性	稳定转染
	腺病毒（双链 DNA）	可用于难转染宿主，需考虑安全性	瞬时转染
物理法	基因枪法	可用于原代细胞，操作较复杂	稳定转染 瞬时转染
	显微注射法	转染细胞数量有限，操作复杂	稳定转染 瞬时转染
	电穿孔法	使用范围广，可转染大片段，DNA 和细胞用量大	稳定转染 瞬时转染

3.3.4 动物细胞筛选和扩增

外源基因经稳定转染导入动物细胞后，需经过一系列筛选和扩增，获得稳定、高效表达目的蛋白的工程细胞株，将工程细胞株扩增、冻存构建主细胞库和工作细胞库用于接下来的生产。

筛选过程即挑选出外源基因稳定整合入宿主染色体的细胞株。筛选的方法是利用表达载体上的选择性标记。例如能赋予 MTX 抗性的 *dhfr* 基因，能赋予抗霉酚酸（mycophenolic acid）抗性的 *gpf* 基因，能赋予抗氨基糖苷 G-418 抗性的 *neo* 基因，能赋予抗潮霉素抗性的 *hygro* 基因和 *zeocin* 抗性标记等。此外，单纯疱疹病毒胸苷激酶、次黄嘌呤 - 鸟嘌呤磷酸核糖转移酶（hypoxanthine-guanine phophoribosyl transferase），以及腺嘌呤磷酸核糖转移酶可以分别应用于 tk^-、$hgprt^-$ 或 $aprt^-$ 型细胞进行筛选。

为提高外源基因在细胞中的拷贝数，还需对筛选出来的单克隆细胞的基因进行扩增。扩增是利用真核表达质粒上携带的扩增基因实现的。以常用的 DHFR 系统为例简单介绍，其原理是在培养基中加入对细胞有毒的 MTX 后，*dhfr* 基因会立即扩增来防止细胞凋亡，并且连同其附近数千 kb 的 DNA 也会随之扩增，因此在构建表达载体时，常将目的基因放置在 *dhfr* 基因附近，这样通过逐步提高培养基中 MTX 的浓度，可以逐步提高 DHFR 和外源基因的表达量（图 3-6）。其他常用的扩增系统还包括 GS 和 ADA 等系统。

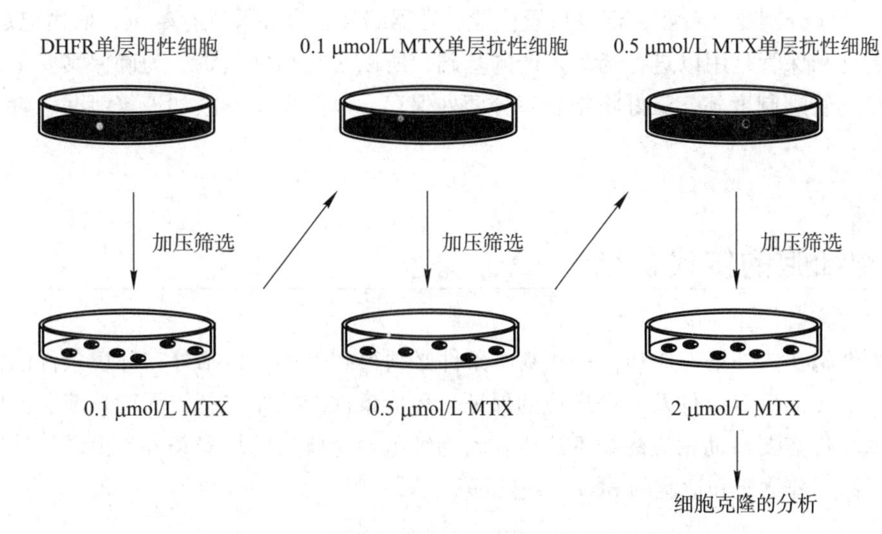

图 3-6 利用 DHFR-MTX 系统进行基因扩增

需要注意的是，在筛选和扩增过程中，应获得单细胞克隆。细胞单克隆化的方法包括有限稀释法、荧光激活细胞分选仪法（fluorescence-activated cell sorting，FACS）、自动筛选机法等。无论使用哪一种方法，都需综合考察目的蛋白的表达水平、克隆的生长能力和产品的特性等，选择最优的单克隆细胞株。这些单克隆还需进行连续的传代培养和数次冻融，淘汰掉不稳定的细胞株，选择一株表达量高、稳定性好、产品特性优的克隆作为工程细胞。

技术应用 3-4
克隆培养方法

3.3.5 动物细胞库的建立及保存

除原代细胞外的其他细胞株、细胞系，无论是二倍体细胞、转化细胞、还是融合细胞或经重组的工程细胞，一旦建立后都需建细胞库加以保存。按《中国药典》2020 年版规定，细胞库分为三级管理，即原始细胞库（primary cell bank，PCB）、主细胞库（master cell bank，MCB）和工作细胞库（working cell bank，WCB）。

原始细胞库内的细胞是由一个原始细胞群体发展成传代稳定的细胞群体，或经过克隆培养而形成的均一细胞群体，通过检定证明适用于生物制品生产或检定。在特定条件下，将一定数量、成分均一的细胞悬液，定量均匀分装于安瓿或细胞冻存管，于液氮或 -130℃以下冻存，即为原始细胞库，供建立主细胞库用。

原始细胞库储存时需有详细档案，包括：①该细胞系的历史：来源、动物的年龄和性别、细胞分离的方法和所用的培养材料等（若来源于人，则还需知该人的病史，以便检查是否存在着病原体）。②该细胞的特性：形态、生长的特性如倍增时间和分种比（split ratio）等。种源的特性，如核型、同工酶、细胞抗原，以及特异的标记染色体等。若是用于生产的重组细胞，则需有载体构建的资料，基因拷贝数、表达产物的性质和产量及其稳定性等。③对各种有害因子检查的结果，包括细菌、真菌、支原体和各种病毒，包括反转录病毒等。

取原始细胞库细胞，通过一定方式进行传代、增殖后均匀混合成一批，定量分装，保存于液氮或 -130℃以下，经全面检定合格后，即为主细胞库（MCB）。

工作细胞库的细胞由 MCB 细胞传代扩增制成。由 MCB 的细胞经传代增殖，达到一定代次水平的细胞，合并后制成一批均质细胞悬液，定量分装于安瓿或适宜的细胞冻存管，保存于液氮或 -130℃以下备用，即为工作细胞库。

生产企业的工作细胞库必须限定为一个细胞代次。冻存时细胞的传代水平须确保细胞复苏后传代增殖的细胞数量能满足生产一批制品。复苏后细胞的传代水平应不超过批准用于生产的最高限定代次。每种细胞库均应分别建立台账，记录放置位置、容器编号、分装及冻存数量，取用记录等。

细胞库的建立和保管是用以进行药品生产的基础，所以必须高度负责。为确保其安全，除了必须制定一系列严格的管理制度外，最好将细胞库分两处保存，以防发生事故如液氮泄漏、着火等时全部丢失。

3.4 动物细胞的传代扩增

为了使动物细胞在体外培养成功，一些基本条件必须得到保证，包括外在环境条件的控制和动物细胞自身生长所必需的营养条件及生存环境的保证。环境条件的控制包括：无菌环境、温度、溶解氧和 CO_2 等，这些条件需要借助相应的设备达成。动物细胞自身所需的培养条件是由动物细胞培养基提供的，包括充足的营养物质和适宜的 pH、渗透压等。

3.4.1 动物细胞培养的环境条件

3.4.1.1 动物细胞培养设备

动物细胞培养所需的基本环境条件都是通过设备提供的，动物细胞培养实验常用的设备见表 3-6。本节后续部分将介绍对关键设备进行控制来达到细胞培养所需的适宜条件。

表 3-6 细胞培养仪器设备

必需设备	辅助设备
层流洁净台	程序降温冷冻器（细胞冻存用）
CO_2 培养箱	荧光显微镜
摇床	细胞计数仪
灭菌器（高压灭菌锅）	转瓶机（用于转瓶培养）
倒置显微镜	渗透压仪
台式离心机	集落计数器（用于集落培养）
天平	高、低温干燥箱
液氮罐	大容量离心机（6 × 1 L）
血细胞计数器	
pH 计	
电导仪	
冰箱（含 4℃，-20℃两种）	

3.4.1.2 无菌操作

（1）无菌环境

无菌（sterile）是动物细胞培养不同于其他大多数实验技术的主要要求。无菌是通过独立的无菌操作区以及对设备和器皿进行合理的清洗、灭菌达到的。

无菌操作应设定于实验室的专用位置，该区域相对固定、僻静，严格与细菌、真菌、酵母、病毒等微生物实验的其他操作划分开来，防止交叉污染，同时应尽量防止灰尘、气流等因素的干扰。

通常动物细胞培养的无菌操作是在洁净台内完成的。洁净台保持无菌的方式是层流（laminar flow）。空气经位于层流洁净台上方的高效空气过滤器过滤后匀速吹入洁净台，被置换的空气经回风回到房间中混合后重新被送进高效过滤器，气流如此循环往复，层流洁净台内的尘埃被截流在高效过滤器内，使层流洁净台内的空气达到较高的洁净度和温度要求，即为层流（图 3-7）。

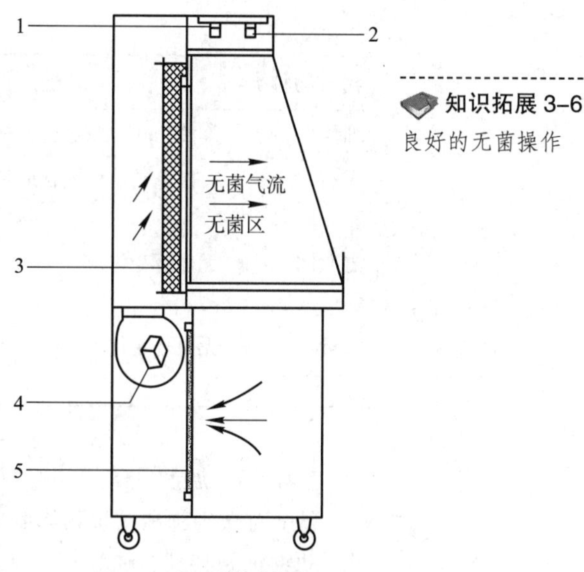

图 3-7 层流模式图

1. 紫外灯；2. 照明灯；3. 高效过滤器；4. 风机；5. 中效过滤器

知识拓展 3-6
良好的无菌操作

（2）清洗和灭菌

动物细胞培养工作中的清洗和灭菌的目的是去除任何影响细胞生长的有害因子，防止外来微生物的污染。这是动物细胞培养成功与否的重要环节之一，不能掉以轻心。在动物细胞培养中，器皿清洗的要求比细菌培养的要求高，这是由于动物细胞对外界各种因子的耐受力差，许多化学物质仅 10^{-6} mg 就会对动物细胞产生毒性作用，而且器皿上残留的物质和油迹还会影响动物细胞的贴壁。因此在动物细胞培养中，器皿的清洗有其特殊的要求和程序。一般来说，需经浸泡，刷洗，泡酸或碱溶液和冲洗 4 步。为了有利于蛋白质和残余动物细胞等污垢的清除，用过的器皿最好尽快浸泡在 3% 的磷酸三钠溶液或 0.1 mol · L^{-1} 的氢氧化钠溶液中过夜。经常使用的玻璃器皿不一定每次刷洗后都要泡酸，但新购买的玻璃器皿在使用前必须先泡酸。器皿刷洗或清洁液浸泡后都必须逐次用饮用水和纯化水充分冲洗，最后用注射用水冲洗。

技术应用 3-5
常用清洗液

动物细胞培养成功与否的关键之一是防止微生物的污染。这里除了操作者必须具有很强的无菌观念、严格按无菌规程进行操作外，所有培养用的器皿和液体都必须进行严格的灭菌或除菌处理。常用的灭菌方法包括干热和湿热灭菌，常用的除菌方法是使用 0.22 μm 的微孔滤膜进行无菌过滤。

需要注意的是，①动物细胞培养基成分复杂，其中的生长因子等组分对温度敏感，因此不能使用高温灭菌方法灭菌，多采用微孔滤膜过滤的方法除菌；②在药品生产涉及的细胞培养中，应尽量避免使用抗生素。按《中国药典》2020 年版规定，在生产中不准使用青霉素和 β- 内酰胺（lactam）类抗生素，并尽可能避免使用抗生素；必须使用时，应选择安全性风险相对较低的抗生素，使用抗生素的种类不得超过 1 种，且产品的后续工艺应保证可有效去除制品中的抗生素，去除工艺应经验证。

为保证细胞培养的良好效果，也可以选择无菌、无内毒素的一次性培养器皿，这类器皿通常采用聚丙乙烯或聚苯丙乙烯等材质，经 γ 射线照射后密封保存。使用前拆封即可，免除了清洗和灭菌过程。

技术应用 3-6
一次性器皿的种类

（3）污染的检查和处理

尽管在无菌环境下操作，所使用的器皿和原料也进行了相应的灭菌和除菌处理，仍然难以完全避免在动物细胞培养过程中出现污染。动物细胞培养的污染主要有化学污染和微生物污染两种。化学污染主要是器皿未处理干净，或者培养基中混入了对动物细胞有毒性或有刺激性的化学物质。这时动物细胞生长速度减慢，贴壁形态等特征发生显著改变。发生化学污染后的动物细胞应弃去，重新配制培养基和重新处理器皿。

动物细胞培养中常见的微生物污染见表 3-7。发生微生物污染的动物细胞要灭活后弃之，并对环境和器皿进行消毒灭菌处理，检查污染物清除干净后方能重新使用。

表 3-7 常见的微生物污染

污染物种类	外观	生长特性	检查方法
细菌	浑浊，pH 剧烈变化	生长速度迅速变化	直接观察和镜检，染色法
真菌	有白色或黄色团状或絮状杂质	生长速度减慢	直接观察和镜检，染色法，培养法
支原体	无显著变化	细胞脱落，代谢特征改变	直接培养法，DNA 荧光染色法，PCR 法，ELISA 法
病毒	无显著变化	形态逐渐发生变化，代谢特征改变	细胞法，免疫荧光法，动物接种法，酶法，透射电镜法

3.4.1.3 温度

温度对微生物和动植物细胞的培养都很重要，但由于细胞种类不同，它们对温度的要求也有所不同。动物细胞特别是哺乳动物细胞最佳培养温度为 37±0.5℃，而昆虫细胞则为 27℃。温度过高可引起细胞退变甚至死亡，过低会降低其代谢和生长速度，影响产物的产量，一旦提高温度后，其生长速度和产物产量仍可恢复。因此在培养过程中，可利用降低温度的办法短时期地保存动物细胞。动物细胞通常置于 CO_2 培养箱中进行培养，CO_2 培养箱的结构见图 3-8，其中主要的元件有：CO_2 检测器，测量器（带风扇及感应器），气体加湿器，水位感应器，电源开关，隔板等。通过夹套内水温控制培养箱内的温度。通过气体加湿器来调节培养箱内的湿度。

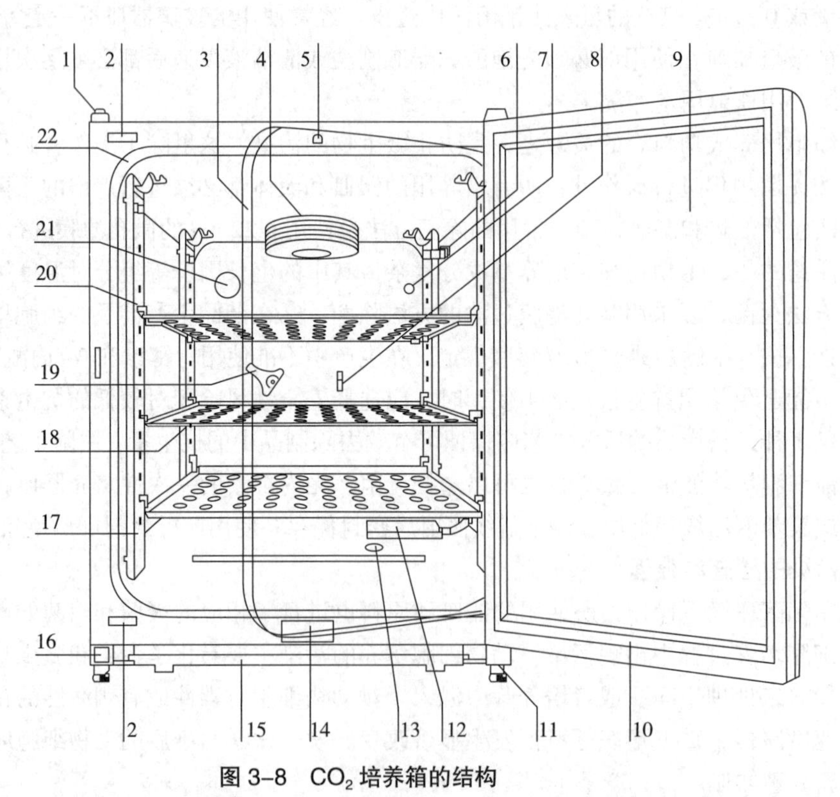

图 3-8 CO_2 培养箱的结构

1. 叠放原件；2. 门栓插孔；3. 内玻璃门；4. 测量器（带风扇及感应器）；5. 门开关；6. 氧气感应器；7. 压力补偿孔；8. 测量孔；9. 外门；10. 外门门封；11. 支脚；12. 气体加湿器；13. 水位感应器；14. 铭牌；15. 抽拉式储物盒；16. 电源开关；17. 隔板支架；18. 隔板；19. 内玻璃门栓；20. 隔板支撑孔；21. 外来电源进出孔；22. 内玻璃门封

3.4.1.4 溶解氧

氧气也是细胞赖以生存的必要条件之一。尽管细胞在短时期缺氧时可借糖酵解途径进行代谢获取能量，但该代谢是不完全的，获得的能量也有限，而且会产生大量乳酸，使 pH 急剧下降，最终引起细胞的退变和死亡。因此在细胞培养中必须给以足够的氧气。对于动物细胞来说，它在体内的生存条件一般都低于空气中氧的饱和值的 60%（组织中的氧分压为 0.7 ~ 4 kPa，即 5 ~ 30 mmHg），它对氧的消耗为 0.006 ~ 0.3 μmol · 10^6 个细胞 $^{-1}$ · h^{-1} 或 2.4 mg · 10^6 个细胞 $^{-1}$ · h^{-1}。一般在采用方瓶和转瓶培养时，只要保持瓶内有足够的空间，即培养的液体量不超过总容积的 30%，通过液面的空气交换，就可保证细胞有足够的氧，无须专门通气。而在摇瓶培养悬浮细胞时，一般通过调整转速来满足对氧的需要，通常哺乳动物细胞在 100 ~ 120 r · min^{-1} 的条件下能满足细胞对氧的需要。

知识拓展 3-7
溶解氧浓度对细胞代谢途径的影响

3.4.1.5 CO_2

CO_2 与培养基中的 $NaHCO_3$ 构成 $HCO_3^-/CO_3^{2-}/H^+$ 缓冲系统，调节培养液中的 pH。通常当培养基中 $NaHCO_3$ 为 1.5 g/L 时，空气中含有 5% CO_2。

动物细胞在方瓶、转瓶或摇瓶中培养时，提供氧气与 CO_2 的是 CO_2 培养箱。具体方法是用 CO_2 检测器（见图 3-8）来控制 CO_2 分压，这种装置可驱动气流进入培养箱内，从而调节 CO_2 的浓度。空气通过自然对流式风扇在培养箱内循环，提供氧气并保持 CO_2 水平和温度的均一，CO_2 检测器每隔数月需要校准一次。

3.4.2 动物细胞培养基

动物细胞对培养基的要求较高，而且随着细胞的种系不同，要求有很大差异。因此常常需要花费较多的精力和时间去对个别的细胞系进行研究，以便配制适于这一细胞特殊需要的培养基。动物细胞制药成本之所以较高，培养基复杂而昂贵是其主要的原因之一。

3.4.2.1 动物细胞培养基的基本要求

（1）水质

水质的好坏直接影响到培养的成功与否。微量的有毒元素、过多的金属离子，以及微生物的污染等，都会危害动物细胞的生长。为此动物细胞培养的用水必须进行特殊的处理才能使用。处理水质的方法主要有蒸馏、离子交换、电渗析、反渗透、中空纤维过滤等，而且常常需要将几种方法结合起来使用，使水中的金属离子含量降至最低，电阻值必须大于 18 MΩ。在用动物细胞生产各种药品时，所用的水质还需保证无热原。

知识拓展 3-8
热原

（2）pH

pH 的高低对细胞各种酶的活性，细胞壁的通透性以及许多蛋白质的功能都有重要影响。动物细胞培养的最适 pH 为 7.2 ~ 7.4，低于 6.8 或高于 7.6 时会对细胞产生不利影响，严重时可引起细胞退变甚至死亡。一般来说传代细胞比原代细胞对 pH 变动的耐受性强，细胞量多时比细胞量少时耐受性强。动物细胞在培养过程中由于细胞代谢会产生大量乳酸，使培养基的 pH 下降。为了保持培养基 pH 的稳定，必须在培养基内加入各种缓冲系统。最常用的是 Na_2HPO_4/NaH_2PO_4 缓冲系统、$NaHCO_3/CO_2$ 缓冲系统和 Tris/glycine 缓冲系统等。此外，一些 pH 缓冲剂，如 MOPS（pK_a=7.2）、TES（pK_a=7.4）、HEPES（pK_a=7.6）、DIPSO（pK_a=7.6）、HEPPSO（pK_a=7.8）等也常常被采用，其中使用最多的是 HEPES [4-羟乙基哌嗪乙磺酸，4-（2-hydroxyethyl）-1-piperazineethane sulphonic acid]，常用浓度为 10 ~ 50 mmol · L^{-1}。

（3）渗透压

由于动物细胞缺乏细胞壁，因此外界环境渗透压的高低波动对细胞的存活有很大影响。但是不同

知识拓展 3-9
不同细胞对渗透压的耐受性

的细胞对渗透压波动的耐受性不同，比如原代细胞较传代细胞敏感。通常最理想的渗透压为 290～300 mOsm · kg^{-1}，为调整培养液的渗透压，一般采用控制氯化钠浓度的办法。每增加或减少 1 mg · mL^{-1} 的氯化钠可使培养基的渗透压增加或减少 32 mOsm · kg^{-1}。

3.4.2.2 动物细胞培养基的种类和组成

动物细胞培养基的研究从发展历史看，大致可以分成 4 类：天然培养基、合成培养基、无血清培养基和化学限定性培养基，除此之外还包括一些浓缩的营养添加物。

（1）天然培养基

在动物细胞培养的早期阶段人们多采用天然培养基（natural medium），如血浆凝块、血清、淋巴液、胚胎浸液以及羊水、腹水等。由于该类材料成分复杂、组分不稳定、来源有限，因此不适于大量培养和生产的需要。

（2）合成培养基

1950 年 Morgan 等首先采用成分明确的化学试剂配制成第一个合成培养基（synthetic medium）——199 培养基，从而开创了合成培养基的研究使用阶段。它的优点是成分明确、组分稳定，可大量生产供应，为此深受欢迎。至今已有几十种合成培养基在市面上供应，在动物细胞培养中，最普遍采用的有 BME、MEM、DMEM、HAM F12、RPMI1640，以及 ISOCOV、199 和 McCoy5A 等。尽管合成培养基品种繁多，但其组成大致都有如下几部分：

技术应用 3-7
合成培养基的种类和应用

① 氨基酸　是动物细胞合成蛋白质、维持细胞生命不可缺少的物质。各种合成培养基中所含氨基酸种类和数量不一，但至少需包含有动物细胞在生长中所必需的而又不能依靠自身合成的 12 种必需氨基酸，即精氨酸、胱氨酸、组氨酸、异亮氨酸、亮氨酸、赖氨酸、甲硫氨酸、苯丙氨酸、苏氨酸、色氨酸、酪氨酸和缬氨酸。此外，谷氨酰胺几乎是所有细胞重要的碳源和能源。因此目前的商品合成培养基中含氨基酸种类最少的是含以上 13 种氨基酸的 Eagle MEM 培养基。其他的则根据其主要对象的需要而有所增加，最多的是含 21 种氨基酸的 199 培养基。由于动物细胞只能利用 L 型氨基酸，故配制时必须采用 L 型同分异构体，没有时可用 DL 混合型代替，但用量要加倍。

② 维生素　是一类重要的维持动物细胞生命活动的低分子活性物质，多数是形成酶的辅基或辅酶。由于它们不能靠细胞自己合成，或合成不足，所以必须从培养基中供给。按照溶解性质的不同，维生素可分为脂溶性和水溶性两类（表 3-8）。

脂溶性维生素有维生素 A、维生素 D、维生素 E 和维生素 K 等，水溶性维生素有维生素 B_1（又称硫胺素）、维生素 B_2（又称核黄素）、维生素 B_3（又称烟酸、烟酰胺）、维生素 B_6（又称吡多醇、吡多醛）、维生素 B_7（又称生物素）、维生素 B_9（又称叶酸）、维生素 B_{12}（又称钴胺素）、维生素 C（又称抗坏血酸）、胆碱和肌醇等。这些维生素中有些在动物细胞培养中还起着特殊的作用，如维生素 A 对细胞贴壁有重要作用；维生素 C 有抗氧化作用；胆碱对维持细胞膜完整性有重要作用，缺少时细胞变圆，以致死亡。

③ 糖类　动物细胞生长依赖于碳源，碳源是维持细胞生命活动的能量来源。碳源主要有葡萄糖和谷氨酰胺，有的培养基以半乳糖、果糖等作为碳源。当使用葡萄糖时，需补充丙酮酸钠。有的培养基内还加有核糖和脱氧核糖，以及醋酸钠等。

④ 无机盐　它们的作用是保持动物细胞的渗透压，缓冲 pH 的变化，并积极参与动物细胞的代谢。一般合成培养基内都含有氯化钠、氯化钾、硫酸镁、氯化钙、磷酸氢二钠、碳酸氢钠等，用以维持动物细胞的渗透压和缓冲 pH 的变化。另外在培养基内常加有硫酸亚铁、硫酸铜、硫酸锌等，它们对促进动物细胞代谢有作用。

⑤ 血清　尽管由于有了各种合成培养基，给动物细胞培养提供了很大方便，但单纯采用这种合成培养基，细胞常常不能很好地增殖，甚至细胞都不能贴壁。因此在使用时常常需要加入一定量的动物血清，最常用的是添加 5%～10% 的小牛血清。在杂交瘤细胞的培养中，血清的要求更高，常需用

图 3-8 常见维生素及其生化作用

维生素		生化作用
脂溶性维生素	维生素 A	参与糖蛋白的合成，对细胞贴壁有作用
	维生素 D	促进钙磷吸收
	维生素 E	体内重要的抗氧化剂，促进血红素合成
	维生素 K	维持凝血因子正常水平，促进凝血
水溶性维生素	维生素 B_1	代谢过程中的辅酶
	维生素 B_2	体内氧化还原酶的辅基
	维生素 PP	辅酶
	维生素 B_6	在转氨和脱羧作用中起辅酶作用
	泛酸	酰基转移酶的辅酶
	生物素	辅酶
	叶酸	一碳单位转移酶的辅酶
	维生素 B_{12}	辅基
	维生素 C	抗氧化作用

10% ~ 20% 的胎牛血清。它的作用机制还不十分清楚，但至少有如下几个方面：

● 提供有利于细胞生长增殖所需的各种生长因子和激素　生长因子包括有胰岛素（insulin）、胰岛素样生长因子、表皮生长因子、成纤维细胞生长因子、血小板衍生生长因子等。激素有皮质醇（cortisol）、雌二醇（oestradiol）、睾酮（testosterone）、孕酮（progesterone）和甲状腺素（thyroxine）等。

● 提供有利于细胞贴壁所需的贴附因子和伸展因子（spreading factor）　正如前面所提到的多数细胞为贴壁细胞，它们必须贴附在某种载体上才能生长。血清可提供所需的贴附因子和伸展因子，如纤维结合蛋白（fibronectin）、软骨素（chondroitin）、昆布氨酸（laminine）和胶原（collagen）等。

● 提供可识别金属离子、激素、维生素和脂质的结合蛋白质　如白蛋白可与维生素、脂质和激素结合，将它们带入细胞。铁传递蛋白可结合和传送铁离子。它们还可消除某些毒素和金属的毒性作用。

● 提供细胞生长所必需的脂肪酸和微量元素　脂肪酸中有磷脂（phospholipid）、胆固醇（cholesterol）和前列腺素 E（prostaglandin E）等，它们可能与其他生长因子结合在一起起作用。微量元素中有铜、锌、钴、钼和硒等，他们对酶有激活作用，并可保护自由基对 DNA 的损害。

除了上述作用外，血清还可提供良好的 pH 缓冲系统。

（3）无血清培养基

随着细胞培养规模的逐渐扩大，以及高技术生物制品生产的需要，无血清培养基（serum free medium）的研究和应用已提上了日程。它的优点如下：①提高了细胞培养的可重复性，避免了由于血清批之间差异的影响；②减少了由血清带来病毒、真菌和支原体等微生物污染的危险；③供应充足、稳定；④细胞产品易于纯化；⑤避免了血清中某些因素对有些细胞的毒性；⑥减少了血清中蛋白质对某些生物测定的干扰，便于对实验结果的分析。

目前已有一批无血清培养基问世（表 3-9），这些无血清培养基都是在上述的合成培养基内加入不同种类的添加剂所构成，添加剂大致有如下几类：

① 激素和生长因子　在激素方面使用最多的是胰岛素，它的用量可从 1 $\mu g \cdot mL^{-1}$ 至 10 $\mu g \cdot mL^{-1}$ 不等，它的作用除了能促进糖原和脂肪酸的合成外，对细胞生长也有刺激作用。此外，有的无血清培养基内还添加有促卵泡激素、甲状腺素、催乳激素、维生素 E 等。在细胞生长因子方面用得较多的有表皮生长因子、成纤维细胞生长因子、神经生长因子等。

② 结合蛋白　结合蛋白中最经常被补充的是铁传递蛋白和白蛋白。为了便于纯化，有时可用硫酸亚铁、柠檬酸铁、葡萄糖酸铁替代铁传递蛋白。

△ **技术应用 3-8**
常见贴壁因子

③ 贴附和伸展因子　目前多数无血清培养基只适用于悬浮细胞，真正能用以培养贴壁细胞的很少，也很贵，原因就在于它们均缺少必需的贴附和伸展因子。而贴附和伸展的机理目前也还不十分清楚，其中既有理化的因素，如电荷的引力、钙镁离子的作用等，还有一些其他因子的作用，包括一些目前认为的贴附因子如纤维结合蛋白、胶原，以及一些多肽生长因子如表皮生长因子、成纤维细胞生长因子等的作用。为补充这些因子势必增加培养基的成本。除这些因子外，有的还添加视黄酸和重组的小肽，它可与其细胞的受体结合。

④ 其他有利于细胞生长的因子和元素　如可以消除氧自由基损害的谷胱甘肽，某些微量元素（如硒）等。

表 3-9　市售适于各种细胞的无血清培养基

供应公司	杂交瘤细胞	CHO 细胞	昆虫细胞	淋巴样细胞	通用
Bio-Whittaker Inc.	Ultradoma（30） UltradomaPF（0）	Ultra-CHO（<300）	Insect Xpress（0）	Ex-Vivo range（1000～2000）	UltraCulture（3000）
Boehringer Mannheim	Nutridoma range（40-1000）	—	—	—	—
Gibco	Hybridoma SFM（730） Hybridoma PHFM（0）	CHO-SFM（400）	SF 900	AIM V	—
Hyclone Laboratories	CCM-1（200）	CCM-5（<400）	CCM-3（0）	—	—
ICN Flow	Biorich 2	—	Biorich 2	—	—
JRH Biosciences（Seralab）	Ex-cell 300（11） Ex-cell 309（10）	Ex-cell 301（100）	Ex-cell 401（0）	Aprotain-1（0）	—
Sigma	QBSF-52（45） QBSF-55（65）	—	SF insect Medium（0）	—	—
TCS Bioloficals Ltd.	SoftCell-doma LP（30） SoftCell-doma HP（0）	SoftCell-CHO（300）	SoftCell-insecta（0）	—	SoftCell-Universal（3000）
Ventrex	HL-1（<50）	—		—	—

括号内数值为蛋白质含量，单位为 $\mu g \cdot mL^{-1}$。

（4）化学限定性培养基

化学限定性培养基（chemical defined medium，CDM）是指培养基中的所有成分都是明确的，不含有动物蛋白，也不添加植物水解物，而是使用了一些已知结构与功能的小分子化合物，如短肽、植物激素等。

化学限定性培养基的开发对于动物细胞培养有巨大的推进作用：体系成分完全确定，避免品质波动；性能一致，改善重复性；降低外来物质污染的风险；简化纯化与下游处理过程，节省时间。目前化学限定性培养基已广泛地应用于 293 细胞、CHO 细胞、杂交瘤细胞等的生长和表达（表 3-10）。

（5）营养添加物

除了上述基础培养基之外，基于高密度培养的需要，在培养过程中常需要根据营养物的消耗进行特定的营养添加物（feed）的流加，这在一定程度上能缓解培养后期营养物匮乏的现象，并为代谢产物的表达提供充足的物质基础。常见的营养添加物包括葡萄糖浓缩液、谷氨酰胺浓缩液、脂质浓缩

表 3-10 常用商业化化学限定性培养基

供应公司	杂交瘤细胞	CHO 细胞	昆虫细胞	293 细胞
Gibco	CD Hybridoma AGT™	CD CHO AGT™ CD OptiCHO™ AGT™ CD FortiCHO™ AGT™	—	CD 293 AGT™
Hyclone Laboratories	HyClone CDM4MAb Media	HyClone CDM4CHO Powder Media	—	HyClone CDM4Retino Media
Sigma	EX-CELL® CD Hybridoma Medium	EX-CELL® CD CHO Fusion EX-CELL® CD CHO	—	
Lonza	ProNS0 1 ProNS0 2	PowerCHO-1 PowerCHO-2 PowerCHO-3 PowerCHO-GS	—	ProPer 1
BD		BD Select CD 1000 medium	—	
Irvine	IS MAB-CD™	IS CHO-CD4™ IS CHO-CD XP™ IS CHO-CD™	—	IS MAB-CD™

物、维生素组合、金属离子溶液等单一组分，还包括一些商业化的混合流加物，目前该类营养添加物已广泛地应用于大规模连续培养、灌流培养以及流加培养（fed batch culture）当中。常用商业化营养添加物总结见表 3-11。

表 3-11 常用商业化营养添加物

供应公司	添加物产品	添加物组成
Invitrogen	CD EfficientFeed™ A AGT™	包含碳源、浓缩氨基酸、维生素和痕量元素，不含脂质、植物水解产物或生长因子
	CD EfficientFeed™ B AGT™	包含碳源、浓缩氨基酸、维生素和痕量元素，不含脂质、植物水解产物或生长因子
Lonza	PowerFeed A/（with lipids） CHO Xtreme™ Feed CD	—
Hyclone Laboratories	Cell Boost 1	氨基酸、维生素、葡萄糖
	Cell Boost 2	氨基酸、维生素、葡萄糖
	Cell Boost 3	氨基酸、维生素、葡萄糖、微量元素、次黄嘌呤/胸苷
	Cell Boost 4	氨基酸、维生素、葡萄糖、微量元素、生长因子、脂质、胆固醇
	Cell Boost 5	氨基酸、维生素、葡萄糖、微量元素、次黄嘌呤/胸苷、生长因子、脂质、胆固醇
	Cell Boost 6	氨基酸、维生素、葡萄糖、微量元素、次黄嘌呤/胸苷、生长因子、脂质、胆固醇
BD	BD Recharge	—
Sigma	CHO Feed Bioreactor Supplement（C1615）	氨基酸、维生素、重组人胰岛素、植物水解物、微量元素等
Irvine	IS-CHO CD XP Feed IS-CHO CD-G10 Feed	—

3.4.3 动物细胞培养方法

动物细胞培养的方法，一般可根据细胞的种类分为原代细胞培养和传代细胞培养；又可根据培养基的不同分为液体培养和固体培养；还可根据培养细胞状态不同分为贴壁培养和悬浮培养等。但不管采用哪种方法，其基本技术大同小异。本节着重介绍细胞工程制药中常用的基本方法。

（1）细胞分离

为了进行动物细胞培养，首先要从生物体获取细胞，目前获取细胞的方法有两种，即离心分离法和消化分离法。

① 离心分离法　该法主要用于从含有细胞的体液如血液、羊水、胸腹水中分离细胞。此时一般用 800 ~ 1 000 $r \cdot min^{-1}$ 的速度离心 5 ~ 10 min 即可。离心速度过高或时间过长，易挤压细胞使之受损伤或死亡。

② 消化分离法　该法是先从生物体取来组织块，将其剪碎，并用消化液将其消化，使组织松散成细胞悬液，然后用缓冲液洗涤、离心、去除残留的消化液而获得所需的细胞。

常用的消化液有胰蛋白酶（简称胰酶，trypsin）、乙二胺四乙酸（EDTA，又称 versene），或胰酶 – 柠檬酸盐、胰酶 –EDTA 联合使用。其他如胶原酶（collagenase）、链霉蛋白酶（pronase）、木瓜蛋白酶（papain）也可使用。

（2）细胞计数

一般在细胞分离制成悬液准备接种培养前都要进行细胞计数，然后按需要量接种于培养瓶或反应器。另外在观察细胞增长变化时，以及观察药物对细胞的抑制作用时，也都要反复进行细胞计数。目前常用的计数法有如下几种：

① 自动细胞计数器计数　电子细胞自动计数器，如 Coulter 计数器，其原理是让一定体积的细胞悬液经一小孔，并在两个电极间通过，此时通过的细胞就会对电极间的电流产生干扰而使电压发生改变，这样就会在电子计数器上形成一个信号被记录下来。该法的优点是计数速度快，缺点是无法分辨活细胞和死细胞，并会误将细胞结团当作单个细胞记录下来，使计算数值偏低。

② 血细胞计数器（图 3–9）计数　这是最常用，也是最经济的计数方法。具体做法是：先根据情况用培养基将细胞悬液作适当稀释，然后用吸管吸取少量悬液，滴于计数板上的盖玻片一端，让液体自动进入盖玻片下方间隙，勿留气泡。稍候片刻，镜下观察并计算出四角大格内的细胞数，如图 3–9（c）所示。压线者只计上线和右线的细胞，然后按下式计算细胞浓度：

$$每毫升细胞数 =（4\ 大格中细胞总数 /4）\times 10\,000 \times 稀释倍数$$

为了区别细胞的死活，在计数前可进行细胞染色。常用的染色液有如下几种：

台盼蓝：其配方为台盼蓝 0.4 g，Hanks 液 100 mL，加热充分溶解，调 pH 至 7.0 ~ 7.2。染色时按细胞悬液和染液 9 : 1 比例混合，4 min 内计数完毕。此时死细胞呈蓝色，计数时可分开。

苯胺黑：其配方为苯胺黑 0.005 g，Hanks 液 100 mL，溶解后用滤纸过滤。染色时细胞悬液和染液比同台盼蓝。

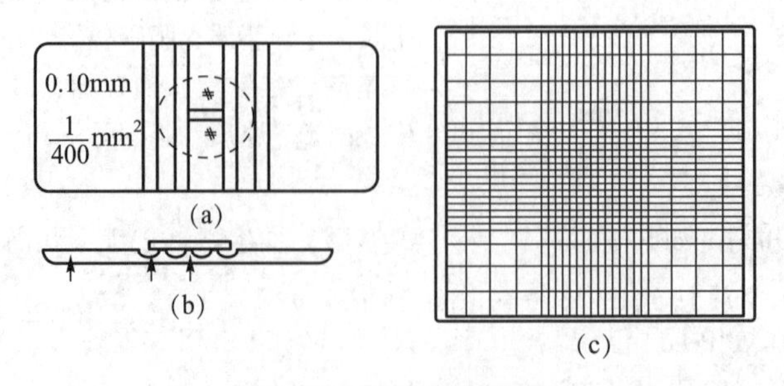

图 3–9　血细胞计数器

③ 结晶紫染色细胞核计数法 结晶紫染色液的配方为结晶紫 100 mg，0.1 mol · L^{-1} 柠檬酸 100 mL，溶解后用滤纸过滤。该染液由于低渗，并有螯合钙离子的作用，因此可使细胞分散解离和破碎，细胞核染成蓝色。它最经常被采用于微载体细胞培养中。染色时先让微载体沉降（必要时可先离心），然后吸去上清液，并加入等量染色液，置 37℃保温 1 h，强烈振摇样品，稍待片刻，取样在血细胞计数器上镜检。此时细胞核已染成蓝色，计数细胞核即细胞数。

④ MTT 染色计数法 MTT 配方是将四甲基偶唑盐（MTT）用 PBS 配成 5 mg · mL^{-1}，过滤除菌，避光保存。脱色液配方为：一份 Triton X–100 溶于 3 份 *N*,*N*– 二甲基甲酰胺（DMF）中，摇匀后加入 2 份去离子水，加柠檬酸至 0.2 mol · L^{-1}，使 pH 保持在 5 ~ 6。该法的原理是 MTT 使活细胞内的线粒体产生一种称为甲臜（formazan）的有色物质，它可溶于脱色液，其色泽的深浅与活细胞的数量成正比，通过比色即可从标准曲线求出细胞数。

⑤ 全自动细胞计数仪 全自动细胞计数仪仅需 30 s 即可进行简单、准确的细胞计数和存活率计算，仪器采用台盼蓝染色并结合先进的图像分析算法，可准确地进行细胞计数和存活率计算，并检测活细胞、死细胞及全部细胞的平均大小。其检测范围为 $1 \times 10^4 \sim 1 \times 10^7$ 个细胞 · mL^{-1}，与血细胞计数器相比，其检测范围更广，适合检测大小为 5 μm 至 60 μm 的细胞。

（3）细胞传代

无论悬浮细胞的培养还是贴壁细胞的培养，当细胞增殖到一定程度，由于各种因素，包括营养条件、代谢废物的浓度、pH，以及氧的供应等因素的限制，特别是许多贴壁生长的二倍体细胞，都具有接触抑制的特性，细胞的密度不可能无限制增加。如不及时分种，细胞就会死亡、脱落。故在细胞的培养过程中需注意及时地传代。一般来说，二倍体细胞只能传 40 ~ 50 代，而异倍体细胞可无限制地进行传代。

知识拓展 3–10
接触抑制

① 悬浮细胞的传代 悬浮细胞的传代比较容易，首先摇匀后取一定量的细胞悬液，计数后根据活细胞密度及接种密度加入特定量的培养基，然后分种两只或多只培养瓶即可。

② 贴壁细胞的传代 贴壁细胞的传代需经消化液消化后分种。在分种中需注意如下方面：a. 消化前需先用肉眼或镜下观察需消化的细胞，确认细胞有无污染，若怀疑有污染则弃去；b. 加入消化液量要适当，以摇动时能盖满单层细胞为度；c. 消化时间不宜过久，一般在室温静置 2 ~ 5 min（也可置 37℃保温），当见细胞层出现麻布样网孔时，即可倒去消化液。初次操作时为更好地掌握时机，可在镜下观察，当细胞分离变圆，即可停止消化。d. 终止消化先要去掉消化液，然后加入有血清的培养基；e. 分种数量多少取决于细胞数和细胞特性，多数细胞分种以（2 ~ 3）$\times 10^5$ 个细胞 · mL^{-1}、每次以 1 传 2 或 1 传 3 为好，有时有的细胞可分种得更多；f. 二倍体细胞培养时每次传代必须写上传代次数。g. 传代后一般隔日换液，每 3 ~ 5 d 就要传代一次。

知识拓展 3–11
细胞代次的定义

（4）细胞的冻存和复苏

① 细胞的冻存 细胞和整体生物一样，当温度降低时，它的代谢也降低，从而大大地延长了它的存活期。因此目前为了保存细胞，都采用液氮罐低温（–196℃）或气相液氮冰箱（–140℃）冻存的方法，该法可保存细胞几年甚至几十年。在冻存过程中，渗透压的改变会影响到脂蛋白，使细胞膜破裂。为了防止电解质过分浓缩，可采用某些保护剂，如甘油和二甲基亚砜。它们的相对分子质量低，溶解性好，容易渗入细胞。在冷冻时，冷冻速度很重要，不能太快也不能太慢。太慢会产生冰晶损伤细胞，太快不足以使水分排出。一般要求以 1℃ · min^{-1} 的速度下降为宜，有条件的话可采用程序降温盒（图 3–10）。在无定速降温设备时，可选择如下方法处理：将安瓿或细胞冻存管放在壁厚为 1.5 cm 的聚乙烯盒内，然后放在 –70℃冰箱内 2 h，再转入液氮。或者先将安瓿或细胞冻存管置 4℃冰箱 4 ~ 5 h 或过夜，再移至 –70℃冰箱内 2 h，再悬于液氮罐颈口 1 h，最后浸入液氮。

细胞冻存中还有如下几点需注意：a. 冻存的细胞需处在良好的营养状态，故对于贴壁细胞在冻存前 1 d 要换液培养；b. 细胞密度以（1 ~ 2）$\times 10^6$ 个细胞 · mL^{-1} 为好，悬浮细胞要保证细胞活率至少

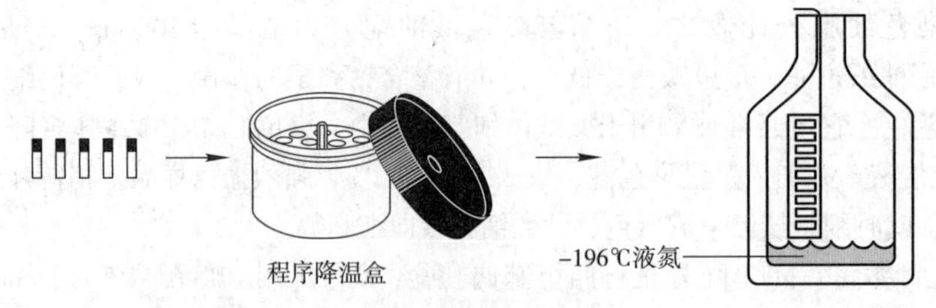

图 3-10 细胞冻存流程图

在 90% 以上；c. 配制冻存用培养基要与实际使用的一致，另加一定比例的保护剂二甲基亚砜或甘油（一般在 6%～10%）；d. 二甲基亚砜使用过滤除菌，不可用高温灭菌；e. 分装时若用玻璃安瓿，封口后要检查其密封性，可将其浸入甲基蓝酒精溶液，若有裂纹，可见蓝色物质进入安瓿；f. 标签上应注明细胞系或株名，编号、代次、批号和冻存日期，贮存容器的编号等，采用防冻标签纸或在外面贴一层透明胶纸以防止冻存过程中标签脱落。

② 细胞的复苏 复苏时，总的要求是快速融化。《中国药典》中明确规定，冻存细胞在复苏时，细胞存活率不能低于 85%。在实际操作中需注意如下几点：a. 如使用玻璃安瓿冻存细胞，在融化时渗入的液氮可能引起安瓿爆炸，在操作中要注意防护，佩戴面罩和手套；b. 从液氮罐取出的冻存管或安瓿，应立即置入盛有 39～40℃温水的搪瓷杯内（不要用玻璃烧杯，以防炸碎）或放置在 37℃恒温水箱中，此过程中应搅动加速融化；c. 放入层流洁净台前应对冻存管或安瓿外表消毒；d. 由于二甲基亚砜对细胞有一定的毒性，故应尽早去除，一般将细胞立即离心，换上新鲜培养基；e. 对于贴壁细胞，可先将细胞悬液直接种入培养瓶内，4～6 h 后，待细胞贴壁后立即换液，隔天观察细胞生长情况，再换液一次；对于悬浮细胞，可离心后用新鲜培养基重悬细胞，再次离心后种入细胞摇瓶。

3.5 大规模动物细胞培养技术

3.5.1 大规模动物细胞培养方法

动物细胞的大规模培养主要可分为悬浮培养、贴壁培养和贴壁 - 悬浮培养。

（1）悬浮培养

顾名思义，所谓悬浮培养（suspension culture）即使细胞自由地悬浮于培养液内生长增殖的一种培养方式。它适用于一切种类的悬浮细胞，也适用于兼性贴壁细胞。对于一些贴壁生长的细胞（如 CHO）可通过悬浮驯化使其适合悬浮培养。悬浮培养的细胞对培养环境的要求更高，细胞由贴壁培养转变成悬浮培养都需要经过一段时间的细胞适应能力的驯化过程，也就是使细胞从有血清培养条件逐渐适应过渡至无血清培养的过程。

大规模动物细胞悬浮培养的优势在于：①传代时不需胰酶进行消化，使细胞免于在传代时受酶类等的化学及机械损伤，种子细胞传代及制备简单、易操作；②可通过取样及时监测细胞在反应器内的生长情况；反应器内的传质和传氧良好，培养条件均一，培养规模容易放大。近年来由于培养基配方的不断改进及生物反应器技术的发展，大规模动物细胞悬浮培养的细胞密度及表达量不断提高。

（2）贴壁培养

贴壁培养（anchorage-dependent culture）是必须让细胞贴附在某种基质上进行生长繁殖的培养方法。它适用于一切贴壁细胞，也适用于兼性贴壁细胞。贴壁培养与悬浮培养的另一个不同之处是在传代或扩大培养时常常需要用酶将其从基质上消化下来，分离成单个细胞后再进行培养。

贴壁培养的优势在于细胞依附于基质的表面，容易更换培养液进行灌流培养，从而提高单位体积内的细胞密度。贴壁培养不足之处是操作比较麻烦，需要合适的贴附材料并提供足够的表面积，不能有效监测培养过程中细胞生长情况，培养条件不均一，传质和传氧较差，这些不足常常成为扩大培养的“瓶颈”。生产疫苗中早期一般采用转瓶（roller bottle）大量培养原代鸡胚或肾细胞。近代有些生物制品的生产仍在采用这种方法，为降低劳动强度，采用了计算机自动控制的方法。另一种被普遍采用的贴壁培养方法是固定床式生物反应器，但由于该反应器中传质和传氧常会出现梯度式不均一现象，故扩大培养时常受到限制。

知识拓展 3-12
悬浮培养与贴壁培养的对比

（3）贴壁－悬浮培养

又称为固定化培养（pseudo-suspension culture），或称假悬浮培养，指在无菌条件下将细胞定位在特定的支持物表面或限制在特定的液相空间，模拟机体内生理状态下生存的基本条件，使细胞在反应器内进行生长增殖的体外培养方法。此外主要介绍两种固定化培养方式：微载体培养（microcarrier culture）和巨载体培养（macrocarrier culture）。

① 微载体培养　利用贴壁细胞能够贴附于带适量正电荷的微载体表面生长的特性，将细胞和微载体共同悬浮于培养容器中，使细胞在微载体上附着生长的细胞培养方法。微载体培养是动物细胞大规模培养中重要的固定化培养技术。随着微载体培养技术的不断发展，商品化的微载体越来越多，部分已商品化的微载体见表 3-12。无论微载体的形状如何，其结构都尽可能提供更大的比表面积供细胞附着（图 3-11，图 3-12）。

表 3-12　部分已商品化的微载体

商品名	基质	带电基和交换容量	形状	直径 /μm	比表面积 /$cm^2 \cdot g^{-1}$	密度 /$g \cdot mL^{-1}$	透明性
Cytodex1	葡聚糖	DEAE 0.75 $mmol \cdot g^{-1}$	球状	131～210	6 000	1.03	+
Superbeads	葡聚糖	DEAE 1.0 $mmol \cdot g^{-1}$	球状	135～205	5 000～6 000	ND	+
Biocarrier	聚丙烯酰胺	二甲胺丙基 0.7 $mmol \cdot g^{-1}$	球状	120～180	5 000	1.04	+
Cytodex2	葡聚糖	三甲基 -2- 羟胺基丙基 0.3 $mmol \cdot g^{-1}$	球状	114～198	5 500	1.04	+
Cytodex3	葡聚糖	胶原在载体表面 60 $\mu g \cdot cm^{-2}$	球状	133～215	4 500	1.04	+

理想的微载体需具备如下一些条件：a. 微载体表面性质与细胞有良好的相容性，适于细胞附着、伸展和增殖；b. 微载体的材料无毒性。不仅要求对细胞的生长无毒性，而且也不会产生影响产品和人体健康的有害因子；c. 微载体的材料是惰性的，不与培养基成分发生化学变化，也不会吸收培养基中的营养成分；d. 微载体的密度在 1.030～1.045 $g \cdot mL^{-1}$，使载体在低速搅拌下就可悬浮，而在静止时又可很快沉降，便于换液和收获；e. 粒径在 60～250 μm（溶胀后）之间为好，并要尽可能地均一，差异不大于 20 μm，这样有利于细胞均匀地分布在各微载体表面；f. 具有良好的光学透明性，适于在倒置显微镜下观察细胞在载体上的生长情况；g. 基质的性质最好是软性的，避免在搅拌中由于载体互相摩擦而损伤细胞；h. 可耐 120℃高温，便于采用高压蒸汽灭菌；i. 经简单的适当处理后，可反复多次地使用；j. 原料充分，制作简便，价格低廉。

技术应用 3-9
常见微载体的比较

20 世纪 80 年代中后期，又开发出了多孔微载体（porous microcarrier）或多孔微球（porous

彩图 3-1
球状微载体贴满细胞

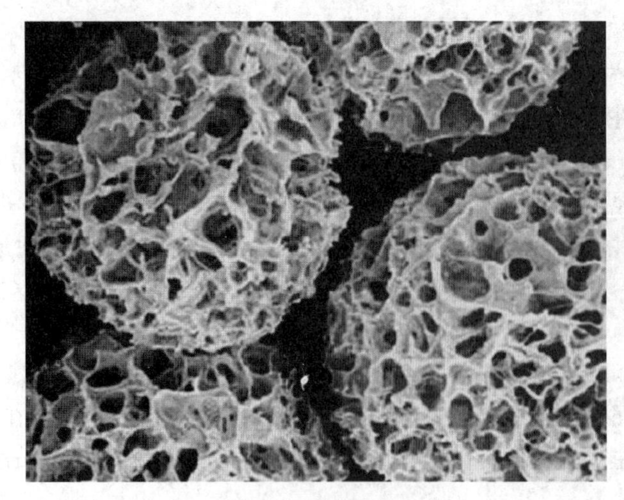

图 3-11 球状微载体

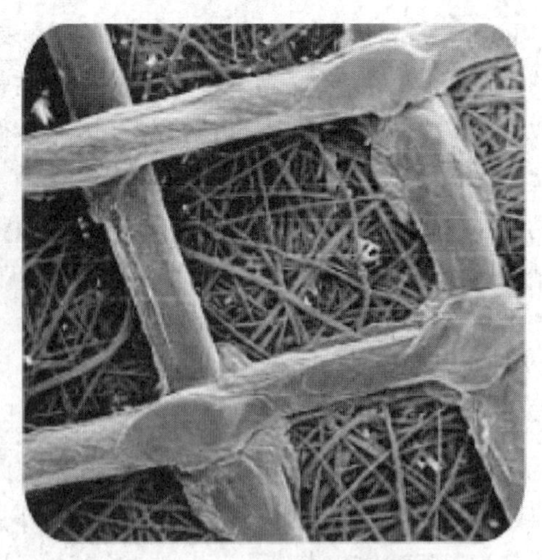

图 3-12 纤维素片微载体

microsphere），它的特点是极大地增大了供细胞贴附的比表面积，同时还适用于悬浮细胞的培养。目前也已有多种商品问世，部分已商品化的多孔微载体见表 3-13。

表 3-13 部分已商品化的多孔微载体

商品名称	基质	直径 /μm	密度 /g · cm^{-3}	孔径 /μm	空体积 /%	比表面积 /m^2 · g^{-1}	公司
CultispherS	明胶	170 ~ 270	1.03	10 ~ 20	50	1.5	Percell
CultispherGLD	明胶加钛	430 ~ 600	—	50 ~ 100	50	0.25	Percell
Siran	玻璃	300 ~ 500	—	10 ~ 100	60	—	SchottGlaswerke
Cytopore1	纤维素	200 ~ 280	1.03	30	98	2.8*	Pharmacia
Cytopore2	纤维素	200 ~ 280	1.03	30	98	2.8*	Pharmacia

* 有的说明书上为 1.1 m^2 · g^{-1}。

② 巨载体培养　巨载体是相对于微载体的大小而言的，特指采用与多孔微载体相同基质材料制成的，半径大于 500 μm 的高空隙度球状或盘状载体。细胞在培养过程中随液流不断进入到巨载体内部孔隙中，并定位于孔隙内生长。根据巨载体密度及大小的差异，可选用固定床或流化床生物反应器进行培养。形状较大，密度较低的巨载体（如 Fibra-Cel）适用于固定床生物反应器；而形状较小，密度较高的巨载体（如 Cytoline）适用于流化床生物反应器。

3.5.2 大规模动物细胞培养的操作方式

选择动物细胞大规模培养工艺首要考虑的问题就是生物反应器系统，选择反应器系统也就是选择产品的操作方式。操作方式的选择将决定该工艺的产品质量、产量、成本以及工艺稳定性等。操作方式的选择需对生产工艺进行全面考虑，包括细胞株生长方式、产品的稳定性以及是否利于下游的分离纯化等。

动物细胞大规模培养的生物反应器操作模式在实际生产中主要有 3 种：批式（batch）操作、流加式（fed-batch）操作和灌流式（perfusion）操作。

（1）批式操作

动物细胞培养早期采用的培养方式，也是其他培养方式的基础。即将细胞种子液无菌接入生物反应器内进行培养，在培养过程中不进行营养物的流加，随着细胞的生长变化产物不断地进行累积，最后一次性地收获细胞、产物及培养液。

批式操作操作简单、易于控制、培养周期短、污染的风险低。但在批式操作中未进行营养物的流加，在细胞生长经过稳定期后，由于营养物质的消耗和代谢废物的积累细胞逐渐退变并死亡。因而批式操作中产物的产量一般较低。

（2）流加式操作

流加式操作是在批式操作的基础上，初始加入一定量的培养液至反应器内，在培养过程中随着细胞对营养物质的不断消耗，流加浓缩的营养物或培养基，从而使细胞持续生长至较高的密度，目标产品达到较高的水平。整个培养过程没有流出或回收，通常在细胞进入衰退期或衰退期后进行终止回收整个反应体系，分离细胞和细胞碎片，浓缩、纯化产物。

流加培养工艺是当前动物细胞培养工艺中占有主流优势的培养工艺，也是近年来动物细胞大规模培养研究的热点。流加培养工艺中的关键技术是基础培养基和流加浓缩的营养培养基。通常进行流加的时间多在指数生长后期，细胞在进入衰退期之前，添加高浓度的营养物质。可以添加一次，也可添加多次，为了达到更高的细胞密度往往需要添加几次；可进行脉冲式添加，也可以降低速率缓慢进行添加，但为了尽可能地维持相对稳定的营养物质环境，后者采用较多；流加的总体原则是维持细胞生长相对稳定的培养环境，营养成分既不过剩而产生大量的代谢副产物造成营养利用效率下降，也不缺乏而导致细胞生长受到抑制或死亡。

流加的营养成分主要包括葡萄糖、谷氨酰胺、氨基酸、维生素及其他成分。葡萄糖是细胞主要的碳源并为细胞提供能量，谷氨酰胺是细胞主要的氮源和供能物质。流加工艺中需对葡萄糖和谷氨酰胺的浓度进行控制，否则当浓度较高时就会分别大量产生对细胞有害的代谢产物乳酸和氨。因此需保证葡萄糖和谷氨酰胺浓度足够维持细胞生长需要，又不至于产生大量的副产物。

知识拓展 3–13
代谢漂移

（3）灌流式操作

该方式是当细胞和培养基一起加入反应器后，在细胞增长和产物形成过程中，不断地补充新鲜培养基，同时采用细胞截留装置以相同流速不断地流出培养液。流出的培养液中不包含或很少包含培养细胞，生物反应器内细胞密度较高，产物回收率较高。细胞截留可通过微孔滤膜、筛网或离心的方法实现。

灌流式操作优点是：细胞可处在较稳定的良好环境中，营养条件较好，有害代谢废物浓度较低；可极大地提高细胞密度，一般可达到 $10^7 \sim 10^8$ 个细胞 · mL^{-1}，从而极大地提高产物产量；产物在罐内停留时间缩短，可及时收留在低温下保存，有利于产物质量的提高。

知识拓展 3–14
促进细胞分泌的方法

灌流式操作不足之处：灌流式操作需要消耗大量的培养基，培养液中营养成分利用率低，加之增加了下游处理的负担，增加了生产的成本；灌流式操作培养周期长，污染的概率增高；长期培养过程中细胞表达产物稳定性也需要进行考虑。

3.6 动物细胞生物反应器

体外细胞培养技术在重组蛋白、治疗性单抗、诊断试剂以及疫苗等的生产中发挥着重要作用，生物反应器为体外细胞培养提供了一个严格可监测控制的环境，从而使细胞在生长代谢过程中产生出最大量、最优质的所需产物。理想的动物细胞生物反应器应具备如下一些基本要求：

① 生物反应器中与培养基及细胞直接接触的材料必须对细胞无毒性。

② 生物反应器的结构必须使之具有良好的传质、传热和混合的性能。

③ 对细胞的剪切力要低，因为动物细胞无细胞壁、较脆弱。

④ 密封性能良好，可避免一切外来的不需要的微生物的污染。

⑤ 对培养环境中多种物理化学参数能自动检测和调节控制，控制的精确度高，而且能保持环境的均一。

⑥ 可长期连续运转，这对于培养动物细胞的生物反应器显得尤其重要。

⑦ 容器加工制造时要求内面光滑、无死角，以减少细胞或微生物的沉积。

⑧ 拆装、连接和清洁方便，能耐高压蒸汽消毒，便于操作维修。

目前市场上有各种规模的动物细胞生物反应器供应，按其规模大小，一般将其分为实验室规模（lab scale）、中试规模（pilot scale）和生产规模（industrial scale）。根据有些人的划分，将小于 20 L 的反应器定为实验室规模，主要用于培养工艺的研究；20 ~ 100 L 为中试规模，主要用于提供一定量的产品，供纯化、临床前的各种检测和临床观察，也包括进一步的工艺优化试验；大于 100 L 则为生产规模用的生物反应器，主要用于生产，提供产品。这样的划分不是绝对的，还需根据细胞的产量和临床用药剂量的大小而定。

知识拓展 3-15
动物反应器与细菌发酵罐的区别

3.6.1 动物细胞生物反应器的类型及其基本结构

生物反应器不仅为动物细胞提供生长环境，而且还是决定其表达产品质量和产量的因素之一，是细胞培养的关键设备。动物细胞生物反应器近年来发展迅速，新型的生物反应器不断出现。反应器的设计及改进的目的都是为了获得更高的细胞密度，提高产品的生产能力。下面主要介绍一些常见的生物反应器，包括搅拌式生物反应器、固定床和流化床生物反应器、气升式生物反应器、中空纤维式生物反应器和一次性生物反应器。每种反应器都有自身的特点，因此相应地也就有了不同的应用。

（1）搅拌式生物反应器

搅拌式生物反应器（stirred tank bioreactor）是当前重组蛋白及治疗性抗体的工业化生产中应用最普遍的反应器，已广泛应用于大规模培养 CHO、NS0 及杂交瘤等细胞。

搅拌式生物反应器由罐体（图 3-13）和控制器两部分组成，罐体上安装 pH、DO、温度以及液位等电极。电极通过数据线与控制器连接以便对各参数进行监测控制。小的搅拌式生物反应器罐体通常由硼硅酸盐玻璃制成，可置于高压灭菌器内进行灭菌，适于实验室研究；而大的搅拌式生物反应器则由不锈钢制成，用于大规模生产，在培养前反应器需要进行清洗及灭菌。

由于动物细胞对通气、搅拌时产生的剪切力较细菌敏感，搅拌式生物反应器需采用适用动物细胞培养的低剪切力搅拌桨。搅拌式生物反应器搅拌速度一般为 50 ~ 80 r · min^{-1}，随着反应器规模的变大，搅拌速度逐渐降低。在通常的培养条件下如果不进行通气，机械搅拌并不会损伤悬浮培养的细胞；进行通气后对细胞伤害作用会随着搅拌转数的增加而增强。在反应器内造成细胞损伤的因素主要是气泡，培养液中的细胞吸附在气泡表面，气泡聚集、破裂产生的流体剪切力就会使细胞受损。当搅拌速度提高时，气泡就会发生更剧烈的聚集和分散，对细胞的伤害作用更大。在应用搅拌式生物反应器培养悬浮细胞时，为避免气泡和搅拌对细胞的伤害作用，常加入一种非离子表面活性剂 Pluronic F68 保护细胞。

技术应用 3-10
工业上避免剪切力的方法

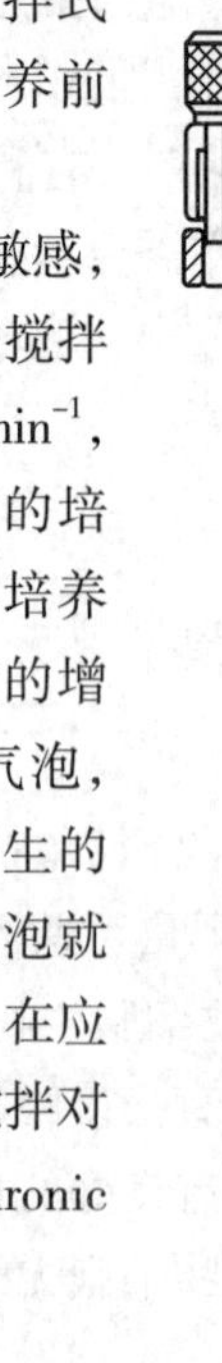

图 3-13 搅拌式生物反应器罐体示意图

搅拌式生物反应器优点：灵活易放大；可提供充分的物质传递；既可用于哺乳动物细胞悬浮培养也可以用于贴壁（依附于微载体）细胞培养；为细胞生长及产物表达提供均一的培养环境，易于保证产品质量的一致性。因此搅拌式生物反应器在生物制药的工业化生产中发挥着重要作用。

（2）固定床和流化床生物反应器

在固定床和流化床生物反应器中（fixed bed or fluidized bed bioreactor），细胞固定在多孔的微载体表面，培养液在反应器内循环为细胞提供养分。与传统的搅拌式生物反应器相比，它们为动物细胞固定化培养和生物制药的生产提供了一个更为紧凑的系统，已被广泛用于灌流培养哺乳动物细胞。固定床生物反应器中培养液在载体间循环；流化床生物反应器中微载体被向上流动的培养液流化，然后培养液在载体间循环。这两种反应器系统既可以用于贴壁细胞也可用于悬浮细胞的培养。

① 固定床生物反应器　在固定床生物反应器中两种常用的多孔载体是大孔玻璃珠（SIRAN）和聚酯纤维片（Fibra-Cel）。固定床生物反应器优势在于细胞固定在载体上，方便进行灌流培养；可提供密度细胞培养；对细胞的剪切伤害小。固定床生物反应器的劣势是超过一定的水平后难于放大，固定床生物反应器中营养成分（尤其是氧）易形成轴向梯度导致反应器内的环境不均一，因此填充床的最大高度应尽量小。当前实际使用的填充床的体积一般为 10 ~ 30 L，用于生产单抗及重组蛋白。

美国 New Brunswick Scientific（以下简称 NBS）公司开发的 CelliGen plus 生物反应器是将通气搅拌与固定床巧妙结合的一种新型生物反应器（图 3-14）。它在原来的 CelliGen 罐体中部装一篮筐，中间装填由 50% 的无纺聚酯纤维（polyester non-woven fiber）和 50% 的聚丙烯（polypropylene）制备的直径为 6 mm 的小圆盘，称之为 Fibra-Cel。Fibra-Cel 具有很大的比表面积（120 $cm^2 \cdot cm^{-3}$）和空体积（void volume，可达 90%），既可用于贴壁细胞的附着，又有利于悬浮细胞在纤维间被固定。由于

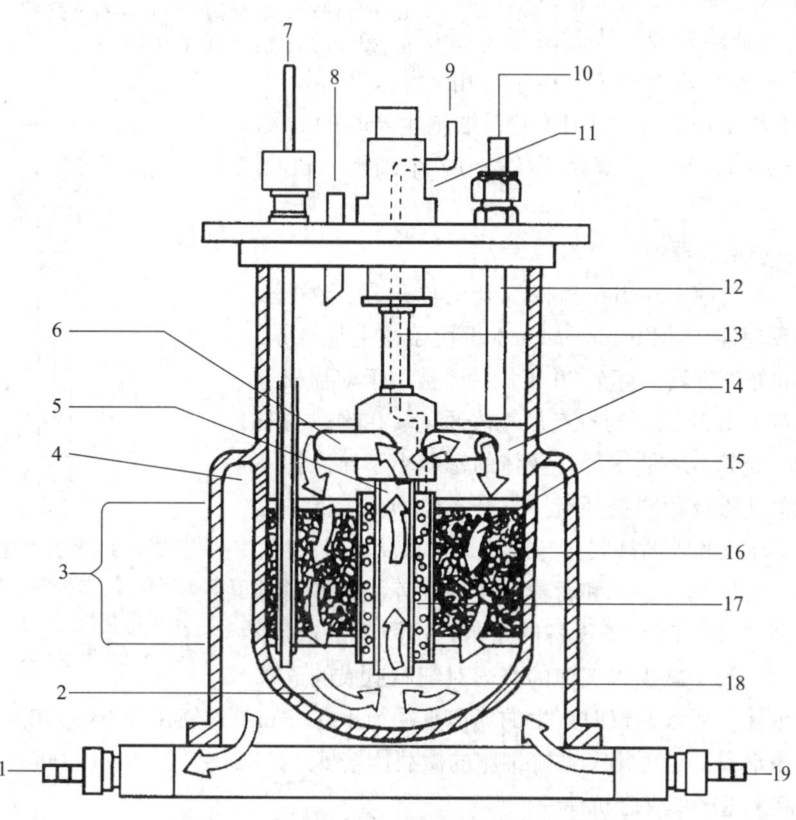

图 3-14　CelliGen plus 生物反应器示意图

1. 水套出水口；2. 无细胞液；3. 纤维圆盘篮筐；4. 水套；5. 抽液管；6. 搅拌导流管出口；7. 加或收 PBS；8. 加培养基；9. 进气；10. 收液；11. 轴套；12. 可调水平收液管；13. 进气管线；14. 无细胞培养基；15. 浸透已通气培养基的圆盘床；16. 聚酯纤维圆盘；17. 筛网内气室中的气泡；18. 培养基循环；19. 水套进水口

其搅拌装置设计独特，通过3个导流筒在搅拌中可产生负压，迫使培养液流入中心管，再从导流管流出，使培养基不断流经填料，培养液和细胞在较低的转速下就可均匀混合，有利于营养物和氧的传递。据报道，该反应器可使杂交瘤细胞和CHO工程细胞的密度达到10^8个细胞·cm^{-3}床体积，单抗和t-PA的产量较用固体微载体培养分别高12倍和27倍。

② 流化床生物反应器　在流化床生物反应器中，较培养液密度高的微载体被向上流动的培养液流化，从而导致流化床高度随着液流增加。流化床生物反应器特点是低剪切力、传质性能好。常见的流化床生物反应器有Verax公司推出的CF-IMMO培养系统——多级流化床生物反应器（图3-15）或SF-2000流化床生物反应器。该类反应器专用于比重较大的多孔微球的培养。微球由胶原制成，直径为500 μm，孔径20～40 μm，密度较大（为1.6～1.8 g·mL^{-1}，这是因为在该载体内加入了钛微粒）。当培养液从流化床下部以一定流速往上输入时，微球可在一定范围内悬浮旋转，从而保证了微球内细胞可获得充分的营养和氧。Tung等用SF-2000流化床生物反应器培养CHO工程细胞生产t-PA，细胞密度和t-PA产量都达到了较高水平（1×10^8个细胞·mL^{-1}，94 mg·L^{-1}）。

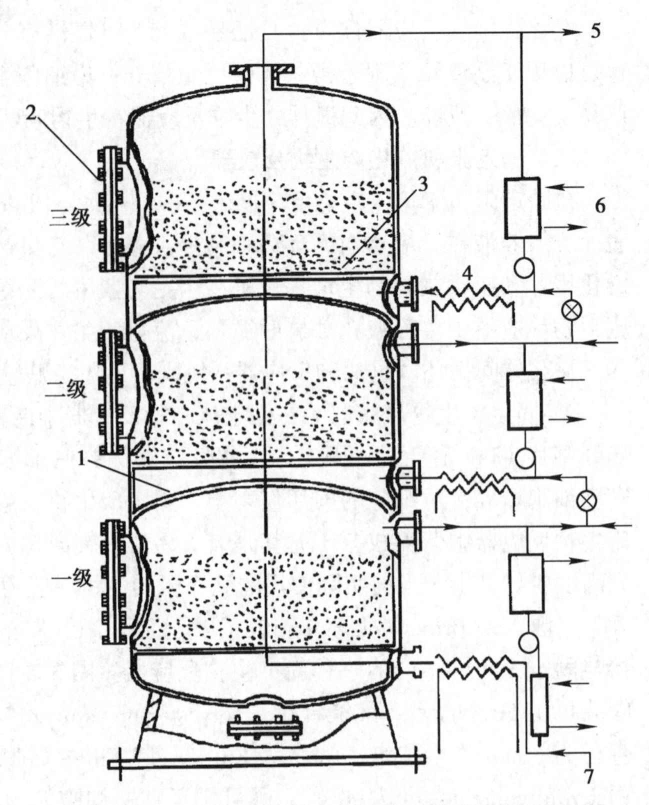

图3-15　多级流化床CF-IMMO生物反应器示意图

1. 固相隔膜；2. 清洁孔；3. 多孔分配板；4. 加热器；5. 收液；6. 膜气体交换器；7. 培养基进口

（3）气升式生物反应器

20世纪50年代之前，Scoller就将气升的原理用于发酵，早期气升式生物反应器（airlift bioreactor）都用于微生物培养，生产单细胞蛋白和处理废液，直至70年代后才被用于动物细胞的培养。该反应器（图3-16）的特点是气体通过装在罐底的喷管进入反应器的导流管，致使该部分液体的密度小于导流管外部的液体密度，而使液体形成循环流。气升式生物反应器一般有两种构型，内循环式和外循环式。与搅拌式生物反应器相比，它具有剪切力小、混合均一、氧和营养的传递好等优点，同时由于没有机械搅拌结构，有利于设备的密封，也降低了造价。在培养动物细胞时，为了减少因气泡的张力对细胞造成的危害以及由此产生的泡沫，要求通气时产生的气泡直径为1～2 mm，通气比为0.01～0.06 vvm。该反应器既可用于悬浮细胞培养，也可用于贴壁细胞的微载体培养。Lonza公司应用10 000 L气升式生物反应器培养杂交瘤细胞来生产单克隆抗体。

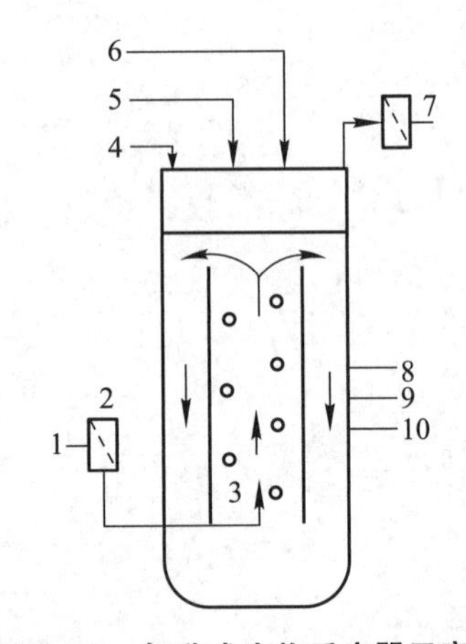

图3-16　气升式生物反应器示意图

1. 进气；2. 过滤器；3. 导流筒；4. 接种；5. 无菌培养基；6. 消毒用蒸汽；7. 排气过滤器；8. pH电极；9. 温度计；10. 溶氧电极

知识拓展3-16
比较各种生物反应器的区别

（4）中空纤维式生物反应器

1972年Knazek首次报道了用中空纤维培养细胞的方法，中空纤维式生物反应器（hollow-fiber bioreactor）模拟了机体内毛细血管系统，取得了较好的培养结果。中空纤维式生物反应器由一束中空纤维组成，中空纤维的直径一般小于 200 μm。这些纤维膜对一定相对分子质量的物质进行截留，小于此截留相对分子质量的物质可自由通过纤维膜。细胞生长在纤维的外部空间，而培养基在中空纤维内部进行循环，营养物质通过中空纤维进行交换。中空纤维式生物反应器可提供的表面积与体积的比值高达 200 $cm^2 \cdot mL^{-1}$。这样就可以在很小的体积内使大量的细胞贴附于纤维膜上生长。中空纤维的截留相对分子质量的选择主要取决于使用目的，即目标蛋白是保留在纤维的外部空间还是通过纤维进入循环的培养液中。

中空纤维式生物反应器不足之处：相对难以放大；由于形成营养成分和氧梯度培养环境不均一，不能对反应器内的细胞定量；不能重复使用。

VitafiberⅡ型圆柱状中空纤维反应器（图 3-17）是由数百乃至数千根中空纤维集束组成。该纤维的材料为聚砜（polysolfone）或丙烯共聚物（acrylic copolymer）。纤维壁厚为 50 ~ 100 μm，呈多孔性，内层为超滤膜，可以截留相对分子质量为 10 000、50 000 或 100 000 的物质。内腔直径为 200 μm，两端用环氧树脂等材料将纤维黏合在一起，并使内腔开口于外加的塑料圆筒，使形成两个隔开的腔。内腔用以灌流充以氧气的培养基，外腔用以培养细胞。该反应器既适于贴壁细胞培养，也适于悬浮细胞培养。当细胞接种于外腔后，细胞可附着于纤维表面，也可渗入海绵状纤维壁，1 ~ 3 周后可占据所有纤维间空间，并在纤维表面堆积成多层（甚至十多层）细胞，细胞密度可高达 10^8 个细胞 · cm^{-3}，此时细胞的分裂停顿，但其代谢和分化功能可长期保持达数月之久。细胞可保持较高的存活性、健康的形态和核型。 该反应器的优点是占地空间小，产品产量和质量高，生产成本低（生产 1 g 纯化的单克隆抗体的生产成本，为用小鼠腹水生产成本的 1/2，为搅拌式生物反应器生产成本的 1/6）。不足之处：①不能重复使用；②不耐高压蒸汽灭菌，需用环氧乙烷或其他消毒剂灭菌；③难以取样检测。

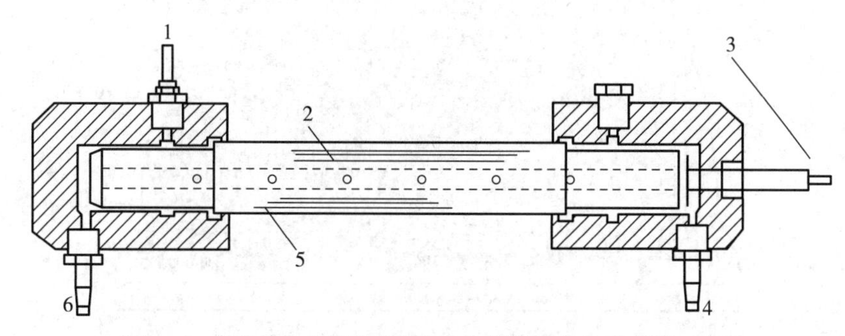

图 3-17　VitafiberⅡ型圆柱状中空纤维式生物反应器示意图

1. ESC 出口；2. 中空纤维；3. 细胞接种管；4. 培养基进口；5. 中空纤维外部空间（ESC）；6. 培养基出口

（5）一次性生物反应器

除了上述传统的生物反应器外，近些年一次性生物反应器（disposable bioreactor）也逐渐应用到药品研发及生产的不同阶段。一次性生物反应器的罐体通常都是由美国食品药品监督管理局（FDA）认可的一次性塑料制成，这些塑料一般为聚乙烯、聚丙烯等材质。一次性生物反应器可以使用传统的标准电极或者一次性的电极在线监测 pH、温度和溶氧等参数。

一次性生物反应器使用灵活方便，操作简单，避免了批次间的交叉污染；无须验证，可快速投入使用，减少时间及固定资产的投入。不足之处：罐体的材质为一次性的塑料，罐体的机械性能差；培养罐体的一次性使用增加了运行成本。

① WAVE 生物反应器　WAVE 生物反应器（图 3-18）采用创新的非介入搅拌理念，为细胞提供最佳的生长环境，从而显著提高细胞密度、改善细胞生长状态，为可放大的新型自动化细胞培养平台。在 WAVE 生物反应器中，细胞及培养液被置于一个预先消过毒的称为细胞袋（cell bag）（图 3-19）

的无菌塑料袋中。培养基和接种细胞处于这样一个密封、无菌并且气密性好的细胞袋中，通入经除菌过滤器过滤的空气后形成一个具有一定空间的培养容器。将细胞袋置于一个摇动平台上，随着平台的摇动，培养液在细胞袋中形成波浪式的运动，通过这种温和的波浪式运动达到良好的供氧和混合的目的。同时，这种运动方式所产生的剪切力小，小于传统罐体中用搅拌或者气升式方法所产生的剪切力。波浪式起伏的培养基液面不断地和通入袋子内的空气反复接触混合，为细胞生长提供足够的溶氧。通过调节摇动平台的摇动频率和角度，以及向袋子内通入一定比例的空气－氧气混合气，可以提供更高水平的溶氧以支持高密度的细胞生长。一个培养周期结束培养液被收获，细胞袋可以作为“生物垃圾”处理，可将一个新的细胞袋置于摇动平台上，开始新一批的培养，节约批次发酵之间的准备时间。研究表明，经过优化的细胞袋几何形状、细胞袋附件、细胞袋材料、摇动频率和角度可以提供足够的溶氧水平，用以支持高密度大规模细胞培养，并且不会形成泡沫和剪切力的破坏作用。

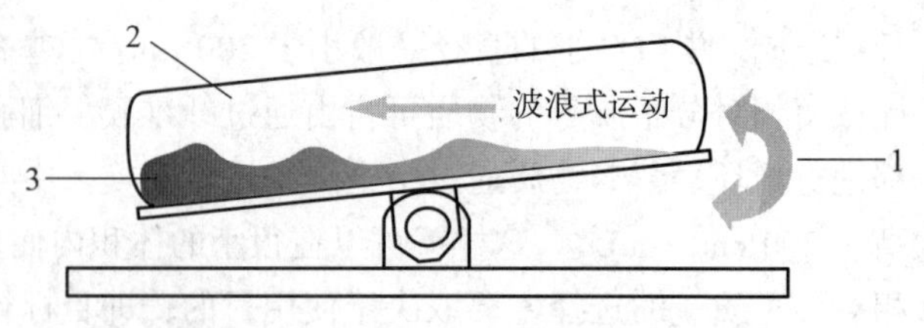

图 3–18 WAVE 生物反应器原理示意图

1. 摇摆方向；2. 充气细胞袋形成一次性培养箱；3. 细胞培养液

WAVE 生物反应器适用于各种类型的细胞培养，包括 CHO、NS0、杂交瘤、HEK293、昆虫细胞、杆状病毒、腺病毒、T 淋巴细胞、植物细胞和初级人类细胞株。

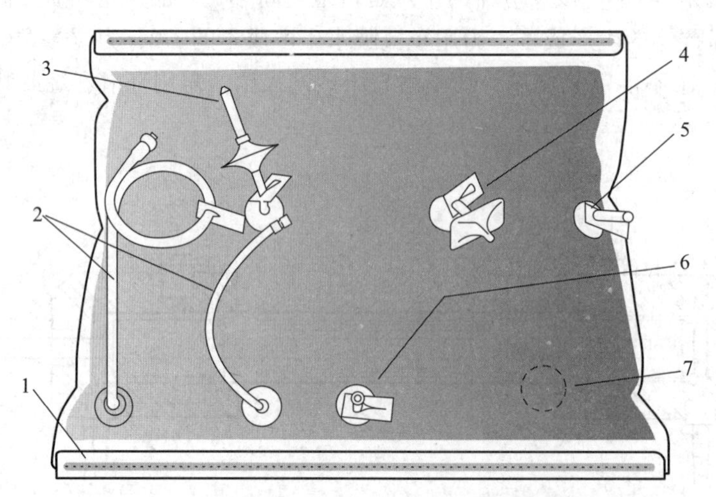

图 3–19 细胞袋（cell bag）各接口示意图

1. 细胞袋固定夹；2. 接收 / 收获管路；3. 出口空气滤器；4. 入口空气滤器；5. 溶氧电极插口；6. 无菌取样口；7. 备用接口

② 搅拌式一次性生物反应器　搅拌式一次性生物反应器是目前应用最广泛的一次性生物反应器，由于培养罐体的设计及操作规模的不同可分为多种类型。美国 GE 公司的 Xcellerex XDR（图 3–20）和 Thermo Scientific 公司的 HyClone Single–Use Bioreactor（以下简称 S.U.B.）（图 3–21）是目前市场上广泛应用的两种搅拌式一次性生物反应器。两者均为动物细胞培养设计：运用一次性的圆柱形袋子作为罐体，罐体置于可加热不锈钢支架中，不锈钢支架用于支撑和固定一次性罐体，搅拌桨、微泡通气、过滤器、各种电极的接口及管路等均预安装到袋子上。

S.U.B. 生物反应器采用顶部机械搅拌，Xcellerex XDR 生物反应器采用底部磁力搅拌。袋子的尺寸及搅拌桨的位置等相关设计标准与不锈钢罐体的设计标准是一致的。Baxter、Lonza 等公司的大量实验证实，运用搅拌式一次性生物反应器得到的产品质量和表达量与运用不锈钢生物反应器相当。Xcellerex XDR 生物反应器和 S.U.B. 生物反应器现在已广泛应用于种子液扩增、单抗及疫苗的生产中。

知识拓展 3–17
乳腺生物反应器

生物反应器是大规模培养细胞中最重要的设备，也是生物制药工艺中的关键设备，会直接影响产

图 3-20 Xcellerex XDR 生物反应器

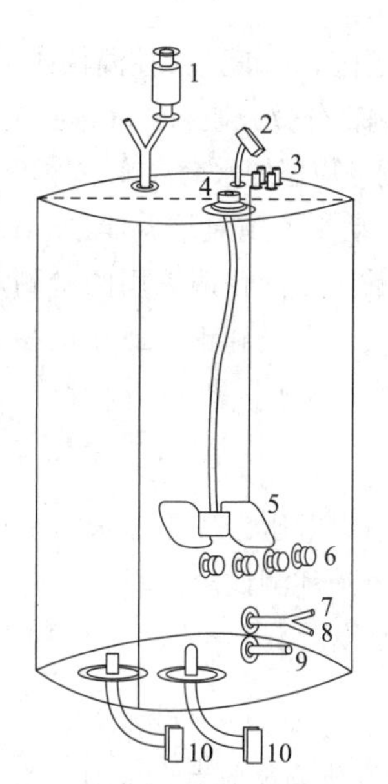

图 3-21 S.U.B. 生物反应器硬件系统示意图

1. 排气过滤器；2. 通气阀；3. 加料孔；4. 可装配密封圈；5. 内置转轮；6. 带有 kleepack 接头插孔；7. 温度计探头插孔；8. 样品孔；9. 排液孔；10. 气体喷射孔

品的产量和质量。随着生物反应器相关技术及细胞工程的发展，必将有更新更高效的生物反应器被开发和应用。

3.6.2 动物细胞生物反应器的监测控制系统

细胞培养的过程中随着细胞的生长增殖，营养成分不断消耗，产物逐渐生成累积，细胞的培养环境一直在变化，如果这种变化超出了限定范围，就会对细胞的生长以及产物的生成产生不利影响。因此在动物细胞培养的过程中需要对一些重要参数进行监测控制使整个培养系统保持在最佳状态进而获得更多产品。

（1）培养过程中监测控制参数

动物细胞培养与微生物培养所需检测的各种物化参数大致相同。其中有些参数可直接在线（on-line）经传感器检出，如温度、pH、搅拌速度，溶氧等；有些则需要取样离线（off-line）检测，如活细胞数、氨基酸、葡萄糖、乳酸和氨离子浓度分析等；有的则需在检测后进行计算后才能获得，如细胞的群体倍增时间、细胞的比增长率、葡萄糖消耗率、乳酸产率、产品生产率等。

△ 技术应用 3-11
生化分析仪

（2）主要参数的检测和控制方法

温度、pH、溶氧和搅拌速度是动物细胞培养过程中监测控制的主要参数。温度、pH、溶氧等传感器原位安装在反应器的相应接口上，可在线高压蒸汽灭菌。中试和生产规模的生物反应器一般装配一些设备以在线监测液位、系统质量以及罐压力等。下面主要介绍几项重要参数，包括：温度、pH、溶氧、搅拌速度、进出液流量和通气量。

① 温度　动物细胞对温度非常敏感，所以必须准确监测和控制温度，例如控制在设定值 ±0.5℃或者更小。温度探头在线灭菌后可较长时间稳定，因此可用于周期较长的流加式和灌流式培养的在线监测。另外，对于在线灭菌的生物反应器会额外安装多个温度探头在罐体的不同位置，用以监测灭菌过程。

目前常用于反应器检测温度的为电阻温度计（铜电阻温度计、铂电阻温度计）。有的将探头直接插入培养基，有的则通过一套管，并在套管内装入传热介质（如甘油）。直接插入培养基内的传感器需耐高压蒸汽灭菌。一般通过控温仪或微处理机以开关（on-off）或三联控制方式（比例积分微分控制，proportional-integral-differential control，PID control）控制反应器的水套温度或加热垫的开关，以达到对温度的控制。

② pH　动物细胞对培养体系 pH 同样敏感，pH 也是反应器的常规检测控制参数。目前普遍采用的检测培养基 pH 的传感器是复合式参比电极，它由玻璃电极和银－氯化银参比电极组成（图 3-22），其输出电位可用下述公式表示，即

$$U = E_0 - E_R - E_J + S \cdot \lg \alpha_{H^+}$$

式中，U 为输出电压，E_0 是玻璃电极的零电位，E_R 是参比电极的电位，E_J 是参比电解液和测试溶液间的接点电位，S 是 pH 电极的"斜率"，α_{H^+} 是氢离子的活度。由于 pH 是 α_{H^+} 的负对数，因此该公式又可表示为

$$U = E_0 - E_R - E_J - S \cdot \mathrm{pH}$$

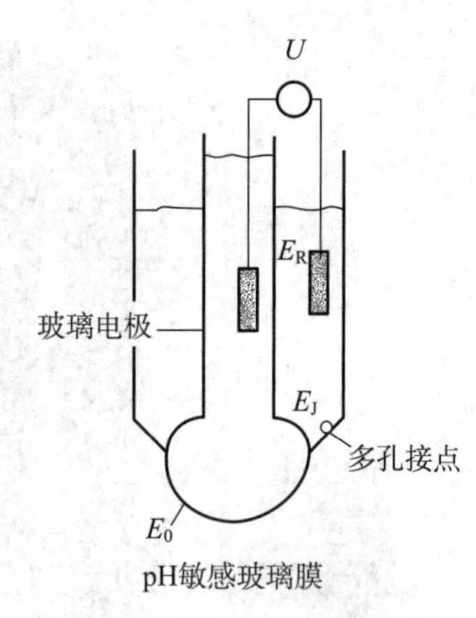

图 3-22　复合式参比电极

pH 电极在生物反应器灭菌前一般经两点校正确定电极的零点和"斜率"。pH 电极普遍存在的问题就是信号漂移，因此在培养的过程中需要根据离线检测的结果进行再校正。对于中试及大规模培养，一个普遍且安全的方式就是使用双 pH 电极，如果一个电极出问题，可以使用另一电极替代。pH 控制一般以比例控制（proportional control）或三联控制的方式通过两个途径来实现。

在培养初期，培养基的 pH 通常偏高，此时主要靠对电磁阀的控制，控制进入培养基的 CO_2 量。由于 $CO_2 + H_2O \longleftrightarrow H_2CO_3 \longleftrightarrow H^+ + HCO_3^-$，增加了 H^+ 浓度，使 pH 下降。当细胞密度提高，代谢产物乳酸的积累，使 pH 开始下降，此时主要靠控制加碱蠕动泵的开关，控制其加入 $NaHCO_3$（0.65 mol · L^{-1}）或 NaOH（0.1 ~ 1 mol · L^{-1}）的量，使 pH 上升。

为了使培养基的 pH 得到更好的控制，如前所述，常常在配制培养基时添加某些缓冲系统，以及加入某些缓冲剂等。此外，用果糖代替葡萄糖作为碳源也有利于 pH 的稳定。

知识拓展 3-18
生物反应的限制速率

③ 溶氧　在细胞培养的过程中对溶氧的监测控制是非常重要的，尤其对于高密度的细胞培养。目前用于生物反应器检测溶氧的传感器多数是极谱式（polarographic）或电流式（galvanic）覆膜溶氧电极，其原理相同，即当给浸入稀盐酸溶液的两根电极间加上合适电压时氧被还原，使线路中产生电流。电极可以由纯铅和银组成，也可由铂和银组成。其化学反应如下：

Pb 阳极　　$Pb + 2Ac^- \longrightarrow Pb(Ac)_2 + 2e^-$

Ag 阴极　　$O_2 + 2H_2O + 4e^- \longrightarrow 4OH^-$

Ag 阳极　　$4Ag + 4Cl^- \longrightarrow 4AgCl + 4e^-$

Pt 阴极　　$O_2 + 2H_2O + 4e^- \longrightarrow 4OH^-$

为防止裸露的电极表面中毒，降低电流输出，也为了防止培养基内氧以外的其他可溶成分被还原，以及搅拌对电极的干扰，故在电极顶端加一透气膜，并用一薄层电解液使其和电极分开，从而构成了覆膜溶氧电极（图 3-23），此时电极的电流输出量可用如下公式表示：

$$i = (K \cdot A \cdot D \cdot S \cdot Z^{-1})\, P_{O_2}$$

式中，i 为输出电流，K 为常数，A 为阴极表面面积，D 为膜内氧的扩散系数，S 为膜内氧的溶解系数，Z 为厚度，P_{O_2} 为溶氧分压。

为提高电极的敏感性，需选择薄而透气性高的膜。

由于氧属于难溶性气体，在 25℃、一个大气压时，氧在纯水中的平衡浓度为 8.5 g · m^{-3}，在培养液中则不高于 8 g · m^{-3}。而实

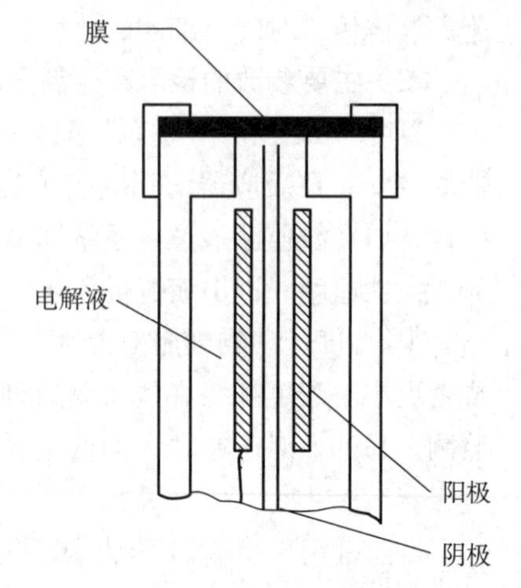

图 3-23　覆膜溶氧电极

际能被细胞利用的常在20%以下，大部分未被利用即从反应器中排出。因此如何控制氧的供应，提高氧的传递，一直是化学工程工作者的研究课题，也是反映生物反应器性能好坏的一个重要指标。在微生物发酵时，溶氧的控制主要通过溶氧电极的信号，以三联控制或简单的开关控制方式控制进气阀以及改变搅拌速度。对于动物细胞，由于它们对搅拌引起的剪切力和气泡都很敏感，因此要保持所需的溶氧比较困难。目前常采用的措施如下：

- 改变进气的组成。为适应动物细胞生长的需要，近代的生物反应器都采用O_2、N_2、CO_2和空气4种气体供应，并可根据需要，以三联控制方式调节其进气比例。培养后期细胞密度很高时，可用氧气替代空气。
- 加大通气量。
- 适当提高转速。为避免剪切力的影响，可加入Pluronic F68（0.01%～0.1%）等试剂提供一定程度的保护。

除上述措施外，最近有报道将血红蛋白加入培养基内使溶氧量增加，尽管该法有效，但成本太高。此外适当提高罐压，也是一种可取的方法。

④ 搅拌速度　正如前述，搅拌的作用在于使罐内的物料充分混合，有利于营养物质和氧的传递，因此在可能的情况下总希望采用较高转速，如在微生物培养时一般转速都在400 $r \cdot min^{-1}$以上。但在动物细胞培养中，由于它们没有细胞壁，对剪切力较敏感，Stathopoulos等报道，当剪切力为2.6～5.4 Pa时，人胚肾细胞成活率在作用2 h后降到75%，作用24 h后降至20%。因此搅拌速度一般控制在100 $r \cdot min^{-1}$左右。在采用微载体培养时，为了使细胞良好地贴附不至于脱落，搅拌速度常采用40～60 $r \cdot min^{-1}$。目前搅拌速度控制一般靠实践经验加以人为地设定和调节，并采用电磁感应技术用转速计显示其转速。

⑤ 进出液流量　在半连续、连续和灌流培养过程中，都需要不断补充新鲜培养基，并抽出部分反应物。尽管现在已有可以安装在管线内、可以灭菌的转子或电子流量计，但一般都采用间接法，即通过对泵速的控制达到对流量的控制（事先可绘制泵速和流量的相关曲线）。

⑥ 通气量　根据作用原理的不同，流量计可分成体积流量型和质量流量型。体积流量型是根据流体动能的转换以及流体流动类型的改变而设计的测量装置，它会引起流体能量的不同程度的损失，而且测量值受到温度和压力变化的影响，主要有转子流量计和同心孔板式压差流量计。质量流量型是根据流体的固有性质，如质量、导电性、热传导性等进行设计的流量计。利用热传导性对空气进行测量时没有能量损失，也不受温度和压力的影响。

上述几方面是最基本的控制参数。此外，如罐压（用自动气动薄膜阀控制）、液位（用电接触点进行控制）、质量、溶解的二氧化碳以及生物量等参数，在培养过程中也常被监测。特别是近年来计算机已被应用于生物反应器中，使这些参数的测定和控制更加方便、更加精确。

3.7　动物细胞产品的纯化和质量控制

3.7.1　动物细胞表达产品的特征

这里的动物细胞产品，主要是指利用基因工程手段构建的工程细胞生产的蛋白质类产品，如组织型纤溶酶原激活物、促红细胞生成素等。

①工程细胞表达的产品，常常和细胞内容物、培养基成分，特别是牛血清中的各种蛋白质成分（采用有血清培养基时）等混杂在一起，而这些成分的物理、化学性质又常常和目的产物非常相似，因此很难将它们分离开；②由于产品多数用于人体，为防止杂质对人体的有害作用，因此对产品的纯

度要求很高。目前对生物工程产品一般都要求其纯度在98%以上；③大多数动物细胞表达的产物产量低、生物活性很不稳定，因此要求纯化过程中所有的操作都应该非常温和、精细，包括溶液的温度、pH和盐离子强度等都需要严格控制，这就需要有相当精密的设备和检测仪器；④细胞表达产品多数具有翻译后修饰结构，产品组分是由多种异构体组成，在纯化过程中有效去除杂质的同时，要求最大限度富集目标异构体，并且相应使用分离度较高的纯化方法；⑤由于细胞产品多种多样，他们的氨基酸组成、结构、相对分子质量大小和等电点等都不尽相同，因此分离纯化技术的通用性差，必须根据每一种产品的特点研究开发出适合于该产品的专用的分离纯化技术。

3.7.2 动物细胞表达产品常用的纯化方法

由于动物细胞表达的产品与基因工程菌表达的不同，一般都是以分泌在细胞外、具有活性的形式出现在培养上清液中，因此不需要如基因工程菌那样，先破碎菌体、收集包含体，并进行复性等处理。动物细胞表达产品分离纯化的主要方法包括各种原理的层析和膜分离技术等。但同时我们也应注意到，蛋白质分离纯化技术多种多样，且随着分离介质的开发不断发展，新的方法必将得到越来越广泛的应用。

（1）超滤

知识拓展 3–19
切向流

超滤是一种膜分离技术，它通过膜表面的微孔结构对物质进行选择性分离。如图3–24所示，当液体混合物在一定压力下流经膜表面时，小分子溶质透过膜，而大分子物质则被截留，使原液中大分子浓度逐渐提高，从而实现大、小分子的分离、浓缩和净化。超滤膜的孔径在0.001～0.1 μm之间。与普通微孔过滤不同的是，超滤的过滤方式是切向流过滤，即流向是切向（平行）于滤膜表面的。超滤装置分为板式、管式、卷式和中空纤维式等。超滤广泛应用于动物细胞表达产品的浓缩、脱盐、分离和除热原等。

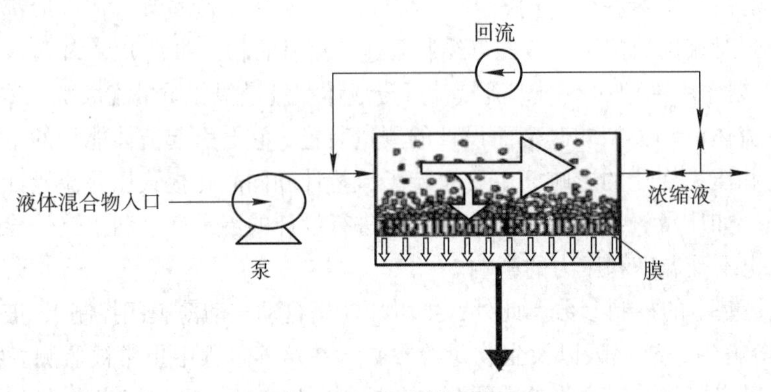

图 3–24 超滤的原理

（2）离子交换层析

各种蛋白质由于其氨基酸的组成不同，有的含酸性氨基酸（如天冬氨酸、谷氨酸）较多，有的含碱性氨基酸（如赖氨酸、精氨酸、组氨酸）较多，因此在某一特定的pH溶液中不同蛋白质所带电荷的性质和数量也就各不相同。当这些蛋白质流经阳离子或阴离子交换柱时，带异性电荷的蛋白质就被吸附。而当溶液的pH向该蛋白质的等电点方向改变，以及提高溶液的离子强度时，就可降低或消除这种吸附，使原来被吸附的蛋白质随着改变了pH和离子强度的溶液的流出从柱上解离下来。

常用的离子交换介质有：①离子交换琼脂糖凝胶，是琼脂糖（sepharose）被导入功能集团的层析载体。主要类型有DEAE（二乙氨乙基）–sepharose、QAE［二乙基–（2–羟丙基）–氨乙基］–sepharose、CM（羧甲基）–sepharose和SP（磺酸丙基）–sepharose等，前两者属阴离子交换剂，后两者属阳离子交换剂。②离子交换纤维素，是在纤维素分子上结合离子基团而制成。改良型离子交换纤维素是利用微晶纤维素加以适当交联，再结合上离子基团。由于其纤维短、粒子细、相对密度大，能装成较紧密的柱，分离效率更高。

（3）亲和层析

亲和层析是利用蛋白质分子（配体）能与其相应的配基进行特异性的、非共价键的、可逆的结合来达到分离纯化的目的。所谓配基，是指能与某些蛋白质进行特异性结合的化合物，如酶和酶的作用物或底物、激素和受体、抗原和抗体等。在亲和层析中最常用的载体是琼脂糖凝胶和葡聚糖凝胶，为了将配基结合在载体上，需用活化剂先将载体上的活化基团活化。对于多糖类载体，活化的方法有溴化氰活化法、高碘酸氧化法、环氧乙烯偶联等。为了在亲和层析中既能保证配基和配体很好地结合，又能在一定条件下很容易解离而被洗脱下来，选用的配基和配体的亲和力要适当，一般要求其亲和系数在 10^{-7} ~ 10^{-6}。在亲和层析中，用得最多的是抗体亲和层析。该法具有简便、快速、容量大、回收率高等优点，特别适合于目的产物含量很小，又不很稳定的生物活性物质的分离纯化。如有报道用该法纯化干扰素，仅一步纯化倍数即可达 5 000 倍。

知识拓展 3-20
亲和层析的种类

（4）疏水层析

疏水层析是利用分子表面疏水性差别来分离蛋白质和多肽等生物大分子的一种常用的纯化方法。疏水层析介质一般是惰性的球形颗粒基质，其上偶联着烷基或芳香基团配基，可以与蛋白质和多肽等生物大分子表面的疏水性基团发生疏水相互作用而结合。溶液中高浓度盐可以增强蛋白质和多肽等生物大分子与疏水层析介质之间的疏水作用。利用该性质，在高盐浓度下将待分离的样品吸附在疏水性层析介质上，然后线性或阶段降低盐浓度选择性地将样品解吸。疏水性弱的物质，在较高盐浓度时被洗脱下来，当盐浓度降低时，疏水性强的物质才随后被洗脱下来。硫酸铵沉淀或者是离子交换层析后的样品一般含有较高浓度的盐，可以不经过或经过很少的处理，直接上样到疏水层析柱上，所以疏水层析是硫酸铵沉淀或者是离子交换层析后的理想的下游纯化步骤。分离动物细胞表达产品常用的疏水层析填料主要有 Butyl Sepharose 4 FF、Phenyl Sepharose 6 FF、Macro-Prep Methyl HIC、Macro-Prep t-Butyl HIC 以及 Fractogel EMD Phenyl 等。

（5）高效液相层析

高效液相层析在方法原理上与一般的吸附层析无差别，只是在动力学性质上进行了改进和提高，如采用粒度小（5 ~ 10 μm）、筛分窄（±1 ~ 2 μm）的吸附剂，以及应用高压匀浆装柱技术，提高了层析柱内填充床的致密均匀性，从而取得了更好的分离效果。与传统的方法相比，它具有高速、高效、灵敏、自动化、并可大量制备等优点，因此近年来已被广泛地用于高技术生物制品的分离纯化中。主要组成部件包括：①储液罐，用以存放洗脱液。②脱气装置，用以除去洗脱液中溶解的气体。③高压输液泵，用以将储液中的洗脱液在高压下连续不断地送入层析柱顶部。一般输出压力为 150 ~ 250 kg · cm^{-2}，并要求平稳、脉动小。④过滤器，用以防止洗脱液中的固体微粒或纤维流入泵体。⑤梯度淋洗装置，将两种或两种以上不同极性但可以互溶的溶液，使之随着时间的改变按一定比例混合，改变洗脱液的极性，以便缩短分离时间、增加分辨率、提高灵敏度。⑥压力脉动阻滞器，用以阻滞液压波动，起到一定的平稳作用。⑦进样装置，要求高压密封性好、进样量可变范围大、重复性好、使用方便，有隔膜注射进样器和高压进样阀等多种装置。⑧层析柱，通常用优质不锈钢制作，要求内径均一，1 m 内误差不超 1%，光洁度为▽8；分析柱管径一般为 4 ~ 5 mm，柱长 25 cm；制备用柱则相应放大。当柱压小于 70 kg · cm^{-2} 时，管柱也可用厚壁的玻璃和石英材料制作。⑨检测器，根据检测物质的需要可采用不同检测器，如紫外、荧光、氢焰、示差折光、光导等检测器，对于蛋白质类生物制品则多采用紫外检测器。⑩其他，如控制各种操作程序的微处理器、洗脱产品的自动分布收集的收集器，以及将各种检测信号描记出各组分的色谱峰的记录器等组成。

技术应用 3-12
塔板数的计算

（6）凝胶过滤

凝胶是化学键交联的高聚物溶胀体，其中存在着许多网格小孔。蛋白质分子根据其相对分子质量大小，决定了它进入小孔的分子多少和流经路径的长短。相对分子质量越小，进入小孔的分子越多，流经的路径越长；反之，相对分子质量越大，进入小孔的分子越少，流经的路径越短。该法就是利用不同的蛋白质的相对分子质量大小不同，在凝胶层析床中移动的速率不同，从而达到分离的目的，故又被称为分子筛层析。

作为凝胶过滤用的凝胶必须具备如下条件：①必须是惰性载体，即与欲分离的溶质分子不发生任何作用；②化学性质必须稳定；③尽可能是低电荷；④颗粒大小均匀；⑤机械强度尽可能高。

目前被广泛采用的凝胶有：①交联葡聚糖凝胶，它是由右旋葡萄糖苷为残基的多糖葡聚糖，和甘油基以醚桥形式相互交联形成三维空间的网状结构。对热稳定，酸性环境中糖苷键易水解，在碱性环境中十分稳定。其商品名为“Sephadex”，各种型号用G和阿拉伯数字表示，如G-10，G-50；阿拉伯数字乘以10表示该胶的得水率，如G-50的得水率为500 mL · g^{-1}。②聚丙烯酰胺凝胶，商品名为生物凝胶P（Bio-Gel P），它是由丙烯酰胺单体和甲叉双丙烯酰胺（*N-N′*-methylene bis-acrylamide）等交联剂在一定条件下聚合而成。③琼脂糖凝胶，是琼脂经净化去除其中带电荷的琼脂胶后的一种不带电荷、性质稳定的多糖类凝胶。其商品名因国而异，如Sepharose（瑞典）、Bio-Gel A（美国）、Sagavac（英国）和Gelarose（丹麦）等。④聚丙烯酰胺－琼脂糖凝胶，商品名为“Ultragel”，有三种规格，ACA22、ACA32和ACA34，它们含聚丙烯酰胺和琼脂糖的量分别为2%和2%、3%和2%以及3%和4%。

为有效的分离动物细胞表达的目标蛋白，需将上述不同原理的纯化技术合理的整合，根据不同产品的结构和理化特征选择纯化的方法，并通过科学设计的实验确定各纯化步骤的顺序。确定后的纯化工艺需进行有效性、稳定性和耐用性验证，确保产品经过纯化后符合《中国药典》和相关指南的质量要求。还要特别注意的是，由于蛋白质药物通常以注射剂的方式给药，因此在分离纯化过程中应严格控制微生物限度和细菌内毒素含量。

3.7.3 动物细胞表达产品的质量要求

用动物细胞生产的生物制品已日益增多，每一种产品都有它自身特殊的质量要求，不可能在这里一一介绍。这里主要介绍工程细胞生产的生物制品的共性问题。

（1）工程细胞的要求

为了保证人体的健康，各国对用基因工程手段构建的工程细胞株的质量规定有很严格的要求。包括：①有该细胞的历史资料，包括来源、动物的年龄和性别（若来源于人，则还需该人的病史，以便检查是否存在着病原体）、细胞分离的方法和所用的培养材料等。②有该细胞特性的资料，包括形态、生长的特性（如倍增时间和分种比等）、种源的特性（如核型、同工酶）、细胞抗原以及特异的标记染色体等。对于用于生产的重组工程细胞，则需有载体构建的资料和基因拷贝数等。③无细菌、真菌、支原体和各种病毒，包括反转录病毒等外源因子的污染。④重组工程细胞应进行稳定性研究，考察指标包括细胞鉴别、基因拷贝数和产物表达量等；考察条件包括连续传代和反复冻融。根据稳定性结果确定在生产中细胞可以传代的最大次数和最多冻融次数。

（2）生产工艺的要求

知识拓展 3-21
GMP

要求生产厂房条件必须符合国家规定的GMP要求，生产用设施、原材料及辅料、水、器具等应符合《中国药典》或《中国生物制品主要原辅材料质控标准》现行版标准，未纳入上述标准的化学试剂应不低于化学纯。

在细胞培养中尽可能少用或不用胎牛血清，必须用时需严格挑选，以防病毒和支原体污染。每次培养从生产细胞库取出后记录代数，当达到允许的最高传代代数时，必须废弃，重新从细胞库取出新复苏的细胞用于生产。培养基的配置必须使用纯化水或注射用水。在培养过程中必须详细记录细胞接种量、细胞密度、细胞活率、产物表达量、各种控制参数的变化，包括温度、DO、pH、搅拌速度、进出液体量等。收集的培养液应在低温（2～8℃）保存，并尽快纯化。

在纯化过程中要特别注意操作环境、柱体、洗脱液等的温度，尽可能都保持在2～8℃，以防细菌滋生。所用的器材、载体等都应经无菌和无热原处理。配置溶液的水必须用注射用水。纯化步骤尽可能少，并尽可能一次做到底。若必须停顿时，应将每一步纯化后的中间体置于低温保存。若时间较长，需置于-20℃或-70℃环境下冻存，应先无菌过滤。对于每一步纯化后的产品纯度、提纯倍数和回收率等应详细记录。纯化后的产品需经严格的质量检测，只有在各项指标均合格后才能调剂、分装为产品。

（3）产品的质量要求

对基因工程产品的质量要求简介如下。

① 鉴别　在制药工业中，对于一个产品首先要进行鉴别，确保其符合该产品的各项特征。动物细胞表达产品的鉴别通常包括以下检测方法：

知识拓展 3-22
人用重组DNA制品质量控制技术指导原则

● 免疫印迹　免疫印迹又称蛋白质印迹，是利用抗原抗体的免疫反应，先将蛋白质经SDS-PAGE或等电聚焦电泳分离，然后利用电场力的作用将胶上的蛋白质转移到固相载体上，再加抗体形成抗原-抗体复合物，并利用发光或显色的原理将结果显示在膜或底片上。

● 相对分子质量　由于蛋白质是由氨基酸组成的，因此其相对分子质量可以计算出来。但由于各个氨基酸和水的结合程度并非一成不变，因此允许其测定值与理论值有一定的误差。此外，当采用动物细胞表达糖蛋白产品时，由于培养条件的变动，糖基化的程度会有所变动，这也会影响相对分子质量测定的稳定性。相对分子质量的测定可以采用分子筛层析法、SDS-PAGE电泳法（还原和非还原条件下）、质谱法等。

● 等电聚焦电泳　等电聚焦电泳是依据蛋白质分子等电点的不同，在含有载体两性电解质形成的一个连续的、稳定的线性pH梯度中电泳，从而对蛋白质进行分离和分析的技术。在等电聚焦电泳中，分离仅仅取决于蛋白质的等电点，而与分子大小和形状无关。

② 生物活性　由于蛋白质药物的作用是通过其生物活性起作用的，因此对所有的基因工程蛋白质药物均需测定生物活性。生物活性测定方法一般来说包括体内法和体外法，体内法常常选择小鼠为试验对象，体外法常用的有细胞法、酶联免疫吸附测定法（enzyme-linked immunosorbent assay，ELISA）和酶活力测定法。测定生物活性需采用国际或国家参考品，或经过国家药政机构认可的参考品。相应的，生物活性以国际单位（international unit，IU）或单位（unit，U）标识。

技术应用 3-13
生物活性单位

③ 比活性　在测定生物活性的基础上，结合产品的蛋白质含量，测定其比活性，以活性单位/质量表示。每一种产品的比活性相对稳定，若比活性发生变化，常常反映该产品的空间结构发生了变化。

④ 杂质

● 产品相关杂质　蛋白质类产品稳定性较差，受到环境中温度、机械力、化学物质等影响，极易变性而失去其生物活性；有些蛋白质在变性后生成的聚合或降解产物还会增强其免疫原性，严重影响药品的安全；因此应对产品变性和修饰变化产生的杂质进行严格控制。产品相关杂质检测也称为纯度检测。对动物细胞表达的产品，纯度一般要求在98%以上。按相关指南的规定，必须用两种以上方法检测纯度，包括分子筛高效液相色谱法（SEC-HPLC）、离子交换高效液相色谱法（IEX-HPLC）、反相高效液相色谱法（RP-HPLC）和非还原SDS聚丙烯酰胺凝胶电泳法（SDS-PAGE）等。

● 工艺相关杂质　由于细胞表达产品是与培养基成分和细胞代谢产物混杂在一起分泌出来的，尽管在分离纯化过程中已经去除掉大部分核酸、脂质、糖类以及蛋白质杂质，但仍然有少量的、来源于宿主细胞的蛋白质和核酸，以及在培养和纯化过程中加入的物质（如牛血清、亲和层析中的结合蛋白等）。这些杂质若残留量过大，会对人体产生危害，因此必须检测杂质含量并控制在规定标准之下。

宿主细胞残余蛋白质应不高于蛋白质总量的0.05%。

宿主细胞残余DNA含量应小于100 pg。

牛血清残余应不高于蛋白质总量的0.01%。

其他物质残余，例如在生产中采用了抗体亲和层析，则应检测 IgG 含量，应小于 10 ng。

细菌、病毒和支原体等，需按《中国药典》2020 年版检测，应完全阴性。

热原应采用家兔法或鲎试验法（LAL）作热原检测，标准参照《中国药典》2020 年版。

⑤ 蛋白质结构确证　这是对重组蛋白质产品的特殊要求。由于在蛋白质产品中，有无糖基化、核苷酸序列是否一致，单纯从产品的纯度和生物活性有时是无法区分的，而这种微小的变化却有可能影响到该产品在体内的作用、免疫原性、半衰期等。根据 2008 年颁布的《人用重组 DNA 制品质量控制技术指导原则》的要求，必须对产品的蛋白质性质做以下鉴定：

● 光谱分析　应使用紫外 - 可见吸收光谱法测定，使用圆二色谱、核磁共振（NMR）、或其他适当的方法检测制品的高级结构。

● 氨基酸末端序列测定　氨基酸末端分析用于鉴别 N 端和 C 端氨基酸的性质和同质性。若发现目的产品的末端氨基酸发生改变时，应使用适当的分析手段判定变异体的相应变异数量。应将这些氨基酸末端序列与来自目的产品基因序列推导的氨基酸末端序列进行比较。

● 氨基酸组成　使用各种水解法和分析手段测定氨基酸的组成，并与目的蛋白基因序列推导的氨基酸组成或天然异构体比较。如需要时应考虑相对分子质量的大小。多数情况下，氨基酸组成分析对肽段和小蛋白质可提供有价值的结构资料，但对大蛋白质一般意义较小。在多数情况下，氨基酸定量分析数据可用于确定蛋白质含量。

● 肽图分析　应用合适的酶或化学试剂使所选的产品片段产生不连续多肽，应用 HPLC 或其他适当的方法分析该多肽片段。应尽量应用氨基酸组成分析技术，N 端测序或质谱法鉴别多肽片段。对批签发来说，经验证的肽图分析经常是确证目的产品结构或鉴别的适当方法。

● 巯基和二硫键　如果目的产品基因序列存在半胱氨酸残基时，应尽可能确定巯基和（或）二硫键的数量和位置。使用方法包括肽图分析（还原和非还原条件下）、质谱测定法或其他适当的方法。

● 糖类结构。应测定糖蛋白中糖类含量（中性糖、氨基糖、唾液酸）。此外，尽可能分析糖类的结构、寡糖形态（长链状）和多肽的糖基化位点。

● 消光系数（或摩尔吸光度）　多数情况下，可取目的产品于紫外 / 可见光波长处测定消光系数（或摩尔吸光度）。消光系数的测定为使用紫外 / 可见光或分光光度计检测已知蛋白质含量的溶液，蛋白质含量应用氨基酸组成分析技术或定氮法等方法测定。

⑥ 稳定性　对基因工程产品的原液和成品应分别进行稳定性考察。在开展稳定性研究之前，应首先进行强制破坏实验，确定产品的稳定性指示方法。对原液应通过实验确定其保存条件，通常的保存温度是 2 ~ 8℃、-20℃或 -70℃，并确定在保存条件下可放置的时间，原液稳定性的考察应包含所有质量标准中的项目和稳定性指示方法。产品的稳定性考察包括加速实验和长期稳定性实验。加速实验是考察产品在高于保存温度下短时间放置的稳定性，通常选择 25℃或 37℃，检测项目包括所有质量标准项目和稳定性指示方法；长期稳定性是考察产品在保存条件下长期放置的稳定性和确定有效期，检测指标与加速实验相同。生物制品产品的保存条件多数是 2 ~ 8℃，有效期一般不能短于 2 年。需要注意的是，考察稳定性时产品应放置在拟用于临床使用的包装材料内。

⑦ 临床前药理毒理　所有上述的检测和鉴定要求，都还只是证明药物本身的可靠性，以及生产工艺的稳定性。要证实药物在体内的药效和安全性，还需要用动物进行一系列试验，包括药理学（药效学、药代动力学、一般药理学等）、毒理学（包括急性毒性和长期毒性、遗传毒性、生殖毒性等）等试验。通过这些研究才能初步了解该药在体内的分布、作用和对全身各个系统的影响、排泄途径以及持续时间等，以便初步判定该药的安全性和有效性，以及用药的剂量和方案等。只有在动物试验中证明该药确实是安全的和有效的，才允许通过临床试验进一步对其在人体的安全性和有效性作出评价。

知识拓展 3-23
新药开发程序

⑧ 临床试验　根据国家药品监督管理局的规定，在获取新药证书前需完成临床Ⅰ、Ⅱ和Ⅲ期临床试验。

● Ⅰ期临床试验　初步的临床药理学及人体安全性评价试验。观察人体对于新药的耐受程度和药代动力学，为制定给药方案提供依据。

● Ⅱ期临床试验　治疗作用初步评价阶段。其目的是初步评价药物对目标适应证患者的治疗作用和安全性，也包括为Ⅲ期临床试验研究设计和给药剂量方案的确定提供依据。此阶段的研究设计可以根据具体的研究目的，采用多种形式，包括随机双盲法对照临床试验。一般要求有 100 对病例的数据。

● Ⅲ期临床试验　治疗作用确证阶段。其目的是进一步验证药物对目标适应证患者的治疗作用和安全性，评价利益与风险关系，最终为药物注册申请的审查提供充分的依据。试验一般应为具有足够样本量的随机盲法对照试验。通过上述一系列试验，若经新药审评中心审评合格，即可获得新药证书。此时若已有该产品的生产车间并通过 GMP 认证，即可获得生产批件，产品可以上市销售。

● Ⅳ期临床试验　新药上市后应用研究阶段。其目的是考察在广泛使用条件下的药物的疗效和不良反应，评价在普通或者特殊人群中使用的利益与风险关系以及改进给药剂量等。

3.8 动物细胞产品的实例

正如第 1 章中所述，利用动物细胞工程技术生产的生物制品已日益增多。这一技术在生物制药的研究和应用中起到关键作用，截至 2014 年，全世界约 80% 的生物技术药物来自动物细胞工程生产。在这里不可能对动物细胞产品一一加以介绍，下面就几种在动物细胞工程制药的发展历史中具有重要意义的产品做简单介绍。

3.8.1 重组人促红细胞生成素

重组人促红细胞生成素又称血细胞生成素、红细胞刺激因子，是一种增加人体血液中红细胞数量、提高血液含氧量的酸性糖蛋白，在正常人体内有一定的含量，用于维持和促进正常的红细胞代谢。1960 年 Carnot 最早在失血兔子的外周血中发现，可作用于造血系统使红细胞加速生成，但是这一发现在 30 年后才被证实，并被命名为促红细胞生成素。EPO 可与骨髓内红系前体细胞表面的特异性受体结合，促进其血红蛋白的合成并使之分化、增殖成红细胞，从而调节体内红细胞和血红蛋白的生理平衡。在胎儿时期，肝是 EPO 合成的主要器官，成人后仅有 5%～15% 的 EPO 由肝产生，主要由肾皮质区近肾小管周围对氧分压敏感的间质细胞产生。EPO 的合成靠体内的氧分压调节，当氧分压降低时，近肾小管周围的间质细胞的细胞膜上的感受器就会产生信号，促进细胞生成 EPO，并促进红细胞的增生；而当红细胞生成增加，改善了氧的供应，则可反过来抑制 EPO 的产生。

发现之路 3-3
EPO 的发现

1985 年 Lin 等用几种合成的寡核苷酸探针从 Charon 4A 人胎肝基因组文库中克隆了 EPO 的完整基因，并在 CHO 细胞中获得了高效表达。之后陆续有人在大肠杆菌、酵母、叙利亚幼地鼠肾细胞（BHK 细胞）和昆虫细胞中获得了表达。但原核细胞表达的 EPO 由于不能糖基化，在体内无活性。酵母和昆虫细胞表达的 EPO，其糖基中缺少唾液酸，在体内也无活性。目前国内外都是用 CHO 或 BHK 细胞生产，其表达水平一般在 5～15 μg·（10^6 个细胞·24 h）$^{-1}$。

技术应用 3-14
EPO 糖基化的类型

人的 EPO 基因位于第 7 号染色体长臂 11～12 区，由 4 个内含子和 5 个外显子构成。其基因产物包括多肽和糖链两部分。肽链长 193 个氨基酸，细胞分泌时，前 27 个氨基酸的前导信号肽被切除，故成熟的 EPO 由 165 个氨基酸组成。分子内有 2 个二硫键，分别位于 7 位和 161 位、29 位和 33 位，它们对生物活性的构型是必不可少的；有 4 个糖基化位点，分别位于 24 位、38 位、83 位和 126 位。前 3 个为 *N*- 键糖基化位点，后 1 个为 *O*- 键糖基化位点（图 3-25）。一般来说，EPO 的相对分子质量为（34～38）$\times 10^3$，糖链的含量占分子总量的 40%～50%。糖链的唾液酸化程度对 EPO 在体内保持活性很重要，不含唾液酸的 EPO，在体内很容易被肝摄取、代谢而失去活性。我国对 EPO 的唾液酸要求为不低于 9 mol · mol^{-1}。EPO 的等电点为 4.5，对热稳定，80℃不变性，pH 在 3.5 ~ 10 范围内，活性不受影响，因此有利于产品的纯化和保存，不需冻干。

APPRLICDSR^{10} VLERYLLEAK^{20} EAENITTGCA^{30} EHCSLNENIT^{40} VPDTKVNFYA^{50}WKRMEVGQQA^{60}
VEVWQGLALL^{70} SEAVLRGQAL^{80} LVNSSQPWEP^{90} LQLHVDKAVS^{100} GLRSLTTLLR^{110} ALGAQKEAIS^{120}
PPDAASAAPL^{130} RTITADTFRK^{140} LFRVYSNFLR^{150} GKLKLYTGEA^{160} CRTGDR

图 3-25 人 EPO 的氨基酸序列

EPO 开发初期市场用量很小，有的单位采用传统的转瓶生产工艺，也有为了达到高产的目的而采用了固定化灌流培养生产工艺。例如，邓继先等报告的用 NBS 公司生产的 CelliGen plus 填充床式（加有 Fibra-Cel）反应器，根据葡萄糖的消耗速度补充新鲜的培养基，维持稳定的培养和表达体系，细胞密度最高可达 3×10^7 个细胞 · mL^{-1}，填充床式反应器的生产效率达 71 mg · L^{-1} · d^{-1}，是转瓶生产的 12 ~ 14 倍。在纯化工艺中，他们改变了国内外多数单位采用阴离子交换柱或亲和色谱柱作为纯化第一步的传统方法，采用了三步法纯化，即 C6 反向色谱—DEAE 离子交换色谱—Sephacryl S-200 分子筛色谱，产品纯度达 98% 以上，比活性达 1.5×10^6 IU · mg^{-1}，总回收率在 30% 以上。

EPO 是第一个被发现并被批准应用于临床的造血生长因子，也是迄今为止产值最高的基因工程产品，20 世纪 90 年代后半期，EPO 全球市场销售额达到 104 亿美元，成为首只销售额超百亿美元的生物工程药物。2010 年全球血液病治疗药的销售额为 458 亿美元，EPO 约占其中 30% 的份额，即 137 亿美元。EPO 主要用于治疗多种贫血，包括慢性肾衰性贫血、恶性肿瘤放疗和化疗引起的贫血、艾滋病继发性贫血、早产儿贫血等，近年的研究发现 EPO 还可以作为细胞保护因子治疗脑缺血、心肌梗死和充血性心力衰竭，引起了广泛关注。但是，由于其可以提高红细胞和血红蛋白的量、提高氧的交换和利用，因此有些运动员使用 EPO 来达到提高成绩的目的，这是违反国际奥委会相关规定的。因为该药同样也可以带来副作用，约有 10% 的人可出现流感样综合征，有的可因为红细胞压积、血管阻力和血黏度增加，导致血压升高、血栓形成等，所以国际奥委会已将其列入禁止运动员使用的兴奋剂之一。

随着基因工程药物的发展，国外制药公司已成功研制并推出了第二代 EPO 新产品，并在临床应用上初步获得成功。国内也在积极致力于第二代 EPO 的研发和临床实验。第二代 EPO 具有产品使用剂量小、半衰期长、作用效果好、不良反应低等优点，今后将逐渐成为第一代 EPO 的换代产品，更好地解决广大贫血患者的困难。

3.8.2 组织型纤溶酶原激活物

据不完全统计，各种血栓病已成为许多国家人口死亡和致残的第一位原因。其中最严重的是心肌梗死、缺血性脑卒中和肺血栓栓塞，可引起急性死亡。我国患有各种血栓病的患者数估计远在 1 300 万以上。近年来，随着社会经济的发展和人民生活水平的提高，血栓类疾病的发病率正逐年攀升，而日趋严重的人口老龄化又推动了这一市场的进一步扩大。

对于血栓病的治疗有多种方法，如手术疗法、抗凝疗法、介入疗法等，但正如美国心脏病协会 1999 年提出的治疗指导意见所述，目前主要的疗法仍是溶栓疗法。组织型纤溶酶原激活物（tissue-type plasminogen activator，t-PA）作为第二代特异性的溶栓药于 1987 年被美国 FDA 批准上市。它是由美国 Genetech 公司用 CHO 细胞表达的，是第一个用动物细胞大规模生产的基因工程产品。

人的 t-PA 基因位于第 8 号染色体的 p12 ~ q11.2 区，全长 36 594 bp，由 14 个外显子和 13 个内含子组成。天然或重组技术制备的 t-PA 是一单链、含 527 个氨基酸的糖蛋白，相对分子质量为（67 ~ 72）$\times 10^3$，有 17 对二硫键和三个糖基化位点（图 3-26）。当受纤溶酶、组织激肽释放酶等的作

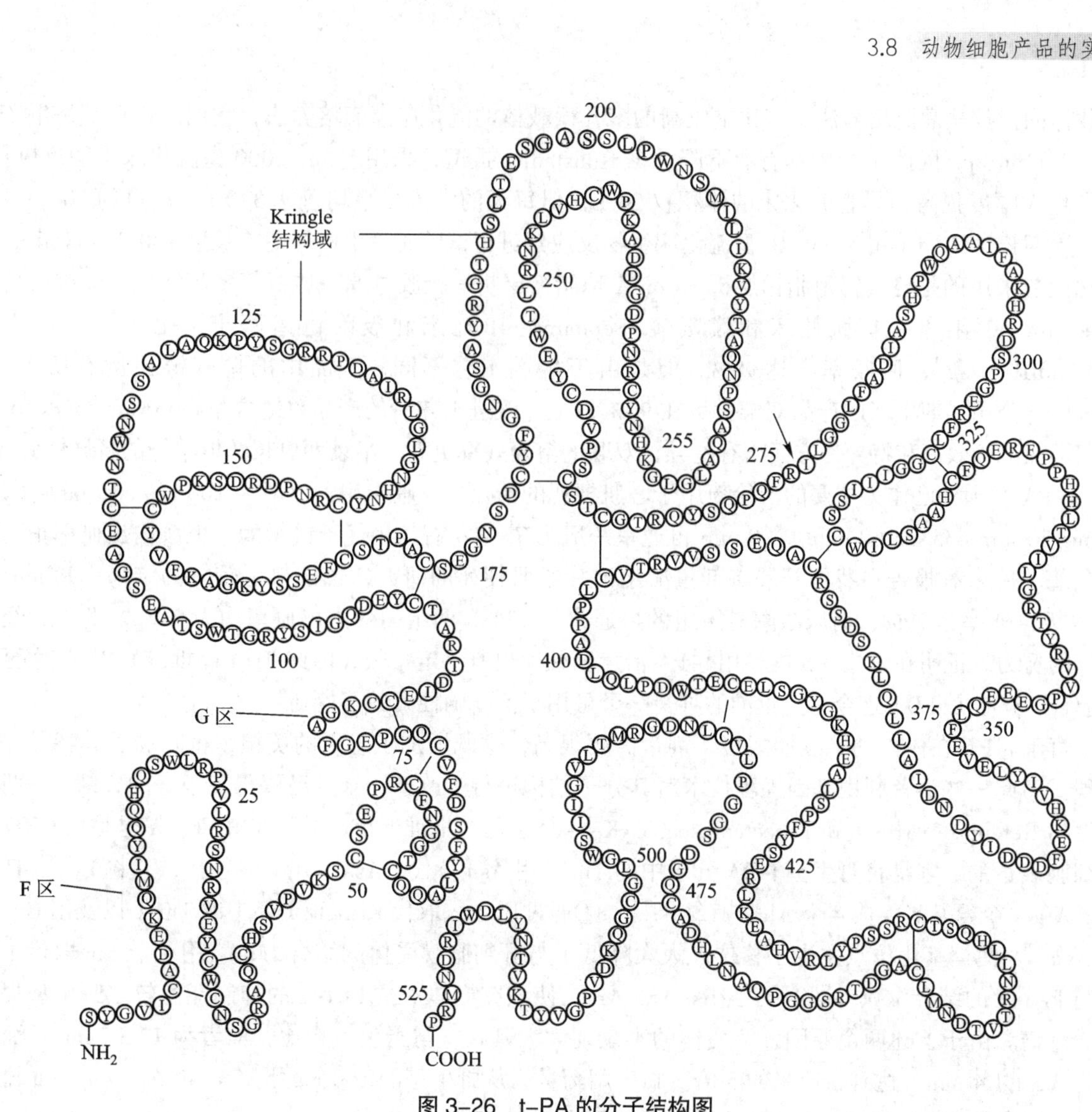

图 3-26 t-PA 的分子结构图

用时，^{275}Arg-^{276}Ile 的肽键被裂解形成双链。N 端为重链或 A 链，C 端为轻链或 B 链。重链包括指状结构区（finger domain，F 区），生长因子同源结构区（growth factor homologous domain，G 区）和 2 个环状或 Kringle 结构区（K1 和 K2 区）。轻链与其他丝氨酸酶有同源性，其活性中心由 ^{325}His、^{374}Asp 和 ^{481}Ser 组成。单链和双链均有生物活性，但前者的特异性较后者强，而后者的溶栓作用较前者强。t-PA 的等电点在 7.8 ~ 8.6 之间，pH 在 5.8 ~ 8.0 时较稳定。

t-PA 是继链激酶和尿激酶之后的第二代溶栓药，与第一代溶栓药相比较，其优点在于它对血栓有特异性溶栓作用。游离的 t-PA 对纤溶酶原的亲和力很低，因此对血液中的纤溶酶原一般不会产生激活作用，而对纤维蛋白却有很强的亲和力，与纤维蛋白结合的 t-PA 对纤溶酶原的激活作用比游离的 t-PA 强 100 倍。正常人的血液中很少有纤维蛋白，只有在血栓中才大量存在纤维蛋白，因此一般不会产生非特异性的全身性纤溶状态。故 t-PA 主要结合于血栓局部，与局部的纤溶酶原一起，构成纤维蛋白、t-PA 和纤溶酶原三元复合物，从而促进 t-PA 对纤溶酶原的激活作用，形成纤溶酶，进而水解纤维蛋白，使血栓溶解。形成的纤溶酶多数结合在复合体中起作用，少量进入血液可与 2- 抗纤溶酶作用而失活，避免了对全身的纤溶系统的破坏。

第一个被批准上市并大量生产的 t-PA 由美国的 Genetech 公司生产。他们使用的是基因工程构建的 CHO 工程细胞株。细胞培养采用 10 000 L 搅拌式生物反应器，并用批式生产工艺，由于每批的生产周期短，因此产量有限，导致成本很高。之后陆续出现了多种其他的生产工艺，有比重较低的多孔

知识拓展 3-24
不同工艺生产 t-PA 的区别

微载体的搅拌式灌流培养法；有比重较高的多孔微载体的流化床灌流培养法，它们的特点都是生产周期长、产量高，因此生产成本有所下降。据 Runstadler 报道，采用 Verax 2000 型流化床生物反应器，生产量大幅度提高，尽管流化床的体积仅 24 L，但每天的灌流量平均可达 330 L，产量约 20 g · d^{-1}，生产周期长达 27 d（用 Verax 10 型流化床生物反应器进行试验时，生产周期曾长达 180 d）。对产品的纯化最初采用的是螯合锌琼脂糖层析—Con A 琼脂糖层析—凝胶过滤—透析等多步纯化，改进后采用 Streamline SP 阳离子扩张柱床和赖氨酸 -Sepharose 4B 柱亲和吸附色谱两步，比活性即可达到 600 000 IU · mg^{-1}，回收率高达 98%。但是由于生产工艺不同，产品中的单双链比例有所不同。Genetech 公司早期生产的产品双链含量在 90% 以上，改进工艺后的产品单链含量在 60% ~ 75%。单链和双链在溶栓效率和特异性方面略有差异，双联的溶栓效率更高、半衰期更长，但单链的特异性更强。

t–PA 在国外已作为主要的溶栓药用于心肌梗死的治疗中，临床用量一般为 100 mg（15 mg/2 min+ 50 mg/30 min + 35 mg/60 min）。90 min 再通率一般为 75% 左右，稍优于链激酶，但颅内出血率稍高于链激酶。后来有报告在我国开展将剂量减半治疗心肌梗死的研究，也获得了较好的结果，90 min 的 2 ~ 3 级再通率达 79%，而尿激酶对照组的再通率仅 53%，两组的颅内出血率均为 0.6%。此外，经过多年的努力，证明在发病 3 h 内，用 t–PA 治疗脑梗死也有一定疗效，因此 FDA 已批准 t–PA 扩大至该适应证，这也是 FDA 迄今为止批准的唯一一个可用于治疗脑梗死的溶栓药。

技术应用 3–15
分子改造延长药物半衰期

由于 t–PA 在体内的半衰期太短，剂量需要很高，这既增加了患者的负担，也减弱了其特异性的体现。为此一些学者利用基因工程技术对其分子结构进行了改造，至今已取得了很好的成绩——两个衍生物 Reteplase（rPA）和 Tenecteplase（TNK–t–PA）已被批准上市。其中 TNK–t–PA 也是用 CHO 工程细胞表达的，它是将野生型 t–PA 分子中的 Thr^{103} 用 Asn 替代、Asn^{117} 用 Gln 替代，并将 Lys^{296}–His–Arg–Arg 4 个氨基酸换成 4 个 Ala。其结果是：①通过用 Asn 取代 Kringle 1 环中的 Thr^{103} 以及用 Gln 取代 Asn^{117}，使糖基化位点发生了移位，大大降低了与肝细胞膜受体的结合力；②用 4 个 Aln 取代了原来与 PAI–1 的结合位点，即 Lys^{296}–His–Arg–Arg，使该突变体对抗 PAI–1 的抑制能力较之野生型提高了 200 倍。由于上述两个原因，突变体的半衰期大大延长，与野生型相比，前者为 17 ± 7 min，而后者为 3.5 ± 1.4 min，达到了原来的 5 倍。临床用药量已从野生型的 100 mg 下降至 40 mg 以下，而血管再通率可高达 80%。TNK–t–PA 的生产工艺与野生型 t–PA 基本相同。

3.9 动物细胞工程制药的前景与展望

利用哺乳动物表达系统生产药品是 21 世纪生物制药工程的主要发展方向。20 多年来，随着生物工程的迅猛发展，动物细胞培养技术的日趋完善，以及生物反应器的种类、规模及检测和控制手段的不断提高，动物细胞在医药工业中的应用已较前更为普遍，生产的药品种类、产量和经济效益都有很大提高。经过近 30 年的努力，已有报道单细胞表达量 20 pg · d^{-1} 的工程细胞株，在生物反应器中悬浮培养细胞密度达 2×10^7 个细胞 · mL^{-1} 以上，单克隆抗体的表达水平可达 10 g · L^{-1}，但与大肠杆菌相比，哺乳动物细胞的表达水平仍然较低。因此，建立哺乳动物细胞高效表达体系，包括高表达载体构建、高表达工程细胞株的获得、改进培养工艺是生物制药工业研究的热门领域。同时，近年来转基因动物的出现为药品生产提供一条新的探索途径。此外，还应看到动物细胞本身也是一种治疗手段，近来已被称为“组织工程”而引起人们的重视。相信随着细胞培养技术的提高，它的应用必将越来越广泛。在此，对其主要的研究和改进方向作一简要介绍和展望。

3.9.1 改进表达载体

为提高产量，首要的是提高细胞的表达水平。据 Murakami 介绍，鼠骨髓细胞 MPG–11 产生 IgG

的能力为 5 pg·个细胞$^{-1}$·min^{-1}，因此用 10 L 反应器培养，细胞密度为 10^7 个细胞·mL^{-1} 时，一天的产量应该达到 720 g，但实际情况是常常连 1 g 都达不到。这表明提高细胞的表达水平的潜力还是很大的。为提高表达水平，主要靠对表达系统的改进，包括优化启动子和增强子等调控元件，更好地利用扩增系统或寻找高表达位点，以及采用更好的宿主细胞等。

（1）优化调控元件

对哺乳动物细胞表达载体上的调控元件包括启动子、增强子、终止子和 poly（A）信号序列等进行优化，能够有效地提高转录水平和翻译水平，从而增加外源基因的表达。

技术应用 3-16
增强子、绝缘子、沉默子

作为表达载体的重要元件，启动子既需要有强的转录活性，又要具有比较广的应用范围。现在人们热衷于寻找病毒源性和细胞内源性的强启动子，如 mCMV、hCMV、hEF1A、人 c-fos、鸡 β- 肌动蛋白启动子等。除寻找强启动子、强增强子之外，用含有不同启动子、增强子的组成元件构建转录效率更高的杂合启动子或杂合增强子也是近年来研究中多采用的方法。例如真核表达载体 pCAGGS，它使用的启动子就是鸡 β- 肌动蛋白启动子 Achieve 与 CMV 的增强子元件组合在一起构建成的杂合启动子，它的转录活性是 CMV 启动子的 1.5 倍，比 CMV 启动子的应用范围广。2012 年，You 等使用一种新型杂合启动子的质粒载体，促使神经胶质细胞源性神经营养因子基因成功在猫神经祖细胞中持续稳定表达，该方法避免了慢病毒载体可能激活癌基因或失活抑癌基因的风险，同时也避免了使用质粒载体不能持续表达的缺点，明显提高了外源基因的表达效率。

各调控元件之间的组合也影响外源基因的表达水平。Xu 等（2001）对 CMV 和 β- 肌动蛋白的启动子和增强子、内含子及 SV40、BGH 和 mRBG 的 poly（A）等不同转录调控元件的多种组合在 HeLa、HepG2 和 ECV304 细胞中进行了系统比较后发现，mRBG 的 poly（A）比 SV40 和 BGH 的 poly（A）的适用范围更广，能更有效地提高目的基因的表达。

此外，合理引入内部核糖体进入位点（internal ribosome entry site，IRES）和使用宿主细胞偏爱的密码子等也可提高目的蛋白的表达。IRES 有效介导的内部起始翻译要求起始密码子处有一个有利的翻译环境，当第一个 AUG 周围序列不利于翻译起始时，IRES 可增强下游 AUG 的翻译起始。习惯上核糖核酸病毒的 IRES 可分为 3 类：肠道病毒（enterovirus）和鼻病毒（rhinovirus）的 IRES；脑心肌炎病毒（EMCV）和口蹄疫病毒（FMDV）的 IRES 以及甲肝病毒的 IRES。其中 EMCV 的 IRES 对细胞适应性好且翻译效率较高，目前广泛应用于双顺反子或多顺反子的哺乳动物细胞表达载体的构建。对目的基因进行偏爱密码子优化是另一种提高表达量的方法。Kim 等用人高表达基因偏爱的密码子系统地设计了人 *EPO* 基因，再以酵母偏爱的密码子编码人 *EPO* 基因作对照来比较优化，结果人优化 *EPO* 基因密码子比非优化人 *EPO* 基因密码子的表达效率高 2～3 倍。

（2）增加基因拷贝数

外源基因的表达水平不仅与启动子的强度有关，还与基因的拷贝数有关。有两种方式可以提高载体的拷贝数，一种是采用与筛选标记基因共扩增的方式，常用的是 *dhfr* 基因和 *GS* 基因。这两种方式的缺陷是筛选抗性细胞费时费力，去除选择压力后，扩增基因常不稳定。Fan 等利用锌指核酸酶技术，敲除亲代 CHO-K1SV 细胞的内源性 *GS* 基因，使产量提高了 2～3 倍，使筛选效率提高了 6 倍。

技术应用 3-17
MTX 和 MSX 增加基因拷贝数的原理

另一种提高载体拷贝数的方法是采用自我复制型载体，载体以附加体形式在细胞内存在，如同 COS 细胞的瞬时表达系统。此外，将外源基因单一拷贝整合到染色体“热点”也可获得高水平的表达。筛选“热点”整合的方法包括进行位点特异性重组、弱化选择基因或添加核骨架附着区等。

（3）选择高表达宿主细胞

采用理想的宿主细胞以及对现有的细胞进行改造也是提高表达水平的重要途径。从宿主细胞的选择趋势看，人们已不再局限于采用 CHO 细胞。如 Chenciner 等用 SV40 早期启动子在 Vero 细胞中表达 HbsAg，其表达水平仅 10 ng·10^6 个细胞$^{-1}$·d^{-1}。当将这些细胞与非洲绿猴或狒狒的肝原代细胞融合后，表达水平提高了 50 倍，达到 514 ng·10^6 个细胞$^{-1}$·d^{-1}。NS0 细胞由于其缺乏内源性谷氨酰胺合成酶，与 *GS* 基因系统配合使用可获得高表达工程细胞株。Crucell 公司开发的 Per.C6 细胞采用病毒载体表达单克隆抗体，细胞密度可达 3×10^7 个细胞 · mL^{-1}，蛋白质表达水平可达 20 g · L^{-1}，全球约有 30 个企业、14 个品种在使用这一系统。

这些结果都表明，尽管经过长期的努力，细胞的表达水平已从 μg · L^{-1} 提高到了 g · L^{-1} 的水平，甚至达到 10 g · L^{-1} 水平。只要进一步改进表达载体的构建，进一步选用和改造宿主细胞，相信哺乳动物细胞的表达水平必将有一个更加巨大的突破。

3.9.2 改进工程细胞和培养工艺

哺乳动物细胞表达系统不仅在产品的质量和安全性上要具有竞争力，在经济性方面也需要有竞争力。为降低成本，除了如上所述的要提高细胞的表达水平外，还需从改造工程细胞的代谢能力以及优化培养工艺着手，以此来降低工程细胞大规模培养的成本。

（1）采用代谢工程改造工程细胞

所谓"代谢工程"（metabolic engineering），即采用基因工程的手段，使工程细胞增加或减少某种酶，改造它的代谢能力和途径，使其降低对某些营养物质的需要，减少某些代谢产物的产生和危害，以及控制工程细胞的增殖速度和制造产品的能力。如 Pak 等将胰岛素样生长因子和铁转递蛋白基因转入细胞，使之成为能自我分泌这两种因子的"超级 CHO 细胞"，从而可以将其直接培养于无血清培养基中，而无须另加这些因子。

知识拓展 3–25
超级 CHO 细胞

通常，随着细胞生长密度的提高，产物也会随之增加。但是当其超过一定限度时，不利的方面就会超过其有利方面，例如营养物质跟不上、有害的代谢产物会累积至损伤细胞的程度、细胞死亡增加、细胞内的蛋白水解酶可影响到产品的质量等。因此如何控制细胞的过度增长也是代谢工程的重要研究课题。第一个试图通过基因工程控制细胞增殖的实验是在 BHK 细胞中进行的。干扰素调节因子 1（interferon regulatory factor 1，IRF–1）是一个可以抑制细胞生长的转录活化因子，将它与雌激素受体（estrogen receptor）基因构成融合蛋白后，当在培养基中加入雌激素，就可诱导 IRF–1 的表达并抑制细胞的增殖，但不影响细胞代谢和分泌所需产品的能力。

另有报道，细胞周期蛋白依赖性激酶（cyclin-dependent–kinase）p21、p27 及肿瘤抑制蛋白 p53 也可使 CHO 细胞可逆地停滞于细胞周期中的 G_1 期。原因可能是它们的过量表达会抑制细胞周期蛋白——E–CDK2 复合体的磷酸化。当细胞过量表达 p27 基因产物后，细胞停止生长，但无细胞凋亡现象，此时所需产物的比生产率提高了 15 倍。另一控制细胞增殖的策略是利用 p27–bcl–X_L–3 顺反子表达系统，转染该系统的 CHO 细胞的产物表达水平约比对照细胞高 30 倍。

乳酸和氨是哺乳动物细胞生长过程中产生的两种主要代谢废物，它们的积累对细胞生长产生负面影响，从而影响目的蛋白的产量。因此有研究对副产物代谢过程中关键酶的基因进行操作来促进蛋白质表达。Zhou 等通过上调细胞的丙酮酸羧化酶基因，下调乳酸脱氢酶基因，成功地使乳酸产量降低了 90%，同时使单抗的产率和体积产量分别提高了 75% 和 68%；Kim 等通过过度表达尿素循环酶、氨基甲酰磷酸合成酶、鸟氨酸氨甲酰基转移酶等，使氨的生成降低了 25% ~ 33%。这些措施都有效地提高了目的蛋白产量。

与微生物宿主细胞相比，哺乳动物细胞通过遗传改造的代谢工程研究还处于初级阶段，今后的工作和潜力还很大。

（2）改进培养工艺

为降低成本，另一个重要途径是优化培养工艺，包括采用新型生物反应器和优化培养基。如 1999 年 Xiao 等采用多孔微载体无血清灌流培养新工艺，培养产重组人尿激酶型纤溶酶原激活物（u–PA）的 CHO 工程细胞株 CL–11G，细胞密度高达 2×10^7 个细胞 · mL^{-1}，u–PA 产量高达 70 ~ 100 mg · L^{-1}，培养周期可长达 3 个月，生物反应器的生产效率高达 60 ~ 80 mg · L^{-1} · d^{-1}。尽管灌注式培养仍然用于重组蛋白制品的生产，然而近年来获得 FDA 批准的细胞表达产品以及公开发表的生产工艺中，占有主流优势的是搅拌式生物反应器悬浮培养，工艺设计是流加或灌流培养。悬浮细胞培养工艺的研究和应用，使大规模生产工艺的开发和优化真正成了现实，以抗体生产为例，在流加培养的工艺中细胞密度可达到（1 ~ 2）$\times 10^7$ 个细胞 /mL，培养体积超过 10 000 L，表达量更是比原生产工艺提高了几十倍，达到 5 ~ 10 $g \cdot L^{-1}$。与之相适应，开发了适用于悬浮培养的无血清培养基和化学限定培养基。无血清悬浮培养避免了血清成分复杂、难纯化、价格昂贵、有潜在污染的弊端，进一步降低了生产成本，提高了产品质量。此外，也有不少研究人员尝试利用一些添加剂或者减少培养基中某些特殊成分来提高哺乳动物细胞的重组蛋白产量。利用谷氨酰胺代谢产生的氨类影响细胞正常生长表达这一特性，Rajendra 等通过减少生长停滞的 CHO-DG44 细胞和 HEK-293E 细胞培养基中谷氨酰胺浓度提高了重组蛋白的产量。

3.9.3 抑制细胞凋亡

细胞凋亡（apoptosis）是一种由遗传基因决定的细胞程序性死亡。虽然它对多细胞生物的生命极其重要，但在生物工程的生产工艺中却是希望避免出现的现象，它往往使细胞死亡而降低生产效率。生物反应器中大多数细胞的死亡都是因细胞凋亡引起的。为防止细胞培养过程中的细胞凋亡，一般可采用如下 3 种重要措施：①通过优化培养基和氧的供应防止营养和氧的缺乏；②用化学添加剂（如抗氧化剂等）阻断细胞凋亡过程；③采用抗细胞凋亡基因改造工程细胞。

流加及灌流培养方式的开发对抑制细胞凋亡、延长培养周期起到很重要的作用。流加培养能在培养周期的中后期提供充足的营养物供细胞维持生长和表达，避免因营养物质的匮乏导致细胞凋亡，从而达到延长细胞周期的作用。灌流培养更是根据营养物的消耗来补充新鲜培养基，同时排出培养液，不但能提供充足的营养物质，还能通过排出培养液而避免代谢废物的累积，现在较好的灌流培养工艺可长达 3 个月以上。

某些化学添加剂也被发现具有延缓细胞凋亡的作用，目前应用较多的是丁酸钠。研究表明，在培养周期中添加丁酸钠能显著抑制细胞的生长，并通过将细胞周期阻断在 G_1 期而延缓细胞凋亡。工艺上通常在培养中后期当细胞密度达到一定程度后加入丁酸钠，在抑制细胞生长同时减少代谢过程中葡萄糖的消耗和乳酸的生成，从而达到延长培养周期的作用。培养结果显示丁酸钠还有促进表达的作用。此外，雷帕霉素（rapamycin）是自噬作用研究中常用的一种化学激活剂，Lee 等使用 rapamycin 处理无血清悬浮培养的 CHO 细胞，发现细胞凋亡延迟，细胞生存能力提高，单抗产量增加。

在基因改造方面，由于细胞凋亡是由一系列蛋白质控制的过程，这提示在工程细胞中引入某些特定基因有可能抑制细胞凋亡的发生。抗细胞凋亡的原癌基因 *bcl-2* 是被研究得最多的细胞凋亡基因，它在细胞凋亡级联反应中处于重要环节。通过遗传工程使哺乳动物细胞过表达抗凋亡基因 *bcl-2* 基因，在大多数情况下虽不能防止细胞死亡，但能延长细胞寿命，增加产物产量。*bcl-2* 家族中的另外一些成员可能也有与 *bcl-2* 一样甚至更强的抑制细胞凋亡的作用。如 $bcl\text{-}X_L$ 在许多哺乳动物细胞中得到表达后，可对有些诱导因素（如营养物缺乏、辐射和糖皮质激素等）引起的细胞凋亡有抑制作用。

除 *bcl-2* 外，还有很多延迟和阻止细胞凋亡的基因家族正在发掘中。如 Wong 等的研究发现了 3 种影响细胞凋亡的前凋亡基因和一种抗凋亡基因，采用小干扰 RNA（siRNA）敲出前凋亡基因，并使抗凋亡基因过表达后，细胞凋亡被延迟了 3 d，细胞密度提高 2 倍，IFN-γ 的表达量增加 2.5 倍。

3.9.4 改进翻译后修饰

蛋白质有两种糖基化方式：*N*- 糖基化和 *O*- 糖基化。一般地说，*O*- 糖链对蛋白质的特性影响不大，而 *N*- 糖链的不同对产品可产生较大的影响。*N*- 糖链通常都有一个五糖核心，即 Man α1 → 6（Man α1）→ 3（Man β1）→ 4GlcNAc β1 → 4GlcN Ac。根据外层链的不同，可分为：高甘露糖型、杂合型与复合型（图 3-28）。决定糖链类型不同的主要因素有 3 个：合成肽链的不同，细胞内糖基化酶的

技术应用 3-18
糖链对蛋白质的作用

不同和细胞培养环境的影响。

前文已提及，用酵母系统、植物系统以及昆虫系统表达的糖蛋白常与人类细胞产生的不同，主要是由于它们的糖基转移酶不同所致。用CHO细胞表达的糖蛋白，其类型与人的尽管近似，但也不尽相同。CHO细胞缺少α-2,6-唾液酸转移酶的功能，因此缺少唾液酸化的糖基。为此，一方面人们正尽量寻找能用以生产糖蛋白类药物的人类细胞，如近来已有不少报道，表明用Namalwa细胞表达的t-PA、pro-UK和EPO，它们的糖基化均和人的自然产品一致；另一方面，人们正打算采用糖基化工程（glycosylation engineering），即用基因工程的手段，人为地改变肽链结构、增加某些酶基因、改进和控制某些培养条件等，以达到正确实现糖基化的目的。同时，人们正在利用基因沉默技术、反义核苷酸技术等来增加或降低某些特定糖基的含量，提高产品的稳定性和比活性、改变抗体的ADCC效应。例如，在2010年，Zhang等在CHO细胞中通过敲除唾液酸酶Neu3使细胞中唾液酸酶的功能降低了98%，细胞在静止期和凋亡期表达的IFN-γ中唾液酸含量分别增加了33%和26%。此外，很多培养条件的控制对于产物的糖基化程度及糖型的影响较明显。在EPO的工艺研究中发现，通过调整DO、添加流加物、改变CO_2分压、降温等都能使最终产物的糖基化程度发生改变，尤其是其中糖基化程度较高的三、四天线结构变化明显。

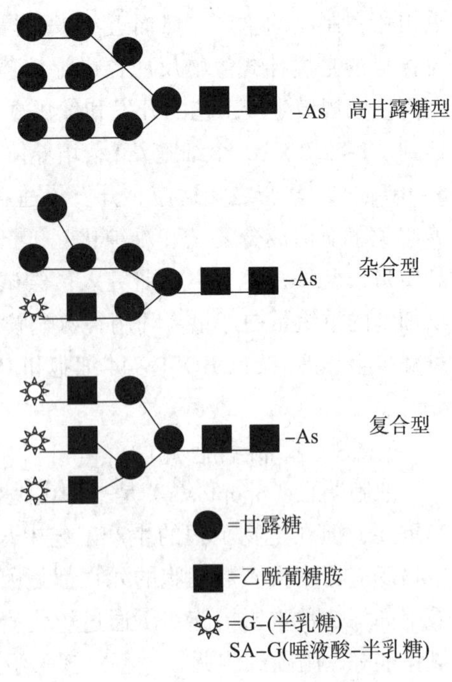

图3-28 *N*-连接糖蛋白的3种类型

3.9.5 转基因动物的研究

动物转基因技术是指运用基因工程等实验技术手段，对动物基因组进行有目的的遗传修饰，并通过动物育种技术使修饰改造的基因稳定遗传给后代动物的一种生物技术。自从1982年Palimiter等首次提出用转基因动物来生产药用蛋白以来，该设想不仅已成现实，而且大量的转基因动物生产的产品相继问世，逐渐与细胞培养形成并驾齐驱之势。它的主要优点包括：设备简单，低能耗，无环境污染；生产的药物品种多，产量高，质量好；生产周期短；成本低。以转基因动物来生产目的产品，可极大地降低成本和投资风险（表3-15）。据报告，α1-抗胰蛋白酶、抗凝血酶Ⅲ和蛋白C都已进入临床试验。其中α1-抗胰蛋白酶已于2010年进入Ⅱ期临床试验，将就药物本身的安全性和疗效进行检测，FDA还特别为此次实验拨发了100万美元的扶助资金；抗凝血酶Ⅲ和蛋白C也在各自的临床实验中展现不同的作用，其估价约在每g 100美元，而目前用动物细胞培养生产的t-PA，价格高达每g 15 000美元。1997年，多莉羊的诞生开创了哺乳动物体细胞核移植的先例（图3-29），这项技术为转基因动物的制备开辟了崭新的天地，使转基因技术研究和应用进入了新的发展历程。

随着转基因技术研究的继续深入，出现了许多动物转基因新技术、新方法，包括慢病毒载体法、转座子介导的基因转移法、精原干细胞法、RNA干扰（RNAi）介导的基因敲除法、锌指核酸酶法，将其与显微注射、核移植等传统转基因技术相结合也为转基因动物研究领域注入了新的活力。利用这些新技术制备转基因动物的一个共同的特点是效率提高，其他特点包括：一些技术操作简单，容易推广，如慢病毒载体法、精原干细胞法；一些技术能实现外源基因的高效定点整合，如RNAi介导的基因敲除法、锌指核酸酶法；一些技术能实现对大片段DNA的插入或删除操作，如锌指核酸酶法、转座子介导的基因转移法；一些技术能实现外源基因的时空和可控表达，如RNAi介导的基因敲除法。而近来诱导性多能干细胞（iPS细胞）技术在小鼠、恒河猴、人、大鼠和猪等物种上的成功，有力证

知识拓展3-26
RNA干扰技术的原理

表 3-15 用转基因动物生产的蛋白质

蛋白质	血浆内水平 /mg · mL^{-1}	重组蛋白水平 /mg · mL^{-1}	动物种类
白蛋白	35 ~ 53	10.0	小鼠
α1- 抗胰蛋白酶	1.4 ~ 3.2	12.5	小鼠
		35.0	绵羊
抗凝血酶Ⅲ	0.17 ~ 0.39	10.0	小鼠
		6.0	山羊
血红蛋白	—	32.0	猪
单克隆抗体	—	10.0	小鼠
		5.0	山羊
长效 t-PA	—	6.0	山羊
Ⅷ因子	0.1 μg · mL^{-1}	3.0	猪
Ⅸ因子	0.005	0.06	小鼠
		25.0	绵羊
Ⅹ因子	0.01	0.7	小鼠
蛋白 C	0.004	1.6	小鼠
		1.0	猪
葡萄糖苷酶		10.0	家兔
乳转铁蛋白		3.5	奶牛

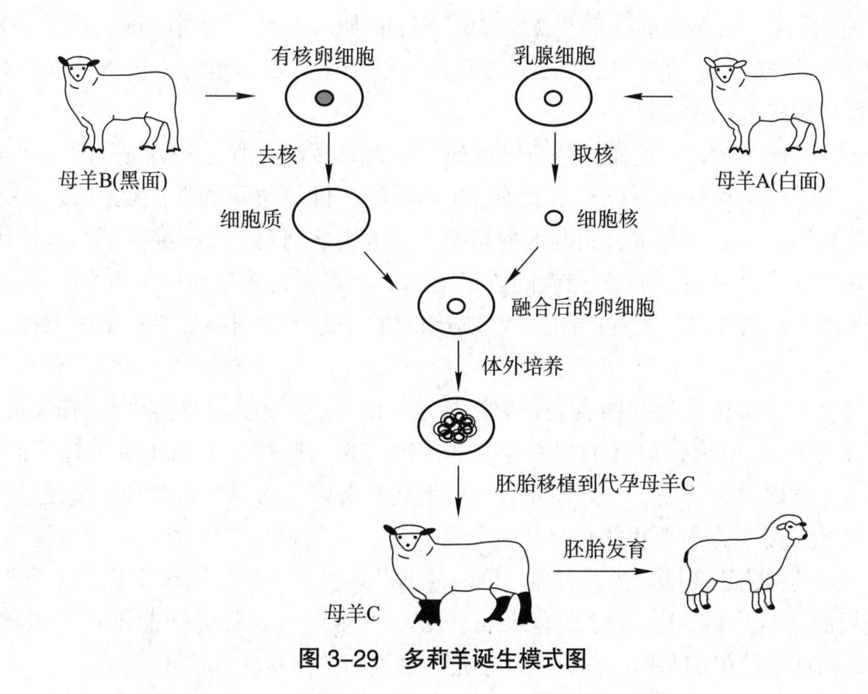

图 3-29 多莉羊诞生模式图

明了 iPS 细胞具有真正的全能性。在 ES 细胞尚未成功建立之时，基于 iPS 细胞的基因打靶技术可能是目前解决转基因效率低下的最佳替代方案。也将给这些物种胚胎干细胞的建立、基因修饰动物的产生带来新的希望。iPS 细胞技术在转基因动物研究和应用领域将有广阔发展前景。

转基因动物目前存在的主要问题是转基因的方法还不十分成熟。例如，精原干细胞自身增殖和分化的机制仍不清楚，精原干细胞的分离纯化、长期培养等技术还不成熟；许多动物的全基因组序列尚不完善，因此设计、筛选出具有高亲和性和高特异性的锌指蛋白仍是锌指核酸酶法转基因的难点；慢病毒载体法还存在外源基因长度受限，安全性需进一步提高等问题；RNAi 转基因则可能存在脱靶效应、干扰素诱导、miRNA 抑制等副作用。上述问题均为今后动物转基因领域亟待开展的研究内容。另外，转基因动物的健康也存在潜在的问题，一方面是基因产品对动物的健康影响，如有报道用 EPO 作转基因动物常常会影响动物的生理而失败；另一方面是产品对人体健康的影响，主要是家畜携带的有害病毒可能影响产品的安全等。

知识拓展 3-27
转基因动物的应用领域

随着动物转基因领域新的研究方法不断涌现，转基因技术的应用范围也不断扩展，相继取得新进展、新突破。2009 年，美国食品药品管理局（FDA）首次批准了转基因山羊奶中分离得到的抗血栓药物重组人抗凝血酶（Atryn）上市，这标志着转基因动物制药进入产业化时代。随着动物转基因技术日趋完善，转基因动物将被更多的人认可和接受。动物转基因技术的研究成果在改善肉奶质量、生产生物医药产品以及建立人类疾病模型，特别是在治疗人类的疑难病症方面都显示出了广阔的应用前景。

3.9.6 组织工程的研究

组织工程也称再生医学，是指利用生物活性物质，通过体外培养或构建的方法，再造或者修复器官及组织的学科。通过对细胞的大量培养，并用细胞直接作为一种治疗手段用于临床，或用培养的细胞进一步加工构成一种组织（如人造皮肤、人造肝、人造胰腺、人造血管和人造骨等），并用于临床治疗。近年来组织工程研究发展很快，越来越多的产品在完成实验室生长成形后开始体内实验，典型案例介绍如下。

有的已经在临床应用，例如，人造皮肤已实现商品化，被广泛用于烧伤患者的植皮中，部分地解决了皮肤的来源问题；Brugger 等在体外培养了 1 100 万个流动在外周血中的 $CD34^+$ 细胞，输入患者的效果与非培养的细胞相同；Williams 等用无血清培养基，加入人血白蛋白和细胞因子 PIXY321（IL-3 和 GM-CSF 的融合产物），扩增的细胞中以粒细胞为主，用于患者后也未发现毒性，而重新组成血相的速度与历史资料对照一样或更快。

有的正在进行临床试验，人造血管的研究展现了巨大的商业价值，例如，美国一年血管手术就超过 350 000 起，需做冠状动脉侧支循环的就有 100 000 例。目前通常的做法是截取一段自体的血管，或采用合成的替代物，而后者常常会引起血栓堵塞。为解决该问题，Fischlein 等在该替代物上培养一层内皮细胞，形成了人造血管，41 名患者的股腘动脉试验表明，人造血管无毒性，30 个月的通透率为 80.2%。除此之外，软骨组织工程产品已进入临床实验，即将应用于临床；组织工程化骨产品也将面世。

还有一些已经完成临床前的动物实验，效果显著。Lanza 等用膜管在狗身上的试验，能使血糖浓度保持在较低水平长达 30 周，而且不需用免疫抑制剂，为人造胰腺的临床应用打下了良好的基础；人造肝的研究已在许多国家开展（一方面要解决肝细胞长期培养的问题，而且必须是立体三相培养才能长期保持其功能；另一方面要解决可实用的设备问题，包括固定床、中空纤维生物反应器），动物实验最长的可保持其功能达 8 周之久，目前，临时的助肝装置正在进行临床实验，效果良好。

再如，应用胎儿的中脑细胞治疗帕金森病，用成肌细胞治疗肌肉功能不良等也都取得了一定的效果。此外，当前很热门的基因治疗，实际也是一种细胞的直接治疗应用。

组织工程研究仍然受很多难题的制约，最关键的因素是如何实现种子细胞体外大规模扩增、如何提高支架材料生物相容性以及物理机械特性等方面。近年来许多研究者已经着力克服上述制约因素，为组织工程产品的产业化扫清道路。人们也对组织工程研究的未来充满期待，正如美国生物学家、1980 年诺贝尔化学奖获得者 Water Gilbert 所预言："用不了 50 年，人类将能够培育出人体的所有器官。"

总之，动物细胞的培养将随着基因工程表达水平的日益提高，细胞培养技术的日益完善，生物反应器设备和生产工艺的日益改进，与转基因动物一起在医药工业和临床治疗中发挥出越来越重要的作用。

开放讨论题

提高产量是细胞制药工业孜孜追求的目标。改造宿主和载体，提升单细胞的表达水平，扩大细胞培养规模，以及改进培养基，提高细胞生长密度和分泌水平都可以达到提高蛋白产量的目的。请结合本章内容，谈谈各种方法的优劣。

思考题

1. 简述生产用动物细胞构建的一般过程。
2. 比较动物细胞悬浮培养和贴壁培养的区别，各自存在哪些优缺点？
3. 比较动物细胞批式操作、流加式操作和灌流式操作的区别，各自存在哪些优缺点？
4. 简述常用动物细胞生物反应器的特征、发展及应用。
5. 以蛋白质为例，说明动物细胞产品常用的纯化方法及其原理。

推荐阅读

1. 邓宁 . 动物细胞工程［M］. 北京：科学出版社，2014.

点评：该书详细介绍了动物细胞工程的基础理论和最新的研究与应用成果，主要内容包括细胞培养理论与技术、细胞融合、动物细胞基因操作技术、干细胞技术、生殖工程、胚胎工程等。

2. MOHAMED A R. Animal Cell Culture［M］. Berlin：Springer Cham，2015.

点评：该书将多国学术界和工业界的成果总结在一起，系统介绍了动物细胞培养的基础知识（细胞株发展、生物反应器、培养基选择和疫苗及蛋白质药物的生产等），还着重介绍了细胞流体动力学、代谢通量分析等工业化培养等相关内容。

3. DUMONT J, EUWART D, MEI B，et al. Human cell lines for biopharmaceutical manufacturing: history，status，and future perspectives［J］. Critical Reviews in Biotechnology，2016，36（6）：1110–1122.

点评：文章综合阐述了人细胞系表达系统与非人细胞表达系统在上市生物药物中的应用，对比分析了人细胞系表达系统与其他表达系统相比的优缺点。

4. KIMBREL E A，LANZA R. Next-generation stem cells—ushering in a new era of cell-based therapies［J］. Nature Reviews Drug Discovery. 2020，19，463–479.

点评：文章综合阐述了细胞治疗的新的技术方法和干细胞的应用领域。

网上更多学习资源……

◆教学课件　◆参考文献

（沈阳三生制药有限责任公司　苏冬梅）

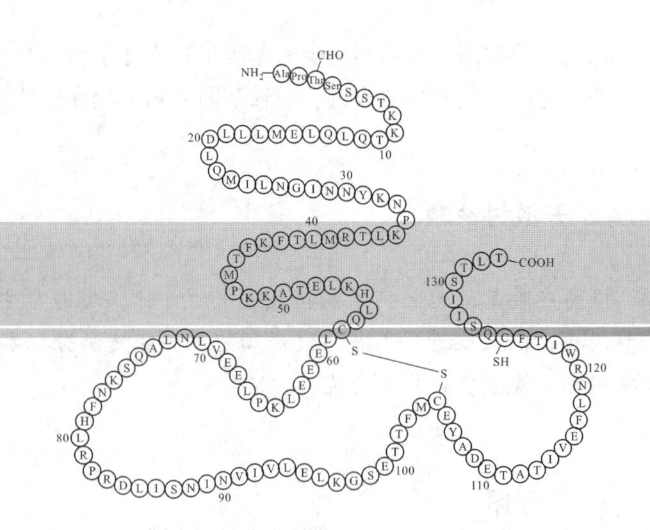

4 抗体制药

抗体是机体体液免疫关键效应分子，同时还能辅助细胞免疫和补体系统。近年来随着杂交瘤技术、噬菌体文库技术、细胞大规模培养技术等的迅猛发展，抗体已经可以在体外大规模生产，因其特异性强、治疗效果显著等特点，抗体已被广泛用于人类疾病的诊断、预防或治疗。

利用抗体－抗原反应的免疫诊断可分为免疫血清学诊断和免疫细胞学诊断，具有准确、简便、快捷、安全等特点，作为主要或辅助诊断方法应用于各种临床疾病和血型分型中。

自 1986 年首个单克隆抗体药物 muromonab-CD3（OKT3）在美国上市以来，获批上市的抗体药物数量逐年增多，市场规模不断扩大。抗体药物已经在自身免疫病、癌症等人类重大疾病中发挥作用。同时，随着抗体技术的不断发展，小分子抗体、全人源抗体、抗体偶联药物、双特异性抗体等新型抗体药物也必将在人类疾病治疗中发挥越来越重要的作用，抗体药物已经成为人类对抗疾病不可或缺的武器。

通过本章学习，可以掌握以下知识：

1. 单克隆抗体的制备过程；
2. 基因工程抗体及其制备方法；
3. 人源化抗体及其制备方法；
4. 抗体诊断试剂和抗体治疗药物的应用。

知识导图

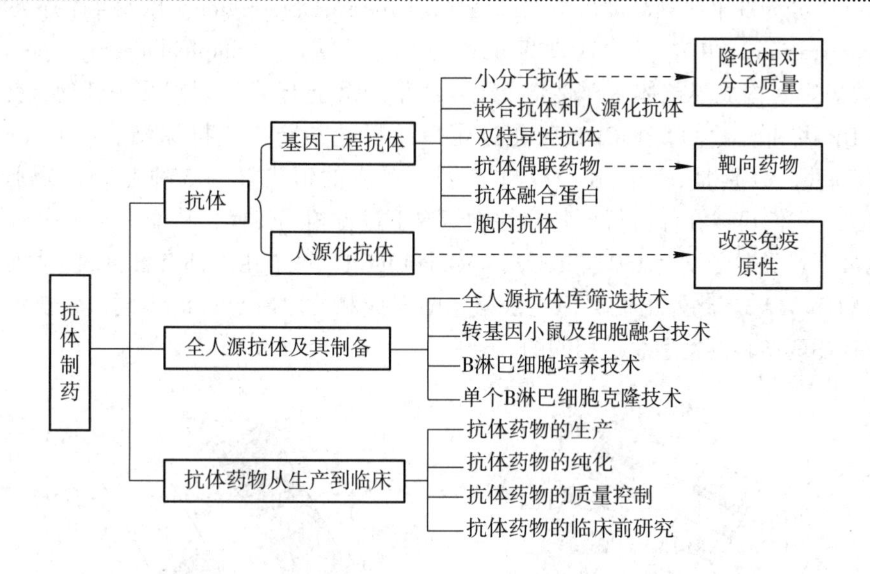

关键词

抗体结构　抗体基因的重排　单克隆抗体　多克隆抗体　人抗鼠抗体反应　基因工程抗体
小分子抗体　嵌合抗体　人源化抗体　抗体偶联药物　抗体融合蛋白　全人源抗体
荧光免疫技术

人源化及全人源抗体的构建及优化技术取得了长足的发展。随着免疫学和分子生物学技术的发展以及抗体基因结构的阐明，DNA 重组技术开始用于抗体的改造。抗体药物已经进入基因工程抗体时代，基因工程抗体具有以下优点：①降低人体对异种抗体的排斥反应。②减小抗体的相对分子质量，利于其穿透血管壁，进入病灶的核心部位。③可根据需要，制备新型抗体。④采用多种表达方式，大量表达抗体分子，降低生产成本。利用抗体结构信息、链置换、基因突变、互补决定区（CDR）空间变构等优化技术，可将抗体亲和力提高数十倍至上千倍。目前人源化工程抗体的构建已基本成熟，其中完全人源的抗体是利用抗体库技术，通过链更替由鼠 Fab 转化成的。噬菌体抗体库技术（包括转基因鼠技术）已经取得突破，使得全人抗体的获得成为可能。此外，核糖体展示技术以及人外周血淋巴细胞 - 严重联合免疫缺陷小鼠（hu-PBL-SCID 小鼠）、转基因小鼠和转染色体小鼠的不断发展，也为全人抗体的获得奠定了基础。

4.1 概述

4.1.1 抗体结构与功能

（1）抗体的基本结构

抗体是由两条重链（heavy chain）和两条轻链（light chain）组成的异源二聚体蛋白（图 4-1）。从功能的角度可以将其分为结合抗原的可变区（variable region）和具有特定效应功能的恒定区（constant

知识拓展 4-1
抗体的亲和力成熟

region）。可变区由一系列复杂的基因重排（gene rearrangement）产生，并可在抗原暴露后经过体细胞高频突变（somatic hypermutation），最终完成亲和力成熟（affinity maturation）。

每个可变区可分为 3 个序列高度可变的高变区（hypervariable region）以及 4 个序列相对恒定的框架区（framework region，FR）。其中高变区也称为互补决定区（complementarity-determining region，CDR），这 3 段短序列构成了抗体多样性谱（图 4-2），使得抗体具有识别几乎任何天然抗原的能力。重链的 3 个 CDR 区和轻链的 3 个 CDR 区通过蛋白质折叠共同构成抗原结合位点（antigen-binding site）。重链有 5 种，分别是 μ、γ、α、δ 和 ε 链，对应的恒定区有 5 种亚型，分别为 IgM、IgG、IgA、IgD 和 IgE。它们可以在保持抗原特异性的情况下进行相互转换，从而引起效应功能的改变。其中 IgG 可分为 4 个亚类，分别为 IgG1、IgG2、IgG3 和 IgG4，每个亚类都有各自的生物学特性。同样，IgA 可分为 IgA1 和 IgA2。此外，根据恒定区氨基酸组成和抗原特异性的不同，轻链可分为 κ 链和 λ 链，且天然抗体的两条轻链类型总是相同的。

知识拓展 4-2
抗体的不同亚型

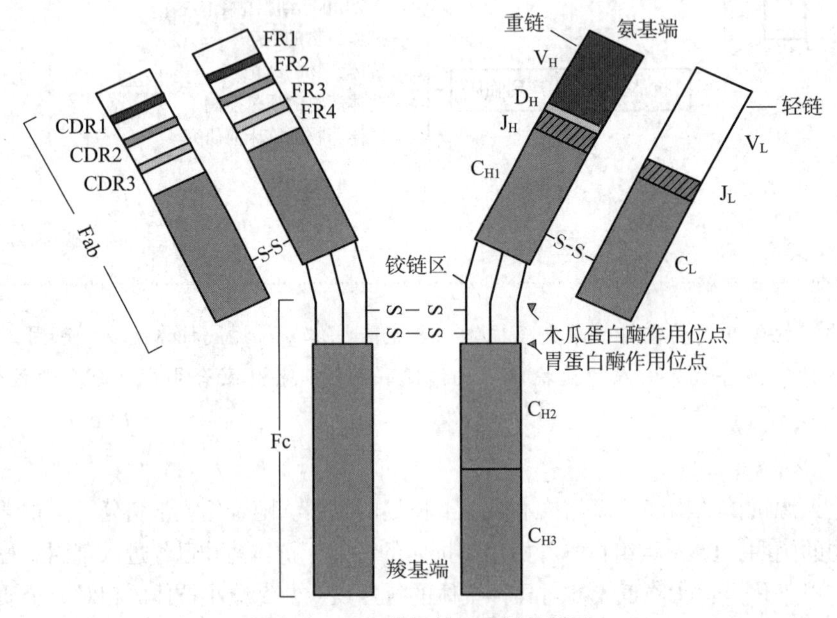

图 4-1 IgG 分子的二维结构模型

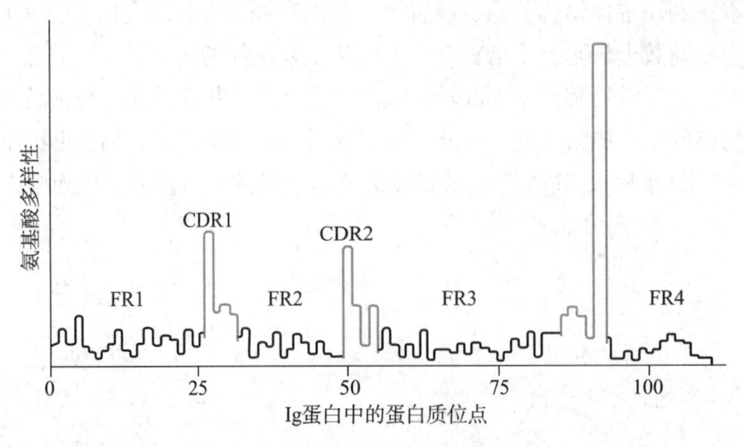

图 4-2 高频突变区的氨基酸多样性

从结构成分上看，抗体的每条链包含一个氨基末端的可变结构域（V 区）和一个或多个羧基端的恒定结构域（C 区），每个结构域由两个 β- 折叠片层（β-pleated sheet）通过一个二硫键连接而成。每个 V 区或 C 区由 110～130 个氨基酸组成，平均相对分子质量为 12 000～13 000。每条轻链只含有一个C区，而每条重链含有3或4个C区，其中γ、α、δ 链含有C_{H1}、C_{H2}和C_{H3}，且C_{H1}与C_{H2}之间有个可弯曲的区域，称为铰链区（hinge region）；μ和 ε 链多了一个CH4，但不含铰链区。一条典型的轻链分子质量约25×10^3，重链为（50~75）$\times10^3$。

从蛋白酶水解角度看，木瓜蛋白酶可将抗体水解为两个完全相同的抗原结合片段（fragment of antigen binding，Fab）和一个可结晶片段（crystallizable fragment，Fc）。而胃蛋白酶水解可产生一个大片段F（ab′）2和一些小片段pFc′。

（2）免疫球蛋白的基因结构

抗体的重链以及轻链的κ链和λ链均位于不同的染色体上，如人的重链位于第14号染色体，而κ链和λ链分别在2号和22号染色体上。每种链由不同的基因片段组成，共有4种基因片段，分别是*V*基因片段（variable）、*D*基因片段（diversity）、*J*基因片段（joining）和*C*基因片段（constant）。其中重链包含*V*、*D*、*J*和*C*基因片段，而轻链没有*D*基因片段。每种基因片段又由一系列不同的编码基因构成，仍以人为例，每种基因片段的编码基因数量统计如下（表4-1）。

表4-1 人的抗体基因片段数量

基因	重链	κ链	λ链
V	130	75	75
D	27	0	0
J	6（3）	5	7（3）
C	11（2）	1	7（3）

括号内为假基因数。

（3）抗体基因的重排与表达

免疫球蛋白基因由分开的多基因家族编码，其中可变区由*V*（*D*）*J*基因片段编码，恒定区由*C*基因片段编码。基因重排就是指在这些成簇的基因中选择某些基因片段重新进行组合以得到完整的功能性的Ig编码基因（图4-3）。在发育的B淋巴细胞中，重组酶通过识别位于*V*（*D*）*J*基因片段两侧的保守序列即重组信号序列（recombination signal sequence，RSS）、切断以及修复DNA等完成基因重排。重链重排的顺序先为D-JH相连，然后是V-DJH相连。对轻链而言是形成V-J连接。值得注意的是$V_\lambda J_\lambda$的组合并不是随机的，而是严格按照$L_{\lambda1}V_{\lambda1}J_{\lambda1}C_{\lambda1}$、$L_{\lambda1}V_{\lambda1}J_{\lambda3}C_{\lambda3}$及$L_{\lambda2}V_{\lambda2}J_{\lambda2}C_{\lambda2}$的组合进行连接的。

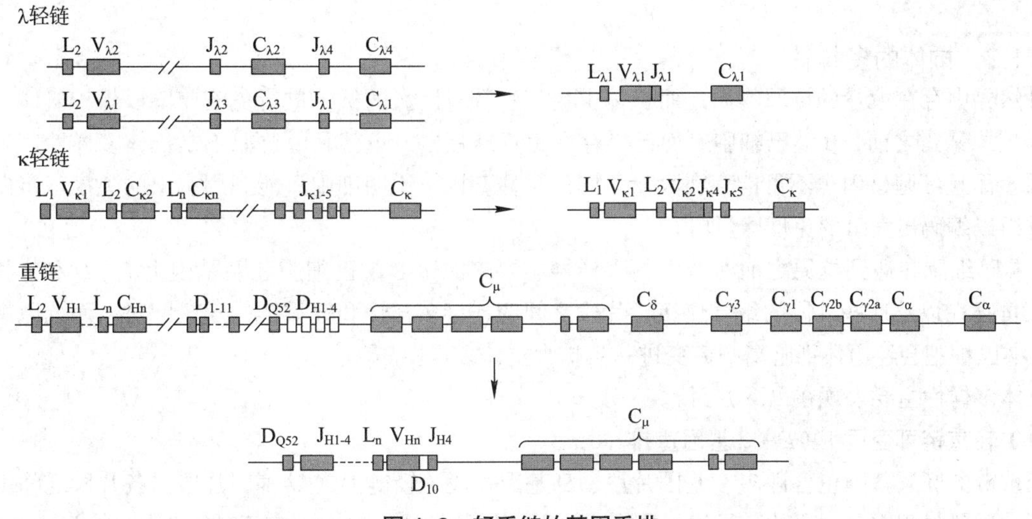

图4-3 轻重链的基因重排

（4）抗体的功能

众所周知，抗体的主要作用是结合抗原。但这只在少数情况具有直接的生物学效应，如中和细菌毒素或者防止病毒入侵细胞。通常，抗体抗原的相互作用只有在效应功能的进一步作用下才具有重要意义。

抗体在体内主要有如下生物学功能：

① 识别与结合抗原　抗体的可变区可特异性识别和结合抗原，从而发挥中和毒素、阻断病原体入侵等免疫学功能。某些病毒、细菌毒素和昆虫或蛇的毒液会通过结合宿主细胞表面的蛋白质进入细胞内从而引发相关疾病。中和性抗体能够识别和结合病毒、毒素和毒液，物理性地防止其入侵细胞，从而保护宿主细胞。

科技视野 4-1
补体与补体受体

② 激活补体　抗体与抗原结合后，C_{H2}/C_{H3} 功能区内的补体结合位点暴露，从而引起补体经典激活途径。在人体内，IgM、IgG1、IgG2 和 IgG3 可以通过该途径激活补体。补体激活后可发挥各种免疫学功能，如形成膜攻击复合物破坏病原体等。

③ Fc 效应功能　抗体通过 Fc 片段与表面具有相应受体 FcR 的细胞结合，可发挥调理作用（opsonization）、超敏反应以及抗体依赖细胞介导的细胞毒作用（antibody-dependent cell-mediated cytotoxicity，ADCC）。

● 调理作用　调理作用是指抗原被调理素包被后，吞噬细胞（如巨噬细胞等）对抗原的识别能力增强。抗体就是一种作用强大的调理素，尤其是人的 IgG1 和 IgG3，其与抗原结合后能够介导调理作用，从而增强吞噬细胞的吞噬作用。

● 超敏反应　IgE 可直接与肥大细胞和嗜碱性粒细胞表面的 FcεR 结合，诱导其合成并分泌生物活性物质，引起超敏反应。

技术应用 4-1
抗体依赖细胞介导的细胞毒作用的作用机制

● 抗体依赖细胞介导的细胞毒作用　当抗体包被的病原体过大而无法被吞噬细胞胞吞的时候，抗体依赖细胞介导的细胞毒作用可以有效消灭病原体。当抗体结合上靶标物（如大的细菌、寄生虫、病毒感染细胞或肿瘤细胞等）后，其 Fc 片段会结合到裂解细胞的 FcR 引发脱颗粒。颗粒内水解物质的释放会破坏病原体细胞膜，造成其盐浓度失衡并裂解。NK 细胞等也会合成并分泌 TNF 和 IFN-γ 以促进病原体的死亡。NK 细胞是 ADCC 最重要的介导细胞。其表面表达 FcγR，通过与 IgG1 和 IgG3 相结合以释放杀伤物质。嗜酸性粒细胞表面可表达 FcαR 和 FcεR，分别与包被在寄生虫上的 IgA 和 IgE 结合以释放颗粒物质。

④ 胎盘或上皮细胞转运作用　人体内的 IgG 是唯一具有该功能的抗体，其通过与胎盘母体一侧的滋养层细胞上的新生 Fc 受体（neonatal Fc receptor，FcRn）结合，从而进入胎儿血液中行使免疫功能。

4.1.2　抗体的多样性

自然界中存在大量的抗原物质，而机体也会产生数量巨大的抗体进行免疫应答以保护机体。有趣的是在抗原暴露之前，B 淋巴细胞表面已经存在免疫球蛋白，也就是说抗原不是抗体多样性产生的根本原因。而且细胞核内也不可能存在大量不同的抗体基因，说明细胞只能利用有限的免疫球蛋白基因通过重组以编码出大量的免疫球蛋白。

B 淋巴细胞在遇到抗原之前所产生的多样性主要来源于 B 淋巴细胞胚系基因上 *V*、*D* 和 *J* 基因片段的大量存在以及这些片段的组合连接，片段之间的连接多样性和轻重链的随机配对。而抗原暴露之后，B 淋巴细胞会经历体细胞高频突变进一步扩大抗体多样性。

抗体多样性主要表现在以下方面。

（1）轻重链可变区 *V*（*D*）*J* 基因重排

轻重链的胚系基因包含许多 *V* 基因片段、*D* 基因片段（轻链无）、*J* 基因片段，各片段之间由内含子隔开。重排过程中各片段的随机组合将产生大量不同的抗体。以人可变区基因为例，V 区上有 65 个

功能性 *V* 基因片段，27 个 *D* 基因片段，6 个 *J* 基因片段，这样就会产生 $65\times27\times6\approx11\,000$ 种 V_H；κ 链上约有 40 个功能性 *V* 基因片段，5 个 *J* 基因片段，这样就有 200 种不同的 V_κ。对 λ 链而言，约有 30 个 *V* 基因片段和 4 个 *J* 基因片段，组合起来有 120 种不同的 V_λ。

（2）连接多样性

抗体各基因片段的连接往往不精确，会伴有核苷酸的插入、缺失和替换，从而产生不同的抗体序列。比较典型的连接多样性有以下 3 种：①删除。在 *V*（*D*）*J* 基因重排的最后阶段，两条基因片段在连接酶连接之前通常会被核酸外切酶剪切掉一部分原始序列核苷酸，导致最终序列不同于胚系基因。② P- 核苷酸（P-nucleotides）增添。在 *V*（*D*）*J* 基因重排过程中，编码序列末端的连接准确性较差，常伴有核苷酸的丢失或插入。RAG 重组酶切断后的两个片段并未直接相连，其断端各自连接形成发夹结构，再被核酸内切酶随机切开，形成带有回文序列（palindrome）的突出单链 DNA 末端，通过 DNA 修补，恢复双链并将断裂处连接，从而将此回文序列保留在 V 区的编码序列中，称为 P- 核苷酸。③ N- 核苷酸（N-nucleotides）增添。N- 核苷酸的增添几乎只发生在重链 DJ 和 VD 连接处。当 DJ 和 V 片段的断端出现平末端时，末端脱氧核苷酸转移酶（TdT）可随机添加非胚系基因模板编码的核苷酸到末端上。这些加入的核苷酸称为 N- 核苷酸。

（3）轻重链的随机组合

不同的轻链和不同的重链随机组合将产生更大的多样性。V_H 约有 11 000 种，V_L 组合起来有 320 余种，因此，轻重链间的组合多样性将可达约 3.5×10^6 种。

（4）体细胞高频突变

当体内对同一抗原进行再次应答时，重排过的抗体可变区基因可以高于正常突变率至少 1 000 倍的频率发生点突变，从中产生更高亲和力的抗体。体细胞高频突变有以下特点：①出现于已发生基因重排的成熟 B 淋巴细胞；②突变频率特别高；③有突变热点位置，且不局限于 CDR；④主要发生于二次免疫应答，但 B 淋巴细胞向浆细胞分化完成后突变即停止发生；⑤为 T 淋巴细胞依赖性，只针对 TD 抗原诱导的免疫应答。

（5）体细胞基因转换

人和鼠以外很多物种（如鸟和兔子）依靠初始抗体谱的基因转换产生多样性。许多 V 区假基因片段会复制进入 *V* 基因片段造成 DNA 序列的改变。

（6）受体编辑

受体编辑是指在一定条件下，轻链可变区在 *VJ* 基因重排后可进行二次重排。受体编辑往往发生在带有自身抗原特异性受体的 B 淋巴细胞与自身抗原相互作用的情况下。这一相互作用会促使 *V* 基因片段和 *J* 基因片段发生二次重排，新产生的 *VJ* 片段将特异识别外来抗原，而非自身抗原。

4.2 基因工程抗体

100 多年前，以白喉抗毒素为代表的第一代抗体药物问世，为人类带来了血清疗法，真正意义上开启了抗体药物的时代。但是由于血清疗法采用的抗体是多克隆抗体（polyclonal antibody），其靶标不专一、疗效差的缺点在相当长的一段时间内制约着其应用。随着杂交瘤技术诞生，人们第一次得到一种识别专一靶位抗体，称为单克隆抗体（monoclonal antibody）。与之前的多克隆抗体相比，单克隆抗体特异性更强，毒副作用更小，一度被人们视为抗体世界的新宠，也大大推进了生物、医学等各个领域的进步。但是通过人鼠杂交瘤细胞得到的单克隆抗体自身往往有很强的鼠源性，人体给药以后会产生强烈的人抗鼠抗体反应（human anti-mouse antibody reaction，HAMA），很快，单克隆抗体也不能满足人们对治疗的要求了。直到 20 世纪 80 年代，以基因工程技术为代表的生物高新技术迎来

技术应用 4-2
单克隆抗体制备方法

爆发，人们开始尝试通过DNA重组技术对之前已有的抗体进行结构改造，在这样的背景下，基因工程抗体应运而生。

知识拓展4–3
人抗鼠抗体反应

基因工程抗体也称重组抗体，广义的概念是人们通过基因工程技术等高新生物技术平台，对原有抗体进行改造从而得到的抗体药物的总称。一般包括嵌合抗体（chimeric antibody）、人源化抗体（humanized antibody）、全人源抗体（human antibody）、双特异性抗体（bispecific antibody，BsAb）、抗体偶联药物（antibody-drug conjugate，ADC）、小分子抗体、抗体融合蛋白（antibody fusion protein）等。基因工程抗体制备一般先对已有抗体分子的编码基因进行改造，得到目标基因序列，然后转染适当的受体细胞进行表达，从而获得基因工程抗体。基因工程抗体以其较单克隆抗体明显更低的免疫原性成为抗体药物领域的热点，目前已经广泛运用于临床，尤其在各种肿瘤、免疫性疾病的治疗。本节将分别介绍各种不同的基因工程抗体及其制备。

4.2.1 小分子抗体

在一个完整的IgG分子的基础上，去除某些非功能的或者非关键性的抗体片段，只保留对抗原抗体结合反应有重要意义的功能部分，通过这样的方式得到的具有一定生物活性和功能的抗体片段称之为小分子抗体。小分子抗体一般具有相对分子质量低、免疫原性低、易于清除等特点。抗体小型化也日益成为抗体药物研发的一种趋势。目前常见的小分子抗体有单链抗体（single chain antibody fragment，scFv）、Fab抗体、Fv段、单域抗体（single domain antibody，sdAb）等（图4–4）。

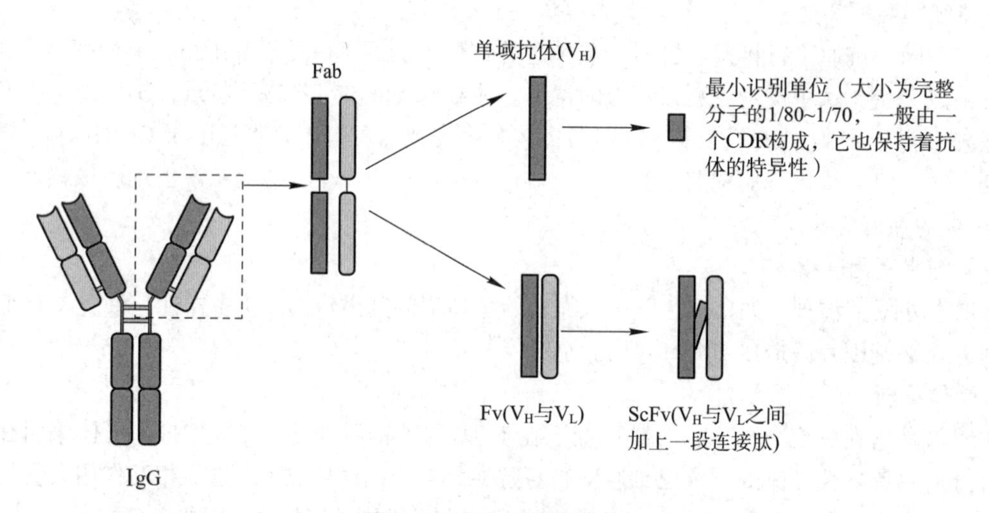

图4–4 小分子抗体组成

（1）Fv段与单链抗体

Fv段由重链可变区（V_H）和轻链可变区（V_L）组成，是抗体的抗原结合部位，约为完整分子的1/6。其分子小，免疫原性弱，能发酵生产，对实体瘤的穿透力强，可作为载体与药物、同位素、毒素等相结合，用于肿瘤的诊断和治疗或用于细胞内免疫，可看作是基因治疗的一种方案。将抗体的V_H和V_L通过一条短的连接肽连接，就得到了一个单链抗体。单链抗体是保留了完整抗原抗体结合位点的最小功能片段，较好地保留了亲本抗体对抗原的结合能力。在功能方面，单链抗体具有穿透力强、免疫原性低、易于连接、便于直接获得免疫毒素或酶标抗体等的特点。在结构方面，单链抗体对于N端的要求不保守，即V_H和V_L都可以出现在N端（前提条件是不影响正常的结合）。在抗体的构建方面，单链抗体构建成功与否的关键在于连接V_H和V_L的linker的设计，要求连接片段能够保证抗原抗体结合的正确空间构象，一般经验上以15 ~ 20个氨基酸长度为宜。最后，就抗体片段的生产来说，单链抗体几乎可以在任何抗体表达系统中成功表达，例如应用于较为成熟的原核表达系统，大大降低了生产的难度。当然，单链抗体也有自身的不足，比如稳定性差并且亲和力低等等，这些都使其备受诟病。目前尚没有得到 FDA 批准的此类抗体药物。

除此之外，人们还在单链抗体的基础上对其进行进一步的改造，得到了一系列基于单链抗体的衍生物。如可通过链内或链间形成稳定二硫键联结 V_H 和 V_L 的 dsFv 抗体，缩短 linker 迫使两个甚至多个分子间 V_H 和 V_L 互相配对，得到双价抗体（bivalent antibody）甚至多价小分子抗体，以及 C 段融合恒定区 C_{H3} 得到的微型抗体（miniantibody）等。以单链抗体为基础，构建更具有使用价值的其他抗体也是现今对于单链抗体应用的主要趋势。总而言之，单链抗体虽然由于自身稳定性差不利于成药，但是将其作为基础或中间体，用于其他小分子抗体药物研究的价值还是非常巨大的。

（2）Fab 抗体

将一条重链的可变区、恒定区的 C_{H1} 区与一条完整的轻链通过一个二硫键连接起来就得到一个 Fab 抗体（图 4-5）。相比于单链抗体，Fab 抗体在构成上多了轻链的恒定区和重链恒定区的 C_{H1} 区，相对分子质量要大些，一般为 5×10^4，因此其作为药物的渗透能力和在人体内被清除效率都要更差一些。Fab 抗体生产工艺简单、抗原抗体结合能力较强，在这两方面优于单链抗体。但是 Fab 抗体同时也存在着稳定性更差、轻重链之间更易解离的问题，再加上引入了部分恒定区的关系，Fab 抗体的免疫原性也更大，这些缺点都使其在成药应用方面受到制约。目前上市的 Fab 抗体比较少，典型的有肿瘤坏死因子 TNF 单克隆抗体 Fab 抗体片段等。

研究发现，Fab 抗体具有先天的聚合优势，而且其多聚体的稳定性和抗原抗体结合能力都要优于单体，因此，目前人们对于 Fab 抗体的应用主要在利用其单体通过引入适当的肽段连接使其成为特异的多聚体。除此之外，还有人尝试在 Fab 的基础上再连入部分的恒定区，通过这样的方法构建出可以实现效应功能大大降低这类特殊目的的抗体。通过单体产生有价值的其他抗体片段或多聚体分子，也将是 Fab 抗体今后发展的主要方向之一。

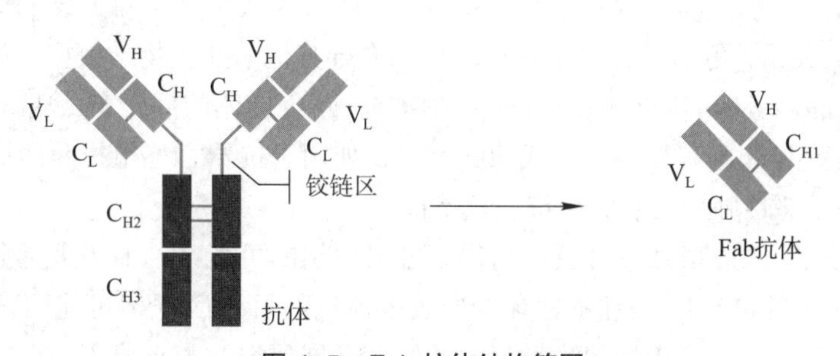

图 4-5　Fab 抗体结构简图

（3）单域抗体

抗体药物的研究和使用发展到一定程度后，人们发现抗原抗体结合反应并不是轻重链必不可少、同时参与才能完成的。事实上，在某些特殊的情况下，单独的轻链可变区（V_L）或重链可变区（V_H）似乎也能完成这项功能。在这样的启发下，人们开始研制一种构成上只有一种可变区的小分子抗体片段，称之为单域抗体，也称单区抗体、小抗体。单域抗体的优势在于，其在结构方面有单独的完整的轻链或重链，可以被认为是抗体组装之前的自然态，因而稳定性和可溶性都很强；此外其相对分子质量更小、免疫原性更低，却几乎拥有相当的抗原抗体结合能力。

骆驼科动物因可以自行产生天然的（VHH）而成为现今单域抗体研究的热点。骆驼科动物的 VHH 亚型单一，减少了克隆设计的难度。而且天然存在，稳定性和可溶性都相当良好，省去了其他单域抗体获得后还需要进行的修饰过程。同时，它还可以识别一些全抗不能识别的小型表位，某些方面具有全抗无可比拟的优势。人们目前对 VHH 的研究多半还是基于骆驼科动物，通过克隆设计获取目的 VHH。2019 年 FDA 批准了第一个上市的单域抗体 caplacizumab。VHH 独有的特点让人们对这类药物发展前景充满期望。

抗原抗体的结合机制通常为抗原和抗体可变区上的 6 个 CDR 单位发生相互作用。但有研究发现，某些情况下仅单个的 CDR 就可以和抗原发生结合，这样的 CDR 称之为最小识别单位。最小识别单位在所有的抗体分子中具有最小的相对分子质量，因而在动力学及渗透性方面具有优势和特性，但是也因为分子本身缺少框架支撑，所以其稳定性较差。也有研究者提出在最小识别单位的基础上适当引入一些氨基酸稳定其理化性质，同时尽可能保证其小分子的特点。

4.2.2 嵌合抗体和人源化抗体

广义上的人源化抗体泛指人们通过基因工程技术对已有异源抗体进行改造，植入一定比例的人源抗体成分得到的基因工程抗体。人源化技术的目的主要是为了解决异源抗体进入人体后引发的排斥反应。目前的研究绝大多数是以鼠源抗体为亲本抗体进行人源化改造。

嵌合抗体是由鼠源抗体的可变区（variable region，V 区）基因和人源抗体的恒定区（constant region，H 区）基因拼接，插入表达载体并转入适当受体细胞表达而成的抗体，是最早成功制备的基因工程抗体。通常所说的嵌合抗体是指经典的人鼠嵌合抗体，除此之外，还有一些关于人 - 灵长类嵌合抗体的报道，比如目前已经进入临床试验阶段的 B7Ab、抗 CD23 等，其制备及重构原理有别于人鼠嵌合抗体，本节不做详述。

人鼠嵌合抗体的出现很大程度上是因为鼠源单克隆抗体（鼠单抗）的异源性广受诟病。20 世纪 80 年代，当时被寄予厚望的单克隆抗体开始广泛出现在临床应用中。不过很快人们就发现，鼠单抗进入人体后会引发强烈的人抗鼠抗体反应，而且重复用药的效果往往达不到预期的效果。为了降低抗体药物的异源性，人们开始致力于鼠单抗的改造工作。直到 1984 年第一个人鼠嵌合抗体被报道，标志着嵌合抗体成功制备。由于嵌合抗体由鼠源的可变区和人源的恒定区组成，一般人源化程度都在 70% 左右，这使得其既保留了鼠单抗的高特异性和亲和力，同时又大大降低了对人体的免疫原性。此外，由于引入人源的 Fc 段的关系，嵌合抗体在人体内还可以介导其他一些生物学效应，如 ADCC 和补体依赖的细胞毒性（complement dependent cytotoxicity，CDC）。嵌合抗体的问世曾经迎来巨大的成功，在很长的一段时间内备受瞩目，也有很多治疗成功的例子，如用于抗器官移植排斥的 basiliximab 单抗，以及我国自主研制的适用恶性肿瘤的碘肿瘤细胞核单抗。

但问题很快也随之而来。虽然嵌合抗体只保留了鼠单抗的可变区，而绝大部分鼠单抗的免疫原性也确实来自身经替换掉的恒定区，但还是有极少数鼠单抗的可变区框架也能引发较明显的抗抗体反应，这使得人们对嵌合抗体的完美性提出质疑，并继续开展研究，力求可以找到一种毒副作用更加低的抗体药物。人源化抗体即在嵌合抗体的基础上，对骨架区进行改造而成，其免疫源性大大降低。4.3 节将着重讲述人源化抗体及其制备方法。

4.2.3 双特异性抗体

科技视野 4-2
双特异性抗体药物产业的迅速发展

双特异性抗体（bispecific antibody，BsAb），顾名思义，其具有两个不同的蛋白质识别位点，可以同时完成两种生物学功能，因此也称为双功能抗体（bifunctional antibody，BfAb）。当然，需要明确的是双特异性抗体虽然有结合两种抗原的能力，但是其设计的初衷并不是让它同时针对两种病症。由于具有两个靶标结合位点，双特异性抗体具有其他抗体难以比拟的优势——介导，而这也是目前人们对双特异性抗体最热衷的应用。例如，制造一个既可以识别靶标位点，又可以和效应细胞（通常是 T 淋巴细胞）特异性结合的双特异性抗体，以达到引导效应细胞杀伤靶细胞的效果。其最大的好处是靶向性极强，药物更容易指向性富集在病变细胞周围发挥作用，从而大大减少对非靶细胞或组织的伤害。也因为靶向性强，双特异性抗体在药物用量上也比较小，因而具有毒副作用低的优势，这些特点尤其在肿瘤的治疗方面意义重大。

双特异性抗体的制备方法大致分为两种。一种是通过化学试剂，在体外直接完成抗体分子的杂交，通过交联剂的介导得到。另一种方法则是通过基因工程技术实现抗体的构建。总的来说，化学试剂的引入一般会使抗体药物在安全性方面存在隐患，因此目前采用的不是很多，绝大多数制备方法还是采用生物学手段，通过基因工程来构建目标抗体。双特异性抗体构建的核心设计在于如何使两种不同的轻重链融合在同一个抗体分子中。根据其构建方式的不同，双特异性抗体可分为以下 2 种。

最简单的一种是直接把两种不同抗体的各半个分子组合在一起，形成新体，如图 4–6（a）所示。在具体的操作方面，一种办法是直接在体外利用物理化学方法，通过一些蛋白质剪切剂和交联剂实现这种人为的拼接，得到双特异性抗体。但是这种方法引入了一些化学试剂，使得抗体在安全性上出现隐患，因此一般不采用。另一种拼接方法是通过多次杂交，把可以产生两种不同抗体的杂交瘤细胞再次进行杂交融合，则在杂交 – 杂交瘤细胞中就可能产生双特异性抗体。有报道称这种方法抗体成功杂交的概率较低，而且二次杂交后的细胞很不稳定，因此也很少被采用。

另一种双特异性抗体是通过基因工程手段，以一种完整的单抗为基础，仅把另一种单抗的可变区克隆拼接到基础抗体的可变区，其结构如图 4–6（b）所示。这种双特异性抗体是基于双可变区 IgG（DVD–IgG）技术，得到的抗体任意一条轻链和重链上都携带有两个蛋白质作用位点。目前，通过双可变区技术构建的双特异性抗体已经有成功用于疾病治疗的案例，比较典型的是抗 IL–1α/1β 的双特异性抗体对 1α/1β 的双重阻断。但是，DVD–IgG 技术也有一些潜在问题，例如，有人就提出两个可变区密集在一起，将会影响到蛋白的正确构象，以及可能会存在表位遮蔽等问题。

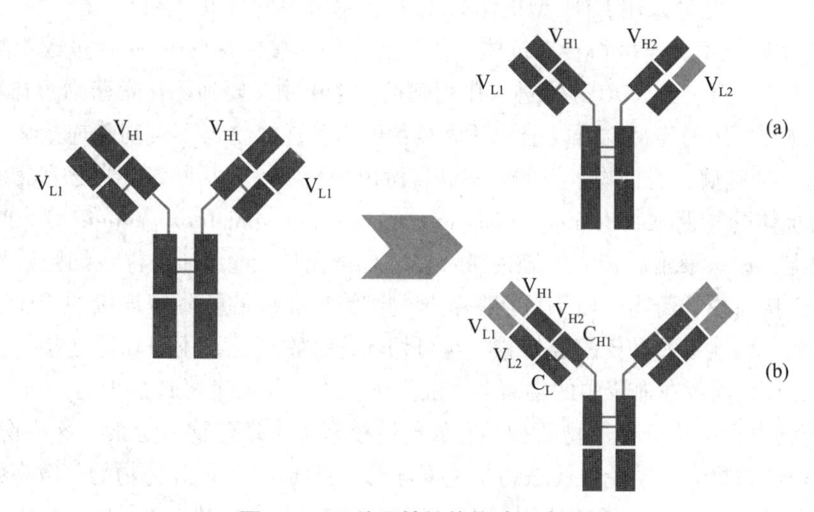

图 4–6 双特异性抗体构造示意图

4.2.4 抗体偶联药物

抗体偶联药物（antibody-drug conjugate，ADC）是通过一个化学链接将具有生物活性的小分子药物连接到单抗上（图 4–7）。ADC 又称为免疫偶联物，属于靶向抗肿瘤药物。当抗体和肿瘤细胞表面的抗原特异性结合时，ADC 可将药物成功释放到肿瘤细胞特定部位。在临床实践中，治疗性抗体虽然靶向性强，但是由于其相对分子质量高而导致对于实体瘤的治疗效果有限。小分子的化学药物虽然具备对癌细胞的高度杀伤效力，却也常常误伤正常细胞，引起严重的副作用。因此，在癌症治疗的临床实践上，常常互补地使用"化学疗法"和"免疫疗法"。

科技视野 4–3
抗体偶联药物的产业现状

临床上的需求为制药界研发抗癌药物提出了新的要求——需要直接构建"抗体 – 化学药物偶联剂"，利用抗体对靶细胞的特异性结合能力，输送高细胞毒性化学药物，以此来实现对癌变细胞的有效杀伤。在药物设计中，抗体成为定点输送化学药物的"生物导弹"，化学药物则是"导弹"中具有杀伤效力的"战斗部"。近年来，抗体偶联药物的概念逐渐变为了现实。

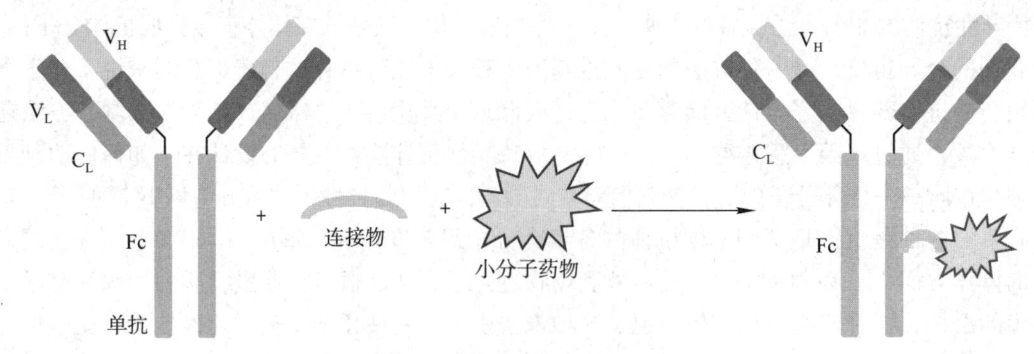

图 4-7 抗体偶联药物示意图

开发安全性高疗效好的 ADC 药物依赖于抗体、药物以及连接物的选择，详情如下

① 靶标与抗体选择 治疗靶标的选择是 ADC 药物实现良好临床疗效的重要因素。理想的靶标应该在肿瘤细胞表面表达数量相对较多，目前在研的 ADC 药物靶点几乎涵盖了所有已经确证的药物靶点，除了已有上市抗体药物靶点（如 Her2、EGFR，CD19、CD22、CD70 等），诸多新型靶点［如 SLC44A4（AGS-5）、Mesothelin 等］也成为 ADC 药物的作用靶点。许多 ADC 药物与靶标结合后，会通过受体介导的胞吞作用进入细胞内，而胞吞的速率和程度作为重要的指标，会影响肿瘤细胞对药物的吸收与释放。目前进入临床试验阶段的抗体偶联药物采用的抗体包括 IgG1、IgG2 和 IgG4 3 种亚型，其中 IgG1 型应用最为广泛。采用 IgG1 型抗体的 ADC 药物可引发 ADCC 和 CDC。

② 连接物与偶联技术 连接物实现抗体与化学药物的连接，在 ADC 药物进入靶细胞前，它能确保偶联药物的完整性。而一旦 ADC 药物进入作用靶点，连接物又要确保化学药物的有效释放。目前大多数抗体偶联药物所采用的连接物可以分为两大类：可切除连接物与不可切除连接物。可切除连接物依赖 ADC 药物进入细胞后，连接物本身的降解获得游离的药物，包括腙键连接物和二硫键连接物。采用此类连接物的抗体药物偶联物有 gmtuzumab ozogamicin、iotuzumab ozogamicin 等。此类连接物在循环系统中相对稳定，进入细胞后依靠细胞内微环境（如溶酶体内低 pH 条件或细胞质基质中的还原性环境）发生降解，从而释放药物。而不可切除连接物则需要相应的酶降解连接物或偶联物中的抗体部分来释放药物，如二肽连接物和硫醚连接物。与可切除连接物相比，不可切除连接物在血浆中稳定性更好，其半衰期更长，前者在血浆中的半衰期一般为 1 ~ 2 d，而后者可长达 1 周。

③ 小分子药物 目前小分子药物的种类有放射性核素、化疗药物与毒素，这些物质与抗体连接，分别构成放射免疫偶联物、化学免疫偶联物与免疫毒素。目前可将 ADC 药物的负载小分子药物根据其作用靶点主要分为两大类：第一类的作用靶点为微管，如 Auristain 类（MMAE、MMAF）和美登素类（DM1、DM4），它们通过与微管结合，阻止微管的聚合，阻滞细胞周期继而诱导细胞凋亡；另一类的靶点为 DNA，包括刺孢霉素、duocarmycin 类，其通过与 DNA 双螺旋小沟结合，导致 DNA 的碎裂和细胞死亡。

利用抗体实现细胞毒性药物靶向递送的理念可追溯至 20 世纪初。20 世纪 60 年代，ADC 药物的功效开始在动物模型中进行验证。80 年代末，ADC 药物开始进入临床研究阶段。gemtuzumab ozogamicin（商品名 Mylotarg）早在 2000 年就已成为首个获得 FDA 批准的 ADC 药物，用于治疗急性髓细胞性白血病（AML），然而其Ⅲ期临床试验发现其具有肝毒性，并且与对照组相比疗效并不显著，于 2010 年 6 月申请退市。2011 年 8 月，ADC 药物 brentuximab vedotin（商品名 Adcetris）获得 FDA 批准，也是 FDA 批准的首个可用于治疗霍奇金淋巴瘤和系统性间变性大细胞淋巴瘤（系一种罕见疾病）的药物。2013 年 2 月，另一个 ADC 药物 ado-trastuzumab emtansine（商品名 Kadeyla）获 FDA 批准用于治疗 HER2 阳性转移性乳腺癌。据《自然 · 药物发现》杂志统计，2009—2010 年共有 7 种 ADC 药物，2011—2012 年至少有 17 种 ADC 药物进入临床研究阶段。截至 2013 年 11 月，约有 80 个 ADC 药物处于研发阶段，已有35个进入临床试验阶段。

新型抗体偶联药物仍然存在着细胞毒素提前释放进入全身循环的安全性问题，如何保证抗体偶联药物在达到靶标细胞后才释放毒素，是现阶段临床研究中的一大挑战。同时，抗体偶联药物的连接体稳定性也依然对交联剂有很高的要求，需要不断进行连接体选择。早期的ADC药物的研发失败，多是由于连接物技术的落后，直接影响了ADC药物的安全性和有效性。ADC药物的产业化制备工艺复杂，包括重组抗体制备、化学药物与抗体的偶联反应、ADC药物的制剂与质控等环节。此外，化学药物与抗体的连接反应一般在中性缓冲液中完成，缓冲液的配制和使用应杜绝微生物污染等问题，因此，ADC药物的生产车间对于环境的要求，远高于生产生物制品cGMP车间。不过，抗体药物偶联物在肿瘤治疗领域依然具有明显的优势和强劲的研发势头，具有广阔的发展空间。

4.2.5 抗体融合蛋白

抗体融合蛋白是指利用基因工程技术将抗体片段与其他生物活性蛋白质融合所得的产物。抗体融合蛋白兼容了抗体的特性和所融合的功能蛋白的活性。由于融合蛋白的不同，使得抗体融合蛋白具有多种生物学功能，并且表达的重组蛋白既不影响抗体片段与抗原的结合能力，也不影响与之融合的蛋白质的生物学特性。以前的抗体融合蛋白的构建主要采用化学交联的方法，但这样的抗体交联蛋白组成不均一、性能不稳定、分子大、穿透能力低、免疫源性强。随着基因工程和基因工程抗体技术的迅速发展，特别是20世纪90年代以来噬菌体抗体技术的发展，不仅使抗体片段的筛选和制备越来越方便，而且由于基因工程抗体片段的分子小、功能强、稳定性高、易于基因融合的特点，抗体融合蛋白的构建也越来越方便。基因工程构建的抗体融合蛋白由于其稳定的基因源，和基因工程抗体一样，可在原核生物、单细胞真核生物、哺乳类动物以及植物中得到有效的表达，使大规模生产抗体融合蛋白成为可能，具有很大的应用潜力。其可广泛用于免疫治疗、免疫诊断、抗体纯化及抗体和抗原的分析定量等方面，特别是可用于免疫导向药物的制备。

抗体融合蛋白的构建形式主要有两种，即根据抗体的可变片段和恒定片段分别利用，使抗体融合蛋白具有抗体的某项特性，形成两大类抗体融合蛋白。一类是将功能蛋白和抗体的可变片段融合，如将ScFv或Fab段与其他生物活性蛋白融合，形成抗体融合蛋白，该抗体融合蛋白可将特定的生物学活性导向靶部位。例如，将ScFv段与细胞膜蛋白融合可得到嵌合受体，该嵌合受体可赋予特定细胞与抗原结合的能力；如将抗体的可变区基因与T淋巴细胞上TCR的α链和β链的恒定区融合，将融合基因导入T淋巴细胞，可使T淋巴细胞具有该抗体的特异性，对表达相应抗原的靶细胞产生细胞杀伤效应；在融合时还可根据需要保留某些恒定区，使其具备一定的抗体生物学效应或功能。另一类是将功能蛋白和抗体的恒定片段融合，该融合可产生两种效果：一是增加该蛋白质分子在血液中的半衰期；二是通过该蛋白质分子与其配体的相互作用，将Fc段的生物学效应引导到特定目标。一个突出的例子是CD4与Fc抗体融合蛋白的构建，将CD4分子的细胞膜外部分基因与Fc基因融合后在真核细胞表达，分泌到胞外，此抗体融合蛋白可阻断HIV对敏感细胞的感染，可对HIV感染的细胞介导ADCC活性，可激活补体。由于CD4属于黏附分子范畴，CD4-Fc抗体融合蛋白又称为免疫黏附素；另一个免疫黏附素的例子是肿瘤坏死因子受体和IgG Fc受体的抗体融合蛋白。

免疫导向的概念虽然早已提出，如把抗体和毒素、淋巴细胞活素、细胞因子等相交联，构建成有特异识别能力、特定功能的抗体分子，用于肿瘤治疗等。但是由于早期的抗体特异性较差、抗体的纯度较低、交联的方法不理想等原因，效果一直不够显著。基于基因工程抗体分子和基因融合的抗体融合蛋白的特点，用于免疫导向的基因工程抗体融合蛋白又引起了人们的广泛兴趣。目前免疫导向药物已经用于杀伤肿瘤细胞、血栓溶解等临床疾病治疗，免疫导向药物可以减少对正常细胞的非特异杀伤。例如能够识别肿瘤细胞的抗体Fab和ScFv与假单胞菌外毒素A、癌症坏死因子、白细胞介素2及β-内酰胺酶等融合，能维持双方蛋白质的特性，其融合的毒素、细胞因子等可直接杀伤肿瘤细胞或介导T淋巴细胞产生杀伤效应。再如B7-抗体融合蛋白用于T淋巴细胞增生的共同刺激，抗CD20抗体和人的β-葡萄糖醛酸酶融合蛋白用于抗体导向的酶前体药物治疗等。

目前抗体融合蛋白构建的主要问题是抗体分子和功能蛋白之间的连接问题，普遍采用的螺旋链和(Gly4Ser)$_n$线状链仍不能满足各方面的要求。对于连接用多肽连接链的选择，既要提高抗体融合蛋白的稳定性，又要减少其副作用——多肽连接链应具有足够的柔软性和亲水性，以保证抗体和功能蛋白的正常折叠和双方融合蛋白活性的继续保持；连接链不能轻易断裂或水解，提高抗体融合蛋白的稳定性；连接链应该尽量短以及保持中性以减少其临床应用时的免疫源性，通过基因修饰减少其副作用。用于免疫导向的抗体融合蛋白应增加抗体分子和功能蛋白的多样性，提高抗体分子的特异性和亲和力，以及功能蛋白的专一作用。由于高活性的抗体融合蛋白的表达相当困难，产率低，还应通过各种表达途经和表达方法提高其表达产量和生物活性。

4.2.6 胞内抗体

抗体工程技术的进展使得人们能够对抗体分子进行改造，同时，基于对细胞内转导信号的深入了解可将基因工程抗体导向不同的亚细胞区室，这两项重要进展的结合，派生出了一项全新的可阻断细胞内重要靶蛋白的胞内抗体技术——胞内抗体(intracellular antibody，intrabody)。胞内抗体是指在非淋巴细胞内表达并被定位于亚细胞区室(如细胞核、细胞质基质或某些细胞器)，特异性干扰或阻断靶分子的活性或加工、分泌过程，从而发挥其生物学功能的一类新型工程抗体。它是靶向细胞内抗原，具有特异性高、亲和力强的结合特性，并能在特定的亚细胞中稳定表达的免疫球蛋白。

尽管胞内抗体能够以不同的形式表达，但最常见的是ScFv和Fab形式。① ScFv胞内抗体分子结构简单，由抗体的重链可变区与轻链可变区通过一短肽($GGGGS_3$)连接而成，它基本保持了亲本抗体对抗原的亲和力。可变区基因不仅可通过提取某一特异性杂交瘤细胞mRNA后用RT-PCR获得，而且噬菌体抗体库技术为其获取提供了丰富的源泉。由于ScFv基因结构简单，便于体外重组操作，当前已成为胞内抗体技术最常采用的抗体形式。② Fab胞内抗体包括重链的V_H-C_{H1}(Fd段)和完整轻链，两者通过一个链间二硫键连接，约为完整抗体体积的1/3。Fab具有与抗体相同的抗原结合特性，但是其重链和轻链必须在内核糖体入口位置同时表达才有实际应用价值。针对不同的实验目的，对ScFv蛋白的N端或C端进行一些修饰，就可将ScFv蛋白人为地滞留于各个亚细胞区室中。将来源于SV40大T抗原的核定位信号(NLS)或TAT核仁前导序列信号同C端连接，可以制成核滞留型或核仁滞留型胞内抗体。在N端融合一段前导肽或在C端引入一段内质网滞留信号(KDEL)，可使ScFv滞留于内质网。因为内质网是多种生物活性蛋白加工、分泌的通路，将抗体滞留于内质网管腔或内膜上，大大增加了抗体与靶蛋白相互作用的机会。

胞内抗体可在肿瘤细胞特定的亚细胞器中表达并且靶向抗原底物，进而应用在肿瘤基因治疗。目前研究较多的靶蛋白主要包括：表皮生长因子受体超家族(EGFR、ErbB-2、ErbB-3、ErbB-4)、白细胞介素2受体(IL-2R)、Ras蛋白、叶酸受体(FR)、抑癌蛋白p53、Bcl-2蛋白、c-Myb蛋白以及Ⅳ型胶原酶等与肿瘤发生发展各个阶段密切相关的重要蛋白质。例如，Richardson等构建了抗IL-2Rα的ScFv，转入Jurkat T细胞中，在细胞内表达的ScFv Tac完全抑制细胞表面的IL-2R表达，其机制可能是在内质网中将表达的受体链降解。研究表明，ScFv胞内抗体为研究IL-2R在T淋巴细胞活化、IL-2信号转导和白血病细胞生长抑制提供了一个有价值的工具。

胞内抗体在艾滋病的基因治疗中有广泛的应用前景。它作用于病毒结构蛋白、调节蛋白、酶蛋白，并在特定细胞器与靶结构结合并抑制病毒生活周期不同阶段的功能，而这些靶结构都是HIV-1病毒生存、繁殖的必需结构。例如，HIV-1包膜糖蛋白是作为gp160前体合成的，并在高尔基体内分裂为成熟的gp120/41蛋白。gp120/41蛋白与未感染细胞的CD4受体的相互作用不仅对病毒感染而且对$CD4^+$ T淋巴细胞耗竭、功能失调和CD4介导的细胞信号破坏都有重要作用，这将有助于AIDS的发病机制的研究。胞内抗体 scFv105 可以在内质网结合 gp160 前体从而阻止其向细胞表面的转运，导致病毒颗粒不具备感染力。在 HIV-1 感染的细胞内，胞内抗体 Fab105 与 gp160 前体结合并抑制其加工整合，产生弱或无感染力的病毒颗粒。此外，分泌到细胞外的 Fab105 可以中和胞外游离的病毒颗粒，保护未被感染的周围细胞。

胞内抗体的应用范围已经拓展到中枢神经系统疾病、移植排斥和自身免疫疾病等领域。亨廷顿舞蹈症（Huntington disease，HD）是常染色体显性遗传的缓慢进行性基底节和大脑皮质的变性疾病，临床以舞蹈、进行性痴呆、精神情感障碍为主要表现，其特征是 Huntington 蛋白的 N 端有多个谷胺酰胺，诱导病理性的蛋白质间相互作用形成多聚体而致病。抗 Huntington 蛋白的 N 端 17 个氨基酸多肽的胞内抗体可减少多聚体的形成，有望用于该疾病的治疗。Miller 等首先发现了 htt 特异的胞内抗体（C4）选择性作用于可溶的 C 端片段，C4 通过结合非团聚的 htt 降低了 C 端 htt 片段的稳态水平。

尽管胞内抗体对一些疑难疾病的治疗方面显示了良好的应用前景，但它真正用于疾病治疗前还存在一些问题：抗靶分子的抗体基因如何到特定的组织细胞内；载体的研究还需要更多进展；胞内抗体基因在细胞内能不能持久稳定地表达以达到足够的细胞内浓度；胞内抗体的毒性和免疫原性问题；如何增加胞内抗体的正确折叠、保持生物活性、延长血浆半衰期；如何获得大量有治疗价值的胞内抗体等。这些问题的解决还有待于进一步的研究和临床试验。

4.3 人源化抗体

4.3.1 人源化抗体的定义及分类

嵌合抗体技术通过 C 区替换将异源抗体改造为含 60%～70% 人抗体（人抗）成分的抗体，但是 V 区的框架区（FR）和互补决定区（CDR）仍保留了了大量的鼠源成分，仍有可能诱导强烈的抗抗体反应。因此需将鼠源抗体人源化，即利用 DNA 重组技术和蛋白质工程技术，对抗体基因进行重组，在保留鼠源抗体对抗原有效结合部位的同时，最大限度地降低非结合部位的鼠源性。这种通过重组基因所表达的既有鼠源成分，又有人源成分的抗体称为人源化抗体（图 4-8）。

知识拓展 4-4
抗抗体

人源化抗体是继嵌合抗体后人们取得的又一个里程碑式的成就。它是在嵌合抗体的基础上对可变区进一步人源化得到的，为了区别于嵌合抗体，称之为人源化抗体。其构建思路是在嵌合抗体的基础

技术应用 4-3
人源化抗体的临床应用

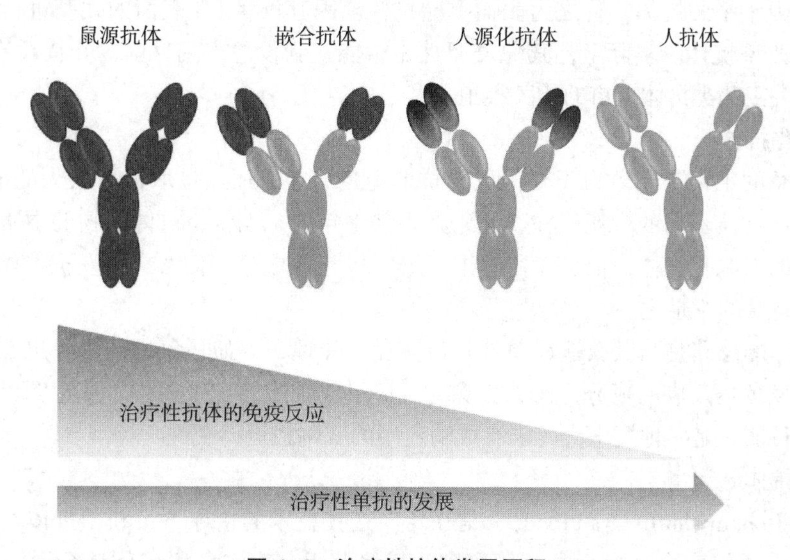

图 4-8 治疗性抗体发展历程

上继续对可变区进行改造，即对可变区（通常是可变区的骨架区）进行人源化。相比嵌合抗体，人源化抗体的人抗成分更高，一般可以达到 90%～95%，因此免疫原性大大降低，更好地保证了药物的安全性。人源化抗体制备的方法大同小异，目前比较常见的技术手段是改型抗体技术，除此之外还有一些新的手段被报道，例如表面重塑技术、去免疫化技术、链替换技术等。

（1）改型抗体

改型抗体（reshaping antibody）是最早制备的人源化抗体，它是把鼠单抗的恒定区和可变区的框架区（framework region，FR）全部替换成人抗成分，只保留可变区的 CDR（图 4-9）。这种替换等同于在人抗的基础上，植入鼠单抗的 CDR，因而改型抗体也被称作 CDR 移植抗体。改型抗体的人源化程度可高达 90%，抗体自身的半衰期也有所延长，目前已经有很多投入使用的例子，如用于器官移植的 CD3、CD4。但是改型抗体人源化以后通常会出现亲和力下降的问题，其下降的程度从几倍到几十倍不等。对此，主流的观点认为移植过程中鼠的 CDR 和人抗的框架区结合时导致了 CDR 空间结构的改变，使得其与抗原的结合能力下降。因而，抗体在人源化之后通常要再经过一个亲和力成熟的过程，以达到抗体成药的相关要求。

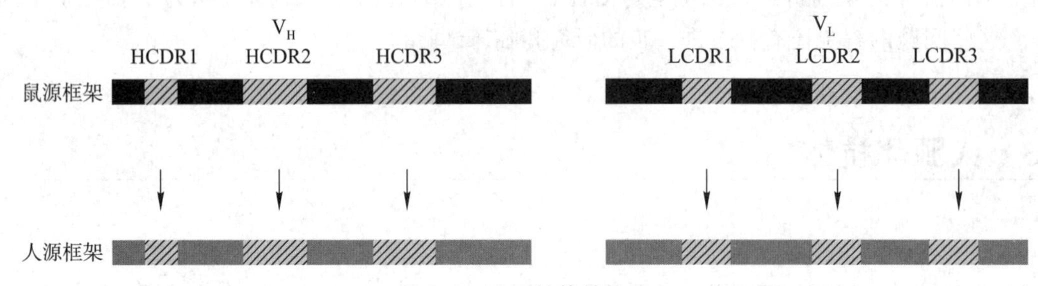

图 4-9　改型抗体的构建

（2）表面重塑抗体

表面重塑抗体（resurfacing antibody）是人们在抗体人源化探究道路上的又一次重大尝试。其设计思路是在改造框架区时，不用将框架区全部换成人抗成分，而只改变其中暴露在外表起关键作用的氨基酸。这种设计的最初目的是在达到人源化目的的同时尽可能减少对可变区的破坏，试图通过这样的方式解决亲和力下降的问题。那么如果只改造 FR 的表面残基，是否可以解决抗体结合抗原能力下降的问题？带着这样的设想，科学家们开始致力于 FR 的有选择性改造，并最终得到了几乎保持亲本抗体特异性和亲和力水平的抗体，称之为表面重塑抗体。因其仅将 FR 表面的残基进行了替换，因而人源化程度略低于改型抗体。实际上，其免疫原性是否能达到设想，到目前为止尚没有数据上的支持，截至目前也没有关于此类抗体上市的相关报道。

（3）去免疫化抗体

人源化抗体总的来说都在致力于降低鼠单抗的免疫原性，而且也取得了很大的成功。毫无疑问，人源化抗体是现在抗体药物的中流砥柱，起码在未来十年内，也将是抗体药物的中坚力量。但即便是人源化程度再高的人源化抗体，依然存留有 1%～5% 的鼠源成分，仍然有引发抗抗体反应的可能，这也是人源化抗体自身的不足之一。

去免疫化抗体的思路是与其改造鼠单抗降低其免疫原性，不如从免疫的源头出发，剔除或者改造能够在人体内引发免疫反应的成分，比如去除对人 T 淋巴细胞的识别表位，从根源上阻断抗抗体反应发生。但该技术目前只是一种概念，尚未有成功应用的实例报道。

（4）链替换抗体

链替换抗体（chain shuffling antibody）是在定向选择技术的指导下，利用抗体库展示技术，逐步将鼠源抗体的轻、重链完全替换为人抗体序列，最终获得与亲本鼠源抗体结合同一表位的全人源抗体。该技术由 Jespers 于 1994 年首次报道，严格意义上属于一种全人源化抗体技术，但是需要原始鼠源抗体作为模板，因此也算一种人源化抗体技术。经典的链替换技术基本过程如下：首先，选择亲本鼠单抗的一个可变区基因（重链或轻链）与人抗体相应的另一个可变区基因的文库（轻链库或重链库）配对构建成“鼠 – 人杂合抗体库”，经过筛选获得有结合活性的杂合型抗体；然后，将得到的人轻链或重链可变区基因与另一条链（重链或轻链）的人可变区基因文库组合构建成人抗体库；再经筛选过程，得到与原亲本鼠单抗特异性识别同一抗原的全人抗体。2005 年，Osbourn 等利用链替换技术成功获得阿达木单抗，并获得 FDA 批准上市，用于治疗慢性关节炎等免疫性疾病。

4.3.2 亲和力成熟

抗体亲和力成熟（antibody affinity maturation）是指机体正常存在的一种免疫功能状态。在体液免疫中，再次应答所产生抗体的平均亲和力高于初次免疫应答，这种现象称为抗体亲和力成熟。体外抗体亲和力成熟是属于体外功能蛋白质分子进化的范畴，它的研究策略多是基于对体内抗体亲和力成熟规律的认识基础而提出。亲和力是抗体的重要生物学参数，高亲和力的抗体在很多方面都有非常重要的作用，主要表现在以下几个方面：①在疾病治疗领域，高的抗体亲和力可减少单次注射量，可进一步降低抗体的免疫原性，同时高的亲和力是高中和活性的前提，在体内只有亲和力较高的抗体才足以提供有效的保护作用，所以对抗体进行亲和力成熟可以大大提高抗体的临床应用价值。②在诊断领域，提高抗体的亲和力可以显著提高诊断的灵敏度，能够在疾病发生的早期确诊，从而提高疾病治愈的概率。③高亲和力抗体，特别是小分子抗体（如 ScFv）在肿瘤的定位和成像方面具有很大的应用价值。

一般来说，鼠源单抗进行人源化的过程中常常伴随着亲和力的降低，K_D 值会下降 10 倍左右。从天然抗体库或者合成的全人抗体库中筛选得到的抗体也会出现亲和力过低的情况，而在抗体治疗中需要 10^{-10} mol · L^{-1} 甚至更高浓度的高亲和力的抗体，所以这就需要一个亲和力成熟的过程。体外的亲和力成熟可以通过一些定向进化的过程来实现，通常是进行数轮突变、展示、筛选和扩增的过程。亲和力成熟主要包括以下方法。

（1）易错 PCR（error-prone PCR）

通过改变 PCR 的条件，使目的基因片段错误掺入核苷酸来随机引入突变。增加突变频率可以通过在每一轮 PCR 反应过程中使用低保真的 DNA 聚合酶，改变 dNTP 浓度（使其中 1 种 dNTP 的浓度高于其他 3 种），适当提高二价阳离子 Mg^{2+}、Mn^{2+} 的浓度来达到，最后通过多轮的 PCR 过程来使得每一轮的突变累积起来，易错 PCR 导致的突变频率可以达到 0.15% ~ 3.0%。这是引入随机突变的非常简单有效的方法，目前多是结合其他的技术一并应用。

（2）DNA 改组（DNA shuffling）

DNA 改组可对较大的 DNA 片段（ > 1 kb）引入突变。用 DNase Ⅰ 对同源基因片段进行消化并纯化，得到 10 ~ 50 bp 的随机 DNA 片段库，而后退火，在 DNA 聚合酶存在的条件下让这些片段以各自的引物进行聚合重组，筛选出来的高性能的全长产物又可作为下一次改组的起点，重复上述过程，直至得到所需产物。因同源片段之间存在各种点的序列上的差异，加之重组过程中可引入低水平的点突变，如果需要可使用易错 PCR 的条件（或紫外照射或加入合成的寡核苷酸等）引入更多的突变，来推进体外分子进化。此法构建的多样性文库，可有效积累有益突变，目前被广泛用于亲和力成熟。

（3）链替换（chain shuffling）

记忆细胞再次接受抗原刺激，轻重链的配对组合会发生变化，基于结合动力学的优化组合被选择出来，这也是亲和力提高的一个重要原因。链替换技术是将某种抗原的抗体轻重链分别克隆，并构建轻重链置换文库。2000 年，Park 等就曾用此技术成功将一株抗体的亲和力提高了 65 倍。但这种方法也存在一定的问题，即天然抗体的轻重链可变区序列都是经过优化后的，所以单独运用此方法建库筛选，得到的最终序列很可能是原序列，所以多作为辅助方法使用。

（4）**定点突变**（site-directed mutagenesis）

抗体的CDR往往集中在一起，组成一个与抗原结合的部位，研究证实这些部位的体细胞突变也最频繁，通过研究抗原结合部位的晶体结构，同时结合计算机软件的分析、同源建模、构象的可及性、结合时可能发生的能态改变等方法发现优先突变位点，进而针对性地突变。定点突变在一定程度上依赖生物信息学知识，特别是对抗体分子模建和数据分析方面要求较高，研究者还必须对抗体的三维结构及每种氨基酸之间的相互作用有充分了解，这样设计出的突变位点才能够对抗体的亲和力产生较大影响。此外，还可以通过Ala扫描或抗体结构知识推断等方法确定突变位点。

（5）**CDR步移**（CDR walking）

体细胞高频突变更倾向于与抗原直接接触的CDR，向此区域引入突变将对基因工程抗体的亲和力提高有明显作用。Yang等提出采用序贯优化（sequential optimization）或者平行优化（parallel optimization）的方法对不同的CDR分别引入随机突变，基于抗原抗体结合性能的改变筛选出亲和力提高的突变体。

知识拓展4–5
噬菌体展示技术的原理

基因工程抗体亲和力成熟的过程是一个体外分子进化、多样化的选择和扩增的过程。根据对抗体亲和力成熟的认知，有效引入体细胞高频突变，是亲和力成熟的核心。而基于不同原理的突变策略的组合应用，可能对基因工程抗体的亲和力成熟有协同增强的作用。需要注意，抗体多样性的实现还与突变抗体库的库容紧密联系，增大抗体库的库容更易于筛到高亲和力抗体。此外，基因工程抗体的展示（如噬菌体展示、酵母展示、细菌展示和核糖体展示）和表达手段对于亲和力成熟有很重要的辅助作用；高效的筛选方法对于获得高亲和力抗体也有着至关重要的作用。

4.4 全人源抗体及其制备方法

科技视野4–4
全人源单克隆抗体的快速发展

鼠单抗的人源化技术使得治疗性抗体的免疫原性大大降低，人抗鼠抗体免疫反应（HAMA）大大减弱，但是人源化时由于CDR大部分氨基酸的不可替换性及FR个别鼠源氨基酸的保留，使得人源化抗体依然含有1%～5%的鼠源成分，仍然可能引发患者的HAMA。虽然人源化抗体目前在临床应用的抗体药物中独占鳌头，创造了辉煌的历史，但是随着全人源单克隆抗体（human monoclonal antibody，HMAb）技术方面的进步，全人源抗体逐步后来居上，占据了抗体药物研发的主导地位。全人源抗体技术始于20世纪90年代，发展到今天已形成多种技术手段，主要可以分为以下大类：高通量抗体库技术、转基因小鼠及细胞融合技术（含转基因小鼠、转染色体小鼠、人鼠细胞融合等）、B淋巴细胞培养技术（含B淋巴细胞永生化技术、非永生化的B淋巴细胞体外刺激培养等）及单个B淋巴细胞克隆表达技术（含抗原特异性记忆B淋巴细胞、浆细胞PCR及高通量测序等）。2002年美国FDA批准了第一个全人源抗体药物Humira，至今已有10个全人源单克隆抗体药物，其中有3个是利用噬菌体展示技术获得的，有7个是利用转基因小鼠获得的，尚无其他抗体库技术的抗体药物上市。

4.4.1 全人源抗体库筛选技术

目前的全人源抗体库筛选技术主要包括噬菌体展示抗体库技术、酵母展示抗体库技术、核糖体展示抗体库技术和哺乳动物细胞展示抗体库技术。其中技术最成熟、使用最广泛的为噬菌体抗体库技术（图4–10）。

知识拓展4–6
噬菌体抗体库技术的特点

噬菌体展示抗体库技术制备全人源抗体通常先分离免疫或者未被免疫的B淋巴细胞，并采用RT–PCR扩增其中全部的抗体V_H、V_L基因片段，将体外扩增的V_H、V_L基因片段随机克隆入相应载体，构建成为Fab或ScFv等形式的抗体组合文库，再将抗体基因组合文库插入噬菌体编码的基因Ⅲ（g3）或者基因Ⅷ（g8）先导序列紧邻的下游，使得外源抗体基因表达的多肽可以以融合蛋白的形式展示在噬

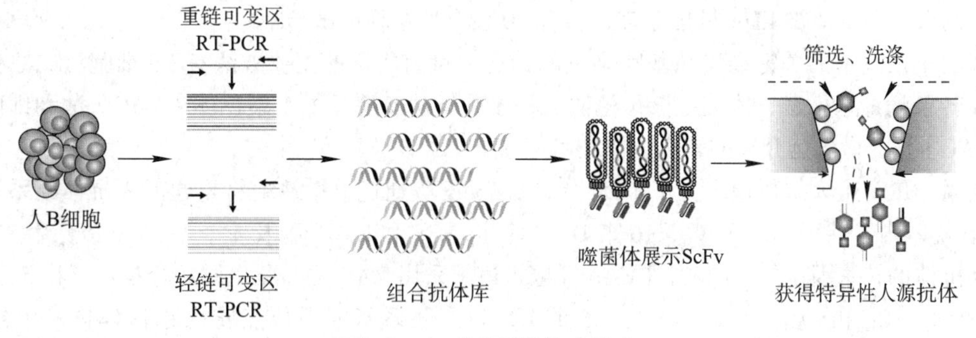

图 4-10　噬菌体抗体库技术

菌体外壳蛋白 gpⅢ或 gpⅧ的 N 端，从而为大规模地采用抗原进行富集筛选提供便利；然后通常会采用固相或者液相化的抗原，经亲和结合富集—温和洗脱—噬菌体扩增，再继续重复以上富集筛选过程，直至数个循环之后，获得特异性好、亲和力强的抗体噬菌体库；最后可以直接、方便、快捷、高效地从中筛选出特异性好、亲和力强的全人源抗体 V 区基因。一般地，如果是非免疫天然抗体库，需要达到 1×10^{12} 克隆，才能保障从中筛选到针对特定抗原特定表位的具有较高亲和力的全人源抗体；如果是来自于感染者或者感染后康复的免疫抗体库，则对库容要求相对较低，也更容易筛选到高亲和力的抗体。目前，不少研究者已经运用来自外周血、骨髓或脾组织 B 淋巴细胞的噬菌体抗体库，成功筛选到西尼罗病毒（west nile virus，WNV）、狂犬病病毒、SARS 病毒、HAV、HBV、HCV、HIV、埃博拉病毒（Ebola virus）、黄热病病毒、麻疹病毒、人类及禽类流感病毒等相关的全人源中和抗体。

科技视野 4-5
埃博拉病毒的流行及检测方法

当然，噬菌体展示抗体库的缺陷也十分明显。由于抗体库中轻重链的随机组合性，筛选到的抗体，其轻重链的配对并不一定是最原始的组合，因此这些抗体的亲和力通常都不高，需要进一步的亲和力成熟改造。这不仅增加了工作量，还有可能重新引入某些免疫原性表位，导致改造后的抗体产生部分抗抗体反应。同时，由于噬菌体抗体库在细菌中表达蛋白，对于全人源抗体这种真核哺乳动物细胞表达的蛋白质来说，细菌作为表达宿主具有很大局限性，可能有多种天然的全人源抗体不能正常表达。此外，有些在噬菌体上可以展示的 ScFv 或者 Fab 具有抗原结合活性，但再次在真核哺乳动物细胞上重组表达成完整 IgG 时，却无法同抗原结合。作为真核细胞的酵母，可以比较有效地解决这些问题。

酵母展示抗体库技术利用一个配对因子蛋白 Aga2p 在酿酒酵母来展示 ScFv，利用生物素化抗原分离有特异性 ScFv 的细胞，也可以进一步利用荧光标记抗原，通过流式细胞仪来实时追踪结合情况并进行流式分选。但是与噬菌体展示抗体库技术相比，酵母抗体库技术转化效率较低，同时需要大量的 DNA 来建库。目前这项技术更多地用于抗体亲和力成熟。

核糖体展示抗体库技术是由 Pluckthun 等在多聚核糖体展示技术的基础上改进而来的一种利用多功能性蛋白相互作用进行筛选的技术。该技术以一种稳定的抗体 - 核糖体 -mRNA 复合物的构象为基础。抗体蛋白与其编码序列物理连接，抗体基因转录，产生许多 mRNA 分子，每一种代表着不同抗体基因。mRNA 分子与细菌的核糖体孵育，然后 mRNA 翻译成蛋白质，但 mRNA 分子的 3′ 端仍未成熟，每个复合体展示一种不同的抗体，当经过一个含有靶标抗原的亲和柱后，一些能结合上去的复合体不会被洗去，可达到高通量筛选的目的。该技术完全在体外进行，并且不需要克隆即可完成大规模抗体库的构建。

由于哺乳动物细胞重组表达的抗体最为接近天然抗体，因此近年来哺乳动物细胞展示抗体库技术也开始逐步得到应用。

4.4.2　转基因小鼠及细胞融合技术

转基因小鼠制备全人源抗体是目前全人源抗体研究的主流，截至目前，已经有 7 个由转基因小鼠

△ 技术应用 4-4
转基因技术的应用

制备而来的全人源抗体被 FDA 批准上市，另有 20 余个处在临床试验中。

转基因小鼠技术的关键在于转基因小鼠的构建，目前所用的主要方法有 ES 细胞法、原核显微注射法、反转录病毒感染法、体细胞核移植法、精子载体法、酵母人工染色体（YAC）法和细菌人工染色体（BAC）法、微细胞介导的转染色体技术等。

转基因小鼠产生人抗体最早见于 1994 年，Lonberg 等通过显微注射将重建的人抗体胚系基因微位点转入小鼠体内，共引入 3 个 V_H、16 个 D、6 个 J_H、C_μ 和 $C_{\gamma1}$，以及 4 个 V_κ、5 个 J_κ 和 C_κ，产生能分泌人抗体的转基因小鼠。同年，Green 等也报道了采用 YAC 法和原生质融合技术，将 5 个 V_H、25 个 D、6 个 J_H、C_μ 和 C_δ，以及 2 个 V_κ、5 个 J_κ 和 C_κ 胚系基因微位点转入小鼠体内。上述研究都采用在鼠胚胎干细胞（即 ES 细胞，embryonic stem cell，ES cell）中进行同源重组来使得鼠原有基因缺失。转基因小鼠制备全人源抗体，要求人的抗体基因片段在小鼠体内必须进行较为有效的重排和表达，并且这些片段能与小鼠的免疫信号机制相互作用，使得小鼠在受抗原刺激后，这些人源抗体基因能被选择、表达并活化 B 淋巴细胞分泌。

转基因小鼠制备全人源抗体技术发展至今，最为成熟且应用最广泛的是 XenoMouse 平台。1997 年，美国科学家使用转基因技术，成功制备出含人免疫球蛋白基因的转基因小鼠 XenoMouse。Mendez 等通过融合法将 YAC 的酵母细胞与鼠 ES 细胞融合，从而将整合有目的基因的 ES 细胞成功导入小鼠囊胚中，生成了嵌合体小鼠，之后经多重筛选，获得了分泌全人源抗体的转基因小鼠，再将产生人抗体转基因鼠的 B 淋巴细胞与骨髓瘤细胞融合，获得能够分泌高亲和力的人源抗体的杂交瘤细胞系。1998 年，Green 等将人抗体轻重链基因构建入酵母人工染色体中，再采用基因打靶技术将这些基因转入自身抗体基因位点已被灭活的小鼠基因组中，繁殖后筛选建立了可分泌高亲和力全人源抗体的小鼠品系，至此 XenoMouse 基本成型。

2014 年，Lee 等、Macdonald 等及 Murphy 等 3 个不同的研究团队分别通过反复的胚胎干细胞基因组工程，将人完整可变区的染色体导入小鼠体内，同时保留完整的鼠源恒定区，产生出人可变区、鼠恒定区的新型转基因小鼠。这些小鼠拥有与野生小鼠几乎一样的免疫系统，具有亲和力高（同时具有与人抗体一样的长 CDR3）、抗原表位覆盖广泛、体细胞高频突变强等特点。该技术在全人源抗体研发上极具潜力，后期还可以再通过恒定区替换来获得全人源抗体。

4.4.3 B 淋巴细胞培养技术

近年来，越来越多的全人源单克隆抗体采用 B 淋巴细胞培养技术筛选获得，这一类技术又可以分为两大类：永生化技术及非永生化的 B 淋巴细胞体外刺激培养技术（图 4-11）。

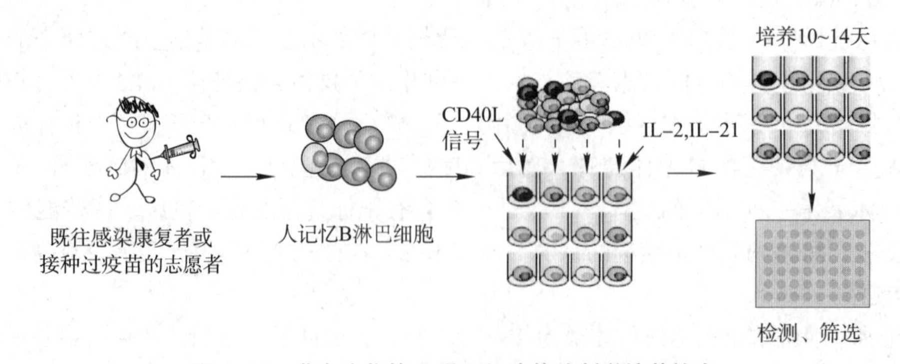

图 4-11 非永生化的 B 淋巴细胞体外刺激培养技术

永生化技术主要以 EBV 永生化技术为主。1977 年，Steinitz 等第一次用绒猴白细胞 B95-8 产生的 EB 病毒（Epstein-Barr virus，EBV）将人记忆 B 淋巴细胞永生化并持续分泌抗体。20 世纪 80—90 年代，陆续有研究人员通过这种方式筛选获得有不少全人源单克隆抗体，但是永生化的效率是很低的，很难获得大量的永生化抗原特异性B淋巴细胞。2004年，Traggiai等在EBV感染B淋巴细胞之前，利用CpG2006对B淋巴细胞的Toll-like receptor 9（TLR9）进行刺激以及同源异体的辐照过的单核白细胞作为饲养细胞，使得EBV转化效率大大提高，并基本确立了此方法筛选全人源单抗的流程。

首先分离有潜在抗体的志愿者外周血，分离外周血单个核细胞（peripheral blood mononuclear cell，PBMC），利用CD22磁珠将PBMC中的非B淋巴细胞部分及浆细胞部分去除，再通过流式细胞仪，将IgM、IgD、IgA类型的B淋巴细胞去除，得到IgG^+的记忆B淋巴细胞。再将这些B淋巴细胞按10个或50个每孔，利用含有2.5 μg · mL^{-1} CpG2006及30%的B95-8细胞培养上清液，铺板于96孔U型板中，同时每孔含有50 000个辐照过的同源异体单核白细胞作为饲养细胞。2周后检测上清液，将抗原特异性的孔进一步克隆化，再培养2周，最后获得阳性的单克隆B淋巴细胞群。克隆出其中的抗体基因就能够在哺乳动物细胞表达系统大量表达有关抗体。

目前，已有不少研究者用过EBV永生化技术筛选到多种抗原特异性的全人源单抗，包括流感病毒、人类免疫缺陷病毒（HIV）、SARS病毒、人巨细胞病毒（HCMV）、登革热病毒、基孔肯雅病毒（CHIKV）及呼吸道合胞病毒（RSV）等。

非永生化的记忆B淋巴细胞体外刺激培养技术，整个技术的周期相对较短，比永生化技术至少减少半个月的筛选时间。2002年，Weitkamp等首次利用此方法筛选到轮状病毒（Rotavirus）记忆B淋巴细胞的体外培养技术现在已经非常成熟，通常需要选择特定的供血志愿者，这些志愿者一般是疫苗免疫、天然免疫康复、病后康复的患者。首先分选特定供血者的外周血单核细胞，利用流式细胞仪将单核细胞中的CD19阳性、IgM阴性、IgA阴性细胞分选出来，再采用有限稀释法按每孔1.3 ~ 4.0个B淋巴细胞进行铺板培养，刺激的细胞因子为白介素2（IL-2）及白介素21（IL-21），提供CD40L的饲养细胞为辐照过的3T3-CD40L细胞，培养12 d后，检测细胞上清液的特异性，阳性培养孔进一步RT-PCR，克隆抗体V区轻重链基因，再进行重组表达并验证其抗体的性质。

4.4.4 单个B淋巴细胞克隆技术

人体内，当抗原引发B淋巴细胞免疫反应，一般在第7 d外周血特异性浆细胞数目达到最多，约占外周血总浆细胞数的30%，但这些浆细胞大多数是短寿命的，随即开始死亡，只有小部分则进一步进入骨髓，长期分泌抗体，成为长寿命浆细胞。在第21 d时，特异性记忆B淋巴细胞数量达到最大，有一部分记忆B淋巴细胞会长期存在于外周血中。因此一般在感染者染病或者疫苗免疫后的第7 d左右，分选浆细胞；在第21 d左右，分选特异性记忆B淋巴细胞，再进行单个B淋巴细胞RT-PCR。通常可以采用流式细胞仪或者微阵列（microarray）芯片来进行单个B淋巴细胞的分离（图4-12）。单个B淋巴细胞抗体基因克隆的成功率一般在50%左右（轻链50%，重链50%）。

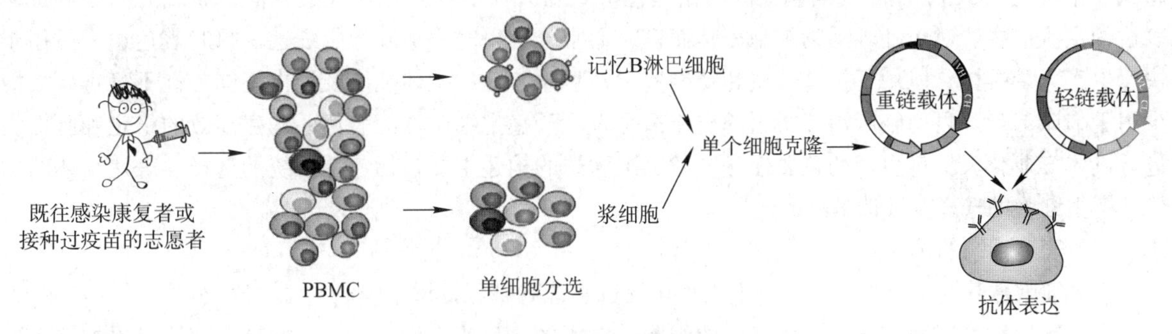

图4-12 单个B淋巴细胞克隆表达技术

2003年Wardemann等第一次运用此类方法对B淋巴细胞抗体进行了分析。2008年，Tiller等将浆细胞重组表达技术进一步完善，并设计出一套经典的人源抗体基因 RT-PCR 引物。2009 年，该方法的具体操作流程基本确定，采集疫苗免疫志愿者第 7 d 外周血，分离单核细胞，根据外周血短寿命浆细胞（ASC）膜上 $CD19^{+}$、CD20low、CD27high、CD38high 等分子标记，进一步用流式细胞仪分选出 $CD19^{+}$、$CD20^{-}$、$CD3^{-}$、$CD27^{++}$、$CD38^{++}$ 的浆细胞，继而通过单个 B 淋巴细胞 RT-PCR 技术克隆浆细胞的抗体 V 区基因。浆细胞重组表达技术需要进行大量的单细胞测序，对于测序的精度要求比较高，并且能获取单个细胞完整轻重链基因的概率为 20%～30%，因此推广程度相对较低。另一种高通量筛选方法是采用微阵列芯片，通过特制的芯片，可以保证只容纳下一个 B 淋巴细胞，同时在短时间内检测浆细胞分泌抗体同抗原反应的信号，结合另一种指示活细胞的荧光，利用专门的仪器来进行阳性细胞的荧光挑选，继而进行 RT-PCR。Jin 等利用微阵列芯片技术筛选了一系列乙肝表面抗原、流感特异性全人源单克隆抗体。这种方法相对于大规模的浆细胞重组表达具有一定的特异性筛选的性质，但由于需要专门的大型仪器，其推广度也不高。

记忆 B 淋巴细胞表面识别受体（BCR）具有识别特异性抗原的能力，可利用直接或者间接的荧光标记，通过特异的抗原去捕获特异性的 B 淋巴细胞，再进行单细胞的 RT-PCR 克隆抗体基因。近年来，该技术应用效果最好的是筛选 HIV 外膜蛋白特异性的具有广谱中和活性的全人源抗体。该技术局限之处在于必须要有稳定的高度特异性的抗原作为探针去捕获目的 B 淋巴细胞。但是，一旦有合适的标记抗原，分选出的细胞中 80%～90% 将会是预期特异性的 B 淋巴细胞。同时，可以通过定向重组的抗原或者多肽，筛选出特定表位或者特殊活性的全人源抗体。

总之，现阶段 FDA 批准上市治疗性单抗，均是以噬菌体展示抗体库技术及转基因小鼠技术平台为基础获得。相信随着全人源单抗技术的日渐多样及成熟，会有越来越多的治疗性抗体来源于其他技术平台。

4.5 抗体药物从生产到临床

4.5.1 抗体药物的生产

广义的抗体药物生产包括稳定细胞株构建和抗体表达两个主要环节，后者包括无血清培养基优化、细胞培养工艺优化、生产的线性放大等。

4.5.1.1 稳定细胞株构建

哺乳动物细胞因能够进行准确的蛋白质折叠与修饰，故为目前抗体表达的最佳宿主。其中，中国仓鼠卵巢细胞（CHO），因其重组蛋白的糖基化形式与人体的糖基化形式最相似，而成为治疗性抗体表达的主流宿主。对于哺乳动物细胞表达而言，通常分为瞬时表达和稳定表达。瞬时表达通常只用于快速生产大量抗体，以用于抗体性质和功能鉴定；瞬时表达的抗体纯度及批次间同一性不稳定，故极少用于临床治疗。目前临床治疗所用的抗体都是来源于稳定细胞株的表达，构建高效的稳定细胞株是进行抗体产业化大批量生产的首要任务。稳定细胞株的构建主要包括表达系统的选择、表达载体的构建、宿主细胞的选择及筛选策略的选择等。

（1）表达系统的选择

稳定细胞株筛选系统主要分为抗生素加压筛选系统和基因扩增系统。

抗生素加压筛选稳定整合抗体基因的细胞，常用的抗生素有潮霉素 B、嘌呤霉素等。添加抗生素后，未整合抗体基因的细胞及已稳定整合抗体基因但表达量低的细胞将被抗生素杀死，而生存下来的细胞均是稳定整合了抗体基因的细胞。

在基因扩增中提高抗体基因拷贝数可实现抗体产量的提高。目前上市抗体药物主要利用二氢叶酸还原酶（dihydrofolate reductase，DHFR）筛选系统（图4-13）和谷氨酰胺合成酶（glutamyl synthetase，GS）筛选系统（图4-14）进行生产。DHFR筛选系统利用MTX抑制*dhfr*基因的功能；GS筛选系统中谷氨酰胺合成酶利用谷氨酸盐和铵盐合成谷氨酰胺，MSX抑制细胞中的谷氨酰胺合成酶，从而实现基因扩增的功能。

知识拓展 4-7
DHFR筛选系统工作原理

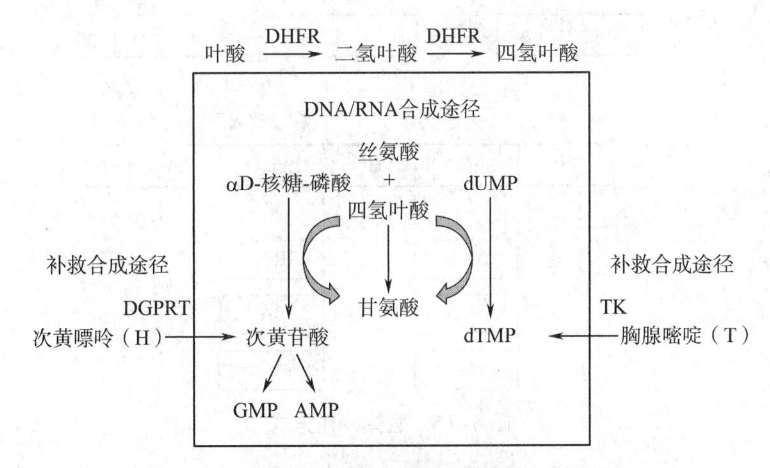

图4-13 二氢叶酸还原酶在DNA合成中的作用

（2）表达载体的构建

为了增强目的基因的表达，一方面可以通过对目的蛋白的编码基因进行改造，例如可以通过密码子优化来增强目的基因在宿主细胞中的转录和翻译，也可以优选合适的信号肽来增加目的基因的翻译和分泌；另一方面对阅读框的骨架区（除目的基因之外的区段）进行改造也是优化载体的主要内容，如在启动子之后加入增强子可以增强转录，在目的基因的5′端和3′端添加非翻译区可以增加转录或提高mRNA的稳定性，运用染色体开放元件（chromatin opening elements，UCO）可以使开放阅读框在宿主细胞染色体上长期保持开放状态，运用核支架/基质结合区（scaffold/matrix attachment regions）可以长期保持目的基因与核基质的接触，进而使目的基因可以长期转录。

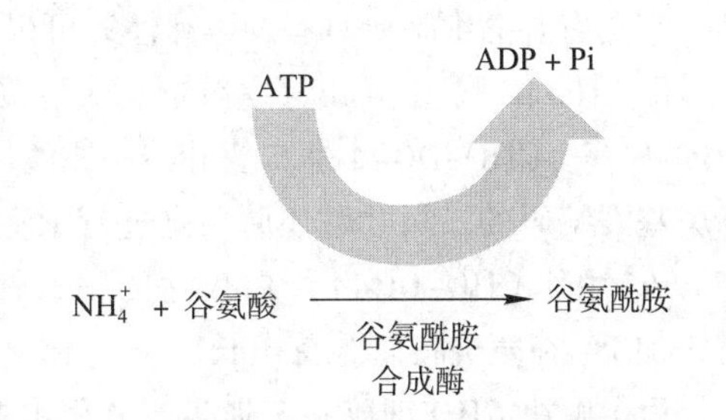

图4-14 谷氨酰胺合成酶（GS）在细胞中的作用

对于抗体稳定细胞株的筛选，表达载体通常包括抗体的轻链、重链及筛选标记基因。目前用于稳定细胞株筛选的方法，一方面可以把抗体轻链、重链分别连到2个质粒上，而这2个质粒上分别带有筛选表达基因的阅读框［图4-15（a）］。另一方面可以把抗体的轻链、重链和筛选标记基因连到同一个质粒上——而后者有两种情况，其一把轻链、重链和筛选标记基因分别连到3个独立的开放阅读框中，3个阅读框连到1个质粒上［图4-15（b）］；其二把轻链、重链和筛选标记基因连到同一个阅读框中，如通过自裂解多肽2A、内部核糖体进入位点顺反子及内含子等来连接3个基因［图4-15（c）］。

知识拓展 4-8
双质粒载体的优势及劣势

为了在较低的抗生素剂量下就可得到较好的筛选效果，一般对筛选标记基因的开放阅读框进行弱化，使抗生素标记基因的表达减弱。通常对抗生素标记基因的开放阅读框使用弱启动子，或者把抗生素标记基因置于IRES介导的最后一个顺反子上。

（3）宿主细胞

目前批准上市的18株抗体中有10株由CHO细胞生产（工程化抗体），8株由鼠淋巴细胞生产（鼠单抗）。此外用来生产的还有鼠杂交瘤细胞和其他细胞株，如Pcr.C6。

① CHO细胞　中国仓鼠卵巢细胞是生物仿制药商业化生产中最广泛应用的宿主细胞，在20世纪

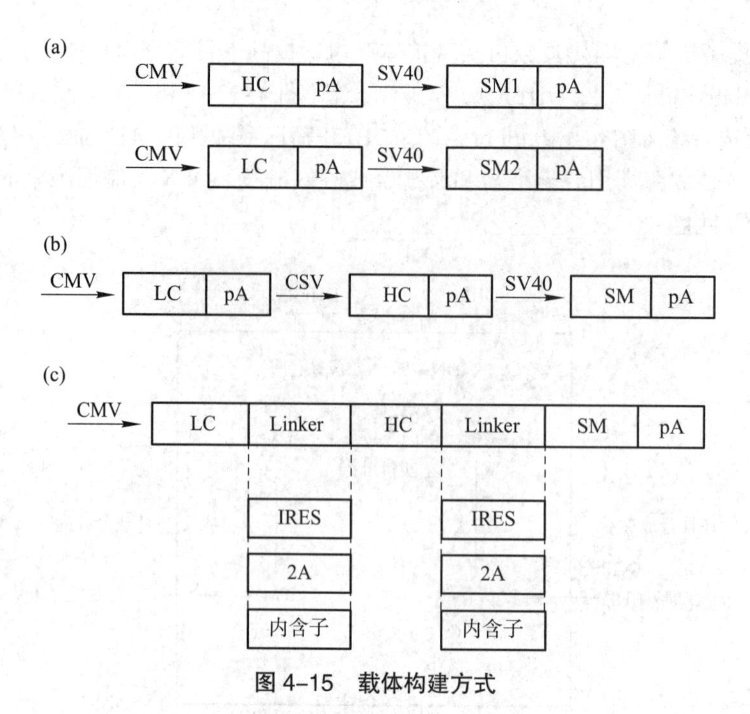

图 4-15 载体构建方式

50 年代被分离出来。CHO 细胞属于成纤维细胞，很少分泌内源蛋白，对目标蛋白纯化等工作非常有利。它具有肿瘤细胞所具有的不死性，可以无限传代。

由 CHO 细胞衍生出了遗传性质不同的细胞系，如 CHO-DG44、CHO-K1、CHO-DUKXB11、CHO-S 等。CHO-DG44 是二氢叶酸还原酶缺陷型（*dhfr*⁻）细胞，常用于构建重组蛋白以生产细胞株。*dhfr* 基因编码的二氢叶酸还原酶是进行嘌呤、胸苷合成所必需的酶，缺少它细胞将无法生存。因此可将 *dhfr*⁻ 用作 CHO-DG44 蛋白表达的筛选标记基因扩增点。CHO-K1 存在遗传缺陷，在培养过程中需添加 L- 谷氨酰胺以维持生长。

为了解决 CHO 细胞在工业生产过程中的一些问题，科学家们对 CHO 细胞进行工程化改造，如改造 CHO 细胞的分泌通路以增加 CHO 细胞的表达量；改造 CHO 细胞的糖基化通路来改造目的抗体的糖基化形式；改造 CHO 细胞的氨代谢来增加 CHO 细胞的氨耐受；改造 CHO 细胞的凋亡途径来增加 CHO 细胞的表达时间等。

通过数十年的发展，CHO 细胞已成为重组蛋白最重要的表达系统，其大规模培养技术及其生物反应器可广泛应用于抗体、基因重组蛋白质药物、病毒疫苗等生物技术产品的研究开发和工业化生产。

② 鼠淋巴细胞　NS0 和 Sp2/0-Ag14 被广泛用于抗体生产。NS0 细胞是小鼠骨髓瘤细胞系 NS-1 的一个亚克隆，其本身不分泌免疫球蛋白，不能合成抗体轻链。Sp2/0 是一种融合细胞系，使用事先免疫过绵羊 RBC 的 BALB/c 小鼠，取其脾细胞，将该脾细胞与骨髓瘤细胞系 P3X63Ag8 融合，经过多次传代筛选，得到 Sp2/0-Ag14 稳定细胞系。NS0 和 Sp2/0-Ag14 可以作为融合细胞与免疫后鼠脾细胞融合，进行抗体筛选，也可以作为工程细胞株生产抗体。

③ 杂交瘤细胞　除了鼠抗体，鼠杂交瘤细胞也可用于生产人类抗体。然而，与原始杂交瘤细胞不同，脾细胞是从转基因小鼠体内获取，其中编码鼠免疫球蛋白的基因系由人基因替换。

（4）筛选方式

高产细胞株的筛选方式是抗体药物工艺开发过程中的瓶颈。传统方法的开发时间往往超过 6 个月，并且可筛选的克隆数受到显著限制。自从 2010 年以来，市场对治疗性蛋白的需求量大大提高，所以需要建立更加高效、低成本、高通量的哺乳动物细胞筛选方法。

① 传统方法　克隆技术的选择很大程度上依赖于特定细胞系的属性。贴壁细胞的克隆相对容易，

其单克隆细胞团很容易分辨，培养皿、多孔板、摇瓶中都可进行实验。可用的实验方法包括克隆环法、点样法等。

② 流式细胞术　流式细胞仪和细胞分选技术明显提高了细胞筛选的通量。近年来，流式细胞仪已经成为哺乳动物细胞培养的重要研究工具，它既可以分析细胞的不同参数，又可在极短时间内将单细胞或者细胞亚群从混合细胞群体中分离。

发现之路 4-1
流式细胞术的发展

③ 基于细胞分泌量的筛选　若分泌蛋白迅速从细胞表面脱落，流式细胞仪将无法检测到蛋白的分泌，因此需要将重组蛋白保留在分泌区附近。凝胶微滴技术和矩形阵分泌测定法的发展实现了这类细胞产量的检测和筛选。

④ 自动化系统　Genetix 公司和 Aviso 公司分别开发出的 ClonePix 系统和 CellCelector 系统均为商业化的自动菌落挑选仪，可应用于细菌、真菌菌落及哺乳动物细胞的筛选。在此过程中细胞被培养在半固体培养基（以便于分泌蛋白保留在培养基中），然后通过荧光标记抗体将分泌蛋白可视化。

4.5.1.2 抗体的表达

（1）无血清培养基优化

细胞培养基是细胞生长、繁殖的生存环境，为细胞提供正常代谢所需的营养物质。由最初的简单模拟动物体内环境的培养液发展至今，动物培养基经历了天然培养基、合成培养基及无血清培养基 3 个阶段。

无血清培养基是在合成培养基基础上，添加成分部分或完全明确的血清替代组分，在满足细胞培养要求的同时，避免了由血清添加引起的批间差大、含内源污染物、不利于下游纯化等问题。无血清培养基根据主要补充因子的不同，大致可分为以下 4 类。

① 一般意义上的无血清培养基　不含血清，但通过添加大量动物或植物蛋白（如牛血清白蛋白、动物激素等）来取代血清的作用。该类培养基蛋白含量虽低于含血清培养基，但仍含有大量蛋白质，不利于目的产物的纯化，增加下游工艺成本。

② 无动物来源物质培养基　该类培养基添加非动物来源营养物质（如植物或酵母水解物等），完全不用动物来源蛋白（无动物衍生蛋白），从而降低了原材料带来污染的风险，也减少了成本。

③ 无蛋白质培养基　不含大分子蛋白质成分，可能含有一些蛋白质衍生物如蛋白质水解物、小肽等物质。由于不含蛋白质，该类培养基利于目的蛋白的分离纯化。

④ 化学成分限定培养基　该类培养基化学成分明确，细胞培养与生产一致性好，产物分离纯化容易、成本低、管理容易。但适合的细胞系有限，需针对不同细胞株进行个性化开发。

鉴于在稳定细胞株构建过程中，不同细胞株抗体基因整合位点不同，可能导致细胞株在代谢途径、信号转导途径及营养需求等方面出现差异性，为候选的生产用细胞株进行个性化无血清培养基优化是培养工艺优化中的必需环节。培养基优化主要基于培养过程分析和统计分析设计。培养过程分析是把细胞代谢流分析与补料策略结合，进行消耗组分分析、化学计量分析等，最终建立细胞生长、代谢与表达的数学模型；统计分析设计主要运用统计学中的正交设计、混合设计、响应面法、最速上升法及均匀设计等方法。

（2）用于抗体生产的培养工艺优化

动物细胞培养方式，一般分为批次培养（batch culture）、流加培养（fed-batch culture）、连续培养（continuous culture）和灌流培养（perfusion culture）。目前在售抗体主要采用流加培养和灌流培养两种方式，其中前者应用更为广泛。

流加培养前期与批次培养相似，但在培养过程中会根据需要连续或间歇补充新鲜培养基或营养物质。流加培养把营养物浓度始终维持在一个合理的范围内，从而提高了营养物质的利用效率，也避免了氨和乳酸等有毒代谢物的积累。流加培养能够使细胞的指数增长期和稳定期延长，从而提高表达

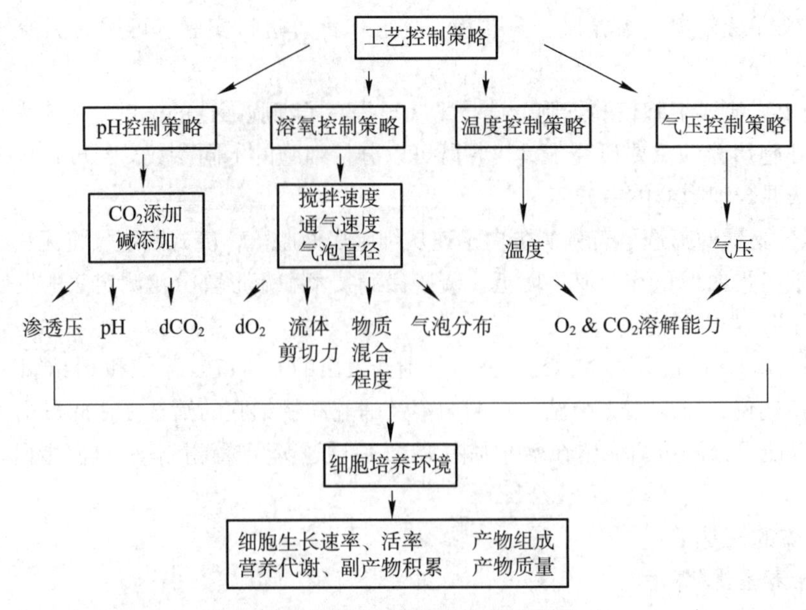

图 4-16 工艺优化的条件参数

量，已逐渐成为目前主流的培养模式。

灌流培养与连续培养相似，它们的不同之处在于灌流培养取出部分条件培养基时，绝大部分细胞均保留在反应器内，而连续培养在取培养物时同时也取出了部分细胞。流加新鲜培养基可以不断带来必需营养物质，同时不断排出培养基，可带走代谢副产物如乳酸、氨等，使其维持在低浓度水平，而不会抑制细胞的生长表达，此环境下可以获得较高的细胞增长速率及高表达产率。

（3）抗体表达的线性放大

根据治疗性抗体本身的特点（单次注射剂量高达 40 ~ 100 mg），只有大体积的生物反应器才能满足市场和临床治疗的需求。因此抗体表达的线性放大也是抗体的产业化的一个重要环节，线性放大过程一般以 1∶10 ~ 1∶5 比例进行放大。早期（小体积）一般以摇瓶（30 mL）方式进行培养，放大至 500 mL 以上后，在生物反应器中用搅拌混匀的方法进行培养。

对于抗体表达而言，目前主流的生物反应器为搅拌式生物反应器。多种工艺参数需要在细胞培养过程和线性放大过程中进行优化，包括物理、化学及生物等多方面因素。其中，温度、气流流速、搅拌桨形状及搅拌速度属于物理参数；溶解氧浓度、溶解二氧化碳浓度、渗透压、pH、氧化还原电位及代谢物水平（如底物、氨基酸、代谢副产物浓度变化）属于化学参数；而生物参数则包括活细胞密度、细胞活率、胞内外的还原型辅酶 I（nicotinamide adenine dinucleotide，NADH）、乳酸脱氢酶（lactate dehydrogenase，LDH）浓度水平、线粒体活性及细胞周期分析等，用以监测与分析细胞的生理状态。在细胞培养过程中，这些参数与细胞增殖、重组蛋白的表达水平及产物的性质息息相关。图 4-16 展示了细胞培养操作策略与溶解氧浓度、溶解二氧化碳浓度、pH、渗透压、物质混合程度及流体剪切力等培养环境因素对细胞生长、代谢物浓度变化、产物表达量及产物质量的影响。

4.5.2 抗体药物的纯化

抗体纯化的目的是将抗体与其他杂质进行分离，得到单一、高特异性、高纯度、低潜在危害的抗体药物。抗体药物，特别是用于人体的，其纯化过程需要极高的可靠性及可预测性。在保证一定得率的前提下，抗体纯化需要去除包括宿主细胞蛋白、核酸、培养基成分、内源性病毒、内毒素、抗体聚体及其他非特异性抗体等杂质。此外，在纯化过程中引入的杂质（如脱落的蛋白 A，残留缓冲液等）都需要彻底去除。图 4-17 展示了一个典型的抗体纯化过程。

抗体表达的收获液通过离心过滤，去除细胞及细胞碎片，得到适于进行色谱吸附的培养基上清液。此后经过蛋白 A 亲和层析得到高纯度的抗体，经过低 pH 及 1 ~ 2 次离子交换层析色谱（阴离子与阳离子）精纯产物，然后进行病毒过滤，最后将纯化的产物浓缩，换液至最终的制剂缓冲液中。

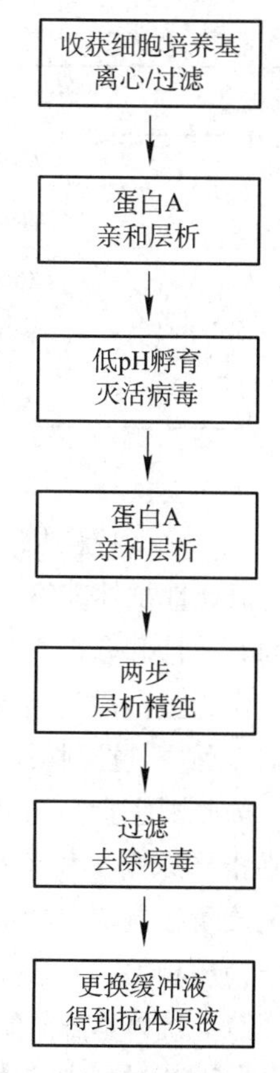

图 4–17 某抗体纯化过程

（1）培养基的预处理

抗体纯化工艺的第一步便是将细胞及细胞碎片与含有抗体的培养基上清液分开。目前主要应用的有切向流过滤、连续流离心及深度过滤技术。

切向流过滤技术是较早应用于制药工业中的一种过滤操作方式。在装置中，细胞培养基流向切向微孔滤膜，在压力的作用下，液流与细胞及其他不溶物分离。由于高切向的液流冲击可减少细胞在膜表面的沉积，切向流过滤可处理大体积的细胞培养基仍不造成滤膜堵塞。其缺点在于滤器成本较高，所需过滤时间较长。

连续流离心，尤其是碟片式离心机进行的连续流离心，目前已被广泛应用于中试及大规模抗体生产纯化过程中。在碟片式离心机中，碟片与碟片间有很小的间隙，细胞培养基进入并流过碟片间间隙时，细胞在离心力作用下沉降到碟片上聚集结块，被定期排出；而分离后的上清则从出液口排出。碟片式离心机处理量大、操作简单、使用成本低，但前期设备成本高、清洗复杂。

深层过滤由一系列孔径递减的滤器组成，其过滤介质内表面积大，培养基流过时，固体颗粒被截留于过滤介质孔径中，实现固液分离。其优点是操作简单、前期投入低，但由于一次性滤芯使用成本高、处理量有限，所以其多限于中试规模的抗体纯化。

（2）色谱纯化工艺

蛋白 A 亲和层析被广泛应用于抗体的捕获，它通过蛋白质与特异性配体可逆的相互作用实现目的蛋白的分离。蛋白 A 是一种从金黄色葡萄球菌细胞壁分离的蛋白质，能特异性地与人或哺乳动物抗体（主要是 IgG）的 Fc 区域结合。天然的蛋白 A 由 10 种氨基酸组成。蛋白 A 层析操作简便，预处理后的细胞上清可直接上样。在 pH 6.0 ~ 8.0 条件下，抗体与介质结合，而其他杂质（如宿主细胞蛋白、细胞培养基组分等）随缓冲液淋洗被去除。随后使用强酸性缓冲液，在 pH 2.5 ~ 4.0 的条件下将蛋白 A 上结合的抗体洗脱下来。由于具有高特异性、高亲和力、高效率等优点，蛋白 A 被广泛应用于色谱纯化的第一步。经过蛋白 A 纯化步骤后，产品可达到较高的纯度，并且由于纯化过程去除了易导致产物降解的蛋白酶及培养基组分，产品变得更加稳定。

抗体经蛋白 A 亲和层析初纯后，还需要进一步精纯，以去除残留的宿主细胞蛋白、核酸、残留培养基组分及脱落的蛋白 A 而达到产品要求的纯度。精纯常用的方法有阴离子交换层析、阳离子交换层析、疏水层析、羟基磷灰石层析和分子筛，其中阴离子交换和疏水作用采用流穿模式，阳离子交换和羟基磷灰石采用结合 – 洗脱模式。不同层析方法对杂质的清除作用见表 4–2。

在单克隆抗体或其他重组蛋白的表达中，其所使用的哺乳动物细胞易引入内源性反转录病毒；同时，在产品生产过程中也存在外源病毒污染的风险。出于安全方面的考虑，哺乳动物细胞来源的产品要求每百万剂量产品含少于一个病毒颗粒，这通常需要清除 10^{12} ~ 10^{18} 的内源反转录病毒及 10^{6} 的外源病毒。因此在纯化工艺中需引入病毒灭活及病毒去除两个正交步骤来保证产品的安全性。一般在蛋白 A 亲和层析后进行低 pH 孵育，可使病毒包膜上的蛋白结构、膜结构、衣壳结构发生变化，从而灭活包膜病毒。通常在精纯之后进行病毒过滤，通过纳米级孔径的滤器去除低 pH 孵育无法灭活的小粒径病毒。

表 4-2 不同层析方法对杂质的清除作用

层析方法	去除主要杂质
阳离子交换层析	聚集体，宿主蛋白，蛋白 A
阴离子交换层析	宿主蛋白，宿主核酸
疏水层析	聚集体，宿主蛋白，蛋白 A
羟基磷灰石层析	宿主蛋白，蛋白 A
分子筛层析	片段，聚集体

4.5.3 抗体药物的质量控制

治疗性抗体药物作用机制的多样性和复杂性对抗体质量提出较高的要求，抗体的质量直接影响药物的有效性和安全性。与小分子药物相比，抗体结构的复杂性使其质量控制的项目更加复杂化和多样化。作为蛋白质类药物，生产工艺本身就很复杂，生产中的多个环节都会影响抗体的质量，因此需要采取多种质量控制项目和方法对单抗药物的各种属性进行评价，旨在保证抗体药物的有效性和安全性。

按照国家食品药品监督管理局颁发的《中国药典》(2010 年版三部)、《人用单克隆抗体质量控制技术指导原则》和《人用重组 DNA 制品质量控制技术指导原则》及国内外相关抗体的质控标准，抗体的质量控制应包括抗体本身的质量控制、生产抗体的原材料的质量控制、抗体生产过程的质量控制及与销售相关的质量控制。

(1) 抗体本身的质量控制

在生产过程中抗体药物的原液、一级纯化物、二级纯化物及终成品等各个阶段，都要对抗体的理化属性、生物学性质及杂质和污染物等进行检测，以保证单抗药物的生物学活性及安全性。

① 抗体的理化属性　为了对抗体的物理化学性质进行准确的描述，以及保证批次生产间抗体药物的同质性，需要对抗体的理化属性进行控制，主要包括外观、水分含量、pH、装量、渗透压、蛋白质含量、蛋白质纯度、相对分子质量、等电点、消光系数、电泳图型、液相层析图谱、光谱分析、氨基酸组成、末端氨基酸序列、肽谱、巯基和二硫键、糖基化结构等，其相应的鉴定方法见表 4-3。

表 4-3 抗体理化属性鉴定方法

内容	鉴定方法
外观	目测法
水分含量	费休氏测定法
pH	电位分析法
装量	体积测定
渗透压	冰点降低法
蛋白质含量	Lowry 法，BCA 法，分光光度法
蛋白质纯度	SDS-PAGE 法，SEC-HPLC 法
相对分子质量	分子筛层析法，SDS-PAGE (还原和 / 或非还原条件下)，质谱测定法 (确定分子大小)
等电点	通过等电聚焦电泳或其他适当的方法测定
消光系数	紫外 - 可见分光光度法
电泳图型	PAGE 电泳，等电聚焦，SDS-PAGE 电泳，免疫印迹，毛细管电泳法
液相层析图谱	分子筛层析，反相液相层析，离子交换液相层析，亲和层析

续表

内容	鉴定方法
光谱分析	紫外－可见吸收光谱法测定，使用圆二色谱、核磁共振检查制品的高级结构
氨基酸组成	水解法，液相色谱法
末端氨基酸序列	埃德曼（Adman）降解法
肽谱	HPLC–RP 法
巯基和二硫键	LC–MS/MS，CE–MS/MS（确定巯基和/或二硫键的数量和位置）
糖基化结构	糖苷的消化，LC–MS/MS，CE–MS/MS（确定糖基化的结构、形态及位置）

② 抗体药物的生物学性质　为了确定和保证抗体药物的治疗活性及安全性，需要对抗体的生物学性质进行确定和控制，主要包括治疗活性及毒性预测两个方面，具体分为鉴别试验、效价测定、热原试验、毒理学试验、药代动力学及其他生物学功能，其相应试验方法见表 4–4。

表 4–4　抗体生物学功能试验方法

内容	试验方法
鉴别试验	结合活性（WB、ELISA），中和活性，动物实验
效价测定	体内法，体外法，确定活性单位
热原试验	LAL 试验
毒理学试验	兔毒理试验
药代动力学	半衰期计算
其他生物学功能	如 ADCC、CDC 等

③ 杂质和污染物控制　鉴于单抗作为治疗性药物，其注射剂量基本上是目前注射用重组蛋白的最高剂量，杂质及污染物的控制是保证抗体药物安全性的首要要求，残余杂质和污染物都有可能带来难以估量的副反应。对于抗体药物而言，杂质及污染物主要来源于生产过程和产品本身的改变，具体见表 4–5。

表 4–5　污染物的引入途径

过程	来源	杂质及污染物
工艺相关杂质	宿主细胞	宿主细胞蛋白，宿主细胞核酸
	培养基	抗生素，血清成分，其他培养基成分
	纯化过程	生化试剂，无机盐
	制剂过程	生化试剂，无机盐
	其他	生物污染（细菌、真菌、支原体、病毒等）
产品相关杂质	化学修饰型	脱酰胺化，酰胺化，异构化，二硫键错配，二硫键的断裂，培养基中的成分对抗体的修饰，氨基酸改变，氧化，糖基化的变构
	聚合体	二聚体和多聚体
	降解物	截短抗体，半抗体

（2）生产抗体原材料的质量控制

生产抗体的原材料包括宿主细胞、表达载体、目的基因、原辅料（培养基及其添加物，纯化及其制剂过程中的各种试剂原料），涉及抗体生产的多个环节，它们既决定了抗体的产量和质量，也是杂质和污染物的主要来源，对抗体药物的安全性和有效性有着巨大的影响，属于质量管理中的重点项目之一，原材料质量控制的主要内容参见表 4–6。

表 4–6　原材料质量控制的主要内容

项目	具体内容
表达载体和宿主细胞	表达载体的构建、结构和遗传特性；宿主细胞来源、品系、传代历史、生物学特征等；工程细胞株的稳定性遗传资料，构建工程细胞株的方法等
目的基因	与表达有关的序列
原辅料	动物性原料应提供来源及质控资料；发酵培养基中不能添加抗生素

（3）抗体生产过程的质量控制

抗体药品的质量是设计和生产出来的，检验只是用来验证生产出来的产品是否达到预期指标。因此，抗体的质量必须在设计和生产过程中进行预估和控制，把导致质量不合格和产品不一致的因素在设计和生产过程中加以控制。抗体分子及生产工艺设计中尽量避免可能引起质量不稳定的因素。在实施生产过程中，应严格控制生产环境及工艺条件，对生产中的每一个环节都要进行严格的质量控制，同时要求全员参与质量管理，严格规范生产操作，以达到稳定抗体药品质量的目的。对于抗体生产过程的控制常见的质量项目如表 4–7。

表 4–7　生产过程的质量控制项目

项目	具体内容
主细胞库	采用种子批系统；定期对种子细胞进行检定；不应含有外源致癌因子和感染性外源因子
有限代次生产	提供培养生长浓度和产量恒定性方面的数据，并应确立废弃一批培养物的指标；确定在生产过程中允许的最高细胞倍增数或传代代次，并提供最适培养条件
连续培养生产	规定连续培养的时间；提供长期培养后所表达基因的分子完整性和宿主细胞的表型和基因型特征；规定批次间培养的产量变化范围
纯化	详细记录收获、分离和纯化；纯化方法能够去除微生物（包括病毒）、核酸以及有害抗原性物质；能够达到特定的纯度和纯化效率
制剂	溶解介质；抗体终浓度及其稳定性；抗体的活性等
包装	储存容器符合有关规定；装量
储存	规定合适的储存条件（温度）；提供长期储存的稳定性分析

（4）与销售相关的质量控制

抗体药物在出厂之后的运输和储存条件也需要进行一定的质量控制，以保证抗体在临床应用到患者之前维持正常的活性。

① 运输条件　除了以上的项目之外，成品抗体药物的运输条件，也需要规定相应的运输条件（是否需要冷冻运输），并提供运输条件与抗体同质性相关的分析数据。

② 抗体稳定性鉴定及有效期的规定　抗体作为生物大分子，其结构复杂性和特殊性，稳定的抗体结构和功能是其运用于临床的必要条件。抗体药物的稳定性应满足临床治疗方案制定的要求。应制定

稳定性检定规划，在设定的有效期过程中，定时对抗体理化属性、生物学活性及污染物进行检定。一般可通过加速稳定性试验来预估抗体的有效期。

国际公认的药品质量控制理念认为，应在基于对药物分子生物学特性和作用机制全面了解的前提下，设计和开发相应的生产工艺，以保证药物能达到预期的质量属性，旨在达到预期的药物有效性和安全性。对生产后的终产品进行质量分析是药品质量控制中的重要组成部分，但这些检测不只是单纯地揭示其生产过程的结果，更是对药物的预期属性进行确认。抗体作为生物技术药物的主力军，其质量控制理念也应符合“质量源于设计”的要求。抗体的质控应贯穿于抗体的研发、生产及销售等多个环节，旨在确保抗体药物的安全性和有效性。

4.5.4 抗体药物的临床前研究

治疗性抗体属于生物药物，按照有关的管理规定，国家药品监督管理局根据药品注册申请人的申请，依照法定程序，对拟上市销售药品的安全性、有效性及质量可控性等进行审查。

临床前研究的目的主要是确定抗体制品是否在人体达到预期的治疗效果及是否会引起未能预料的不良反应（表 4-8）。通常包括小试阶段、药效筛选、制备工艺优化数据、质量标准的制定、中试放大（200 L 规模）、动物体药理及毒理试验、药剂工艺开发、稳定性实验及最终的资料整理和报批。核心内容包括：质量可控性研究、抗体药物的有效性和抗体药物的安全性研究。

表 4-8 临床前研究的目的

项目	内容
交叉反应性试验	体外试验：用人组织或细胞进行交叉反应或非靶组织结合，一般使用免疫细胞化学及免疫组织化学技术检测
	体内试验：若有适当的动物模型，直接给模型注射药物，解剖动物后进行各种器官和细胞分析
动物毒理学研究	推断人用的安全初始剂量，并评估安全范围；给育龄妇女反复或长期使用的抗体，需要进行致畸实验
药效学和药代动力学	尽量研究药物的生物学分布和半衰期

（1）质量可控性

质量可控性包括生产用原材料研究、原液或原料生产工艺的研究、制剂处方及工艺的研究、质量研究、初步稳定性研究及包装材料和容器的研究。抗体药物生产用原材料研究包括生产用细胞株来源、DNA 序列、质粒载体、构建（及筛选）过程及鉴定、种子库的建立、检定、保存及传代和生产稳定性研究等，申报临床试验时还需要提交其他原材料的来源及质量标准证明。

抗体药物是迄今为止分子最大、结构最为复杂的药物分子，其性质不稳定、易失活。临床前研究强调全过程的质量控制，以活性来确定含量。结构确认和生物活性确认是抗体药物质量研究的一个重点。结构确认包括氨基酸组成、氨基酸序列、空间结构、二硫键位置等，主要检测手段为紫外光谱、圆二色谱、高压液相色谱、质谱等。

抗体药物的稳定性试验的目的是考察药物制剂的结构和生物学活性在各种因素影响下，随时间变化的规律，为抗体药物的生产、包装、储存条件和运输条件提供依据，同时确立抗体药品的安全使用有效期。抗体药物一般包括影响因素试验、加速试验与长期试验。影响因素试验包括光照、储存温度、缓冲液 pH、摇晃（模拟运输过程中的颠簸）等条件下抗体药物的稳定性。加速试验是在超常规条件下进行的，目的是加快抗体分子的物理化学变化速度，模拟药物在运输或储存过程中可能遇到的短暂的非常规条件下的质量变化，一般进行 6 个月的试验。长期稳定试验是在规定的保存条件下开展的，目的是确定抗体在运输、储存及使用过程中质量的稳定性，最终为确定有效期和储存条件提供依据，一般至少进行两年的跟踪。

（2）抗体药物的有效性

有效性研究方面应包括主要药效学试验、一般药理研究和药物代谢动力学试验。

抗体药物效应动力学（药效学）试验主要指研究抗体对机体的作用及其作用机理，包括观测生理机能的改变，测定生化指标的变化和观测组织形态学变化，以达到确定药物的疗效。以抗体药物为代表的生物药物药效试验需要考虑试验动物的种属特异性、生物活性，且必须以活性单位为剂量单位。研究方法包括：动物实验、离体器官或组织实验、细胞水平实验和生化实验，旨在从各个水平上预估抗体药物在人体上可能的作用效果和作用机理，其中动物实验尤其是灵长类动物实验，通常是临床报批必需的。

药物的一般药理研究是对主要药效学之外的药理学研究，包括非期望的药效学和潜在的非期望的对生理功能的不良影响。主要研究内容有：对重要生命功能系统的影响，观察药物对动物中枢神经系统（小鼠自主活动实验）、心血管系统和呼吸系统（麻醉猫或狗实验）的影响。

单抗药物通常不能口服，为肠道外给药；且其分子大，向各组织分布的速度通常较缓慢，分布容积小。人源化抗体或全人抗体可以通过其Fc区段与人体内的FcRn受体结合，而免于被降解，从而使其半衰期大大延长（可达到4周）。单抗的体内动力学特征，由靶抗原介导的代谢和降解决定。抗体药物代谢动力学试验研究药物在机体内的扩散、分布、生物转化和降解等过程的特点和规律，即抗体药物分子注入机体后所发生的结构和生物学活性变化，主要是对药物进入机体（模式动物）后的生物学分布和半衰期进行研究。

（3）抗体药物的安全性研究

设计抗体药物临床前安全试验是为了预测药物在人体中可能的毒性，并评估药物在人体中潜在不良反应和副作用的可能性和严重程度，并可能确定药物安全使用的初始剂量和逐步提高剂量。实验内容方面包括急性毒性试验（单次给药的毒性试验）、长期毒性试验（反复给药的毒性试验）、遗传毒性试验、生殖毒性试验、致癌试验、免疫毒性和/或免疫原性研究、溶血性和局部刺激性研究、依赖性试验及毒代动力学试验等。在实验室条件下，评价药物安全性，必须遵守《药物非临床研究质量管理规范》（GLP），主要包括免疫原性、抗体药物的稳定性、组织交叉反应性和效应功能对机体的影响。通常运用模式动物来预估药物在人体中的可能毒性。按照《人用单克隆抗体质量控制技术指导原则》的要求，在设计抗体药物的动物毒理学试验时，受试动物体内相关抗原的性质与人体内相关抗原的生物学分布、功能及结构应具有可比性。确定该动物模型和人体之间存在的抗原数，抗体－抗原亲和力及抗体介导的细胞应答反应等方面的差异，旨在更精确地预估药物用于人体的安全初始剂量和安全浓度范围；对于拟给育龄妇女反复或长期使用的抗体药物，还应开展致畸试验。

4.6 抗体在诊断中的应用

知识拓展 4-9
免疫沉淀

抗原、抗体可以特异性结合，这种结合在体内和体外均可发生。在体内，抗体可通过中和、溶菌、促进吞噬等方式阻断病原体的感染或清除病原体，可用于疾病的预防或治疗。在体外，抗体被广泛地应用于体外诊断。免疫诊断是目前应用最为广泛、发展最为迅速的诊断技术，包括凝集反应、沉淀反应、放射免疫技术、荧光免疫技术、酶免疫技术、化学发光免疫技术、固相膜免疫技术、免疫组织化学技术以及流式细胞免疫分析技术。在临床上，免疫诊断可以用于感染性疾病、肿瘤、自身免疫性疾病的辅助诊断以及ABO血型分型。本节将结合具体的案例介绍抗体在诊断中的应用。

4.6.1 抗体在免疫诊断中的应用

抗原抗体的特异性结合是免疫诊断的基础，根据这一特点已经建立了多种免疫诊断试剂，用于抗原和抗体的检测。免疫诊断试剂目前在临床中广泛应用。

（1）抗体在抗原检测中的应用

根据抗原性质的不同，抗体在抗原检测中的应用也不尽相同。在完全抗原的检测中，一般采用双抗体夹心法，也可采用直接法和间接法，而在半抗原的检测中多采用竞争法。各种检测方法的原理如图 4–18 所示。

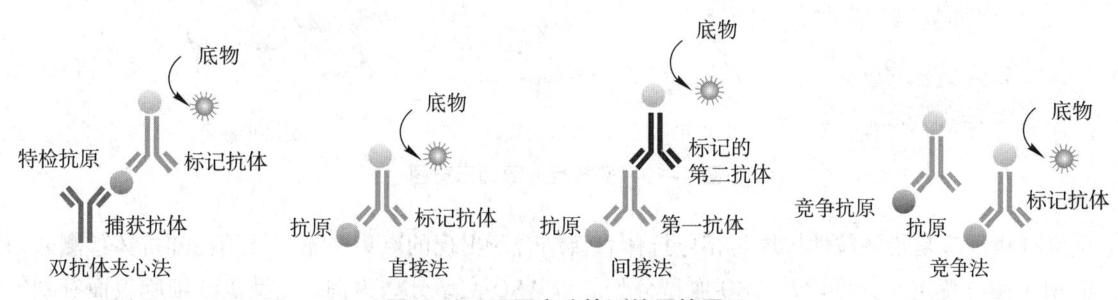

图 4–18 不同方法检测抗原的原理

① 完全抗原的检测　完全抗原的检测多采用双抗体夹心法，在该检测中涉及两种抗体，分别是捕获抗体和标记抗体。双抗体夹心法的原理：结合在固相载体上捕获抗体可以特异性地捕获抗原，然后通过另一个抗原特异性的标记抗体转化为检测信号进行检测。根据检测平台的不同，标记抗体可以标记酶（如辣根过氧化物酶）、荧光颗粒或金颗粒。

直接法和间接法也可用于抗原的检测。直接法是指直接将特异性的抗体进行标记，从而实现对固相抗原的检测；间接法不需要对抗原特异性抗体进行标记，而是对第二抗体进行标记从而实现对抗原的检测。

除此之外，对于颗粒性抗原，还可以通过凝集反应进行检测，在该检测中需要制备抗原特异性的免疫血清，如果样品中有特定的抗原，则会出现凝集现象。

② 半抗原的检测　半抗原是指可以与对应的抗体发生抗原 – 抗体反应，但不能刺激机体产生抗体的抗原，一般为小分子。半抗原的检测多采用竞争法，样品中的游离抗原可以与固相抗原竞争性地结合标记抗体，从而使得检测信号降低。此外，也可以在固相载体上包被抗体检测样品中的半抗原，即样品中的半抗原与标记的半抗原竞争性地与包被抗体结合，从而使得检测信号降低。

（2）抗体在抗体检测中的应用

抗体也可以用于抗体的检测，主要通过间接法进行检测（图 4–19）。与检测抗原不同，包被在固相载体上的为已知抗原，待测样品中的抗体可以与固相抗原特异性结合，最后通过标记的第二抗体转化为检测信号。

4.6.2 常见的免疫诊断方法

（1）凝集反应

凝集反应是指细菌和红细胞等颗粒性抗原或表面包被可溶性抗原（或抗体）的颗粒性载体，与相应的抗体（或抗原）特异性结合后，在适当的电解质条件下，出现肉眼可见的凝集现象。凝集反应可分为直接凝集反应、间接凝集反应和间接凝集抑制反应，其原理如图 4–19 所示。

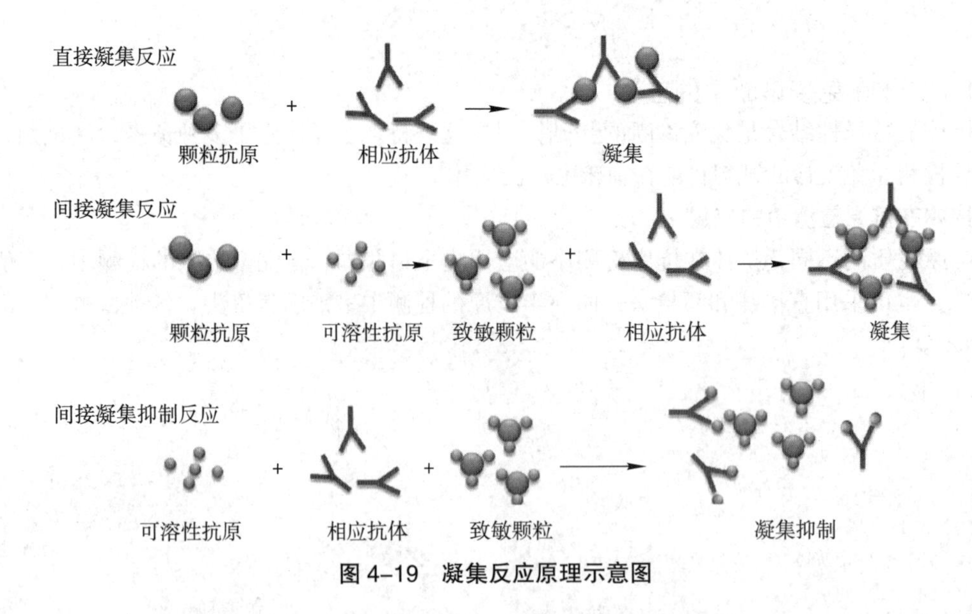

图 4-19 凝集反应原理示意图

直接凝集反应是指颗粒性抗原与相应抗体直接结合所出现的凝集现象，常用已知抗体检测未知抗原，应用于菌种鉴定、分型以及 ABO 血型分型。以 ABO 血型分型为例，A 型血红细胞表面有凝集原 A，B 型血红细胞表面有凝集原 B，AB 血型血红细胞表面同时表达凝集原 A 和 B，而 O 型血红细胞表面不表达凝集原。相应地，A 型血血清中含有抗 B 抗体，B 型血血清中含有抗 A 抗体，AB 型血血清中没有 A 或抗 B 抗体，而 O 型血血清中同时含有抗 A 和抗 B 抗体。当红细胞与相应的抗体反应时可出现凝集现象，具体归纳于表 4-9。因此，根据凝集反应的结果可以进行 ABO 血型的鉴定。

表 4-9 ABO 血型抗原、抗体及其凝集反应

血型	抗原	抗体	红细胞与抗血清反应		人血清与红细胞反应		
			抗 A	抗 B	A 型血	B 型血	O 型血
A 型	A	抗 B	+	–	–	+	–
B 型	B	抗 A	–	+	+	–	–
AB 型	A、B	–	+	+	–	–	–
O 型	–	抗 A、抗 B	–	–	+	+	–

+ 表示凝集；– 表示不凝集。

间接凝集反应是指将可溶性抗原（或抗体）吸附于颗粒性载体上，形成致敏颗粒，与相应的抗体（或抗原）在一定电解质条件下反应会出现凝集现象。常用的颗粒性载体包括红细胞、聚苯乙烯乳胶以及活性炭等。间接凝集抑制反应是指将可溶性抗原与相应的抗体预混合并充分作用后，再与抗原致敏的颗粒载体反应，此时由于抗体已经结合了可溶性抗原，阻断了抗体与致敏载体上的抗原的结合，因此不再出现凝集现象。在临床上常用于妊娠的检测。

尽管凝集反应具有快速、简便等优势，但是其灵敏度较低。通过给抗体标记放射性同位素、荧光素、酶或化学发光底物，能将抗原抗体反应放大，使常规方法不能观察的反应得以显现，大幅度提高抗原抗体反应的敏感性，用于对微量抗原物质进行定性或定量检测；结合显微镜或电子显微镜技术，还能对抗原物质作出组织内或细胞内的定位测定；除用于临床诊断之外，也可用于病理学诊断。

（2）荧光免疫技术

荧光免疫技术是将抗原抗体反应与荧光技术相结合而建立的一种免疫分析技术，具有高度特异性、敏感性和直观性。该技术最早创立于1941年，是最早出现的免疫标记技术。有直接法和间接法两种：直接法采用荧光抗体直接与抗原反应，用于抗原鉴定、定位和分布；而间接法中第一抗体没有标记荧光，而是通过荧光标记的第二抗体进行检测。相比直接法，间接法只需制备一种荧光标记的抗体，即可用以检测多种抗原抗体系统，而且敏感度比直接法高5～10倍。测定方法包括荧光显微镜技术、流式细胞术和荧光免疫层析检测。

① 抗体的标记　荧光抗体是指标记了荧光素［如异硫氰酸荧光素（FITC）、罗丹明（RB200）、藻红素（PE）、镧系元素等］的抗体。不同的荧光素其标记方法也不同。

② 荧光显微镜技术　荧光显微镜技术也称为荧光免疫组织化学，采用荧光标记抗体与标本片中组织或细胞抗原反应，经洗涤分离后，在荧光显微镜下观察呈现特异性荧光的抗原抗体复合物及其存在部位，借此对组织细胞抗原或自身抗体进行定性和定位检测。

荧光显微镜技术包括标本制作、荧光染色和荧光显微镜观察。常见的临床标本主要有组织、细胞和细菌3大类，根据标本的不同可以制成涂片、印片或切片。该技术可用于病原体检测、自身抗体检测、免疫病理检测以及细胞表面抗原和受体的检测。

③ 流式细胞术　流式细胞仪是利用免疫荧光技术，将光学、流体力学、电子计算机等多种现代化技术综合于一体，能对各种免疫细胞进行客观、快速、灵敏、多参数定量测定和综合分析，并能高纯度地分离收集所需类型的目的细胞。该方法不但能检测一种抗原表型，还可同时检测两种或多种抗原表型，故可对免疫细胞的分类和功能提供可靠的依据。以BD Tritest™为例，分别以FITC、PE和PerCP标记抗CD4、CD8、CD3单抗，通过流式细胞仪可以同时实现CD4、CD8、CD3的绝对计数和CD4/CD3、CD4/CD8相对计数，可用于恶性肿瘤、病毒感染免疫缺陷等疾病的诊断。

④ 荧光免疫层析　荧光免疫层析技术是近年来出现的，该技术利用抗光淬灭、光漂白的纳米荧光微球偶联生物活性原料，可以对目标物质进行高灵敏度、宽线性范围的定量检测。以CRP的检测为例，其检测原理如图4-20所示，首先在硝酸纤维素膜上分别包被山羊抗小鼠抗体（GAM）和CRP特异的单克隆抗体，抗CRP单抗可以特异性捕获CRP抗原，被捕获的CRP抗原以及包被在膜上的GAM抗体可以特异性结合荧光纳米颗粒标记的抗CRP抗体，通过荧光检测仪检测荧光的强度，进而实现对CRP的定性或定量检测。

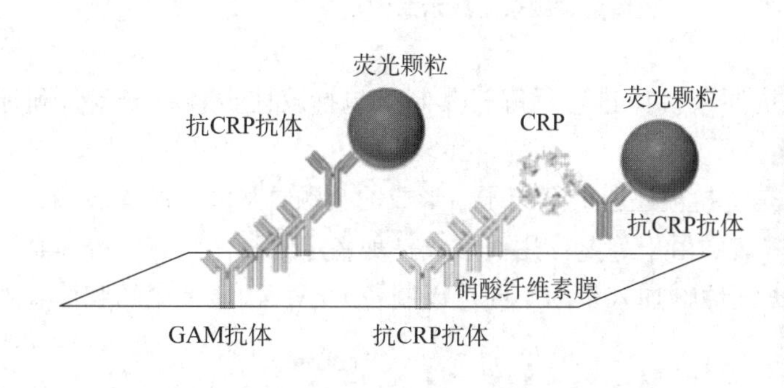

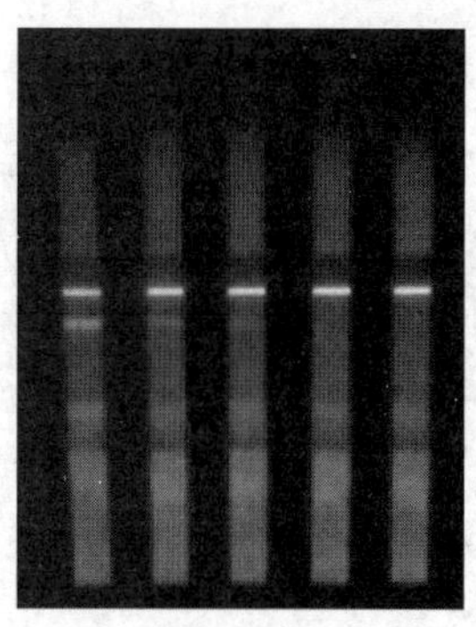

图4-20　荧光免疫层析示意图

（3）放射免疫分析

放射免疫分析（RIA）是以放射性同位素作为示踪物（标记物）的一种免疫分析方法，最早创立于1959年。该技术将放射性同位素高敏感性的示踪特点与抗原抗体反应的高特异性特点相结合，灵敏度高、特异性强，开创了体液微量物质定量分析的新局面，为其他免疫分析技术奠定了基础。在临床上，放射免疫分析广泛用于病原微生物抗原（抗体）、激素以及肿瘤标志物的定量分析。

在医学实践中，还常用放射自显影法检测微量抗原物质。该法操作简便，且不需检测放射性的专用设备，但需时较久，虽然低浓度的抗原抗体反应生成的沉淀物肉眼不可见，但可借助放射性标记物在底片上感光，经显影定影处理后显现出来。故放射免疫技术被广泛应用于医学各领域，是一种重要的研究方法。

放射性同位素标记抗体多采用氯胺 T（chloramine T）法或 Iodogen 氏法。氯胺 T 法是最常用的标记方法，氯胺 T 在水中易分解成具有氧化性的次氯酸，次氯酸可以将 $^{125}I^-$ 氧化成 $^{125}I_2$，$^{125}I_2$ 可取代抗体中酪氨酸残基苯环上的氢原子，形成稳定的放射标记物，最后加入还原剂终止反应。在氯胺 T 法中，由于反应体系中有过量的氧化剂存在，可导致蛋白质中色氨酸等氨基酸氧化，造成蛋白质分子结构损伤。而 Iodogen 氏法较为温和，更适合抗体等生物活性蛋白的标记。

尽管放射免疫分析具有较高的灵敏度，但该技术采用放射性同位素作为示踪物质，放射性废物的储存和销毁均会造成一定的放射性污染。而随着非放射免疫分析和自动化分析技术的发展，放射免疫分析逐渐被非放射免疫分析所代替。

（4）胶体金免疫层析

胶体金免疫技术是以胶体金作为示踪标记物应用于抗原 – 抗体反应的一种免疫测定技术，最早于 20 世纪 70 年代应用于免疫电镜技术，目前最常用的是胶体金免疫层析技术。胶体金免疫层析是 20 世纪 90 年代在免疫渗滤的基础上发展起来的一种快捷简便的检测技术，其原理是基于抗原 – 抗体的特异性结合，并通过胶体金进行示踪。该方法成本低、操作简便、快速，不需要特殊的仪器设备，可以直接通过肉眼观察。一个完整的胶体金试纸条包括样品垫、连接垫、硝酸纤维素膜、吸水材料和底板（图 4–21）。在硝酸纤维素膜上包被特定的抗体或抗原，可以特异性结合样品中的抗原或抗体，从而实现对样品中抗原或抗体的检测。

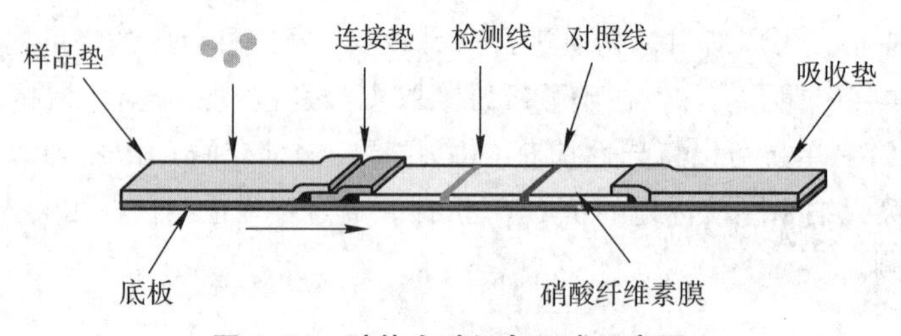

图 4–21 胶体金试纸条组成示意图

胶体金试纸条通过胶体金标记抗原或抗体进行示踪，其制备包括胶体金颗粒的制备和标记两个步骤。

① 胶体金颗粒的制备 胶体金是金盐被还原成金原子后形成的金颗粒悬液，胶体金颗粒由一个金核及包围在外的双离子层组成，在溶液中由于静电作用而形成一种稳定的胶体状态。胶体金颗粒制备方法多采用柠檬酸三钠还原法，根据还原剂加入量的不同可以制备大小、性质不同的胶体金颗粒，具体见表 4–10。

表 4–10 柠檬酸三钠还原法制备胶体金颗粒

颗粒大小 /nm	0.01% $HAuCl_4$ 溶液 /mL	1% 柠檬酸三钠溶液 /mL	颜色	吸收峰波长 /nm
16.0	100	2.0	酒红色	518
24.5	100	1.5	橙红色	522
50.0	100	1.0	红色	525
71.5	100	0.7	紫红色	535

② 抗体标记胶体金颗粒　胶体金主要通过吸附的方式结合蛋白质，而胶体金对蛋白质的吸附主要取决于pH，在接近蛋白质的等电点或偏碱的条件下，二者容易形成牢固的结合物。其标记方法：a. 将待标记抗体透析至5 mmol · L^{-1}，pH 7.0的NaCl溶液中以除去多余的盐离子；b. 4℃，10 000 *g* 离心1 h，去除聚合物；c. 以0.1 mol · L^{-1} K_2CO_3 溶液或0.1 mol · L^{-1} HCl溶液将胶体金溶液的pH调至9.0；d. 以0.1 mol · L^{-1} K_2CO_3 溶液将待标记抗体溶液pH调节至9.0，在搅拌条件下加入胶体金溶液，继续搅拌10 min；e. 加入一定量的稳定剂（如BSA）以防止抗体蛋白与胶体金聚合发生沉淀；f. 通过超速离心法或凝胶过滤法进行纯化，获得颗粒均一的免疫胶体金颗粒。

③ 胶体金的应用　免疫胶体金技术可用于血液、尿液、粪便等各种样品的检测，对使用者技术要求较低，应用十分广泛。以HCG胶体金检测试纸为例，对照带包被的是GAM抗体，检测带包被的是HCG特异性单抗。当样品迁移至检测带时，HCG首先与包被在硝酸纤维素膜上的HCG特异性抗体结合，同时捕获胶体金标记的HCG特异性抗体；当样品迁移至对照带位置时，包被在硝酸纤维素膜上的GAM抗体可以结合剩余的胶体金标记的HCG特异性抗体。无论样品中是否含有HCG，对照带均会显色，样品中HCG的含量越高，检测带显色越深。因此，可以根据该结果判断是否怀孕，检测带显色代表阳性，检测带不显色代表阴性，但如果对照带不显色，无论检测带是否显色，结果均无效（图4–22）。

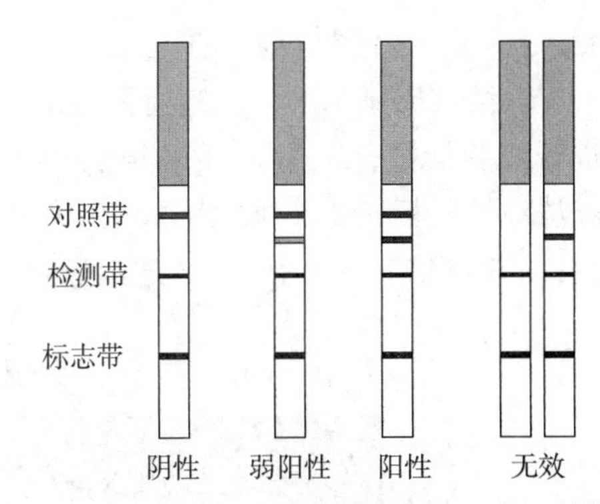

图4–22　胶体金检测试纸的检测结果示意图

（5）酶联免疫分析技术

酶联免疫分析技术是用酶标记抗体来检测抗原或抗体的方法，创立于20世纪70年代，包括酶联免疫吸附法、酶联免疫化学发光法、酶免疫层析法、免疫印迹法和酶联免疫组织化学法。ELISA是目前应用最为广泛的免疫分析技术。

① 抗体的标记　在酶联免疫分析技术中，使用最多的酶是辣根过氧化物酶（HRP），标记方法为过碘酸钠氧化法。

除HRP外，碱性磷酸酶（AP）、葡萄糖氧化酶也广泛用于酶免疫分析中。此外，通过生物素–亲和素–过氧化物酶系统可进一步提高酶免疫分析的灵敏度。因为一个抗体可以偶联90个生物素，而一个亲和素分子可以结合4个生物素分子，结合非常稳定，其检测灵敏度可以达到1 pg · mL^{-1}。

② 酶联免疫吸附实验　酶联免疫吸附实验（enzyme linked immunosorbent assay，ELISA）是目前最常用的免疫检测方法，其特点是利用抗原或抗体等蛋白质容易吸附于聚苯乙烯塑料等表面的性质，使抗原抗体反应在塑料管（孔）壁表面上进行，从而大大简化了抗原抗体结合物的分离步骤。本法用途广泛、敏感性高，既可定性检测微量抗原，也可定量测定微生物成分、激素等微量抗原物质。根据检测模式的不同，ELISA测定方法可以分为直接法、间接法、竞争法和夹心法。

③ 酶联免疫组织化学　免疫组织化学（immunohistochemistry，IHC）是利用抗原与抗体特异性结合的原理，将免疫反应的特异性、组织化学的可见性结合起来，在组织细胞原位通过化学反应对组织细胞内抗原进行定位、定性及定量的研究。该技术是在一定条件下，应用酶标抗体与组织或细胞中的抗原发生反应，催化底物产生显色反应，通过显微镜观察标本中抗原的分布位置和性质，也可通过图像分析技术达到定量的目的。酶联免疫组织化学包括直接法和间接法：直接法是直接将酶标记在特异性抗体上，与组织细胞中抗原特异性结合，形成抗原–酶标抗体复合物，最后用底物显色剂显色；而间接法是将酶标记在第二抗体上，再用第二抗体与复合物中的特异性抗体结合，形成抗原–抗体–酶标抗体复合物，最后用底物显色剂显色。

在酶联免疫组织化学染色中，最常用的酶是辣根过氧化物酶，底物为二氨基联苯胺（DAB），两者作用可生成棕褐色沉淀物，从而使抗原所在部位显色。此外，也可以用碱性磷酸酶、葡萄糖氧化酶和半乳糖苷酶等。对内源性过氧化物酶丰富的组织切片（如淋巴组织、肿瘤组织），则首选碱性磷酸酶。

在临床上，免疫组织化学可用于病理学、肿瘤分期以及肿瘤用药指导等。利用 Ki-67、PCNA 等可以判断肿瘤增生的程度；通过特异性抗体对肿瘤内各种激素受体与生长因子进行定位、定量分析可以帮助判定三苯氧胺类药物对乳腺癌患者的疗效。

④ 酶联免疫斑点实验　酶联免疫斑点实验（enzyme linked immunospot assay，ELISPOT）源于 ELISA，又突破了传统的 ELISA，该技术最早应用于细胞因子的检测，可以在单细胞水平检测细胞因子的分泌，每个斑点代表一个与相应抗原反应的细胞。现在，ELISPOT 技术不仅用于细胞因子的检测，也广泛用于淋巴细胞的检测。

以结核感染 T 淋巴细胞检测（T-SPOT）试剂为例，其检测流程：a. 分离外周血单个核细胞，并进行细胞计数；b. 在 96 孔培养板中加入细胞；c. 在培养板内分别加入刺激抗原和对照，培养 18 h；d. 洗涤培养板，加入细胞因子 IFN-γ 特异性酶标抗体，反应 1 h；e. 洗涤培养板，加入显色底物进行显色；f. 洗涤培养板并干燥；g. 通过显微镜 ELISPOT 计数仪进行计数，其结果如图 4-23 所示。

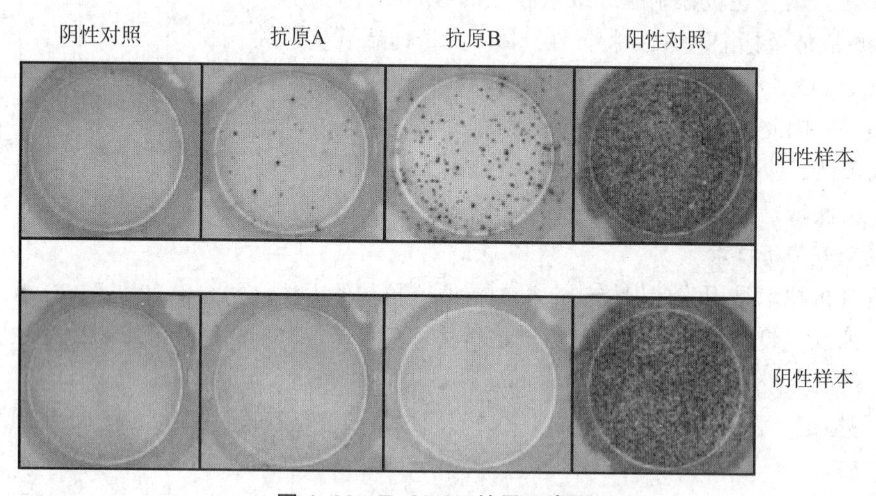

图 4-23　T-SPOT 结果示意图

（6）**化学发光免疫分析**

该方法是将免疫反应的高特异性与化学发光的高灵敏度结合在一起的一项免疫测定技术，包括化学发光酶联免疫分析、化学发光免疫分析和电化学发光免疫分析 3 种。从标记的角度分析，化学发光酶联免疫分析属于酶免疫分析，而化学发光免疫分析和电化学发光免疫分析是直接用化学发光剂标记抗体或抗原。化学发光免疫分析相比传统的酶联免疫分析具有灵敏度高、线性范围广、自动化程度高等优点，不但适用于定性检测，也适用于定量检测。在临床上主要用于传染病、肿瘤、心血管疾病以及激素等的检测。

① 化学发光酶联免疫分析　化学发光酶联免疫分析技术的原理与 ELISA 类似，其区别在于底物和检测方式的不同，ELISA 中使用显色底物（如 TMB），通过分光光度计测定其吸光值，而化学发光酶联免疫分析中使用化学发光底物，通过化学发光检测仪测定其发光强度。HRP 催化的鲁米诺化学发光和碱性磷酸酶催化的 AMPPD 化学发光是最常用的酶促化学发光体系。以碱性磷酸酶催化的 AMPPD 发光体系为例，其检测原理如图 4-24 所示：

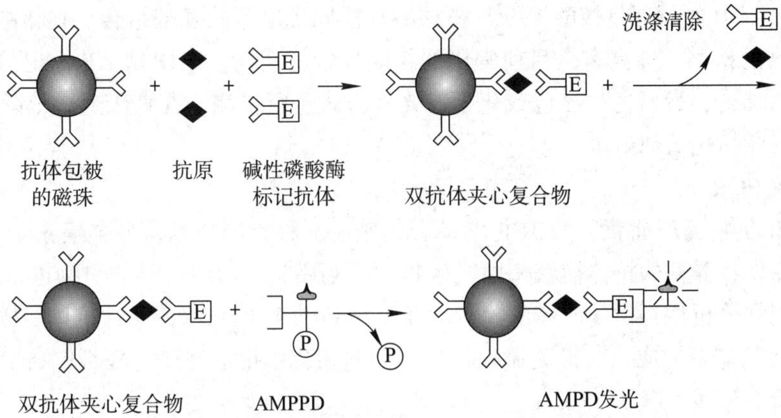

图 4-24 碱性磷酸酶催化的化学发光检测原理

② 化学发光免疫分析 直接化学发光是指通过化学发光剂直接标记抗原或抗体的一种检测方法，吖啶酯是最常用的发光物质，其发光原理如图 4-25 所示。

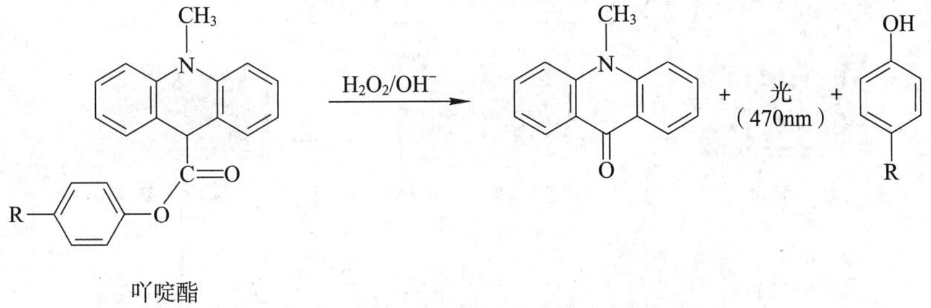

图 4-25 吖啶酯化学发光原理

上述的诸多的测定方法的敏感度不同，可根据需要选择适当的方法使用。各种测定方法的敏感度归纳如图 4-26 所示。

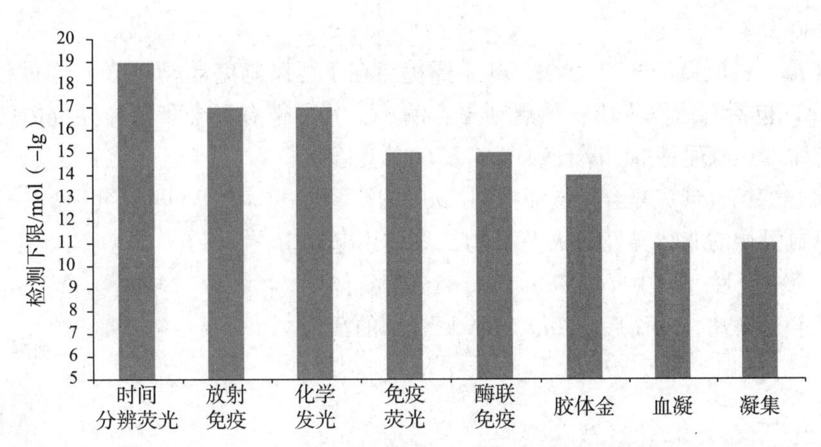

图 4-26 不同免疫诊断方法检测灵敏度比较

4.6.3 抗体在核酸诊断中的应用

抗体也可用于核酸诊断，如核酸杂交、免疫捕获 PCR 以及热启动 PCR 等。

(1) 核酸杂交

核酸杂交包括 Southern 印迹和 Northern 印迹，Southern 印迹检测靶标是 DNA，而 Northern 印迹的

检测靶标是 RNA。其基本原理是核酸探针与靶核酸片段同源序列的互补结合。在核酸杂交中，抗体的主要用于杂交产物的检测。地高辛是目前常用的核酸探针标记物，HRP 或 AP 标记的地高辛抗体可以特异性与杂交产物结合，最后通过显色或化学发光的方式进行检测。在临床上，核酸杂交可用于 HPV 分型，目前已经有商品化试剂出售。

（2）免疫捕获 PCR

免疫捕获 PCR 是将免疫捕获和 PCR 扩增结合起来的一种检测技术，最早建立于 20 世纪 90 年代。其原理是通过病原体特异性的抗体捕获病原微生物，再利用其基因组特异的引物进行 PCR 扩增，通过对扩增产物的检测和分析达到对病原体的检测。免疫捕获 PCR 体系由特异性抗体、固相载体、待检抗原、PCR 扩增和检测体系构成，其检测流程包括抗体固相化、抗原捕获、模板制备、PCR 扩增以及扩增产物检测和分析等步骤（图 4–27）。

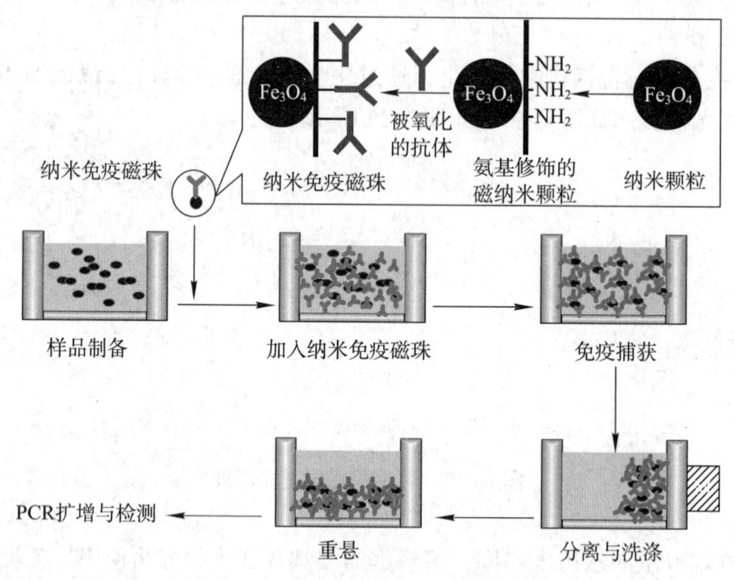

图 4–27　免疫捕获 PCR 原理示意图

（3）热启动 PCR

热启动 PCR 是一种改良的 PCR 方法，其主要优点在于可以避免常规 PCR 操作过程中的非特异性扩增。热启动 PCR 包括石蜡隔绝法和热启动聚合酶法，其中带有聚合酶特异性抗体的聚合酶便是热启动聚合酶的一种。其原理是抗 *Taq* DNA 聚合酶的单克隆抗体与 *Taq* DNA 聚合酶结合形成复合物从而抑制 *Taq* DNA 聚合酶活性，有效抑制引物的非特异性退火及引物二聚体引起的非特异性扩增，而在变性过程中，抗 *Taq* DNA 聚合酶抗体变性与 *Taq* DNA 聚合酶解离，从而启动 *Taq* DNA 聚合酶的活性（图 4–28）。

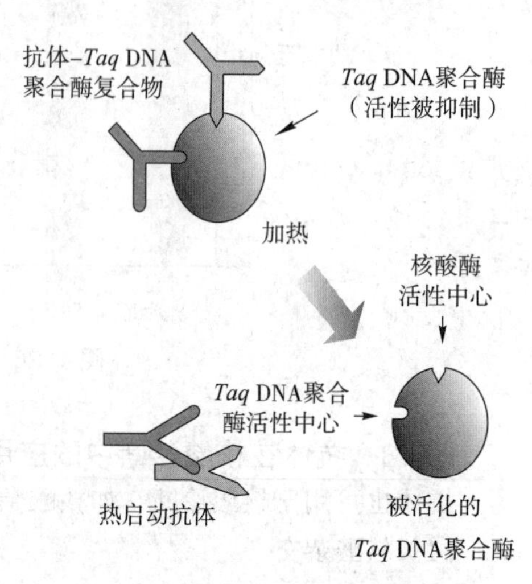

图 4–28　热启动 PCR 原理

4.6.4　发展趋势

随着单克隆抗体技术的发展和免疫学检测技术的进步，免疫诊断的灵敏度和特异性均显著提高。免疫学检测越来越广泛地应用于疾病的辅助诊断，但也还存在一定的问题：①随着双抗体夹心法的广泛应用，嗜异性抗体的问题引起专业人士的关注。一方面，可以通过抗体工程手段对抗体进行改造，获得亲和力更高、特异性更强的单克隆抗体；另一方面，可以选用不同种属来源的抗体以降低嗜异性抗体的影响。②目前免疫学检测主要用于蛋白质类生物大分子的检测，而在小分子检测中的应用相对较少，这是因为小分子抗原的免疫原性较弱，难以制备高灵敏度、高特异性的抗体。随着抗体技术的进步，特别是随着半抗原设计、免疫载体及佐剂的深入研究，可以制备高质量的针对小分子的抗原，从而推动免疫检测在小分子检测中的应用。此外，*Taq* DNA 聚合酶抗体的应用也将有助于提高核酸诊断的特异性。

4.7 抗体药物的实例

截至 2014 年，美国 FDA 已批准了 37 种治疗性抗体药物上市，用于诊断的抗体更是多到无法枚举。这里简单介绍 3 个比较典型的“重磅炸弹”级的治疗性抗体药物产品。

4.7.1 阿达木单抗

阿达木单抗（adalimumab）商品名为修美乐（Humira），由英国 Cambridge Antibody Technology（CAT）与美国雅培（Abbott）公司联合研制开发，于 2003 年 1 月在美国上市，2010 年在中国获准上市。多年来一直是单抗药物全球市场的领军者，2013 年阿达木单抗以 106.6 亿美元的年销售额，位居全球药物销售额的榜首。

阿达木单抗是一种与人肿瘤坏死因子 TNF-α 高效特异性结合的人源化单克隆抗体（D2E7），相对分子质量为 148 000。TNF-α 是一种细胞因子，通常在炎症和免疫应答中出现，作为信号分子在病理性炎症和关节破坏方面起重要作用，例如，在类风湿性关节炎患者的滑膜液中，TNF-α 的表达水平升高。阿达木单抗可以特异地与 TNF-α 结合，并阻断其与细胞表面 TNF-α 受体的相关作用，阻断疾病发生和发展相关的信号通路。而且该抗体具有补体依赖的细胞毒性作用，可以清除表达 TNF-α 的细胞。该产品对 TNF-α 高度特异，不与肿瘤坏死因子 TNF-β（淋巴毒素）结合，其不良反应和副作用都较小。

目前市售的阿达木单抗均由中国仓鼠卵巢细胞表达。成品制剂中主要包含甘露醇、柠檬酸一水合物、柠檬酸钠、磷酸二氢钠二水合物、磷酸氢二钠二水合物、氯化钠、聚山梨酯 80、氢氧化钠和注射用水。主要剂型为预填充于注射器中的注射液，单支注射液的规格 40 mg/0.8 mL，一般通过皮下注射给药。

阿达木主要用于类风湿关节炎（RA）、银屑病（Ps）、幼年类风湿性关节炎（JIA）、银屑病关节炎（PsA）、强直性脊柱炎（AS）、克罗恩病（CD）和炎症性肠病的治疗。用于类风湿关节炎的治疗时，该产品需要与氨甲蝶呤合用。对于患有类风湿关节炎和强直性脊柱炎的成人患者，建议用量为 40 mg 阿达木单抗，每两周皮下注射单剂量给药，通常在治疗 12 周内可获得临床应答。

4.7.2 贝伐珠单抗

贝伐珠单抗（bevacizumab）商品名为阿瓦斯汀（Avastin），由罗氏（Roche）和基因泰克（Genentech）开发，2004 年 2 月 26 日获得 FDA 的批准，是第一个在美国上市的抑制肿瘤血管生成的药物。贝伐珠单抗在 2013 年全球销售额为 70.4 亿美元，位居全球药品销售额排名的第 7 位。

贝伐珠单抗的作用靶点为血管内皮生长因子（vascular endothelial growth factor，VEGF）。美国哈佛大学 Folkman 博士于 1990 年提出著名的 Folkman 理论——肿瘤的生长必须依靠新生血管来提供足够的氧气和营养。血管内皮生长因子在血管内皮细胞中特异地与肝素结合，在体内可诱导新血管的生成。过表达的 VEGF 通常作为肿瘤发生和发展的主要标志物之一，目前临床上也将 VEGF 水平的检测作为肿瘤诊断的依据之一。以 VEGF 作为肿瘤治疗的靶点也是众多科学家们和制药企业努力的方向。

贝伐珠单抗通过抑制血管生成而发挥抗癌作用，它与血管内皮生长因子的结合，抑制血管的新生，阻断血管对肿瘤的血液供应，进而抑制肿瘤细胞在体内的扩散和增殖。

贝伐珠单抗为重组人源化 IgG1 型单克隆抗体，通过中国仓鼠卵巢细胞表达系统生产，相对分子质量约 1.49×10^5。市售成品的贝伐珠单抗为无色透明，pH 6.2 的注射液，有 100 mg 和 400 mg 两种规格，对应的体积为 4 mL 和 16 mL（即浓度为 25 $mg \cdot mL^{-1}$）。

贝伐珠单抗主要适用于联合以 5-FU 为基础的化疗方案一线治疗转移性结直肠癌。主要给药方式为静脉滴注，推荐剂量为 5 $mg \cdot kg^{-1}$，每 2 周静脉注射 1 次直至疾病有所进展。静脉滴注的速度对药效及安全性影响较大，该单抗药物的静脉滴注时间应控制在 90 min 以上。

4.7.3 曲妥珠单抗

曲妥珠单抗（trastuzumab）商品名为赫赛汀（Herceptin），由罗氏（Roche）和基因泰克（Genentech）开发，于 1998 年获得美国 FDA 的批准上市，于 2002 年在中国获批上市，2013 年全球销售额为 68.4 亿美元。曲妥珠单抗主要适用于治疗人类表皮生长因子受体 2（human epidermal growth factor receptor，HER2）阳性的转移性乳腺癌。

乳腺癌是发生在乳腺上皮组织的恶性肿瘤。就全球而言，乳腺癌是女性第二位致死原因；乳腺癌患者人数占我国妇女癌症患者的第二位。HER2 是一种受体酪氨酸激酶，它结合在细胞膜表面，且参与了影响细胞生长和分化的信号转导通路。*HER2* 基因是原癌基因，*HER2* 在乳腺癌中的高表达往往预示肿瘤细胞繁殖能力强，对化疗也容易有抗药性；患者手术后，癌细胞转移和复发概率较高。曲妥珠单抗治疗乳腺癌的作用机理主要是通过与 HER2 特异性结合，阻断肿瘤细胞生长信号的传递，抑制肿瘤的发生和发展，并促进 HER2 在机体内降解；且该单抗能通过抗体依赖细胞介导的细胞毒作用募集免疫细胞来攻击并杀死肿瘤细胞；另外，它还可以下调血管内皮生长因子和其他血管生长因子活性。

目前市售的曲妥珠单抗为人源化 IgG1 型单抗，由中国仓鼠卵巢细胞表达，采用的是用蛋白 A 亲和层析和两轮离子交换法进行纯化。市售药品的剂型为 440 mg 每支的冻干粉，使用前用稀释剂将冻干粉稀释至 21 $mg \cdot mL^{-1}$，以静脉滴注的方式给药。稀释剂主要包含 1.1% 苯甲醇溶液、20 ml 注射用水、L- 盐酸组氨酸、L- 组氨酸、α,α- 双羧海藻糖和聚山梨醇酯 20。为达到较佳的治疗效果，曲妥珠单体一般作为放疗、化疗及紫杉醇等治疗方式的辅助治疗，静脉滴注的速度对治疗效果和药物的安全性有较大的影响，首次给药一般静脉滴注时间为 90 min。

开放讨论题

抗体已被广泛用于人类疾病的诊断、预防或治疗，那么有没有限制抗体使用的因素？通过什么方法可以降低或消除这些限制因素？

思考题

1. 抗体如何实现其多样性和功能？
2. 基因工程抗体有哪些种类，分别具有什么特点？
3. 抗体亲和力成熟的方法有哪些，各自有什么优点？
4. 简述制备全人源抗体的技术及其特点。

5. 简述抗体生产过程中的注意事项。
6. 简述各表达系统的优缺点。
7. 举例说明抗体在免疫诊断中有何应用。

推荐阅读

1. MORRISON C. Nanobody approval gives domain antibodies a boost [J]. Nature Reviews Drug Discovery，2019，18 (7)：485-487.

点评： 该文介绍了2019年第一个上市单域抗体药物caplacizumab，综述了单域抗体的研发历史，介绍了目前在研单域抗体药物。

2. SCHROEDER H W, CAVACINI L. Structure and function of immunoglobulins [J]. Journal of Allergy and Clinical Immunology，2010，125 (2)：S41-S52.

点评： 该文介绍了抗体的结构、抗体结构多样性产生的分子机制，以及抗体分类和功能的结构基础。

3. WILSON P C，ANDREWS S F. Tools to therapeutically harness the human antibody response [J]. Nature Reviews Immunology，2012，12 (10)：709-719.

点评： 该文以流感病毒和HIV为例，综述了如何分离、表征人体产生的抗病毒的抗体，以及这些抗体在对抗流感病毒和HIV病毒感染的应用价值。

4. HACKER D L, DE JESUS M，WURM F M. 25 years of recombinant proteins from reactor-grown cells—where do we go from here? [J]. Biotechnology Advances，2009，27 (6)：1023-1027.

点评： 该文综述了过去25年提高CHO细胞生产蛋白质药物产量所取得的经验，也介绍了未来可能提高产量的研究领域，如更高效的高产细胞系的筛选、高通量培养基设计与生物过程开发，以及一次性生物反应器和瞬时表达技术。

网上更多学习资源……

◆教学课件　　◆参考文献

（厦门大学　罗文新）

5

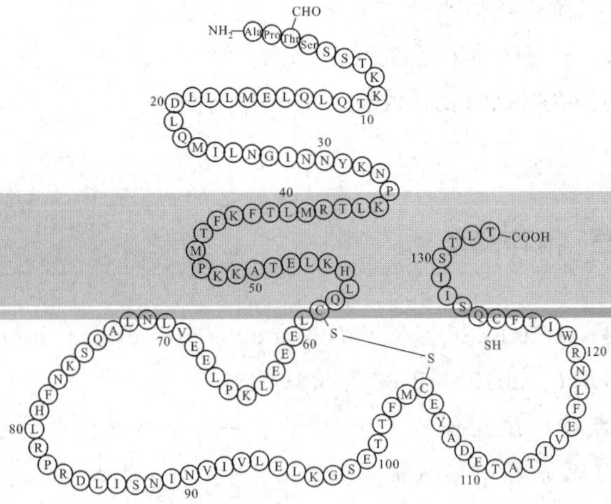

疫　苗

在人类历史上，传染病曾严重威胁人类的健康，甚至造成数千万人的死亡。而疫苗的使用改变了人类抵抗传染病的历史，使多种传染病被消灭或得到有效控制。

本章将介绍疫苗的种类、研发、生产和发展趋势。

通过本章学习，可以掌握以下知识：

1. 疫苗种类与疫苗的设计原理；
2. 传统疫苗及其制造技术；
3. 新型疫苗及其制造技术；
4. 疫苗制造工艺、质量控制与评价。

知识导图

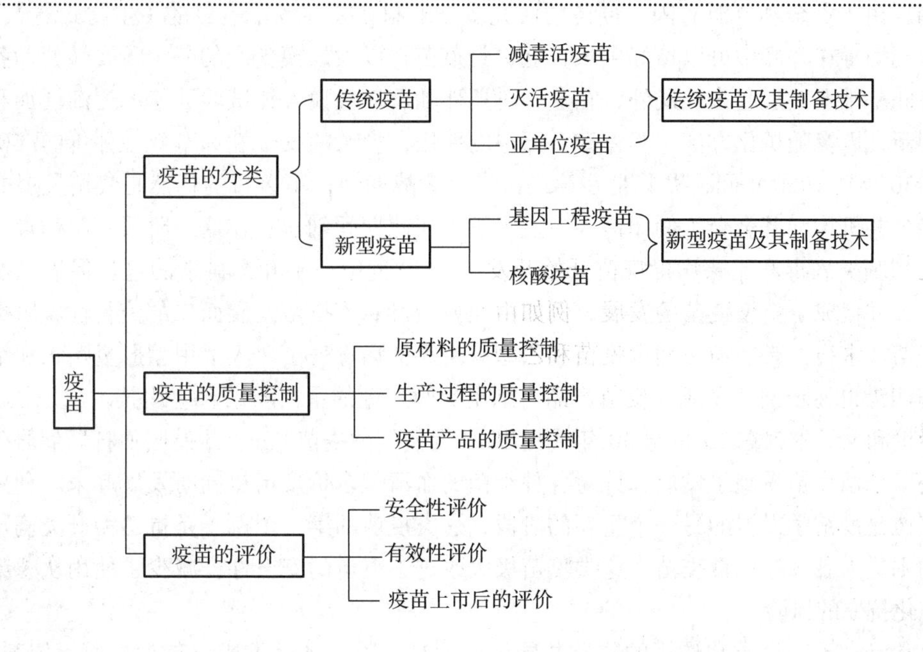

关键词

疫苗抗原佐剂　灭活剂　减毒活疫苗　灭活疫苗　亚单位疫苗　基因工程疫苗　核酸疫苗
疫苗制造工艺　安全性鉴定　效力鉴定　肿瘤疫苗　艾滋病疫苗　DNA 疫苗
mRNA 疫苗　抗独特型抗体疫苗　多肽疫苗　重组活载体疫苗

5.1 概述

疫苗（vaccine）是指为了预防、控制传染病的发生、流行，用于人体预防接种的疫苗类预防性生物制品。疫苗传统的定义是指用人工变异或自然界筛选获得的减毒或无毒的活的病原体制成的制剂，或者用理化方法将病原体杀死制备的生物制剂，用于人工自动免疫，以使人或动物产生免疫力，相关制剂被称为疫苗，即疫苗是由病原体制成的。疫苗的现代定义是指病原体的蛋白质（多肽、肽）、多糖或核酸，以单一成分或含有效成分复杂颗粒的形式，或通过活的减毒病原体或载体，进入机体后能产生灭活、破坏或抑制病原的特异性免疫应答。

在漫漫历史长河中，人们一直试图通过各种办法来摆脱和抵抗种种疾病，而疫苗用于抵御疾病已有数百年的历史。回顾疫苗的发展历程，人类在 12 世纪到 15 世纪实行的“人痘接种术”是第一个已知的人类免疫方法，即将天花患者的脓疱粉痂或液体接入接种者皮肤的表面划痕；在中国、中东和非洲，该技术衍生出很多其他免疫手段，这些手段在 17 世纪广泛传播于欧洲。1796 年，爱德华·詹纳在使用牛痘病毒而非天花患者的结痂进行免疫人体实验，这项尝试是最初对疫苗的定义和疫苗学的起源。但由于对微生物基本认识不足，在之后的一个多世纪里并没有新的疫苗研制成功。19 世纪后期，多位科学家，如路易斯·巴斯德、罗伯特·科赫、埃米尔·阿道夫·冯·贝林和保罗·埃利希等先后发现、发展了免疫学的基本原则并发展了免疫治疗，从而开启了疫苗学的新篇章。随着他们的开创性的研究，许多相关的研究发生了规定上的改进，进而促进了有效的活毒或减毒疫苗的发展。针对狂犬病、伤寒、痢疾、肺结核、白喉、破伤风和百日咳等疾病的新疫苗从1930年开始发展起来。然而在这一时期，由于资金和资源有限，疫苗的研究多被限制在公共或军事目的（生物武器）。1931年开始，人们发现病毒在鸡胚中可以良好生长，这也是疫苗得以大规模生产的一个重要转变，各种各样的制造技术在此基础上发展起来。此外，在这一时期伴随着大规模人体试验数量的逐渐增加和科学合理的规划与创新，以及随机化方法、双盲和对照组的使用，疫苗的安全性和有效性评价的准确性均有显著提高。1930年到1950年间，尤其是在第二次世界大战期间，军事目的仍然是疫苗发展的一个强大动力，许多公共机构和基金会（例如世界卫生组织）在此期间创建。在这一阶段，腺病毒、脊髓灰质炎病毒、乙型脑炎病毒和流感病毒疫苗开始开发。在20世纪下半叶，科学的进步促进了疫苗产品的筛查和制造，并促成了新型疫苗的发展，例如由经典减毒麻疹疫苗发展而来的流行性腮腺炎疫苗、麻腮风三联疫苗、水痘－带状疱疹病毒疫苗和乙型脑炎灭活病毒疫苗。灭活甲型肝炎病毒和细胞培养来源的狂犬病病毒也逐步被开发成为疫苗产品。细菌荚膜多糖的蛋白质结合应用技术出现在20世纪80年代（埃弗里和戈贝尔曾在20世纪30年代提出），促使细菌疫苗、b型流感嗜血杆菌偶联疫苗、肺炎球菌脑膜炎双球菌疫苗得到了发展，针对各种细菌的血清型多价疫苗也同时发展起来。利用基因工程重组病毒疫苗是疫苗学发展的另一个重要的阶段，这类疫苗的第一个例子是抗乙型肝炎病毒疫苗，而最为重要的则是人乳头瘤病毒疫苗，这类疫苗极大改进了疫苗的安全性，减少了使用从感染的患者获得的灭活纯化抗原的风险。

疫苗通常是由不同性质和作用的物质共同组成的复合物，其基本成分包括抗原、佐剂、防腐剂、稳定剂、灭活剂及其他相关成分。这些基本要素从不同角度确保了疫苗能够有效刺激机体，产生针对病原微生物的特异性免疫反应，同时确保疫苗在制备和保存过程的稳定性。

疫苗是一种特殊的药物，是免疫学和生物技术共同发展而产生的生物制品。它与一般药物具有明显的不同，主要用于健康人群，通过免疫机制预防疾病发生。它从防患于未然的角度免除了众多传染病对人类生命的威胁，在人类防治疾病上起到了重要的作用，对人类健康做出了巨大的贡献。

5.2 疫苗分类、设计与制造技术

5.2.1 疫苗的分类

疫苗是将病原微生物（如细菌、病毒等）及其代谢产物，经过减毒（attenuate）、灭活（inactivation）或利用基因工程等方法制成的用于预防传染病的自动免疫制剂。疫苗保留了病原微生物刺激动物体免疫系统（immune system）的特性。当人体接触到这种不具伤害力的病原微生物后，免疫系统便会产生保护物质，如免疫激素、活性生理物质、特殊抗体等；当人体再次接触到这种病原微生物时，人体的免疫系统便会依循其原有的记忆，制造更多的保护物质来阻止病原微生物的伤害。

疫苗作为一种重要的生物制品，其分类与发展过程、应用对象、应用领域、组成性质和制造技术等方面密切相关。根据不同的分类方法，同一种疫苗可能被分入不同的类别中，而且在不同分类下，也会出现许多相互之间交叉与重叠的部分。本章就常用的分类方法分别进行阐述，并在总体分类的基础上，重点对其中某些重要分类方向的疫苗进行较为详细的说明。常见的分类方法如下所述：

① 根据使用对象可以分为人用疫苗和动物用疫苗。最常用的人用疫苗包括乙型肝炎疫苗、麻疹疫苗、百日咳疫苗等。此外，还有多种动物用疫苗，如针对哺乳动物的口蹄疫疫苗、猪瘟疫苗、兔瘟疫

苗等；针对禽类的禽流感疫苗、马立克氏病疫苗、小鹅瘟疫苗等；另外还有针对鱼、虾等水生生物的疫苗和针对家蚕和蜜蜂等昆虫的疫苗。

② 根据研制技术特点可以分为传统疫苗和新型疫苗。传统疫苗包括灭活疫苗、减毒活疫苗和用天然微生物的某些成分制成的亚单位疫苗。新型疫苗是以基因工程疫苗为主体，主要包括基因工程疫苗和核酸疫苗。

知识拓展 5–1
新型疫苗的分类

③ 根据疫苗的性质可分为细菌性疫苗、病毒性疫苗以及类毒素 3 种类型。

④ 根据疫苗的发展与用途，疫苗已经从经典的病毒疫苗和细菌疫苗发展到寄生虫疫苗、肿瘤疫苗、避孕疫苗，从预防性疫苗发展到治疗性疫苗。

⑤ 根据预防疾病的种类可以分为单一疫苗和联合疫苗。

⑥ 根据疫苗在组成与来源的不同，也可分为蛋白质疫苗、核酸疫苗和多糖疫苗等。

⑦ 根据疫苗的命名与生产来源进行分类，如重组酵母乙型肝炎疫苗、重组（CHO）乙型肝炎疫苗、重组（汉逊酵母）乙型肝炎疫苗等。

⑧ 根据疫苗的使用方法或接种途径来分类，如注射疫苗、口服疫苗、滴鼻疫苗、润眼疫苗、鼻喷疫苗、皮贴疫苗、气雾疫苗、微胶囊疫苗、缓释疫苗等。

⑨ 此外，还有一些采用新技术或者新途径研究或制备的疫苗，并没有确立比较明确的分类方法，通常将它们统称为新疫苗，如植物疫苗、T 淋巴细胞疫苗、树突状细胞疫苗等。

总之，疫苗的各种分类与命名方法主要是便于人们区别、利用或研究，使人们对不同疫苗有一个更为深入的认识和了解，更加方便地使用。

5.2.2 疫苗的设计

5.2.2.1 疫苗设计概述

疫苗设计是运用现代免疫学和分子生物学的理论，不断探索开发在有效性、安全性、稳定性等方面都符合标准的新疫苗，并尽量降低人力、物力、财力的耗费。而要想很好地设计一个疫苗，首先要了解疫苗的原理和组成。疫苗作为能够激发机体免疫力的制剂，保留了病原体刺激机体免疫系统的特性，当机体接触到这种不具伤害力的病原体后，免疫系统便会产生一定的保护物质，如免疫激素、活性生理物质、特殊抗体等；当机体再次接触到这种病原体时，机体的免疫系统便会依循其原有的记忆，制造更多的保护物质来阻止病原体的伤害。所以我们可以根据不同的疾病来正确地选择疫苗的靶抗原来制作疫苗。

疫苗设计是预防疾病和治疗疾病方面最前沿、最富有挑战性的阶段。疫苗与一般药物相比具有其特殊性和重要性。在预防性疫苗中，由于其直接用于大量健康人群的特点，特别是用于大量儿童或新生儿的免疫接种，要求对该类疫苗的设计应着重考虑保证较高的有效性和绝对的安全性。同时，作为一类预防性制品，疫苗的功能旨在通过接种来调动机体的免疫系统预防细菌和病毒的感染，因此疫苗的设计是以制品本身的生物活性或免疫原性为基础，以能够诱发持续的机体免疫为目的（图 5–1）。

因此，疫苗设计应该是在模拟感染状态下或亚细胞状态下，对免疫原及其典型结构的认知和对此时免疫系统的认识的基础上，以适当的筛选和合成手段进行设计的研究。人类疫苗经历了经典疫苗—新型疫苗—治疗性疫苗（或称非常规疫苗）的阶段，疫苗设计的方法也在不断进步，但都是以最好的免疫原性和最高的安全性与持久性为最终目标。随着现代免疫学和基因组学的高速发展，尤其是计算机辅助疫苗设计的出现，使新型疫苗的设计理念和设计技术如虎添翼。

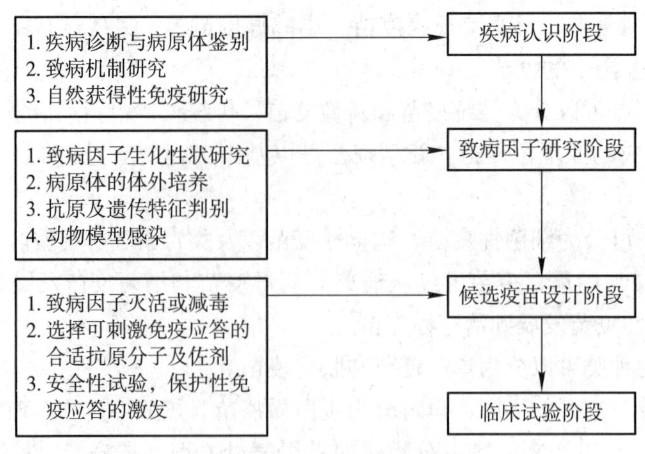

图 5-1 疫苗设计流程图

5.2.2.2 疫苗设计原理

从大多数疫苗的发展过程来看，疫苗的设计和开发往往开始于病原体抗原的灭活或病原体本身减毒，这种设计原理在人类抵抗许多疾病的斗争中取得了很大成就。但是，这类经典疫苗具有许多无法克服的缺陷，例如因病毒、细菌或寄生虫抗原变异而形成的株特异性、免疫反应的主要组织相容性复合体（major histocompatibility complex，MHC）限制性、灭活后病原体的污染问题以及生产和储存中存在的资金投入等。因此，在当今的疫苗开发研制中，人们更为关注的是能够研究和设计具有更加精确有效的免疫原性和反应原性的疫苗。总的来说，疫苗的设计及研制过程应遵循以下原则。

① 安全性 疫苗必须安全，即使用于免疫损伤的人群也应安全。

② 能诱导较强的保护性免疫力 接种疫苗后，能促进记忆细胞的产生，以长期维持免疫力，对特异性病原体的攻击能产生防御作用。应针对免疫应答的特点，使新疫苗能活化抗原提呈细胞及抗原加工，产生白介素活化 T 淋巴细胞和 B 淋巴细胞，从而产生大量记忆细胞，诱导抗体的持续产生。

③ 有较好的稳定性 疫苗应在一定的期限内不易被破坏和降解，并有一定的耐热性，这样可避免依赖于昂贵的冷藏设备。

④ 合理的费用。

⑤ 通过黏膜表面使用，接种途径最好是口服。

⑥ 加强对联合疫苗的研制。

疫苗设计是疫苗策略的基础，其目的在于通过对病原体及免疫系统的深入研究，以确定体液免疫或细胞免疫为主的方针，并辅之以细胞因子及合理有效的疫苗输送系统，从而实现最佳、最理想的疫苗设计。对那些结构复杂的病原体，候选疫苗的选择是疫苗设计中最为关键的步骤。疫苗设计通常应考虑以下几个方面。

（1）抗原表位进行识别分析和预测

筛选免疫效应靶分子获得抗原片段已成为当代疫苗设计的关键技术，目前已有多种技术和方法对抗原表位进行识别分析和预测，主要如下。

① 表位图谱的筛选 使用精确特异性图谱定位方式等多项技术进行分析和预测。

② B 淋巴细胞表位的选择 使用聚苯乙烯棒（pin）技术和组合技术进行分析。

③ 模拟表位 以抗体识别靶标的方式进行目标靶位的组装。

④ T 淋巴细胞表位的选择 采用重叠肽法，计算机预测等技术。

（2）抗原的选择与设计

选择与设计疫苗必须对所研制疫苗的病原体的生物学结构、基因组成、生物性状、抗原特征及其与遗传性状的关系有全面的认识。最好能将病原体在合适的动物体内复制出与人体相似的疾病过程。

抗原成分的选择是新型疫苗设计的关键，例如，对于病毒性疫苗而言，蛋白质抗原无疑是抗原选择的首选；而对细菌性疫苗而言，多数疫苗则可能会选择特异的多糖抗原，并辅助以载体蛋白。针对这个差异，病毒性疫苗适合使用基因工程技术来设计重组疫苗，而细菌性疫苗则是使用生物化学技术设计组分疫苗更为合适。

筛选免疫效应靶分子获得抗原片段已成为当代疫苗设计的关键技术，与之相关的抗原定位已成为设计疫苗所考虑的基本问题。对诱导体液免疫反应为主的免疫应答来说，需要从技术上深入考虑病原体抗原成分中B淋巴细胞的抗原位点。多数B淋巴细胞表位是通过抗体和表位的空间构象进行识别的。目前认为所有的B淋巴细胞表位都是8个（或更短）氨基酸的长度并具有特定的构象，故在疫苗设计时，侧重选择B淋巴细胞抗原位点序列。对以诱导细胞免疫反应为主的免疫应答，应更多地考虑抗原成分中的T淋巴细胞抗原位点，即主要诱导免疫系统中的T淋巴细胞反应。T淋巴细胞表位在MHC中均被限制为一种伸展的构象，其表位预测也依据一级结构。随着已知等位基因特异性表位基序库的不断建立和生物信息学的发展，MHC限制并提呈的抗原蛋白区域将被更为精确地认识。目前的免疫学技术已能有效地分析病原体抗原结构中的B淋巴细胞位点和T淋巴细胞位点，为相关疫苗设计提供有力支持。

（3）疫苗所诱导免疫反应的主要类型

任何一种抗原都可以诱导机体免疫系统产生体液免疫及细胞免疫，对疫苗来说更是如此。当机体抵御某些病原体时，免疫反应各有侧重，在疫苗设计时应该清楚这一点。由于机体免疫系统有通过减弱一方面增强另一方面来进行自身调节的倾向，机体的自然免疫应答过程是经过进化选择而保留着对个体有利的优点。所以，细胞免疫和体液免疫同时达到最强可能会引起免疫系统失控，导致自身免疫病。随着基因工程疫苗、佐剂、细胞因子和DNA疫苗的应用，无疑可使两种免疫都达到较强水平，但两者都强未必意味着最佳的疫苗策略。

知识拓展 5–2
基因工程疫苗

（4）黏膜免疫系统与黏膜免疫反应

多数病原体是从黏膜感染开始的，人类通过口腔给药获得防病能力也有较长的历史。对那些结构复杂的病原体尤其应重视黏膜及系统反应，必须具有能够反映该疫苗所诱导保护性免疫应答的特定指标、尤其要在动物实验中明确地反映这些指标。要获得具有抗原性的病原体的各种结构及非结构组分，也要有足够的技术手段纯化或表达这些组分，并对这些组分在动物体内诱导的免疫应答有特定的观察指标，确认其对机体的黏膜免疫系统产生黏膜免疫反应。因此，在进行黏膜疫苗设计时应该就其中的多种要素进行考虑：①防止抗原被蛋白酶所消化。②应设计有效的输送系统把抗原输送到黏膜免疫系统的激发位点。③促进胃肠道和呼吸道黏膜中的微皱褶细胞或普通上皮细胞摄取抗原。④刺激天然免疫系统以激发适应性免疫应答，并诱导免疫记忆。⑤使用黏膜免疫调节因子。⑥选择最佳的免疫程序在预期的黏膜位置诱导保护性反应以及系统免疫反应。

（5）疫苗的免疫途径和输送系统

疫苗的免疫途径和输送系统也是疫苗设计必须考虑的基本因素，因为它们决定了所诱导免疫反应的最佳途径、有效时间以及不同的免疫形式。如对脊髓灰质炎疫苗来说，它经肠道进入机体后，可以诱导肠道的黏膜免疫反应，对野生型病毒的感染具有最直接的防御作用。有效的输送系统可以充分发挥疫苗的效果。

一个候选疫苗从开始设计到投入使用需要经过长时间的检测和验证。随着生物合成、重组疫苗及DNA疫苗的发展，疫苗由开发到使用的周期已大大地缩短，这一切都得益于疫苗研究开发中的合理设计。可以认为，疫苗设计策略应该开始于疾病，或者说是传染病的发生，因此与疾病相关的病原体的研究，包括病原体的生理、生物化学特性及致病机制，尤其是病原体致病过程的生物学特性，对研究疫苗具有决定性的意义。候选疫苗的设计需要经过抗原选择、动物实验、人工及计算机辅助候选疫苗组分结构预测，以获得最佳的免疫原性。

5.2.2.3 疫苗的组成

疫苗的基本成分包括抗原、佐剂、防腐剂、稳定剂或保护剂、灭活剂、抗生素及其他活性成分。疫苗抗原成分的免疫功能、免疫原性应该长期保持并有很好的稳定性，疫苗及其配伍剂在使用后不良反应越少越好。

（1）抗原

抗原是疫苗最主要的有效活性组分，是决定疫苗的特异免疫原性物质。抗原应能有效地激发机体的免疫反应，包括体液免疫或 / 和细胞免疫，产生保护性抗体或致敏淋巴细胞，最后产生抗特异性抗原的保护性免疫。免疫原性较强的抗原有各类蛋白质、多糖等，类脂则较差；有些免疫原性较弱的抗原可以通过与佐剂合用来增强免疫应答。

（2）佐剂

佐剂能增强抗原的特异性免疫应答、增强抗体应答、增强疫苗的黏膜传递、增进免疫接触和增强抗原的免疫原性等。理想的佐剂除了应有确切的增强抗原免疫应答作用外，应该是无毒、安全的，且必须在非冷藏条件下保持稳定。目前疫苗中最常用的佐剂为铝佐剂和油制佐剂，新型佐剂包括细菌毒素、CpG 序列、脂质体以及细胞因子等。

（3）防腐剂

防腐剂用于防止外来微生物的污染。液体疫苗为避免在保存期间微量污染的细菌繁殖，一般均加入适宜的防腐剂。大多数的灭活疫苗都使用防腐剂，如硫柳汞、2- 苯氧乙醇等。

（4）稳定剂或保护剂

为保证作为抗原的病毒或其他微生物存活并保持免疫原性，疫苗中常加入适宜的稳定剂或保护剂，如冻干疫苗中常用的乳糖、明胶、山梨醇等。

（5）灭活剂

灭活病毒或细菌抗原的方法主要有物理方法（如加热、紫外线照射等）和化学方法。常用的化学灭活试剂有丙酮、酚、甲醛等，这些物质对人体有一定毒害作用，因此在灭活抗原后必须及时从疫苗中除去，并经严格检测，以保证疫苗的安全性。

（6）抗生素

病毒类疫苗中允许使用抗生素。生产过程中，应尽量避免使用抗生素；必须使用时，应选择安全性风险相对较低的抗生素，使用抗生素的种类不得超过一种，且应保证后续工艺中可有效去除，去除工艺也需验证。病毒疫苗生产中应仅限于在细胞制备过程中使用抗生素。

（7）其他活性成分

通常是来源于细菌成分、病毒培养细胞成分或者重组载体成分。病毒性疫苗：鸡胚（流感和黄热病疫苗）或鸡胚成纤维细胞（麻疹或腮腺炎疫苗）培养，成品中可能有鸡蛋白残留；细菌类疫苗：全菌体疫苗含大量的细菌成分（以前的全细胞百日咳疫苗）、革兰氏阴性细菌的内毒素；重组酵母疫苗：可能有酵母蛋白质残留、DNA 残留等。

5.2.3 传统疫苗及其制造技术

5.2.3.1 传统疫苗的主要类型

传统疫苗主要包括减毒活疫苗（attenuated live vaccine）、灭活疫苗（inactivated vaccine）和亚单位疫苗（subunit vaccine）。

减毒活疫苗是指用弱毒、但免疫原性强的病原体及代谢产物，经培养繁殖或接种于动物、鸡胚、组织或细胞，生长繁殖后制成的疫苗（表 5-1）。接种减毒疫苗之后，减毒的病原体在机体有一定程度的生长繁殖能力，类似隐性感染而产生细胞、体液和局部免疫。减毒活疫苗接种次数少，受种者接种反应较轻，获得的免疫持久，如天花疫苗、狂犬病疫苗、卡介苗、风疹疫苗等。在传统疫苗中（特别是病毒性疫苗），减毒疫苗是研制的主导方向。减毒活疫苗的保存稳定性较差，制成冻干疫苗后稳定性可有效提高。研发减毒活疫苗，其关键是选育减毒适宜、毒力低而免疫原性和稳定性均良好的菌、毒种。首先在细菌培养基或动物、鸡胚和细胞培养中适应传代，以获得较高量的细菌数或病毒量，细菌选择敏感培养基；病毒则是根据其对动物、鸡胚或细胞培养的敏感性选择培养基。减毒的方法包括体内、体外传代减毒，低温培养筛选，诱变减毒。

灭活疫苗是指用免疫原性强的病原体或其代谢产物，经培养繁殖或接种于动物、鸡胚、组织、细胞生长繁殖后，采取物理的、化学的方法使病原体失去致病能力，但仍保留其免疫原性，或应用提纯抗原和人工合成有效抗原的方法而制成的疫苗（表 5–1）。通常用于皮下接种，它进入人体后可直接引起免疫应答，但不能生长繁殖，故又称死疫苗。灭活疫苗相对比较安全、稳定，但常需多次注射，才能产生比较牢固的免疫力，如伤寒疫苗、霍乱疫苗、鼠疫疫苗、百日咳疫苗、流感疫苗、甲肝疫苗、森林脑炎疫苗，利用病毒某些成分制成的单位疫苗等。灭活疫苗又分为细菌类灭活疫苗和病毒类灭活疫苗。随着纯化技术在疫苗制备过程中的应用，灭活疫苗也随之改进为纯化的灭活疫苗，此种疫苗无毒、安全、疫苗性能稳定，易于保存和运输，是疫苗发展的重要方向。

表 5–1　减毒活疫苗和灭活疫苗的主要区别

区别要点	减毒活疫苗	灭活疫苗
制剂要点	活病原体的无毒或减毒株	死的病原体
接种途径	模拟天然感染途径、注射	注射
接种量及次数	量较小，1 次	量较大，多次
免疫维持时间	3 ~ 5 年，甚至更长	半年到一年
抗体应答	IgG、IgA	IgG
细胞免疫	良好	差
毒力恢复	可能（但少见）	无
保持条件	4℃条件下数周后失效，冷冻干燥可保存较长时间	易保存，4℃条件有效期一年

亚单位疫苗是指利用病原体的某种表面结构成分（抗原）制成不含有核酸、能诱发机体产生抗体的疫苗。亚单位疫苗是将病原体主要的保护性免疫原存在的组分制成的疫苗，在大分子抗原携带的多种特异性的抗原决定簇中，只有少量抗原部位对保护性免疫应答起作用。通过化学分解或可控的蛋白质水解方法，提取细菌、病毒的特殊蛋白质，筛选出的具有免疫活性的片段制成的疫苗。亚单位疫苗仅有几种主要表面蛋白质，避免产生许多无关抗原诱发的抗体，从而减少疫苗的副反应和疫苗引起的相关疾病。亚单位疫苗的不足之处是免疫原性较低，需与佐剂合用才能产生好的免疫效果。

5.2.3.2　传统疫苗的制造技术

（1）减毒活疫苗的制造技术

减毒活疫苗是活体病原体，经过一定的方法减毒后作为疫苗使用，减毒活痘苗的制造技术主要有以下几种：

① 将能够感染某种哺乳动物的天然病原体作为人用疫苗使用。如人类使用的牛痘及副流感病毒。在此种方法中，哺乳动物疾病病原体必须能起到预防人类某种疾病的作用，因此免疫的对应性相当关键。如种牛痘来预防天花时，牛痘的症状有很多种，而能起到预防天花的仅是其中的一种。

② 将野生型病毒在组织培养物或动物宿主中经过连续系列传代，直至其变异成为在人体内丧失其感染性毒力，但仍保持其免疫原性的可接受表型，其代表疫苗为脊髓灰质炎疫苗、麻疹疫苗。

③ 从天然减毒株中筛选疫苗株。脊髓灰质炎病毒疫苗Ⅱ型株即是一种非常成功的天然减毒株。

④ 温度敏感株疫苗，如流感病毒株疫苗。筛选能在低温条件下生长，但在37℃条件下难以生长的突变体，使其在人体中不能大量繁殖，从而失去或减少对人体有害的毒性作用。

⑤ 营养缺陷型变异疫苗，如痢疾杆菌依链株活疫苗、伤寒杆菌依链株活疫苗等。

⑥ 人工杂交株疫苗，如痢疾杆菌与大肠杆菌杂交的痢疾杆菌活疫苗等。

（2）灭活疫苗的制造技术

知识拓展 5-3
类毒素

灭活疫苗又分为组织灭活苗和培养物灭活苗。此种疫苗无毒、安全、疫苗性能稳定、易于保存和运输。另外，类毒素也属于灭活疫苗或死疫苗的范畴。

病原体之所以能使人致病，是因为它们能产生致病物质，造成宿主感染。病原体的致病物质可分为毒素和侵袭力两大类。毒素对宿主有毒，能直接破坏机体的结构和功能。病原体的毒素分为外毒素和内毒素两种，能分泌到细胞外、毒性和免疫原性强的称为外毒素。侵袭力本身无毒性，但能突破宿主机体的生理防御屏障，并可在机体内存留下来。

类毒素可与死疫苗混合制成联合疫苗。如百白破联合疫苗，就是由百日咳死菌苗、白喉类毒素、破伤风类毒素混合制成的，主要用于儿童，注射后可同时预防儿童易发的百日咳、白喉、破伤风三种疾病。

5.2.3.3 传统疫苗的优缺点及发展前景

传统疫苗在一些经典传染病的预防上仍起到重要的作用，其在安全性方面的优势比较突出。在对病原体的结构、致病机理没有特别明确的认识的疾病中，传统疫苗仍具其价值。传统疫苗的局限性主要有：①某些病原体不能在培养基上生长；②动物和人类的病毒需要在动物细胞中培养，这使得疫苗生产的成本很高；③疫苗中的致病物质在疫苗生产过程中有可能没有完全杀死或充分减毒，这会导致疫苗中含有强毒性致病物质，进而使得疾病在更大的范围内传播，需要对实验室工作人员采取保护措施；④减毒菌株有可能会发生突变；⑤灭活或减毒不完全；⑥疫苗有效期短；⑦有些疾病用传统的疫苗防治收效甚微。

现在我国使用的疫苗仍以传统疫苗为主，但部分已经不是原始的传统疫苗，而经过了各种改造。随着新技术的发展，新疫苗的不断上市，新疫苗的数量和质量都在不断提高。

5.2.4 新型疫苗及其制造技术

20世纪80年代以来，随着生物学技术的高速发展，特别是DNA重组技术的出现，使疫苗研究的水平不断提高，为研制新一代的疫苗提供了崭新的方法。新型疫苗主要包括基因工程疫苗和核酸疫苗。表5-2所示的是我国20世纪50年代以来研制的各种类型疫苗。可以看出，20世纪80—90年代，我国开始出现许多亚单位疫苗和基因工程疫苗。

5.2.4.1 新型疫苗的主要类型

（1）基因工程疫苗

基因工程疫苗是用基因工程方法或分子克隆技术分离病原体的保护性抗原基因，将其转入原核或真核系统表达该病原体的保护性抗原，制成疫苗，或者将病原体的毒力相关基因删除，使之成为不带毒力相关基因的基因缺失疫苗。主要有以下几种类型：①多肽或基因工程亚单位疫苗；②颗粒载体疫苗；③基因重配疫苗；④基因缺失疫苗；⑤重组病毒疫苗；⑥重组细菌疫苗。

表 5-2 我国 20 世纪 50 年代以来研制的各种类型疫苗

年代	减毒疫苗	灭活疫苗	亚单位疫苗	基因工程疫苗
20 世纪 50 年代	卡介苗 黄热病疫苗 鼠疫疫苗 布鲁氏菌病疫苗 炭疽疫苗	百白破联合疫苗 乙型脑炎疫苗（鼠脑） 斑疹伤寒疫苗 森林脑炎疫苗 钩端螺旋体疫苗		
20 世纪 60 年代	脊髓灰质炎疫苗 流感疫苗 麻疹疫苗 痘苗（细胞）	乙型脑炎疫苗（细胞）		
20 世纪 70 年代	腮腺炎疫苗（鸡胚）	狂犬病疫苗（细胞）	流脑多糖疫苗	
20 世纪 80—90 年代	甲型肝炎疫苗 乙型脑炎疫苗 腮腺炎疫苗（细胞） 风疹疫苗 轮状病毒疫苗	出血热疫苗 乙型脑炎疫苗（纯化） 狂犬病疫苗（纯化） 甲型肝炎疫苗 流感疫苗（纯化）	乙型肝炎疫苗（血源） 伤寒多糖疫苗 百日咳疫苗（无细胞）	乙型肝炎疫苗 痢疾疫苗 霍乱疫苗

（2）核酸疫苗

基因免疫是指将含有编码特定抗原蛋白质的基因序列克隆到合适的质粒载体上，制备成核酸表达载体，通过肌肉注射等方法将其导入机体内，通过宿主细胞的转录系统合成抗原蛋白质，从而激发机体免疫系统产生针对外源蛋白质的特异性免疫应答反应。基因免疫过程使用的核酸表达载体称为核酸疫苗，又称核酸疫苗。

5.2.4.2 新型疫苗的制造技术

（1）基因工程蛋白质疫苗的制造技术

此类疫苗是利用基因工程的方法将病原体的主要免疫原在异源宿主细胞内表达后制造而成的。值得一提的是，寄生虫学家 Odile Puijalon 于 20 世纪 70 年代在世界上率先进行了大肠杆菌表达外源基因的试验，从此揭开了以基因重组方法表达和制备蛋白质的序幕。世界上第一个基因重组蛋白质疫苗——乙肝表面抗原疫苗从 20 世纪 80 年代开始使用以来，在乙肝的免疫预防方面发挥着重要的作用。到目前为止，亚单位疫苗或基因工程蛋白质疫苗仍然是疫苗发展的主要方向，其主要原因在于：①大规模生产蛋白质的生物反应器（如大肠杆菌、蚕细胞和酵母细胞等）、生产工艺（包括蛋白质提纯技术）都很成熟；②安全性可靠，绝大多数蛋白质对机体不存在感染和其他致病作用，安全性明显高于减毒活疫苗和 DNA 重组质粒疫苗。

（2）重组病毒疫苗的制造技术

以病毒作为载体制备活载体疫苗是当前疫苗研究的另一主流发展趋势。这主要是因为：①病毒是生命进化过程中的最低等生物之一，高等生物体内具有识别病毒成分（蛋白质和核酸）的先天免疫机制。很多病毒的结构蛋白质成分就是很好的免疫增强佐剂，因而对病毒的免疫应答反应往往迅速有效。②病毒可主动将基因（包括 RNA）传递到细胞内，因而不存在 DNA 重组质粒疫苗所需面对的细胞膜屏障问题。外源基因在细胞内的表达量往往是 DNA 质粒的数万倍，人们可以用基因工程的方法对细菌和病毒进行改造，使之成为活载体疫苗（live recombinant vaccine）。常作为载体的病毒有痘苗病毒、禽痘病毒、腺病毒、伪狂犬病病毒、反转录病毒、慢病毒等。活载体疫苗可以是非致病性病原体通过基因工程的方法使之携带并表达某种特定病原物的抗原决定簇基因，产生免疫原性；也可以是致病性病原体通过基因工程的方法修饰或去掉毒性基因以后，仍然保持免疫原性。在这种疫苗中，抗原决定簇的构象与致病性病原体抗原的构象相同或者非常类似。活载体疫苗克服了常规疫苗的缺点，兼有死疫苗和活疫苗的优点，在免疫效力上具有优势。

重组病毒型疫苗主要有两种：重组 DNA 病毒型疫苗、重组 RNA 病毒型疫苗。

① 重组 DNA 病毒型疫苗　主要是将抗原基因克隆到经过遗传学修饰的痘苗病毒和腺病毒载体上而制备的重组 DNA 病毒型疫苗。

由于痘苗病毒在消灭天花病毒的免疫预防过程中发挥了高效和决定性的作用，人们随后利用痘苗病毒作为载体进行其他传染病的预防。在将一种痘苗病毒作为载体制备重组病毒之前，首先需要将病毒基因组内的毒力有关的基因剔除。在分子生物学方法诞生之前，人们主要是通过细胞反复传代的方法使病毒丢失一些基因，如今可以采用基因敲除的方法将一些基因敲除。

② 重组 RNA 病毒型疫苗　与重组 DNA 病毒型疫苗相比，尽管以 SFV 和 VSV 为代表的重组 RNA 疫苗的免疫保护效果非常可观（如抗 Ebola 和 Marbo 病毒疫苗等），但还停留在动物模型的试验阶段。SFV 疫苗载体是由从非洲乌干达分离到的塞姆利基森林病毒（Semliki forest virus，SFV）改造而成的。SFV 重组疫苗的制备方法是将抗原基因完全取代病毒的结构基因，再将病毒的两个结构基因分别克隆到另外两个表达载体上，将上述 3 个重组质粒同时转染真核细胞，3 个质粒在细胞内同时转录并表达。根据水疱性口炎病毒（vesicular stomatitis virus，VSV）构建的重组疫苗载体在很多传染病的免疫试验中都取得了较 SFV 系统更好的效果。VSV 重组疫苗的优点是重组病毒易于获得且滴度高，免疫后重组病毒在机体内可繁殖几个周期而不造成病理反应，但能激发机体产生很强的免疫应答反应。

（3）重组活细菌疫苗的制造技术

早在 1884 年人类就尝试了用弱毒伤寒菌免疫的可行性。起初的活菌疫苗如卡介苗（bacillus Calmette-Guérin vaccine，BCG vaccine）和弱毒伤寒疫苗都是利用弱毒活菌，免疫后产生对该病原体的特异性免疫反应。近年来，随着分子生物学技术的不断成熟，人们开始利用弱毒菌或无毒菌作为载体制造多价免疫或治疗性疫苗。可作为基因工程疫苗载体的细菌很多，但从疫苗的安全性和能诱导特异性免疫反应的角度出发，减毒沙门菌和卡介苗是最佳载体。目前用于研制活菌疫苗的细菌主要有两类：一类是弱毒菌，如牛型结核分枝杆菌（*Mycobacterium boris*）；另一类是可食用菌类，如乳酸乳球菌（*Lactococcus lactis*）。

（4）核酸疫苗的制造技术

核酸疫苗是将编码某种抗原蛋白的外源基因（DNA 或 RNA）直接导入动物体细胞内，并通过宿主细胞的表达系统合成抗原蛋白，诱导宿主产生对该抗原蛋白的免疫应答，以达到预防和治疗疾病的目的。

核酸疫苗由外源抗原基因和作为真核表达载体的质粒构成。表达载体依靠特有的病毒启动子启动外源基因在动物细胞内高水平表达。通常认为 DNA 疫苗进入动物体内之后，仅有少量被细胞所摄取，其中一小部分进入细胞核后，在载体上的启动子调控下，转录出抗原基因 mRNA，后者进入胞质而翻译出相应的抗原蛋白。抗原被提呈到免疫系统，引起免疫应答。免疫系统的响应程度与不同的免疫部位、细胞的表达程度和是否增加免疫调节基因有关。DNA 疫苗的构建是 DNA 疫苗研究的基础和重要环节，主要包括哺乳动物细胞真核表达载体的选择、外源抗原基因的选择与分析抗原基因与表达载体的连接与鉴定几方面。

用于构建 DNA 疫苗的载体质粒有多种，但多以 pUC 或 pBR322 为基本骨架。这些载体均具有增强子、启动子（CMV、RSV 或 SV40 启动子）、载体的选择标记（Amp、Kan）、翻译起始序列、转录终止序列和 poly（A）等元件。外源抗原基因是病原体保护性抗原的编码基因，能够诱发机体产生保护性免疫。用于构建 DNA 疫苗的外源抗原基因可以是单个基因、完整的一组基因、编码抗原决定簇的一段或数段核苷酸序列，它们可以来自同一病原体的不同基因，也可以来自不同的病原体，由此可以将两个或多个抗原基因构建在同一表达载体上，形成多价或多联 DNA 疫苗，达到一种疫苗预防多个基因型或多个病原体的目的。

核酸疫苗的制备主要包括以下步骤：首先对含有目的基因质粒的菌种进行多步扩增，获得大量带有目的基因质粒的菌体，然后通过较为简便和实用的方法获得质粒，主要有碱裂解法、溶菌酶法、煮沸裂解法、去污剂法等，质粒的特性以及后续的纯化方法等诸多因素要加以综合考虑。提取的质粒通过纯化和浓缩获得大量目的基因质粒，DNA 纯化的方法主要有聚乙二醇沉淀法、柱层析法、氯化铯－溴化乙锭梯度平衡超速离心法等。在进行动物试验和临床试验前还必须对质粒的含量、纯度、残余杂质进行测定，确认提取质粒正确无误后才能进行下一步工作。

5.2.4.3 新型疫苗的优越性与存在的问题

生物技术的发展为新型疫苗的研究开启了广阔的空间，利用基因工程可以删除作为抗原的细菌和病毒的致病基因或基因片段，获得减毒更彻底、遗传性能更稳定、不易发生毒力恢复、安全的疫苗。例如，去除毒力基因的腺病毒，可用作减毒活疫苗。这样获得的减毒细菌和病毒也可作为载体，将外源抗原基因插到细菌或病毒载体的基因组中，用于表达外源抗原。这种减毒的细菌和病毒载体就可以制成新型疫苗。

现在发现有许多病原体难以通过培养的方法制备成疫苗，如乙型肝炎病毒、丙型肝炎病毒、麻风分枝杆菌、疟原虫等；有的虽然能够培养，但是有潜在危险，如登革病毒、人免疫缺陷病毒等；还有的免疫效果差或副反应大，也不适合制备成传统疫苗。而利用基因工程将病原体的某个抗原基因或某几个抗原基因转入适当的宿主进行表达，获得的表达产物作为免疫原使用，就可以克服上述缺点，用这种方法制成的疫苗称为基因工程亚单位疫苗。例如乙型肝炎疫苗，就是将乙型肝炎病毒抗原基因转入酵母或动物细胞，通过细胞培养大量生产乙型肝炎抗原，该抗原作为基因工程疫苗用于乙型肝炎预防。

核酸疫苗是近年来备受人们关注的新型疫苗。将能够引起保护性免疫反应的病原体抗原的基因片段与载体构建后，导入人体进行表达，产生抗原，进而引起免疫反应。与其他疫苗相比的优点是：①制备的疫苗具有天然抗原形态，没有病原体在体内复制和复制后致病的问题，也不存在恢复突变和毒力返祖问题；②免疫应答全面，可引起细胞免疫和体液免疫，也能诱导细胞毒性 T 淋巴细胞，从而预防细胞内感染性疾病；③单次接种可诱导长期或终身免疫；④生产迅速简便，成本低；⑤制备的疫苗不需要冷藏，易于保存和运输；⑥可以将具有不同抗原性的疫苗联合接种，有利于制成联合疫苗；⑦核酸疫苗能够完善婴儿的抗体应答，促进细胞内抗原的清除，防止母体抗体介导的抑制。

但是，核酸疫苗也存在许多问题：①刺激机体免疫反应的能力比较弱；②目的基因往往表达水平不高；③在体内抗原蛋白的表达能够持续多久还不清楚；④导入人体的外源 DNA 有整合的危险，且整合的位点难以控制，有可能诱发基因突变，还可能引起免疫系统自身紊乱。因此，对核酸疫苗需要进行深入研究，对其安全性和长效性进行观察，全面权衡核酸疫苗的利弊。

5.3 疫苗制造工艺流程和质量控制

5.3.1 疫苗的研发与制造的总体流程

疫苗的研发是一个较为复杂的过程，通常一个疫苗的研发过程要经过临床前研究、临床研究和获准生产后研究等主要步骤，每个步骤都包含特定而具体的研究内容（表 5-3）。

表 5-3 疫苗的研发步骤

步骤		内容
临床前研究		确定致病因素 研究宿主对感染的免疫反应 确定候选疫苗
临床研究	Ⅰ期临床	疫苗一般安全性和抗原性研究
	Ⅱ期临床	疫苗扩大的安全性和抗原性研究，寻找合适的剂量和免疫程序
	Ⅲ期临床	检验疫苗的有效性
获准生产后研究	Ⅳ期临床	进一步确定疫苗安全性和有效性

疫苗的研制流程通常分为 4 个部分：疫苗的设计、疫苗的生产制备、疫苗效果的免疫学分析与疫苗效果的流行病学分析。疫苗的设计是源头，针对不同的传染病（特别是引起传染病发生的病原体类型特征）以及疫苗使用对象与目的的不同，疫苗的设计策略与设计技术有较大的差别，这也是造成同一种传染病可以有不同种类疫苗的重要原因。疫苗的生产制备是疫苗研发过程中最为重要也最为复杂的一环，而疫苗效果的免疫学分析和疫苗效果的流行病学分析，是评价一个疫苗是否安全有效的重要步骤。

5.3.2 疫苗的制造技术与工艺

疫苗的生产制造一般要经历一系列复杂的工艺流程。因疫苗种类不同，其制备方法也不相同，但总的来说，传统的疫苗制备过程包括大规模组织培养，发酵并收集培养物，疫苗的分离与纯化，半成品、成品检定等。基因工程技术使疫苗研制方法发生了革命性的变化，加速了新疫苗的开发速度，制备疫苗的方法更加多样化。图 5-2 为狂犬灭活全病毒疫苗制备流程及重组酿酒酵母乙型肝炎疫苗制备流程示意图。

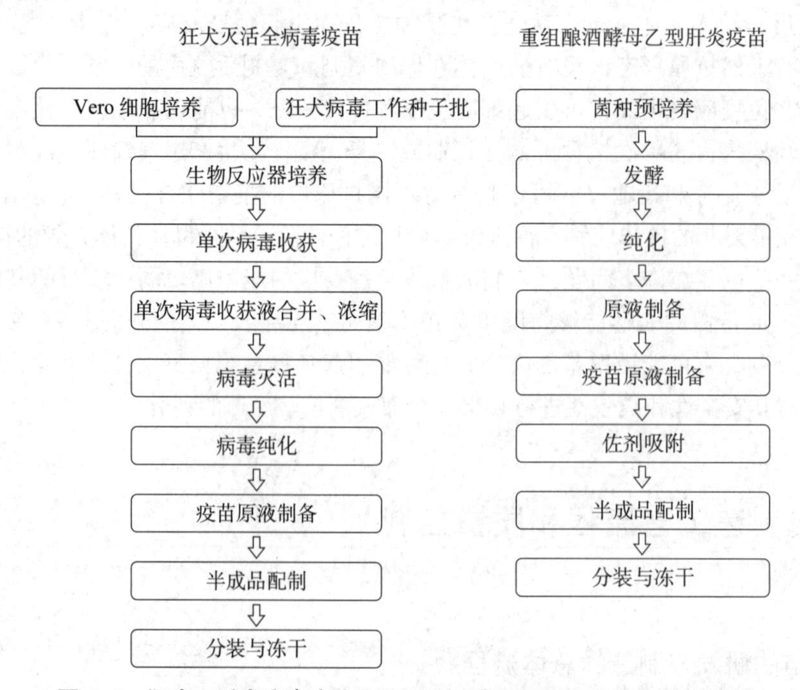

图 5-2 狂犬灭活全病毒疫苗及重组酿酒酵母乙型肝炎疫苗制备流程

5.3.2.1 悬浮培养技术生产疫苗

使用鸡胚生产疫苗是疫苗生产中的一种重要方法，但此种方法很容易受到鸡胚来源、较长的培养周期、烦琐的操作步骤以及很容易受污染等因素影响。就此，人们研究使用一些具有特征性并能无限增殖的细胞系来生产疫苗，如MDCK、VERO、Per.C6等，这些细胞系能稳定地产生较高的病毒滴度。20世纪80年代，欧美等发达国家就率先建立了基于大规模生物反应器系统和动物细胞大规模培养技术的病毒疫苗工业化生产工艺，口蹄疫、狂犬病、流感等人畜疫苗相继实现了高效工业化生产，即使是基因工程疫苗也大多采用昆虫细胞大规模培养技术进行工业化生产，以提高生产效率、确保产品质量和免疫疗效。然而，在工业生产中，许多细胞系受到了其贴壁性能的限制，而采用悬浮培养哺乳细胞生产疫苗可有效解决。与传统的转瓶培养疫苗技术相比，悬浮培养技术有如下优点：细胞密度高、空间利用率强、病毒的产毒量高、自动化程度较高；工艺条件稳定、可控，生产的批量大、均一性好；使用无血清或低血清、无动物成分培养，不良反应小。

疫苗生产过程中对生物反应器的一般要求有：生产成本低、易于控制、质量高、产量高、可靠性强、细胞密度高及活力强、易于回收、安全性好。选择生物反应器悬浮培养工艺需要考察几个因素：细胞和病毒的关系、产物的稳定性、培养基或添加物的选择以及培养规模等。

悬浮培养技术是未来疫苗生产的发展重点，需要研究开发适应不同细胞生长的个性化培养基、用于支持细胞高密度生长和病毒高效增殖的低血清和无血清/无蛋白培养技术、细胞培养过程及其生物反应器设计放大和强化优化操作技术、细胞生理状态与病毒感染复制的关系、动物细胞物质能量代谢和疫苗生产工艺过程优化技术等关键技术。发挥生物反应器装备、高效个性化培养基、细胞培养和病毒生产先进工艺技术三者的协同作用，将大幅提升疫苗产业的生产技术水平。

5.3.2.2 疫苗制品的纯化

在制备疫苗的过程中获得的含有目的产物的培养液，其组分往往非常复杂，含有大量的宿主细胞、细胞碎片、蛋白质、多糖、核酸、代谢毒素以及各种有机和无机物质，目的产物在其中所占比例较低，须经过进一步处理、纯化，才能得到质量达标的产物。

分离纯化方案的选择不仅会影响产品的质量，也会决定其产量和成本。在分离纯化过程中，pH、离子强度、温度等因素的不适合可能会造成产物的失活。应根据产物的不同性质及质量要求来选择合适的分离纯化方案，主要包括：产物的质量要求和特性，如分子大小、等电点、溶解性等；处理对象的组成及性质，如来源、组分、目的产物的浓度等；查看同类或类似条件的分离纯化方案；结合原理、效率、成本等因素设计分离纯化方案；分离纯化方案的可行性分析。

针对不同的疫苗制品，应选择不同的分离纯化方案。一般来说，都包含两个基本步骤——初级分离和纯化精制。在初级分离阶段，主要是对细胞和培养液进行分离，将细胞破碎释放目的产物，浓缩产物去除大部分杂质等，包括细胞破碎和离心等方法；在纯化精制阶段，则选用高分辨率的方法，使产物和干扰杂质尽可能分离，直到达到质量标准。

（1）细胞破碎

对于胞内表达产物，必须经过细胞破碎才能将内容物释放。在选择破碎方法时应考虑细胞数量、细胞壁强度、产物对破碎条件的敏感性，此外还要考虑细胞处理后的进一步纯化。

一般将细胞破碎分为机械法和非机械法。机械法中高压匀浆法和超声破碎法适用于大规模的生产，其他方法仍处于实验室研发阶段；非机械法则以酶裂解法为代表。

高压匀浆法（high-pressure homogenization method）的原理是让细胞经过特制的高压匀浆器，由高速造成的剪切、碰撞以及压力快速变化导致细胞破碎，其本质是撕裂细胞壁和细胞膜，靠胞内渗透压将内容物全部释放。

超声破碎法（ultrasonic disruption method）是利用频率在15～20 kHz的超声波对细胞进行破碎，

由气泡的形成、胀大和破碎产生的空化现象引起的剪切力和冲击波是破碎的主要动力来源。但超声波产生的化学自由基团能使某些敏感性高的活性物质变性失活，而且伴有噪声污染，同时大容量装置的声能传递、散热均有困难，均限制了其广泛应用。

酶裂解法是利用生物酶将细胞壁和细胞膜消化的方法。常用的酶有溶菌酶、葡聚糖酶、蛋白酶、糖苷酶、壳多糖酶、细胞壁溶解酶或几种酶的复合物。此外，通过控制温度、pH 等因素导致的自溶也是一种特殊的酶裂解方式。

（2）离心沉降技术

离心沉降是利用固体和液体之间的密度差将两者分离的一种技术。沉降的难易程度取决于以下几个因素：密度差越大，离心沉降速度越快；存在密度差的情况下，相对分子质量越大沉降速度越快，但体积也会影响沉降速度；液体黏稠度越低，离心沉降速度越快。

沉降速度法主要用于分离沉降系数不同的物质，一般沉降系数相差一个数量级以上。这种方法采用差速离心，逐步分级增大离心力。开始在一个较低的速度下离心，使可溶物和不溶物分开，取上清液后加大离心机的离心速度，使某些沉降系数大的物质沉淀，再取上清液重复上述步骤。通过不断加大离心速度，最终获得比较澄清的溶液。当两种物质的沉降系数差别不到一个数量级时，用沉降速度法很难将两种物质分开，这时借助于沉降平衡法可以很好地实现分离效果。

凝胶过滤（gel filtration）又称分子筛层析、体积排阻层析，是利用网状或锥形微孔结构的凝胶根据分子大小进行分离的一种方法。将凝胶颗粒溶胀后装入足够高度的柱中，大小不一的分子在凝胶柱中流过时，较大的分子由于不能进入凝胶颗粒内部而被排阻在外，沿颗粒间的空隙与洗脱液一起先流出凝胶柱，而直径小于凝胶颗粒的小分子物质则可通过扩散进入颗粒内部，比大分子要经过更多的路程，其流动速度减慢，因而物质就按其分子大小依次从柱内流出，从而达到分离的目的。

常用的凝胶过滤介质按其性质可分为两大类：天然多糖类和合成大分子，代表性的如葡聚糖凝胶、琼脂糖凝胶和聚丙烯酰胺凝胶。①葡聚糖凝胶（Sephadex）是由葡聚糖和交联剂环氧氯丙烷交联而成的不溶于水、化学性质稳定的多空网状球形颗粒，对碱和弱酸敏感。②琼脂糖凝胶由纯化的琼脂糖制备，其中含有极少的带电基团，利用琼脂糖热溶液常温冷却后可凝胶化的特点可方便地制成珠状物。通过调节琼脂糖的浓度来得到不同孔径的珠状凝胶，其分离范围宽但力学稳定性差，不能冻结也不耐高压，只能化学法灭菌。适用于分离相对分子质量差异大、对分辨率要求不是太高的物质。③聚丙烯酰胺凝胶是由丙烯酰胺和交联剂 *N*, *N*′- 亚甲基双丙烯酰胺聚合而成的亲水性凝胶，含有少量的游离电荷，具有非特异吸附性小、结构稳定、不受微生物侵蚀等特点。通过改变交联剂的用量，可控制其孔径大小而得到不同排阻极限。

5.3.3 疫苗的质量控制

保证疫苗安全性、有效性和一致性是其应用的基本原则和基本要求。由于疫苗制品的原材料具有生物活性，例如，许多疫苗的生产涉及细胞或微生物培养，这些系统具有较大的可变性；从分子生物学角度看，疫苗是非常复杂的产品，而且人们至今也没有完全掌握其生理生化特征、免疫原性和保护效力之间的关系；另外，某些疫苗是由活组织制备的，生产过程以及产品鉴定的试验方法具有特殊的生物学特性。因为疫苗的这些特殊性，所以为保证疫苗的质量需要有效控制其生产过程。

目前世界各国的疫苗生产和研制均普遍实施 GMP 管理，以保证其产品质量。药品生产管理规范（good manufacturing practice，GMP）是指在药品生产全过程中，用科学、合理、规范化的条件和方法保证生产出优良药品的一套科学管理方法，既是药品生产和质量管理的基本准则，也是药品生产企业必须强制达到的最低标准。

5.3.3.1 原材料的质量控制

疫苗制品生产用原材料必须向合法且有质量保证的供应方采购。采购前应对供应商进行评估，并与之签订固定的供需合同，以确保其物料的质量和稳定性。

（1）生产用水

水是生产使用的基本原料，自来水需净化处理，其质量应符合饮用水标准；去离子水应定期处理树脂，并检测电导率；蒸馏水应采用多效蒸馏水器设备，应符合无热原、无菌要求，超过一周不能用。

（2）器材、溶液等原材料供应

器材供应包括玻璃器皿、橡胶用具等，在使用前应严格清洗、灭菌。溶液一般为二级或者三级纯试剂，变质潮解者不能使用。

（3）动物源的原材料

使用时要详细记录，内容至少包括动物来源、动物繁殖和饲养条件、动物的健康状况等。

（4）菌种和毒种

用于疫苗生产的菌种或毒种来源及历史应清楚，由中国药品生物制品检定所分发或由国家卫健委指定的其他单位保管或分发。应建立生产用菌、毒种的原始种子批、主代种子批和工作种子批系统。种子批系统应有菌种或毒种原始来源、菌种或毒种特征鉴定、传代谱系、菌种或毒种是否为单一纯化微生物、生产和培育特征、最适保存条件等完整资料。

（5）细胞

生产用细胞应建立原始细胞库、主代细胞库和工作代细胞库系统。细胞库系统应有细胞原始来源、群体倍增数、传代谱系、细胞是否为单一纯化细胞系、制备方法、最适保存条件等完整资料。

5.3.3.2 生产过程质量控制

生物制品的质量是由从原材料投产到成品出厂整个生产过程中的一系列因素所决定的，所以生物制品的质量是生产出来的，检定只是客观地反映并监督制品的质量水平。因此，在疫苗的生产制备过程中，只有实行 GMP，对生产过程中每一步骤做到最大可能的控制，才能更为有效地使终产品符合所有质量要求和设计规范。在生产过程中必须严格按照《中国生物制品规程》和 GMP 相关要求，遵从标准操作程序进行操作。其中，生产对人员的素质、卫生及无菌的要求尤为重要。

生产人员必须具备与本职工作相适应的文化程度和专业知识，经过培训能胜任本岗位的管理、生产和研究工作，并注意对其进行不断培训和考核以提高其业务能力；对患有特定传染病的人员，不得从事生产工作。对卫生及无菌管理都应按要求严格执行，包括对环境、工艺、个人卫生等各区域应达到规定的洁净度，洁净室内不得存放不必要的物品，特别是未经灭菌的器材和材料；由于污染的主要来源是生产人员，因此在洁净室里的生产人员应控制在最少数量，并严格遵守标准操作程序进行操作；生产用的器具和材料，灭菌、除菌前和灭菌、除菌后应有明显标志，保证一切接触制品的器具材料都需要严格灭菌。

在生产过程中，无论是有限代次的生产还是连续培养，对材料和方法都应有详细的资料记载，并提供最适培养条件的详细资料；在培养过程及收获时，应有灵敏的检测措施控制微生物污染；应提供培养生产浓度和产量恒定性方面的数据，并应确定废弃培养物的指标。对于基因工程疫苗，还应检测宿主细胞或载体系统的遗传稳定性，必要时做基因表达产物的核苷酸序列分析。

在疫苗的纯化过程中，其方法设计应尽可能去除杂质并避免带入有害物质；纯化工艺的每一步均应测定纯度，计算提纯倍数、收获率等；纯化工艺中应尽量不加入对人体有害物质，若不得不使用时，应设法除净，并在终产品中检测残留量；关于纯度的要求可视产品来源、用途、用法而确定。

5.3.3.3 疫苗产品的质量控制

疫苗制品在出厂前必须按照《中国生物制品规程》的要求对其进行严格的质量检定，以保证制品安全有效。规程中对每个制品的检定项目、检定方法和质量指标都有明确的规定，一般可分为理化检定、安全性检定和效力检定3方面。

（1）理化检定

主要是为了检测疫苗中某些有效成分和无效有害成分，包括物理性状检查、蛋白质含量测定、防腐剂含量测定、纯度检查及其他测定。

物理性状检查主要是指对疫苗外观以及冻干疫苗的真空度和溶解时间等方面的检测。疫苗的外观往往会涉及其安全和效力，因此必须进行认真的检查，可通过特定的人工光源检测澄明度。对外观类型不同的制品有不同的要求，透明液制品应为本色或无色澄明液体，不得含有异物、凝块或沉淀物；混悬液制品为乳白色悬液，不得有摇不散的凝块或异物；冻干制品应为白色、淡黄色疏松体，呈海绵状或结晶状，无明显冻融现象。对装量的要求也应严格。此外，对冻干疫苗还应进行真空度和溶解时间的检测，对冻干疫苗进行真空封口，可进一步保持其生物活性和稳定性，而其溶解速度也应在一定时间内。

防腐剂含量测定。在疫苗的制备过程中，为了纯化、灭活和防止杂质污染而加入防腐剂，如苯酚、氯仿、甲醛等。《中国生物制品规程》对这些物质的含量也有一定的限制，如苯酚含量要求在0.25%以下，残余氯仿含量不得超过0.5%，游离甲醛含量一般不得超过0.02%。

对于基因工程疫苗，需进行蛋白质含量的测定，以检查其有效成分，计算出其纯度。常用的方法有微量凯氏定氮法、Lowry法（Folin-酚试剂法）和紫外吸收法等。

纯度检查指基因工程疫苗在经过精制纯化后，要检测其纯度是否达到规程要求。常用的方法有电泳和层析，一般要求真核细胞表达的产品纯度达98%以上，原核细胞表达的产品纯度达95%以上。

其他还有水分含量测定和氢氧化铝含量测定。冻干制品中残余水分含量的高低，直接影响制品的质量和稳定性，要求水分越低越好，有利于长期保存。如果活疫苗中残余水分过高，则易造成活菌活病毒的死亡而失效。常用的方法有Fischer水分测定法、烘干失重法等。

（2）安全性检定

疫苗制品的安全性检定主要包括3方面的内容：①菌种、毒种和主要原材料的检查；②半成品检查，主要检查对活菌活病毒的处理是否完善，半成品是否有杂菌或有害物质的污染，所加灭活剂、防腐剂是否过量等；③成品检查，必须逐批按规程要求，进行无菌试验、纯毒试验、毒性试验、热原试验及安全试验等检查，以确保制品的安全性。

（3）效力检定

疫苗的效力检定一般采用生物学方法，以生物体对待检品的生物活性反应为基础，以生物统计为工具，运用特定的试验设计，通过比较待检品与标准品在一定条件下所产生的特定产物、反应剂量间的差异来测得待检品的效价。理想的效力试验应具备以下条件：试验方法与人体使用大体相似；所用试验动物标准化；试验方法简单易行，重复性好；结果明确，能与流行病学调查结果基本一致。一般所采用的效力试验有动物保护力试验（或称免疫力试验）、活疫苗的效力测定、血清学试验等。

5.4 疫苗的评价及注册管理

科技视野 5-1
生物制品相关的管理规范

疫苗的使用是为了保护绝大多数公众的健康，降低发病率和死亡率。但是，从长达300多年的疫苗使用历史来看，没有一种绝对安全的疫苗，即使是被公认为最安全的疫苗也可能发生常见的、罕见的或极为罕见的不良反应，因此要合理开发研制或是生产应用各种疫苗，除了要严格控制疫苗的质量，对疫苗进行科学、客观的评价是合理的有效的使用疫苗前提。

众所周知，对疫苗的注册评价标准是安全有效，安全第一位，有效第二位，只有兼具安全性和有效性的疫苗才有可能获得上市许可。国际上对疫苗注册时安全性和有效性的技术评价通常包括3方面，即药理毒理方面、临床方面和药学方面。这3方面的评价既相对独立，又相互关联、互相制约。药理毒理方面的评价是根据疫苗在动物体内的安全性和有效性数据，提示临床试验的剂量和免疫程序；临床方面的评价是根据疫苗在人体内的安全性和有效性数据，确定该疫苗的免疫剂量和免疫程序；药学方面的评价最重要，确保上市疫苗的质量。

临床方面、药理毒理方面仅仅是对1批（最多3批）疫苗的安全性和有效性进行评价。而药学方面是控制每一批疫苗的质量和均一性，保证每一批疫苗都能够安全有效，保证上市以后的疫苗质量不低于临床实验疫苗的质量和均一性。

5.4.1 疫苗的评价

5.4.1.1 安全性评价

安全性评价需关注疫苗与治疗药品不同的特殊性。评估疫苗安全性所选择的方法和观察指标取决于很多因素，例如疫苗的类型和其激发免疫应答的特殊机制。由于疫苗会因为免疫系统诱导而产生过敏反应，因此建议疫苗临床试验中的所有安全性指标和分析方法应该在临床试验方案中进行明确。

临床实验中需根据不同疫苗的特点选择合理的安全性观察指标，建议参照临床前安全性研究结果，将可能需要的所有观察指标项目全部列出。临床试验方案中应包括描述不良事件严重程度的合理分级量表，利于确定和区别一般和严重的不良反应。具体详见《预防用疫苗临床试验的不良反应分级标准指导原则》，某些疫苗的临床试验方案中针对不良反应的分级标准，可以作为特定标准使用。

（1）安全性评价一般考虑

安全性评价的目的是了解新疫苗一般的和严重的不良反应，以及发生的不良反应是否可以接受。安全性检测应从入选开始，安全性评价的对象应包括所有至少接种过一个剂量疫苗的受试者。研究者应收集参加临床试验的所有受试者的安全数据，在注册批准前临床试验中能证明试验疫苗的安全性，并在各年龄组中确定局部的和全身的不良事件。

在整个试验期间应密切监测和收集全部受试者的严重不良事件。方案中应包括接种后至少6个月的临床随访结果，以发现其他的严重不良事件和在此期间延迟发生的不良反应。作为注册申请的一部分，新疫苗还应包括上市后不良反应的监测的风险管理计划。由于疫苗上市后具有大规模健康人群使用的特点，还应注意检测罕见的严重不良事件。

在Ⅰ期临床试验中，应遵循先低剂量，后中、高剂量的原则；接种对象须按照先成人后儿童，最后婴儿的顺序分步进行。在此期研究中应观察不同剂量的接种反应，只有在一个剂量组或人群中没有严重不良反应时，方可进行下一剂量组或人群的试验。根据Ⅰ期临床试验结果确定该疫苗的安全性范围，为Ⅱ期临床实验的免疫接种剂量和程序提供依据。

通过Ⅰ期、Ⅱ期临床试验对疫苗安全性进行初步的评价后，在取得可以接受的安全性信息的情况下，对可能经常发生的不良反应应进行全面的研究，了解试验疫苗的特性，这些信息需通过临床流行病学、生物统计、实验室检查等方法在大规模的Ⅲ期临床试验中获得。

在Ⅰ期、Ⅱ期临床试验的安全性数据的基础上，Ⅲ期临床试验中可以近严密监测部分受试者（如每组几百人），以确定受试人群中常见的和非严重的局部和全身反应。对其他Ⅲ期试验中的受试者，应监测是否有重度或未预期的严重反应，如住院、死亡等不良事件。

严重的、罕见的不良事件需要大样本临床研究才能发现，有时可能需要通过上市后进行进一步评价。而作为主要适用人群为健康的个体或婴幼儿的疫苗而言，对其安全性的要求较其他药物更为严格和慎重，在必要时可进行以安全性作为评价终点的临床研究，样本量则须符合统计学要求。对于采用新的生产工艺或佐剂的疫苗，需要在早期的临床试验中设定接种前和接种后实验室安全性监测指标，包括血液和生化指标的评价。

（2）评价的时间和方式

新疫苗在临床试验的整体过程中必须自始至终对受试对象进行局部和全身不良事件及不良反应全面监测。评价时间及方式可以参考国内外的信息。对于较少或基本没有可参考的信息，并对其安全性认识不足的新疫苗，其安全性评价通常要求观察时间点更密集、观察时间更长。

5.4.1.2 有效性评价

疫苗研发的目的是降低感染性疾病的发生率，最终消灭疾病。因此，必须评价疫苗对相应疾病保护的有效性。通常会进行相关有效性试验来评价疫苗是否能达到预防疾病的发生或减少目标人群中该疾病的发生率。因此，需要在进行临床试验前充分调研和分析疫苗拟用人群的发病信息及相关的疾病监控资料，包括发病率、感染与发病的比例、疾病的临床表现、诊断标准、发病人群的人口学和社会学特征及与季节和地域的关系等因素。同时，要结合临床前的安全性和有效性评价的试验数据，制定临床试验研究计划，通过一系列的临床试验获得充分、可靠的数据来确定疫苗的接种途径、剂量、免疫程序及适应证目标人群。

疫苗的有效性（或疫苗保护效力）是指在人群中经过接种疫苗后，相对于未接种疫苗的人群所减少疾病发病的程度（如发病率下降的百分率，也可是重症率、死亡率、感染率等），此为直接保护作用，通过临床终点来进行评价；通常采用安慰剂（或阴性对照疫苗）为对照的优效性试验设计。临床终点基于疫苗的特点和临床研究目的，可以选择预防感染、保护发病与保护重症疾病或死亡，但须阐明确定主要临床终点的依据；同时应尽可能提供相关临床终点（次要终点）的支持性验证研究结果。

5.4.1.3 疫苗上市后的评价

疫苗在上市前，通过Ⅰ、Ⅱ、Ⅲ期临床试验评估其安全性和有效性，尤其是Ⅲ期临床试验最终为药物注册申请的审查提供充分的依据。但由于Ⅲ期临床试验样本量较少，罕见的严重预防接种异常反应不易发现。加之上市前临床试验中存在观察时间短、观察对象少并且一般用免疫学指标替代疫苗可预防传染病的效果，因此对疫苗的流行病学保护效力、免疫持久性及卫生经济学等方面都难以做出确切的评价。另外，上市前临床试验用的疫苗是小批量生产的，上市后大规模生产应用的疫苗，其安全性和有效性也需通过评价得到验证。基于疫苗上市前临床试验的局限性，开展疫苗上市后综合系统的评价，对于完善和调整疫苗的免疫策略是非常重要的。

疫苗上市后，对其有效性、安全性和质量的监测称为Ⅳ期临床试验。Ⅳ期临床试验的目的是监测疫苗在大量目标人群常规使用状态下的各种情况，目的是发现不良反应并监控有效性效力。对不良反应和有效性更精确的评价，可通过主动监测和仔细统计Ⅳ期临床试验的数据获得。对于偶发疾病及罕见疾病，需调查整个群体以保证统计学的可信性，但一般研究常局限于分组人群。多数情况下Ⅳ期临床试验采取病例对照或者观察性队列研究。

上市后监测和研究主要针对：①疫苗的最佳应用（与其他疫苗同时使用的年龄、疫苗株的改变等）；②某些高危人群中的有效性（老人、免疫耐受患者、某些疾病患者）；③长期效果和安全性监控。

（1）安全性评价

上市后监测可能是唯一能发现临床试验中不常发生的长期或急性不良反应事件的途径。其目的还在于可发现Ⅱ/Ⅲ期临床试验中未能发现的极少数或非预期事件。可采用主动或被动监控，针对全部或分组人群收集安全性数据。采用不良反应事件自愿报告（被动调查），可有效发现严重或致命的不良反应和异常临床反应。

（2）有效性评价

随机、对照Ⅲ期临床试验有效性评价后，应确定新疫苗常规应用的有效性。若进行较长时间的上市后监控，那么在一定条件下可纵向评价有效性，并发现疫苗质量变化。通过对疫苗上市前和上市后安全性和有效性的分析和评估，及时终止高风险新疫苗的研发和上市后疫苗的使用，最终目的是保护受试者和受种人群的权益。

药品是特殊商品，而疫苗又是一种特殊的药品，是目前人类抵抗传染性疾病的有效手段之一。由于疫苗主要用于健康人（尤其是儿童），因此其安全性和有效性是至关重要的。临床前安全性和有效性评价作是新疫苗整体评价的一部分，也是新疫苗研制的重要环节之一。同时，由于疫苗上市前临床试验评价的局限性，开展疫苗上市后综合系统的评价，对于完善和调整疫苗的免疫策略是非常重要的。

5.4.2 疫苗的注册管理

疫苗作为一种特殊的药品，为了加强疫苗管理，保证疫苗质量和供应，规范预防接种，促进疫苗行业发展，保障公众健康，维护公共卫生安全，全国人大常委会审议通过了《中华人民共和国疫苗管理法》，对我国疫苗注册管理工作提出新的要求。

关于疫苗的注册管理，我国此前执行的是 2007 年 10 月 1 日起施行的《药品注册管理办法》（国家食品药品监督管理局令第 28 号）。随着《国务院关于改革药品医疗器械审评审批制度的意见》（国发〔2015〕44 号）和中共中央办公厅、国务院办公厅《关于深化审评审批制度改革鼓励药品医疗器械创新的意见》（厅字〔2017〕42 号）的发布，药物临床试验默示许可、关联审评审批、优先审评审批等多项新的改革举措陆续落地，旧有的《药品注册管理办法》（国家食品药品监督管理局令第 28 号）已不适应药品审评审批制度改革及医药行业快速发展的要求，因此国家市场监督管理局组织对《药品注册管理办法》进行修改，征求意见后再进行修订，形成了《药品注册管理办法》（国家市场监督管理总局令第 27 号）。

药品注册，是指药品注册申请人依照法定程序和相关要求提出药品注册事项，药品监督管理部门基于法律法规和现有科学认知进行安全性、有效性和质量可控性等审查，作出是否同意其药品注册事项及其管理的过程。药品注册包括药物临床试验申请、药品上市许可申请、补充申请、再注册申请等许可事项，以及其他备案或者报告事项。

新的《药品注册管理办法》中规定了生物制品注册分类包括生物制品创新药、生物制品改良型新药、已上市生物制品（含生物类似药）等。该注册分类不同于旧有《药品注册管理办法》（国家食品药品监督管理局令第 28 号）中对疫苗的细化分类。生物制品的细化分类和相应的申报资料要求，国家药品监督管理局会根据注册药品的特性、创新程度和审评管理需要组织制定，并向社会公布。

《中华人民共和国疫苗管理法》规定，在中国境内上市的疫苗应当经国务院药品监督管理部门批准，取得药品注册证书；申请疫苗注册，应当提供真实、充分、可靠的数据、资料和样品。

5.5 疫苗研究领域现状与发展趋势

5.5.1 疫苗研究领域现状

疫苗是现代医学最突出的贡献，为人类阻止传染性疾病提供了强而有效的手段。接种疫苗使得在全世界范围内成功地根除了天花病毒及Ⅱ型、Ⅲ型脊髓灰质炎野病毒。尽管已经取得许多成就和进展，传染病每年仍然导致几百万人死亡，尤其是在对传染病的抵抗尤为脆弱的发展中国家。把一种疫苗从概念阶段发展到可以许可使用阶段至少需要 15 年，而在大多数情况下将其列为全球部署扩展计划需要超过 20 年，并且在最佳理想状态下也仅能覆盖全球 80% 的目标人口，这些均需要消耗大量的时间和人力物力资源。此外，近些年曾严重流行的严重急性呼吸综合征（SARS）和风险持续走高的禽流感（H1N1 等）警示我们需要在全球范围内建立快速应对传染性疾病大流行的策略。基于这些原因，国际社会需要更加迅速地开发疫苗，统一确定一个加速疫苗发展的蓝图，其重点是需要考虑当前状态下世界各地各部分的疫苗平台，不断分析那些阻碍疫苗发展的约束条件，最后考虑如何将这些桎梏解决。

一个特定疫苗的发展计划，应该在临床评估前确保其能够有效且成功地发展，其内容主要包括：①确定目标人群（主要是健康的人与特定的人口学特征）及其社会文化因素；②目标疾病和疫苗本身的风险评估；③了解目标疾病的发病率和环境因素；④疫苗剂量和实施路线的确定；⑤计划引起群体免疫力；⑥疫苗监管策略。随着科技进步和生产管理能力的上升，加上人类还在积极探索和加大临床研究的力度，希望在将来能够设计出更有效且安全性更高的疫苗。

当代的疫苗学，尤其是病毒疫苗非常复杂，目前的研究主要集中于病毒的亚单位。除了莱姆病疫苗和乙型肝炎疫苗以外，其他的重组疫苗还没有经过注册。所有现存的和灭活的病毒及细菌性疫苗仍然需要深入探索研究。科学家对细胞调控和体液影响因子机制在免疫反应中重要性的认识，开启了疫苗研究的全新时代。新疫苗的研制依赖于适当的抗原和抗原决定簇的鉴定。更重要的是，疫苗的研制必须依赖于机体通过什么将抗原提呈于免疫系统以及如何提呈于免疫系统，发现和鉴定抗原和抗原决定簇将加快疫苗研制的进程。而对于机体如何提呈抗原的研究，随着重组乙型肝炎疫苗的技术突破，已经充满了新的和令人激动的可能性。分子生物学和基因工程的发展将促进真核细胞表达的不断进化。转染树突状细胞（树突状细胞是人体内抗原提呈能力最强的细胞）抗原的内在表达和提呈，为抗感染疫苗的发展以及持续感染和癌症的治疗创造了很大机会。转基因植物对于需要价格低廉且简单易施疫苗的发展中国家来说，提供了一个新的研究方向。合成化学的发展，使得线性成串的合成物或多个抗原和抗原决定簇的联合在未来也许会扮演重要的角色。

目前研究较多的肿瘤疫苗有肿瘤细胞疫苗、肿瘤核酸疫苗、肿瘤多肽疫苗、肿瘤基因工程疫苗和抗独特型肿瘤疫苗等 5 种。其中，细胞疫苗研究得最早，核酸疫苗、多肽疫苗和基因工程疫苗是 1990 年后才发展起来的新疫苗，目前很多肿瘤疫苗还在一些临床试验阶段，成功应用的不多。前列腺瘤疫苗 Sipuleucel-T（Provenge）：2010 年，FDA 批准了美国 Dendreon 公司 Sipuleucel-T（Provenge）的上市申请，成为第一支获批的树突状细胞疫苗。Sipuleucel-T 可以调动患者自身的免疫系统对抗疾病，其活性组分包含自体的外周血单核细胞以及前列腺酸性磷酸酶和 GM-CSF 的重组融合蛋白，最终产品也包括 T 淋巴细胞、B 淋巴细胞、NK 细胞和其他细胞。然而现有研究显示，该疫苗仅对一小部分患者有效，且主要是肿瘤体积较小和低度恶性肿瘤患者。美国默沙东公司研制成功的一种专门针对人乳头状瘤病毒（HPV）的疫苗——“加德西”（Gardasil），2012 年获 FDA 批准上市。这是世界上第一个，也是唯一获准上市的用来预防由 HPV 6、11、16 和 18 型引起的宫颈癌和生殖器官癌前病变的癌症疫苗，这意味着人类抗癌战争即将进入一个划时代的新阶段。除了 HPV 外，还有不少疫苗进入临床，有些因为各国巨额的临床试验费用没有获得类似 FDA 的批准，但依靠患者的口碑相传已经存在市场上长达数年，例如日本的莲见疫苗（Hasumi vaccine）。

目前，尽管从临床数据看来 HIV 疫苗的研发前景是较为乐观的。然而，由于 HIV 疫苗的开发是一个极其复杂的过程，因此许多在临床研发早期显示出很有潜力的品种也很有可能在研发的后期阶段惨遭“滑铁卢”。实际上，在过去数十年中，人类在 HIV 疫苗领域的研究一直非常活跃，但大多数疫苗的研究结果却屡屡差强人意，对疾病的传播也没有起到预期的预防或治疗作用，这其中包括一些如今正处于研究成熟阶段的疫苗，如美国 VaxGen 公司的候选疫苗 AIDSVAX B/B 和 AIDSVAX B/E，虽然两者已处于Ⅲ期临床研究阶段，但有关研究结果显示，这两个产品对HIV感染的抵御作用并不比安慰剂高出多少。而其他的产品，包括安万特－巴斯德公司的ALVAC类疫苗和美国默沙东公司的腺病毒疫苗项目等，在人体临床研究中的效果均不甚理想。同时，一些科学家亦强调指出，即使大多数具有潜力的HIV疫苗能顺利通过临床研究，它们要想在全球范围内普及并被人们所广泛接受仍需要至少7～8年时间。由此看来，HIV疫苗的开发不啻为一个艰难的过程，然而，一旦有效的HIV疫苗被成功开发，则一定会成为人类社会的一大福音，且必然会为其开发制造者赢得可观而巨大的经济收益。因此，纵观当前HIV疫苗的研发现状，除了需要全球主要的疫苗开发商加大开发的力度外，HIV疫苗研究仍亟待公共和私营机构更进一步地投入资金，才能使具有较好疗效的HIV疫苗面市早日成为现实。

研发的另一个重点是佐剂。目前大量处于研发或者已经许可的疫苗产品都以疫苗和佐剂混合形式存在。目前大多数佐剂疫苗以流感疫苗为主。佐剂的重要性也是随着人口老龄化的加剧而不断增长，因为佐剂疫苗有助于加速老人体内的免疫反应。许多专家认为，佐剂是一个重要的组成部分，将广泛使用在整个人群。高度纯化的蛋白质和多糖可能不具备固有的免疫原性，因此需要佐剂的加入增强针对特定抗原的适应性免疫反应。虽然有一些疫苗佐剂正在被研究，但是只有数量有限的佐剂实际上被授权，如明矾是已使用多年的一种有效的疫苗佐剂，它可触发在注射部位的间质细胞，从而影响免疫系统调节趋化因子的诱导；明矾佐剂能诱导抗原识别细胞和转化这些细胞成为免疫原性的树突状细胞；除了影响诱导的抗体的类型和亲和力，也影响细胞介导的免疫能力。其他佐剂再如油乳液、聚合物、脂多糖、细胞因子、皂苷、脂质体、免疫刺激复合物（ISCOM），以及弗氏完全和不完全佐剂。值得注意的是，基于皂苷的佐剂能够刺激细胞介导的免疫系统，并且可以提高抗体的产生。还有一些佐剂的发展也取得了相当进步，例如，已发现合成的含有的CpG寡脱氧核苷酸可触发细胞表达Toll样受体9（TLR9）建立先天免疫反应，包括Th1细胞和炎性细胞因子的产生。然而，新佐剂的安全性和疗效评价机制还需要严格地建立起来，还需研究一些新的化合物作为将来的佐剂。举例来说，作为一个辅助型机制抗原递送载体，如病毒体，可以使疫苗抗原和免疫调节分子更有效地传递，在结构上，它们是单层磷脂膜囊泡包裹的病毒衍生的蛋白质，而后者使病毒颗粒结合靶细胞。

知识拓展 5-4
间质细胞

对疫苗接种者的个性也需要有所考虑，所以开发诸多个性化接种的方式也得到了高度重视，被称为“vaccinomics”。同时，针对不同疾病的疫苗覆盖面被扩大的速度都要比以往任何时候都要快。微生物学与免疫学知识整合，建立高效的疫苗的发展策略将促进这一趋势。

5.5.2 手足口病疫苗的研发

手足口病（hand-feet-mouth disease，HFMD）又称发疹性水疱口腔炎，是以手、足皮肤疱疹和口腔黏膜溃疡为主要临床特征的全球性传染病。该病以婴幼儿发病为主，传染性强，少数患者可并发无菌性脑膜炎、致命性脑炎、急性弛缓性麻痹、呼吸道感染和心肌炎等，个别重症患儿病情进展快，易发生死亡。手足口病于2008年5月2日被纳入丙类传染病，近几年不断有暴发流行手足口病的报告，且并发症的发生率与病死率也有增高趋势。目前手足口病尚无临床特异性治疗方法和特效抗病毒药物，因此研制有效的疫苗是控制手足口病流行最为有效的策略。

引起手足口病的肠道病毒病原体较多，疫苗的制备较困难。当前疫苗的研究热点集中于引起手足口病的病原体EV71，包括灭活疫苗、减毒活疫苗、亚单位疫苗、DNA疫苗、表位肽疫苗和病毒样颗粒疫苗。

（1）灭活疫苗

灭活疫苗是用物理、化学方法杀死病原体，但仍保持其免疫原性的一种生物制剂。最早的EV71灭活疫苗被发展用以应对1975年保加利亚的手足口病流行，但之后一直没有被使用和继续深入研究，因此没有数据证明其有效性。直到1998年中国台湾手足口病疫情流行后，灭活疫苗再度被研究。通常可用甲醛溶液或热灭活的方式对EV71病毒进行处理，得到灭活疫苗。灭活疫苗的免疫效果更多地取决于流行株和疫苗株的抗原相关性，往往仅对同型病毒感染有效，对异型病毒感染效果较差。虽然不同亚型的EV71间存在交叉抗原表位，可以提供交叉保护，但是不同亚型间也存在差别。因此需要筛选免疫原性好、抗原谱广的毒株作为疫苗株，并建立一个适合的细胞培养系统满足大量灭活疫苗规模化生产的需求。此外，灭活疫苗可能存在灭活不完全，导致注射疫苗感染疾病的风险，尤其是在免疫缺陷的个体中，这是灭活疫苗固有的缺陷，应引起足够关注。

（2）减毒活疫苗

口服脊髓灰质炎病毒活疫苗［（live oral poliovirus vaccine，OPV），又称Sabin疫苗］是最成功的减毒活疫苗之一，具有免疫途径简单、成本低、肠黏膜免疫原性高等优点，在发展中国家得到了广泛的应用。基于脊髓灰质炎病毒和EV71病毒的相似性，2005年，Arita等将Sabin疫苗株的温度敏感突变位点引入EV71 BrCr株基因组，研发了一株减毒株EV71（S1-3′），构建的减毒株感染猕猴后仅出现轻度的神经系统症状。其后的研究显示，EV71（S1-3′）接种的猕猴血清对EV71不同基因型具有广谱的中和作用，对同A基因型病毒的中和活性最高，对C2亚型最低。对转基因鼠模型的研究同样表明了引入Sabin疫苗的基因变异可以降低毒力，但减毒效果仍需进行深入研究。由于通过口服感染猕猴不能有效引起神经系统症状，需要用静脉注射的方法来评价EV71减毒活疫苗的抗原性，所以，要成功制备口服EV71减毒疫苗，首先需要建立能通过口服感染的动物模型。此外，减毒活疫苗的遗传稳定性是一个重要的问题，对于EV71减毒活疫苗的研发需要进一步减弱其神经毒性，以便更好地应用于儿童。

（3）亚单位疫苗

亚单位疫苗只含有一个或几个富含抗原表位的病原体蛋白，能激发免疫反应。EV71病毒的VP1、VP2和VP3蛋白均与抗原变异有关，其中，VP1蛋白是EV71病毒主要的衣壳蛋白，富含中和表位，是制备亚单位疫苗的最佳选择。2001年，Wu等用*E.coli* BL21表达了重组的VP1蛋白，添加完全佐剂后可以诱导小鼠产生4个亚型的IgG抗体和辅助性T淋巴细胞反应，抗体被动免疫新生小鼠具有中和活性，表明VP1蛋白独立于其他衣壳蛋白，且包含中和表位，为VP1蛋白作为亚单位疫苗的研究提供了重要的参考依据。但此重组VP1蛋白的保护效果低。VP1亚单位疫苗的免疫反应没有灭活疫苗强，可能因为单独的VP1蛋白缺乏结构蛋白连接位点的特定表位，免疫原性比较弱，加入佐剂如脂质体、TLR-9、CpG等可以大大增强抗原的免疫原性。对于口服疫苗，应考虑胃酸和酶消化对疫苗吸收的影响。肠道病毒因为无外膜，能忍耐很低pH（pH 2.0）的环境。但目前尚无研究证实重组VP1蛋白能抵抗胃酸和消化酶，因此要研制口服疫苗，必须保护VP1亚单位疫苗不被酶和胃酸降解。

（4）DNA疫苗

DNA疫苗是将能够表达外源蛋白的质粒通过一定方式递送到活体动物的细胞内，质粒在细胞内表达外源蛋白，能够刺激机体产生体液免疫或细胞免疫。2007年，Tung等将VP1基因插入真核表达载体，构建了一株EV71的VP1 DNA疫苗，并在体内和体外测试其诱发免疫应答的能力。母鼠免疫血清ELISA分析显示，抗VP1抗体IgG显著升高，但从第二次加强免疫后开始下降，转而INF-γ和IL-2的浓度增加，说明存在体液免疫到细胞免疫的转换。体外病毒中和分析证明，母鼠免疫血清能够一定程度中和EV71的感染从而阻止细胞病变效应的产生，但差于人的阳性血清的中和效果。这可能是因为小鼠只是暴露于VP1抗原决定簇，包含的抗原表位比较少。DNA疫苗虽然能诱导产生高且水平稳定的中和抗体滴度，在免疫后长时间能检测到中和抗体，但是免疫效果不如灭活疫苗，这也说明了DNA疫苗的免疫原性比较弱。佐剂的应用可明显提高核酸疫苗的效果，如脂质体能提高对特异性抗原的免疫反应，在DNA疫苗中它还具有保护核酸免遭体液酶解的作用。将一些细胞因子的基因插入疫苗DNA，作为遗传佐剂可提高机体的免疫应答水平。

（5）表位肽疫苗

多肽疫苗作为新兴的候选疫苗，以其明确界定的表位刺激机体产生有效、特异的保护应答，加之具有生产方便、安全、稳定等优势赢得人们的青睐。VP1 蛋白是 EV71 病毒主要的病毒中和决定子，因而 EV71 病毒表位肽疫苗更多是针对 VP1 上的寡肽。2010 年，Liu 等用大肠杆菌表达系统表达了 EV71 病毒的 19 个寡肽，选择其中 6 种没有交叉反应性的寡肽组成多种疫苗形式。以 70～159、140～249、324～443 和 746～876 寡肽组成的疫苗形式免疫 ICR 母鼠，母源性抗体对 1 日龄的乳鼠接受 EV71 病毒攻击具有一定的保护作用，提示这种疫苗组合有望成为预防中国 EV71 C4 亚型流行的候选疫苗。已有报道显示，连接较大的蛋白质载体或使用佐剂能提高合成肽的免疫原性。

（6）病毒样颗粒疫苗

病毒样颗粒（virus-like particle，VLP）是含有病毒的一个或多个结构蛋白的空心颗粒。因其不含病毒的核酸而不能自主复制、没有感染性，但表面有高密度的病毒抗原，保存了构象表位，可以有效诱导机体免疫系统产生针对病毒的免疫保护反应，是具有良好发展前景的疫苗形式。目前，已有数种病毒和 VLP 得到临床应用，如乙型肝炎病毒（RecombivaxHB®，Merck 公司）和人乳头瘤病毒（Gardisil®，Merck 公司），国内外对 EV71 病毒样颗粒疫苗的研制多处于实验阶段。疫苗诱导的长期保护效应通常具有免疫记忆的特征，VLP 免疫后产生的中和抗体具有型特异性，疫苗可诱导出至少持续 5 年的高滴度 VLP 抗体，比自然感染高 10 倍。但想要达到 VLP 疫苗的产业化，仍需进一步研发以得到更加高产的 VLP 产生细胞。

目前，EV71 疫苗仍处于动物实验阶段或临床前研究阶段，尚无成熟的产品问世。灭活疫苗技术标准相对成熟，具有较好的免疫原性，但需要多次免疫且具有潜在的不安全性；减毒活疫苗不破坏构象表位，能引起很强的免疫反应，但具有毒力回复的危险，需要进一步减毒；亚单位、DNA 及表位肽疫苗，尽管其免疫原性相对较低，其诸多优势和巨大的应用潜能亦不容小觑。病毒样颗粒疫苗具有高密度的病毒抗原，能像自然感染一样引起强免疫反应，且没有毒力回复的危险，但是现在生产能力有限，还需要更多更合理的随机临床对照试验来评估。阻碍 EV71 病毒疫苗发展的另一个很重要的原因是没有合适的动物模型进行疫苗的免疫原性和功效测试。相关问题将是未来研究的重点和难点。

5.5.3 艾滋病疫苗的研发

艾滋病（acquired immunodeficiency syndrome，AIDS）是一种危害全球人类健康的恶性传染病，由人类免疫缺陷病毒（human immunodeficiency virus，HIV）感染所致。HIV 属于反转录病毒科，病毒颗粒内含有双链的 RNA 病毒基因组，感染细胞后，利用自身特有的反转录酶将 RNA 反转录成 DNA，该 DNA 可整合到宿主细胞的基因组内，并随着细胞的增殖而复制，同时源源不断地产生新的感染性病毒颗粒。HIV 感染的靶细胞为人体免疫系统中极为重要的 T 淋巴细胞，随着感染时间的增长，感染者体内的免疫细胞数量急剧减少，免疫系统受到严重破坏。因此在感染后期，由于机体丧失了免疫功能而容易感染各种传染性疾病，并伴随恶性肿瘤的发生，导致很高的死亡率。

虽然近年来针对艾滋病的药物和治疗方案种类繁多，但均不能从根本上清除机体内所有的病毒。即使可暂时稳定病情，但因为患者在用药一段时间后病毒会产生抗药性，所以持续性效果并不理想。加之昂贵的药价、副作用较强等种种弊端，因此艾滋病的疫苗研发是艾滋病防治的重要手段。

5.5.3.1 艾滋病疫苗研发难点

自 1981 年在美国发现第一例艾滋病患者以来，HIV 感染者和艾滋病患者的数目与日俱增，全球约有 7 800 万人受到感染，近年来每年都有数十万人死于艾滋病。愈加严峻的形势督促着科研工作者对艾滋病疫苗的探究。数十年来，在全球范围内，科学家们进行了诸多尝试，然而得到的成效却不甚理想。究其疫苗研制失败的原因，主要分为以下几类。

（1）传统疫苗的安全性

传统的疫苗（例如灭活疫苗和减毒疫苗）在接种入机体内后，后期假如发生 HIV 感染，就会给 HIV 野毒株与疫苗减毒株的重组提供机会，增加产生高致病性或高抗药性重组毒株出现的概率。这就需要科研工作者摒弃传统疫苗研究思路，开发新型高效且安全的艾滋病疫苗。

（2）病毒多样性和基因组的高变异性

HIV 是一种反转录病毒，在感染进入靶细胞后，在反转录酶的作用下将 RNA 反转录成 cDNA。而 HIV 的反转录酶保真性低，突变率高，在反转录的过程中会引入大量的插入、缺失、突变和重组等，导致病毒基因组突变的发生。因此即使在同一患者体内的病毒，也呈现较为明显的多样性和差异性。这就使机体产生的抗体不能产生广泛的中和作用以保护机体免受变异毒株的感染，从而给疫苗的研究增加了很大的难度。

（3）病毒潜伏性

HIV 的 RNA 基因组反转录成 cDNA 后，可以整合入靶细胞的基因组中，并随着细胞的增殖而复制。这部分细胞不但可以持续产生感染性的病毒颗粒，而且不容易被自身的免疫细胞所识别。因此即使机体可以产生有效的中和抗体来中和体内存在的病毒，也不能彻底清除靶细胞中潜伏的病毒基因组，这样就给病毒感染的卷土重来增加了很大的机会。

（4）病毒逃逸

病毒基因组的多变性，致使病毒表面蛋白形式多样，再加上病毒表面有糖蛋白的隔离，这些因素无疑给抗体对病毒的结合以及病毒的逃逸提供了安全可靠的保护屏障。又由于 HIV 感染的靶细胞为 $CD4^+$ T 淋巴细胞，感染之后使得这些免疫细胞丧失了正常的免疫功能，最终使机体免疫系统排除异己的能力崩溃。

（5）缺乏动物模型

目前艾滋病疫苗研制面临的较大困难之一就是缺少合适的动物模型进行研究。虽然目前最常用的动物模型就是灵长类动物，但是只能用猴免疫缺陷病毒（simian immunodeficiency virus，SIV）或者改造后的人猴嵌合免疫缺陷病毒（simian-human immunodeficiency virus，SHIV）进行感染，这样得到的研究结果在人体中很难完全重复。

5.5.3.2 艾滋病疫苗研发的主要尝试

早在 20 世纪 80 年代，美国一家名为 VaxGen 的公司启动了关于艾滋病疫苗的研究。该公司利用 HIV-1 的 B 亚型基因组，根据乙肝疫苗设计思路构建了 HIV gp120 重组亚单位疫苗。动物免疫保护实验结果表明，该亚单位疫苗（AIDS VAX）对黑猩猩有较好的保护作用。2000 年，在泰国、美国和欧洲等国家和地区开展了该亚单位疫苗的Ⅲ期临床试验。但是最终的结果表明，这种设计思路构建的亚单位疫苗并不能有效地保护人类机体免受 HIV 的感染。

法国赛诺菲公司曾使用一种金丝雀痘病毒属的禽流感病毒作为载体，插入 HIV 的 *env*、*gag* 和 *pol* 3 个基因片段制备了嵌合病毒载体疫苗 ALVAC。Ⅱ期临床实验结果表明，该种疫苗不能诱导机体产生有效的免疫保护反应。

Merck 公司于 2005 年开展艾滋病疫苗的研究，同时将 *gag*、*pol* 和 *nef* 3 个 HIV 基因片段插入 5 型腺病毒（Ad5）载体中进行人类免疫实验。统计结果显示，914 名疫苗组志愿者中有 49 名志愿者感染 HIV，而 922 名安慰剂对照组志愿者却只有 33 名志愿者发生感染。为何接种疫苗的人群反而更易感染 HIV？科学家分析研究得出结论：首先，Ad5 载体引发机体细胞免疫，导致特异性 T 淋巴细胞大量增殖，从而使疫苗组人体内产生了更多的适合 HIV 感染的靶细胞，致使免疫组提高了对 HIV 的易感性。另外，Ad5 刺激机体产生的 T 淋巴细胞更容易转移至人的肠道，这类器官的黏膜细胞充分暴露，从而更加有利于 HIV 的感染。以上临床试验失败的经历提示，刺激机体引发 T 淋巴细胞免疫保护的策略可能并不适用于艾滋病疫苗的研发。

另外一次比较有影响力的尝试是 2003 年由美国国立卫生研究院（NIH）等 25 家机构超过 100 名科研人员主持的一项临床试验。该试验在泰国招募了 1.6 万人进行试验，其免疫策略为：首先以赛诺菲公司先前开发的 ALVAC 为初始免疫，共免疫 4 次，再同时给予加强剂量的由 VaxGen 公司研制的 AIDSVAX，这样可以刺激机体同时产生细胞免疫和体液免疫。结果在安慰剂对照组的 8 198 名志愿者中有 74 人感染了 HIV，而疫苗组的 8 197 名志愿者中只有 51 名感染了 HIV，同比感染率降低 31.2%。该结果是目前所有艾滋病疫苗研制实验中免疫保护效果最好的，同时这也暗示着成功研制安全有效的艾滋病疫苗是完全有可能实现的。

5.5.3.3 艾滋病疫苗最新研究进展

经历了多次失败的临床试验，越来越多的科研工作者开始吸取经验教训，转向了进一步明确 HIV 与人类免疫系统之间的关系等基础研究，并着重于研究 HIV 感染者在自然感染期间产生的广谱中和抗体，为今后开发安全有效的艾滋病疫苗提供理论基础和研究方向。

（1）人体可产生针对不同抗原表位的中和抗体

目前已知 HIV 感染者中只有 20% 可以在感染 HIV 后 2 ~ 4 年产生广谱中和抗体。自 1994 年科学家分离出第一株来自 HIV 自然感染者体内的广谱中和抗体以来，越来越多的广谱中和抗体被分离鉴定。目前已分离出了针对 gp120/gp41 上 5 个不同表位的上百株广谱中和抗体，分别是位于 gp120 蛋白上的 CD4 受体结合位点，V1V2 环，V3 环，gp41 蛋白的近膜端外侧区（MPER）以及 gp120/gp41 二聚体的连接处这 5 个区域。针对不同表位的中和抗体在 CDR 的氨基酸数目，与其始祖抗体基因的差异性等各有特点（表 5-5）。这些在自然感染者体内产生的广谱中和抗体的分离和各种不同中和表位的成功鉴定，为今后开发有效的艾滋病疫苗提供了理论基础。

表 5-5 针对不同抗原表位的广谱中和抗体特点

表位	代表抗体	V_H 突变率	V_L 突变率	CDR H3 氨基酸数目
CD4	b12	32%	20%	18
V1V2	PG9	11% ~ 18%	9% ~ 16%	24 ~ 32
V3	PGT128	15% ~ 23%	9% ~ 24%	18 ~ 24
MPER	10E8	13% ~ 21%	6% ~ 14%	17 ~ 22
gp120/gp41	35O22	35%	24%	14

（2）HIV 病毒与感染者体内抗体共进化

2013 年初，美国科学家成功绘制出 HIV 感染者体内病毒和广谱中和抗体共进化路线图。科研工作者从感染者早期开始追踪机体内病毒和免疫抗体的基因进化路径，为日后根据病毒的进化特点设计特异性的免疫原刺激机体产生有效的中和抗体，为艾滋病疫苗的开发提供强有力的理论依据。

（3）两种 B 淋巴细胞共同进化产生广谱中和抗体

2014 年，美国科学家再次利用新的科研方法追踪 HIV 感染者体内广谱中和抗体的进化过程。研究者发现，一个广谱中和抗体最终的成熟可以通过另一种广谱中和抗体的进化刺激产生。通过体内病毒的反复刺激，引发病毒进化和免疫逃逸，使病毒暴露出敏感性的中和表位，这种表位便可以刺激机体产生广谱中和抗体。科研工作者可以以此为理论依据，构建合适的免疫原物质，特异性诱导机体产生共进化的 B 淋巴细胞，从而产生广谱中和抗体以保护机体免受 HIV 感染。

（4）小型广谱中和抗体的分离

普通中和抗体分子较大，使得它们很难接近较为隐蔽的中和表位。假如将抗体分子截短至只含有独立功能片段而仍然保留中和活性，就能够进入大型完整抗体无法接触的靶表位与之结合。目前，已有科研工作者从感染者抗体库中分离出首株 HIV 的微型抗体——m36，该抗体可以强有力地结合 HIV 的 env 蛋白，从而阻断 HIV 的进一步感染。新型抗体的分离鉴定，为今后艾滋病疫苗的研发提供新的研究思路。

（5）SIV 疫苗研究的新进展对艾滋病疫苗研究的启示

科学家利用基因工程手段，以巨细胞病毒（cytomegalovirus，CMV）为载体，将 SIV 基因片段插入该载体后研制出新型 SIV 疫苗。研究人员向恒河猴注射该种疫苗后进行攻毒试验，结果发现，免疫组恒河猴能将体内 SIV 病毒载量快速降到检测不到的水平。SIV 疫苗研究的新进展对艾滋病疫苗的开发带来了新的希望。

（6）非免疫型的新型艾滋病疫苗的研制

跟传统疫苗不同，新型艾滋病疫苗利用腺相关病毒（adeno-associated virus，AVV）为载体，将类似 CD4/CCR5 的蛋白基因插入到该载体。把得到的重组载体病毒基因注射到肌肉组织。由于该基因片段很小，不会自我复制也不会整合到细胞基因组中。但含有该片段的细胞可以源源不断地合成类似 CD4/CCR5 的蛋白 eCD4-Ig。该种蛋白质含量高，持续时间长。一旦机体受到病毒感染，HIV 的 env 蛋白就会与类似 CD4/CCR5 受体的 eCD4-Ig 蛋白结合，从而阻止病毒的进一步感染。后期攻毒试验结果发现，注射该基因的猴子在注射后 8 个多月仍可以抵御病毒感染。

5.5.4 肿瘤疫苗的研发

肿瘤疫苗（tumor vaccine）是一种治疗性的、新型的肿瘤治疗方法，也是一种主动性免疫疗法。随着肿瘤免疫学和分子生物学的发展，肿瘤与机体之间的相互作用、肿瘤免疫耐受以及肿瘤抗原鉴定都取得了很大的进展，这也促进了肿瘤疫苗的发展。目前，很多肿瘤疫苗在动物水平和临床试验中已取得令人鼓舞的效果。因此，肿瘤疫苗作为一种低毒、高效的肿瘤免疫疗法具有极大的发展潜能。

5.5.4.1 肿瘤抗原

肿瘤抗原是指细胞恶性突变的过程中出现的新抗原，是肿瘤免疫治疗的重要靶蛋白。肿瘤抗原能够诱导机体产生肿瘤免疫应答，是肿瘤疫苗研发的分子基础。在诱发肿瘤实验和同基因肿瘤移植实验中，证实了肿瘤抗原的存在并发现了多种肿瘤抗原。从本质上讲，肿瘤细胞是可以逃避自身免疫系统监视的“自身”细胞。因此，促进免疫系统区分肿瘤细胞和正常细胞是进行免疫治疗的关键。

根据特异性和产生机制的不同，可以将肿瘤抗原分为四类：①肿瘤特异性抗原（tumor specific antigen，TSA），这些抗原的基因在正常组织中处于静止状态，却在肿瘤细胞中表达，如黑色素瘤抗原基因（melanoma antigen gene，MAGE）等。这种高特异性的 TSA 只是肿瘤抗原中很小的一部分。②肿瘤相关抗原（tumor-associated antigen，TAA），通常指分化抗原（differential antigen），这些抗原在正常体细胞中低表达，但在肿瘤细胞中呈高表达，经典的分化抗原有 MART-1、gpl00 等。③突变抗原（mutational antigen）。点突变在肿瘤中很常见，通常在某些相似的基因位点，如经典的 p53 癌基因，体外实验证明能够诱导产生针对突变型和野生型 p53 多肽的 CTL；动物模型中，突变的 p53 多肽冲击刺激的树突状细胞能够抑制肿瘤的生长。④病毒抗原（viral antigen），致癌病毒包括 DNA 病毒和 RNA 病毒，这些病毒基因可整合到人体 DNA，产生肿瘤抗原，激活机体的免疫反应，如人乳头瘤病毒 16 产生的 E16 和 E17 蛋白，可诱导机体免疫系统产生具有针对性的 CTL 反应。

5.5.4.2 肿瘤疫苗及分类

肿瘤疫苗是用含有肿瘤特异性抗原或肿瘤相关抗原的肿瘤细胞或碎片、片段激活机体免疫系统产生特异性抗肿瘤细胞免疫效应。其基本原理：抗肿瘤免疫由T淋巴细胞介导，肿瘤疫苗产生的外源性抗原或抗原肽经抗原提呈细胞（antigen presenting cell，APC）递呈后在APC表面形成抗原肽-MHCI类分子复合物或抗原肽-MHCII类分子复合物，它们分别被$CD4^+$ T淋巴细胞和$CD8^+$ T淋巴细胞识别，在共刺激信号和细胞因子作用下T淋巴细胞活化为Th1细胞、Th2细胞或CTL，CTL不仅能通过颗粒酶和穿孔素等物质直接杀伤肿瘤细胞，还可以通过分泌一些细胞因子（如IFN-γ和TNF-α等）间接地杀伤肿瘤细胞。

根据肿瘤疫苗的用途不同，可以将肿瘤疫苗分为两类：预防性疫苗（prophylactic vaccine）和治疗性疫苗（therapeutic vaccine）。预防性疫苗是用与某些特殊肿瘤发生有关的基因制备的疫苗，可接种于具有遗传易感性的健康人群，进而控制肿瘤的发生；而治疗性疫苗是以肿瘤相关抗原为基础，主要用于化疗后的辅助性治疗。

根据来源不同，可以将肿瘤疫苗分为以下几种：

（1）肿瘤细胞疫苗

肿瘤细胞疫苗（tumor cell vaccine）是将自身或异体同种肿瘤细胞，经过物理因素（照射、高温）、化学因素（酶解）及生物因素（病毒感染、基因转移等）的处理，改变或消除其致瘤性，保留其免疫原性，常与佐剂（卡介苗等）联合应用，对肿瘤治疗有一定疗效。从方法学上来看，这种疫苗很有吸引力，但由于操作时间长以及肿瘤细胞获取困难，使其应用受到明显限制。此外，利用基因工程技术对肿瘤细胞进行基因修饰，将一些在免疫反应中起重要作用的分子在体外转入肿瘤细胞，借此提高肿瘤细胞的免疫原性。常用于基因修饰的分子包括细胞因子（如IL-1、IL-2、IL-4、IL-6、IL-18，INF-α/γ、GM-CSF、Flt3等）、共刺激分子（如CD80、CD86等）、肿瘤抗原（如MART-1、gpl00、酪氨酸酶、MAGE、CEA、HER2/neu等）以及其他可增强肿瘤细胞免疫原性的抗原物质等。

（2）肿瘤抗原疫苗

肿瘤抗原疫苗是利用肿瘤抗原或类抗原决定簇多肽、抗独特型抗体制备的疫苗，接种患者可诱导免疫应答。与全肿瘤细胞疫苗相比，该类疫苗具有一些独特的优点：疫苗激活的免疫反应特异性高，并且不会引起自身免疫反应或免疫抑制；合成方便，纯度高；疫苗非肿瘤组织提取物，避免了细菌和病毒的感染，安全可靠。因此，肿瘤抗原疫苗已成为肿瘤治疗性疫苗研究的热点。但由于其免疫原性弱，且受MHC分子的限制，只能诱导单特异性的免疫反应，由此限制了它的应用。针对这种情况，人们采用了多种方法进行疫苗的改造，包括：①使用佐剂增强抗原肽的免疫活性，Atzpodien等以黑色素瘤抗原MelanA/MART、MAGE-1、gp100及酪氨酸酶联合GM-CSF构建多肽疫苗，对24名黑色素瘤复发切除后的患者进行治疗，5年生存率为85%。②采用多个抗原肽混合疫苗或运用基因工程技术将多个编码抗原肽的基因进行拼接，从而解决HLA分子限制性问题。③通过采用非天然氨基酸作为代用品，使合成的抗原肽对蛋白酶的溶解产生一定抗性，而免疫原性不变。④采用APC表面受体的配体与抗原融合，促进APC对抗原肽的吞噬，使抗原肽能够进入HLA-I、Ⅱ类分子提呈途径。

（3）树突状细胞疫苗

近年来，大量以树突状细胞为基础的抗肿瘤疫苗免疫研究和肿瘤治疗取得了可喜的成果。应用肿瘤抗原或抗原多肽在体外冲击树突状细胞，使其致敏，然后将其回输或免疫接种到荷瘤宿主，进行肿瘤免疫治疗。采用树突状细胞作为肿瘤疫苗能够直接活化不成熟的细胞毒性T淋巴细胞，并且树突状细胞可直接从外周血单个核细胞和骨髓中得到，制备方便，更适于临床应用。

目前，常见的已应用于临床的树突状细胞疫苗主要有细胞类、多肽类及核酸类疫苗。核酸类疫苗包括 mRNA 片段、质粒和病毒载体。目前，树突状细胞疫苗在治疗黑色素瘤、淋巴瘤、骨髓瘤、前列腺癌、肾癌、肝癌、小儿固体瘤、膀胱癌等方面都取得了一定的进展。临床试验中，患者部分产生了完全的或部分的免疫应答，也延长了一部分人的临床存活时间，这对树突状细胞疫苗的开发都发挥着积极的作用。

（4）核酸疫苗

核酸疫苗由体细胞吸收后，可以内源性表达目的抗原，其有以下几项优点：①能够诱导细胞因子高水平表达，进而募集并激活树突状细胞；②表达专职抗原提呈细胞抗原，可以通过 MHC Ⅰ类分子途径诱导 $CD8^+$ T 淋巴细胞反应；③将靶抗原的多个表位同时作为靶点，而无须 MHC Ⅰ类分子限制；④抗原设计更具免疫原性，或共提呈多种抗原；⑤很容易形成融合基因，形成辅助性 T 淋巴细胞记忆反应。

在核酸疫苗研究的初期，一般是将编码目的蛋白的 DNA 直接进行肌肉注射，期望肌肉注射后的 DNA 能够进入肌细胞，从而表达相关抗原蛋白，但效果并不理想。随后，有研究者以腺病毒为载体，将目标基因直接注入肿瘤组织，发现肿瘤消退。近期的研究表明，DNA 疫苗结合抗原表位、树突状细胞的应用可能更有效地发挥其在体内的免疫激活作用，由此也提出了不同类型肿瘤疫苗联合应用的新思路。研究发现，将编码细胞因子、细菌毒素、蛋白佐剂的 DNA 与携带抗原基因的质粒 DNA 有机融合，能加强质粒 DNA 的免疫效果。目前，病毒载体的 DNA 疫苗已经进入临床研究阶段，最常用的病毒载体是腺病毒。

5.5.4.3 肿瘤疫苗研发存在的问题

肿瘤疫苗作为肿瘤的特异性主动免疫治疗，近年来已经取得可喜进展，其诱导机体特异性主动免疫应答、增强机体抗肿瘤能力的作用在动物实验中得到肯定，许多疫苗已进入临床试验研究。特别是在免疫原性较强的肿瘤中，肿瘤疫苗已显现其临床疗效。但是由于对肿瘤的发生机制尚未研究清楚，肿瘤的疫苗研究在很大程度上取决于动物实验结果和有限的免疫学理论，存在一定的盲目性。目前存在的主要问题有：

（1）缺乏特异性的肿瘤抗原

肿瘤疫苗中的核心部分是抗原。目前，肿瘤特异性抗原除在黑色素瘤等少数肿瘤被确定外，多数肿瘤尚在寻找或鉴定中，由于缺少特异性抗原的重要作用，现有肿瘤疫苗难以实现抗肿瘤的有效免疫反应。近年来，随着“表位生物学”概念的提出，根据蛋白质相互作用，采用噬菌体肽库筛选技术并结合计算机分析，发现和鉴定了多种肿瘤相关抗原模拟肽。由于小肽容易合成，因此具有良好的产业化前景。

（2）缺乏有效的佐剂

佐剂是一类本身不具抗原性，但同抗原一起或预先注射到机体内能增强免疫原性或改变免疫反应类型的非特异性增强剂。目前所用佐剂及其种类较多，常见的有：①细胞因子，如 IL-2、IFN、GM-CSF 等细胞因子单独或联合使用；②将抗原与 BSA、KLH 和 HSP 等蛋白偶联；③以多聚抗原肽（MAP）连接方式提高多肽的拷贝数和相对分子质量；④与一些毒素偶联；⑤与树突状细胞共孵育；⑥与其他多肽或 MHC 分子偶联形成复合物；⑦以 HIV-1 病毒 Tat 多肽为佐剂；此外，研究者还在构建脂肽和免疫刺激复合物（ISCOM）等方面做了大量的探索，取得了一些成果，但效果却各说不一，特别是人用佐剂还有不少问题。目前，含 CpG 基序的寡核苷酸以其低毒高效在众多佐剂中脱颖而出，成为研究的热点，有望成为继氢氧化铝之后下一个获准应用于人体的佐剂。

（3）缺乏有效的抗原加工与提呈

T 淋巴细胞的活化、增殖需要抗原提呈细胞（如树突状细胞等）有效地将抗原提呈于 T 淋巴细胞表面，而现有疫苗在此环节上存在两个问题：第一，进入机体的大部分疫苗与抗原提呈细胞不能充分接触，难以实现抗原提呈；第二，即便是少部分疫苗可为抗原提呈细胞捕获，也因其抗原表达量甚微，难以发挥有效的抗原提呈作用。目前已有较好基础并取得实质性成果的是药物纳米载体和纳米颗粒基因转移技术。这种技术是以纳米颗粒作为药物和基因转移载体，将药物、DNA 和 RNA 等基因治疗分子包裹在纳米颗粒之中或吸附在其表面，同时也可在颗粒表面偶联特异性的靶向分子（如特异性配体、单克隆抗体等），通过靶向分子与细胞表面特异性受体结合，实现安全有效的靶向性药物和基因治疗。药物纳米载体的主要特点是超微小体积，它能穿过组织间隙，通过人体最小的毛细血管，通过血脑屏障，还可穿过组织内皮细胞，将所载药物在细胞以及亚细胞水平释放。纳米载体有许多特性，包括可缓释药物、靶向输送和提高药物的稳定性等，这些特点使纳米载体应用于肿瘤药物输送，是其他输送体系所无法比拟的。

（4）MHC 及肿瘤异质性限制了肿瘤疫苗的使用范围

随着多种 B 淋巴细胞、T 淋巴细胞表位的确定，基于表位研究的疫苗成为肿瘤疫苗研究的新热点。由于这类疫苗对靶抗原的选择更精确，使免疫效果更有针对性，除了采用多种方法对抗原表位进行修饰外，多种表位串联的方法成为目前研究的一个重要方向。研究认为，多个表位串联后，可诱导机体对各个表位产生特异性免疫反应，单一表位同源串联可增强 ThI 型免疫反应，从而促进细胞介导的免疫反应。在 MHC 多态性使疫苗的应用范围缩小的情况下，多表位联合疫苗可以帮助解决这个问题。Roshni 等构建了针对人类淋巴细胞病毒 I 型的多价 CTL 表位串联的疫苗，结果证实其效果优于单个表位疫苗的免疫效果。在多肽疫苗中联合应用 CTL 表位、B 淋巴细胞表位和辅助性 T 淋巴细胞表位可增强免疫效能，可在产生和增强 CTL 免疫活性的同时，诱导有效的体液免疫反应。例如，Markwin 等研制了联合人乳头状瘤病毒（HPV）的 E6 和 E7 抗原的核酸疫苗，包括 CTL、辅助性 T 淋巴细胞和 B 淋巴细胞表位，免疫小鼠后，可使所有小鼠在肿瘤攻击中受到保护，并在泛素融合后效果加强。

虽然肿瘤疫苗的形式从自体瘤发展到异体瘤和树突状细胞疫苗，肿瘤疫苗的制备方法从简单的理化性质处理发展到细胞融合和基因工程修饰，肿瘤疫苗能产生特异性抗肿瘤效应，有的甚至进入临床试验。但是，肿瘤疫苗仍面临一系列需要思考和解决的问题：肿瘤疫苗的作用机制、不良反应、疫苗是否具有致瘤性、肿瘤特异性、肿瘤抗原的变异、肿瘤免疫耐受且机制复杂等。但无论如何，肿瘤疫苗作为一种高效、低毒的生物治疗方法，非常有应用前景。

5.5.5 流感疫苗的研发

流感病毒是属于正粘病毒科的单股负链 RNA 病毒，病毒直径为 80 ~ 120 nm，病毒呈球形或丝状，其包膜上含有血凝素（HA）和神经氨酸酶（NA）。根据 HA 及 NA 的差异病毒可被分为甲（A）、乙（B）、丙（C）和丁（D）四个亚型。A 和 B 型流感病毒可在禽类中传播，并可以感染人在内的哺乳动物；C 型流感病毒可感染人和猪；D 型流感病毒主要感染牛，目前尚不清楚是否能够感染人。目前，人类季节性流感的主要类型为 A 型和 B 型，每年产生 300 万 ~ 500 万严重流感病例，导致 25 万 ~ 50 万人丧生。

目前预防人类流感致病及传播流行的最有效的方法是接种疫苗。WHO 建议 5 类人群需接种流感疫苗，包括孕妇、0.5 ~ 5 岁儿童、老人、慢性疾病患者及医务工作者。

流感疫苗的形式包括灭活疫苗、减毒活疫苗、基因工程疫苗及核酸疫苗四类。

（1）灭活疫苗

流感病毒灭活疫苗可细分为全病毒灭活疫苗、裂解疫苗、亚单位疫苗等。

全病毒灭活疫苗即灭活的完整病毒粒子。生产过程简述如下：①将流感病毒接种于鸡胚尿囊腔中，2 d 后收获尿囊液，尿囊液中含有活病毒；②使用甲醛或多聚甲醛等试剂对病毒进行灭活；③使用离心及色谱的方法对尿囊液中的病毒进行浓缩和纯化，得到灭活病毒原液；④加入适当的佐剂即为流感全病毒灭活疫苗。但是这种方法在病毒分离和传代时会导致其抗原性的改变，且在批量生产时容易造成污染。近年来，使用非洲绿猴肾细胞（Vero 细胞）代替鸡胚成为流感疫苗生产的发展趋势。

全病毒灭活疫苗具有高的免疫原性及相对较低的生产成本，因此是较为常用的流感疫苗形式。然而，灭活疫苗仍存在许多缺陷，主要表现在：灭活疫苗是一种死疫苗，失去了病毒的自然感染能力，皮下接种只能刺激机体产生相应的 IgG 抗体，无法刺激呼吸道黏膜产生分泌型免疫球蛋白 A（sIgA），故不能有效地阻止病毒在呼吸道内繁殖；由于流感病毒具有很高的变异性，故需要每年接种，这无疑增加了接种的痛苦和潜在的感染风险；其保护作用有限，交叉保护作用很弱；由于存在病毒膜脂质成分，具有较强的反应原性，在儿童中的发热率高，故不适用于 12 岁以下的儿童。

裂解疫苗是使用合适的裂解剂裂解病毒，除去核酸及一些蛋白，保留 HA、NA 及部分基质蛋白（MP）和核蛋白（NP），而后进行进一步的纯化制备而成。

亚单位疫苗是在裂解疫苗的基础上进一步开发的新型疫苗，只包括病毒的 HA 和 NA 抗原蛋白，不含有基质蛋白和核蛋白。这类疫苗大大降低了副反应的发生，安全性较高，但免疫原性也大大削弱，常不能引起有效的免疫应答。

（2）减毒活疫苗

流感病毒减毒活疫苗是指对野生流感病毒进行改造，使其丧失大部分的致病性，而保留其抗原性的一类活病毒疫苗。减毒活疫苗相比于灭活疫苗具有更好的免疫原性，能够解决灭活疫苗在老人及儿童体内免疫原性低的问题，可通过滴鼻或鼻喷等方式给药，且在机体内产生的免疫反应可一定程度对不同型别的流感病毒产生交叉保护作用。

（3）基因工程疫苗

随着基因工程的发展，在大肠杆菌、酵母及昆虫细胞中表达重组蛋白这一技术越来越成熟。使用基因工程的方法制备流感疫苗也有越来越多的报道。例如，使用昆虫细胞 - 杆状病毒系统表达流感病毒 HA 蛋白所制备的含甲型 H1N1 流感病毒 HA、甲型 H3N2 流感病毒 HA 和乙型流感病毒 HA 的三价流感疫苗。

（4）核酸疫苗

其中一种流感疫苗是核酸疫苗，包括 DNA 疫苗及近年来越来越受关注的 mRNA 疫苗。流感 DNA 疫苗是将流感病毒的抗原蛋白的基因克隆至真核表达载体中而形成的能够在人体细胞中表达流感病毒抗原蛋白的质粒。当质粒注射至人肌肉组织后，能够在机体内表达抗原蛋白（如 HA、NA 蛋白等），进而激起人体的免疫反应。相比于蛋白形式的疫苗，DNA 稳定性更好；相比于减毒活疫苗，DNA 形式的疫苗不存在感染风险；DNA 疫苗可同时激起机体的体液免疫和细胞免疫。

mRNA 形式的流感疫苗发挥作用的机制与 DNA 疫苗相似，但相比于 DNA 疫苗，不需要经历 DNA 转运至细胞核内转录的过程，因此 mRNA 疫苗的表达效率优于 DNA 疫苗。

5.5.6 疫苗发展趋势

制备疫苗的传统方法一般用灭活的全病原菌或减毒株免疫宿主而获得。但是灭活疫苗一般需要注射 2 ~ 3 次才明显有效，多数仅产生体液免疫，抗原需求量大，制造工艺较烦琐。而减毒活疫苗抗原又不稳定，有毒力回升的可能，且存在制作周期长，容易失活，易污染其他病原等缺点。

近年来基于 DNA 重组技术，基因工程亚单位疫苗取得了成功。亚单位疫苗的制造具有安全性好及高产量的特点，但是筛选有效抗原成分工作量大，步骤烦琐。而近年来兴起的运用生物工程、生物信息学的方法研制疫苗获得了令人瞩目的成就。

（1）DNA 疫苗研究

DNA 疫苗的概念是由 Wolff 等提出的，他将裸露的 DNA 注射到小鼠肌肉，发现报告基因在小鼠的肌纤维内长期表达。DNA 疫苗以大肠杆菌质粒 DNA 为载体，表达其上的抗原 DNA，诱发全面的免疫应答。随后，DNA 疫苗开始应用到流感疫苗的研制。主要为编码血凝素 DNA、神经氨酸酶 DNA、核蛋白 DNA、膜蛋白 DNA 的疫苗。现在，DNA 疫苗正在被越来越广泛地应用到各种疾病和各个领域。

DNA 疫苗具有以下优点：①通过体内抗原合成和 MHC Ⅰ类抗原合成和抗原提呈诱导 CTL，提供有效的减毒活疫苗而没有受感染的风险；②无须刺激可以长期免疫，其机理可能是因为延长了抗体合成时间；③费用低、操作简单；④热稳定性好，避免通常所需低温操作；⑤将编码多个抗原的基因连在一个载体上可制成多价疫苗；⑥克隆简单，新疫苗能很快制成。

同时，DNA 疫苗也具有一些缺陷，如免疫原性低、免疫效果差和存在同宿主染色体发生整合、激活癌基因、诱生抗 DNA 抗体等潜在的危险性，这些都限制了它在临床上的应用。目前主要从以下几个方面对其进行优化：①优化核酸免疫载体，主要是增强载体表达水平及抗原的免疫原性；②优化保护性抗原编码序列，在 DNA 疫苗中导入同一病原体不同株的抗原；③筛选合适的佐剂，增强机体的免疫应答；④选择合适的接种途径，目前基因枪是一种较好的方法；⑤改进分离纯化工艺，超螺旋质粒 DNA 是比较理想的一种形式。

（2）反向疫苗学

传统的疫苗学方法要求病原体能在实验室条件下生长，耗费时间长而且要求抗原含量较丰富。随着病原体全基因组测序和生物信息学的发展，反向疫苗学得到了充分的发展和应用。其基本步骤如下。

① 获得病原微生物的基因序列。

② 通过基因组的数据库分析找出可能的表面相关蛋白的 ORF。主要通过以下几种方法对抗原进行标注：SCL 预测；黏附的可能性；跨膜区域的数目；与人类蛋白质的同源性；在相关菌株中的保守性；假定的功能。以上几种方法可以提供一个范围较小较精确、含可能疫苗较多的候选疫苗库。

③ 克隆基因、高通量表达、纯化筛选出蛋白质。

④ 通过免疫小鼠，结合免疫印迹、ELISA、FACS 等检测方法筛选出有效的蛋白质制备抗原。

反向疫苗学为用传统疫苗学方法研究失败的疑难疫苗的研制提供了一条新的途径。反向疫苗学在研制 B 群脑膜炎球菌疫苗中首次获得成功，通过基因芯片分析预测了 570 个表面或膜相关蛋白质基因并成功的克隆和表达了 350 个蛋白质，其中 22 个蛋白质可以产生抗体。为了进一步检测这些蛋白质是否对不同菌株有效，还对这些蛋白质在多种奈瑟氏脑膜炎双球菌的基因表达、不同时相变化和序列保守性进行了分析。结果表明，选出的大多数抗原都能诱导宿主对不同菌株产生交叉保护作用。随后，反向疫苗学被更广泛地应用到了其他病原微生物疫苗的制作上，如肺炎链球菌、牙龈卟啉单胞菌、金黄色酿脓葡萄球菌、肺炎衣原体、炭疽杆菌等的疫苗制备。此外，反向疫苗学还具有研制速度快，相对安全的优点，一般只需要 48 h 就能将一个待筛选基因组与其他所有相关的基因组作比对。

在此基础上，又发展出了全基因组反向疫苗学（pan-genome reverse vaccinology）与比较基因组分析反向疫苗学。全基因组反向疫苗学对相同菌种的多个菌落进行测序，克服了由基因在不同亚型的、不同生活史阶段的或变异菌株中表达不同引起的问题。比较基因组分析反向疫苗学方法是通过比较致病菌和非致病菌的基因组筛选致病菌特异性抗原制备疫苗的方法。

① 全基因组反向疫苗学　反向疫苗学的第二阶段。B 群链球菌通用的候选疫苗的研制就得益于对多个基因组的分析。B 群链球菌是引起新生婴儿疾病和死亡的重要原因。B 群链球菌有 9 种不同的血清型，然而，在欧洲和美国引起疾病的血清型主要属于 5 种血清型：Ⅰa、Ⅰb、Ⅱ、Ⅲ和Ⅴ。鉴于 B 群链球菌不同的株基因有显著的不同，仅一个基因组不能代表这个物种的多样性，因此无法选出合适的候选疫苗。对 5 个血清型的菌株进行测序比较可以定义 B 群链球菌全基因组。总的来说，全基因组有三种：核心基因组（core-genome），在所有株中都是保守的；非必需基因组（dispensable genome），在一些株中有但不是所有株都有；株特异性基因（strain-specific gene），仅在单个株中有。Maione 等运用全基因组的概念发现了 B 群链球菌疫苗。虽然找出 4 个能显著增加受感染小鼠成活率的抗原，但是生物信息学的分析表明只有一个抗原属于核心基因组，其余 3 个都属于非必需基因组。最终的疫苗是 4 种抗原的结合，产生了较好的效果。肺炎链球菌疫苗的研制也运用了全基因组反向疫苗学的方法。

② 比较基因组分析反向疫苗学　反向疫苗学的第三阶段。比较基因组分析的方法可以用于尿路致病性大肠杆菌疫苗的研制。比较尿路致病性大肠杆菌的基因组和其他非致病性大肠杆菌的基因组可以帮助鉴别尿路致病性大肠杆菌特异性致病蛋白，从而研制相应疫苗。

（3）抗独特型抗体疫苗

抗独特型抗体疫苗主要应用于肿瘤的免疫型制备。独特型指同一个体不同 B 淋巴细胞克隆产生的 Ig 分子所特有的抗原特异性标志，独特型由若干个抗原决定簇组成，又称为独特位，主要存在于 V 区。抗独特型抗体是机体针对抗体的独特型产生的抗体。独特型主要覆盖抗体的抗原结合部位，另一些分布于接近这一抗原结合部位的 V 区的骨架部分。抗独特型抗体有两种：针对骨架部位（α 型）和针对抗原结合部位（β 型）。Ab2β 因其抗原结合部位与抗原表位相似，并能与抗原竞争性地和 Ab1 结合，故又称为抗原内影像组。内影像组的独特型可模拟抗原，增强和放大免疫应答，可用于制作疫苗。采用模拟肿瘤相关抗原的 Ab2β 刺激机体的抗肿瘤免疫应答。

抗独特型抗体疫苗可以模拟抗原而不产生像传统抗原疫苗一样的副作用。其本质为蛋白质，因此还具有易扩增，可以大量生产的优点。抗独特型抗体疫苗自 Reinartz 等用抗卵巢癌单抗 OC125 的抗独特型抗体 ACA125 对 45 例晚期或复发的卵巢癌患者进行主动免疫治疗之后，已经在人结肠癌、乳腺癌、膀胱癌、黑色素瘤、鼻咽癌等多个领域进行了临床及临床前实验。

（4）多肽疫苗

抗原被抗原提呈细胞摄取后加工处理、降解为抗原肽片段并与胞内 MHC 分子结合，以抗原肽 / MHC 分子复合物的形式提呈给 T 淋巴细胞或 B 淋巴细胞识别。因此病原微生物蛋白的一部分肽段，在免疫动物后会产生一定的保护性免疫。多肽疫苗的制作多采用化学合成法，先用酶解及化学裂解蛋白片段法、演绎法、化学合成肽段法确定抗原决定簇肽段，然后合成多肽疫苗抗原。因基于表位的多肽疫苗设计需要对抗原决定簇有所了解，有人提出重叠的合成肽（overlapping synthetic peptides）疫苗方法，即合成一系列重叠连续的肽段再分别对它们进行检测。多肽疫苗已经用于乳腺癌疫苗的研究。

（5）重组活载体疫苗

重组活载体疫苗是将外源 DNA 片段插入某种载体，接种入宿主诱导免疫应答，使机体获得对插入基因相关疾病的抵抗力。如重组卡介苗（rBCG）、单核细胞增多性李斯特菌疫苗、沙门菌疫苗和大肠杆菌疫苗。

现代生物技术持续快速地发展，重组疫苗、联合疫苗以及 DNA 疫苗的成功开发以及全球性的计划免疫的不断深入，为人们展示了全球传染病预防和控制的良好前景，控制甚至消灭许多传染病的任务会在 21 世纪完成。

开放讨论题

随着理论与技术的发展，新疫苗的开发速度已经越来越快。人类虽然对有些疫苗（如 HIV 疫苗）进行了大量的研究与开发，但目前仍没有疫苗上市，试讨论可能的原因。

思考题

1. 传统疫苗和新型疫苗的分类有哪几种？各有何特点？
2. 疫苗的研制总体流程通常分为哪几个部分？一般疫苗的制备工艺流程分为哪几个步骤？
3. 在疫苗生产的发酵过程中，表达系统有哪几种？各具有什么样的优缺点？

4. 为了确保疫苗的安全性和有效性，生产者如何对疫苗的质量进行监控？
5. 对于批准上市的疫苗，是否需要对其安全性和有效性进行进一步的评价？
6. 治疗性肿瘤疫苗有哪几种，它们是如何发挥抗肿瘤效果的？
7. 在疫苗的不断发展的过程中，DNA 疫苗具有怎样的优点？
8. 反向疫苗与传统疫苗有何区别？请举例说明。

推荐阅读

1. BEKKER L.G，TATOCID R，DABIS F，et al. The complex challenges of HIV vaccine development require renewed and expanded global commitment［J］. Lancet，2020，395（10221）：384-388.

点评：该文主要介绍了 HIV 疫苗开发目前所面临的需求及挑战。

2. QIN H，SHENG J，ZHANG D，et al. New strategies for therapeutic cancer vaccines［J］. Anti-cancer Agents in Medicinal Chemistry，2019，19（2）：213-221.

点评：该文对肿瘤治疗型疫苗研发的新策略进行了综述。

3. PARDI N，HOGAN M J，PORTER F W，et al. mRNA vaccines：a new era in vaccinology［J］. Nature Review Drug Discovery，2018，17（4）：261-279.

点评：该文介绍了 mRNA 疫苗需要解决的问题、目前研究进展及未来发展方向等。

4. LIU M A. DNA vaccines: A review［J］. Journal of Internal Medicine，2003，253（4）：402-410.

点评：该综述介绍了 DNA 疫苗的作用机制，介绍了第一代 DNA 疫苗的缺陷及第二代 DNA 疫苗的发展趋势。

5. LIAO H X，LYNCH R，ZHOU T，et al. Co-evolution of a broadly neutralizing HIV-1 antibody and founder virus［J］. Nature，2013，496（7446）：469-476.

点评：本研究对一位来自非洲的感染 HIV 的患者，在 3 年中每周采集血液并进行分析，不仅发现了广谱中和抗体，而且研究了病毒和抗体如何协同发展的作用机制。这一发现将有助于研究人员找到能诱导产生预防多种 HIV 毒株感染的抗体蛋白，为 HIV 疫苗研发提供了新方向。

网上更多学习资源……

◆教学课件　◆参考文献

（吉林大学　于湘晖）

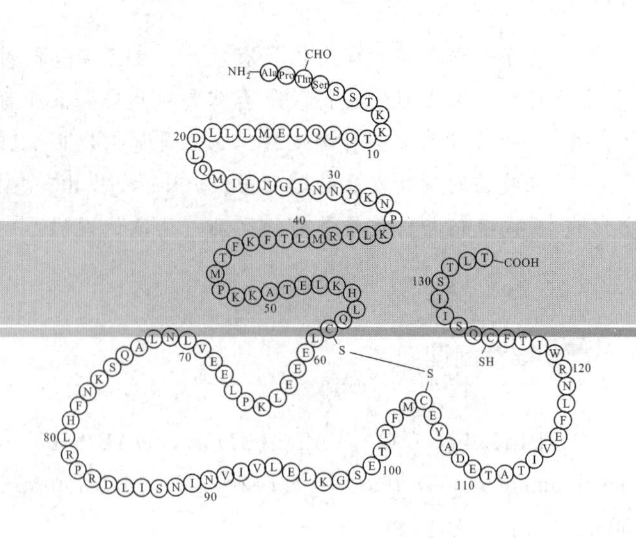

6 植物细胞工程制药

植物是重要的药物来源，但植物生长缓慢、产物复杂、有效组分含量低等特点限制了其在制药中的应用。而植物细胞培养能够克服植物的诸多缺点，且与动物细胞和微生物相比有其自身特点，在生物技术制药中越来越引起人们的重视。

植物细胞工程是以植物细胞为基本单位，应用细胞生物学、分子生物学等理论和技术，在离体条件下进行培养、繁殖或人为的精细操作，使细胞的某些生物学特性按人们的意愿发生改变，从而改良品种、制造新品种、加速繁育植物个体或获得有用物质的一门科学与技术。

本章将对植物细胞基本特征、培养技术及其工程应用进行介绍。

通过本章学习，可以掌握以下知识：

1. 植物细胞培养基本技术；
2. 植物细胞培养工艺和影响因素；
3. 常用植物细胞生物反应器的特征及应用；
4. 转基因植物与药物生产。

知识导图

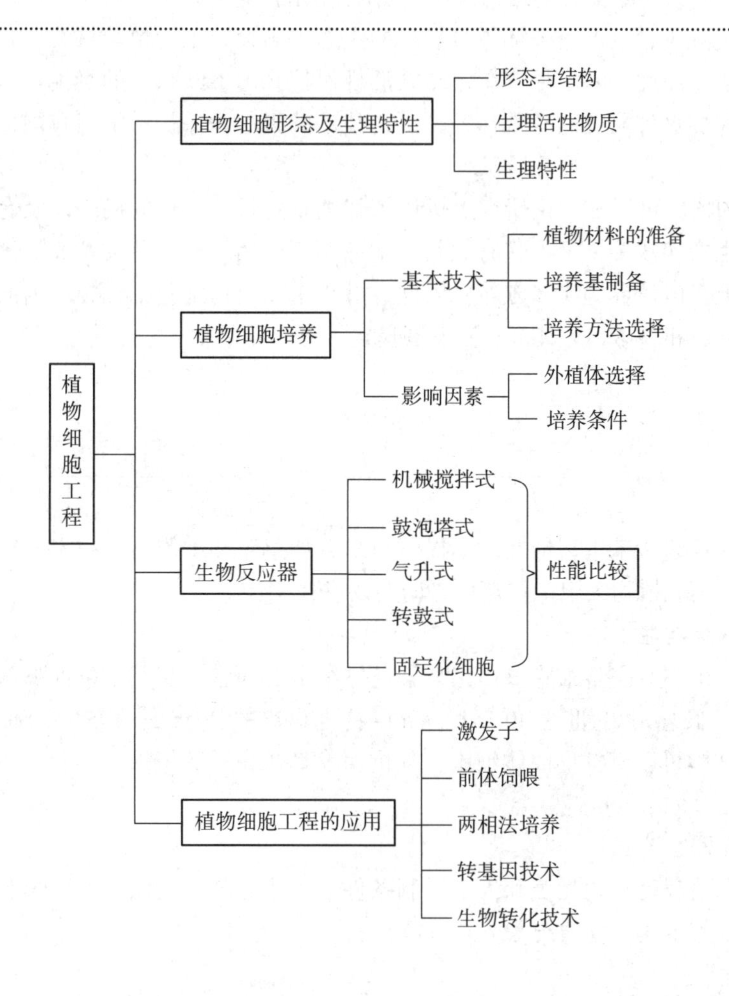

关键词

植物细胞工程　植物的分化　去分化　再分化　愈伤组织培养　器官培养　胚胎培养
分生组织培养　外植体　无性繁殖系　突变体　继代培养　两相培养法　激发子　前体饲喂

植物细胞工程主要由上游工程（包括细胞培养、细胞遗传操作和细胞保藏）和下游工程（将已转化的细胞应用到生产实践中，用以生产生物产品的过程）两部分构成。细胞工程所涉及的范围和内容相当广泛。20 世纪 70 年代中期，日本学者根据设计要求及研究对象中需要改造的遗传物质不同，把细胞工程分为基因工程、染色体工程、染色体组工程、细胞质工程、细胞融合工程 5 个方面，几乎包括了所有的细胞操作和遗传操作。也有人把生物工程中除基因工程以外的全部内容都称为细胞工程。但多数学者仍把生物工程细分为发酵工程、酶工程、细胞工程和基因工程。

尽管植物细胞工程已取得了令人瞩目的发展，但仍有一系列问题需要深入研究，如植物细胞全能性的本质、细胞分化机制和代谢途径的调控、培养细胞中的生理和遗传的变异、体细胞杂交和有性杂交的比较、不亲和性机制、细胞大规模培养的动力学参数的建立等。此外，细胞和组织培养方法的改进、细胞器的分离和引入、原生质体诱导融合和杂种细胞的培养筛选和鉴定、花粉和花药培养、培养细胞中有用成分的鉴别及分离分析方法的建立、试管苗的大规模繁殖和生产等亦需要进行深入细致的研究。此外，随着科学技术的进步，植物细胞工程也需要吸取和运用生物学中其他学科分支以及化学、物理学等学科的相关知识和技术，才能加速本学科的发展，为人类社会的发展和进步做出更大贡献。

中药材是一个具有数千年历史的医药宝库。传统药材中 80% 以上为野生，但由于盲目采掘，不仅使野生药材资源日益减少，还严重破坏了自然界的生态平衡；人工种植药材又面临品质退化、农药污染和种子带病等问题。因此，除了尽快制定政策法规保护我国不断减少的野生药材资源外，更加重要的是必须找到彻底改变这种局面的有效途径，生物技术的兴起为保护和发展我国传统中药材提供了机会和方法。

植物细胞工程的研究可以在理论研究上探讨植物细胞生长、分化的机制以及有关的细胞生理学和遗传学问题；而在生产实践中，又可将有关新技术应用于胚胎培养、茎尖培养、细胞融合、转基因植物、植物细胞大规模发酵培养等诸多领域。因此，近年来在植物细胞工程领域内的研究已越来越多地吸引了科学家们的关注和参与，为其进一步发展奠定了坚实的基础。

6.1 概述

植物细胞工程涉及诸多基本理论及实际操作技术，如组织和细胞培养技术，它是细胞遗传操作及细胞保藏的基础。下面就植物细胞工程常见名词加以解释。

（1）植物细胞的全能性

发现之路 6–1
植物细胞全能性的发现

植物体中任何一个具有完整细胞核（完整染色体组）的细胞，在一定条件下都可以重新再分化形成原来的个体。这一概念是 20 世纪 30 年代 White 首先提出的，1952—1953 年 Steward 等证实悬浮培养的单个胡萝卜体细胞可以直接形成体细胞胚并进而发育成完整的植株，第一次用实验方法证明了植物体细胞具有全能性（totipotency）。

（2）植物组织和器官培养

知识拓展 6–1
植物细胞全能性的成因

植物组织和器官培养是指在无菌和人工控制条件下（培养基、光照、温度等），研究植物的细胞、组织和器官以及控制其生长发育的技术。

（3）植物的分化

高等植物的分化（differentiation）可以分为胚胎发生和器官发生两个阶段。前者是从精子与卵细胞结合开始，分化为幼胚，进而发育为成熟胚和种子。种子在适宜的条件下萌发，通过器官分化过程，形成根、茎、叶、花和果实。

（4）去分化

已经分化的细胞、组织和器官在人工培养的条件下又变成未分化的细胞和组织的过程。表 6–1 给出分化与去分化（又称脱分化，dedifferentiation）的细胞和组织的主要区别。

表 6–1 分化与去分化的细胞和组织的主要区别

类别	分化细胞和组织	去分化细胞和组织
细胞学	有丝分裂，无液泡及蛋白体	无丝分裂为主，出现液泡及蛋白体
形态学	有特征，排列规则，有极性，如髓、分生组织等	没有特征，排列不规则，没有极性
生理学	有专一功能	没有专一功能
生物化学	有不同的化学组成和代谢方式	化学组成与代谢方式基本相同

（5）再分化

通过去分化诱导形成的愈伤组织在适宜的培养条件下可再分化（redifferentiation）成为胚状体或直接分化出器官。愈伤组织形成胚状体一般有两种途径：①由体细胞或性细胞，通过去分化形成胚状体；②通过愈伤组织直接形成胚状体。但不论何种途径，均可进一步发育成同母体相同的植株，即所谓的植物细胞全能性。

上述结果表明，植物愈伤组织的再分化是又回到分化的过程。假如我们把植物受精之后形成胚和种子的过程视为植物分化的正常过程，那么植物的去分化即应视为不正常的分化，而由愈伤组织再分化为胚状体则是由不正常的分化又回转到正常的分化。由此可见，植物细胞、组织和器官具有很大的可塑性，而这种特性为利用植物细胞工程来改良植物提供了可能性。

（6）植物无菌培养

植物无菌培养技术主要有：①幼苗及较大植株的培养，即植物培养。②从植物体的各种组织、器官等外植体，经去分化而形成的细胞聚集体的培养称为愈伤组织培养。③能够保持良好分散性的单细胞和较小细胞团的液体培养，称为悬浮培养（suspension culture）。在此培养条件下组织化水平较低。④植物离体器官的培养，如茎尖、根尖、叶片、花器官各部分原基或未成熟的花器官各部分以及未成熟果实的培养，称为器官培养（organ culture）。⑤未成熟或成熟的胚胎的离体培养，称为胚胎培养（embryo culture）。

（7）细胞培养

细胞培养是指利用单个细胞进行液体或固体培养，诱导其增殖及分化，其目的是为了得到单细胞无性繁殖系。

（8）分生组织培养

分生组织培养（meristem culture）又称生长锥培养，是指在人工培养基上培养茎端分生组织细胞。分生组织，如茎尖分生组织的部位仅限于顶端圆锥区，其长度不超过 0.1 mm。但实际通过组织培养技术进行植物的快速繁殖试验时往往并不是利用这么小的外植体，而是利用较大的茎尖组织，通常包括 1 ~ 2 个叶原基。

（9）外植体

外植体（explant）是指用于植物组织（细胞）培养的器官或组织（的切段），植物的各部位如根、茎、叶、花、果、胚珠、胚乳、花药和花粉等均可作为外植体进行组织培养。

（10）无性繁殖系

无性繁殖系（clone）又称克隆、无性系，在植物细胞工程中是指使用母体培养物反复进行继代培养时，通过同一外植体而获得越来越多的无性繁殖后代，如根无性系、组织无性系、悬浮培养物无性系等。在此培养过程中，局部组织无论在结构、生长速度以及颜色方面都表现出明显的区别，继续进行选择培养，则可从同一无性系分离形成两个或多个不同的系列，该系列称为无性系的克隆变异体（clonal variant）。

（11）突变体

经过确证已发生遗传变异或新的培养物至少是通过一种诱变处理而发生变异所得的新细胞，即为突变体（mutant）。为了与上述无性系相区别，由单细胞形成的无性系称为单细胞无性系；如果这种单细胞无性系是从同一组织分离得到的，并彼此不同时，则称为单细胞变异体。

（12）继代培养

由最初的外植体上切下的新增殖的组织，培养一代时间而称之为第一代培养。连续多代的培养即为继代培养（subculture），有时又称连续培养。但习惯上连续培养一词多指不断加入新的培养基，并连续收集培养物以保持平衡而进行的长期不转移的悬浮培养。

（13）次生代谢作用和次生代谢产物

以前，人们把除了核酸、核苷、核苷酸、氨基酸、蛋白质及糖类（这些成分通常称为初生代谢产物）以外，具有如下特征的成分称为次生代谢产物：①有明显的分类学区域界限；②其生物合成需在一定的条件下才能发生；③缺乏明确的生理功能；④是生命活动的多余成分。次生代谢作用的现代定义为：次生代谢作用是由特异蛋白质调控产生的内源化合物的合成、代谢及分解作用的综合过程。上述作用的结果导致了次生代谢产物的产生。次生代谢产物种类很多，主要有生物碱、黄酮类化合物、萜类、有机酸、木质素等。需要强调的是，随着科学技术的不断发展，很多过去认为“无用”的次生代谢产物（如萜类、多元酚类、皂苷类等）也显示出其明显（甚至独特的）的生理活性。越来越多生命活性物质的发现，进一步扩大了药学家研制开发新药的筛选范围。

6.2 植物细胞工程发展简史

19世纪上半叶，Schleiden和Schwann提出了细胞学说。细胞学说的发现对于辩证唯物主义的创立提供了有利的科学证据。20世纪初，德国著名植物学家Haberlandt依据细胞理论，首次提出了高等植物的器官和组织可以不断分割，直至单个细胞的观点。为了证实此论点，Haberlandt培养了高等植物的离体细胞，但在培养过程中尚未观察到细胞分化。其后众多学者进行了多年的研究，但限于当时的技术发展水平，进展不大。

20世纪20年代初至30年代，科学家在胚胎培养和器官培养领域中取得了一些成果。Hanning首次在无机盐溶液及有机营养成分的培养基上成功地培养了萝卜和岩荠（辣根菜）的胚，观察到离体胚均能正常发育，同时发现有促进提早萌发成苗的事实。我国植物生理学先驱李继侗教授在20世纪30年代就进行过银杏离体胚的培养，发现3 mm以上大小的胚能够正常生长，并观察到银杏胚乳提取物能促进离体胚的生长，这对于利用植物胚乳、幼小种子以及果实的提取物促进培养组织的生长具有重要意义。1934年，White用番茄离体根成功地进行了培养试验，并建立了第一个生长活跃的无性繁殖系。Kogl于1934年分离和确认了生长素吲哚乙酸（indole-3-acetic acid，IAA）；同年White用已感染烟草花叶病毒的番茄植株离体根进行了培养试验，发现根尖的不同部位含病毒的浓度不同，生长旺盛的分生区病毒浓度很低，而成熟区则很高。1937年，White还发现B族维生素对离体根的生长具有重要作用。

30年代末至40年代，研究工作主要集中在植物细胞器官与营养需求之间的关系。1941年，Overbeek在曼陀罗幼胚的培养基中，以椰子乳为附加物进行实验，结果发现幼胚可以成熟。在茎尖培养方面的最早研究工作源自我国著名学者罗士韦，1946年他利用寄生植物菟丝子茎尖培养，并观察到花的形成。此研究对于后人用组织培养方法诱导花芽形成起到了积极作用。

20世纪40年代末到50年代，植物组织培养进入了一个崭新阶段。Skoog和我国学者崔澄在研究烟草茎段和髓培养及其器官形成的工作中，发现腺嘌呤或腺苷能够解除培养基中生长素（IAA）对芽形成的抑制作用，并诱导芽的形成，确定了腺嘌呤与生长素的比例是控制芽和根形成的主要条件之一。研究结果显示：腺嘌呤与生长素的比例高时，产生芽；比例低时，则形成根。Miller等于1956年发现了激动素（kinetin，KT），后来又发现激动素亦可促进芽的形成，其效力约为腺嘌呤的30 000倍。1956年，Routie和Nickell在一篇专利中首次提出利用细胞培养技术来生产有用的次生代谢产物。

20世纪60年代初，Cocking等首次利用真菌的纤维素酶成功地分离出植物的原生质体。Murashige和Skoog于1962年开发了化学成分完备的生长培养基（后人将其称为Murashige & Skoog Medium，或简称为MS培养基），为植物细胞培养及其次生代谢产物的生产奠定了坚实的基础。

20世纪60年代至70年代中叶的主要工作是开发培养基和研究培养方法，对植物细胞生理、生化代谢及生物反应器对植物细胞生理状态的影响知之较少，而次生代谢产物产率低则是制约商业化开发的主要障碍。

1975年至1985年期间，科学家们主要进行了优化细胞生长和次生代谢产物形成的研究，二者的结合，导致了紫草两段培养法生产紫草宁及其衍生物商品的诞生（1983年）。

植物细胞培养工程在经历了20世纪80年代后期的低潮以后，在20世纪90年代初又焕发了新的活力。科学家们进行了深入的研究和开发工作，特别是现代分子生物学技术的应用。利用红豆杉（*Taxus wallichiana* var. *chinensis*）细胞培养生产抗癌新药紫杉醇（taxol），是近十年来推动本领域快速发展的热点与动力，Phyton公司已在75 000 L反应器中培养红豆杉细胞生产紫杉醇，显示了光明的前景。

如上所述，植物细胞工程已经取得很大发展，并将继续在其他有关学科的拉动下迈上新的台阶。但也必须清醒地认识到，如何将植物细胞工程技术与我国传统的中医药研究相结合，是分子生物学家、中医药学家以及其他生物学家面临的一个新的极富挑战性的课题。

6.3 植物细胞的形态及生理特性

6.3.1 植物细胞的形态

植物细胞是构成植物体的基本单位。而藻类中的衣藻、小球藻等则属于单细胞植物。植物细胞的形状多种多样，随植物种类、存在部位和机能的不同而异。游离的或排列疏松的薄壁细胞多呈球形、类圆形和椭圆形；排列紧密的细胞多呈角形；具有支持作用的细胞，细胞壁常增厚，呈类圆形、纺锤形等；具有输导作用的细胞则多呈管状。

植物细胞的大小差别很大。种子植物薄壁细胞的直径在20～100 μm之间，贮藏组织细胞的直径可达1 mm。苎麻纤维一般为200 mm，有的可达500 mm以上。最长的细胞是无节乳汁管，长达数米至数十米不等。

6.3.2 植物细胞的结构特征

生物细胞分为原核细胞和真核细胞两种。真核细胞有典型的、为双层膜所包被的细胞核，原核细胞中只有类核，没有核膜包被，常常就是一条DNA，其周围即为细胞质。高等植物的细胞均为真核细胞。

在光学显微镜下，细胞壁、细胞核、液泡以及植物细胞内一些较大的结构容易辨认出来，但植物细胞内部的细微结构（图6–1，表6–2）只有在透射电子显微镜下才能观察到。

植物细胞由细胞壁和原生质体两大部分组成。原生质体包括细胞质、细胞核和液泡。细胞质和细胞核组成原生质（protoplasm）。后含物（ergastic substance）常存在于细胞质和液泡中。与动物细胞与微生物细胞相比，植物细胞有3个特点，即具有细胞壁、液泡和质体（如叶绿体）（表6–2）。

知识拓展6–2
后含物

植物细胞的基本特征是含有刚性的细胞壁和大的液泡。细胞壁又分为初生壁和次生壁，有些植物细胞的初生壁内侧尚有次生壁。纤维素是构成初生壁和次生壁的基本成分。细胞质充满在细胞壁和细胞核之间，是细胞中有生命的部分，含有各种细胞器和细胞生命活动所需的基本物质。

6.3.3 植物细胞的主要生理活性物质及其他化学组分

细胞中除含有有生命的原生质体外，还有许多非生命的物质，它们均为细胞代谢过程中的产物。一类是生理活性物质，对细胞内生化代谢和生理活动起着调节作用，含量虽少，但生理作用却非常重要，如酶、维生素、植物激素和抗生素等。另一类为后含物，系贮藏物质或废弃物质，分布于液泡内，如生物碱、有机酸、挥发油、糖类、无机盐等。

（1）生理活性物质

生理活性物质是一类对细胞内的生化反应和生理活动起调节作用的物质的总称，包括酶、维生素、植物激素和抗生素等。

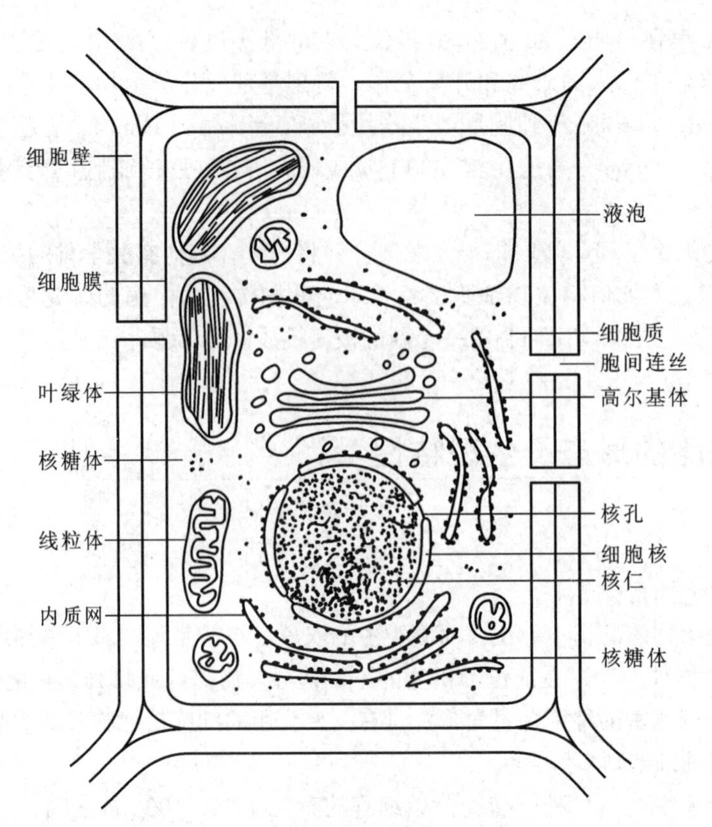

图 6–1 典型植物细胞模式图

表 6–2 植物细胞的组成

细胞壁（cell wall）

初生壁（primary wall），厚 1 ~ 3 μm

次生壁（secondary wall），厚 4 μm 以上

胞间层（intercellular layer）

胞间连丝（plasmodesma），粗 40 ~ 100 nm

原生质体（protoplast），直径 10 ~ 100 μm

细胞质（cytoplasm）

质膜（plasmalemma），厚约 7.5 μm

液泡膜（vacuole membrane），厚约 7.5 nm

微管（microtubule），粗 18 ~ 27 nm，长数纳米至数微米

微丝（microfilament），粗 5 ~ 7 μm

内质网（endoplasmic reticulum），膜厚 7.5 nm

核糖体（ribosome），直径 15 ~ 25 nm，每个细胞中有 $5 \times 10^5 \sim 50 \times 10^5$ 个

高尔基体（Golgi body），直径 0.5 ~ 2.0 μm

线粒体（mitochondrion），直径 1 ~ 5 μm，每个细胞中有 50 ~ 2 000 个

质体（plastid）

前质体（proplastid）

白色体（leucoplast）

续表

造粉体（amyloplast）
叶绿体（chloroplast），直径 5 ~ 20 μm，每个细胞中有 50 ~ 200 个
有色体（chromoplast）
微体（microbody），直径 1 ~ 5 μm，每个细胞中有 500 ~ 2 000 个
圆球体（spherosome），直径 0.5 ~ 2.0 μm
细胞核（nucleus），直径 5 ~ 20 μm
核膜（nuclear membrane），厚 20 ~ 50 nm
核质（nucleoplasm）
染色质（chromatin）
核仁（nucleolus）

① 酶　酶（enzyme）是一种有机催化剂。生物体内的化学反应几乎都是在酶的催化下进行的。酶的作用具有高度专一性，如淀粉酶只作用于淀粉，使淀粉变成麦芽糖；蛋白酶只作用于蛋白质使其变为氨基酸；脂肪酶作用于脂肪，使其变成脂肪酸和甘油。酶的种类很多，但某些酶的作用具有可逆性，既能促进物质的分解，也能促进物质的合成。酶反应一般在常温、常压、中性水溶液中进行，高温、强酸、强碱和某些重金属离子会使其失活。酶的催化效率极高，一个酶分子在 1 min 内可催化数百个至数百万个底物分子的转化，而酶本身并不被消耗。

② 维生素　维生素（vitamin）是一类复杂的有机物，常参与酶的形成，对植物的生长、呼吸和物质代谢有调节作用，如对难以生根的植物，用维生素 B_{12} 处理后可促进不定根的生长。

③ 植物激素　植物激素（phytohormone）是植物细胞原生质体产生的一类复杂的调节代谢的有机物质，对生理过程（如细胞分裂和繁殖）产生作用，其量虽微，但作用甚大。

④ 抗生素和植物杀菌素　抗生素（antibiotic）是由微生物产生的能杀死或抑制某些微生物生长的物质，如青霉素、链霉素等。高等植物如葱、蒜、辣椒、萝卜等也能产生杀菌的物质，称为植物杀菌素。

（2）其他成分

① 生物碱　生物碱（alkaloid）是一类含氮的有机化合物，广布于植物界。茄科、罂粟科、小檗科、豆科、夹竹桃科等植物含生物碱较多。有多种生物碱被用于中草药，如麻黄碱、咖啡因、阿托品、奎宁、小檗碱（黄连素）等，均具显著的生理活性，且很多已被广泛应用于临床。

② 糖苷　糖苷（glycoside）是指某些有机化合物和糖分子经半缩醛羟基缩合而成的化合物，例如黄酮苷是黄酮苷元和糖连接而成。很多糖苷类化合物对疾病都有很好的治疗作用，如洋地黄毒苷有强心作用；大黄中的蒽醌苷有强烈的泻下作用；紫草中的紫草宁是紫草中蒽醌类化合物的总称，除作为天然色素（用于口红等化妆品）外，尚具有很好的抗癌活性。

③ 挥发油　挥发油（volatile oil）是一类具有芳香气味，在常温下易于挥发的油类。在伞形科、姜科、唇形科等植物中多有分布。很多挥发油可作药用，如薄荷油、丁香油、桉油等。

④ 有机酸　有机酸（organic acid）是糖类代谢的中间产物。植物果实中酸味以及细胞液的酸性反应，主要是由于有机酸的存在。常见的植物有机酸有：苹果酸、柠檬酸、水杨酸、酒石酸等。

6.3.4 植物细胞培养的生理特性

由于植物细胞自身的特性，所以植物细胞的培养条件与动物细胞、微生物细胞培养差别很大。表 6–3 比较了植物细胞与动物细胞、微生物细胞培养条件的主要异同点。

表 6-3 植物细胞与动物细胞、微生物细胞培养条件的比较

特征	动物细胞	植物细胞	微生物细胞
大小 /μm	10 ~ 100	10 ~ 100	1 ~ 10
生长形式	悬浮、贴壁	悬浮	悬浮
营养要求	很复杂	很复杂	简单
倍增时间 /h	15 ~ 100	20 ~ 120	0.5 ~ 5
细胞分化	有	有限分化	无
环境影响	非常敏感	敏感	一般
细胞壁	无	有	有
产物存在部位	胞内或胞外	胞内或胞外	胞内或胞外
产物浓度	低	低	高
含水量 /%	—	约 90	约 75
供氧需求（K_La）	1 ~ 25	20 ~ 30	100 ~ 1 000
产物种类	疫苗、单抗、酶、生长因子、激素、免疫调节剂	酶、天然色素、天然有机化合物等	发酵食品、抗生素、有机化合物、酶等

表 6-4 为植物培养细胞不同生长阶段的持续时间及特征。由表 6-4 可知，植物培养细胞重量的增加主要是取决于对数期，而次生代谢产物的累积则主要在稳定期完成。如前所述，植物细胞与哺乳动物细胞及微生物细胞有很多不同，并由此导致了一系列生理生化等方面的差异，比如混合与传质等。就植物培养细胞而言，它们很少以单一细胞悬浮生长，而多以非均相集合体的细胞团形式存在。根据细胞系的来源、培养基及培养时间等的不同，细胞团的细胞数目在 2 ~ 200 之间，直径为 2 mm 左右。这种细胞团产生的原因有二：①细胞分裂之后没有进行细胞分离。②在间歇培养过程中细胞处于对数生长后期时，开始分泌黏多糖和蛋白质，或者以其他方式形成黏性表面，从而形成细胞团。当细胞密度高、黏度大时，就容易产生混合和循环不良的问题。此外，植物细胞形态上的另一个特性，就是其纤维素细胞壁使得其外骨架相当脆弱，表现为抗张力强度大，抗剪切能力小，故传统的搅拌式生物反应器容易损坏植物细胞的细胞壁。再者，植物细胞培养基黏度比较高，且随培养时间的延长，细胞数量呈指数上升。有些细胞在培养过程中容易产生黏多糖，这也是植物细胞培养基黏度增加的原因之一。

表 6-4 植物培养细胞不同生长阶段的持续时间及特征

生长阶段	持续时间	特征
延迟期（lag phase）：细胞分裂的初始期和最大生长期之间	取决于培养前的条件、时期和培养基性质	细胞数量近恒定，干重、细胞壁厚度达最大，高 RNA 含量，高蛋白质合成能力，高多聚核糖体含量，有丝分裂加速，细胞的细胞质部分增加
加速期（acceleration phase）：细胞生长最大生长期和最大细胞浓度，最佳 DNA 和蛋白质累积率	3 ~ 4 代	干重恒定，细胞数、DNA 和蛋白质浓度增加，有丝分裂活性、RNA 含量和蛋白质合成能力降低
对数期（log phase）：介于最大生长期和蛋白质合成完全停止期之间		细胞鲜重、干重及 RNA 酶活性增加，蛋白质合成能力完全减退，多聚核糖体浓度向有利于单核糖体和寡核糖体形成的方向降低
稳定期（stationary phase）：细胞数稳定		细胞高度液泡化、极度脆弱、高度分化及有机化合物的高浓度

所有的植物细胞都是好氧性的，因此培养过程中需要不断地供氧。但是，与微生物细胞不同的是，植物细胞并不需要很高的气液传质速率，而是要控制供氧量，以保持较低的溶氧水平。此外，大多数植物细胞液体培养的 pH 为 5 ~ 7，在此 pH 水平，通气速率过高会驱除二氧化碳而抑制细胞生长，这可通过在通气过程中加入一定浓度的二氧化碳来解决。需指出的是，植物培养细胞的碳源供应仅有很少一部分是通过光合作用实现的，这是由于入射光的穿透性不强所导致的植物培养细胞的光合作用效率低下的缘故。此外，在培养细胞数量很多时，很难实现同一水平的光照，并可能出现局部过热的问题。

植物细胞液体培养过程中的泡沫问题并不如微生物细胞培养那么严重，泡沫的特性也不一样，其产生的气泡比微生物培养系统中的大，而且由于含有蛋白质或黏多糖，其黏度较大，细胞极易被包埋在泡沫中，并从循环的培养基中带出来，这就造成了非均相培养；通常要采用化学或机械的方法加以控制，否则，随着泡沫和细胞数目的增加，混合和培养过程的稳定性就要受到影响。

在植物细胞液体培养过程中，细胞可能会黏附于培养的生物反应器壁、电极或挡板的表面上。对于细胞的表面黏附及其在生物反应器壁上的生长特性，是人们目前正在研究的重点课题之一。通过改变培养基中某些离子成分，可使表面黏附问题得到一定程度的改善。

6.4 植物细胞培养的基本技术

植物细胞培养的基本技术包括植物材料的准备、培养基制备、培养方法选择等。

6.4.1 植物材料的准备

用于植物组织培养的外植体，必须是无杂菌材料。如果不是取自种质库，而是来自温室甚至生长在大田中的植物种子、幼苗、器官、组织等，由于其可能带有多种生长非常迅速的微生物，在培养基中会大量繁殖，从而抑制培养物的生长。因此培养前必须对外植体进行严格的灭菌处理。

用于植物组织培养的表面灭菌剂很多，原则上应尽可能选择那些灭菌后易于除去或容易分解的试剂。灭菌剂的选择和处理时间的长短取决于所用材料对试剂的敏感性：敏感的外植体的灭菌时间不宜过长；对于不敏感的外植体，灭菌时间则应适当延长。常用灭菌剂的灭菌效果见表 6–5。

表 6–5 常用灭菌剂的效果比较

灭菌剂	使用浓度	去除难易程度	灭菌时间 /min	效果
次氯酸钙	9% ~ 10%	易	5 ~ 30	很好
次氯酸钠	0.5% ~ 5%	易	5 ~ 30	很好
过氧化氢	3% ~ 12%	极易	5 ~ 15	好
溴水	1% ~ 2%	易	2 ~ 10	很好
硝酸银	1%	较难	5 ~ 30	好
氯化汞	0.1% ~ 1%	较难	2 ~ 10	极好
抗生素	4 ~ 50 mg · L^{-1}	中	30 ~ 60	较好

常用的灭菌剂有次氯酸钙、次氯酸钠和氯化汞。次氯酸钙国内多用市售工业用漂白粉，因有效氯含量不稳定，故常用其过滤后的过饱和溶液。该溶液特别适用于草本植物和柔软组织的灭菌处理，灭菌时间一般为 5 ~ 30 min。氯化汞灭菌效果最好，但去除也最困难，且灭菌时间不宜过长，以免

损伤或杀死植物细胞。氯化汞作为休眠种子的灭菌剂最为理想，适用浓度为 0.1%，灭菌时间一般为 2 ~ 10 min，用于有较厚种皮的休眠种子灭菌时，可延长到 20 min 或更长时间。

表 6–6 列出了不同植物组织（器官）的灭菌时间和顺序。在每年的 6 月至 9 月，气候温暖潮湿，是各种霉菌繁殖高峰季节，灭菌处理更要特别严格，以尽可能降低微生物的污染机会。

表 6–6　不同植物组织（器官）的灭菌时间和顺序

器官	灭菌顺序			
	灭菌前处理	灭菌	灭菌后处理	备注
种子	无水乙醇中浸泡 10 min，再用无菌水漂洗	100 g · L^{-1} 次氯酸钙溶液浸泡 20 ~ 30 min，再用 10 g · L^{-1} 溴水浸泡 5 min	无菌水洗 3 次，在无菌水中发芽；或无菌水洗 5 次，在湿无菌滤纸上发芽	用幼根或幼芽发生愈伤组织
果实	无水乙醇漂洗	20 g · L^{-1} 次氯酸钠溶液浸泡 10 min	无菌水反复冲洗，再剖除内部组织的种子	获得无菌苗
茎切段	自来水洗净，再用乙醇漂洗	20 g · L^{-1} 次氯酸钠溶液浸泡 5 ~ 30 min	无菌水洗 3 次	
贮藏器官	自来水洗净	20 g · L^{-1} 次氯酸钠溶液浸泡 20 ~ 30 min	无菌水洗 3 次，滤纸吸干	
叶片	自来水洗净，吸干，再用无水乙醇漂洗	1 g · L^{-1} 氯化汞溶液浸泡 1 min 或 20 g · L^{-1} 次氯酸钠溶液浸泡 15 ~ 20 min	无菌水反复冲洗，滤纸吸干	选取嫩叶、叶片平放在琼脂上

植物材料灭菌后，即可进行培养。接种的外植体的形状和大小则要根据试验目的酌情而定。当然，如果所用外植体细胞数较多时，得到愈伤组织的机会必然也多。如需定量研究愈伤组织，则不仅外植体的大小要一致，而且其形状及组织部位也应基本一致。进行该类研究常常选用较大的试验材料，如人参、胡萝卜或甜菜的贮藏根、马铃薯的块茎等。

6.4.2　培养基及其组成

培养基实际上是植物离体器官、组织或细胞等的“无菌土壤”，其特点是营养成分的可调控性。

植物组织和细胞培养所用培养基种类较多，但通常都含有无机盐、碳源、有机氮源、植物激素、维生素等化学成分。表 6–7 列出了几种常用的基本培养基。其中应用最广的是 MS 培养基和 LS（Linsmaier & Skoog）培养基。在植物细胞培养所用培养基中，一些必需营养元素如氮、磷、钾、钙、镁等的加入与否、浓度的高低、各组分的相对浓度等都会对培养结果产生重大影响，甚至起到关键性的作用。

（1）无机盐

基本培养基是由各种浓度的无机盐溶液组成的，这些无机盐又有大量元素和微量元素之分。大量元素是指使用浓度大于 30 mg · L^{-1} 的无机元素，包括氮、硫、磷、钾、镁、钙、氯和钠。而微量元素是指浓度低于 30 mg · L^{-1} 的无机元素，如铁、硼、锰、碘和钼，以及极微量的铜和锌。某些情况下还可加入镍、钴或铝。这些微量元素作为辅因子或对酶合成而言，都是必需的，如镍对脲酶的合成就是至关重要的。

磷是以磷酸盐的形式提供的，使用浓度一般在 1.10 ~ 1.25 mmol · L^{-1} 之间。由于磷可被快速吸收并与其他成分相互作用而被消耗殆尽，所以，磷的缺失现象很早就可能出现。但另一方面，培养物本身又可通过酸性的磷酸酯酶释放出磷而满足自身需要。大多数培养基中的氮都是以铵盐和硝酸盐的形式提供的。由于硝酸盐的利用需要硝酸还原酶的存在，所以，有些情况下人们更喜欢使用铵盐。目

表 6-7 基本培养基的组成（单位：mg · L^{-1}）

成分	培养基名称							
	Gamborg's B5	Heller's salts	Linsmaie & Skoog	Murashige & Skoog	Nitsh's H	Schenk–Hildebrandt	Takebe salts	White's S–3
$AlCl_3$	–	0.03	–	–	–	–	–	–
$CaCl_2 \cdot 2H_2O$	150.0	75.0	440.0	440.0	166.0	200.0	220.0	–
$Ca(NO_3)_2 \cdot 4H_2O$	–	–	–	–	–	–	–	300.0
$CoCl_3 \cdot 6H_2O$	0.025	–	0.025	0.025	–	0.1	0.025	–
$CuSO_4 \cdot 5H_2O$	0.025	0.03	0.025	0.025	0.025	0.2	0.025	–
$FeCl_3 \cdot 6H_2O$	–	1.0	–	–	–	–	–	–
$Fe_2(SO_4)_3$	–	–	–	–	–	–	–	2.5
$FeSO_4 \cdot 7H_2O$	27.8	–	27.85	27.8	–	15.0	27.85	–
H_3BO_3	3.0	1.0	6.2	6.2	10.0	5.0	6.2	1.5
KCl	–	750.0	–	–	–	–	–	65.0
KH_2PO_4	–	–	170.0	170.0	68.0	–	680.0	68.0
KI	0.75	0.01	0.83	0.83	–	1.0	0.83	0.75
KNO_3	2 500.0	–	1 900.0	1 900.0	950.0	2 500.0	950.0	80.0
$MgSO_4 \cdot 7H_2O$	246.0	250.0	370.0	370.0	185.0	400.0	1 223.0	720.0
$MnSO_4 \cdot H_2O$	10.0	–	16.897	–	–	10.0	16.9	–
$MnSO_4 \cdot 4H_2O$	–	0.1	–	22.3	25.0	–	–	7.0
NaH_2PO_4	–	–	–	–	–	300.0	–	16.5
$NaH_2PO_4 \cdot H_2O$	150.0	–	–	–	–	–	–	–
$NaH_2PO_4 \cdot 2H_2O$	–	141.0	–	–	–	–	–	–
$NaNO_3$	–	600.0	–	–	–	–	–	–
Na_2EDTA	–	–	–	37.3	–	20.0	37.3	–
$Na_2EDTA \cdot 2H_2O$	–	–	37.25	–	–	–	–	–
$Na_2MoO_4 \cdot 2H_2O$	0.25	–	0.25	0.25	0.25	0.1	0.25	–
Na_2SO_4	–	–	–	–	–	–	–	200.0
NH_4NO_3	–	–	1 650.0	1 650.0	720.0	–	825.0	–
$(NH_4)_2SO_4$	134.0	–	–	–	–	–	–	–
$NiCl_2 \cdot 6H_2O$	–	0.03	–	–	–	–	–	–
$ZnSO_4 \cdot 7H_2O$	2.0	1.0	10.58	8.6	10.0	1.0	8.6	3.0
肌醇	100.0	–	100.0	100.0	–	1 000.0	100.0	–
烟碱酸	1.0	–	–	–	–	5.0	–	–
泛酸	0.4	–	–	–	–	–	–	–
盐酸吡咯醇	1.0	–	–	–	–	5.0	–	–
核黄素	0.015	–	–	–	–	–	–	–
盐酸硫胺素	10.0	–	0.4	0.1	–	5.0	10.0	–

前，有人尝试用其他形式的氮源（如苏氨酸、甘氨酸、缬氨酸等氨基酸）来替代铵盐或硝酸盐，但其成本往往很高。

镁离子、钾离子和钙离子对细胞的代谢来说是不可缺少的。如镁离子是物质转运过程中的必需因子之一，参与多种酶的辅酶和激活子的合成。钾离子和钙离子具有抑制某些酶（如糖酵解中的丙酮酸激酶）活性的作用，但有时钙离子也能起到保持某些酶（如 NAD 激酶、蛋白激酶、α－淀粉酶）的活性或稳定性的作用。

微量元素铁、锰、锌、铜、钼、硼、钴和镍的作用是参与辅因子的形成，并可诱导酶的合成，如镍在烟草、水稻和大豆细胞悬浮培养中诱导脲酶的合成。硼对膜的功能、通透性等均有十分重要的作用，并因而影响膜的固定过程，如影响腺苷三磷酸酶（ATP 酶）、膜势、离子流和植物激素的代谢作用。如缺铁，则可导致 DNA 及游离氨基酸的增加和 RNA 含量的降低。

（2）碳源

植物细胞培养物通常均为异养细胞。因此，人们经常使用糖类、肌醇作为碳源，有时也用甘油等物质代替。有些培养物还可通过同化二氧化碳而获得所需的能量，即所谓光自养培养物。在某些情况下，培养基固化剂（如琼脂等）也可作为补充能量和碳源使用。

此外，某些天然提取物对愈伤组织的诱导和培养也有重要意义，如椰子乳（椰子的液体胚乳），常用浓度为 10%；也可使用 0.5% 的酵母提取物或 5%～10% 的番茄汁等。

（3）植物激素

知识拓展 6-3
植物生长调节剂的分类

植物激素是指植物代谢过程中自身形成的植物生长调节剂，在极低浓度（$<1\ \mu mol \cdot L^{-1}$）时即能调节植物的生长和发育过程，并能从合成部位转运到作用部位而发挥作用。植物激素只限于天然产生的调节物质。到目前为止，已发现植物组织中可以形成 6 种植物激素，即生长素、细胞分裂素、赤霉素、脱落酸、油菜素内酯和乙烯。植物生长调节剂既包括人工合成的具有生理活性的化合物，也包括上述的植物激素以及某些天然化合物。

生长素是最早被发现的植物激素。1934 年 Kogl 从人尿中分离得到一种能诱导胚芽鞘向光性弯曲的成分，该化合物即吲哚乙酸（indole-3-acetic acid，IAA）。其后，Thimann 也从植物中分离出该激素纯品。IAA 是第一个被发现的内源激素，又是最先被人工合成的生长调节剂。除 IAA 外，其他常用的生长素还有萘乙酸（naphthalene acetic acid，NAA）、2,4- 二氯苯氧乙酸（2,4-dichlorophenoxyacetic acid，2,4-D）等。愈伤组织或培养细胞的生长和生存依赖于合成的生长素（如 2,4-D，NAA）或天然生长素（如 IAA）。生长素可诱导特异酶类，包括与 RNA 合成有关的酶。不同生长素的诱导强度各异，如在野胡萝卜（*Daucus carota*）悬浮细胞培养中，2,4-D 的作用比 IAA 强 20 倍。细胞分裂素是一类促进细胞分裂及其他生理作用的化合物。1955 年 Skoog 等在进行烟草髓的组织培养中，例外地使用了变异的 DNA，但却发现了一种促进细胞分裂、加速愈伤组织生长的物质。新鲜 DNA 须经高压灭菌后方能分离出这种活性物质。经鉴定，该物质为 6- 呋喃甲基腺嘌呤（N^6-furfuryladenine，6-FA），并命名为激动素，这是首次发现的细胞分裂素。常用的细胞分裂素还有 6- 苄基腺嘌呤（N^6-benzyladenine，6-BA）、玉米素（zeatin）、异戊烯基腺嘌呤（N^6-isopentenyladenine，2-iP）等。

植物组织和细胞培养物的生长过程主要取决于生长素和细胞分裂素的比例。高浓度生长素和低浓度细胞分裂素刺激细胞分裂，而低浓度生长素和高浓度细胞分裂素则刺激细胞生长，但过量的赤霉素和酚类化合物能掩盖上述现象。对正常生长的植物体来说，其自身也合成一定量的内源激素，以保证植物各组织、器官的正常分化、生长。但对植物培养细胞来说，除了极个别植物组织具有合成足够量内源植物激素的能力外，绝大多数植物组织和细胞培养基中均须加入一定量的植物激素，当然少数培养物在经历了多次继代培养后也可能自发成长为激素自养型，即不加入外源植物激素它们也能够进行去分化生长、增殖，这样的驯化细胞具有表型不稳定的特征，而不同于体细胞突变。使用此类组织的优点是其生长率高和费用低（无须外源激素的加入）。此外，由于含有双酚脲类成分，天然培养基的成分可可奶具有类似细胞分裂素的作用。

（4）有机氮源

植物组织和细胞培养中使用较多的有机氮源为蛋白质水解产物（如谷氨酰胺）或各种氨基酸。有机氮源对细胞的早期生长有利，氨基酸的加入主要是为了代替或增加氮源的供应，但应注意的是苏氨酸、甘氨酸和缬氨酸可通过灭活位于叶绿体和细胞质上的谷氨酸合成酶而降低氮的利用；与此相反，精氨酸通常具有补偿此灭活作用的能力。

（5）维生素

植物细胞通常是维生素自养型的，但大多数情况下，其自身合成的量均不能满足植物细胞的需要，即便是光合成活性细胞或组织也是如此。故对大多数培养基而言，除了必须加入的B族维生素（如维生素B_1、B_6和泛酸）外，通常还需加入一定量的生物素和肌醇，后者是构成磷酸肌醇（细胞膜脂质部分含磷酸肌醇2%～8%）极性端的组分。

6.4.3 培养方法

植物细胞和组织培养方法很多，其分类也不尽相同。按培养对象可分为原生质体培养、单倍体细胞培养等；按培养基类型可分为固体培养和液体培养；按培养方式可分为悬浮细胞培养和固定化细胞培养。

固体培养和液体培养基本上是在微生物培养方法的基础上发展起来的。所谓固体培养实际上包括利用琼脂作为支持物的固体培养和固定化细胞培养。固体培养是在培养基中加入一定量的凝固剂（如琼脂），经加热溶解后，分别装入培养用的容器中，冷却后凝结成固体培养基。固体培养的特点是简便易行、培养所占空间小。缺点为：①外植体或其愈伤组织仅有一部分与培养基相接触，该部位的营养物质可被迅速吸收，从而形成培养基中营养物质的浓度差，并进而导致愈伤组织生长的不平衡。②由于外植体的基部插入固体培养基中，因此该处呈现气体交换不畅的状态，阻碍了组织呼吸作用的正常进行，同时也会蓄积生长过程中排出的有害物质。③在静止状态下，由于重力作用，以及光线从上部或一侧射入，因而在愈伤组织细胞间出现了极化现象，结果导致细胞群体的不均匀状态。④固体培养物有时需要测定一些生理生化指标（如使用瓦尔堡呼吸计测量呼吸作用，或用饲喂同位素标记成分来追踪细胞内的物质代谢变化），此时必须将固体培养物转入液体中，而组织则会很快膨胀，因而改变了组织在固体培养基中所具有的形态及生理状态。尽管固体培养基存在上述缺点，但该法简单易行，而且有些研究必须在固体培养基上进行，因此固体培养和液体培养互相配合仍是植物组织（细胞）培养的常规操作。

固体培养常用的固化剂有琼脂、藻酸盐（alginate）、角叉聚糖（carrageenan）、明胶（gelatin）、羟乙基纤维素、淀粉和硅胶等。这些物质可与水可逆性地结合，而且可以保证培养基的湿度，这一切均取决于固化剂的浓度。最常用的固化剂是琼脂，其最适浓度为0.6%～1.0%。硅胶或明胶也可作为固化剂使用，明胶的使用浓度为10%。近年来，还有人使用聚丙烯酰胺或泡沫塑料作为固化剂。

无论是固体培养还是液体培养都必须控温，一般温度保持为25±1℃。有些植物材料在诱导愈伤组织时需要在黑暗条件下进行，但诱导愈伤组织的器官分化和其他材料的培养都需要光照。光照以每天16 h为宜，光照度因材料不同而异，可用数百到数千勒克斯（lx）的光源，一般均为日光灯照射。

由于植物组织在培养基上生长要不断消耗营养、散失水分和累积代谢物，必将影响培养物的进一步生长。因此，外植体在培养3周左右必须移换至新鲜培养基上，以保持培养物的继续正常生长。移换一次培养基称一次继代培养。一种外植体经过一定次数的继代培养，其培养物就可用于悬浮培养。由于外植体诱导形成的初始愈伤组织比较紧密坚实，在振荡液体培养时不易分散为单细胞或小的细胞团，所以有些情况下需经过多次继代培养，待愈伤组织变得较为疏松时方宜进行悬浮培养。

液体培养系统包括小规模的悬浮培养和大规模的成批培养、半连续和连续培养。悬浮培养可分为静止液体培养和振荡液体培养两类。静止液体培养和固体培养一样，也具有简便易行的特点，而且培养基还不会出现营养物质浓度差的现象。振荡液体培养是使悬浮细胞在液体培养基中，在不断振（转）动下进行培养，这样可以克服上述静止培养的许多缺点。通常培养基的体积占容器体积的20%~30%，体积小时可采用磁力搅拌器搅动，体积较大时可利用往复式或旋转式摇床，后者使用较多。下面主要讨论植物细胞大规模培养系统，即成批培养、半连续和连续培养，并简要介绍固定化培养法。

（1）成批培养法

将培养基一次性地加入反应器中，接种、培养一定时间后收获细胞的操作方式称为成批培养法。Tulecke 等（1953）首先提出了一个大规模培养植物细胞的系统，这是一个有进气、出气、进液和取样装置的玻璃瓶（20 L），通过过滤的压缩空气进行通气和搅拌，他们利用这个系统培养了银杏、冬青、黑麦草和蔷薇植物细胞。以后人们又设计了多种生物反应器，但最适于植物细胞培养的当属气升式生物反应器，其培养过程用通气代替搅拌，避免了使用机械搅拌所致的细胞破碎、通气受限制、培养物易被污染等缺点，细胞产量也明显高于机械搅拌式生物反应器。

由于植物细胞培养中，次生代谢产物的大量累积往往发生在细胞生长的稳定期，故人们据此设计了植物细胞的两步培养法，即使用两个生物反应器，第一个反应器用于细胞生物量的累积，第二个反应器用于次生代谢产物的生产。日本科学家使用此法成功地开发出了世界上第一个植物细胞工程商品——紫草宁，他们通过提高第二个生物反应器中钙离子浓度的方法，大幅度增加了培养液中的紫草素含量，从而实现了生物工程法大规模（工业化）生产紫草素。

（2）半连续培养法

在生物反应器中投料和接种培养一段时间后，将部分培养基和新鲜培养基进行交换的培养方法称为半连续培养法。半连续培养可以认为是一种具有定时进出装置的成批培养系统。每间隔 1 d 或 2 d 收获一部分培养物（最多可达 50%），然后再加入新鲜培养基，通过调整收获细胞的数量和次数来保持细胞重量的恒定。如 1972 年 Kato 等用大规模半连续培养方法培养烟草细胞，在培养的第 5 d 以后，每天收获和替代 50% 的培养物。

（3）连续培养法

连续培养法是利用连续培养生物反应器，在投料和接种培养一段时间后，以一定速度连续采集细胞和培养基，并以同样速度供给新鲜培养基以使细胞生长环境长期维持恒定的方法。该法的理论基础是根据莫诺方程（Monod equation），即生长速度取决于基质的浓度。

$$\mu = \mu_{\max} \cdot S \cdot (K_s + S)^{-1}$$

式中，μ 为特定生长速度，$\mu_{\max}$ 为特定最大生长速度，K_s 为饱和系数，S 为基质浓度。细胞的特定生长速度是由限制营养物质的平衡水平决定的。

一般来说，由于连续培养法培养时间长，故其细胞的生产能力要比成批培养法高，但从另一方面讲，因细胞生长缓慢，培养时间长，要维持系统的无菌状态，技术条件要求较为苛刻。因此，在培养特定细胞或生产次生代谢产物时，人们又设计出了二阶段连续培养法。该法是于第一罐中投入适于细胞增长的培养基（即生长培养基）并连续加入该培养基，而于第二罐中投入适于产生次生代谢产物产生的培养基（即生产培养基）。两罐间通过管道连接，第一罐培养基不断流入第二罐，同时第二罐培养基不断放出，可大大提高细胞生长速度。如用此法生产烟草细胞，于第一罐中加入适于细胞增殖的培养基，第二罐中加入低氮源培养基，可使细胞生长速度达到 6.3 $L \cdot h^{-1}$。

（4）固定化培养法

如上所述，植物次生代谢产物的累积主要在细胞生长的稳定期，表明细胞成块而趋于分化时，细胞块中各个细胞处于一定理化梯度之下，此现象与完整植株类似，由此人们提出了植物细胞固定化培养技术。固定化培养采用的固定化反应器有网状多孔板、尼龙网套和中孔纤维膜等多种类型。将细胞固定于尼龙网套内，或固定于中孔纤维反应器的膜表面，或固定于网状多孔板上，放入培养基中进行培养，或连续流入新鲜培养基，进行连续培养及连续收集培养产物；也可通入净化空气以代替搅拌。固定化培养法的突出优点是细胞位置固定，易于获得高密度细胞群体及维持细胞间物理化学梯度，利于细胞组织化，易于控制培养条件及获得较高含量的次生代谢产物。有人将辣椒细胞固定于聚氨基甲酸乙酯泡沫中，其生命力维持在 23 d 以上，辣椒素产量较悬浮培养细胞高 1 000 倍；若加入苯丙氨酸及异辣椒素等前体物，则辣椒素产量可增加 50 ~ 60 倍。

6.5 影响植物次生代谢产物累积的因素

在植物组织和细胞培养过程中，影响植物次生代谢产物产生和累积的因素主要有：①生物条件，如外植体、季节、休眠、分化等。②物理条件，如温度、光（光照时间、光强、光质）、通气（O_2）、pH 和渗透压等。③化学条件，如无机盐（氮、磷、钾等）、碳源、植物生长调节剂、维生素、氨基酸、核酸、抗生素、天然物质、前体等。④工业培养条件，如培养罐类型、通气、搅拌和培养方法等。下面将对几种重要的影响因素进行讨论。

6.5.1 外植体选择

不同外植体的悬浮细胞培养物，其最大次生代谢产物的累积时间各异。由图 6-2 和表 6-8 可见，同一化合物可以在不同外植体的不同生长阶段中累积，如第Ⅰ组植物，其次生代谢产物的累积均在延迟期进行，第Ⅱ组植物则在加速期累积，第Ⅲ组植物中次生代谢产物的累积时间与细胞生长曲线同步，第Ⅳ组则在稳定期大量累积次生代谢产物。

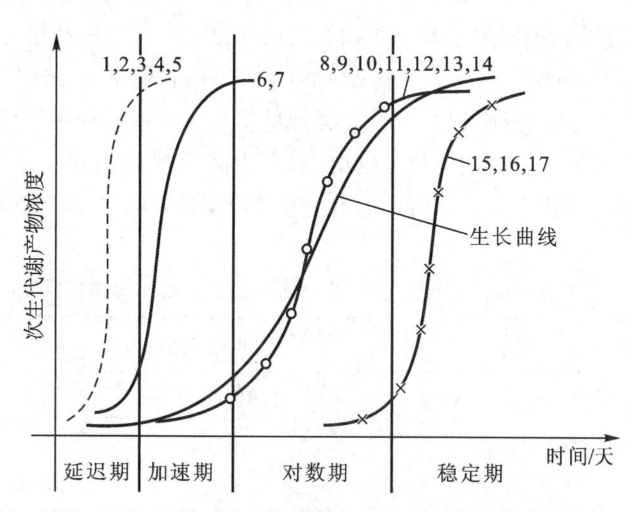

图 6-2 植物细胞生长曲线和次生代谢产物累积图

表 6-8 植物细胞次生代谢产物累积

培养用植物种属名称	产物	培养用植物种属名称	产物
Ⅰ组	**延迟期累积**	3 曼陀罗属、莨菪属	托品类生物碱
1 *Haplopapus*	花色素苷	4 穿心莲属	内酯、倍半萜类
2 玫瑰	酚醛塑料	5 巴戟天属	蒽醌类

续表

培养用植物种属名称	产物	培养用植物种属名称	产物
Ⅱ组	**加速期累积**	12 薯蓣属	薯蓣皂苷配基
6 杨属	花色素苷	13 白屈菜属	血根碱
7 胡萝卜属	肉桂酸	14 药鼠李	蒽醌
Ⅲ组	**与生长曲线平行累积**	**Ⅳ组**	**稳定期累积**
8 长春花属	利血平	15 阿米芹属	齿阿米素
9 烟草属	烟碱	16 Paul’s 红玫瑰	绿原酸
10 藜属、商陆属	β- 花青苷	17 紫草	紫草素
11 唐松草属	小檗碱		

6.5.2 培养条件的影响

培养条件的影响可分为培养环境的内部因素（包括营养成分、生物及非生物元素、pH、通气及混合程度、与接种有关的因素）和培养环境的外部因素（如剪切力、搅拌频率、温度和光等）等的影响。

（1）培养环境的内部因素

① 接种和诱导 外植体的大小不仅影响所诱导的组织和细胞的生长，而且也关系到其次生代谢产物的生产能力，如长春花（*Catharanthus roseus*）培养物中蛇根碱（serpentine，又称利血平）的合成要求其外植体直径在 1 ~ 12 cm 之间，在此条件下才能分泌噻吩类成分。次生代谢产物的产率与外植体大小、细胞密度及营养成分密切相关，如在紫草（*Lithospermum erythrorhizon*）的细胞培养中，当营养成分的供给为 1 400 mg · L^{-1} 时，细胞干重为 2.8 g · L^{-1}；而将营养成分提高到 1 900 mg · L^{-1} 时，细胞干重则增加到 4.9 g · L^{-1}。然而，细胞生长率的增加有时会导致次生代谢物产量的降低（表 6–9），如在黄连的细胞培养中，细胞生长率提高一倍，其代谢产物小檗碱的含量降至 50%。外植体的大小可能是使某些次生代谢产物含量发生变化的原因之一，此类现象常见于一些高产细胞株经继代培养后。如果转移培养物的大小或密度不标准时，其次生代谢物的含量可因细胞株的不同而异。此外，外植体的前处理亦可显著影响次生代谢物的累积方式，如将单冠毛菊悬浮细胞培养物暴露于蓝光中时才能合成花青苷。

表 6–9 代谢产物、外植体和营养供给的相关性实例

植物	化合物	相关参数			营养供给 /mg · L^{-1}
孔雀草	BBT，BBTOH，BBTOAc	外植体直径 /mm			
		<1	1 ~ 12	>12	
		不分泌	分泌	不分泌	
紫草	紫草素含量 /mg · L^{-1}		细胞干重 /g · L^{-1}		
	800		2.8		1 400
	800		4.9		1 900
黄连	小檗碱含量 /%		细胞数		
	100		×		
	50		2×		

BBT：5–（1– 丁炔 –3– 烯）–2，2′– 二硫苯；BBTOH：5–（4– 羟基 –1– 丁炔）–2，2′– 二硫苯；BBTOAc：5–（4– 羟基）–2，2′– 二硫苯乙酸盐。

② 基本培养基组成 基本培养基的各种成分是愈伤组织和悬浮培养细胞生长的物质基础，尤其在稳定期次生代谢产物累积时更是如此。

● 磷 低于基本培养基的含磷量常常导致次生代谢产物的累积，而缺乏磷又可导致生物量的大幅度降低，因此，次生代谢产物高产的细胞株可能比低产细胞株的经济效益还差，因为后者可通过较高的生物量得到补偿。

● 氮 植物细胞培养常用的培养基中通常含有两种主要的氮源，即 NO_3^- 和 NH_4^+，但因植物种类和细胞系的不同，上述两种氮源对细胞生长表现出很大差异。有些植物细胞可以利用 NO_3^- 作为单一氮源，有些利用 NH_4^+ 作为单一氮源，有些则需要两种氮源，还有些细胞需要某些特殊有机氮源，如天冬氨酸、尿素、酪蛋白水解物和蛋白胨等。

含氮化合物的数量和种类对次生代谢产物的合成有很大的影响。如当培养基中 NO_3^- 或尿素浓度增加时，挪威槭培养细胞中酚类物质的累积降低。相反，紫草愈伤组织中紫草素的含量则随培养基中总氮量的增加而增加。此外，氮源可直接调节某些代谢过程，如芸香（*Ruta graveolens*）培养物中缺乏氮源供应时，不仅降低含氮叶绿素的总量，而且还改变了各个色素之间的比例。细胞生产能力通常取决于 NH_4^+ 和 NO_3^- 之比，高于或低于最佳比例均可对细胞生长和次生代谢产物的累积产生不利影响。

● 铜 研究发现，铜元素具有作为邻二酚、对二酚和抗坏血酸氧化酶（ascorbate acid oxidase）活性基团的作用，所以此重金属被认为是次生代谢产物累积的必要元素。在相对较高但又无毒的浓度下，铜还可作为一种非生物激发子（又称诱导子）使用，比如在培养紫草时，加入标准 White 培养基 30 倍的铜浓度，可显著增加紫草素的累积。然而，经过几次继代后，其累积率又回落至正常水平，此结果表明铜元素的作用为一种应激效应。

③ 碳源 碳源通常以光自养培养中的 CO_2 或异养培养中的糖类两种形式提供，其性质和数量往往对培养细胞的生物量有很大的影响。CO_2 可以诱导某些特征反应，如在苹果的悬浮细胞培养中，高浓度 CO_2 使细胞可产生一种特有的苹果香味；再如葡萄（*Vitis vinifera*）、藜属（*Chenopodium*）、巴戟天属（*Morinda*）和烟草属（*Nicotiana*）植物可积累 CO_2 型的次生代谢物。此外，在长春花悬浮细胞培养中，往气升式发酵罐中通入含有 4% 的 CO_2 气体时可增加阿吗碱的积累，而提供过量 O_2（$6\ L\cdot min^{-1}$）时又可抑制上述过程。

植物细胞培养中使用最多的碳源是糖类，对次生代谢产物的影响主要取决于所使用的糖类的种类和浓度及其次生代谢产物的生物合成过程。糖类是使用最广泛、作用最强的碳源，图 6-2 中的第Ⅲ组培养物中，细胞干重和次生代谢产物的含量随糖浓度的提高而渐次增加。在有些情况（如紫草细胞培养）下，蔗糖的最大使用浓度可达 5%，而在另外一些情况下（如长春花细胞培养），稍高浓度的蔗糖、葡萄糖和甘露糖甚至具有较强的诱导作用，如在长春花细胞培养基中添加上述浓度的糖类时，就能诱导产生较高产率的阿吗碱、蛇根碱和长春花碱。这种刺激作用甚至在缺乏氨、硝酸盐和磷时亦能表现出来。而且，上述糖类亦可增强生物碱合成起始酶的活性和增加相关 mRNA 的浓度。

蔗糖的作用取决于产物的生物合成过程。但总的来说，蔗糖的作用可能为：①延长稳定期（可延长 30～45 d）。②通过蔗糖分解后的产物（葡萄糖）所产生的对内源性生长素合成的抑制作用。③增强戊糖磷酸途径有关酶的活性。人们曾把葡萄糖和果糖按比例进行混合，但得到的混合物并未取得类似蔗糖的作用。由表 6-10 可以看出，加入蔗糖可得到长春花碱、蛇根碱及游离氨基酸类成分；而加入乳糖时，则只产生高含量的长春花碱；甘露醇的加入虽可抑制长春花碱的生成，但却有利于蛇根碱的合成。其他糖类（如半乳糖、葡萄糖、棉子糖）的作用不太明显，仅在某些情况（如咖啡和长春花细胞培养）下，果糖和乳糖的加入对次生代谢产物的产生显示了一定的影响，这些作用可能是由于上述糖类的加入改变了所用培养基的渗透势（osmotic potential）所致的干扰作用。

表 6-10 碳源对长春花悬浮细胞培养中次生代谢作用的影响

次生代谢产物	糖类		
	乳糖（6%）	蔗糖（3%）	甘露醇（0.3 ~ 0.6 mol·L^{-1}）
长春花碱 /（mg·L^{-1}）	50	16.60	—
蛇根碱 /（mg·L^{-1}）	—	1.40	21.50
游离氨基酸 /（mmol·L^{-1}）	—	0.55	2.86

④ 植物激素　植物激素在植物细胞培养中起着非常重要（或关键性）的作用。但由于植物材料和生理状态的差异，尚无规律可循，必须通过反复实验才能确定合适的数量和种类。如 Furuya（1971）在培养烟草细胞时发现，加入 IAA 时培养物中有尼古丁生成，但 2,4–D 存在时则不合成该化合物。由表 6–11 可以看出，在长春花细胞悬浮培养中，当使用 B_5 为生长培养基并附加 1.0 mg·L^{-1} 2,4–D + 0.1 mg·L^{-1} KT 时，不同的生产培养基，其主要代谢产物蛇根碱的产量为 0.04% ~ 0.33%，阿吗碱的产量为 0.02% ~ 0.45%，说明不同植物激素及其不同组合形式均可显著影响代谢产物的产生。

表 6-11 不同植物激素对长春花细胞悬浮培养物中生物碱产量的影响

培养基		最大生物碱占干重比例 /%		其他生物碱种数（化合物数量）
生长培养基	生产培养基	蛇根碱	阿吗碱	
B_5	B_5	0.00	0.00	0
B_5	B_5–H	0.08	0.06	1
B_5	IB_5	0.33	0.08	10
B_5	NI_{20}	0.04	0.02	2
B_5	Z	0.30	0.45	2
M_3–CM	M_3–CM	0.58	0.14	14
NB_5	NB_5	0.24	0.06	12
M_3–CM	Z	1.00	0.04	9
NB_5	Z	0.42	0.32	5

B_5：1.0 mg·L^{-1} 2,4–D + 0.1 mg·L^{-1} KT+2% 蔗糖；M_3–CM：MS + 1.0 mg·L^{-1} NAA + 0.1 mg·L^{-1} KT + 2% 蔗糖；IB_5：B_5 + 1.0 mg·L^{-1} IAA + 0.1 mg·L^{-1} KT+2% 蔗糖；NB_5：B_5 + 1.0 mg·L^{-1} NAA+0.1 mg·L^{-1} KT+2% 蔗糖；B_5–H：无激素的 B_5 培养基 +2% 蔗糖；NI_{20}：MS + 20 mg·L^{-1} IAA + 0.2 mg·L^{-1} KT+2% 蔗糖；Z：MS + 0.125 mg·L^{-1} IAA + 1.125 mg·L^{-1} 6–BA + 5% 蔗糖。

⑤ O_2 和 pH

● O_2　培养细胞生长过程需维持其正常呼吸作用，悬浮细胞培养和固定化细胞培养时的供氧方式有所不同，前者可采用搅拌和通气方式，搅拌速度通常为 120 ~ 160 r·min^{-1}，过快易导致细胞破裂；后者仅能采用通气方式，一般使用含 5% CO_2 的洁净空气，通气量应适当，过多或过少均影响细胞生长及次生代谢产物的合成。如应用气升式生物反应器培养海滨木巴戟悬浮细胞，蒽醌含量随供氧量的不同而异，在供 O_2 量为 0.5 ~ 0.17 vvm·L^{-1} 时，其蒽醌含量的变化幅度可达 60%。

● pH　一般来说，最有利于培养细胞生长的 pH 在 5 ~ 6 之间。常用的培养基均具有一定的缓冲性质，在培养过程中培养液的 pH 变化较小，但也有少数培养基的缓冲性质很弱，故在培养过程中，培养液的 pH 变化较大。培养基变酸是由于随培养阶段的推移产生有机酸或 NH_4^+ 被利用。培养基变碱则是由于 NO_3^- 被利用，氨基酸脱氨后 NH_4^+ 释放到培养基中，或是由于在硝酸和亚硝酸还原酶的作用下硝酸盐被还原所致，尤其在稳定生长期更易发生此种现象，如在红叶藜光自养悬浮培养细胞体内 ^{31}P- 核磁共振波谱测试结果表明，当外部 pH 从 4.5 增加到 6.3 时，细胞液 pH 增加了 0.3 个单位，而液泡 pH 增加了大约 1.3 个单位。也有实验证明，在某些情况下，氢离子浓度可直接影响次生代谢产物的产生。

⑥ 渗出物　在细胞悬浮培养后期，培养液中常含有各种代谢产物，如某些初级代谢产物和次生代谢产物以及某些酸性物质、醇类和水解蛋白或活性蛋白等，如落花生（*Arachis hypogaea*）悬浮细胞的后期培养基中含有 27 种多肽成分。此外，培养细胞分泌产物的量也取决于培养物的发育阶段，如在多叶羽扇豆（*Lupinus polyphyllus*）悬浮细胞培养中，在活跃的生长期初期酶的分泌量就达到了稳定期的水平，之后酶活性随乙醇物质的量的增加而降低。次生代谢产物的累积往往在水解酶活性增加之前进行，如在多叶羽扇豆悬浮细胞培养中，喹喏里西啶（quinolizidine）类生物碱的最高含量出现在继代 2 ~ 3 d 后，之后，鹰爪豆碱氧化酶（sparteine oxydase）的活性才开始增加；再如在鹰嘴豆（*Cicer arietinum*）悬浮细胞培养中，分泌到培养基中的紫檀烷类成分消失后，生长周期中的聚合过氧化物酶的细胞间含量才开始不断增加，由于此聚合反应，紫檀烷类成分不再存在。

（2）两步培养法

培养基的组成是对细胞生长与次生代谢产物的形成最直接、也是最重要的影响因素。众多实验结果显示，生产培养基用于次生代谢产物的生产是非常成功的。但要想同时得到最佳生长和最佳次生代谢产物产量则是困难的。为达此目的，人们提出了两步培养法（two-step culture 或 two-stage culture）。即第一步使用适合细胞生长的培养基，称为生长培养基（growth medium），第二步使用适于次生代谢产物合成的培养基，称为生产培养基（production medium）。两种培养基各有特点：前者是为了实现细胞的高生产率，后者通常具有较低含量的硝酸盐和磷酸盐，并含有较低的糖分或较少的碳源。目前，很多次生代谢产物的大规模生产已经实现，实用的两步培养法也已经建立。由表 6-12 可见，在长春花细胞培养中，生长培养基与生产培养基的区别主要在于前者使用了肌醇及维生素类成分，而后者则不含上述成分；在生长调节剂的使用上，前者应用 2,4-D 刺激细胞生长，而后者加入 6-BA 以利于次生代谢产物（蛇根碱 / 阿吗碱）的产生。从表 6-12 还可看出，紫草细胞培养所用的生长培养基为高无机盐含量的改良 MS 培养基，而生产培养基则为无机盐含量较低的改良 White 培养基。

同样是在紫草细胞培养中，作为生产培养基来说，尽管 White 培养基与其改良培养基 M_9 之间仅略

表 6-12　两步培养法中生长培养基和生产培养基应用实例

细胞种类	培养基组成	
	生长培养基	生产培养基
长春花细胞	MS 培养基中的有机成分	MS 培养基
	肌醇（100 mg · L^{-1}）	—
	吡哆素 /HCl（1 mg · L^{-1}）	—
	硫胺素 /HCl（10 mg · L^{-1}）	—
	烟酸（1 mg · L^{-1}）	—
	—	L- 色氨酸（0.05%）
	葡萄糖（15%）	—
	—	蔗糖（5%）
	2,4-D（0.1 mg · L^{-1}）	—
	—	6 BA（5×10^{-6} mol · L^{-1}）
紫草细胞	MG-5（改良 MS）	M_9（改良 White）

有不同，但仍然导致了细胞生物量和次生代谢产物（紫草素）产量发生很大的变化（表 6–13）。

表 6–13 不同培养基中紫草细胞生长和紫草素含量

培养基	细胞产量 /g · L^{-1}	紫草素含量 /%
M_9[a]	11.3	12.4
White[b]	5.7	2.1

a. 附加 10^{-5} mol · L^{-1} 的 IAA；b. 附加 10^{-6} mol · L^{-1} 的 IAA 和 10^{-5} mol · L^{-1} 的 KT。

（3）激发子

内容详见本章 6.7.1。

（4）培养环境的外部因素

① 温度 培养物产生次生代谢产物的最佳温度为 20 ~ 28℃。在一定温度（如 15℃）下，细胞不再生长，次生代谢产物也不再产生；但应该指出的是，在某些极端情况下（如 30℃），细胞也能正常生长。终产物和中间产物的累积，甚至与其生物合成直接相关的化合物，也并非需要相同的温度。低温对次生代谢产物产生的影响类似于 2,4–D 的抑制作用。当培养温度与培养物正常生长所要求的温度相差很大时，可引起某些应激效应以及对次生代谢产物产生的激活作用。温度的变化还可引起产物类型在质和量上的改变，个别情况下由于激活了新的生物合成途径也可能产生新的代谢物质。

② 搅拌频率 植物培养细胞的产率与生物反应器的搅拌速度有关，具体表现在培养基中的溶氧浓度和机械搅拌对细胞所产生的剪切力上，如上述因素对海巴戟长方形细胞（累积蒽醌类成分）、产生甜菜苷的甜菜（*Beta vulgaris*）细胞和累积蛇根碱的长春花细胞等的影响就非常明显。但搅拌频率也不宜过小，如低于 28 r/min 时，次生代谢产物的生物合成反应就有可能发生逆转。

③ 生物反应器的影响 植物培养细胞次生代谢产物的产生可因为所用生物反应器的大小和搅拌装置的不同而得到不同的结果，如小规模实验室培养所用的生物反应器（50 ~ 500 mL）具有较高的氧转移率，通过简单的定期搅拌，培养物的每个部位均可得到比大规模培养更好的氧供应。用于生产次生代谢产物的生物反应器中的搅拌器对细胞产率可产生一定的影响，这些差异及由剪切力引起的不良影响可通过使用气升式生物反应器或一个沿水平轴转动的生物反应器而予以避免。但因为植物细胞生长和次生代谢产物的生产过程是完全分离的，所以这对细胞生产过程会有不利影响。延长稳定期就意味着延长培养时间，从而增加成本、加大污染概率等，此缺点可采用细胞生物量生产和次生代谢产物累积相分离的方法（如上述的两步培养法）加以克服。

④ 光的影响 对植物细胞培养来说，光是一个重要的影响因素。光照时间的长短、光质和光的强度对某些次生代谢产物（如黄酮、黄酮醇、花色素苷、挥发油等）的累积都有一定的影响。

光对植物培养细胞的影响主要体现在下列过程：特殊波长的短波脉冲仅仅启动细胞的形态分化或其生化过程，而连续光照则可以保持光的反应潜能或反应状态，当然也可能启动次生产物的降解过程。特定波长的光通过其特定的吸收色素（植物光敏素、隐性光敏素 / 紫外光 –A 和紫外光 –B 受体）而发挥作用。如果几种波长的光都是有效的，则定量作用将取决于接受波长的光的顺序，例如，尽管红光（660 nm）和远红光（730 nm）可刺激欧芹悬浮细胞中黄酮的生物合成，但在紫外光（激发子）照射前后蓝光的作用是最有效的，暴露于红光下然后进行紫外光照射则无影响。远红外照射持续 10 min、60 min 可分别降低紫外光刺激作用 28% 及 40%，远红外光处理后再紧跟着相同时间红外光脉冲可抵消前者的作用，并且也包括对光自养色素系统的作用。

植物激素和光具有协同作用或对抗作用。例如，在高光强下，2,4–D（5×10^{-5} mol · L^{-1}）对玫瑰中多酚类物质的合成具有明显的刺激作用，甚至在低浓度（5×10^{-7} mol · L^{-1}）时也是如此。单冠毛菊花色素苷合成的开始也是由光激发的，其作用光波长分别为 438 nm 和 372 nm。相反，萘醌的生物合成受到日光灯的抑制，并证实具有抑制作用的是蓝光，这可能是由于蓝光抑制了合成路线中共同前体的形成或某一中间产物的转化。

6.6 植物细胞培养的生物反应器

要实现植物细胞大规模培养，生物反应器是其关键因素之一。要研制适合于高等植物细胞大量培养的生物反应器，首先应对植物细胞的特性有所了解。植物细胞的发酵培养借鉴了微生物发酵的经验，但植物细胞与微生物相比差异显著：如植物细胞的直径为 10 ~ 100 μm，比细菌或真菌细胞大 10 ~ 100 倍；植物细胞的纤维素壁具有较差的抗剪切能力；植物细胞培养中倍增时间较长（20 ~ 120 h），因此整个培养周期也较长（2 ~ 4 周）；植物细胞的呼吸速率低，对氧的要求也低。此外，植物细胞培养生物反应器的设计与各类植物细胞的不同生理特征和代谢方式有关，同时也与培养方式相联系。人们通常将用于细胞大规模生产的装置称为发酵罐（fermenter），而将主要用于生产次生代谢产物的装置称为生物反应器（bioreactor），本章则统称为生物反应器。

生物反应器的选择取决于生产细胞的密度、通气量以及所提供的营养成分的分散程度。根据通气和搅拌系统的类型可将生物反应器分为以下几类：①摇瓶［图 6–3（a）］，气体和营养成分的均匀分布可通过机械的简单振摇而达到搅拌的目的。②内部搅拌循环式生物反应器［图 6–3（b）］，根据搅拌部件的外形和结构可分为很多类型。该类生物反应器的优点是可灵活运用各种搅拌器，有利于培养物的高度混合。缺点是高耗能，且严重损伤植物细胞。③外部泵循环式生物反应器和压缩空气循环式生物反应器［图 6–3（c、d）］，此类反应器依靠外部循环泵或压缩空气作为其能量输入，使反应器内的培养基上下混合翻动。

在上述循环式生物反应器［图 6–3（b ~ d）］中，气体是通过液体泵产生的气流而引入的。生物反应器分类则是基于气体导入的形式或气流控制的类型。如通过喷嘴导入气体的称为射流式生物反应器，通过多孔环管并具有压缩循环装置的称为强制循环鼓泡塔式生物反应器［图 6–3（c1）］。这类反应器均可由于机械泵而导致细胞损伤。在较先进的鼓泡塔式生物反应器中，培养基的循环是由压缩空

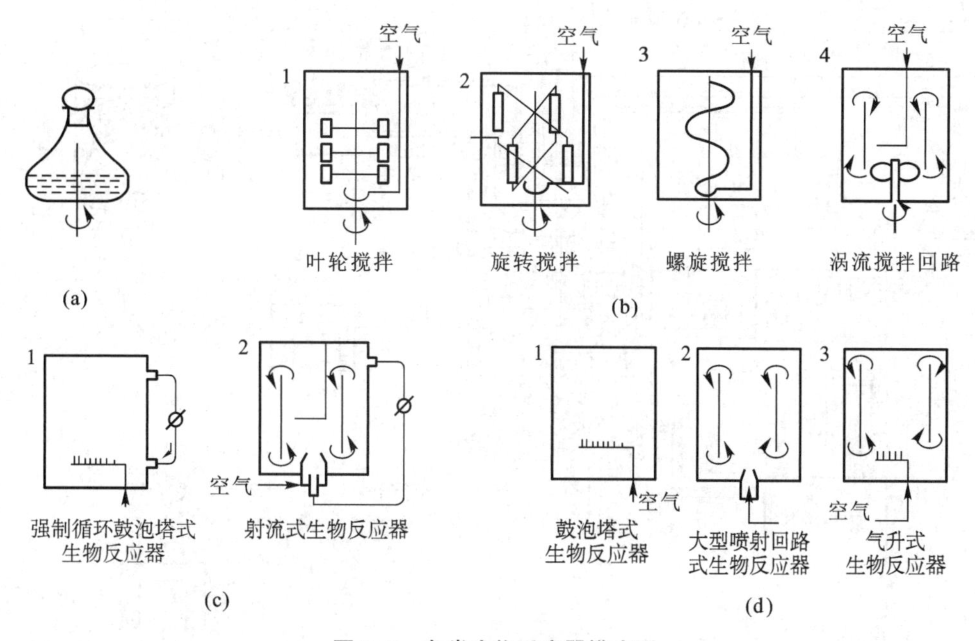

图 6–3 各类生物反应器模式图

（a）摇瓶；（b）内部搅拌循环式生物反应器；（c）外部泵循环式生物反应器；（d）压缩空气循环式生物反应器

气的流动而完成的，如图6–3（d1）所示。此外，还有很多特殊的生物反应器，如围绕其纵轴搅拌运动的生物反应器（转鼓式生物反应器）和无运动系统的生物反应器。对后者来说，培养基被保存在半透膜或细筛网上（膜或平床式生物反应器），此种几层叠加在一起或经滚动而形成中空束状物以及粘在一起形成仓型结构的生物反应器，可达到节省空间并增加与培养基接触面积的目的（滚动束、中空纤维或毛细管膜反应器），通过调整衬质之间的距离，还可测定细胞层的厚度。

植物细胞生产率的提高，取决于活性细胞浓度的增加，很多大规模培养系统均能满足此要求。例如，在30 L机械搅拌生物反应器或鼓泡塔式生物反应器中培养的烟草细胞浓度可达15～20 mg · L^{-1}；在10 L气升式生物反应器中培养长春花细胞浓度可达25 mg · L^{-1}。除了高的细胞浓度外，还要求细胞具有高活力，以合成所需产物，而这正是大规模培养的难点所在。据报道，在4 L反应器中培养澳洲茄（*Solanum aviculare*）细胞生产甾体皂苷的产率比在60 mL摇瓶培养大为降低。在30 L气升式发酵罐中培养五彩苏（*Coleus scuteuarioides*）细胞生产迷迭香酸（rosmarinic acid）的产率比在25 mL摇瓶培养降低了2/3。

剪切和混合不仅影响化学环境，而且对细胞聚集和生理活动也有影响。如前所述，植物细胞具有氧需求小、对剪切敏感等特点，因此通常不采用微生物培养时的高剪切力的搅拌。这样细胞混合的均匀程度就显得特别重要。

植物细胞生物反应器的放大设计应首先考虑植物细胞的剪切力。图6–4是一植物细胞培养生物反应器的设计图。在非机械搅拌或气体搅拌反应器中，平均剪切力与界面气速有关。也可用容易测定的传质参数来估算反应的剪切力。但是在现阶段，植物细胞培养生物反应器的放大，在很大程度上是基于大量试验的经验性结果。

下面就目前主要用于植物细胞大规模培养的生物反应器的基本特点加以概述。

6.6.1 机械搅拌式生物反应器

20世纪70年代是植物细胞大规模培养的初期，主要借用微生物培养使用的机械搅拌式生物反应

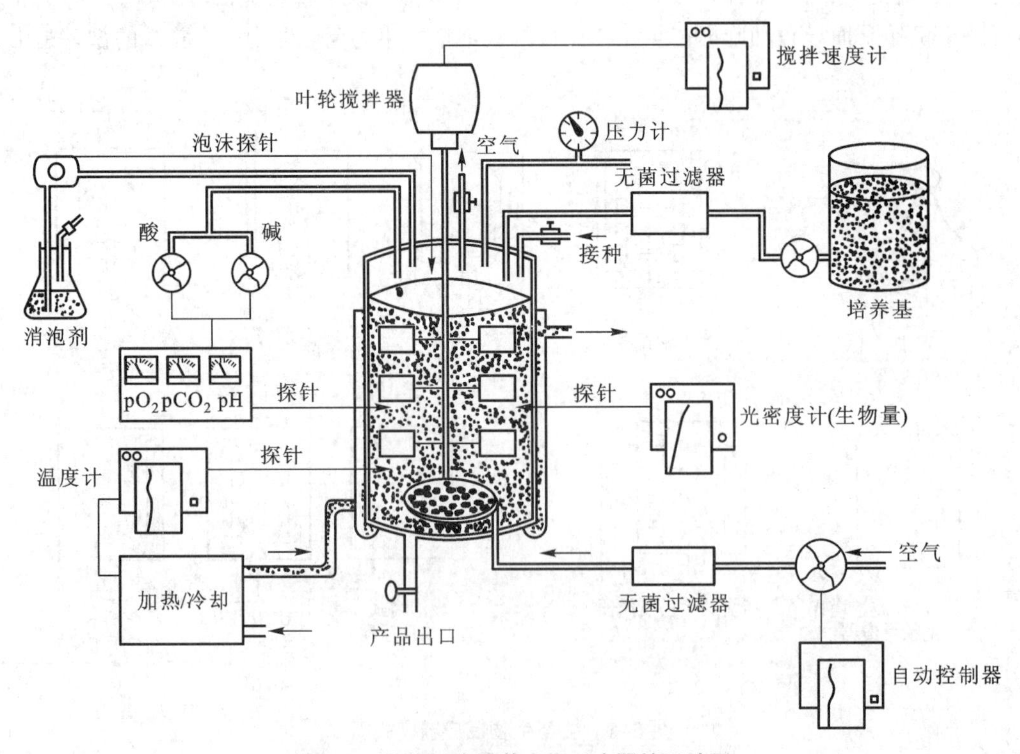

图6–4 植物细胞培养生物反应器的设计图

器。其优点是生物反应器内的温度、pH、溶氧及营养物浓度较其他生物反应器更易控制。1972 年，Kato 利用 30 L 生物反应器半连续培养烟草细胞以获取尼古丁。随后，他们又成功地在 1 500 L 生物反应器上进行了烟草细胞 5 d 连续培养。最后放大到 20 000 L，进行分批和连续（66 d）发酵培养。Fujita 利用 200 L 的生物反应器进行细胞的增殖，然后转接到 750 L 的生物反应器上进行紫草素的生物合成。如上所述，植物细胞对剪切力十分敏感，传统的搅拌式反应器难以直接用于植物细胞培养。Hooker 等在培养烟草细胞时发现在搅拌式生物反应器内使用大的平叶搅拌器，有利于植物细胞生长和次生代谢产物的产生；Tanata 等进行了几种不同搅拌器的实验，结果显示桨型板搅拌器适于植物细胞培养，它既能满足植物细胞的溶氧需求，又不会对植物细胞造成伤害。总之，就剪切对细胞造成伤害、抑制植物细胞生长和次生代谢物产生而言，对搅拌器加以改进后，搅拌式生物反应器就可以用于植物细胞培养。

6.6.2 鼓泡塔式生物反应器

鼓泡塔式生物反应器是通过位于反应器底部的喷嘴及多孔板而实现气体分散的。还有人用烧结的微孔板作为气体反应器，可以在很低的气速下培养植物细胞。鼓泡塔式生物反应器的主要优点是：没有运动部件，操作不易染菌，在无机械能输入情况下，提供了较高的热量和质量传递，适于对剪切敏感的细胞的培养，放大相对容易。但也存在明显缺点：流体流动形式难以确定，混合不匀，缺乏有关生物反应器内的非牛顿流体的流动与传递特性的数据等。

6.6.3 气升式生物反应器

如前所述，植物细胞生长较慢，其倍增时间一般为 20 ~ 120 h，而有些植物如紫杉细胞，其倍增时间可达 10 ~ 20 d。这就要求所用的生物反应器具有极好的防止杂菌污染的能力。搅拌式生物反应器的搅拌轴和罐体间的轴封常因泄露造成染菌，而搅拌器的改造又容易产生死角，成为新的污染源。气升式生物反应器结构简单，没有泄漏点和死角。因此，从 20 世纪 70 年代开始，植物细胞发酵培养较多地采用了气升式生物反应器。

气升式生物反应器分为内循环式和外循环式两类，其流动性比鼓泡塔更为均匀。Folwer 等用于培养长春花细胞的气升式生物反应器已达 100 L。Vienne 和 Morrison 在气升式生物反应器里实现了长春花细胞的连续培养，细胞生长和产物累积均取得较好结果，稳定操作达 65 d。气升式生物反应器是培养植物细胞最合适的反应器之一，可以在低剪切力下达到较好的混合和较高的氧传递效果，运动部件不易污染，操作费用也很低；其缺点是高密度培养时混合不够均匀。

刘大陆等发明的气生内错流式新型植物细胞培养生物反应器，能够适应植物细胞培养周期长、培养液随培养进程而蒸发的生物反应过程；可抑制气泡的聚合、减弱气泡在液面破裂时产生的冲击力对细胞的损伤；可提高降液区气含率、消除降液区缺氧现象；可强化混合与氧传递、降低生物反应器高度。将该生物反应器用于新疆假紫草细胞培养，细胞生物量为 12 $g \cdot L^{-1}$，紫草素含量达 10%，是天然植物含量的 2 ~ 8 倍。

6.6.4 转鼓式生物反应器

转鼓式生物反应器是通过转动促进生物反应器内的氧及营养物的混合，设置挡板有助于提高氧传递，在高密度培养时有高的传氧能力。Tanaka 等用转鼓式生物反应器进行长春花细胞发酵培养，细胞干重达 20 $g \cdot L^{-1}$（19 d）；而搅拌式生物反应器培养的细胞干重仅为 16 $g \cdot L^{-1}$（21 d），而且还存在搅拌率低时细胞生长慢、搅拌率高又导致细胞死亡的现象。一般来说，在高密度培养时，转鼓式优于搅拌式，如在紫草细胞培养中，转鼓式生物反应器优于气升式生物反应器和改进的搅拌式生物反应器。其主要缺点是难以大规模操作，放大困难。

6.6.5 固定化细胞生物反应器

植物细胞遗传和生理特性的不稳定性、细胞大小的不一致性、高产细胞系的低产率等是植物细胞培养中的突出难题。固定化细胞培养可以在一定程度上克服上述弊端。

自1979年Brodelius首次发表固定化细胞培养的文章以来，此培养方法作为一个新的研究领域吸引了众多的科学家。植物细胞的固定化培养有许多优点：①可保护细胞免受剪切力影响。固定化细胞培养可以减少对细胞的剪切力，可使细胞在一定限度范围内生长，细胞有一定程度的分化发育，从而刺激调控代谢物合成的基因表达，促进次生代谢产物的产生。②细胞可长时间重复使用。固定化细胞可重复使用，产物和对细胞生长有抑制作用的代谢物可随培养基被带走，并可防止产物的进一步降解转化。③易于实现细胞的高密度培养。④细胞间接触良好，易于分化，有利于次生代谢产物的合成。⑤减少细胞的遗传不稳定性。⑥易于实现连续化操作。根据细胞固定化时所用载体物质的种类和细胞被固定的方式的不同，可将植物细胞的固定化方法分为凝胶包埋、膜固定化、共价交联、吸附、表面固定化和多孔载体固定化等。

固定化还可提高产物的产率，如把辣椒细胞包埋于聚氨基甲酸乙酯泡沫中，辣椒素产量提高1 000多倍，固定化辣椒细胞在塔板式生物反应器和循环床生物反应器上培养，辣椒素最大生产速率达0.5 g（DCW）$\cdot d^{-1}$，与天然辣椒相当。中空纤维生物反应器也属于固定化生物反应器的一种，它是把植物细胞固定在具有半透膜性质的中空纤维内。该反应器原用于微生物和动物细胞培养，近年来，已被成功地应用于植物细胞培养中。Fukui把植物细胞装入半透膜制成的培养袋中，这种膜具有非常好的O_2、N_2和CO_2等气体的透性，在培养袋中培养的烟草细胞、紫草细胞的生长速率和次生代谢产物的合成能力与摇瓶培养相当。

技术应用6-1
植物细胞生物反应器研究方向

采用固定化细胞培养的先决条件是细胞的代谢产物必须分泌到细胞外，但大多数植物次生代谢产物是存在于胞内或分泌到液泡中的。因此，借助表面活性剂或其他可改变细胞通透性的方法，使代谢产物分泌到培养基中就成为科学家们需要解决的首要问题。Choi等对细胞进行透性改造，并加入激发子，使树棉（*Gossypium arboreum*）细胞的棉子酚生产能力提高了8倍。

6.6.6 各种生物反应器性能比较

由于植物细胞对氧的需求、对剪切力的敏感性、流变学特性以及细胞团大小等因素的影响，植物细胞生物反应器的选择应根据细胞株系的不同而异。除考虑低剪切力及有效的氧传递外，还应注意生物反应器内环境的控制、规模放大以及操作的难易程度。总之，植物细胞大规模培养要综合考察以下因素：①供氧能力及气泡分散程度；②剪切力大小及对细胞的影响；③高密度培养时培养基的混合程度；④温度、pH及营养物浓度的控制能力；⑤细胞团大小的控制能力；⑥易于放大。

不同类型的生物反应器各有其优缺点，而改进的搅拌式生物反应器和气升式生物反应器可能更适合植物细胞的培养。Wagner等在鸡眼藤细胞培养研究中对摇瓶、气升式和改进的搅拌式生物反应器进行了比较，结果发现：气升式生物反应器内蒽醌的产量比摇瓶高30%，比对照所用的其他类型反应器高100%，其原因可能是气升式生物反应器具有确定的流动方式、低剪切力和足够的氧传递。Tanaka在高密度培养时（细胞密度$>20\ g\cdot L^{-1}$）比较了搅拌式生物反应器、改进的搅拌式生物反应器、鼓泡塔式及气升式生物反应器的培养效果后发现：气升式生物反应器中溶氧系数（K_La）随细胞密度的增加而降低的程度比气动－搅拌式生物反应器更显著；在鼓泡塔式生物反应器中1/3的细胞沉淀于反应器底部；气升式生物反应器中因营养物质循环不良而出现死区；在搅拌釜生物反应器中细胞集中于挡板、反应器底部和搅拌桨之间，不能均匀地分散在整个反应器中；而在改进的搅拌式生物反应器（槽式搅拌桨）中，则能达到较好的混合和氧传递效果，剪切力也较小，细胞培养25 d，其干重可达$30\ g\cdot L^{-1}$。Markkanen等报道了用改进的搅拌式生物反应器进行毛地黄苷的生产，在转速$90\ r\cdot min^{-1}$

及通气 1.0 vvm 的条件下，细胞产率大于气升式生物反应器。一般来说，悬浮培养细胞在干重不大于 20 g · L^{-1} 时，以气升式生物反应器为宜；而当干重超过 20 g · L^{-1} 时，则改进的搅拌式生物反应器优于其他类型的反应器。

6.7 植物细胞工程制药研究进展与展望

进入 21 世纪以来，伴随着现代生物技术的全面发展，植物细胞工程的研究进入了新的发展时期。尤其是激发子、前体饲喂、两相培养法、质体转化、毛状根和冠瘿瘤组织培养、植物生物转化等新技术和新方法的出现和发展，更加快了植物细胞工程发展的步伐，展现了植物生物技术制药的广阔发展前景。

知识拓展 6-5
质体转化

6.7.1 激发子在植物细胞工程研究中的应用

自然界丰富的植物资源蕴涵着数量可观的次生代谢产物，其中包括许多珍贵的药用植物。为了开发这些宝贵的资源，除了从植物材料进行提取和进行化学合成以外，如何利用植物细胞培养技术生产有用的次生代谢产物也是许多生物学家感兴趣的课题。众多的研究结果表明，可通过改变培养基成分及其浓度、生长调节剂的选择或基因克隆等手段来实现增加植物细胞培养物中次生代谢产物产量。此外，利用激发子进行有目的的次生代谢产物调控及生物合成也已得到越来越多国内外学者的关注，并成为大幅度提高培养物中代谢产物含量的重要方法之一。

激发子（elicitor）是植物抗病生理过程中诱发植物产生植物抗毒素和引起植物过敏反应［hypersensitive reaction，HR：亦称抗性反应或自身防御反应（self-defense reaction）］的因子，包括侵染植物的微生物及植物细胞内的分子。激发子在植物与微生物的相互作用中，能快速、高度专一性地诱导特定基因的表达。近年来，愈来愈多的研究证明激发子可作为研究植物次生代谢信号识别及其细胞内信息传递的良好试验体系。

下面对激发子的分类、激发子所致的过敏反应、激发子的作用机制及其对植物组织 / 细胞培养中次生代谢产物的影响等方面的研究进展进行阐述。

（1）激发子的分类

① 定义　植保素是指在植物防御系统内能对抗微生物进攻的某些次生代谢产物（根据其功能又称为后感染防御物质）。同一化合物在有些情况下可能会连续合成，但在另外一些情况下则只有被刺激时才能产生，或仅在被诱导时其产量才能增加。

从广义上讲，激发子是能够诱导植物细胞中一种或几种反应，并形成特征性自身防御反应的分子。植保素的形成仅为几种可能的反应之一。激发子可根据在细胞内或细胞外形成而分为内源性激发子和外源性激发子，或根据其来源分为生物激发子和非生物激发子。

生物激发子是指植物在防御过程中为对抗微生物感染而产生的物质，主要包括分生孢子（conidium）、降解细胞壁的酶类、有机体的细胞壁碎片、有机体产生的代谢物以及培养物滤液中的成分。初生细胞壁中富含半乳糖醛酸组成的多糖成分，溶解其 1% 就足以诱导植保素的合成。但是，其活性一般低于外源性 β- 庚糖苷。所有不是植物细胞中天然成分但又能触发形成植保素信号的因子称为非生物激发子。

知识拓展 6-4
分生孢子

② 内源性激发子　内源性激发子主要指来自植物细胞的分子，多为植物细胞壁在微生物作用下的降解产物（如复杂多糖、糖蛋白等）及沉积在细胞壁上的木质素。

多糖类又分为纤维素、半纤维素及果胶类。Bolanos 认为多糖降解碎片中的活性分子寡糖素不仅是微生物的组成部分，同时亦存在于植物细胞壁中。柠檬（*Citrus limon*）果实里细胞壁降解产生的不同分子大小的寡糖素亦可作为激发子使用，海滨木巴戟细胞壁中果胶和果胶酸在防御反应的第一步就可促进几丁质酶和溶菌酶的增加。Huike 认为果胶是海滨木巴戟中诱导花青素合成的最有效物质。

③ 外源性激发子　外源性激发子亦称真激发子（genuine elicitor），是指病原微生物在入侵植物时自身被降解的产物及其代谢产物。目前用得最多的是真菌激发子，根据其结构可分为下述 4 类。

● 多糖类　脱乙酰几丁质是真菌细胞壁被几丁质酶酶解的产物，是广泛使用的多糖类激发子，它可诱导植保素的产生。木质素类及蛋白酶抑制剂，如大雄疫霉（*Phytophthora megasperma*）是由大雄疫霉细胞壁分离得到的多糖类激发子，也是最常用的激发子之一。

● 糖蛋白类　作为微生物细胞壁组成成分之一的糖蛋白类，可诱导引发防御反应，此点已在植物细胞培养中得到证实，如在 Lucene 悬浮培养细胞中加入来源于植物病原性真菌的 α- 糖蛋白和 β- 糖蛋白可产生具抗菌作用的次生代谢产物。

● 蛋白质类　包括一些酶类及具蛋白性质的物质如绿色木霉（*Trichodama viride*）中的纤维素酶作为激发子在 Grapnine 的悬浮培养中可引起过敏反应，另一来源于隐地霉菌的具有蛋白质性质的激发子亦能诱导过敏反应并大量积累植保素。

● 不饱和脂肪酸类　不饱和脂肪酸类作为一种诱导抗性反应的激发子，对其研究不是很充分，但已发现多聚不饱和脂肪酸（花生四烯酸）及其部分酯类可诱导马铃薯植保素 risnitin 和 lubimin 的产生。

（2）激发子的作用机制

虽然关于激发子在植物中的具体作用机制尚未形成一套详尽的理论体系，但目前对该领域的研究却非常活跃。相信激发子的详尽作用机制会随着植物组织 / 细胞培养技术的不断进步而最终得以阐明。

在系统研究来源于苯丙烷代谢作用的植保素（如呋喃香豆素、黄酮、1,2- 二苯乙烯、紫檀烷、木质素等）的过程中，人们发现了很多有关的生化和分子证据，例如，在研究欧芹悬浮细胞培养中光诱导对黄酮合成的作用时发现一个基本事实，即非生物激发子（外部培养条件）协同诱导可增加特征酶活性。

一般来说，特征酶诱导活性和次生代谢产物累积之间具有直接相关性，相应酶活性可能增加。但目前人们也证实了非活性状态酶的活化（如菜豆细胞中查尔酮异构酶）。还发现苯丙氨酸解氨酶（PAL）的产物和其他苯丙烷代谢酶类也作为调节剂相互作用。如在鹰嘴豆悬浮细胞培养中，酵母提取物的加入可最大限度地诱导 PAL 的活性，导致异黄酮、7- 羟基 -4′- 甲氧基异黄酮、Biochanin A 以及两种相互独立的微粒体细胞色素 P_{450} 氧化酶（2′ 和 3′- 氧化酶）的累积，从而引起紫檀烷、美迪紫檀素（medicarpin）和高丽槐素（maackiaine）含量的增加；异黄酮氧化还原酶（isoflavone oxido-reductase）的活性还增加了 15 倍。此外，某些激发子可显著提高初级代谢酶葡糖 -6- 磷酸脱氢酶的活性。

研究证明，培养过程中化合物诱导所致的基因活化并不是开始就有的。除了豆科植物具有合成喹喏里西啶类生物碱的特征基因以外，人们还发现了羽扇豆碱（lupanine）转录基因的存在。最明显的例子是仅在真菌进攻时才产生的几丁质酶（chitinase）的形成。一般来说，加入激发子后培养物停止生长，氮的吸收亦停止并开始合成特异性 mRNA。当在长春花悬浮培养细胞中加入经过灭菌的瓜果腐霉（*Pythium aphanidermatum*）激发子后，培养细胞能快速响应色氨酸脱羧酶（typtophan decarboxylase，TDC）的诱导，产生色胺，并导致 strictosidine 合成酶（SS）的活化。这两种酶都是先于短暂出现的 mRNA 而形成的。在菜豆细胞中，加入激发子后，开始出现的 PAL 和查尔酮合成酶（Chalcone-synthase，CHS）转录时间持续约 5 min 之久；在落花生中，查尔酮异构酶（Chalcone-isomerase，CHI）和 1,2- 二苯乙烯合成酶基因的转录要在稍后进行。然而，二者均在诱导 3 ~ 4 h 后独立进行最大限度的转录。在菜豆属植物细胞培养中，仅仅一种多基因 CHI 家族中的同工酶（isoenzymes）基因被转录。

在植物抗病生理过程中生物激发子除引起植物在其局部侵染部位做出迅速的过敏反应，即一种或几种生理生化反应外，还诱导植物产生植保素，使植物得以免遭病原微生物的侵染和破坏。对激发子所引起的生理生化反应（或防御反应），Dixon 作了如下概括：

① 膜脂超氧化和膜结构功能的改变。其结果是使膜的通透性增加和流动性改变并出现细胞浸润现象。这一性质在植物细胞培养中得以应用，如加入脱乙酰几丁质就可以使植物细胞膜的通透性得以改变，且其胶化亦使植物细胞膜的流动性降低。通常所说的氧化作用突跃是迅速释放 H_2O_2，Chen 认为 H_2O_2 及活性氧在烟草抗性系统中起重要作用。

② 形成和积累抗微生物的低相对分子质量植保素。如 Morris 等在培养白脉根（*Lotus corniculatus*）的根时加入生物激发子和非生物激发子均可导致异黄酮类植保素 vestitol 和 sativanin 的生成和积累。

③ 蛋白酶抑制物的积累可抑制病原微生物在侵染植物过程中分泌裂解植物细胞壁的蛋白酶。

④ 合成和分泌降解微生物细胞壁的酶，从而抑制微生物生长。如几丁质酶和 β-1,3- 葡聚糖酶沉积于细胞壁上，可分泌木质素和富含羟脯氨酸糖蛋白（HRGP）等物质。由于大多数植物病原微生物不能分解木质素，故木质化细胞壁就成为防止寄生物入侵植物细胞并致病的“分子障碍”或“分子屏障”，如禾本科植物中，阿魏酸和 ρ- 香豆酸的酯化形成两种类似木质素的物质可沉积在细胞壁上。

知识拓展 6-6
植保素

上述生理生化反应，导致了植物对病原微生物的抗性防御，而引起这些生理生化反应（或过敏反应）的激发子通常是激活了植物体内产生这些过敏反应生物合成代谢途径中关键酶的活性，并诱导活化这些酶的 mRNA 的转录、翻译和蛋白质的生物合成，进而重新合成植保素。

在激活过程中，激发子与细胞膜上受体的结合，改变了膜离子通道，促使诱导过程迅速完成。如人们对欧芹的研究初步建立了激发子作用钙离子信号传递机制模型，指出激发子与其受体高度亲和，引起原生质膜活性的改变，即位于原生质膜上的离子通道改变，引起 Ca^{2+}、H^+ 内流，K^+、Cl^- 外流，同时迅速发生 H_2O_2 胞内依赖 Ca^{2+} 的蛋白质磷酸化作用，激活细胞核内的防御基因，引起防御反应，诱导合成植保素的酶以合成植保素，最后完成信号传递作用。

另有证据表明，植物的细胞膜上确实存在能与真菌激发子高度亲和的受体。穿过细胞膜的离子流是一些植物和病毒相互作用时，特异性激发子诱导信号传递引起植物防御反应过程的一部分。Sabine 认为植物细胞膜对病原体识别可引起多组防御反应的开始，瞬间 Ca^{2+} 流过原生质膜被假定为反应起始信号的一部分。胡萝卜素增加 Ca^{2+} 内流和 K^+ 外流，Ca^{2+} 通道阻滞剂的加入则抑制植保素的转录和合成。Chen 还认为 H_2O_2 及活性氧在烟草的抗性系统中起着重要作用。此外，在拟南芥菜细胞悬浮培养实验中发现超氧化物产生活性氧系统的存在。

不同的激发子可通过植物表面的不同部位而起作用，也是激活反应中有关基因的表现。一些靶向基因的存在已经得到证明，包括合成富含羟脯氨酸糖蛋白的基因、糖蛋白翻译后的修饰酶的基因、水解酶的基因、决定病毒产生的相关蛋白质的基因及负责合成植保素及与细胞壁相连的酚类化合物的酶的基因等。拟南芥悬浮培养细胞用细菌 *Erwinca* 及 *Arotoorapv* 粗提物处理 3 h 后 mRNA 含量开始提高，8 h 后相关酶含量达到最大值，表明信号传递到核内，并进行了基因表达。

（3）激发子在植物组织 / 细胞培养及其次生代谢产物生物合成研究中的应用

植物次生代谢产物合成的多代谢途径性使得人们通过不同的方法来刺激代谢途径以增加次生产物的合成量（如改变培养基的组分、调整生长调节剂的浓度及基因克隆等）成为可能。

近年来，人们利用激发子的作用特点，不断尝试、探索次生代谢物生物合成的途径及提高代谢产物含量的方法，以寻找新的活性成分。20 世纪 90 年代初，美国 PHYTON CATALYTIE 公司用短叶红豆杉诱导愈伤组织并进行细胞悬浮培养，发现新培养的细胞能够合成紫杉醇等化合物并有少量的紫杉醇（$3 \sim 5\ mg \cdot L^{-1}$）分泌至培养基中。而在培养基中加入各种激发子（如加入灭活的座线孢属 *Cytoospora abiotis* 和青霉属 *Pencilliam minioluteum* 的孢子）可促使紫杉醇从细胞中分泌出来，并有可能进行连续培养。我国也有人用橘青霉菌菌丝体的粗提物作为激发子来提高红豆杉悬浮培养细胞中紫杉醇的含量。Strinivasan 等在红豆杉细胞培养基中加入代谢物抑制剂、激发子和前体作为考察紫杉醇产量的工具，在考察中还对紫杉醇生物合成途径进行了研究。结果发现，紫杉醇的产量受细胞将苯丙氨酸转变为苯基异丝氨酸的转化能力的限制，而不是受合成途径分支点上酰基转移酶的限制。此实验为考察植物细胞次生代谢复杂情况提供了有用的方法。

于荣敏研究组尝试将青蒿酸用于增强长春花萜类吲哚生物碱的生产。研究结果表明：投入青蒿酸后，文多灵和长春质碱的产量分别提高了6倍和2倍。作用机制研究结果显示，青蒿酸可以上调色氨酸脱羧酶、香叶醇10–羟化酶（geraniol 10–hydroxylase，G10H）、水苷草碱16–羟化酶（tabersonine 16–hydroxylase，T16H）和脱乙酰氧基文多灵4–羟化酶（deacetoxyvindoline 4-hydroxylase，D4H）基因的表达。

将激发子应用于植物细胞培养中以提高目的产物产量的研究在国内外越来越多，这些激发子包括：

① 糖蛋白类激发子　如在培养基中加入糖基化的氧化牛血清白蛋白和氧化溶菌酶可使烟草叶中抗原性尼克碱次生代谢产物的产量增加10倍。

② 蛋白质类激发子　Jonathan等为了解酪胺代谢途径中某些酶的活性，使用果胶酶及链状蛋白酶作为激发子来考察烟草细胞悬浮培养情况。

③ 多糖类激发子　Daizo等用不同种激发子分别作用于多种代表单子叶植物和双子叶植物的模型植物上，所用的激发子有镰刀霉菌丝体、乙烯、水杨酸、几丁质和脱乙酰几丁质及其低聚糖。结果表明用镰刀霉菌丝体感染植株可诱导产生几丁质酶及其同工酶，并表达了强效抗病原体的细胞溶解活性，说明植物可识别病原体并可被诱导产生抗病原体的几丁质酶。天然多糖如几丁质、脱乙酰几丁质及其低聚糖也可诱导抗病原体的几丁质酶及其同工酶的产生。说明上述物质具有诱导强效细胞溶解活性的几丁质酶及其同工酶的各种功能。另外，多糖类激发子除诱导改善植物次生代谢产物的产量外，还可通过多糖的胶化性质改变植物细胞膜的通透性及流动性，如几丁质50可刺激海滨木巴戟产生蒽酮，脱乙酰几丁质可诱导红叶藜中苋菜素的形成。

④ 微生物类激发子　通常是真菌激发子，方法是将悬浮培养的菌丝球匀浆，再将浆液高压灭菌处理，弃去残渣，得提取物或无菌真菌菌丝体粗提物。在无菌条件下将匀化产物加入来源于不同组织、器官的细胞悬浮培养物中，作出作用时间曲线。

在紫杉属植物细胞培养物中为提高紫杉醇、紫杉碱的产量而向培养基中添加的激发子为微黄霉素、灰葡萄孢、大丽轮枝菌和融黏带酶的混合培养滤液。还有人用葡萄孢属的无菌菌丝体匀化产物诱导处理罂粟细胞培养物来积累血根碱。Fachimi等通过此实验还对培养物中PAL及TYDC（酪氨酸/多巴脱羧酶）的活性进行了研究，结果显示：罂粟细胞中上述两种酶的活性机制与原来的血根碱生物合成中的酶并非偶联。不同激发子作用于不同植物可以产生多种多样的次生代谢产物，从植物抗病生理角度来看，这些次生代谢产物多为植物抗病物质——植保素；而在人类生活中，这些次生代谢产物也多为有益于人类健康的活性成分。

另一方面，激发子运用于植物组织培养中亦存在一些问题，如内源性激发子及酵母提取物是无毒的，而来源于真菌的激发子多有很强的毒性。随着植保素的诱导合成，植物病原性真菌也诱导了一个过敏反应，就是病毒与宿主细胞相互作用部位细胞的坏死，从而使细胞生长率下降，并可能影响次生代谢产物的产量。

此外，降低激发子浓度可以减少生长的停止状态，然而在激发子作用下形成次生代谢产物的过程中，低浓度的激发子只能引起部分诱导，所以诱导的剂量不同，引起的效应也不同。Ballica提出激发子在达指数生长期之前加入，效果最好，当然激发子在不同的作用时间都将在一定程度上影响次生代谢产物的含量，如橘青霉激发子对红豆杉培养细胞中紫杉醇生物合成的影响实验显示，激发子在红豆杉细胞指数生长期末期时加入，对紫杉醇合成的促进作用最大。

对于影响植物细胞培养物的生物量的增长和次生代谢产物的积累因素的变化，可因某一因素的调整而影响其他因素。所以在培养过程中要不断地加以平衡和研究。同时植物有机体是各不相同的，具有其本身的特殊性。因此对一种植物细胞或一种次生代谢产物适合的条件不一定适合其他的次生代谢产物和细胞。因此，激发子在植物细胞培养物中对次生代谢产物的作用还有待于更进一步的系统研究。

6.7.2 前体饲喂

前体饲喂是增加次生代谢产物产率的重要方法。生物合成研究结果表明，次生代谢物的形成依赖于3种主要结构单位的供应，即：①莽草酸，属芳香化合物，是芳香族氨基酸、肉桂酸和某些多酚化合物的前体。②氨基酸，形成生物碱及肽类抗生素类，包括青霉素类和头孢菌素类。③乙酸，是聚乙炔类、前列腺素类、大环内酯抗生素类、多酚类、类异戊二烯等的前体。Fett-Neto等在研究东北红豆杉细胞培养中发现，向培养基中加入0.1 mmol · L^{-1}的苯丙氨酸时，紫杉醇产量增加一倍。此外，Stierle在短叶紫杉（*Taxus brevifolia*）树皮的愈伤组织研究时发现异亮氨酸是最佳前体。乙酸盐也可作为前体加入，但只有加拿大红豆杉（*T. canadensis*）、佛罗里达红豆杉（*T. floridana*）和从美国蒙大拿州得到的短叶紫杉细胞系可以利用乙酸盐合成紫杉醇；而从美国西北部太平洋沿岸采集的短叶紫杉的细胞，则不能将乙酸盐作为紫杉醇合成的前体。

6.7.3 两相培养法

两相培养法的基本出发点是在细胞外创造一个次生代谢产物的贮存单元。该培养方法可以加入固相或疏水液相，形成两相培养系统，从而达到收集分泌物的目的。该法可减轻产物本身对细胞代谢的抑制作用，并可保护产物免受培养基中催化酶或酸的影响。此外，由于产物在固相或疏水相中的积累简化了下游处理过程，所以，可大幅度降低生产成本。Sim等在摇瓶及鼓泡塔式生物反应器中研究了紫草毛状根培养生产紫草素的两相培养，以十六烷为吸附剂，加入30 ml · L^{-1}时效果最佳。此外，在两相培养系统中，加入吸附剂的时间也很重要，如在紫草悬浮细胞第二步培养时，在第15 d前加入十六烷，有利于紫草素的产生和累积，而在第15 d之后加入该成分则强烈抑制紫草素的合成。

两相培养系统须满足如下条件：①添加的固相（如树脂）或液相对细胞无毒害作用，不影响其细胞生长和产物合成。②产物易被固相吸附或被有机相溶解。③两相易分离。④如为固相，不可吸附培养基中的添加成分，如植物生长调节剂、有机成分等。

此外，植物细胞培养技术和方法的综合应用对提高次生代谢产物的产量的作用是非常明显的。如长春花培养细胞，在吸附柱、固定化及激发子的联合作用下，悬浮培养23 d，阿吗碱生产能力由2 mg · L^{-1}增加到90 mg · L^{-1}。

6.7.4 转基因技术在次生代谢产物生产中的应用

（1）冠瘿瘤和毛状根培养技术

20世纪80年代初，随着植物基因工程研究的发展，其研究成果也渗透到植物细胞工程中来，引起了细胞培养研究的新突破，尤以双子叶植物病原菌根癌农杆菌和发根农杆菌的发病机制的研究最为突出。发根农杆菌和根癌农杆菌是同一属的革兰氏阴性土壤杆菌。1907年，人们就已发现根瘤农杆菌是植物致瘤的原因。但直到近年来，随着分子生物学的发展，才揭开了它的秘密。在上述两种农杆菌的原生质体中，分别含有Ti质粒和Ri质粒，大小约200 kb。植物遭受感染后，农杆菌能将质粒中的一段转移DNA（transfer-DNA，T-DNA）片段整合到植物细胞核的DNA编码基因上，作为表现型，从被感染处长出冠瘿瘤 / 毛状根。将冠瘿瘤 / 毛状根作为培养系统，可进行有用化合物的生产。

（2）转基因植物和活性成分生产

由于分子生物学领域的进展，如今已有可能人工设计新的植物性状用于改良作物的品质和抗性。该技术的关键在于用什么方法将外源基因导入植物的基因组，并能得到高效表达。目前已有各种各样的方法，这些方法各有所长，其中用农杆菌做载体将外源基因导入植物基因组的方法比较成熟。

用转基因植物生产生物技术产品的研究已有相当成功的例子。Hiatt 等用土壤农杆菌质粒作载体将小鼠杂交瘤 mRNA 的全部 DNA 导入烟草中，使 χ- 免疫球蛋白和 κ- 免疫球蛋白在烟草中得到表达，有活性的抗体占植物总蛋白的 1.3%。每亩烟草可收获 45 kg 抗体，如果按每个患者年平均治疗量需 1 kg 计算，则可供 45 位患者用一年。目前一些贵重的生物技术产品如胰岛素、干扰素、单克隆抗体及人血清蛋白等都能在转基因植物中表达。

6.7.5 植物生物转化技术与生物制药

植物的次生代谢产物如生物碱、香豆素、芳香化合物、类固醇以及萜类等是药物、香料、色素、农药以及食品添加剂等的重要来源。由于高等植物细胞中的次生代谢产物含量很低且有些产物不能或难以通过化学合成途径得到，因此，人们期望能够充分利用植物细胞培养以及植物酶对外源底物进行生物转化，从而得到人们想要的目标化合物。许多利用植物细胞和酶系统进行的生物转化具有部位以及立体特异性，其反应类型包括氧化反应、还原反应、羟化反应、甲基化反应、乙酰化反应、异构反应、糖基化反应以及酯化反应等。随着基因操作技术的进步，生物转化具有更大的潜力来克隆和表达植物酶的外源基因，从而促进其产物的合成。

（1）概述

① 定义　生物转化（biotransformation，bioconversion）也称生物催化（biocatalysis），是指利用生物离体培养细胞或器官及细胞器等对外源化合物进行结构修饰而获得有价值产物的生理生化反应，其本质是利用生物体系本身所产生的酶对外源化合物进行酶催化反应，它具有反应选择性强（立体选择性、位置选择性）、反应条件温和、副产物少、不造成环境污染和后处理简单等优点，并且可以进行传统有机合成不能或很难进行的化学反应。生物转化与生物合成（biosynthesis）不同，后者是指利用整体细胞、器官和机体中简单的底物合成复杂化合物的过程。它们又和生物降解（biodegradation）不同，在生物降解中，复杂的底物被分解为简单物质。

② 生物转化的优点　作为生物催化剂，植物细胞培养具有下列优点：可以在实验室中生长，实验重现性好；细胞可以无限生长，培养物可以大量累积，从而源源不断地提供生物材料；生长循环周期短，利于实验的进行。因此，人们把植物细胞培养当作像微生物一样有用的工具用于生物转化。

利用微生物及其产生的酶进行生物转化能够产生许多有用的化合物。该方法所具有的优点是生物量倍增时间短，微生物的基因操作方法已广泛建立。而植物生物转化系统与之相比，生物量倍增时间较长，产生酶的种类较少且酶量低微。虽然具有这些缺点，植物生物转化还是有它的独特之处：植物中具有许多微生物中不存在的独特的酶，它们可以催化一定的反应生成许多复杂的化合物，甚至是新化合物；而用化学合成的方法来合成这些化合物步骤烦琐且价格昂贵。因此利用植物细胞及从植物细胞中分离出的酶来进行药物生产或新药研制开发具有极大潜力。

③ 可用于生物转化的化合物种类　自然界中存在许多可以进行生物转化的化合物，如芳香化合物、类固醇、生物碱、香豆素、萜类等。不过，利用植物进行生物转化的化合物并不局限于植物在其代谢过程中产生的中间体，也可以是人工合成的化合物。

④ 植物生物转化的意义　植物细胞培养具有巨大的产生特定次生代谢产物的潜力。在植物细胞培养中，一些重要的次生代谢产物并不形成和累积。但是，这样的培养物却保留了将外源底物转化为有用产物的能力。植物悬浮细胞培养、固定化细胞培养、毛状根培养以及酶都可通过生物转化产生有用化合物。生物转化既可产生新的化合物，又可改造已有的化合物，增加目标产物的产量以及克服化学合成的缺点。更重要的是，植物细胞和器官培养由于催化多步反应，常常会产生中间代谢产物，有助于阐明化合物的生物合成途径。而且催化反应可以在比较温和的环境下进行，具有副产物较少、耗能少，安全以及减少开支等优点。此外，植物生物转化系统还可以与有机合成结合使用而相得益彰。

（2）植物细胞和器官培养物的生物转化

许多因素都能影响植物细胞和器官培养物进行的生物转化，例如前体物的溶解性、细胞通透性、有活性的酶量、酶的存在位置、副反应的存在、参加降解目的产物的酶量、诱导作用、pH 变化以及渗透作用等。

有些物质难溶或者不溶于水，因此其转化速率非常低。通过引入环糊精（cyclodextrin）可以使这些物质更容易进行生物转化。环糊精是一个环状寡聚糖，能够与各种各样的非极性配基形成极易溶于水的稳定的包结体。有机相的存在会在很大程度上影响植物细胞的生存，因此在这些系统中酶的活性就会降低，而环糊精复合物的形式使得这些前体物质的物理性质（包括它们在水中的溶解性质）得以改进，因而更容易进行生物转化。

有机溶剂例如异丙醇、二甲基亚砜（DMSO）和多糖（如壳聚糖）都可能增大细胞的通透性，从而促进底物摄取及产物释放。其他增大细胞通透性的方法还有超声波降解法、电极法和电泳释放以及高电场脉冲和超高压等。

并非所有在植物细胞中产生的物质都依赖于酶的催化反应。例如含有几个立体活性中心的生物碱 nitraramine，在欧亚白刺（*Nitraria schoberi*）中就以消旋体的形式存在。手性代谢产物的分离可能是一种自然的非酶反应，首先生成非手性前体，然后对其中的一个对映体进行酶催化代谢。

植物细胞培养和毛状根培养所进行的生物转化为具有治疗活性的化合物的结构改造提供了一个重要工具。但是，悬浮培养的最大缺点就是体细胞克隆不稳定，为了维持高产就必须持续不断地筛选细胞株，利用组织（如芽和根）进行培养时也存在这一问题。而通过土壤农杆菌进行生物转化所得到的产物毛状根，与植物细胞悬浮培养相比其生长速度更快，无须添加外源生长素，而且由于其属于器官培养，具有分化性，其遗传稳定性增加，因此代谢产量也非常稳定。由于具有这些优势，许多曾经被认为不可能通过细胞培养进行生产的一些来源于根的产物，都开始利用毛状根培养技术进行重新研究。许多因素会影响毛状根的药用次生代谢产物的产生，例如营养成分、激发子、产物生物转化的前体以及对发根农杆菌 Ri 质粒的遗传改造等。

近年来，我国科学家们也对利用植物细胞、转基因组织等生物转化生产药用活性成分给予了极大的关注，并开始涉足该领域。周立刚等在蛛丝毛蓝耳草（俗名露水草，*Cyanotis arachnoidea*）毛状根培养系中加入青蒿素，培养 8 d 后，青蒿素转化为去氢青蒿素。赵明强等研究了人参毛状根生物合成熊果苷的基本条件，以熊果苷的含量、氢醌的转化率为指标，对培养 22 d 的人参毛状根更换含底物的 B_5 培养基后，对浓度为 2 $mmol \cdot L^{-1}$ 的氢醌持续转化 24 h，所合成的熊果苷占干重的 13.0%，转化率达 89%。

植物细胞培养物具有对外源底物进行生物转化的能力。人们选择不同类型的生物催化剂及底物来考察这些反应的部位特异性、立体特异性以及对映选择性和底物特异性。反应类型以及反应的立体化学是由底物的官能团以及官能团附近的结构片段决定的。因此，通过植物细胞培养进行生物转化被认为是一种可以对分子进行结构修饰而使其成为活性化合物的工具。下面是一些比较重要的生物转化类型。

① 羟基化　植物细胞培养通过在分子中的不同部位进行立体选择性氧化反应转化外源底物。这些细胞具有部位特异和立体特异性羟基化烯丙位碳－碳双键的能力，以及区别底物的不同对映体并选择性地对其中之一进行羟基化的能力。例如长春花的细胞悬浮培养物可将香叶醇、橙花醇以及左旋和右旋香芹酮，通过其戊基侧链羟基化为一系列的单羟基化异构体，转化为抗真菌代谢物 5β- 羟基新二羟基香芹醇。

② 糖基化　糖基化反应可以使得许多外源化合物的理化性质与生物活性发生较大的变化，例如将不溶于水的化合物转变为水溶性化合物，这一点是微生物培养或化学合成很难做到的。糖基化反应主要有两种：一种是在羧酸和糖片段之间发生酯化反应，另一种是羟基和糖片段之间的糖基化反应。

为了获得水溶性更好、稳定性更高的新香豆素苷，同时为了考察长春花悬浮培养体系的糖基化能力及糖基化反应的选择性，于荣敏研究组利用长春花悬浮培养细胞分别对4-甲基-7-羟基香豆素（底物1）、4-苯基-7-羟基香豆素（底物2）、4-甲基-5,7-二羟基香豆素（底物3）、7,8-二羟基香豆素（底物4）进行其糖基化研究，得到八个糖基化产物，经鉴定产物分别为：4-甲基香豆素-7-*O*-β-D-吡喃葡萄糖苷（1a）、4-苯基香豆素-7-*O*-β-D-吡喃葡萄糖苷（2a）、7-羟基-4-甲基香豆素-5-*O*-β-D-吡喃葡萄糖苷（3a1）、5-羟基-4-甲基香豆素-7-*O*-β-D-吡喃葡萄糖苷（3a2）、7-羟基香豆素-8-*O*-β-D-吡喃葡萄糖苷（4a）、4-甲基香豆素-7-*O*-β-D-木糖（1→6）β-D-吡喃葡萄糖苷（1b）、4-苯基香豆素-7-*O*-β-D-葡萄糖（1→6）β-D-吡喃葡萄糖（2b）、4-甲基香豆素-5,7-二-*O*-β-D-吡喃吡喃葡萄糖苷（3b），其中化合物3a2、1b、2b及3b为新化合物；作者还分别对4个底物及产物进行时效曲线考察以获得最佳共培养时间；利用SA作为刺激子考察其对糖基化产率的影响，结果显示加入SA的培养物组的产率比空白组提高了将近一倍；水溶性实验结果显示与各自的底物相比，产物的水溶性均有提高，其中产物2b的水溶性是底物的307倍。DPPH自由基清除实验结果表明底物4经过生物转化后获得的产物4a基本上失去了DPPH自由基清除作用；体内抗凝血实验结果表明产物2b具有优于底物的体内抗凝血作用；抑制植物病菌实验表明底物2具有良好的抗植物病菌作用，其糖基化产物2a的抑菌作用大大减弱，而底物4与其产物4a的抑菌活性基本相当。

丁酸具有体外抑制肿瘤生长和诱导肿瘤细胞分化的作用，但是其在哺乳动物系统中半衰期很短，人们通过悬浮培养的皱叶烟草（*Nicotiana plumbaginifolia*）细胞糖基化得到其糖苷，半衰期大大增加，可用于开发为抗癌新药。

③ 醇和酮的氧化还原反应　通过植物细胞培养可以将醇转化为相应的酮。对于一些手性化合物的生产来说，对映选择性氧化反应是非常有用的。

④ 水解反应　在水解反应中，人们对乙酸盐水解了解最多。对映选择性水解可用于外消旋乙酸盐的光学鉴定。

⑤ 环氧化作用　环氧化作用可以用于具有细胞毒性的倍半萜烯的结构修饰。莪术（*Curcuma phaeocaulis*）细胞悬浮培养物中大根香叶酮（germacrone）的环氧化反应就是成功的实例之一。

⑥ 羰基还原反应　在植物细胞培养中有很多关于酮和醛经过还原反应生成相应的醇的报道。在这一反应中，氢进攻羰基表面发生还原反应，使羟基化合物在具羟基基团的部位具有手性。*N.sylvestris* 或长春花细胞悬浮培养中得到的全细胞、细胞提取物或者培养液都能够实现这一反应，这要归因于其过氧化物酶胞外分泌到培养基中。在合适的条件下，大约87%的底物可在40 min内转变为目标产物。

⑦ 碳-碳双键的还原反应　*Astasia longa* 的细胞培养物能够产生两种烯酮还原酶，可以还原香芹酮的碳-碳双键。该反应具有部位特异性。

⑧ 硝基还原反应　毛曼陀罗（*Datura innoxia*）、长春花以及狐尾藻属植物细胞培养物都能够将TNT（2,4,6-trinitrotoluene）经过硝基还原反应生成ADNT（2,4,6-aminodinitrotoluene）。

（3）利用固定化细胞培养进行生物转化

细胞培养产生次生代谢产物的方法的改进通常与植物细胞的器官化和分化有关，而器官化和分化的理论则是固定化技术应用的基础。固定化技术是一种将具有催化活性的酶或细胞固定在特定支持物上的技术，已被应用于前体的单步和多步生物转化生成目的产物以及生物合成次生代谢产物。

固定化植物细胞培养生物转化外源底物具有下列优势：①细胞抗剪切能力增强；②可以长期重复使用；③可能产生较多的生物材料，从而转化更多底物；④细胞的恢复更容易；⑤产品后期化学处理更容易。

固定酶系统具有一定的局限性，被分离的酶在极限pH、加热和加入特定有机溶剂时很容易引起变性，在分离酶的过程中酶的活性会有损失，常常应用于单步反应中。而固定化植物细胞培养与固定酶系统相比，作为生物催化剂更具有其独特的优势：①它可实行多步酶反应；②选择高效生物合成细胞，其催化活性也可增加；③不需提供辅因子，因为细胞本身可合成；④固定化细胞比固定化酶更容易操作。因此，固定化细胞作为“生物催化剂”就显得更为重要。全细胞固定化培养还可创造一种类似全植物的有机组织的微环境，导致细胞分化并且产生较多的次生代谢产物。

常用的固定植物细胞的方法是通过离子交换、沉淀、聚合，在预先固定好的结构上进行凝胶包埋。植物细胞可直接通过吸附固定，而酶可以利用氢键、偶极－偶极反应和疏水反应等吸附在支持物上，当酶的最适 pH 与其等电点不接近时可以通过离子交换来固定，另外还可以利用共价交联。常用的支持物有聚丙烯和硅藻土。聚丙烯酰胺是酶固定化中比较常用的基质。除了凝胶包埋以外，还可以通过微囊技术来固定植物细胞。

酶和细胞所进行的生物转化也可以在膜反应器中进行。膜不但能够保留生物催化剂同时也允许基质、营养物质以及产物自由出入。与凝胶法相比，其流体动力学、流动分布更易控制，而且也更容易生产。还能更容易地维持生物反应器的无菌状态。

（4）基因工程方法在生物转化中的应用

人们可以通过对细胞株进行选择、诱导、改变细胞通透性、射线处理、改变 pH 等使细胞培养物的生物转化能力达到最大。不过一个更主要的方法就是将编码催化生物合成反应的关键酶基因转入到真菌或细菌细胞中去增殖，然后再把这个克隆的基因转入到植物当中，并在其中表达。植物转基因技术不但能够有效地产生和改造现有的生物转化过程，而且对于研究基因功能和生理性调节以及其发展过程都是一个强有力的和信息性的工具和手段。

Hashimoto 等报道了天仙子胺 6-β－羟化酶在大肠杆菌中的表达。重组大肠杆菌能够将天仙子胺转化为东莨菪碱。然后，将该基因转入植物颠茄（*Atropa belladonna*）中并且进行表达。后来 Hashimoto 等又报道了转基因的毛状根，在这种毛状根中天仙子胺向东莨菪碱的生物转化效率大大增加。

（5）利用植物酶进行生物转化

虽然酶的制备技术看起来更适合于商业药物生产，但与细胞系统比起来，其应用与否主要取决于在分离酶的过程中活性损失与其生物转化高效率的优越性之间能否达到和谐统一。酶的羟基化和糖基化的部位选择性为改进后的药物的生产提供了机会。

下面列举了一些从植物中分离出来的以自由或固定状态存在的酶，它们可催化一些重要反应。

① 木瓜蛋白酶（papain） 在橡胶树叶和番木瓜（*Carica papaya*）的绿色果实中都含有高浓度的木瓜蛋白酶。木瓜蛋白酶可以水解肽键，在某些情况也可水解酯键。它可以催化正负两个方向的反应，而反应方向可能与溶液的浓度有关，木瓜蛋白酶可用于部位选择性水解反应，例如，木瓜蛋白酶部位特异性水解脱氢谷氨酸二酯 5 位上的酯键，而 α- 胰凝乳蛋白酶只水解 1 位上的酯键。木瓜蛋白酶还具有特异性水解苯丙氨酸、亮氨酸的能力。

② 醇腈酶（oxynitrilase） 醇腈酶是一类立体选择性酶，只作用于对映体中的一个。它们催化氰化氢加到醛上合成手性腈醇。醇腈酶是通用的合成 α- 羟基酸和醛、乙醇胺、氨基醇、拟除虫菊酯杀虫剂、咪唑等的前体。根据其对映选择性可分为 *R*- 型和 *S*- 型醇腈酶。

③ 环化酶（cyclase） 环化酶具有广泛的底物选择性，可用于环二烯及其环氧化物的环化。在菊苣中发现一个环化酶，能够选择性环化大根香叶烷衍生物 germanone 的 4,5- 环氧化物生成 neoprocureumenol。反应的第一步就是由酶介导的环氧化基团的加氢作用，然后闭合成环。

④ 酚氧化酶（phenoloxidase） 酚氧化酶能够部位特异性催化单酚羟化反应生成儿茶酚。Pras 等研究发现在刺毛黧豆（*Mucuna pruriens*）的细胞培养物中由酚氧化酶催化可以生成一个非常重要的药用化合物 7,8- 二羟基 -*N*- 二 -*n*- 丙基 -2- 氨基四氢化萘（7,8-dihydroxy-*N*-di-*n*- propyl-2-aminotetralin）。

⑤ 卤素过氧化物酶（haloperoxidase） 卤素过氧化物酶以过氧化氢和卤化物离子为底物催化许多有机化合物的卤化反应。这种酶广泛存在于哺乳动物、鸟、植物、藻类、真菌和细菌当中，参与许多

天然卤化产物的生物合成过程。在高等植物中它们通常催化单电子氧化反应生成脱氢产物和多聚体。人们已经阐明了由氯过氧化物酶催化的茚（indene）的环氧化反应的立体化学。在水溶液当中，环氧化产物不稳定，形成顺 – 反二醇。在缺水的情况下大约有 30% 生成 1*R*，2*S* 对映异构体。

⑥ 脂氧合酶（lipoxygenase） 脂氧合酶是一种不闭合的含电子酶，催化双氧化物结合成稳定的不饱和底物。这类酶立体选择性和部位选择性都很强。

⑦ 细胞色素 P450 单氧化酶（cytochrome P450 monoxygenase） 依赖细胞色素 P450 的氧化反应在植物萜类的生物合成中起着非常重要的作用。由于其广泛的底物特异性，使得细胞色素 P450 单氧化酶在催化体外生物转化中具有很大的潜力。洋地黄毒苷 –12– β – 羟化酶是存在于微粒体内的一种依赖细胞色素 P450 的单氧化酶，人们将其从植物细胞培养物中分离出来后，用于催化 β– 甲基洋地黄毒苷生成 β– 甲基地高辛。

众所周知，利用植物细胞、器官和酶在体外进行生物转化的研究起步较晚，但其意义特殊。特别是由于次生代谢途径具有多学科性特征，包括中间代谢产物的鉴定、推测可能的反应过程、有关酶的分离及特性以及这些酶在组织和亚细胞中的定位，故利用植物生物转化技术以及代谢途径工程的分子水平研究可以更好地理解基因和酶的属性，可在不同层次上加速体外生物转化在生产实践和新药研制开发中的应用。

植物细胞培养具有无法估量的生物转化能力，可以转化不同有机化合物。生物转化反应的类型和立体化学与底物功能基团以及底物功能基团周围的结构片段有关。因此，由植物细胞培养所进行的生物转化对于药用化合物分子的结构修饰非常有用。一些基本信息，例如外源化合物在生物转化过程中的反应类型、立体特异性及部位特异性对于高等植物生物技术的发展是非常必要的。以后的研究特别是多步反应的发展方法将是利用植物细胞培养生物转化进行实际应用所必备的。

研制开发具有自主知识产权的新药已成为广大科技工作者面临的艰巨任务，利用植物生物转化技术，研究和发现新的生物合成途径，寻找有活性的化学成分进而创制新药，也将成为植物细胞工程制药的主要任务之一。

开放讨论题

作为生产药物的细胞，植物细胞与微生物细胞和动物细胞相比有什么独特之处？如何利用植物细胞的特点生产药物？

思考题

1. 植物细胞培养的培养基主要由哪些成分组成？
2. 植物细胞大规模培养的主要方法及其特点是什么？
3. 影响植物细胞累积次生代谢产物的因素有哪些？
4. 各种植物细胞培养的生物反应器的特点是什么？
5. 植物细胞培养有哪些新进展？

推荐阅读

1. SHAALTIEL Y，GINGIS–VELITSKI S，TZABAN S，et al. Plant–based oral delivery of

β-glucocerebrosidase as an enzyme replacement therapy for Gaucher's disease [J]. Plant Biotechnology Journal，2015，13（8）：1033-1040.

点评：Gaucher's 病可通过静脉注射葡糖脑苷脂酶（GCD）进行酶替代治疗。在胡萝卜细胞中不仅能表达重组人 GCD，而且文章发现使用重组的植物细胞口服递送 GCD，可以使胡萝卜细胞表达的活性 GCD 到达药物治疗的靶器官。

2. KOLEWE M E，GAURAV V，ROBERTS S C. Pharmaceutically active natural product synthesis and supply via plant cell culture technology [J]. Molecular Pharmaceutics，2008，5（2）：243-256.

点评：该文介绍了利用植物细胞生产药理活性天然产物时面临的挑战以及采取的策略，包括传统的策略和流式细胞术、代谢工程等新方法的应用。

3. XU J, ZHANG N. On the way to commercializing plant cell culture platform for biopharmaceuticals: present status and prospect [J]. Pharmaceutical bioprocessing，2014, 2（6）：499-518.

点评：该文综述了植物细胞工程技术，总结了近年植物细胞工程商业化成功的实例，讨论了实现植物细胞作为重组蛋白药物商业化生产平台所面对的挑战。

网上更多学习资源……

◆参考文献

（暨南大学　于荣敏）

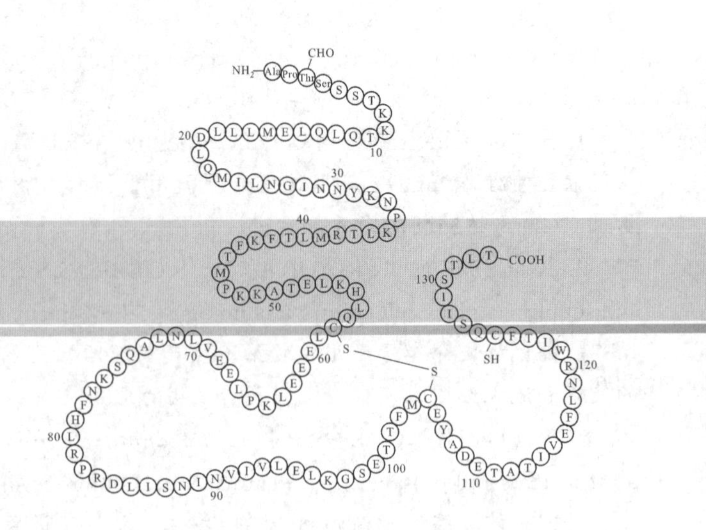

7

酶工程制药

酶是生物体中广泛存在的一种催化剂，由于其催化效率高、专一性强、反应条件温和等特点得到了广泛应用。酶是怎么获得的？如何改变酶的性质？酶在生物技术制药中有什么应用？本章将解答这些问题。

通过本章学习，可以掌握以下知识：

1. 酶的来源和生产方法；
2. 酶和细胞的固定化技术；
3. 酶的修饰及稳定性；
4. 模拟酶、核酶和抗体酶的应用
5. 酶在制药工业的应用、手性药物的酶法拆分、分子印迹技术在制药中的应用。

知识导图

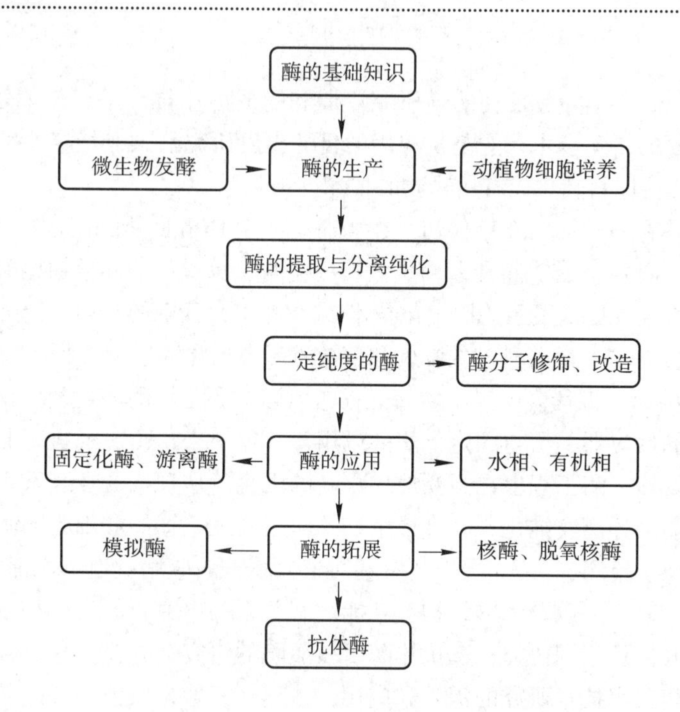

关键词

酶工程　酶的生产菌　固定化酶　固定化细胞　载体结合法　交联法　包埋法　选择性热变性法　酶化学修饰　酶的表面化学修饰　酶分子内部修饰　模拟酶　主－客体酶　胶束酶　肽酶　分子印迹酶　半合成酶　有机相酶　核酶　脱氧核酶　抗体酶

7.1 概述

7.1.1 酶的催化特点

酶（enzyme）是指具有生物催化功能的大分子物质，其中大多数由蛋白质组成，也有少数酶由RNA或DNA组成。生物体代谢中的各种化学反应都是在酶的作用下进行的，没有酶，就没有了生物体的一切生命活动。酶催化的反应又称为酶促反应，是指反应物分子（或称底物）通过酶的催化作用转化为另一种分子（产物）的反应。

与其他非生物催化剂相似，酶具有一般催化剂的特性：即参与化学反应过程中通过降低反应的活化能，从而能加快反应速度；另外酶作为催化剂，在反应过程中本身不被消耗，数量和性质不变，同时也不影响反应的化学平衡。除了具有一般催化剂的共性外，酶还具有显著的特性：①催化效率高，是一般催化剂的 $10^7 \sim 10^{14}$ 倍；②专一性强，大多数酶呈绝对或几乎绝对专一性，包括立体专一性；③反应条件温和；④酶的催化活性受到调节和控制，酶活性的调节是代谢调节的主要方式。

1961年国际生物化学联合会（international union of biochemistry，IUB）酶学委员会（enzyme commission，EC）公布了酶的系统命名法和分类方法，后来经过多次修改补充，形成了目前普遍认同的分类方法，即按酶催化的反应类型和作用的底物，将酶分为 6 大类：①氧化还原酶类；②转移酶类；③水解酶类；④裂合酶类；⑤异构酶类；⑥连接酶类。

7.1.2 酶工程简介

酶工程（enzyme engineering）是在酶学研究发展和酶的应用推广下，使酶学和工程学相互渗透、结合发展而成的一门新的科学技术，它是从应用的目的出发研究酶，在特定的生物反应装置中利用酶的特异性催化功能将相应原料转化成有用物质的技术。

酶工程的名称出现在 20 世纪 20 年代初，在当时，主要是指自然酶制剂在工业上的大规模应用。1953 年，Grubhofer 和 Schleith 首先将羧肽酶、淀粉糖化酶、胃蛋白酶和核糖核酸酶等，用重氮化聚氨基聚苯乙烯树脂进行固定，提出了酶的固定化技术。1969 年，日本的千田一郎等首先应用固定化酶技术成功地拆分了 DL- 氨基酸。随着科学的发展和酶技术研究的深入，酶工程所涉及的面也越来越广。

1971 年，第一届国际酶工程会议提出的酶工程的内容主要是：酶的生产、酶的分离纯化、酶的固定化、酶及固定化酶的反应器、酶与固定化酶的应用等。近年来，由于酶在工业、农业、医药和食品等领域中应用的迅速发展，酶工程也在不断地增添新的内容。从现代观点来看，酶工程主要有以下几方面的研究内容：①酶的分离、纯化、大批量生产及应用开发；②酶和细胞的固定化及酶反应器的研究（包括酶传感器、反应检测等）；③酶生产中基因工程技术的应用及遗传修饰酶（突变酶）的研究；④酶的分子改造与化学修饰，以及酶的结构与功能之间关系的研究；⑤有机相中酶反应的研究；⑥酶的抑制剂、激活剂的开发及应用研究；⑦抗体酶、核酸酶的研究；⑧模拟酶、合成酶及酶分子的人工设计、合成的研究。酶工程技术研究的深入和应用，使其在工业、农业、食品和医药等方面发挥着极其重要的作用。

7.1.3 酶的生产方法

作为生物催化剂，酶普遍存在于动物、植物和微生物中，可以直接从生物体中提取分离。早期酶的生产多以动植物为主要原料，由植物提供的酶有蛋白酶、淀粉酶、氧化酶等，由动物组织提供的酶主要有胰蛋白酶、脂肪酶和用于奶酪生产的凝乳酶等。有些酶的生产至今还应用此法，如从猪颌下腺中提取激肽释放酶，从菠萝中制取菠萝蛋白酶，从木瓜汁液中制取木瓜蛋白酶等。

随着酶制剂应用范围的日益扩大以及技术、经济和伦理上的问题，使得单纯依赖动植物来源的酶已经远远不能满足要求，而且动植物原料的生长周期长、来源有限，又受地理、气候和季节等因素的影响，不适于大规模生产，所以生物合成法成为 20 世纪 50 年代以后酶的主要生产方法。它是利用微生物细胞、植物细胞或动物细胞的生命活动而获得人们所需酶的过程。

从理论上讲，酶与其他蛋白质一样，也可以通过化学合成法来制得。现在已经有了一整套固相合成多肽的自动化技术，大大加快了合成速度；但从实际应用上讲，由于试剂、设备和经济条件等多种因素的限制，通过人工合成的方法来进行酶的生产还需要相当长的一段时间，因此酶的生产目前仍以生物合成法为主。

20 世纪 70 年代以后，植物细胞和动物细胞培养技术的发展，使酶的生产技术水平进一步得到提高，但因其周期长、成本高，因而还有一系列问题有待解决，所以目前以动植物细胞进行酶的生产仍占少数，工业生产上一般都以微生物为主要来源，当前的千余种被使用的商品酶中，大多数都是利用微生物生产的。

利用微生物生产酶制剂，主要是因为微生物具有如下突出的优点：

① 微生物种类繁多，酶的品种齐全，可以说一切动植物体内存在的酶基本都能从微生物中得到；

② 微生物生长繁殖快、生产周期短、产量高；

③ 微生物培养方法简单，原料来源丰富，价格低廉，经济效益高，并可以通过控制培养条件来提

高酶的产量；

④ 微生物具有较强的适应性和应变能力，可以通过各种遗传变异的手段，培育出新的高产菌株。

所以，目前工业上应用的酶大多采用微生物发酵法来生产。

7.1.4 酶的生产菌

（1）对菌种的要求

利用微生物生产酶制剂，首先要获得酶的高产菌种，然后用适当的方法进行培养和扩大繁殖，并积累大量的酶。这种有目的地利用微生物生产酶的方法称为酶的发酵技术。虽然同一种酶往往可以从多种微生物中得到，但菌种性能的优劣决定了产量的高低，这将直接影响微生物发酵生产酶的成本，所以作为一个优良的生产菌种应具备以下几点要求：①繁殖快、产酶量高，酶的性质应符合使用要求，而且最好是产生胞外酶的菌种。②不是致病菌，在系统发育上与病原体无关，也不产生有毒物质。这一点对医药和食品用酶尤为重要。③产酶性能稳定，不易变异退化，不易感染噬菌体。④能利用廉价的原料，发酵周期短，易于培养。

知识拓展 7-1
国内外菌种保藏管理机构

（2）生产菌的来源

生产菌种可以从菌种保藏机构和有关研究部门获得，但应该着力于从自然界中分离筛选生产菌种。自然界是生产菌种的主要来源，土壤、深海、温泉、火山、森林等都是菌种采集地。筛选生产菌的方法与其他发酵微生物的筛选方法基本一致，主要包括以下几个步骤：菌样采集、菌种的分离初筛、菌种纯化、菌种复筛和生产性能鉴定等。为了提高酶的产量，在酶的生产过程中应不断改良生产菌，主要应用遗传学原理进行改良，其基本途径有基因突变、基因转移和基因克隆。

（3）目前常用的产酶微生物

大肠杆菌是应用最广泛的生产菌，一般分泌胞内酶，需经细胞破碎才能分离得到。由于其遗传背景清楚，还可被广泛用于遗传工程改造成为外来基因的宿主，而成为优良性状的“基因工程菌”。如工业上常用大肠杆菌生产谷氨酸脱羧酶、天冬氨酸酶、青霉素酰胺酶、β- 半乳糖苷酶等。

枯草杆菌是工业上应用最广泛的生产菌之一，主要用于发酵生产 α- 淀粉酶、β- 葡糖氧化酶、碱性磷酸酯酶等。啤酒酵母是工业上广泛应用的酵母，主要用于生产啤酒、乙醇、饮料和面包，也用于生产转化酶、丙酮酸脱羧酶、乙醇脱氢酶等。曲霉（黑曲霉和黄曲霉）可用于生产多种酶而在工业上被广泛应用，如糖化酶、蛋白酶、淀粉酶、果胶酶、葡糖氧化酶、氨基酰化酶和脂肪酶等的生产。

其他常用的生产菌还有：主要用于生产葡糖氧化酶、青霉素酰胺酶、5′- 磷酸二酯酶、脂肪酶等的青霉菌；主要用于生产纤维素酶的木霉菌；主要用于生产淀粉酶、蛋白酶、纤维素酶的根霉菌；主要用于生产葡糖异构酶的链霉菌。微生物发酵法生产酶制剂是一个十分复杂的过程，由于具体的生产菌和目的酶不同，菌种的制备、发酵方法和条件、酶的分离提纯方法也各不相同。

7.1.5 酶在医药领域的应用

（1）在疾病诊断方面的应用

疾病治疗效果的好坏，在很大程度上取决于诊断的准确性。疾病诊断的方法有很多，其中酶学诊断发展迅速。由于酶催化的高效性和特异性，酶学诊断方法具有可靠、简便又快捷的特点，在临床诊断中已被广泛使用。酶学诊断包括两个方面：一是根据体内原有酶活力的变化来诊断某些疾病，如利用谷丙转氨酶活力升高来诊断肝炎；二是利用酶测定体液中某些物质的量来诊断疾病，如利用葡糖氧化酶测定血糖含量、诊断糖尿病等。

（2）在疾病治疗方面的应用

由于酶具有专一性和高效率的特点，所以在医药方面使用的酶具有种类多、用量少和纯度高的特点。主要的医药用酶有：①蛋白酶，主要用于消化不良和食欲不振等。②溶菌酶，具有抗菌、消炎、镇痛等作用。③超氧化物歧化酶，具有抗辐射作用。④ L- 门冬酰胺酶，用于治疗白血病。⑤尿激酶，具有溶血栓的活性。⑥其他相关酶制剂，如细胞色素 c 等。

（3）在药物生产方面的应用

酶在药物制造方面的应用是利用酶的催化作用将前体物质转变为药物。这方面的应用日益增多。主要的应用有：利用青霉素酰胺酶制造半合成青霉素和头孢霉素、利用 β- 酪氨酸酶制造多巴、利用核苷磷酸化酶生产阿糖胞苷、利用蛋白酶和羧肽酶将猪胰岛素转化为重组人胰岛素等。

（4）在分析检测方面的应用

用酶进行物质分析检测的方法统称为酶法检测或酶法分析。酶法检测是以酶的专一性为基础、以酶作用后物质的变化为依据来进行的。根据酶反应的不同，酶法检测可以分成单酶反应、多酶偶联反应和酶标免疫反应等 3 类。

7.2 酶和细胞的固定化技术

酶促反应几乎都是在水溶液中进行的，属于均相反应。均相酶反应系统虽然简便，但也有许多缺点，如溶液中的游离酶只能一次性使用，不仅造成酶的浪费，而且会增加产品分离的难度和费用，影响产品的质量；另外溶液酶很不稳定，容易变性和失活。如果能将酶制剂制成既能保持其原有的催化活性、性能稳定又不溶于水的固形物，即固定化酶（immobilized enzyme），就可以像一般固定催化剂那样使用和处理，大大提高酶的利用率。与固定化酶类似，细胞也能固定化。生物细胞虽属固相催化剂，但因其颗粒微小难于截留或定位，也需固定化。固定化细胞既有细胞特性和生物催化的功能，还具有固相催化剂的特点。

7.2.1 概述

（1）固定化酶的定义

固定化酶是 20 世纪 50 年代开始发展起来的一项新技术。最初主要是将水溶性酶与不溶性载体结合起来，成为不溶于水的酶的衍生物，所以也曾称为“水不溶酶”（water-insoluble enzyme）和“固相酶”（solid phase enzyme）。但是后来发现，也可以将酶包埋在凝胶内或置于超滤装置中，高分子底物与酶在超滤膜一边，而反应产物可以透过超滤膜逸出，在这种情况下，酶本身仍是可溶的，只不过被固定在一个有限的空间内不再自由流动罢了。因此，用“水不溶酶”或“固相酶”的名称就不恰当了。在 1971 年第一届国际酶工程会议上，正式建议采用“固定化酶”的名称。所谓固定化酶，是指限制或固定于特定空间位置的酶，具体来说，是指经物理或化学方法处理，使酶变成不易随水流失（即运动受到限制），而又能发挥催化作用的酶制剂，制备固定化酶的过程称为酶的固定化。固定化所采用的酶，可以是经提取分离后得到的有一定纯度的酶，也可以是结合在菌体（死细胞）或细胞碎片上的酶或酶系。

（2）固定化酶的特点

酶类可粗略分为天然酶和修饰酶，固定化酶属于修饰酶。在修饰酶中，除固定化酶外还包括经过化学修饰的酶和用分子生物学方法在分子水平上进行改良的酶等。固定化酶的最大特点是既具有生物催化剂的功能，又具有固相催化剂的特性。与天然酶相比，固定化酶具有下列优点：①可以在较长时间内多次使用，而且在多数情况下，酶的稳定性提高。如固定化的葡糖异构酶，可以在 60 ~ 65℃条件下连续使用超过 1 000 h。固定化黄色短杆菌中的延胡索酸酶用于生产 L- 苹果酸，连续反应一年，其活力仍保持不变。②反应后，酶与底物和产物易于分开，产物中无残留酶，易于纯化，产品质量高。③反应条件易于控制，可实现转化反应的连续化和自动控制。④酶的利用效率高，单位酶催化的底物量增加，用酶量减少。⑤比水溶性酶更适合于多酶反应。

与此同时，固定化酶也存在一些缺点：①固定化时，酶活力有损失。②增加了生产的成本，工厂初始投资大。③只能用于可溶性底物，而且较适用于小分子底物，对大分子底物不适宜。④胞内酶必须经过酶的分离纯化过程。⑤与完整菌体相比不适用于多酶反应，特别是需要辅因子的反应。

（3）固定化细胞的定义

将细胞限制或定位于特定空间位置的方法称为细胞固定化技术。被限制或定位于特定空间位置的细胞称为固定化细胞，它与固定化酶一起被称为固定化生物催化剂。细胞固定化技术是酶固定化技术的发展，因此固定化细胞也称为第二代固定化酶。固定化细胞主要是利用细胞内酶和酶系，它的实际应用比固定化酶更为普遍，发展得更加迅速，现在该技术已扩展至动植物细胞，甚至线粒体、叶绿体及微粒体等细胞器的固定化。细胞固定化技术已在医药、食品、化工、医疗诊断、农业、分析、环保、能源开发及理论研究等应用中取得了举世瞩目的成就。

（4）固定化细胞的特点

生物细胞虽属固相催化剂，但因其颗粒小、难于截流或定位，也需固定化。固定化细胞既有细胞特性，也有生物催化剂功能，又具有固相催化剂特点。其优点在于：①无须进行酶的分离纯化；②细胞保持酶的原始状态，固定化过程中酶的回收率高；③细胞内酶比固定化酶稳定性更高；④细胞内酶的辅因子可以自动再生；⑤细胞本身含多酶体系，可催化一系列反应；⑥抗污染能力强。当然，固定化细胞技术也有其局限性：①利用的仅是胞内酶，而细胞内多种酶的存在，会形成不需要的副产物；②细胞膜、细胞壁和载体都存在着扩散限制作用；③载体形成的孔隙大小影响高分子底物的通透性。但这些缺点并不影响它的实用价值。

由于固定化细胞除具有固定化酶的特点外，还有其自身的优点，应用更为普遍，对传统发酵工艺的技术改造具有重要的影响。目前工业上已应用的固定化细胞有很多种，如固定化大肠杆菌生产 L– 天冬氨酸或 6 – 氨基青霉烷酸、固定化黄色短杆菌生产 L– 苹果酸、固定化假单胞菌生产 L– 丙氨酸等。

7.2.2 酶和细胞的固定化方法

（1）酶的固定化方法与制备技术

自 20 世纪 60 年代以来，科学家一直就对酶和细胞的固定化技术进行研究，虽然具体的固定化方法达百种以上，但迄今为止，几乎没有一种固定化技术能普遍适用于每一种酶，应根据酶的应用目的和特性，来选择其固定化方法。目前已建立的各种各样的固定化方法，按所用的载体和操作方法的差异，一般可分为载体结合法、包埋法及交联法 3 类，此外细胞固定化还有选择性热变性（热处理）方法。酶和细胞的固定化方法的分类如图 7–1 所示，酶的固定化模式图见图 7–2。

① 载体结合法　载体结合法是将酶结合到不溶性载体上的一种固定化方法，根据结合形式的不同，可以分为物理吸附法、离子结合法和共价结合法等三种。

● 物理吸附法　物理吸附法是用物理方法将酶吸附于不溶性载体上的一种固定化方法，此类载体很多，无机载体有活性炭、多孔玻璃、酸性白土、漂白土、高岭石、氧化铝、硅胶、膨润土、羟基磷灰石、磷酸钙、金属氧化物等；天然高分子载体有淀粉、谷蛋白等；最近大孔树脂、陶瓷等载体也已被应用；此外还有具有疏水基的载体（丁基或己基 – 葡聚糖凝胶），它可以疏水性地吸附酶，以及以单宁作为配基的纤维素衍生物等载体。

物理吸附法的优点在于操作简单，可选用不同电荷和不同形状的载体；固定化过程可与纯化过程同时实现；酶失活后载体仍可再生，若能找到合适的载体，这是一种很好的方法。其缺点在于最适吸附酶量无规律可循；对不同载体和不同酶的吸附条件不同，吸附量与酶活力不一定呈平行关系，同时酶与载体之间结合力不强，酶易于脱落，导致酶活力下降并污染产物。物理吸附法也能固定细胞，并有可能在研究此方法过程中开发出固定化细胞的优良载体。

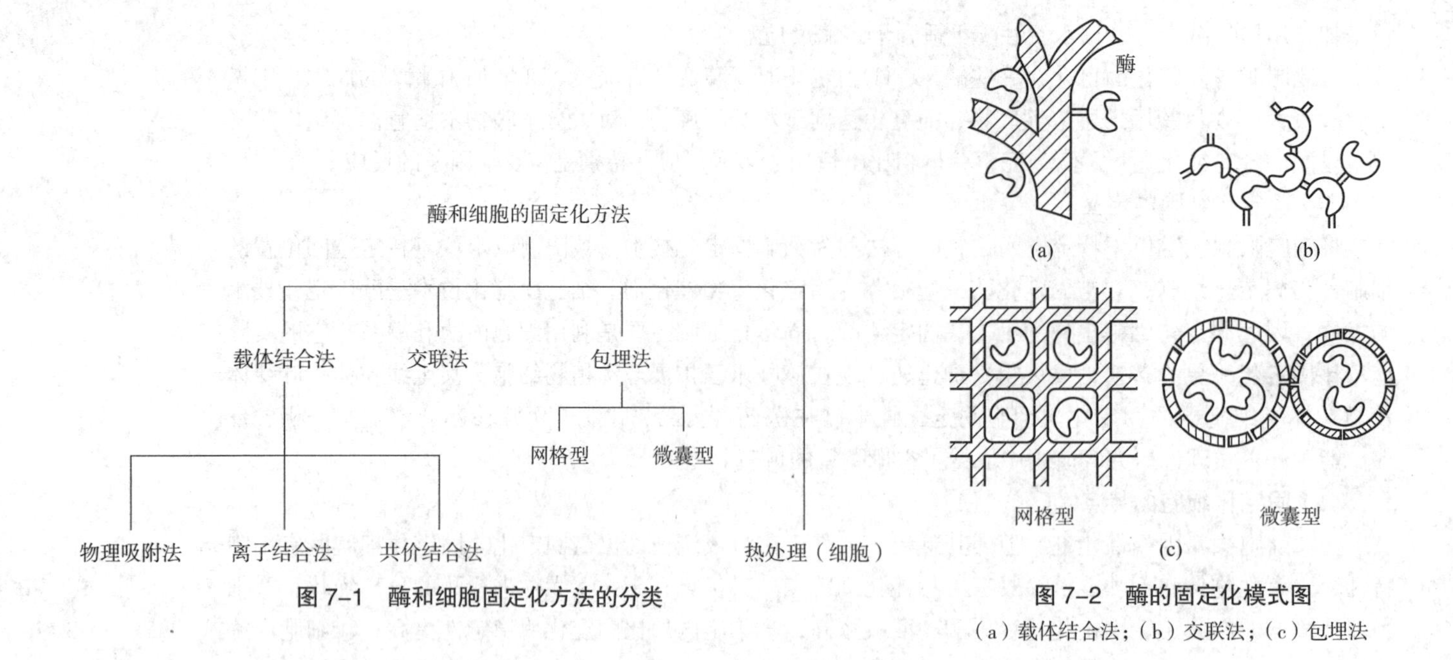

图 7-1 酶和细胞固定化方法的分类

图 7-2 酶的固定化模式图

（a）载体结合法；（b）交联法；（c）包埋法

● 离子结合法　离子结合法是酶通过离子键结合于具有离子交换基的水不溶性载体上的固定化方法，此法的载体有多糖类离子交换剂和合成高分子离子交换树脂，如 DEAE- 纤维素、Amberlite CG-50、XE-97、IR-45 和 Dowex-50 等。

离子结合法的操作简单，处理条件温和，酶的高级结构和活性中心的氨基酸残基不易被破坏，能得到酶活回收率较高的固定化酶。但是此法载体和酶的结合力比较弱，容易受缓冲液种类或 pH 的影响，在离子强度高的条件下进行反应时，往往会发生酶从载体上脱落的现象。离子结合法也能用于微生物细胞的固定化，但是由于微生物细胞在使用中会发生自溶，故用此法要得到稳定的固定化微生物细胞比较困难。

以上两种方法均是利用载体表面性质将酶吸附于其表面的固定化方法。物理吸附法是将酶的水溶液与具有高度吸附能力的载体混合，然后洗去杂质和未吸附的酶即得固定化酶。物理吸附法中蛋白质与载体结合力较弱，酶容易从载体上脱落，导致活力下降，故此法不常用；离子结合法是将解离状态的酶溶液与离子交换剂混合后，洗去未吸附的酶和杂质即得固定化酶，本方法中离子交换剂的结合蛋白质能力较强，所以常被采用。

影响载体吸附的因素较多，如溶液的 pH、离子强度、温度、蛋白浓度及载体的比表面积等。pH 的影响在于蛋白质与载体电荷量的改变，除少数情况外，蛋白质通常在等电点时吸附量最大；离子强度对吸附作用的影响是复杂的，通常在低离子强度下吸附能力增强；温度对蛋白质的吸附影响是温度升高吸附力增强，但是温度太高会造成酶的失活；蛋白质浓度与其吸附量有关系，在一定范围内，单位重量吸附剂对蛋白质的吸附量随蛋白质浓度的增加而增加；此外，蛋白质吸附量与载体的比表面积和多孔性有关，当载体孔径适当时，载体颗粒越小，比表面积就越大，因此吸附量越大；同时载体的预处理有时对某些酶的吸附也很重要，为保证有效吸附，载体需用缓冲液处理。

● 共价结合法　共价结合法是酶以共价键结合于载体上的固定化方法，也就是将酶分子上非活性部位官能团与载体表面活泼基团之间发生化学反应而形成共价键的连接方法。它是研究最广泛、内容最丰富的固定化方法，归纳起来有两类：一是将载体有关基团活化，然后与酶有关基团发生偶联反应；另一种是在载体上接上一个双功能试剂，然后将酶偶联上去。其原理是酶分子上的官能团，如 α- 或 ε - 氨基、α、β 或 γ 位的羧基、羟基、咪唑基、巯基、酚基等和载体表面的活泼基团之间形成共价键，因而将酶固定在载体上。共价结合法有数十种，如重氮化、叠氮化、酸酐活化法、酰氯法、异硫氰酸酯法、缩合剂法、溴化氰活化法、烷基化及硅烷化法等。在共价结合法中，必须首先要使载体活化，使载体获得能与酶分子的某一特定基团发生特异反应的活泼基团；同时要考虑到酶蛋白上参与共价结合的氨基酸残基不应是酶催化活性所必需的，否则往往造成固定化后的酶活力完全丧失；另外，反应条件应尽可能温和。

共价结合法与离子结合法和物理吸附法相比，其优点是酶与载体结合牢固，稳定性好，一般不会因底物浓度高或存在盐类等原因而轻易脱落。缺点是反应条件苛刻，操作复杂，而且由于采用了比较强烈的反应条件，会引起酶蛋白高级结构的变化，破坏部分活性中心，所以往往不能得到比活高的固定化酶，甚至底物的专一性等酶的性质也会发生变化。因此，在进行共价结合之前应先了解所用酶的有关性质，选择适当的化学试剂，并严格控制反应条件，提高固定化酶的活力回收率和相对活力。在共价结合法中，载体的活化是个重要问题。目前用于载体活化的方法有酰化、芳基化、烷基化及氨甲酰化反应等。

尽管共价结合法制备固定化酶的研究比较多，但因固定化操作烦琐，酶的损失大，起始投资也大，所以在医药工业中应用的例子很少。

② 交联法　交联法是用双功能或多功能试剂使酶与酶或微生物的细胞与细胞之间交联的固定化方法。常用的交联剂有戊二醛、双重氮联苯胺 -2,2- 二磺酸、1,5- 二氟 -2,4- 二硝基苯及己二酰亚胺二甲酯等。参与交联反应的酶蛋白的功能团有 N 端的 α- 氨基、Lys 的 ε - 氨基、Tyr 的酚基、Cys 的巯基及 His 的咪唑基等。以戊二醛为交联剂的固定化酶的模式如图 7-2（b）所示。交联法与共价结合法一样也是利用共价键固定酶的，所不同的是它不使用载体。最常用的交联剂是戊二醛，它的两个醛基与酶分子的游离氨基反应形成 Schiff 碱，彼此交联，其方式如下：

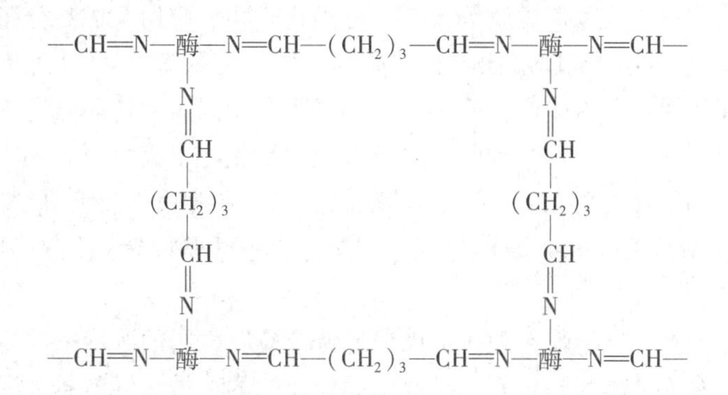

交联法又可分为交联酶法、酶 - 辅助蛋白交联法、吸附交联法及载体交联法 4 种。其内容有酶分子内交联、分子间交联或辅助蛋白与酶分子间交联；也可以先将酶或细胞吸附于载体表面后再交联或者在酶与载体之间进行交联。

- 交联酶法是向酶液中加入多功能试剂，在一定的条件下使酶分子内或分子间彼此连接成网络结构而形成固定化酶的技术。反应速度与酶的浓度、试剂的浓度、pH、离子强度、温度和反应时间有关，例如 0.2% 的木瓜蛋白酶溶液和 0.3% 的戊二醛溶液在 pH 5.2 ~ 7.2，0℃时，24 h 即完成反应，反应速度随温度的升高而增大。若 pH 低于 4.0，即使长时间反应也不能实现酶的固定化。酶晶体也可以用交联法实现固定化，但在交联过程中酶容易失活。

- 酶 - 辅助蛋白交联法是指在酶溶液中加入辅助蛋白的交联过程。辅助蛋白可以是明胶、胶原和动物血清蛋白等。此法可以制成酶膜或在混合后经低温处理和预热制成泡沫状的共聚物，也可以制成多孔颗粒。酶 - 辅助蛋白交联法获得的固定化酶的活力回收率和机械强度都比交联酶法高。

- 吸附交联法是吸附与交联相结合的技术，其过程是先将酶吸附于载体上，再与交联剂反应。吸附交联法所制得的固定化酶称为壳状固定化酶。此法兼有物理吸附法与交联法的双重优点，既提高了固定化酶的机械强度，又提高了酶与载体的结合能力，酶分布于载体表面，容易与底物接触。

● 载体交联法是指同一多功能试剂分子的一些化学基团与载体偶联，而另一些化学基团与酶分子偶联的方法。其过程是多功能试剂（如戊二醛）先与载体（氨乙基纤维素、部分水解的尼龙或其他含伯氨基的载体）偶联，洗去多余的试剂后再与酶偶联，如将葡糖氧化酶、丁烯-3,4-氧化物和丙烯酰胺共聚偶联即可得到固定化的葡糖氧化酶。微囊包埋的酶也可以用戊二醛交联使之稳定化。另外，交联酶也可以再用包埋法来提高其稳定性并防止酶的脱落。

交联法的反应条件比较激烈，固定化酶的酶活力回收率一般较低，但是尽可能降低交联剂的浓度和缩短反应时间将有利于固定化酶比活的提高。一般用交联法所得到的固定化酶颗粒小、结构性能差、酶活性低，故常与吸附法或包埋法联合使用。如先用明胶（蛋白质）包埋，再用戊二醛交联；或先用尼龙（聚酰胺类）膜或活性炭、Fe_2O_3 等吸附后再交联。由于酶的功能团（如氨基、酚基、羧基、巯基等）参与了反应，会引起酶活性中心结构的改变，导致酶活性下降。为了避免或减少这种影响，常在被交联的酶溶液中添加一定量的辅助蛋白（如牛血清白蛋白）以提高固定化酶的稳定性。

③ 包埋法　包埋法可分为网格型和微囊型两种［图 7-2（C）］。将酶或细胞包埋在高分子凝胶网格中的称为网格型，将酶或细胞包埋在高分子半透膜中的称为微囊型。包埋法一般不需要酶蛋白的氨基酸残基参与反应，很少改变酶的高级结构，酶的活力回收率较高，因此可以应用于多种酶、微生物细胞和细胞器的固定化，但是在发生化学聚合反应时包埋酶容易失活，必须合理设计反应条件。包埋法只适合作用于小分子底物和产物的酶，对于那些作用于大分子底物和产物的酶是不适合的，因为只有小分子才能通过高分子凝胶网格进行扩散，另外这种扩散阻力会导致固定化酶动力学行为的改变，降低酶活力。

● 网格型　用于这种方法的载体材料有聚丙烯酰胺、聚乙烯醇和光敏树脂等合成高分子化合物，以及淀粉、明胶、胶原、海藻胶和卡拉胶等天然高分子化合物。应用合成高分子化合物时，可以在聚合单体发生聚合反应的同时实现包埋法固定化（如聚丙烯酰胺包埋法），其过程是向酶、混合单体及交联剂缓冲液中加入催化剂，在单体产生聚合反应形成凝胶的同时，将酶限制于网格中，经破碎后即成为固定化酶。而应用天然高分子化合物时，其基本过程是先将凝胶材料（如卡拉胶、海藻胶、琼脂及明胶等）与水混合，加热使之溶解，再降至其凝固点以下的温度，然后加入预保温的酶液，混合均匀，最后冷却凝固成型和破碎即成固定化酶。网格型包埋法是固定化细胞中用得最多、最有效的方法。

用合成和天然高分子化合物凝胶包埋时可以通过调节凝胶材料的浓度来改变包埋率和固定化酶的机械强度，高分子化合物浓度越大，包埋率越高，固定化酶的机械强度就越大。为防止酶或细胞从固定化酶颗粒中渗漏，可以在包埋后再用交联法使酶更牢固地保留于网格中。

● 微囊型　由包埋法制得的微囊型固定化酶通常为直径几微米到几百微米的球状体，包埋酶的微囊半透膜厚约 20 nm，膜孔径 40 nm 左右，其表面积与体积比很大，包埋酶量也多，颗粒比网格型要小得多，比较有利于底物与产物的扩散，但是反应条件要求高，制备成本也高。其基本制备方法有界面沉降法及界面聚合法两类。

界面沉降法是物理法，是利用某些在水相和有机相界面上溶解度极低的高聚物成膜的过程将酶包埋的方法。其基本过程是将酶液在与水不相溶的、沸点比水低的有机相中乳化，使用脂溶性表面活性剂形成“脂包水”的微滴，再将溶于有机溶剂的高聚物加入搅拌下的乳化液中，然后再加入另一种不能溶解高聚物的有机溶剂，使高聚物在脂水界面上沉淀、析出及成膜。最后在乳化剂作用下使微囊从有机相中转移至水相，即成为固定化酶。用于制备微囊的高聚物材料有硝酸纤维素、聚苯乙烯及聚甲基丙烯酸甲酯等。由于微囊化的反应条件温和，在制备过程中一般不会引起酶的变性，但要完全除去微囊半透膜上残留的有机溶剂却不容易。

界面聚合法是化学法，其基本原理是利用不溶于水的高聚物单体在脂-水界面上聚合成膜的过程制备微囊。成膜的高聚物有尼龙、聚酰胺及聚脲等。现以尼龙 610 为例，其基本过程是将含酶的 10%

血红蛋白溶液与己甲叉二胺水溶液混合，再加入含有 1% Span85 的氯仿 – 环己烷溶液中分散乳化；加入溶于有机相的癸二酰氯后，便在脂 – 水界面上发生聚合反应；弃去上清液后，加入 Tween–20 去乳化，洗去有机溶剂及未聚合的单体，将其转移至水相中即得微囊。本法制备的微囊直径一般在 1 ~ 300 μm 之间，比表面积大，每毫升酶溶液可制得 2 500 cm^2 总表面积的微囊。本法制备的微囊的大小随着乳化剂的浓度和乳化时的搅拌速度而变化，而且制备时间短。以尼龙 610 构成的微囊的外观比硝酸纤维素微囊要好，但不稳定，而且有些酶在化学反应过程中容易失活。

此外，近年来正在研究一种利用脂质体的包埋方法，它是由表面活性剂和卵磷脂等形成液膜包埋酶的方法，其特征是底物或产物的膜透性不依赖于膜孔径的大小，而只依赖于对膜成分的溶解度。

纤维包埋法是将可形成纤维的高聚物溶于与水不混溶的有机溶剂中，再与酶溶液混合并乳化，然后将乳化液经喷头挤入促凝剂（如甲苯及石油醚等）中形成纤维，即成为固定化酶，也称为酶纤维，可以将酶纤维制成酶柱或酶布使用。酶纤维的比表面积大，酶的包埋量也大，每克聚合物可以包埋 1.5 g 转化酶，并且酶的稳定性较好。但在操作过程中使用有机溶剂容易引起酶的失活。

包埋法制备固定化酶的条件温和，不改变酶的结构，操作时保护剂及稳定剂均不影响酶的包埋率，适用于多种酶、粗酶制剂、细胞器和细胞的固定化。但包埋的固定化酶只适用于小分子底物及小分子产物的转化反应，不适用于催化大分子底物或产物的反应，而且扩散阻力会导致酶的动力学行为发生改变而降低其活力。

④ 选择性热变性法　此法专用于细胞固定化，是将细胞在适当温度下处理使细胞膜蛋白变性但不使酶变性而使酶固定于细胞内的方法。

（2）固定化细胞的制备技术

细胞的固定化技术是酶的固定化技术的延伸，其制备方法和应用方法也基本相同。但细胞的固定化主要适用于胞内酶，要求底物和产物容易透过细胞膜，细胞内不存在产物分解系统及其他副反应；若存在副反应，应具有相应的消除措施。固定化细胞的制备方法有载体结合法、包埋法、交联法及无载体法等。

① 载体结合法　载体结合法是将细胞悬浮液直接与水不溶性的载体相结合的固定化方法。本法与吸附法制备固定化酶的原理基本相同，所用的载体主要为阴离子交换树脂、阴离子交换纤维素、多孔砖及聚氯乙烯等。其优点是操作简单，符合细胞的生理条件，不影响细胞的生长及其酶活性。缺点是吸附容量小，结合强度低。目前虽有采用有机材料与无机材料构成杂交结构的载体，或将吸附的细胞通过交联及共价结合来提高细胞与载体的结合强度，但吸附法在工业上尚未得到推广应用。

② 包埋法　将细胞定位于凝胶网格内的技术称为包埋法，这是固定化细胞中应用最多的方法。常用的载体有卡拉胶、聚乙烯醇、琼脂、明胶及海藻胶等，包埋细胞的操作方法与包埋酶的操作方法相同。优点在于细胞容量大，操作简便，酶的活力回收率高。缺点是扩散阻力大，容易改变酶的动力学行为，不适于催化大分子底物与产物的转化反应。目前已有凝胶包埋的大肠杆菌、黄色短杆菌及玫瑰暗黄链霉菌等多种固定化细胞，并已实现 6–APA、L– 天冬氨酸、L– 苹果酸及果葡糖浆的工业化生产。

③ 交联法　用多功能试剂对细胞进行交联的固定化方法称为交联法。由于交联法所用的化学试剂的毒性能引起细胞破坏而损害细胞活性（如用戊二醛交联的大肠杆菌细胞，其天冬氨酸酶的活力仅为原细胞活力的 34.2%），因此工业生产中交联法制备固定化细胞应用的也较少。

④ 无载体法　靠细胞自身的絮凝作用制备固定化细胞的技术称为无载体法。本法是通过助凝剂或选择性热变性的方法实现细胞的固定化，如含葡糖异构酶的链霉菌细胞经柠檬酸处理，使酶保留在细胞内，再加絮凝剂脱乙酰甲壳素，获得的菌体干燥后即为固定化细胞；也可以在 60℃对链霉菌加热 10 min，即得固定化细胞。无载体法的优点是可以获得高密度的细胞，固定化条件温和；缺点是机械强度差。

（3）酶和细胞的固定化载体

在酶的固定化过程中所用的水不溶性固体支持物称为载体或基质。载体的种类很多，其来源、结构和性质各不相同。因此在固定化过程中，需根据酶促反应性质、底物类型及固定化方法，选择相应的载体。

固定化过程中使用的载体需符合如下条件：①固定化过程中不引起酶变性；②对酸碱有一定的耐受性；③有一定的机械强度；④有一定的亲水性及良好的稳定性；⑤有一定的疏松网状结构，颗粒均匀；⑥共价结合时具有可活化基团；⑦有耐受酶和微生物细胞的能力；⑧廉价易得。

常用的酶和细胞的固定化载体见表 7-1，主要有以下 3 类：

① 吸附载体　用于吸附法制备固定化酶，有物理吸附和离子吸附两种载体类型。物理吸附所用的载体有无机物和有机物。

② 包埋载体　用于包埋法制备固定化酶或细胞的载体有卡拉胶等。目前，工业上应用的包埋载体主要为卡拉胶、海藻胶等。

③ 交联载体　交联法与吸附法和包埋法所用的载体相同。

表 7-1　常用的酶和细胞的固定化载体

吸附法		包埋法	共价结合法
物理吸附	离子吸附		
矾土	DEAE- 纤维素	卡拉胶	纤维素
膨润土	TEAT- 纤维素	海藻胶	Sephadex A 200
火棉胶	羧甲基纤维素	聚丙烯酰胺凝胶	琼脂
碳酸钙	DEAE-Sephadex A-50	三醋酸纤维素	琼脂糖
活性炭	阳离子交换树脂	二醋酸纤维素	苯胺多孔玻璃
氧化铝	阴离子交换树脂	甲壳素	对氨基苯纤维素
纤维素		硅胶	聚丙烯酰胺
石英砂		聚乙烯醇	胶原
淀粉		胶原	尼龙
皂土		丙烯酸高聚物	多聚氨基酸
多孔玻璃		琼脂	多孔玻璃珠
二氧化硅		琼脂糖	金属氧化物
煤渣		明胶	
磷酸钙凝胶			
羟基磷灰石			

（4）固定化方法与载体的选择依据

① 固定化方法的选择　比较各种固定化方法的特点，可以为选择合适的方法提供必要的依据。酶和细胞的固定化方法很多，同一种酶或细胞采用不同的固定方法，制得的固定化酶或细胞的性质可能雷同或相差甚远。不同的酶或细胞也可以采用同一种固定方法，制得不同性质的固定化生物催化剂，因此酶和细胞的固定化方法没有特定的规律可以遵循，需要根据具体情况和试验摸索出具体可行的方法。另外如果是为了工业化应用，还必须考虑各种试剂和原材料的来源及价格，制备方法的繁简等。选择固定化方法时应考虑以下几个因素：

● 固定化酶应用的安全性　尽管固定化酶比化学催化剂更为安全，但也需要按照药品和食品领域的检验标准做出必要的检查。因为除了吸附法和几种包埋法外，大多数固定化操作都涉及化学反应，必须了解所用的试剂是否有毒性和残留，应尽可能选择无毒性的试剂参与的固定化方法。

● 固定化酶在操作中的稳定性　在选择固定化的方法时要求固定化酶在操作过程中十分稳定，能长期反复使用，这样才能在经济上有较强的竞争力。因此应考虑酶和载体的连接方式、连接键的多寡和单位载体的酶活力，从各方面进行权衡，选择最佳的固定化方法，以制备稳定性高的固定化酶或细胞。

● 固定化方法的成本　固定化成本包括酶、载体和试剂的费用，也包括水、电、气、设备及劳务投资，如酶、载体及试剂价格较高，但由于固定化酶（细胞）能长期反复使用，提高了酶的利用效率，也比原工艺优越。即使固定化成本不低于原工艺，而对原工艺有较大改进，或可简化后处理工艺，提高产品质量和收率，节省劳务，则该固定化方法仍有实用价值。此外，固定化酶成本通常仅占生产成本的极小部分，在成本高昂的药品生产中，固定化酶对产品纯度和收率的提高是非常有利的，因此仍需采用固定化酶。当然为了工业应用，应尽可能采用操作简单，酶活力回收率高及载体和试剂价格低廉的固定化方法。

② 载体的选择　为了工业化应用，最好选择工业化生产中已大量应用的廉价材料为载体，如聚乙烯醇、卡拉胶及海藻胶等。另外离子交换树脂、金属氧化物及不锈钢碎屑等，也都是有应用前途的载体。载体的选择还需考虑底物的性质，当底物为大分子时，包埋型的载体不能用于转化反应，只能用可溶性的固定化酶；若底物不完全溶解或黏度大，宜采用密度高的不锈钢屑或陶瓷等材料制备吸附型的固定化酶，以便实现转化反应和回收固定化酶。

各种固定化方法及其特性的比较见表 7–2。

表 7–2　固定化方法及其特性的比较

特征	吸附法		包埋法	交联法	共价结合法
	离子吸附	物理吸附			
制备	易	易	难	易	难
结合力	中	弱	强	强	强
酶活性	高	中	高	低	高
载体再生	能	能	不能	不能	极少用
底物专一性	不变	不变	不变	变	变
稳定性	中	低	高	高	高
固定化成本	低	低	中	中	高
应用性	有	有	有	无	无
抗微生物能力	无	无	有	可能	无

7.2.3　固定化酶和细胞的性质及评价指标

（1）固定化酶与固定化细胞的形状

由于应用目的和反应器类型的不同，需要不同物理形状的固定化酶。目前已有多种形状的固定化酶，如酶膜、酶管、酶纤维、微囊和颗粒状的固定化酶，颗粒状的固定化酶包括酶珠、酶块、酶片和酶粉等。固定化酶的物理形状也与基质的性质和制备方法有关，不同的材料可制成相同形状的固定化酶，如卡拉胶、琼脂和海藻胶，均可制成酶片或酶块；同一种材料也可以制成不同形状的固定化酶，如海藻胶既可以制成酶片或酶块，也可以制成酶珠。此外，同一种方法可以制造不同形状的固定化酶，如包埋法既可制造酶珠，也可制造酶胶囊；不同的方法也可以制造出相同形状的固定化酶，如交联法、吸附法和共价结合法均可以制造酶粉。因此制造何种形状的固定化酶，需要根据底物和产物的性质、基质材料的性能、固定化的方法、酶反应的性质、生物反应器的类型和应用目的来决定。

① 颗粒状固定化酶　颗粒状的固定化酶包括酶珠、酶块、酶片和酶粉等，每种固定化方法均可制备颗粒状的固定化酶，制备方法简单，颗粒比表面积大，转化效率高，适用于各种类型的生物反应器。如海藻胶溶液和酿酒酵母的混合液经喷珠机压入到 $CaCl_2$ 溶液中即可制成固定化的酵母酶珠，可用于工业化乙醇的大规模生产。

② 纤维状固定化酶　某些材料，如三醋酸纤维素，用适当的溶剂溶解后与酶混合，再采用喷丝的方法就可制成酶纤维。如将含酶的甘油水溶液滴入三醋酸纤维素的二氯甲烷溶液中，乳化后经喷丝头喷入含丙酮的凝固液中即成为纤维状，取出后真空干燥即得固定化酶。纤维状固定化酶的比表面积大，转化效率高，但只适用于填充床反应器。此外，酶纤维也可以织成酶布用于填充床生物反应器。

③ 膜状固定化酶　膜状固定化酶也称为酶膜，可以通过共价结合法将酶偶联到滤膜上制备，也可以将酶和某些材料如火棉胶、硝酸纤维素、骨胶原和明胶等，用戊二醛交联或其他方法处理后制成膜状。酶膜的表面积大，渗透阻力小，可用于酶电极，破碎后也可用于填充床生物反应器。目前已制备出木瓜蛋白酶、葡糖氧化酶、过氧化物酶、氨基酰化酶和脲酶等多种酶膜。

④ 管状固定化酶　管状固定化酶称为酶管，某些管状载体如尼龙、聚氯苯乙烯和聚丙烯酰胺等，经活化后与酶偶联即得固定化酶管。如尼龙管用弱酸水解后释放出氨基和羧基，用亚硝酸破坏其氨基，在碳二亚胺的存在下，酶分子的氨基与载体的羧基缩合生成管状的固定化酶，也可以将酶与经弱酸部分水解的尼龙管用戊二醛交联来制备酶管。目前已制备出糖化酶、转化酶和脲酶等酶管，酶管在化学分析中可用于连续测定，酶管的机械强度大，切短后可用于填充床反应器，也可以组装成列管式生物反应器。

细胞的固定化技术是酶的固定化技术的延伸，制备方法也基本相同，因此许多固定化细胞的形状与固定化酶的形状相同，如珠状、块状、片状或纤维状等。固定化细胞的方法主要是包埋法，其次是交联法或二者相结合的方法，用无载体法制备的是粉末状的固定化细胞，工业上应用最多的就是用包埋法制备的各种形状的固定化细胞。

（2）固定化酶的性质

天然酶经过固定化后即成为固定化酶，其催化反应体系也由均相反应转变为非均相反应。由于固定化方法和所用载体的不同，制得的固定化酶可能会受到扩散限制、空间障碍、微环境变化和化学修饰等因素的影响，可能会导致酶学性质和酶活力的变化。

① 酶活力的变化　酶经过固定化后活力大都下降，其原因主要是：a. 酶分子在固定化过程中，空间构象发生变化，影响了活性中心的氨基酸；b. 固定化后，由于空间位阻效应，影响了活性中心对底物的定位作用；c. 内扩散阻力使底物分子与活性中心的接近受阻；d. 包埋时酶被高分子物质半透膜包围，大分子物质不能透过膜与酶接近。要减少固定化过程酶活力的损失，反应条件要温和，此外，在固定化反应体系中加入抑制剂、底物或产物可以保护酶的活性中心。如在乳糖酶的固定化时，在其抑制剂葡萄糖酸 -δ- 内酯的存在下进行聚丙烯酰胺凝胶的包埋，即可获得高活力的固定化乳糖酶；又如包埋天冬氨酸酶时，在其底物（延胡索酸铵）或其产物（L- 天冬氨酸）的存在下，进行聚丙烯酰胺凝胶的包埋，也可以获得高活力的固定化天冬氨酸酶。不过也有个别情况，酶在固定化后反而比原酶活力提高，原因可能是偶联过程中酶得到化学修饰，或固定化过程提高了酶的稳定性。

② 酶稳定性的变化　固定化酶的稳定性包括对温度、pH、蛋白酶变性剂和抑制剂的耐受程度。如蛋白酶经过固定化后，限制了酶分子之间的相互作用，阻止了其自溶，稳定性明显增加。其他的酶经过固定化后可以增加酶构型的牢固程度，因此稳定性提高。但是如果固定化的过程影响到酶的活性中心和酶的高级结构的敏感区域，也可能引起酶的活性降低，不过大部分酶在固定化后，其稳定性和

有效寿命均比游离酶高。主要体现在以下几个方面：

● 操作稳定性 固定化酶的操作稳定性是能否实际应用的关键因素。操作稳定性通常用半衰期表示，固定化酶的活力下降为最初活力一半时所经历的连续操作时间称为半衰期。进行长时间的连续操作是一种直接的观察方法，但往往通过较短时间的操作便可以推算出半衰期，假定活力损失和时间呈指数关系，那么半衰期可按下式计算：

$$t_{1/2} = 0.693/K_D$$

式中，K_D 为衰减系数，K_D 可按下式计算：

$$K_D = -2.303\lg(E/E_0)/t$$

式中，E_0 为起始酶活力；E 为经过 t 时间后残留酶活力。

固定化酶稳定性的测定过程必须注明测定和处理条件，通常半衰期达到 1 个月以上时，就具有工业应用价值。

● 贮藏稳定性 酶经过固定化后最好立即投入使用，否则活力会逐渐降低。若需长期贮存，可在贮存液中添加底物、产物、抑制剂和防腐剂等，并于低温下放置。有些酶如果贮存适当，可较长时间保存活力，如固定化的胰蛋白酶于 20℃保存数月，其活力仍不减弱。

● 热稳定性 固定化酶的热稳定性反映了它对温度的敏感程度，热稳定性越高，工业化的意义就越大。热稳定性高可以提高反应温度，进而提高反应速度，提高效率。许多酶（如乳酸脱氢酶和脲酶等），固定化后的热稳定性均比游离酶高。此外，有些酶的不同存在形式或用不同的固定化方法，其热稳定性也不同，如游离的葡萄糖异构酶用多孔玻璃吸附后，在 60℃下连续操作，其半衰期为 14.4 d；但细胞内的葡糖异构酶用胶原固定后，于 70℃连续操作，半衰期为 50 d。因此，要制备热稳定性高的固定化酶，需要考虑多种因素。

● 对蛋白酶的稳定性 大多数天然酶经固定化后对蛋白酶的耐受力有所提高，可能由于空间位阻效应使蛋白酶不能进入固定化酶颗粒的内部。如用尼龙、聚脲膜或聚丙烯酰胺凝胶包埋的固定化天冬酰胺酶对蛋白酶极为稳定，而在同样条件下的游离的天冬酰胺酶几乎完全失活。因此，在工业生产中应用固定化酶是极为有利的。

③ 酶学特性的变化 天然酶经过固定化后，许多特性如底物专一性、最适 pH、最适温度、动力学常数及最大反应速度等，均可能发生变化。

● 底物专一性 酶经过固定化后，由于位阻效应，对高分子底物的活性明显下降。如糖化酶用羧甲基纤维素叠氮衍生物固定化后，对于相对分子质量为 8 000 的直链淀粉的水解活力为游离糖化酶的 77%，但对于相对分子质量为 5×10^5 的直链淀粉的水解活力仅为游离糖化酶的 15%～17%，反映了固定化酶的底物专一性有所改变。

● 最适 pH 酶经固定化后，其反应的最适 pH 可能变大，也可能变小；pH- 酶活曲线也可能发生改变，其变化与酶蛋白和载体的带电性质有关。

在固定化酶的反应体系中，酶颗粒周围存在着一个极薄的扩散层，带电载体使固定化酶的微环境中的带电状态不同于微环境以外的料液。带负电荷的载体会使料液中的 H^+ 局部地集中于扩散层，使固定化酶微环境的 pH 低于其外侧料液的 pH，为抵消这种影响，需提高料液的 pH，才能使固定化酶达到最大的催化速度。所以带负电荷的载体通常使固定化酶的最适 pH 向碱侧偏移；反之，带正电荷的载体则使固定化酶的最适 pH 向酸侧偏移；中性的载体通常不改变固定化酶的最适 pH。固定化酶的 pH- 酶活曲线与游离酶相比，或保持相同的钟罩形，或变得更陡，或变得更平坦。

● 最适温度 酶经过固定化后可能导致其空间结构更为稳定，大多数酶经固定化后，最适温度升高。如羧甲基纤维素共价结合的胰蛋白酶和糜蛋白酶的最适温度比天然酶高 5～15℃；有些酶则不变或下降，如多孔玻璃共价结合的葡糖异构酶和亮氨酸氨肽酶的最适温度与游离酶一样。

● 米氏常数（K_m） K_m 值是表示酶和底物的亲和力大小的客观指标。天然酶经固定化后，其 K_m

值均发生变化，有的变化很小，有的增加很多，但 K_m 值不会变小。K_m 值变化的幅度视具体情况而定，当底物为大分子时，如果对酶采用包埋法固定，则 K_m 值增加较大；若底物为小分子时，K_m 值变化甚微，例如凝胶包埋法制备的固定化葡糖异构酶的 K_m 值变化不大。

● 最大反应速度（V_{max}） 大多数的天然酶经固定化后，其 V_m 与天然酶相同或接近，但也有由于固定化的方法不同而有差异者。如多孔玻璃共价结合的转化酶，其 V_m 与天然酶相同，但用聚丙烯酰胺包埋的转化酶，其 V_m 比天然酶小 10%。

（3）固定化细胞的性质

细胞被固定化后，其中酶的性质、稳定性、最适 pH、最适温度和 K_m 值的变化基本上与固定化酶相仿。细胞的固定化主要是利用胞内酶，因此固定化的细胞主要用于催化小分子底物的反应，而不适于大分子底物。无论采用哪种固定化方法，都需采用适当的措施来提高细胞膜的通透性，以提高酶的活力和转化效率。

细胞经过固定化后最适 pH 的变化无特定规律，如聚丙烯酰胺凝胶包埋的大肠杆菌（含天冬氨酸酶）和产氨的短杆菌（含延胡索酸酶）的最适 pH 分别与游离的细胞相比，均向酸侧偏移；但用同一方法包埋的无色杆菌（含 L- 组氨酸脱氨酶）、恶臭假单胞菌（含 L- 精氨酸脱亚氨酶）和大肠杆菌（含青霉素酰胺酶）的最适 pH 均无变化。因此，可选择适当的固定化方法处理相应的细胞，使其最适 pH 符合反应要求。

细胞被固定化后，最适温度通常与游离细胞相同，如用聚丙烯酰胺凝胶包埋的大肠杆菌（含天冬氨酸酶、青霉素酰胺酶）和液体无色杆菌（含 L- 组氨酸脱氨酶），最适温度和游离细胞相同，但用同一方法包埋的恶臭假单胞菌（含 L- 精氨酸脱亚胺酶）的最适温度却提高 20℃。

固定化细胞的稳定性一般都比游离细胞高，如含天冬氨酸酶的大肠杆菌经三醋酸纤维素包埋后，用于生产 L- 天冬氨酸，于 37℃连续运转 2 年后，仍保持原活力的 97%；用卡拉胶包埋的黄色短杆菌（含延胡索酸酶）生产 L- 苹果酸，在 37℃连续运转一年后，其活力仍保持不变。由此可见，细胞的固定化具有广阔的工业应用前景。

（4）固定化酶（细胞）活力的测定

在酶促反应过程中，因反应性质的差异，酶活力的测定方法不完全一样，但都是用在单位时间内，单位体积中的底物减少量或产物增加量来表示的。通常在酶促反应中，如底物或产物具有光吸收、旋光、电位差或荧光等性质的变化，可以进行直接测定。如某些脱氢酶的反应过程，要求有 NAD^+ 或 $NADP^+$ 参与，NAD^+ 和 $NADP^+$ 在 340 nm 处的消光系数很小，而 NADH 和 NADPH 在 340 nm 处的消光系数较大，因此可以根据反应过程中在 340 nm 处的光吸收的变化来确定 NADH 或 NADPH 的变化量，从而计算出酶活力。

对于某些不能通过底物或产物的变化量来测定其活力的酶促反应，也可通过与其产物相偶联的酶促反应来测定其活力，即使第一个酶促反应的产物成为第二个酶促反应的底物，如：

$$\text{葡萄糖} + \text{ATP} \xrightarrow{\text{己糖激酶}} \text{葡萄糖}-6-\text{磷酸}$$

$$\text{葡萄糖}-6-\text{磷酸} + \text{NADP}^+ \xrightarrow{\text{葡萄糖}-6-\text{磷酸脱氢酶}} 6-\text{磷酸葡萄糖酸} + \text{NADPH} + \text{H}^+$$

因此，也可通过在 340 nm 处的光吸收的增加来测定己糖激酶的活力。

此外，为了便于观察，也可以根据某些能直接或间接产生有色化合物的偶联反应进行测定。如在某些氧化酶的酶促反应过程中，可利用过氧化物酶和某些色素反应的偶联作用，通过它们所产生的红色化合物在 500 nm 处的光最大吸收变化来确定酶的活力。

固定化酶通常为颗粒状态，传统的溶液酶的测定方法需要做一些改进。固定化酶具有两个基本反应系统，即填充床反应系统和悬浮搅拌反应系统。因此，根据固定化酶的反应系统，其活力的测定可以分为分批测定法和连续测定法两种。

① 分批测定法　分批测定法是固定化酶在搅拌或振荡的情况下进行测定的方法，与测定天然酶的方法基本一致，即间隔一定时间取样，过滤后按常规方法测定，比较简便。但该法的测定结果与反应器的形状、大小和反应液的体积有关，同时也与搅拌和振荡的速度有关：速度加快，活力上升，达到一定程度后活力不再改变；但若搅拌过快会导致固定化酶破碎成更小的细粒而使酶的活力升高，因此测定过程中应严格控制反应条件。

② 连续测定法　不管是分批生物反应器、连续搅拌生物反应器或填充床生物反应器，都可以从其中引出反应液到流动比色杯中进行分光测定。在连续流生物反应器中，可以根据底物的流入速度和反应速度之间的关系来计算酶的活力，但生物反应器的形状可能影响反应速度。除分光法外，也可以在缓冲能力弱的情况下用自动 pH 滴定仪来测定质子的产生与消耗过程，或者测定反应过程中氧气、NH_4^+、电导和旋光的变化来确定酶的活力。

影响酶活力测定的因素较多，如测定环境、pH、温度、离子强度、酶浓度、激活剂、振荡和搅拌速度以及固定化酶的颗粒大小的变化均影响酶活力的测定。此外，对于带电载体制备的固定化酶和反应过程中发生质子变化的固定化酶，静电作用也影响其酶的活力，为抵消静电作用的影响，测定系统需要有较高的离子强度。因此，在酶活力的测定过程中，为了确保可比性，必须控制反应条件的一致。

在实际应用中，固定化酶不一定要在底物饱和的条件下反应，因此测定条件应尽可能与实际工艺相同，这样才能对整个工艺过程进行估价，否则没有可比性。

（5）偶联率及相对活力的测定

影响酶固有性质的诸因素的综合效应及固定化期间引起的酶失活，可用偶联率或相对活力来表示。固定化酶的活力回收率是指固定化后固定化酶（细胞）所显示的活力占被固定的等当量游离酶（细胞）总活力的百分数。

偶联率 =（加入蛋白质的活力 − 上清液蛋白质的活力）/ 加入蛋白质的活力 ×100%

活力回收率 = 固定化酶总活力 / 加入酶的总活力 ×100%

相对活力 = 固定化酶总活力 /（加入酶的总活力 − 上清液中未偶联酶活力）×100%

偶联率 =1 时，表示反应控制好，固定化或扩散限制引起的酶失活不明显；偶联率 <1 时，扩散限制对酶活力有影响；偶联率 > 1 时，有细胞分裂或从载体排除抑制剂等原因。

7.2.4　固定化酶和细胞的反应器

用于酶催化反应的装置称为酶反应器（enzyme reactor），可用于游离酶，也可用于固定化酶。由于固定化细胞与固定化酶在许多方面极为相似，故本节讨论的固定化酶反应器的有关内容，同样适用于固定化细胞。固定化酶和固定化细胞能否应用到工业生产，在很大程度上还取决于酶反应器的设计和选用。性能优良的反应器，可大大提高生产效率。

（1）反应器的类型和特点

反应器的形式很多，根据进料和出料的方式，可概括分为间歇式和连续式两大类，后者又有两种基本形式：连续式流动搅拌罐式反应器和填充床反应器；还有一些衍生形式：连续式流动搅拌罐 − 超滤膜反应器、循环反应器和流化床反应器等。某些反应器的类型见图 7-3。

① 间歇式搅拌罐反应器　间歇式搅拌罐反应器（batch stirred tank reactor，BSTR）也称为分批搅拌罐反应器，这类反应器的结构简单，主要设有夹套或盘管装置，以便加热或冷却罐内物料，控制反应温度。这类反应器主要用于游离酶反应，将酶与底物一起加入反应器内，控制反应条件，待达到预期转化率后，随即放料。在这种情况下，一般不回收游离酶。当前在食品和饮料工业中常用这种反应器。如果把固定化酶用于间歇反应器，则每批反应都要从流出液中把产物和固定化酶分离，可以采用

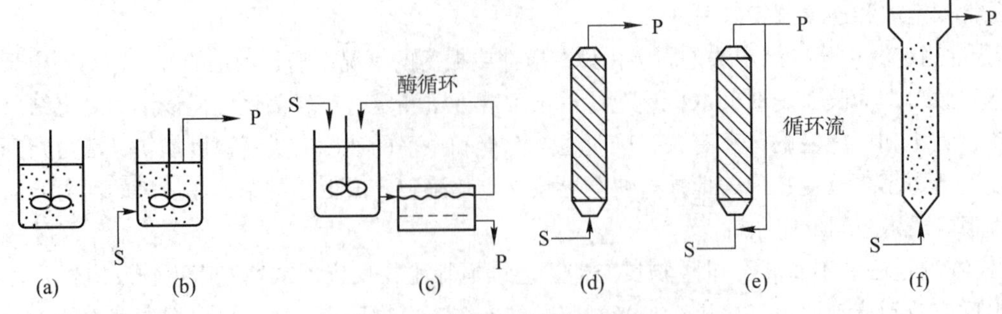

图 7-3 各种反应器的示意图

(a)间歇式搅拌罐反应器；(b)连续式流动搅拌罐反应器；(c)连续式流动搅拌罐－超滤膜反应器；(d)填充床反应器；(e)循环反应器；(f)流化床反应器 S：底物，P：产物

过滤或离心法分开。由于酶经过反复循环回收，会失去活性，故在工业生产中的固定化酶很少用于间歇式搅拌罐反应器。

② 连续式流动搅拌罐反应器 连续式流动搅拌罐反应器（continuous stirred tank reactor，CSTR）在结构上与间歇式反应器基本相同，只不过是连续进料、连续出料。由于它具有搅拌系统，反应器内的各组成成分就能得到充分混合，分布均一，并与流出液的组成相一致。其缺点是，由于搅拌桨产生的剪切力较大，容易引起固定化酶的破坏。近来有一种改良的 CSTR，是将载有酶的圆片聚合物固定在搅拌轴上或者放置在与搅拌轴一起转动的金属网筐内，这样既能保证反应液搅拌均匀，又不致损坏固定化酶。

③ 填充床反应器 填充床反应器（packed bed reactor，PBR）的使用最普遍，迄今已发表的固定化酶反应器的研究工作主要集中在填充床反应器。固定化酶通常可以各种形状，如球形、碎片、碟形、薄片、丸粒等填充于床层内。它所使用的载体有多孔玻璃珠、珠状离子交换树脂，聚丙烯酰胺凝胶、二乙胺乙基葡聚糖凝胶、胶原蛋白薄膜片等。近年来，球形微囊体也用于填充床。填充床反应器内流体的流动形态接近于活塞流（又称平推流）流型，所以填充床反应器可近似认为是一种活塞流反应器（plug-flow reactor，PFR）。这种反应器运转时，底物按照一定的方向以恒定流速通过反应床。根据底物的流动方式，又有下向流动、上向流动和循环流动之分。工业生产中，液流方向常用上向方式，这样可以避免下向流动的液压对柱床的影响，尤其对生产气体的反应更为重要。

④ 流化床反应器 在流化床反应器（fluidized bed reactor，FBR）内，底物溶液以足够大的流速向上通过固定化酶床层，使固定化酶颗粒处于流化状态，达到混合的目的。流速应以能使固定化酶颗粒不下沉，又不致使固定化酶颗粒溢出反应床为宜。在 FBR 中，由于混合程度高，故传热、传质情况良好。FBR 可用于处理黏性强和含有固体颗粒的底物，也可用于需要供应气体或排放气体的反应。对于停留时间较短的反应也可用 FBR。

⑤ 循环反应器 循环反应器（recycle reactor，RCR）是让部分反应液流出，和新加入的底物流入液混合，再进入反应床进行循环。其特点是可以提高液体的流速和减少底物向固定化酶表面传递的阻力，可以达到较高的转化率。当反应底物是不溶性物质时，可以采用循环反应器。

⑥ 连续式流动搅拌罐－超滤膜反应器（combined CSTR/UF reactor，CSTR/UF） 连续式流动搅拌罐－超滤膜反应器是由连续式流动搅拌罐反应器和超滤装置组合而成的反应器。它在连续搅拌反应罐的出口处装有一半透性的超滤膜，这种膜只允许产物和未曾反应的底物通过，相对分子质量大的酶被截留，可以使酶反复使用。此外这种反应器还可以使相对分子质量小的产物和相对分子质量大的底物分开，使底物彻底转化。

⑦ 其他反应器 除上述反应器外，还有淤浆反应器、滴流床反应器、气栓式流动反应器、转盘式反应器、筛板反应器及不同类型反应器的结合等。

（2）反应器的选择依据

目前虽有多种不同类型的反应器可供使用，但是并不存在一种理想的通用反应器，在研究和生产中，必须根据具体情况来选择合适的反应器。影响反应器选择的因素很多，一般从以下几方面考虑：

① 根据固定化酶的形状来选择　溶液酶由于回收困难，一般只适用于BSTR。带有超滤器的CSTR/UFR，虽然可以解决反复使用的问题，但是常因超滤膜吸附和浓差极化而造成酶的损失，高流速的超滤还可能造成酶的切变失活。颗粒状和片状的固定化酶对CSTR和PBR均可适用，但膜状和纤维状的固定化酶仅适用于PBR。如果固定化酶容易变形、易黏结或颗粒细小时，采用FBR较为适宜。

② 根据底物的物理性质来选择　底物不外乎3种情况：溶解性底物（包括乳浊液）、颗粒状底物与胶状底物。溶解性或浊液性底物，对任何类型的反应器都适用；颗粒状和胶状底物，往往会堵塞填充床，需要采用高流速搅拌的CSTR、FBR和RCR以减少底物颗粒的集结、沉积和堵塞，使底物保持悬浮状态。但是过高的搅拌速度会使固定化酶从载体上被剪切下来，所以搅拌速度也不能太高。

③ 根据酶反应的动力学特性来选择　选择反应器，必须考虑酶反应动力学的特性。一般来说，接近活塞流特性的填充床反应器，在固定化酶反应器中占有主导地位，它适合于产物对酶活性具有抑制作用的反应。PFR和CSTR相比，总效率前者优于后者，特别是当产物对反应有抑制作用时，PFR的优越性更显突出。若底物表现出对酶的活性有抑制作用时，CSTR所受的影响要比PFR少一些。酶反应器的催化反应速度，一般是CSTR随搅拌速度、PFR随流速增加而加快。

④ 根据外界环境对酶的稳定性的影响来选择　在反应器的运转过程中，由于在高速搅拌时，高速液流的冲击，常常会使固定化酶从载体上脱落下来；或由于磨损，引起粒度的减小而影响固定化酶的操作稳定性，其中以CSTR最为严重。为解决这一问题而改进的反应器设计，是把酶直接黏接在搅拌轴上，或者把固定化酶放置在与轴相连的金属网篮内。这些措施均可使酶免遭剪切，减少了外界环境对酶的稳定性的不利影响。

⑤ 根据操作要求及反应器费用来选择　有些酶反应需要不断调整pH，有的需供氧，有的需补充反应物或补充酶。所有这些操作，在CSTR中可无须中断而连续进行，但在其他反应器中则比较困难，需要由特殊设计来解决。

BSTR和CSTR的共同特征是：结构简单、操作方便、适用面广（可用于黏性或不溶性底物的转化加工），在底物表现抑制作用时可获得较高的转化产率，但是在产物表现出抑制作用时底物的转化率就会降低；BSTR可用于溶液酶的催化反应，它的操作也比CSTR简便。

PFR最突出的优越性在于它有较高的转化效率，尤其是当产物抑制酶反应时，其转化效率明显优于BSTR和CSTR。PFR的缺点是用小颗粒固定化酶时，可能产生高压降和压密现象；如果底物是不溶性的或黏性的，这类反应器不适用。

FBR的优点是物质交换与热交换特性较好，不引起堵塞，可用于不溶性或黏性底物的转化，低压降。但是它消耗动力大，不易直接模仿放大。

CSTR/UF既适用于水溶性酶，也适用于不溶性或黏性底物；如果长时间运转，会使酶的稳定性降低，也容易被超滤膜吸附，并产生浓差极化现象。

RCR的转化率高，可以采用高速液流克服外扩散的限制；但是它的设备成本高。若考虑反应器的价格，CSTR最便宜，它结构简单，又具有良好的操作性，适应性强。此外还应考虑固定化酶本身的费用以及在各种反应器中的稳定性。综上所述，在反应器的选择上并无固定模式可以遵循，必须根据上述各项条件综合权衡，才能做出准确的决定。

7.3 酶的化学修饰

酶作为生物催化剂，其高效性和专一性是其他催化剂所无法比拟的。因此，越来越多的酶制剂已用于医药、食品、化工和农业生产及环保与基因工程等领域。但是，酶作为蛋白质，其异体蛋白的抗原性、受蛋白酶水解和抑制剂作用、在体内半衰期短等缺点严重影响了医用酶的使用效果，甚至无法使用。工业用酶常常由于酶蛋白抗酸、碱、有机溶剂变性及热失活能力差；容易受产物和抑制剂的抑制；工业反应要求的 pH 和温度不总是在酶反应的最适 pH 和最适温度范围内；底物不溶于水或酶的 K_m 值过高等缺点限制了酶制剂的应用范围。

提高酶的稳定性、解除酶的抗原性、改变酶学性质（最适 pH、最适温度、K_m 值、催化活性和专一性等）、扩大酶的应用范围的研究越来越引起人们的重视。通过酶的分子改造可克服上述应用中的缺点，使酶发挥更大的催化功效，以扩大其在科研和生产中的应用范围。

7.3.1 概述

（1）酶化学修饰的概念

通过主链的“切割”“剪接”和侧链基团的“化学修饰”对酶蛋白进行分子改造，以改变其理化性质及生物活性，这种应用化学方法对酶分子施行种种“手术”的技术称为酶分子的化学修饰。自然界本身就存在着酶分子改造修饰的过程，如酶原激活、可逆共价调节等，这是自然界赋予酶分子本身的提高酶活力的特异功能。从广义上说，凡涉及共价键或部分共价键的形成或破坏的转变都可看作是酶的化学修饰。从狭义上说，酶的化学修饰则是指在较温和的条件下，以可控制的方式使一种蛋白质同某些化学试剂起特异反应，从而引起单个氨基酸残基或其功能基团发生共价键的化学改变。

（2）酶化学修饰的目的

酶化学修饰的目的在于：人为地改变天然酶的一些性质，创造天然酶所不具备的某些优良特性甚至创造出新的活性，来扩大酶的应用领域，促进生物技术的发展。通常，酶经过改造后会产生各种各样的变化，概括起来主要有：①提高生物活性（包括某些在修饰后对底物反应性能的改变）；②增强在不良环境（非生理条件）中的稳定性；③针对异体反应，降低生物识别能力。可以说，酶的化学修饰在理论上为生物大分子结构与功能关系的研究提供了有力的实验依据和证明，是改善酶学性质和提高其应用价值的一种非常有效的措施。

7.3.2 酶化学修饰的方法

（1）酶的表面化学修饰

① 大分子修饰　可溶性大分子，如聚乙二醇（PEG）、聚乙烯吡咯烷酮（PVP）、聚丙烯酸（PAA）、聚氨基酸、葡聚糖、环糊精、乙烯/顺丁烯二酰肼共聚物、羧甲基纤维素、多聚唾液酸、肝素等可通过共价键连接在酶分子表面，形成覆盖层。其中相对分子质量在 500 ~ 20 000 范围内的 PEG 类修饰剂应用最广，它是既能溶于水，又可以溶于绝大多数有机溶剂的两亲分子，一般没有免疫原性和毒性，其生物相容性已经通过 FDA 认证。PEG 分子末端有两个能被活化的羟基，但是化学修饰时多采用甲氧基聚乙二醇（MPEG）。

② 小分子修饰　利用小分子化合物对酶的活性部位或活性部位之外的侧链基团进行化学修饰，以改变酶学性质。已被广泛应用的小分子化合物主要有氨基葡糖、乙酸酐、硬脂酸、邻苯二甲酸酐、乙酸 -*N*- 丁二酰亚胺酯等。

③ 交联修饰　应用双功能基团试剂如戊二醛、PEG 等将酶蛋白分子之间、亚基之间或分子内不

同肽链之间进行共价交联，可加固酶分子活性结构，并可提高其稳定性，增加了酶在非水溶液中的使用价值。

④ 固定化修饰 通过酶表面的酸性或碱性残基，将酶共价连接到惰性载体上后，由于酶所处的微环境的改变，会使酶的性质（最适 pH、最适温度、稳定性等），特别是动力学性质发生改变。如固定在带电载体上的酶，由于介质中的质子靠近载体并与载体上的电荷发生作用，结果使酶的最适 pH 向碱性（阴离子载体）或酸性（阳离子载体）方向移动，这很有应用价值。如果某一工艺需几个酶协同作用，而这几个酶的最适 pH 又不一致的情况下，可用固定化法使不同酶的最适 pH 彼此靠近，从而简化工艺过程。

（2）酶分子内部修饰

① 非催化活性基团的修饰 最经常修饰的残基既可以是亲核的，如丝氨酸、半胱氨酸、甲硫氨酸、苏氨酸、赖氨酸、组氨酸的残基；也可以是亲电的，如酪氨酸、色氨酸的残基；或者是可氧化的，如酪氨酸、色氨酸、甲硫氨酸的残基，对这类非催化残基的修饰可改变酶的动力学性质，改变酶对特殊底物的束缚能力。研究得比较充分的例子是胰凝乳蛋白酶，将此酶 Met^{192} 氧化成亚砜，可使该酶对含芳香族或大体积脂肪族取代基的专一性底物的 K_m 提高 2 ~ 3 倍，但对非专一性底物的 K_m 不变，这说明，对底物的非反应部分的束缚在酶催化作用中有重要的作用。

② 蛋白质主链的修饰 迄今为止，蛋白质主链修饰主要靠酶法。将猪胰岛素转变成重组人胰岛素就是一个成功的例子。猪和人的胰岛素仅在 B 链羧基端有一个氨基酸的差别。用蛋白酶将猪胰岛素 B 链末端的 Ala 水解下来，再在一定条件下，用同一个酶将 Thr 接上去，就可以将猪胰岛素转变成重组人胰岛素。另外用胰蛋白酶对天冬氨酸酶进行有限水解切去 10 个氨基酸后，酶活力提高了 5.5 倍。活化酶仍是四聚体，亚单位相对分子质量变化不大，说明天然酶并不总是处于最佳构象状态。

③ 催化活性基团的修饰 蛋白质工程的出现使人们能够任意改变酶的氨基酸顺序，然而，通过选择性修饰氨基酸侧链成分来实现氨基酸取代更为便捷。这种将一种氨基酸侧链化学转变为另一种新的氨基酸侧链的方法叫作化学突变。尽管这种方法受到是否有专一性修饰剂和有机化学工艺水平的限制，且化学修饰所获得的酶的种类没有蛋白质工程来得多，但可以通过进一步研制有用的试剂等措施，使化学修饰成为蛋白质工程技术有力的补充。

④ 与辅因子有关的修饰 与辅因子有关的修饰主要有以下几个方面：

对依赖辅因子的酶可用两种方法进行化学修饰。第一，如果辅因子与酶的结合不是共价的，则可将辅因子共价结合在酶上；第二，引入新的或修饰过具有强反应性的辅因子。

最有创造性的修饰方法是将新的辅酶引入结构已经弄清的蛋白质上。这要求对辅酶本身的化学性质要有清楚了解，在实验上则是如何让辅酶更好地适应新的环境。

金属酶中的金属取代：酶分子中的金属取代可以改变酶的专一性、稳定性及其抑制作用。例如，酰化氨基酸水解酶活性部位中的锌被钴取代时，酶的底物专一性和最适 pH 都有改变。

⑤ 肽链伸展后的修饰 为了有效地修饰酶分子的内部区域，可以先用脲或盐酸胍处理酶，使酶分子的肽链充分伸展，这就提供了化学修饰酶分子内部疏水基团的可能性。然后，让修饰后的伸展肽链，在适当条件下，重新折叠成具有某种催化活力的构象。遗憾的是，到目前为止，这只是一个想法，还没有成功的例子。

（3）结合定点突变的化学修饰

通过一些可控制的方法在酶或蛋白质特殊的位点引入特定分子来修饰酶或蛋白质，结合定点突变引入一种非天然氨基酸侧链来进行化学修饰，从而得到一些新颖的酶制剂。它的策略是利用定点突变技术在酶的关键活性位点引入一个氨基酸残基，然后利用化学修饰法将突变的氨基酸残基进行修饰，引入一个小分子化合物，得到一种称为化学修饰突变酶（chemically modified mutant enzyme，CMM）的新型酶。De Santis 等利用定点突变法在枯草杆菌蛋白酶（subtilisin）的特定位点中引入半胱氨酸，然后用甲基磺酰硫醇（methanethiosulfonate）试剂进行硫代烷基化，得到一系列新型的化学修饰突变枯草杆菌蛋白酶。酶的 K_{cat}/K_m 值随疏水基团的增大而增大，而且绝大部分 CMM 的 K_{cat}/K_m 值都大于天然酶，有些甚至增加了 2.2 倍。因此 CMM 能够改进酶的专一性及扩大催化底物范围。

7.3.3 修饰酶的性质和特点

酶分子经过化学修饰后，其特性在一定程度上发生了改变，天然酶的一些不足之处可以得到改善。

（1）热稳定性提高

某些酶经化学修饰后热稳定性提高。这是由于修饰剂共价连接于酶分子后，使酶的天然构象产生一定的“刚性”，不易伸展失活，并减少了酶分子内部基团的热振动，从而增加了热稳定性。而且这种热稳定性效果和修饰剂与酶之间的交联点的数目有关，PEG 和酶以单点交联时热稳定性提高并不明显，通常交联点增多，酶的热稳定性就可提高。增加交联点的方法是制备与酶分子表面互补的聚合物，先用单体类似物修饰酶表面，然后再与单体共聚合，则可实现酶与聚合物的多点交联，使酶的稳定性明显提高。另外一个热稳定性提高的原因是修饰剂本身增加了酶分子表面亲水性，使酶分子在水溶液中形成新的氢键和盐桥。如 α- 胰凝乳蛋白酶的表面氨基经乙醛酸修饰，再还原成亲水性更强的—$NHCH_2COOH$ 后，在 60℃时热稳定性提高了 1 000 倍，这种稳定的酶可用于医药和洗涤工业。

（2）抗各类失活因子能力提高

某些修饰酶抗蛋白酶水解、抗抑制剂、抗酸、碱、有机溶剂等变性失活能力提高。如过氧化氢酶经 PEG 修饰后，抗胰蛋白酶和胰凝乳蛋白酶水解能力明显提高；尿激酶经白蛋白修饰后，抗胃蛋白酶水解和抗胎盘抑制剂能力也分别增加。原因是修饰剂所产生的空间屏蔽有效地阻挡了蛋白酶、抑制剂等失活因子的进攻，或酶分子中对蛋白酶等失活因子敏感的基团被修饰，使得某些修饰酶的抗失活因子能力提高。

（3）抗原性消除

α- 葡糖苷酶用白蛋白修饰后抗原性消除，L- 天冬酰胺酶用 PEG 修饰后也消除了抗原性。有些修饰剂在消除抗原性上并无作用，如 PVP 修饰酶在重复用于体内后，会诱导机体产生抗体使酶失活。糖类物质（如右旋糖苷）也不容易消除酶的抗原性，这类修饰酶仍可诱发过敏反应。目前研究表明，PEG、人血清白蛋白、聚丙氨酸在消除或降低酶抗原性上效果比较明显。

（4）体内半衰期延长

许多酶经过化学修饰后，由于增强了抗蛋白酶、抗抑制剂等失活因子的能力和热稳定性的提高，体内半衰期比天然酶延长，这对提高药用酶的疗效很有意义。L- 天冬酰胺酶经 PEG 修饰后，体内半衰期延长 13 倍；白蛋白修饰的 α- 葡糖苷酶在体内的半衰期延长 18 倍以上。

（5）最适 pH 改变

有些酶经过化学修饰后，最适 pH 发生变化，这对于在生理和临床应用上及工业生产中更好地发挥酶的催化作用具有重要意义。例如猪肝尿酸氧化酶的最适 pH 为 10.5，在 pH 7.4 的生理环境时酶的活力仅剩 5% ~ 10%；但用白蛋白修饰后，最适 pH 范围扩大，在 pH 7.4 时仍保留 60% 的酶活力，这就更有利于酶在体内发挥作用。吲哚 -3- 链烷羟化酶用聚丙烯酸修饰后，最适 pH 由 3.5 变为 5.5，在 pH 7.0 时，这种修饰酶的活力是天然酶的 4 倍，显然，在生理条件下，用聚丙烯酸修饰的吲哚 -3- 链烷羟化酶的抗肿瘤效果要比天然酶好得多。

（6）酶学性质变化

绝大多数酶经过化学修饰后，最大反应速度 V_m 没有变化。但有些酶在修饰后，K_m 值会增大。化学修饰还可以改变某些酶的底物专一性。如脂肪酶经过 PEG 修饰后，就可溶于有机溶剂并能催化酯合成和酯交换等有机相反应，这将扩大酶在科研和生产中的应用范围。化学修饰改变酶对底物专一性的方法还可以用于立体专一性的有机合成中。

（7）对组织分布能力改变

一些酶经化学修饰后，对组织的分布能力就有所改变，能在血液中被靶器官选择性地吸收。如α-葡糖苷酶经白蛋白修饰后，有利于肝细胞对其的摄入，使更多的酶到达靶器官发挥作用。辣根过氧化物酶用聚赖氨酸修饰后，细胞的摄入量增加，对细胞的穿透能力能增加100倍。

7.3.4 酶化学修饰的应用及局限性

（1）酶化学修饰的应用

① 酶结构与功能的研究　化学修饰在研究酶的结构与功能方面的应用最多，研究也比较深入。是最简便的一种方法，特别是蛋白质的可逆化学修饰在这方面能提供大量的信息，如研究酶的空间构象、确定氨基酸残基的功能、测定酶分子中某种氨基酸的数量等。除此之外，在测定酶的氨基酸序列和研究变构酶时，许多方法也都是以化学修饰为基础。如胰蛋白酶对精氨酸和赖氨酸具有高度特异性，所以常用此酶水解蛋白质，以制备小肽。为了防止精氨酸和赖氨酸相互干扰的问题，可选择性化学修饰赖氨酸和精氨酸，使水解局限在其中一种残基的肽键上。

② 在医药方面的应用　随着科学技术的进步，人们发现许多疾病与酶有密切关系，酶在疾病的诊断、治疗等方面发挥着越来越重要的作用。但是，由于各种原因使酶的作用受到了限制。例如，天冬酰胺酶是治疗白血病的有效药物，但它往往带有抗原性，若不除去，再度使用可能引起免疫休克。因此有人用聚乙二醇修饰此酶的两个氨基，消除了抗原性。吴梧桐等利用高碘酸氧化法活化的右旋糖苷对大肠杆菌L-天冬酰胺酶Ⅱ进行化学修饰，使酶抗胰蛋白酶水解的能力明显提高，抗原性显著减弱。陈吉祥等将牛血铜锌超氧化物歧化酶（Cu,Zn-SOD）用β-环糊精修饰后，抗炎活性增强，抗原性降低，稳定性提高。

③ 在工业方面的应用　目前，生物催化技术在工业上得到广泛应用，大大提高了产量，降低了成本，而且减少了对环境的污染。但工业生产要求高温、高压等条件，天然酶极易失活，而经过修饰的酶则基本克服了这些缺点。

（2）酶化学修饰的局限性

① 化学修饰剂对某一氨基酸侧链的化学修饰专一性是相对的，很少有对某一氨基酸侧链绝对专一的化学修饰剂。因为同一种氨基酸残基在不同酶分子中所存在的状态不同，所以同一种化学修饰剂对不同酶的修饰行为也不同。

② 化学修饰后酶的构象或多或少都有一些改变，因此这种构象的变化将妨碍对修饰结果的解释。但是如果在实验中控制好温度、pH等试验条件，选择适当的修饰剂，这个问题可以得到解决。

③ 酶的化学修饰只能在具有极性的氨基酸残基侧链上进行，但是X射线衍射结构分析结果表明，其他氨基酸侧链在维持酶的空间构象方面也有重要作用，而且根据种属差异的比较分析，它们在进化中是比较保守的。目前还不能用化学修饰的方法研究这些氨基酸残基在酶的结构与功能关系中的作用。

④ 酶化学修饰的结果对于研究酶结构与功能的关系能提供一些信息，如某一氨基酸残基被修饰后，酶活力完全丧失，说明该残基是酶活性所必需的；而为了证明该残基对酶活性的必须性，还需要用X射线和其他方法来确定，因此化学修饰法研究酶结构与功能关系还缺乏准确性和系统性。

综上所述，化学修饰法可以改变天然酶的各种特性，扩大酶的应用范围。化学修饰法是改造酶分子的有效方法，而且已获得了一定的规律性和普遍性，具有广泛的应用前景。但是，并不是所有的酶经化学修饰后都能改善其天然的不足，即化学修饰法并不适用于所有的酶；也不是经化学修饰后，酶的所有性质特征均有改善；有时修饰结果难以预测、不易解释。通常酶经化学修饰后只是改善其一点或几点不足，使其更适合某些实际应用的需要。基因工程法、蛋白质工程法、人工模拟法和某些物理修饰方法，各具优点，都是酶分子改造的有效方法，可弥补化学修饰法的不足。

7.4 酶的人工模拟

7.4.1 模拟酶的理论基础

酶是自然界经过长期进化而产生的高效生物催化剂，它能在温和条件下高效专一地催化某些化学反应，所以它的应用日趋广泛。但是，酶对热敏感、稳定性差和来源有限等缺点限制了它的大规模开发和利用。设计一种像酶那样的高效催化剂是科学家们一直追求的目标之一，于是，新的催化剂——人工模拟酶（enzyme of artificial imitation）就逐渐被研制和开发出来。

所谓人工模拟酶就是指根据酶的作用原理，用各种方法人为制造的具有酶性质的催化剂，简称人工酶或模拟酶。它们一般具有高效和高适应性的特点，在结构上比天然酶相对简单。模拟酶研究吸收了酶中那些起主导作用的因素，利用有机化学、生物化学等方法，设计和合成一些比天然酶简单的非蛋白质分子或蛋白质分子，以这些分子作为模型来模拟酶对其作用底物的结合和催化过程，也就是说在分子水平上模拟酶活性部位的形状、大小及其微环境等结构特征，以及酶的作用机制和立体化学等特性。

（1）模拟酶的酶学基础

在关于酶作用机制的众多假说中，Pauling 的稳定过渡态理论得到了广泛的承认，这个理论对酶是如何发生效力的解释如下：酶先对底物结合，进而选择性地稳定某一特定反应的过渡态（transition state），降低反应活化能，从而加快反应速度。设计模拟酶一方面要基于酶的作用机制，另一方面则基于对简化的人工体系中识别、结合和催化的研究。要想得到一个真正有效的模拟酶，这两个方面就必须统一结合。

在设计模拟酶时除具备催化基团之外，还要考虑与底物定向结合的能力。模拟酶要和酶一样，能够在结合底物的过程中，通过底物的定向化、化学键的扭曲及变形来降低反应的活化能。此外，酶模型的催化基团和底物之间必须具有相互匹配的立体化学特征，这对形成良好的反应特异性和催化效力是相当重要的。

（2）主 - 客体化学和超分子化学

美国化学家 Pederson 和 Cram 报道了一系列光学活性冠醚的合成方法。这些冠醚可以作为主体而与伯铵盐客体形成复合物。Cram 把主体与客体通过配位键或其他次级键形成稳定复合物的化学领域称为主客体化学（host-guest chemistry）。本质上，主客体化学的基本意义来源于酶和底物的相互作用，体现为主体和客体在结合部位的空间及电子排列的互补，这种主客体互补与酶和它所识别的底物结合情况近似。另一位著名的法国科学家 Lehn 也在这方面做出了非凡的贡献，他在研究穴醚和大环化合物与配体络合过程中，提出了超分子化学（supramolecular chemistry）的概念，并在此理论的指导下，合成了更为复杂的主体分子。他在发表的《超分子化学》一文中阐明：超分子的形成源于底物和受体的结合，这种结合基于非共价键相互作用，如静电作用、氢键和范德华力等，当接受体与络合离子或分子结合成稳定的、具有稳定结构和性质的实体时，即形成了超分子。它兼具分子识别、催化和选择性输出的功能。

主客体化学和超分子化学已经成为酶人工模拟的重要理论基础。根据酶的催化反应机制，若合成出既能识别底物又具有酶活性部位催化基团的主体分子，就能有效地模拟酶的催化过程。

虽然在设计模拟酶方面目前还缺乏系统的定量的理论做指导，但大量的实践证明，酶的高效性和高选择性并非天然酶所独有。人们利用各种策略发展了多种模拟酶模型，目前在众多的模拟酶中，已有部分非常成功的例子，而且它们的催化效率和高选择性能可与生物酶相媲美。例如丝氨酸蛋白水解酶已可用小分子化合物来模拟；另外，能同时结合两个底物分子的反应模板也已被设计并合成出来；在合成的聚乙烯亚胺上引入十二烷基和咪唑基，所形成的芳香硫酸酯酶比天然酶活力高 100 倍。

7.4.2 模拟酶的分类

根据 Kirby 分类法，模拟酶可分为：①单纯酶模型（enzyme-based mimic），即以化学方法通过模拟天然酶活性来重建和改造酶活性；②机制酶模型（mechanism-based mimic），即通过对酶作用机制（如识别、结合和过渡态稳定化）的认识，来指导酶模型的设计和生产；③单纯合成的酶样化合物（synzyme），即一些化学合成的具有酶样催化活性的简单分子。

按照模拟酶的属性可分为：①主 – 客体酶，包括环糊精、冠醚、穴醚、杂环大环化合物和卟啉类化合物等；②胶束酶；③肽酶；④半合成酶；⑤分子印迹酶等。

（1）主 – 客体酶

这一类模拟酶中最具代表性的是环糊精（cyclodextrin，CD）。它是一种优良的模拟酶，可提供一个疏水的结合部位并能与一些无机和有机分子形成包结络合物，以此影响和催化一些反应，因此正在引起人们越来越大的兴趣。

环糊精分子是由多个 D-（+）– 吡喃葡萄糖残基通过 α-1,4 糖苷键连接而成。根据葡萄糖残基的数量不同可分为 α（6 个）、β（7 个）、γ（8 个）和 δ（9 个）环糊精四种，每个葡萄糖残基呈现无扭曲变形的椅式构象［图 7–4（a）］，整个分子组成略呈锥形的圆筒［图 7–4（b）］，分子内有空穴。葡萄糖残基的伯羟基和仲羟基分别位于圆筒较小和较大的开口端，这样环糊精分子外侧是亲水的，其羟基可与多种客体形成氢键；其内侧是 C–3、C–5 上的氢原子和糖苷氧原子组成的空腔，所以具有疏水性，因而能包结多种客体分子，与酶对底物的识别相类似。

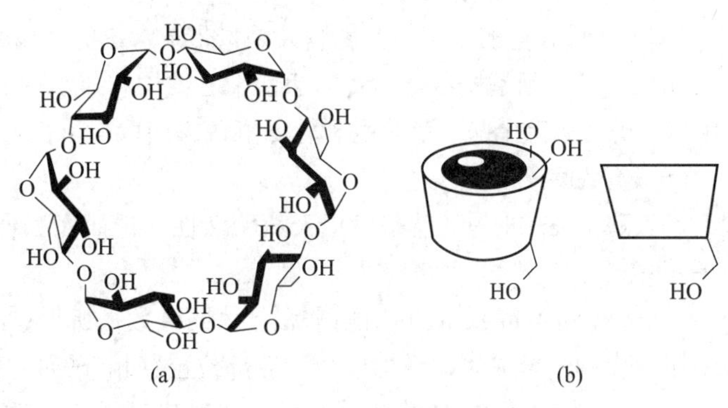

图 7–4 α – 环糊精的结构示意图

环糊精的这种疏水区处于空穴内侧、亲水区处于环状分子外侧的结构与酶所具有的微环境十分相似。由于空穴本身疏水，所以能从水溶液中抽提有机小分子，并将其束缚到空穴中，这种现象类似于酶将其底物束缚到酶的空穴中。环糊精对束缚的分子也有选择性，被束缚的分子要有适当的形状和疏水性。当一个与环糊精的空穴相适应的疏水分子遇到环糊精时，则进入它的空穴中与之包结。可被环糊精分子的空穴包结的分子种类很多，环糊精分子的空穴中有醚氧基，所以空穴内部不完全是非极性的。空穴两端对溶剂体系都是敞开的，使底物不易真正固定在空穴中。环糊精空穴的直径和深度与许多底物所需要的几何形状不一定适应，但可通过对环糊精的修饰来改变这种不适应状况。例如用疏水基团置换环糊精的可旋转羟基，可以增加空穴的非极性，使两端敞开的空穴变成一端封闭的疏水口袋，而且也可改变空穴的几何形状，使其与要被束缚的底物大小和形状更相匹配，从而增强对底物的束缚能力和增加反应速度。

在环糊精催化反应时，参与反应的底物分子先被环糊精分子包结，再与其发生反应，这与酶促反应十分相似，所以使得环糊精成为深受人们青睐的模型分子。人们利用环糊精为酶模型已经对多种酶的催化作用进行了模拟，在模拟水解酶、转氨酶、核糖核酸酶、氧化还原酶、碳酸酐酶、硫胺素酶和羟醛缩合酶等方面都取得了很大的进展，其中所模拟的胰凝乳蛋白酶的催化效率与天然酶在同一数量级。该模拟酶由 β– 环糊精和催化侧链组成，根据胰凝乳蛋白酶活性部位由 Ser^{195}、His^{57} 和 Asp^{102} 组成的特性，在催化侧链上接上羟基、咪唑基和羧基。β– 环糊精具有束缚底物的能力，而其催化侧链正好含有该酶的活性部位的羟基、咪唑基和羧基，而且各基团所处的位置合适。由于模拟酶不含氨基酸，其热稳定性与 pH 稳定性都大大优于天然酶。

主客体化学和超分子化学的迅速发展极大地促进了人们对酶催化的认识，同时也为构建新的模拟酶创造了条件。所以除了环糊精等天然存在的酶模型外，人们还合成了冠醚、穴醚、环番、环芳烃等大环多齿配体用来构建酶模型。目前，科学家们已经获得了很多较成功的模拟酶。

（2）胶束酶

在模拟生物体系的研究中，胶束酶是近年来比较活跃的领域之一。它不仅涉及简单的胶束体系，而且对功能化胶束、混合胶束、聚合物胶束等体系也进行了深入的研究。胶束在水溶液中提供了疏水微环境（类似于酶的结合部位），可以对底物束缚，如果将催化基团如咪唑基、巯基、羟基和一些辅酶共价或非共价地连接或吸附在胶束上，就有可能提供“活性中心”部位，使胶束成为具有酶活力或部分酶活力的胶束酶。目前比较重要的胶束酶模型主要有以下几种：

① 模拟水解酶的胶束酶模型　将表面活性剂分子连接上组氨酸残基或咪唑基，就有可能形成模拟水解酶的胶束酶模型，因为组氨酸的咪唑基常常是水解酶的活性中心必需的催化基团。

② 辅酶的胶束酶模型　阳离子胶束不但能活化催化基团，也能活化辅酶的功能团。

③ 金属胶束酶模型　金属胶束是指带疏水键的金属配合物单独或与其他表面活性剂共同形成的胶束体系，其作用是模拟金属酶的活性中心结构和疏水性的微环境。目前该体系的研究已经在模拟羧肽酶 A、碱性磷酸酯酶、氧化酶和转氨酶等方面取得了很大的成功。

（3）肽酶

肽酶（peptidase）就是模拟天然酶活性部位而人工合成的具有催化活性的多肽，这是多肽合成的一大热点。

Atassi 和 Manshouri 利用化学和晶体图像数据所提供的主要活性部位残基的序列位置和分隔距离，采用表面刺激合成法，将构成酶活性部位位置相邻的残基以适当的空间位置和取向通过肽键相连，而分隔距离则用无侧链取代的甘氨酸或半胱氨酸调节，这样就能模拟酶活性部位残基的空间位置和构象。他们所设计合成的两个 29 肽 ChPepz 和 TrPepz 分别模拟了 α- 胰凝乳蛋白酶和胰蛋白酶的活性部位，二者水解蛋白质的活性分别与其模拟的酶相同。

（4）半合成酶

半合成酶的出现是近年来模拟酶领域中的又一突出进展。它是以天然酶为母体，用化学方法或基因工程方法引进适当的活性部位或催化基团，从而形成一种新的人工酶。半合成酶可分为两种类型：一类是以具有酶活性的蛋白质为母体，在其活性中心引入催化功能部分；另一类是利用天然蛋白质进行构象修饰，创造新的酶活性中心。

利用半合成酶方法不但可以制造新酶，还可以获得关于蛋白质结构和催化活性之间关系的详细信息，为构建高效人工酶打下基础。

（5）分子印迹酶

在自然界中，分子识别在生物体如酶、受体和抗体的生物活性方面发挥着重要的作用，这种高选择性来源于与底物相匹配的结合部位的存在。那么如果以一种分子充当模板，其周围用聚合物交联，当模板分子除去后，此聚合物就留下了与此分子相匹配的空穴。如果构建合适，这种聚合物就像“锁”一样对“钥匙”具有选择性识别作用，这种技术被称为分子印迹。

① 分子印迹的原理　所谓分子印迹（molecular imprinting）是制备对某一特定化合物具有选择性的聚合物的过程，这个特定化合物叫印迹分子（print molecule，P）或模板分子（template，T）。由 Pauling 的稳定过滤态理论出发，当印迹分子与带有官能团的单体分子接触时，会尽可能同单体官能团形成多重作用点，待聚合后，这种作用就会被固定下来，当印迹分子被除去后，聚合物中就形成了与印迹分子在空间上互补的具有多重作用位点的结合部位，这样的结合部位对印迹分子可产生多重相互

作用，因而对此印迹分子具有特异性结合能力。具体过程如下：

选定印迹分子和功能单体，让它们之间发生互补作用，形成印迹分子－功能单体复合物。用交联剂在印迹分子－功能单体复合物周围发生聚合反应，形成交联的聚合物。从聚合物中除去印迹分子，得到对印迹分子具有选择性的聚合物（图7–5）。

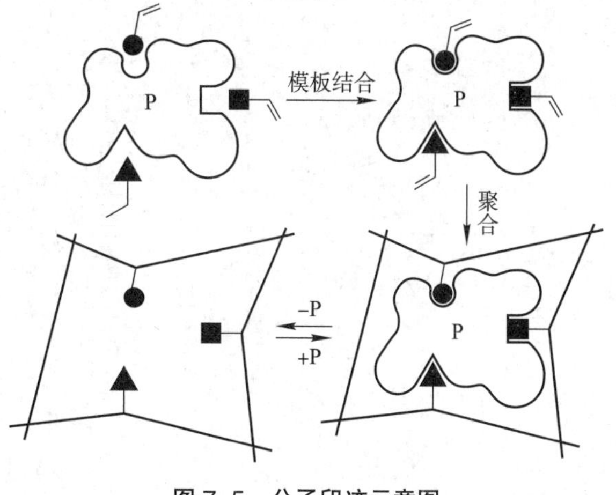

图 7–5 分子印迹示意图

P：印迹分子

由于聚合物中保留有与印迹分子的形状、大小一致的孔穴，也就是说印迹的聚合物能维持相对于印迹分子的互补性，因此，该聚合物能以高选择性重新结合印迹分子。分子印迹这项技术也称主－客体聚合或模板聚合。

② 印迹分子与单体相互作用的类型　分子印迹有两种类型：非共价分子印迹和共价分子印迹。这两种方法的共同之处是，都选择能与印迹分子的功能基团发生作用的功能单体，并在印迹分子下通过交联剂使功能单体发生聚合。不同之处是，在非共价方法中，印迹分子与功能单体以非共价键发生反应；而在共价方法中，印迹分子与功能单体是以共价键相连的。

● 非共价分子印迹　在非共价方法中，首先是印迹分子与功能单体相混合，二者以非共价键发生反应；然后功能单体与交联剂发生共聚合，形成高交联的刚性聚合物；最后使印迹分子从聚合物上脱离，并留下一个在形状和功能基团位置上与印迹分子相互补的识别部位。这个聚合物的识别部位构成了一个诱导的分子记忆，也就是形成了一个对印迹分子具有选择性识别能力的部位。在印迹过程和重结合过程中，印迹分子与聚合物是通过非共价键（如离子键、疏水键和氢键）相互作用的（图 7–6）。

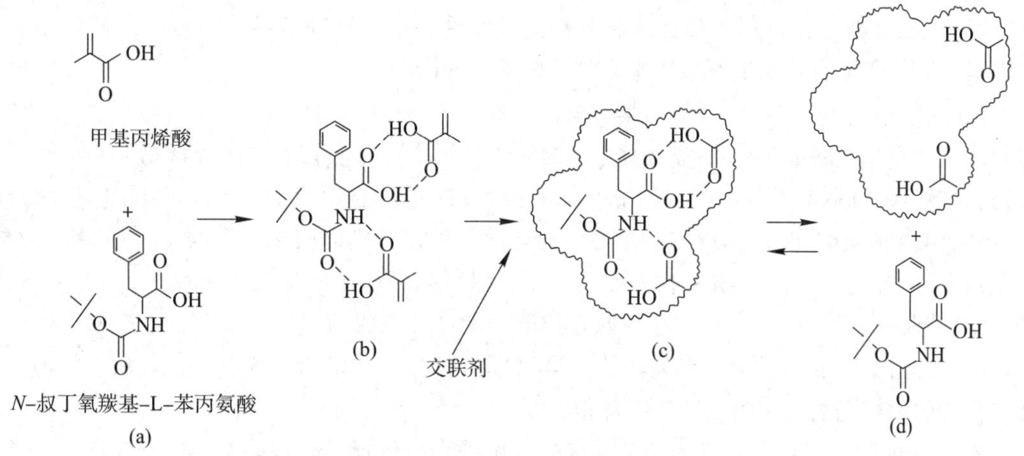

图 7–6 非共价分子印迹示意图

（a）氨基酸衍生物 *N*– 叔丁氧羰基 –L– 苯丙氨酸作为印迹分子，甲基丙烯酸作为功能单体；（b）功能单体和印迹分子的羧基和酰胺基官能团通过氢键相互作用；（c）加入交联剂，引发聚合反应；（d）除去印迹分子，留下一个对印迹分子有选择性的识别部位，这个聚合物能够识别和再结合印迹分子

非共价分子印迹方法已经用于对下列物质具有选择性的聚合物的制备：染料、二胺类、维生素、氨基酸衍生物、肽、β– 肾上腺素阻断剂、茶碱、核苷酸、安定和萘普生（消痛灵）等。

● 共价分子印迹　在共价方法中，印迹分子与功能单体是以共价键相连的。在与交联剂发生共聚合后，用化学方法将印迹分子从这个高度交联的聚合物上除去，这种聚合物的结合是以可逆共价键连

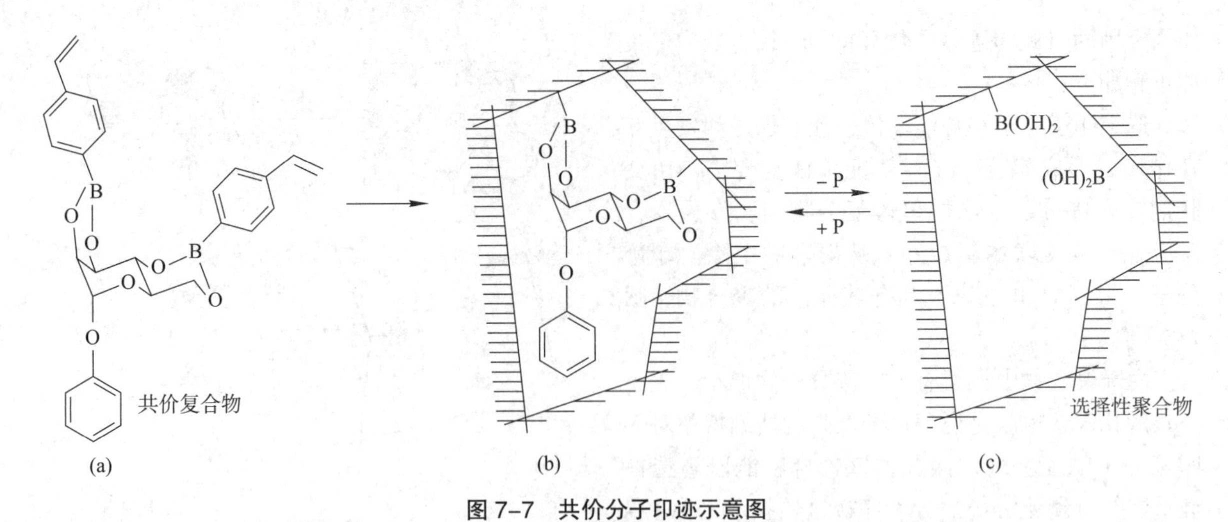

图 7–7 共价分子印迹示意图

（a）1 分子苯基 –α–D– 甘露吡喃糖苷作为印迹分子，与 2 分子功能单体 4– 乙烯基苯基硼酸结合形成共价复合物；（b）加入交联剂，发生聚合反应，得到印迹聚合物；（c）酸水解除掉印迹分子，则所得聚合物中留有与印迹分子形状一样的孔穴

接的（图 7–7）。共价印迹已经用在了对下列物质具有选择性的聚合物的制备：游离糖及其衍生物、甘油酸及其衍生物、氨基酸及其衍生物、芳香酮、转铁蛋白、苦杏仁酸等。

另外，还有共价和非共价相结合形式的分子印迹，在这种方法中，功能单体和印迹分子在聚合过程中以共价键相连，而在随后的重结合过程中以非共价键相互作用。

③ 分子印迹酶　分子印迹技术一出现，人们就意识到可以应用此技术制备人工模拟酶。通过分子印迹技术可以产生类似于酶的活性中心的空腔，对底物产生有效的结合作用，更重要的是利用此技术可以在结合部位的空腔内诱导产生催化基团，并与底物定向排列。分子印迹酶同天然酶一样，一般遵循米氏方程（Michaelis-Menten equation），其催化活力依赖于 K_{cat}/K_m，这里 K_{cat} 是催化反应速度常数，而 K_m 则代表米氏常数，它可用于描述底物与酶的亲和性。产生底物的结合部位，并使催化基团与底物定向排列，对于产生高效人工模拟酶来说是非常重要的两个方面。

● 分子印迹酶的设计　要想制备出具有酶活性的分子印迹酶，使其最大程度与天然酶相似，选择合适的印迹分子是相当重要的。目前，所选择的印迹分子主要有底物、底物类似物、酶抑制剂、过渡态类似物和产物等。例如 Mosbach 等应用分子印迹制备具有催化二肽合成能力的分子印迹酶，所合成的二肽为 Z–L– 天冬氨酸与 L– 苯丙氨酸甲酯缩合产物，他们分别以底物混合物（Z–L– 天冬氨酸与 L– 苯丙氨酸以 1∶1 混合）以及产物二肽为印迹分子，以甲基丙烯酸甲酯为聚合单体，亚乙基二甲基丙烯酸酯为交联剂，经聚合产生具有催化二肽合成能力的二肽合成酶。研究表明，以产物为印迹分子的印迹聚合物表现出最高的酶催化效率，在反应 48 h 后，其二肽产率达到 63%；而以反应物为印迹分子的印迹聚合物催化相同的反应时二肽产率却很低。

● 催化基团的引入　将催化基团定位在印迹空腔的合适位置对印迹酶发挥催化效率相当重要。通常引入催化基团的方法为诱导法，即通过相反电荷等的相互作用引入互补基团。例如 Shea 等以苯基丙二酸为印迹分子，利用酸和胺的相互作用将氨基定位在印迹空腔的适当位置上，除去印迹分子后，含胺印迹聚合物催化 4– 氟 –4– 硝基苯基丁酮的 HF 消除反应，其催化速率提高了 8.6 倍。

④ 生物印迹酶　生物印迹（bio–imprinting）是分子印迹的一种形式，它是以天然的生物材料，如蛋白质和糖类物质为骨架，在其上进行分子印迹而产生对印迹分子具有特异性识别空腔的过程。由于天然生物材料（如蛋白质）含有丰富的氨基酸残基，它们与印迹分子会产生很好的识别作用。显然，用这种方法可以制备生物印迹酶。生物印迹类似于分子印迹，只不过主体分子是生物分子。

这个方法的原理是生物分子构象的柔性在无水有机相中被取消，其构象被固定，因而模板分子与生物分子在水溶液中相互作用后产生的构象变化在移入有机相后才能得以保持。在有机相中，生物分子由于保持了对印迹分子的结合构象而对相应的底物产生了酶活力，那么这种构象能否在水相中得以保持，从而产生相应的酶活力呢？近年来的研究结果显示，采用交联剂完全可以固定印迹分子的构象，在水相中产生高效催化的生物印迹酶。利用这种方法已经成功地模拟了许多酶，如酯酶、HF 水解酶、葡糖异构酶等，有的甚至达到了天然酶的催化效率。

以蛋白质为基础制备生物印迹酶的主要过程为：a. 首先使蛋白质部分变性，扰乱起始蛋白质的构象。b. 加入印迹分子，使印迹分子与部分变性的蛋白质充分结合。c. 待印迹分子与蛋白质相互作用后，用交联剂交联印迹的蛋白质。d. 经透析等方法除去印迹分子。由于起始蛋白质与印迹分子充分作用后，就产生了类似于酶的新的活性中心，从而赋予了新的“酶活力”。对这种印迹来说，起始蛋白质既可以是无酶活力的蛋白质（如牛血清白蛋白等），又可以是具有催化活力的酶（如核糖核酸酶、胰蛋白酶、葡糖异构酶等），而印迹分子通常是某种酶的抑制剂、底物类似物或过渡态类似物等。

7.4.3 模拟酶的研究意义

模拟酶的研究是生物有机化学的重要研究领域之一。模拟酶的分子设计在很大程度上反映了对酶的结构以及反应机制的认识。研究模拟酶模型可以比较直观地观察与酶的催化作用相关的各种因素，如催化基团的组成、活性中心的空间结构特征、酶催化反应的动力学性质等。人工模拟酶的研究，是实现人工合成高性能模拟酶的基础，在理论和实际应用上都具有重要意义。

模拟酶的研究属于化学、生物学等领域的交叉点，属于交叉学科。化学家利用酶模型来了解一些分子的复合物在生命过程中的作用，并研究如何将这些仿生体系应用于有机合成，这就是近年来开展的微环境与分子识别的研究。对高效率、有选择性进行的生化反应——生命现象的探索是充满魅力的课题，而开发具有酶功能的模拟酶，是化学领域的主要课题之一。仿生化学就是从分子水平模拟生物体的反应和酶功能等生物功能的边缘学科，是生物学和化学相互渗透的学科。对生物体反应的模拟就是模拟其机理，进而开发出比自然界更优秀的催化体系，主－客体酶、胶束酶、肽酶、半合成酶和分子印迹酶就是这一研究的重要成员，已经取得了长足的进展。目前，对酶的模拟已不仅限于化学手段，基因工程、蛋白质工程等分子生物学手段正在发挥越来越大的作用。化学和分子生物学以及其他学科的结合使酶模拟更加成熟起来。随着酶学理论的发展，人们对酶学机制的进一步认识，以及新技术、新思维的不断涌现，理想的模拟酶将会不断出现。

7.5 酶工程制药研究的进展

随着现代科学技术的发展，酶工程的内容不断扩大和充实，酶工程研究的水平也逐渐提高。本节将重点讨论酶工程在以下几方面的研究进展：非水介质中酶的催化反应、核酶与脱氧核酶，以及抗体酶。

7.5.1 非水介质中酶的催化反应

传统观念认为，生物体内具有催化作用的蛋白质——酶只能在水溶液中发挥作用，而一旦和有机溶剂接触则失去催化活性。直到 20 世纪 80 年代中期，Klibanov 等打破了传统酶学思想的束缚，将酶引入到非水介质中进行催化反应，开辟了非水酶学（nonaqueous enzymology）这一新的研究领域，极大地拓宽了酶的应用范围，为酶学研究注入了新的生机和活力。非水酶学的提出，为酶在医药、精细化工、材料科学等领域的应用开辟了广阔的前景。

（1）有机相酶反应的特点

有机相酶反应是指酶在有机溶剂存在的介质中所进行的催化反应。这是一种在极端条件（逆性环境）下进行的酶反应，它可以改变某些酶的性质，如某些水解酶在逆性环境下具有催化合成反应的能力——蛋白酶在有机溶剂中可以催化氨基酸合成肽的反应。大量的研究结果表明，有机相中酶催化反应除了具有酶在水中所具有的特点外，还具有其独特的优点：①增加疏水性底物或产物的溶解度。②热力学平衡向合成方向移动，如酯合成、肽合成等。③可抑制有水参与的副反应，如酸酐的水解等。④酶不溶于有机介质，易于回收再利用。⑤容易从低沸点的溶剂中分离纯化产物。⑥酶的热稳定性提高，pH 的适应性扩大。⑦无微生物污染。⑧能测定某些在水介质中不能测定的常数。⑨固定化酶方法简单，可以只沉积在载体表面。另外酶在非水介质中反应时，通过改变溶剂，能够控制底物的特异性、区域选择性和立体选择性，并可以催化某些在水中不能进行的反应，例如脂肪酶在水中只能催化酯的水解反应，而在有机溶剂中可以催化酯化、转酯、氨解等多种反应。

由于在有机相中酶催化反应具有上述优点，使有机相的酶学研究已拓宽到了生物化学、有机化学、无机化学、高分子化学、物理化学及生物工程等多种学科交叉的领域。

（2）有机相酶反应的溶剂体系

按照溶剂体系的组成和特点，目前有机相酶反应的溶剂体系可分为 4 种。

① 水 - 水溶性溶剂均相体系　这是水和水溶性有机溶剂相互溶解而形成的均一体系。常用的水溶性有机溶剂有乙醇、丙酮、1,4- 二氧杂环己烷、甘油等。加入有机溶剂的目的在于提高底物或产物的浓度，改变酶反应的动力学本质。在该体系中已完成了青霉素酰胺酶催化对羟基苯甘氨酸甲酯和 6- 氨基青霉烷酸合成羟氨苄青霉素的反应及过氧化物酶催化酚类聚合的反应。

② 水 - 水不溶性溶剂两相体系　在该体系中，要求底物在水和有机溶剂中的溶解度尽可能大，而产物在水中的溶解度要小；有机溶剂在水中的溶解度尽可能小，以减少有机溶剂对酶的变性和抑制作用。常用的有机溶剂有三氯甲烷、乙酸乙酯、乙醚等。运用该体系已进行了酶催化的氧化还原、环氧化、异构化、酯交换、酯合成及肽合成等反应。

③ 胶束与反相胶束体系　这是由两性化合物在占优势的有机相中形成的一系列包围水滴的体系。它使酶维持在类似细胞的环境中，酶的构象有利于其活性的表达，所以酶在反相胶束中的活力一般都有所提高。疏水底物容易接近分散在水不溶性溶剂中的反相胶束中的酶，有利于催化疏水底物的反应。在反相胶束体系中已进行了酯水解、酯交换和肽合成等反应。

④ 单相有机溶剂体系　在该体系中，不存在单独的水相，只含极微量的水，即在酶分子周围存在着一层水分子膜，是“必需水”，以维持催化反应所必需的构象。所用的有机溶剂有正己烷、苯、环己烷等。在该体系中已进行了大量的酯水解、酯合成、酯交换、外消旋体的拆分、肽合成等反应以及修饰酶和固定化酶在有机溶剂体系中的反应等研究。

在进行有机相酶反应的研究中，要根据酶的性质、底物和产物的溶解度及反应器的类型等具体情况来选择溶剂体系和有机溶剂的种类。

（3）水和溶剂对有机溶剂中酶的影响

① 酶活力　有机溶剂中的酶需要在其周围有一单层水分子来维持酶催化活性所必需的构象，即必需水。维持酶活力所要求的水量部分与水在反应溶剂中的溶解度有关，一般来说，疏水性越强的溶剂，在其中的酶所要求的水量越少；相反，亲水性强的溶剂容易夺走酶的必需水层，所以应向这类溶剂加入更多的水，以防止酶脱水，维持酶活力。有机溶剂中酶活力的大小与系统中的水含量有很大关系，活力与水含量的关系一般呈钟形曲线，即有一个最适含水量。但一般来说，有机溶剂中的酶活力要比水溶液中的酶活力低很多。

② 酶选择性　酶的底物特异性取决于酶分子的结构，特别是酶活性中心的结构。因此不同来源的酶，其结构差异使底物特异性有所不同。对于指定的底物，有些酶的选择性会因酶所处的溶剂而发生

巨大变化。如碱性丝氨酸蛋白酶在乙腈中催化丙醇与 L- 型和 D- 型 *N*- 乙酰 - 苯丙氨酸乙酯的转酯化速度比为 7.1，而在四氯化碳中这个速度比却为 0.19。这是有机溶剂改变酶选择性的明显例证。

③ 酶的稳定性　有机溶剂中的水含量对溶剂中酶的稳定性影响很大。在干燥的三丁酸甘油酯中的猪胰脂肪酶在 100℃时半衰期为 12 h，但当其中含 1% 的水时，酶立即失活；包埋在反相胶束中的腺苷三磷酸酶在 70℃时的半衰期随水含量而变化，含 13% 的水时，酶半衰期为 11 h，含 0.03% 的水时，半衰期为 96 h，含 100% 的水时，半衰期不到 1 min。有机溶剂中酶的热稳定性随系统水含量增加而下降，因为水是酶热失活的必须参加者。

（4）有机相的酶工程

尽管有机相中酶催化反应具有许多独特的优点，但在有机溶剂中直接使用酶粉作催化剂，效果并不理想，这是由于天然酶在有机溶剂中容易变形而失活；另外酶粉在有机溶剂中分散性差，容易聚结成团，影响了酶的催化效率。因此，酶在有机相中的稳定化研究具有重要的理论意义和实际应用价值。

① 酶的固定化　使用固定化酶是目前在有机相酶工程中的最常用方法。通过固定化不仅使酶在有机相中易于分散，提高扩散效果，而且能增加其稳定性。通过固定化还可以调节和控制酶的活性与选择性，有利于酶的回收和连续化生产。用于有机相酶工程的固定化载体和固定化方法与水相有所不同，其中最重要的是应该满足在有机相反应所需要的最适微水环境，有利于酶的扩散与稳定。目前使用较多而且效果较好的是载体吸附法和凝胶包埋法，其中载体吸附法用于制备固定化酶，凝胶包埋法用于固定细胞。在选择固定化材料时，必须考虑载体极性与反应物及有机相极性的相互匹配，以便最大限度地发挥酶在有机相中的催化效率。猪胰脂肪酶用具有双亲分子——聚乙烯亚胺的海藻酸钙固定化载体固定后，在有机相中催化酯合成和酯交换的活力比原来的酶粉提高 44 倍。

② 酶的化学修饰和表面活性剂包埋　借助某些双亲性化学试剂或表面活性剂包埋技术来修饰酶分子表面，可以增加酶表面的疏水性，改善酶在有机相中的溶解性和稳定性，提高酶的催化效率。过氧化氢酶、过氧化物酶、脂肪酶和胰凝乳蛋白酶等蛋白质分子的表面氨基被甲氧基聚乙二醇共价修饰后，能够均匀地溶于苯和氯仿等有机溶剂，并表现出较高的酶活性和稳定性。这些修饰酶经 Fe_3O_4 处理后，制得的磁性酶也能很好地分散于苯和三氯乙烷等有机溶剂中，并可以在磁场中回收和再利用。用二烷基型脂质以分子膜形式包埋脂肪酶分子表面所制成的一种可溶于有机溶剂的酶 - 脂质复合体，在无水苯中催化甘油三酯合成的活性比甲氧基聚乙二醇修饰的脂肪酶还高，因为酶 - 脂质复合体没有甲氧聚乙二醇长链对底物接近酶的障碍。另外这种酶 - 脂质复合体的收率也比修饰酶高。

有机相酶反应发展较快，目前发现在有机相中酶催化反应的类型有氧化还原、酯合成、酯交换、脱氧、酰胺化、甲基化、羟化、磷酸化、脱氨、异构化、环氧化、开环聚合、侧链切除、缩合（聚合）及卤化等，这些都具有重要的研究和应用价值。例如，脂肪酶催化不对称合成反应，制备具有光学活性的醇、脂肪酸及其酯、内酯等医药、农药和人体代谢过程的中间体；利用脂肪酶的催化合成和酯交换等反应，可以合成抗生素和香料等大环内酯类化合物，改良油脂，合成有医用价值的糖脂、固醇脂和多肽等。有机相酶反应的应用范围将会越来越广。

7.5.2　核酶和脱氧核酶

1981 年，Cech 等发现四膜虫的前体 RNA 可以在没有蛋白质存在的情况下自身催化切除内含子，完成加工过程。这一具有催化活性的 RNA 的发现改变了传统上“酶是蛋白质”的观点，丰富和发展了酶的概念，从此对具有催化活性的 RNA，即核酶（ribozyme）的结构、催化机制以及应用的研究日益深入。

（1）核酶

到目前为止，在自然界中发现的核酶根据其催化的反应可以分成两大类：剪切型核酶，这类核酶催化自身或者异体RNA的切割，相当于核酸内切酶，主要包括锤头型核酶、发夹型核酶、丁型肝炎病毒（HDV）核酶以及有蛋白质参与协助完成催化的蛋白质-RNA复合酶（RNaseP）；剪接型核酶，这类核酶主要包括组Ⅰ内含子和组Ⅱ内含子，实现mRNA前体自我拼接，具有核酸内切酶和连接酶两种活性。

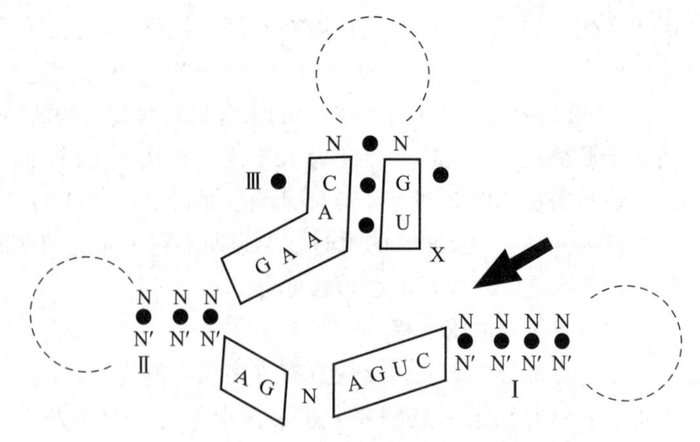

图7-8 锤头型核酶的二级结构

N、N′代表任意核苷酸；X可以是A、U或C，但不能是G；Ⅰ、Ⅱ和Ⅲ是锤头结构中的双螺旋区；箭头指向切割位点

① 锤头型核酶 Symons等在比较了一些病毒RNA自身剪切规律后提出了锤头结构（hammerhead structure）状二级结构模型。它是由13个保守核苷酸残基和3个螺旋结构域构成的（图7-8），并且只要具备上述锤头状二级结构和13个保守核苷酸，剪切反应就会在锤头结构的右上方GUX序列的3′端自动发生。锤头结构由3个结构域组成，即切割结构域、催化结构域和结合结构域。核酶属于金属酶，金属离子为核酶辅因子，需要二价金属离子（如Mg^{2+}）。核酶的活性形式是一种RNA键合金属氢氧化物。

② 发夹型核酶 图7-9是一个发夹型核酶的二级结构模型。50个碱基的核酶和14个碱基的底物形成了发夹状的二级结构，包括4个螺旋和5个突环。螺旋3和螺旋4在核酶内部形成，螺旋1（6个碱基对）和螺旋2（4个碱基对）由核酶与底物共同形成，实现了酶与底物的结合。核酶的识别顺序是（G/C/U）NGUC，其中N代表任何一种核苷酸，这个顺序位于螺旋1和螺旋2之间的底物RNA链上，切割反应发生在N和G之间。

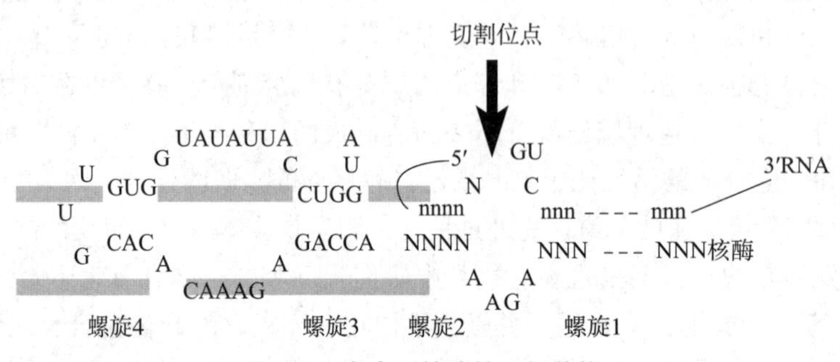

图7-9 发夹型核酶的二级结构

以上两种核酶切割底物RNA后的产物都是3′端的2′-3′环磷键和新5′端羟基。

③ 蛋白质-RNA复合酶（RNaseP） 这类核酶主要催化tRNA前体成熟过程，例如大肠杆菌tRNA 5′成熟酶就是由蛋白质和M_1RNA两个组分构成，其中蛋白质的相对分子质量为2×10^4，M_1RNA含有377个核苷酸。M_1RNA单独具有完整的酶活性，蛋白质只是维持M_1RNA的构象。与前面剪切型核酶不同的是，蛋白质-RNA复合酶催化得到的产物3′端是羟基，5′端是磷酸。

④ Ⅰ组内含子（group Ⅰ intron）和Ⅱ组内含子（group Ⅱ intron） 这类核酶比较复杂，通常包括200个以上核苷酸，主要催化mRNA前体的拼接反应。Cech等发现四膜虫的前体RNA可以在体外无蛋白质参与下除掉它自身413 nt的内含子。这就是由Ⅰ组内含子核酶催化的反应，包括两个连续的转酯反应，并且需要Mg^{2+}或Mn^{2+}及鸟苷的参与。Ⅱ组内含子的剪接反应过程与Ⅰ组内含子基本相似，二者的主要差别是第一步反应的化学机制不同。

(2)脱氧核酶

一般认为DNA是一种很不活泼的分子，在生物体内通常以双链形式存在，仅适合编码和携带遗传信息。但单链DNA是否可以像RNA通过自身卷曲形成不同的三维结构而行使特定的功能呢？RNA分子中的2′-羟基使RNA结构多样性增加，并且作为质子的供体和受体直接参与了许多催化反应。单链DNA由于没有2′-羟基，其催化潜能无疑大大降低，自然界中就没有发现催化DNA存在。但正像缺少了蛋白酶分子中的那些活性基团的RNA可以具有催化活性一样，缺少了2′-羟基的DNA同样可以像RNA一样形成特定的高级结构，在辅因子的协助下，催化完成某些化学反应。人们已经利用体外选择技术获得了许多具有催化功能和其他功能的DNA分子。1994年，Breaker等利用体外选择技术首次发现了切割RNA的DNA分子，并将其命名为脱氧核酶(deoxyribozyme)。从此，脱氧核酶由于其具有结构稳定(生理条件下DNA比RNA稳定10^6倍，DNA的磷酸二酯键抗水解比蛋白质的肽键抗水解能力要高100倍)、成本低廉、易于合成和修饰等特点，很快成为人们关注的热点。

与核酶和许多蛋白酶均需要辅因子或辅酶帮助实现其功能一样，大多数脱氧核酶的催化也需要Mg^{2+}等二价金属离子作为辅因子。这些离子主要起以下3方面的作用：①中和DNA单链上的负电荷，从而增加单链DNA的刚性，刚性结构对催化分子精确定位、发挥功能是必需的。②利用金属离子的螯合作用发挥空间诱导效应，使脱氧核酶和底物形成复杂的空间结构。③产生H^+，诱导并参与体系的电子或质子传递，催化体系发生氧化还原反应。

迄今为止，天然结构的脱氧核酶尚未被发现，所有的脱氧核酶都是通过体外选择得到的。人们通过体外选择的方法已经相继获得具有切割RNA功能、切割DNA功能、多核苷酸激酶和过氧化物酶功能、连接酶功能以及催化卟啉环金属螯合反应的脱氧核酶等。筛选到的最多的脱氧核酶是切割RNA的脱氧核酶，其中最具有代表性和实用价值的是Joyce等发现的切割RNA的10-23脱氧核酶(图7-10)。由于这个核酶分子比较小，结构简单，很容易以此为基础设计出切割不同RNA顺序的脱氧核酶。10-23脱氧核酶可以分成两个结构域：由15个核苷酸构成的催化结构域，两边分别连有7～8个脱氧核苷酸构成底物结合结构域。RNA底物通过碱基配对与脱氧核酶两端的底物结合区结合，中间有一个未配对的嘌呤残基，这个嘌呤残基和与其相邻的嘧啶碱基之间的磷酸二酯键就是脱氧核酶催化切割的位点。

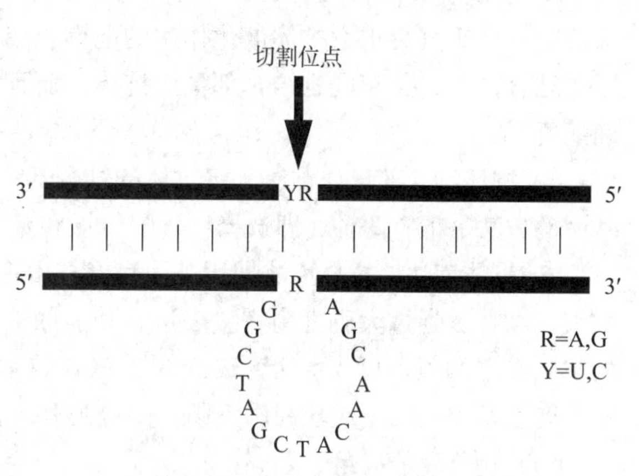

图7-10 10-23脱氧核酶的二级结构

7.5.3 抗体酶

(1)抗体酶概述

抗体与酶相似，它们都是蛋白质分子，酶与底物的结合及抗体与抗原的结合都是高度专一性的，但这两种结合的基本区别在于酶与高能过渡态分子相结合，而抗体则与抗原(基态分子)相结合。如果能制备抗高能过渡态分子的抗体，这种抗体就可以紧密结合反应中的过渡态络合物，使其活化能降低，从而帮助大量反应物分子跨越能垒，达到加速反应的目的。但化学反应中的高能过渡态分子是非常不稳定的，难以被用于作为诱发抗体的抗原。而作为酶的抑制剂的过渡态类似物是稳定的，因此，利用抗体能与抗原特异性结合的原理，可用过渡态类似物作为半抗原来诱发抗体，这样产生的抗体便能特异地识别反应过程中真正的过渡态分子，从而降低反应的活化能，达到催化反应的目的，这种具有催化能力的抗体就被称为催化抗体。1986年，催化抗体的研究取得了突破性的进展，催化抗体终于诞生了。可以说，催化抗体是抗体的高度选择性和酶的高效催化能力巧妙结合的产物，本质上是一类具有催化活力的免疫球蛋白，在其可变区赋予了酶的属性，因此催化抗体也叫抗体酶（abzyme）。

抗体酶与天然酶相比，最大的优点在于抗体的种类繁多，机体的免疫系统可以产生 $10^8 \sim 10^{10}$ 个不同的抗体分子。抗体的精细识别性使其能结合几乎任何天然的或合成的分子，制备成功的抗体酶不但能催化一些天然酶能催化的反应，而且还能催化一些天然酶不能催化的反应。

（2）抗体酶的制备方法

遵循酶的催化机制，目前已经开发了多种制备抗体酶的方法。

① 稳定过渡态法　目前，大多数抗体酶是通过理论设计合适的与反应过渡态类似的小分子作为半抗原，然后让动物免疫系统产生针对半抗原的抗体来获得的。由于以反应的过渡态类似物为半抗原诱导的抗体在几何形状和电学性质上与反应过渡态互补，因而稳定了过渡态，从而加速反应。

② 抗体与半抗原互补法　抗体与半抗原之间的电荷互补对抗体所具有的高亲和力以及选择性识别能力起着非常关键的作用。抗体与其配体的相互作用是相当精确的，抗体常含有与配体功能互补的特殊功能基团。已经发现，带正电的配体常能诱导出结合部位带负电残基的配体，反之亦然。现已证明，利用抗体－半抗原互补性是产生抗体酶的一般方法，如果通过半抗原的优化设计使带正电荷的半抗原正确地模仿过渡态分子的几何结构及所有的反应键，而且半抗原和产物及底物之间都没有相似之处，那就有可能产生高活力的抗体酶，甚至达到天然酶的活力水平。

知识拓展 7-2
熵阱法

③ 熵阱法　另一种设计半抗原的方法是利用抗体结合能克服反应熵垒。抗体结合能被用来冻结转动和翻转自由度，这种自由度的限制是形成活化复合物所必需的。

④ 多底物类似物法　很多酶的催化作用需要有辅因子参与，因此，开发将辅因子引入到抗体结合部位的方法无疑会扩大抗体催化作用的范围。用多底物类似物对动物进行一次免疫，可以产生既有辅因子结合部位，又有底物结合部位的抗体，而且小心设计半抗原可确保辅因子和底物的功能部分的正确配置。

⑤ 抗体结合部位修饰法　将抗体的结合部位引入催化基团是提高催化效率的又一关键，引入功能基团的方法一般有两种，即选择性化学修饰和基因工程定点突变法。

⑥ 抗体库法　抗体库法即用基因克隆技术将全套抗体重链和轻链可变区基因克隆出来，重组到原核表达载体，通过大肠杆菌直接表达有功能的抗体分子片段，从中筛选特异性的可变区基因。该技术的基础在于两项实验技术的突破：一是 PCR 技术的发展使人们可能用一组引物克隆出全套免疫球蛋白的可变区基因；二是成功利用大肠杆菌分泌有结合功能的抗体分子片段。

（3）抗体酶的应用

对于任何分子，几乎都可以通过免疫系统产生相应的抗体，而且专一性很强，抗体的这种多样性标志着抗体酶的应用潜力是巨大的。

① 在有机合成中的应用　抗体酶能催化立体专一性的反应，区分动力学上的外消旋混合物，催化内消旋底物合成相同手性的产物；而在各类精细化工产品和合成材料的工业生产上都需要具有精确底物专一性和立体专一性的催化剂，这正是催化抗体的突出特点。特别是那些天然酶不能催化的反应，可以通过设计定做抗体酶来弥补天然酶的不足。

② 用于阐明化学反应机制　如 *N*- 甲基原卟啉由于内部甲基取代而呈扭曲结构，但由它作为半抗原诱导产生的抗体可以催化原卟啉的金属螯合反应，这就证明了亚铁螯合酶催化亚铁离子插入原卟啉的反应过渡态分子是一个原卟啉的扭曲结构，平面结构的原卟啉经扭曲后，才能螯合金属离子。

③ 在医疗上的应用　抗体酶既能标记抗原靶目标，又能执行一定的催化功能。这两种性质的结合使抗体酶在体内的应用实际上是没有限制的。例如，可以设计抗体酶杀死特殊的病原体，也可用抗体酶活化处于靶部位的药物前体，以降低药物毒性，增加其在体内的稳定性。

抗体酶制备技术的开发预示着可以人为生产适应各种用途的，特别是自然界不存在的高效生物催化剂，在生物学、医学、化学和生物工程上会有广泛的和令人鼓舞的应用前景。催化抗体的巨大成就预示着一个以开发免疫系统分子潜力为核心的新学科——抗体酶学的崛起，今后无疑会有更大的发展。

7.6 酶工程制药在医药领域中的应用实例

酶工程属高新技术，具有技术先进、厂房设备投资小、工艺简单、能耗量低、产品收率高、效率高、效益大、污染轻等优点。此外，以往采用化学合成、微生物发酵及生物材料提取等传统技术生产的药品，都可以通过酶工程生产，甚至可以获得传统技术不可能得到的昂贵药品。部分固定化酶及相应产品见表 7-3。

表 7-3 固定化酶及其相应产品

固定化酶	产品	固定化酶	产品
青霉素酰胺酶	6-APA，7-ADCA	短杆菌肽合成酶系	短杆菌肽
氨苄青霉素酰胺酶	氨苄青霉素酰胺	右旋糖苷蔗糖酶	右旋糖苷
青霉素合成酶系	青霉素	β- 酪氨酸酶	L- 酪氨酸，L- 多巴胺
11β- 羟化酶	氢化可的松	5′- 磷酸二酯酶	5′- 核苷酸
类固醇 -Δ^1- 脱氢酶	脱氢泼尼松	3′- 核糖核酸酶	3′- 核苷酸
谷氨酸脱羧酶	γ- 氨基丁酸	天冬氨酸酶	L- 天冬氨酸
类固醇酯酶	睾丸激素	色氨酸合成酶	L- 色氨酸
多核苷酸磷酸化酶	poly Ⅰ：C	转氨酶	L- 苯丙氨酸
前列腺素 A 异构酶	前列腺素 C	腺苷脱氢酶	IMP
辅酶 A 合成酶系	辅酶 A	延胡索酸酶	L- 苹果酸
氨甲酰磷酸激酶	ATP	酵母酶系	ATP，FDP，间羟胺

7.6.1 固定化细胞法生产 6- 氨基青霉烷酸

青霉素 G（或 V）经青霉素酰胺酶作用，水解除去侧链后的产物称为 6- 氨基青霉烷酸（6-APA），也称无侧链青霉素。6-APA 是生产半合成青霉素的最基本原料。目前为止，以 6-APA 为原料已合成近 3 万种衍生物，并已筛选出数十种耐酸、低毒及具有广谱抗菌作用的半合成青霉素。

（1）技术路线

技术路线见图 7-11。

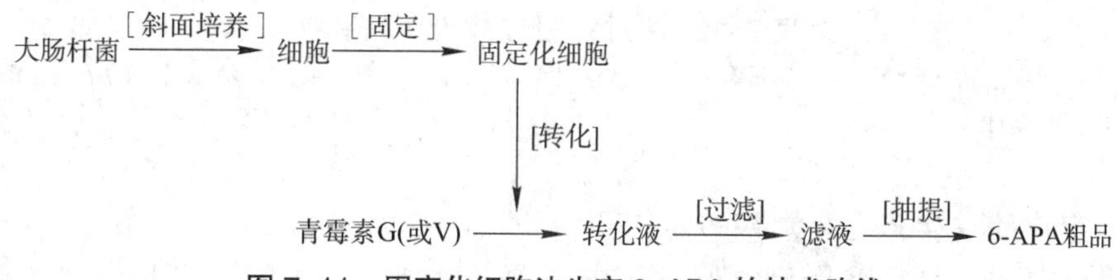

图 7-11 固定化细胞法生产 6-APA 的技术路线

（2）工艺过程

① 大肠杆菌培养　斜面培养基为普通肉汁琼脂培养基，发酵培养基的成分为蛋白胨 2%，NaCl 0.5%，苯乙酸 0.2%，自来水配制。用 2 mol · L^{-1} NaOH 溶液调 pH 7.0，高压蒸汽灭菌 30 min 后备用。在 250 mL 三角烧瓶中加入发酵培养液 30 mL，将斜面接种后培养 18 ~ 30 h 的 *E.coli* D816（产青霉素酰胺酶），用 15 mL 无菌水制成菌细胞悬浮液。取 1 mL 悬浮液接种至装有 30 mL 发酵培养基的三角烧瓶中，在摇床上 28℃，170 r · min^{-1} 振荡培养 15 h，如此依次扩大培养，直至 1 000 ~ 2 000 L 规模通气搅拌培养。培养结束后用高速管式离心机离心收集菌体，备用。

② 大肠杆菌固定化　取大肠杆菌湿菌体 100 kg，置于 40℃反应罐中，在搅拌下加入 50 L 10% 明胶溶液。搅拌均匀后加入 25% 戊二醛 5 L，再转移至搪瓷盘中，使之成为 3 ~ 5 cm 厚的液层，室温放置 2 h，再转移至 4℃冷库过夜。待形成固体凝胶块后，通过粉碎和过筛，使其成为直径为 2 mm 左右的颗粒状固定化大肠杆菌细胞，用蒸馏水及 pH 7.5、0.3 mol · L^{-1} 磷酸缓冲液先后充分洗涤，抽干，备用。

③ 固定化大肠杆菌反应堆制备　将上述充分洗涤后的固定化大肠杆菌细胞（产青霉素酰胺酶）装填于带保温夹套的填充床式反应器中，即成为固定化大肠杆菌反应堆，反应器规格为 Φ70 cm × 160 cm。

④ 转化反应　取 20 kg 青霉素 G（或 V）钾盐，加入 1 000 L 配料罐中，用 0.03 mol · L^{-1}、pH 7.5 的磷酸盐缓冲液溶解并使青霉素钾盐浓度为 3%。用 2 mol · L^{-1} NaOH 溶液调 pH 7.5 ~ 7.8，然后将反应器及 pH 调节罐中反应液温度升到 40℃，维持反应体系的 pH 在 7.5 ~ 7.8 范围内，以 70 L/min 流速使青霉素钾盐溶液通过固定化大肠杆菌反应堆进行循环转化，直至转化液 pH 不变为止，循环时间一般为 3 ~ 4 h。反应结束后，放出转化液，再进入下一批反应。

⑤ 6-APA 的提取　上述转化液经过滤澄清后，滤液用薄膜浓缩器减压浓缩至 100 L 左右。冷却至室温后，于 250 L 搅拌罐中加 50 L 乙酸丁酯充分搅拌提取 10 ~ 15 min，取下层水相，加 1%（*m*/*V*）活性炭于 70℃搅拌脱色 30 min。滤除活性炭，滤液用 6 mol · L^{-1} HCl 调 pH 4.0 左右，5℃放置结晶过夜，次日滤取结晶，用少量冷水洗涤，抽干，115℃烘干 2 ~ 3 h，得成品 6-APA。按青霉素 G 计，收率一般为 70% ~ 80%。整个工艺流程如图 7-12 所示。

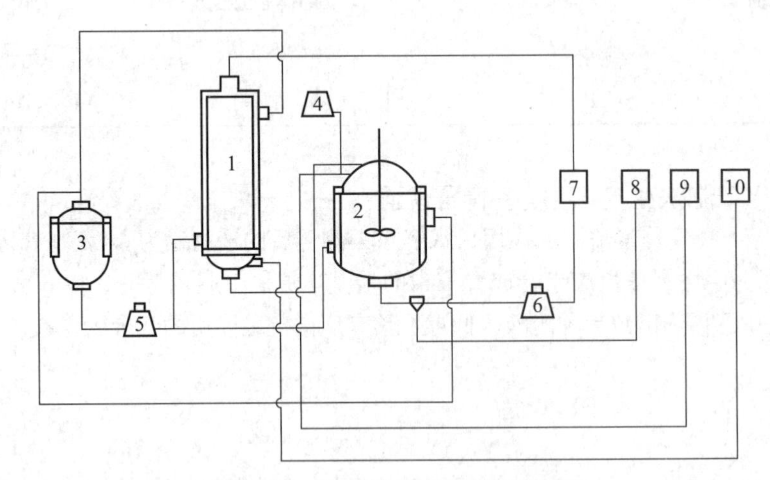

图 7-12　青霉素酰胺酶转化流程图

1. 酶反应器；2. pH 调节罐；3. 热水罐；4. 碱液罐；5. 热水循环泵；6. 裂解液循环泵；7. 流量计；8. 自动 pH 计；9. 自动记录温度计；10. 酶反应器温度计

7.6.2　固定化酶法生产 L- 氨基酸

目前氨基酸在医药、食品以及工农业生产中的应用越来越广。以适当比例配成的混合液可以直接注射到人体内，用以补充营养。由于各种"必需氨基酸"对人体的正常发育有保健作用，有些氨基酸还可以作为药物，治疗某些特殊疾病。氨基酸可用作增味剂，增加香味，促进食欲；可用作禽畜的饲料；还可用来制造人造纤维、塑料等。因此氨基酸的生产对人类的生活具有重要意义。

工业上生产 L- 氨基酸的一种方法是化学合成法。但是由化学合成法得到的氨基酸都是无光学活性的 DL 氨基酸外消旋混合物，所以必须将它进行光学拆分，以获得 L- 氨基酸。外消旋氨基酸拆分的方法有物理化学法、酶法等，其中以酶法最为有效，能够产生纯度较高的 L- 氨基酸。酶法生产 L- 氨基酸的反应式如图 7–13。

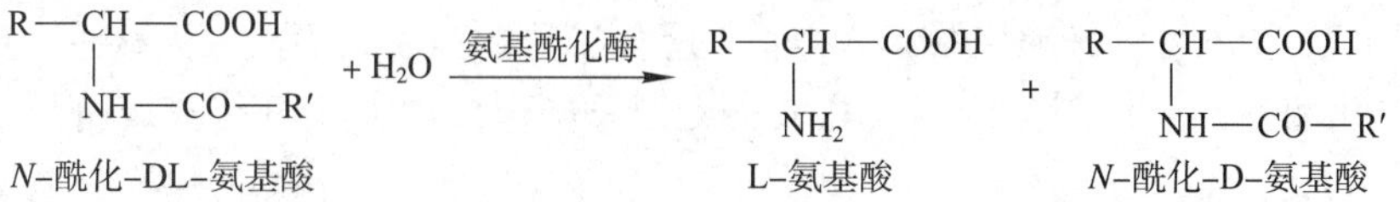

$$\underset{N\text{-酰化-DL-氨基酸}}{\text{R—CH(NH—CO—R}')\text{—COOH}} + H_2O \xrightarrow{\text{氨基酰化酶}} \underset{\text{L-氨基酸}}{\text{R—CH(NH}_2\text{)—COOH}} + \underset{N\text{-酰化-D-氨基酸}}{\text{R—CH(NH—CO—R}')\text{—COOH}}$$

图 7–13　氨基酰化酶拆分 DL- 氨基酸外消旋混合物

N- 酰化 -DL- 氨基酸经过氨基酰化酶的水解得到 L- 氨基酸和未水解的 *N*- 酰化 -D- 氨基酸，这两种产物的溶解度不同，因而很容易分离。未水解的 *N*- 酰化 -D- 氨基酸经过外消旋作用后又成为 DL 型，可再次进行拆分。

1969 年千田一郎等通过离子交换法将氨基酰化酶固定在 DEAE- 葡聚糖载体上，从而制得了世界上第一个适用于工业生产的固定化酶。他们制得的固定化氨基酰化酶活性高，稳定性好，可用于连续拆分酰化 -DL- 氨基酸。具体制备方法如下：

将预先用 pH 7.0、0.1 mol · L^{-1} 磷酸盐缓冲液处理的 DEAE- 葡聚糖 A–25 溶液 1 000 L，在 35℃下与 1 100 ~ 1 700 L 的天然氨基酰化酶水溶液（内含 33 400 万单位的酶）一起搅拌 10 h，过滤后，得 DEAE- 葡聚糖 – 酶复合物，再用水洗涤。所得固定化酶的活性可达 16.7 万 ~ 20.0 万单位 /L，活性得率为 50% ~ 60%。

用此法制得的固定化氨基酰化酶，可以装柱连续拆分 DL- 外消旋氨基酸。生产不同的 L- 氨基酸，加入底物酰化 -DL- 氨基酸要控制的流速也不同。如图 7–14 所示，为了达到 100% 的不对称水解，乙酰 -DL- 甲硫氨酸加入的体积流速可控制在 2.8 L · h^{-1} · $L^{-1}_{床体积}$，而乙酰 -DL- 苯丙氨酸的体积流速为 2 L · h^{-1} · $L^{-1}_{床体积}$，水解反应的速率与底物溶液的流向无关，但考虑到溶液升温时有空气泡产生，通常进料流向采用自上而下为宜。试验指出，只要酶柱充填均匀，溶液流动平稳，体积相同的固定化酶柱的尺寸大小（即长径比 *H*/*D*）对反应率是没有影响的。DEAE- 葡聚糖 – 氨基酰化酶酶柱的操作稳定性很好，半衰期可达 65 d。在长期使用之后，酶柱上的酶可能有部分脱落，由于酶柱是由离子交换法将酶固定得到，因此再生十分容易，只要加入一定量的游离氨基酰化酶，酶柱便能完全活化。

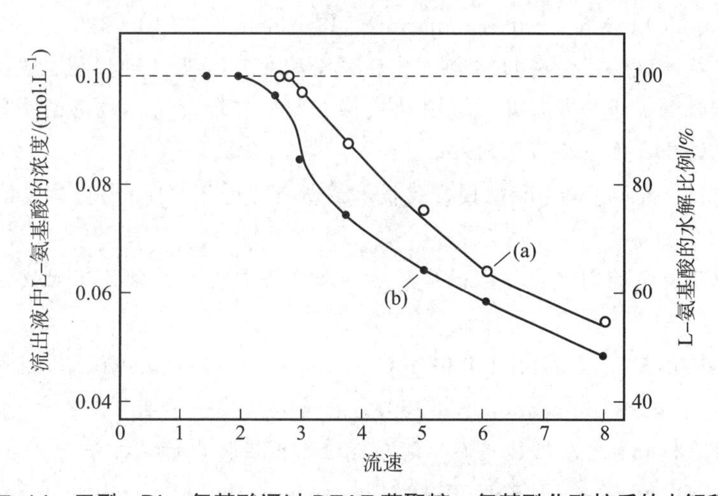

图 7–14　乙酰 -DL- 氨基酸通过 DEAE 葡聚糖 – 氨基酰化酶柱后的水解程度

（a）0.2 mol · L^{-1} 乙酰 -DL- 甲硫酸溶液；（b）0.2 mol · L^{-1} 乙酰 -DL- 苯丙氨基酸溶液，温度 50℃，流速 1.5 ~ 8 L · h^{-1} · $L^{-1}_{床体积}$

将酶柱流出液蒸发浓缩，然后调节 pH，使 L 型氨基酸在等电点条件下沉淀析出。通过离心分离后，可收集得到 L 型氨基酸粗品和母液。粗品在水中进行重结晶，可进一步纯化。而在母液中可加入适量乙酸酐，加热到 60℃，其中的乙酰 -D- 氨基酸就会发生外消旋反应，产生乙酰 -DL- 氨基酸混合物。在酸性条件下（pH 1.8 左右），析出外消旋混合物，收集后，可重新作为底物进入酶柱水解。

用固定化酶连续生产 L- 氨基酸，产物的纯化较简单，收率也比游离酶法要高，因此生产单位量 L- 氨基酸所需要的底物量较少。固定化氨基酰化酶非常稳定，用于酶的费用大大减少。固定化氨基酰化酶酶柱的生产工艺还可以自动控制，这样不仅降低了劳动强度，而且大大减少了劳动力费用，因此固定化氨基酰化酶连续生产工艺的经济意义很大，总操作费用大约只是溶液酶分批式生产工艺的 60%。

开放讨论题

基因工程、蛋白质工程等技术对酶工程的开发与应用有何影响？

思考题

1. 酶工程的主要研究内容是什么？
2. 固定化酶和固定化细胞的优点分别是什么，制备方法有哪些？
3. 为什么要对酶进行化学修饰？
4. 什么是分子印迹？分子印迹的应用范围有哪些？
5. 有机相酶反应的定义及其优点是什么？
6. 什么是人工模拟酶？

推荐阅读

1. SAVILE C K, JANEY J M, MUNDORFF E C, et al. Biocatalytic asymmetric synthesis of chiral amines from ketones applied to sitagliptin manufacture [J]. Science，2010，329 (5989)：305–309.

点评：这篇文章是转氨酶不对称催化合成手性胺技术发展的里程碑。通过理性设计使前西他列汀酮无活性酶变为有活性酶，进一步使用定向进化获得在制造环境中实际应用的手性胺合成酶。获得的酶用于大规模生产抗糖尿病化合物西他列汀。

2. 柯彩霞，范艳利，苏枫，等. 酶的固定化技术最新研究进展 [J]. 生物工程学报，2018，34 (2)：188–203.

点评：归纳介绍了新型酶固定化技术的发展方向和应用趋势，并阐述了对固定化技术未来发展的理解和建议。

3. FOX R J，DAVIS S C，MUNDORFF E C，et al. Improving catalytic function by ProSAR-driven enzyme evolution [J]. Nature Biotechnology，2007，25 (3)：338–344.

点评：该文介绍了利用蛋白质结构信息对酶功能进行理性化设计的方法。

4. REETZ M T，DANIEL K，RENATE L. Addressing the numbers problem in directed evolution [J]. Chem Bio Chem，2008，9 (11)：1797–1804.

点评：该文介绍了提高酶筛选效率的新方法。

5. ALBA D R，DAVIS B G. Chemical modification in the creation of novel biocatalysts. Current Opinion in Chemical Biology，2011，15（2）：211–219.

点评：该文介绍了固定化、非特异性化学修饰、位点特异性化学修饰等酶的化学修饰方法。

网上更多学习资源……

◆教学课件　　◆参考文献

（吉林大学　马俊锋）

8

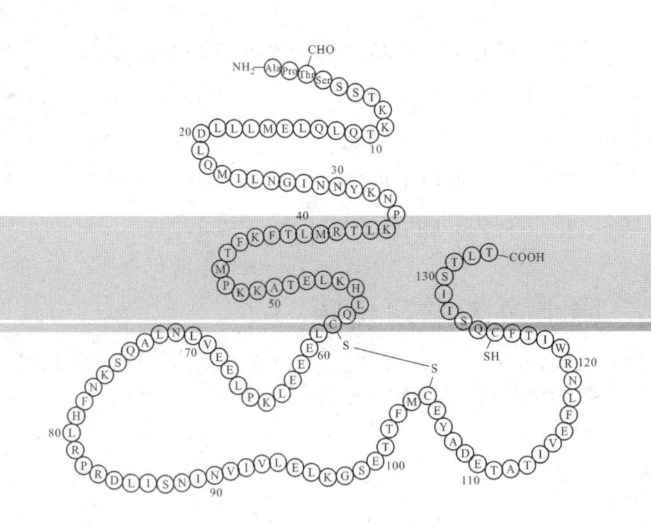

发酵工程制药

发酵工程制药是利用微生物“细胞工厂”来生产药物，实质是利用微生物细胞内的酶催化底物形成产物的过程。主要研究内容包括：如何获得、改造“细胞工厂”以选育适宜工业化生产的菌种，使用何种条件培养菌种，如何控制发酵培养过程，发酵产生的物质如何分离纯化以获得纯的产品。为了增加学习者对发酵工程本质的认识和对新技术的了解，本章介绍了几种抗生素的生物合成过程，列举了一些组合生物合成和合成生物学等新技术方法在发酵工程菌种改造中的应用实例。如对实例中的研究细节感兴趣，请参阅相关文献。

通过本章学习，可以掌握以下知识：

1. 菌种选育的方法及应用；
2. 发酵工艺的控制；
3. 新技术在提高抗生素产量、改良菌种产生杂合抗生素，改善抗生素组分和发酵工艺中的应用；
4. 新技术在维生素和氨基酸工业中的应用。

知识导图

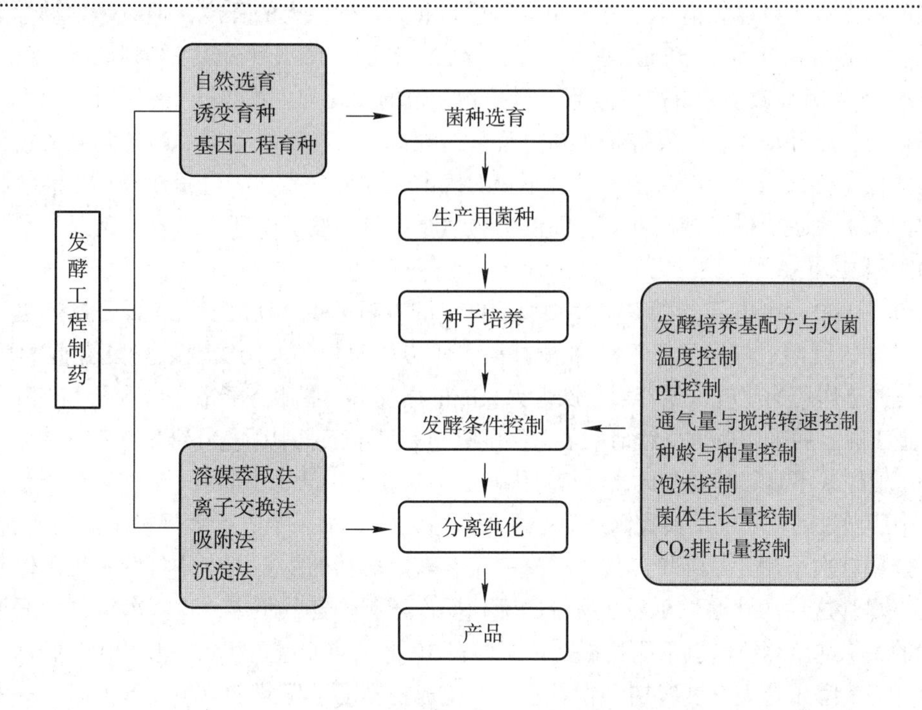

关键词

发酵工程　菌种选育　自然选育　诱变育种　原生质体融合　种子制备　分批发酵
补料分批发酵　连续发酵　生物热　搅拌热　蒸发热　辐射热　溶氧　发酵设备
抗生素生物合成基因簇　调控基因　沉默基因簇　组合生物合成　合成生物学

8.1　概述

8.1.1　发酵工程简介

发酵工程（fermentation engineering）又称为微生物工程，是利用微生物制造工业原料与工业产品并提供服务的技术。微生物发酵过程不同于一般的工业过程，由于它涉及生命体的繁殖、生长、生产、衰老等过程，实质上是一个十分复杂的自催化过程。发酵工程是生物技术的基础工程，用于产品制造的基因工程、细胞工程和酶工程等的实施，几乎都与发酵工程紧密相连。

发酵工业中的化学反应是通过微生物完整细胞的综合生物化学过程来实现的。发酵工业以某种特定产物为工艺的目的物，这就要求微生物细胞既能正常生长又能过量地积累目的产物。

现代发酵工业已经形成完整的工业体系，发酵产品包括抗生素、氨基酸、维生素、有机酸、有机溶剂、多糖、酶制剂、单细胞蛋白、基因工程药物、核酸类物质及其他生物活性物质等。

8.1.2　发酵工程发展的四个阶段

尽管人类利用微生物发酵制造所需产物有几千年的历史，但对其过程的原理、反应步骤、物质变化、调控机制等的认识和理解主要是在20世纪完成的。发酵工程的发展大体上可分为下述4个阶段：

第一阶段，1900年之前，人类就利用传统的微生物发酵过程来生产葡萄酒、酒、醋、酱、奶酪等食品。我们的祖先甚至可以凭借经验将这些过程控制和完善到惊人的程度，但只是生物学原理和工程学原理的自觉应用，还无法知道这些传统过程的本质。1675年荷兰人列文虎克（Antony van Leeuwenhoek）发明了显微镜，首次观察到了微生物，他的发现为生物界开拓了一个新领域。19世纪，路易斯·巴斯德提出并证实了“发酵是生命过程”的理论，又在解决葡萄酒酸败问题的过程中创建了至今仍适用的巴斯德灭菌法。巴斯德的发现不仅对以前的发酵食品加工过程给以科学的解释，也为以后新的发酵过程的发现提供了理论基础，促使生物学原理和工程学原理相结合，因此，有人将巴斯德称为“生物工程之父”。

发现之路 8-1
对发酵本质的认识

第二阶段，1900—1940年，随着微生物培养技术的不断进步，新的发酵产品不断问世。新产品主要有酵母、甘油、乳酸、柠檬酸、丁醇和丙酮等。到20世纪初，人们发现某些梭菌能发酵产生丙酮、丁醇，丙酮是制造炸药的原料，随着第一次世界大战的爆发，一些服务于战争的弹药制造商们振兴了丙酮、丁醇制造工业。后来，战争虽然结束了，但丁醇作为汽车工业中硝基纤维素涂料的快干剂而大量使用，使这一工业经久不衰。时至今日，具有更强竞争力的新方法已逐步取代了昔日的发酵法。但它在生物工程发展中所做过的重要贡献使我们还有必要回顾它。它是第一个进行大规模工业生产的发酵过程，也是工业生产中首次采用大量纯培养技术。这一工艺获得成功的重要因素是排除了培养体系中其他有害的微生物。尽管这种“排除”和现在所说的无菌操作还有一定的距离，这里所说的大量纯培养技术和以后所说的大量纯培养技术也不能相提并论，但在20世纪初，这是相当进步的生物技术。

第三阶段，发酵工业大发展时期，青霉素工业化成功推动了发酵工业的发展。以青霉素工业生产为标志的深层通气培养法的建立实现了发酵工程发展的一次新飞跃，这一飞跃发生在1942年。这一惊人成就给当时千百万在战争的死亡线和疾病的死亡线上的挣扎者带来了生存的希望，也激起了科学家、企业家探索新抗生素的欲望。两年以后，世界上第二种生产并用于临床的抗生素——链霉素就诞生了。

发现之路 8-2
青霉素的发现及工业化

青霉素的工业化生产给千百万患者和伤者带来福音，更重要的是，作为当时生物工程核心的发酵工程已从昔日以厌氧发酵为主的工艺跃入深层通气发酵为主的工艺。这种工艺不只是通气，还包括与此相适应的一整套工程技术，例如大量灭菌空气的制备技术、无菌取样技术、大罐无菌操作和管理技术、产品分离提纯技术、设备的设计技术等。因此，这是发酵工程第一次划时代的飞跃。后来又开发了许多产品，如数以千计的抗生素、各类氨基酸、不同用途的酶制剂等。

第四阶段，基因工程等高新技术应用阶段。1953年沃森和克里克提出了DNA的双螺旋结构模型，与此同时，科学家们发现细胞中的质粒是能在细菌染色体外进行自我复制的DNA分子，可以说这就是当今基因操作的起点。随着新质粒的不断发现，质粒分离提纯技术的日臻完善，质粒作为外源基因运载作用得到充分展示，加之1970年前后DNA限制性内切酶和连接酶的发现，生物工程的新飞跃已具备了一切条件，生物工程发展进入了崭新阶段。

知识拓展 8-1
代谢工程

分子生物学和基因工程、代谢工程、合成生物学等新技术的发展将进一步加深对微生物代谢产物、生物合成与调控机制的了解，也为这些新技术更好地应用创造了条件。为了提高产物的单位产量，可解除某一“限速步骤”，提高有关生物合成酶的表达水平或改变其调节机制，与传统育种方法相比可大大减少随机性。在开发新品种方面，重组DNA和细胞融合技术不仅能在不同程度上打破生物种属间的屏障，获得“杂交”分子的新产物，而且通过活化微生物的某些沉默基因簇，也可能获得一些新结构的活性物质。利用合成生物学等技术可以人为设计、构建药物的生物合成途径，获得新用途的微生物，利用发酵工程可以更经济、可持续地生产药物。

知识拓展 8-2
合成生物学

知识拓展 8-3
沉默基因簇

8.1.3 发酵工程的研究内容

发酵工程内容涉及：菌种的培养和选育、菌的代谢与调节、培养基配制与灭菌、通气搅拌、溶氧、发酵条件的优化、发酵过程各种参数与动力学、发酵反应器的设计和自动控制、产品的分离纯化和精制等。发酵工业的生产水平取决于3个要素：生产菌种、发酵工艺和发酵设备。

8.2 优良菌种的选育

发酵工程产品开发的关键是筛选出有用物质的产生菌。从自然界分离得到的野生型菌种不论产量上还是质量上均不适合工业生产要求，因此必须对其进行人工选育。优良菌种的选育不仅为发酵工业提供了高产菌株，还可以为科学研究提供各种类型的突变菌株。

菌种选育包括自然选育、诱变育种、杂交育种等经验育种方法，还包括原生质体融合、基因工程等定向育种方法。

8.2.1 菌种选育的物质基础

微生物的诸多性状（包括形态和生理）都决定于菌体内的千百种酶。是什么物质支配着这许许多多酶有条不紊地行使着它的功能，又是什么性质使同一种微生物的上下代酶的种类、功能都一样呢？事实证明，这都是由遗传物质所决定，主要是脱氧核糖核酸（DNA）所决定的。DNA是微生物遗传的物质基础，基因是遗传物质的基本单位，也就是带有决定一个蛋白质全部组成所需信息的DNA的最短片段。每个基因包含几百对以上的核苷酸，只要其中一对发生交换或突变就可能导致遗传性状的改变。决定遗传性状的DNA主要集中在染色体上，只有少许游离在外。真核生物细胞核内染色体数量及形状随不同生物体而不同，例如人的染色体为46条，酵母为6条。DNA分子结构的改变是诱变育种的工作根据，染色体搭配的变化交换是杂交育种的根据，对DNA分子结构及其复制过程的了解将更有利于充实诱变育种的理论根据。另外，质粒也是遗传物质，它是染色体外的遗传结构。质粒为双链DNA的环状分子，能在细胞中进行自主复制，并能离开染色体单独存在。大多数质粒能经“消失”处理而消除，且对细胞无致命影响。许多质粒携带一些能影响宿主细胞类型的基因，例如用来控制抗生素的形成一些基因。

8.2.2 自然选育

不经人工处理，利用微生物的自然突变进行菌种选育的过程称为自然选育。自发突变的变异率很低。由于微生物可以发生自发突变，所以菌种在群体培养过程中会产生变异个体。这些变异个体中有些生长良好，生产水平提高，对生产有利，这类菌株称为正变菌株；另一些则使生产能力下降，形态出现异型，生产水平下降，导致菌种退化，这类菌株称为负变菌株。自然选育就是将正变菌株挑选出来，进行扩大培养。

自然选育可以达到纯化菌种、防止菌种衰退、稳定生产水平、提高产物产量的目的。但是自然选育存在效率低和进展慢的缺点，将自然选育和诱变育种交替使用，才容易收到良好的效果。

8.2.3 诱变育种

人工诱发突变是加速基因突变的重要手段，它的突变率比自然突变提高成千上百倍。突变发生部位一般是在遗传物质DNA上，因此突变后性状能稳定地遗传。

（1）诱变育种的方法

微生物在生理上和形态上的变化，只要是可遗传的都称作变异。变异和由环境变化而出现的变化有本质上的区别。如假丝酵母在土豆培养基上加盖玻片形成假菌丝，而在麦芽汁培养基上形成分散椭圆细胞，这种可逆的现象不是变异。变异是由DNA突变引起的可遗传的改变。微生物诱变育种的目的是要使它向符合人们需要的方向变异。

由诱变而导致微生物 DNA 的微细结构发生的变化，主要分为微小损伤突变、染色体畸变、染色体组突变 3 种类型。

能诱发基因突变并使突变率提高到超过自然突变水平的因子都称为诱变剂。诱变剂种类很多，分为物理、化学，生物 3 大类，常用的诱变剂如表 8-1。

表 8-1 常用诱变剂及其类别

物理诱变剂	化学诱变剂			生物诱变剂
	与碱基反应的物质	碱基类似物	在 DNA 中插入或缺失碱基	
紫外线	硫酸二乙酯（DES）	2- 氨基嘌呤	吖啶类物质	噬菌体
快中子	甲基磺酸乙酯（EMS）	5- 溴尿嘧啶	吖啶类氮芥衍生物	
X 射线	亚硝基胍（NTG）	8- 氮鸟嘌呤		
γ 射线	亚硝酸（NA）			
激光	氮芥（NM）			
常压室温等离子体（ARTP）	羟胺			

不同诱变方法诱变效果有差异。如近年兴起的常压室温等离子体（ARTP），研究发现与紫外线诱变，4- 硝基喹啉 -1- 氧化物（4-NQO），和 N- 甲基 -N′- 硝基 -N- 亚硝基胍（MNNG）诱变相比，ARTP 对单个活细胞的 DNA 损伤要比对常规诱变方法更大，突变率为也更高。

（2）诱变和筛选

诱变育种主要包括诱变和筛选两步。在进行具体某一项工作时首先要制定明确的筛选目标，如提高产量或菌体量；其次是制定合理步骤；再次是建立正确快速测定方法和摸索培养最适条件。微生物诱变育种一般流程如图 8-1 所示。

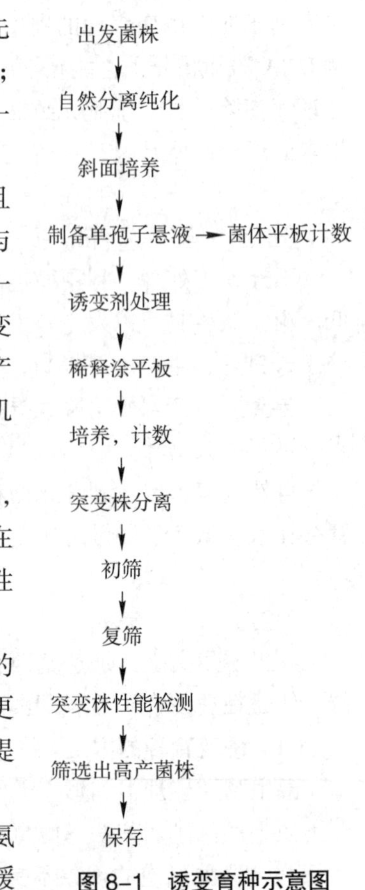

图 8-1 诱变育种示意图

一个菌种的细胞群体经过诱变处理后，突变发生的频率很低，而且是随机的，所需要的突变株出现的频率就更低。因此合理的筛选方法与程序是菌种选育的另一个重要问题。在此过程中，初筛又是关键性的一步。在抗生素产生菌的育种中一直采用随机筛选的初筛方法：即将诱变处理后形成的各单细胞菌株，不加选择地随机进行发酵并测定其单位产量，从中选出产量最高者进一步复试。这种初筛方法较为可靠，但随机性大，需要进行大量筛选。

为了提高筛选效果，目前已陆续建立了一些“理性化筛选”方法，即根据与抗生素生物合成直接或间接有关的某些性状进行初筛，然后在合适的条件下发酵并测定其生产抗生素的能力。实用意义比较大的理性化筛选方法有以下几种：

① 自身耐药突变株　细菌对自身产生抗生素的耐药性是细菌本身的一种防护机制。有的菌种由于对自身产生的抗生素敏感，故不能合成更多的抗生素。在此情况下，如自身耐药性有所提高，则有可能因此而提高产量。

② 结构类似物或前体类似物的耐受突变株　在氨基酸产生菌中，氨基酸结构类似物的耐受突变株所产生氨基酸的反馈调节往往被解除或缓

解，因而能积累过量的产物。例如赖氨酸产生菌的 *S*–（2– 氨乙基）–L– 半胱氨酸耐受突变株明显地提高了产赖氨酸能力。结构类似物耐受突变株在氨基酸产生菌的育种中有重要意义。有些处在直链生物合成途径末端的氨基酸，或虽在支路代谢途径中合成的氨基酸，但其本身有明显的反馈调节作用。对于这类氨基酸，只用营养缺陷型突变提高其单位产量，往往不能奏效。因为在前一种情况下，合成途径中某种氨基酸的营养缺陷型突变使人们所需要的目的氨基酸的合成也被阻断；在后一种情况下，氨基酸营养缺陷型突变常不能解除此氨基酸的反馈调节。结构类似物耐受突变与营养缺陷型突变配合使用对提高氨基酸的单位产量具有普遍意义。

③ 营养缺陷型及其回复突变株　用营养缺陷型突变提高氨基酸的单位产量，效果显著，已广为应用。氨基酸的生物合成途径及调节机制都比较清楚。如目的氨基酸为分支合成途径上的氨基酸，用营养缺陷型突变阻断其另一分支途径，则往往使目的氨基酸的合成明显提高。处于直链合成途径中间部位的氨基酸，因其合成途径末端氨基酸常常有反馈调节作用，如将末端氨基酸合成阻断，也可能使目的氨基酸大量积累。

8.2.4　原生质体融合

原生质体融合就是把两个亲株分别通过酶解去除细胞壁，使菌体细胞在高渗环境中释放出原生质体，在高渗条件下混合两个亲株的原生质体，由聚乙二醇作为助融剂使它们发生细胞融合。接着两个亲株细胞基因组由接触到交换，从而实现遗传重组，在再生细胞中就有可能挑选到较理想的重组子。

原生质体融合育种去除了细胞壁屏障，亲株基因组直接融合、交换、实现重组，在融合后两个亲株的基因组之间有机会发生多次交换，产生各种各样的基因重组，而得到多种类型的重组子，并可进行多级融合（即有两个以上亲株在一起融合），融合重组频率比较高。可用温度、药物或紫外线照射处理以纯化亲株一方或双方，然后再融合、再生、筛选重组子。

（1）原生质体融合的一般程序

首先是溶壁，不同菌株要用不同的酶，如细菌、放线菌可用溶菌酶，酵母用蜗牛酶，霉菌用纤维素酶和蜗牛酶脱壁。之后原生质体在高渗溶液中用 PEG 作助融剂，将两个亲株原生质体进行融合，然后在再生培养基上培养，挑出重组子。

（2）原生质体融合育种

通过原生质体融合可将不同菌种的优良性状集中到一个菌种中，原生质体融合技术操作简便，重组频率高，是一种很有效的遗传育种手段。现在已经利用它来改良菌株，提高代谢产物的产量，而且能打破种属界限，产生重组子，并有可能产生新的化合物。

通过原生质体融合提高微生物代谢产物的单位产量已经成为育种的常规方法之一。为了提高某一抗生素的单位产量，可将其产生菌与另一生物合成途径相似的抗生素产生菌的高产菌株进行原生质体融合。柔红霉素产生菌与四环素产生菌原生质体融合，由于这两个抗生素的生物合成（这两个抗生素在化学结构上只有一个羟基和氨基的差别，合成途径也十分相似）都是来自聚酮体途径，使柔红霉素的单位产量得到明显提高。将巴龙霉素产生菌与新霉素产生菌的高产突变株进行种间原生质体融合，获得了巴龙霉素单位产量提高 5 ~ 6 倍的重组体。

在原生质体融合的基础上，又发展出了新的育种方法：基因组重排（genome shuffling）。基因组重排是对不同的菌株进行多轮原生质体融合，将上一轮融合后筛选获得的具有不同性状的高产菌株进行下一轮原生质体融合，类似于有性生殖生物的杂交育种，能够将不同的优良性状通过原生质体融合这种类似于杂交的方式快速的富集到下一代中。理论上该方法能够比传统的诱变育种方法更快速地改良菌种。使用该技术，经过 1 年时间、筛选 24 000 个菌株，获得了传统诱变方法花费 20 年、筛选 10^6 株的效果。

知识拓展 8–4
基因组重排快速提高微生物表型

8.3 发酵的基本过程

发酵的基本过程为：菌种 ⟶ 种子制备 ⟶ 发酵 ⟶ 发酵液预处理 ⟶ 提取精制。

8.3.1 菌种

发酵水平的高低与菌种的性能质量有直接关系，菌种的生产能力、生长繁殖的情况和代谢特性是决定发酵水平的内在因素，这就要求用于生产的菌种产量高、生长快、性能稳定、容易培养。目前国内外发酵工业中所采用的菌种绝大多数是经过人工选育的优良菌种。为了防止菌种衰退，生产菌种必须以休眠状态保存在砂土管或冷冻干燥管中，并且于0～4℃恒温冰箱（库）内保藏。使用时可临时取出，接种后仍需冷藏。生产菌种一般都严格规定其使用期，一般砂土管保存的菌种为1～2年，生产菌种应不断纯化，淘汰变异菌落，防止衰退。

8.3.2 种子制备

种子制备是发酵工程开始的重要环节。这一过程是使菌种繁殖以获得足够数量的菌体，以便接种到发酵罐中。种子制备可以在摇瓶中或小罐内进行，大型发酵罐的种子要经过两次扩大培养才能接入发酵罐。摇瓶培养是在锥形瓶内装入一定量的液体培养基，灭菌后接入菌种，然后放在回转式或往复式摇床上恒温培养。种子罐一般用钢或不锈钢制成，结构相当于小型发酵罐，种子罐接种前有关设备及培养基要经过严格的灭菌。种子罐可用微孔压差法或打开接种阀在火焰的保护下接种，接种后在一定的空气流量、罐温、罐压等条件下进行培养，并定时取样做无菌试验、菌丝形态观察和生化分析，以确保种子质量。

8.3.3 发酵

这一过程的目的是使微生物产生大量的目的产物，是发酵的关键阶段。发酵一般是在钢或不锈钢的罐内进行，有关设备和培养基应事先经过严格灭菌，然后将长好的种子接入，接种量一般为5%～20%。在整个发酵过程中要不断地通气（通气量一般为0.3～1 $m^3 \cdot m^{-3}$），搅拌（单位体积的搅拌功率为1～2 $kW \cdot m^{-3}$），维持一定的罐温（视菌种而定，一般为26～37℃，但也有高至40℃的），罐压（一般发酵始终维持0.3～0.5 $kg \cdot cm^{-2}$ 表压），并定时取样分析和进行无菌试验，观察代谢和产物含量情况、有无杂菌污染。在发酵过程中会产生大量泡沫，所以往往要加入消沫剂来控制泡沫。加入酸碱控制发酵液的pH，多数品种的发酵还需要间歇或连续加入葡萄糖及铵盐化合物（以补充培养基内的碳源及氮源），或补进其他料液和前体以促进产物的产生。发酵中可供分析的参数有：通气量、搅拌转速、罐温、罐压、培养基总体积、黏度、泡沫情况、菌丝形态、pH、溶解氧浓度、排气中二氧化碳含量以及培养基中的总糖、还原糖、总氮、氨基氮、磷和产物含量等。一般根据各品种的需要，测定其中若干项目。发酵周期因品种不同而异，大多数微生物发酵周期为2～8 d，但也有少于24 h或长达两周以上的。

8.3.4 产物提取

发酵完成后得到的发酵液是一种混合物，其中除了含有目的产物外，还有残余的培养基、微生物代谢产生的各种杂质和微生物的菌体等。提取过程包括以下3方面：①发酵液的预处理和过滤；②提取过程；③精制过程。

8.4 发酵方式

在制备大量微生物菌体或其代谢产物时，可采用不同的发酵方式。微生物的发酵方式可分为分批发酵、补料分批发酵和连续发酵。

8.4.1 分批发酵

简单分批发酵是将全部物料一次投入到生物反应器中，经灭菌、接种，经过若干时间的发酵后再将发酵液一次放出的操作过程。放料后再重复投料、灭菌、接种、发酵过程。它以微生物生长、各种基质消耗和代谢产物合成都处于瞬变之中为特征，整个发酵过程处于不稳定状态。

分批发酵过程中的pH、温度、溶氧浓度以及多种营养物质浓度都可作为控制变量加以优化。按发酵动力学原理对发酵过程进行优化控制，涉及许多数据的采集、处理、综合运算和参数估计，并要求实时性，因此必须采用在线检测技术和计算机控制，这方面仍处于不断发展和完善中。

8.4.2 补料分批发酵

补料分批发酵是将种子接入发酵反应器中进行培养，经过一段时间后，间歇或连续地补加新鲜培养基，使菌体进一步生长的培养方法。所补材料可为全料（基础培养基）或简单的碳源、氮源及前体等。

8.4.3 连续发酵

连续发酵是将种子接入发酵反应器中，搅拌培养至一定菌体浓度后，开动进料和出料的蠕动泵，以控制一定稀释率进行不间断的培养，发酵反应器中的细胞总数和总体积均保持不变，发酵体系处于平衡状态，发酵中的各个变量都能达到恒定值而区别于瞬间状态的分批发酵。

连续发酵包括恒化器和恒浊器发酵。前者以某种基质作为限制因素，通过控制其流加速率造成适应于这种流加条件的生长密度和速率；后者是以恒定的菌体密度控制生长限制基质，这两种方法的基本要求都是保持恒定的发酵液密度。

连续发酵可为微生物提供较恒定的生活环境。连续发酵所用的生物反应器比分批发酵所用的生物反应器要小，发酵时细胞的生理状态更一致，容易实现生产过程的仪表化和自动化。啤酒、酒精、酵母、有机酸等的生产都已采用连续发酵生产方式。目前，已研制出了用于重组微生物发酵生产蛋白质的连续发酵体系。

8.5 发酵工艺控制

微生物细胞具有完善的代谢调节机制，使细胞内复杂生化反应高度有序地进行，并对外界环境的改变迅速做出反应，因此必须控制微生物的培养和生长环境条件，影响其代谢过程，以便获得高产量的产物。为了使发酵生产能够得到最佳效果，可采用测定与发酵条件和内在代谢变化有关的各个参数，以了解产生菌对环境条件的要求和代谢变化规律，并根据各个参数的变化情况，结合代谢调控理论，来有效地控制发酵。

8.5.1 培养基的影响及其控制

细胞的生长需要一定的营养，用于维持细胞生长的营养基质称为培养基。不同的微生物对营养要求有很大的差异，培养基的成分和配比合适与否，对微生物的生长发育、发酵单位的增长有相当大的影响，同时还影响到提取工艺及产品质量。

微生物的生长需要较多供给有机碳架的碳源，构成含氮物质的氮源，其次还需要一些含磷、镁、钾、钙、钠、硫等的盐类以及微量的铁、铜、锌、锰等元素。配制培养基的成分应包括碳源、氮源、无机盐和水等物质。

（1）碳源

碳源是构成微生物细胞和各种代谢产物碳骨架的营养物质，同时碳源在微生物代谢过程中被氧化降解，释放出能量，并以 ATP 方式储存于细胞内，提供微生物生命活动所需的能量。

生产中使用的碳源有糖类、脂肪、有机酸、碳氢化合物。常用的糖类有单糖、双糖和多糖。微生物利用不同种类的碳源的速度不同，有迅速利用的碳源（速效碳源）和缓慢利用的碳源（迟效碳源）。速效碳源能较迅速地参与代谢、合成菌体和产生能量，并产生分解产物，因此有利于菌体生长，但有的分解代谢产物对产物的合成可能产生阻遏作用。葡萄糖作为最好的速效碳源经常影响次生代谢产物的形成。迟效碳源多数为聚合物，被菌体缓慢利用，有利于延长代谢产物的合成时间，特别有利于延长抗生素的分泌期，为许多微生物药物的发酵所采用。多糖（淀粉）、寡聚糖（乳糖）和油脂等迟效碳源经常作为发酵生产次生代谢产物的合适碳源。因此选择最适碳源对提高代谢产物的产量是很重要的。

（2）氮源

氮源是构成菌体的细胞物质，也是细胞合成氨基酸、蛋白质、核酸、酶及含氮代谢产物的成分。选择氮源时需要注意氮源促进菌体生长、繁殖和合成产物间的关系。

氮源有无机氮源和有机氮源两大类。不同种类和不同浓度的氮源都能影响代谢产物合成的方向和产量。常用的有机氮源有黄豆饼粉、花生饼粉、棉子饼粉、蛋白胨、酵母粉。这些天然的原料其成分复杂，含量差别较大，往往因品种、产地、加工方法等不同，而使原材料质量规格有较大的差异；其对发酵的影响错综复杂，常常引起发酵水平的波动。

氮源也有迅速利用的氮源（速效氮源）和缓慢利用的氮源（迟效氮源）。速效氮源如氨基态氮的氨基酸和玉米浆等，迟效氮源如黄豆饼粉、花生饼粉和棉子饼粉等。速效氮源通常有利于菌体的生长，迟效氮源有利于代谢产物的形成。

（3）无机盐和微量元素

各种无机盐和微量元素的主要功能是：构成菌体原生质的成分（如磷、硫等）；作为酶的组成部分或维持酶的活性（如镁、锌、铁、钙、磷等）；调节细胞的渗透压（如 NaCl、KCl 等）和 pH 等；参与产物合成（磷、硫等）。

（4）水

培养基必须以水为介质，它既是构成菌体细胞的主要成分，又是一切营养物质传递的介质，所以水的质量对微生物的生长繁殖和产物合成有很重要的作用。不同来源的水中含有的无机离子和有机物的含量不同，因此应对培养基用水的质量进行控制。

8.5.2 温度的影响及其控制

温度的变化对发酵过程可产生两方面的影响：一方面是影响各种酶反应的速率和蛋白质的性质，温度对菌体生长的酶反应和代谢产物合成的酶反应的影响往往是不同的；它还能改变菌体代谢产物的合成方向，对多组分次生代谢产物的组分比例产生影响。另一方面是影响发酵液的物理性质，如发酵液的黏度、培养基和氧在发酵液中的溶解度和传递速率、某些培养基的分解和吸收速率等，进而影响发酵的动力学特性和产物的生物合成。因此温度对菌体的生长和合成代谢的影响是极其复杂的，应考察它对发酵的影响。

（1）**影响发酵温度变化的因素**

在发酵过程中，既有产生热能的因素，又有散失热能的因素，因而引起发酵温度的变化。产热的因素有生物热和搅拌热，散热的因素有蒸发热、辐射热和显热。产生的热能减去散失的热能，所得的净热量就是发酵热，它就是发酵温度变化的主要因素。产热和散热的因素主要如下。

① 生物热　微生物在生长繁殖过程中产生的热能，称为生物热。营养基质被菌体分解代谢产生大量的热能，部分用于合成高能化合物 ATP，供给合成代谢所需要的能量，多余的热量则以热能的形式释放出来，形成了生物热。

生物热的大小是随菌种和培养基成分不同而变化。一般地，对某一菌株而言，在同一条件下，培养基成分愈丰富，营养被利用的速度愈快，产生的生物热就愈大。生物热的大小还随培养时间不同而不同，当菌体处在延迟期，产生的生物热是有限的；进入对数生长期后，就释放出大量的热能，并与菌体的合成量成正比；对数期后，就开始减少，并随菌体逐步衰老而下降。因此，在对数生长期释放的发酵热为最大，常作为发酵热平衡的主要依据。生物热的大小与菌体的呼吸强度有对应关系，呼吸强度愈大、所产生的生物热也愈大。

② 搅拌热　搅拌器转动引起的液体之间和液体与设备之间的摩擦所产生的热量，即为搅拌热。

③ 蒸发热　空气进入发酵罐与发酵液广泛接触后，排出引起水分蒸发所需的热能，即为蒸发热。水的蒸发热和废气因温度差异所带的部分显热一起都散失到外界。由于进入的空气温度和湿度是随外界的气候和控制条件而变化，所以蒸发热和显热是变化的。

④ 辐射热　由于发酵罐外壁和大气间的温度差异而使发酵液中的部分热能通过罐体向大气辐射的热量，即为辐射热。辐射热的大小取决于罐内温度与外界气温的差值，差值愈大，散热愈多。

（2）**温度的控制**

① 最适温度的选择　在发酵过程中，菌体生长和产物合成均与温度有密切关系，最适发酵温度是既适合菌体的生长、又适合代谢产物合成的温度，但最适生长温度与最适生产温度往往是不一致的。在发酵过程中究竟选择哪一温度，需要视在微生物生长和产物合成阶段中哪一矛盾是主要的而定。另外，温度还会影响微生物代谢途径和方向。

最适发酵温度还随菌种、培养基成分、培养条件和菌体生长阶段而改变。例如，在较差的通气条件下，由于氧的溶解度是随温度下降而升高，因此降低发酵温度是对发酵有利的，因为低温可以提高氧的溶解度、降低菌体生长速率，减少氧的消耗量，从而可弥补通气条件差所带来的不足。培养基的成分差异和浓度大小对培养温度的确定也有影响，在使用易利用或较稀薄的培养基时，如果在高温发酵，营养物质往往代谢快，耗竭过早，最终导致菌体自溶，使代谢产物的产量下降。因此发酵温度的确定还与培养基的成分有密切的关系。

在理论上，整个发酵过程中不应只选一个培养温度，而应该根据发酵的不同阶段，选择不同的培养温度。在生长阶段，应选择最适生长温度，在代谢产物分泌阶段，应选择最适生产温度。这样的变温发酵所得产物的产量是比较理想的。例如，青霉素发酵，总体上菌体生长的最适温度为 30℃，青霉素合成的最适温度为 20℃。根据计算机模拟对发酵最适温度的计算得出结论：青霉素发酵的最适温度是在最初的 5 h 维持 30℃，在较高的温度下加快细胞成长，减小延迟期；随后发酵温度降低到 25℃，发酵 35 h，控制菌丝生长和代谢水平；再降低发酵温度到 20℃，发酵 85 h，促进青霉素的生物合成；最后发酵温度回升到 25℃，继续发酵 40 h，促进发酵产物青霉素从细胞内释放到发酵液中，然后放罐。采用这种变温发酵，使发酵过程的细胞生长和产物合成阶段均处于最适条件下，其青霉素的产量要比 25℃恒温发酵的产量高 14.7%。

但在工业发酵中，由于发酵液的体积很大，升降温度都比较困难，所以在整个发酵过程中，往往采用一个比较适合的培养温度，使得到的产物产量最高，或者在可能条件下进行适当的调整。

② 温度的控制　工业生产上，所用的大发酵罐在发酵过程中一般不需要加热，因发酵中释放了大

量的发酵热，需要冷却的情况较多。利用自动控制或手动调整的阀门，将冷却水通入发酵罐的夹层或蛇形管中，通过热交换来降温，保持恒温发酵。如果气温较高，冷却水的温度又高，致使冷却效果很差，达不到预定的温度，就可采用冷冻盐水进行循环式降温，以迅速降到恒温。

8.5.3 溶氧的影响及其控制

大部分工业微生物需要在有氧环境中生长，培养这类微生物需要采取通气发酵，适量的溶解氧可维持其呼吸代谢和代谢产物的合成。在通气发酵中，氧的供给是一个核心问题。对大多数发酵来说，供氧不足会造成代谢异常，降低产物产量。因此，保证发酵液中溶氧和加速气相、液相和微生物之间的物质传递对于提高发酵的效率是至关重要的。在一般原料的发酵中采用通气搅拌就可满足要求。

（1）溶氧的影响

溶氧是需氧发酵控制的最重要参数之一。氧在水中的溶解度很小，所以需要不断通气和搅拌，才能满足溶氧的要求。溶氧的大小对菌体生长和产物的性质及产量都会产生不同的影响。如谷氨酸发酵，供氧不足时，谷氨酸积累就会明显降低，产生大量乳酸和琥珀酸；又如薛氏丙酸杆菌发酵生产维生素 B_{12} 中，维生素 B_{12} 的组成部分钴琳醇酰胺的生物合成前期的两种主要酶就受到氧的阻遏，限制氧的供给，才能积累大量的钴琳醇酰胺。钴琳醇酰胺又在供氧的条件下才转变成维生素 B_{12}。因而采用厌氧和供氧相结合的方法，有利于维生素 B_{12} 的合成。在天冬酰胺酶的发酵生产中，前期是好气培养，而后期转为厌气培养，酶的活力就能大为提高。掌握好转变时机，颇为重要。据实验研究，当溶氧浓度下降到 45% 时，就从好气培养转为厌气培养，酶的活力可提高 6 倍。这就说明利用控制溶氧浓度的重要性。对抗生素发酵来说，氧的供给就更为重要。如在金霉素发酵生产中，在生长期中短时间停止通气，就可能影响菌体在生产期的糖代谢途径由戊糖磷酸途径（HMP）转向糖酵解途径（EMP），使金霉素合成的产量减少。金霉素 C_6 上的氧还直接来源于溶解氧。所以，溶氧对菌体代谢和产物合成都有影响。

综上所述，需氧发酵并不是溶氧浓度愈大愈好。溶氧浓度高虽然有利于菌体生长和产物合成，溶氧浓度太大有时反而抑制产物的形成。为避免发酵处于限氧条件下，须要考查每一种发酵产物的临界氧浓度和最适氧浓度，并使发酵过程保持在最适浓度。最适溶氧浓度的大小与菌体代谢和产物合成的特性有关，这是由实验来确定的。

（2）发酵过程的溶氧变化

在发酵过程中，在已有设备和正常发酵条件下，每种产物发酵的溶氧浓度变化却有自己的规律。如红霉素发酵的前期中，产生菌大量繁殖，需氧量不断增加，此时的需氧量超过供氧量，使溶氧浓度明显下降，出现一个低峰；产生菌的摄氧率同时出现一个高峰；发酵液中的菌体浓度也不断上升，菌浓也出现一个高峰；黏度一般在这个时期也会出现一高峰阶段；这都说明产生菌正处在对数生长期。过了生长阶段，需氧量有所减少，溶氧浓度随之上升，就开始形成产物，溶氧浓度也不断上升。发酵中后期，对于分批发酵来说，溶氧浓度变化比较小。因为菌体已繁殖到一定浓度，进入静止期，呼吸强度变化也不大，如不补加基质，发酵液的摄氧率变化也不大，供氧能力仍保持不变，溶氧浓度变化也不大。但当外界进行补料（包括碳源、前体、消沫剂）则溶氧浓度就会发生改变。变化的大小和持续时间的长短，则随补料时的菌龄、补入物质的种类和剂量不同而不同。如补加糖后，发酵液的摄氧率就会增加，引起溶氧浓度下降，经过一段时间后又逐步回升；如继续补糖，又会继续下降，甚至降至临界氧浓度以下，而成为生产的限制因素。在生产后期，由于菌体衰老，呼吸强度减弱，溶氧浓度也会逐步上升，一旦菌体自溶，溶氧浓度更会明显上升。

在发酵过程中，有时出现溶氧浓度明显降低或明显升高的异常变化，常见的是溶氧浓度下降。造成异常变化的原因有两方面：耗氧或供氧出现了异常因素或发生了障碍。据已有的资料报道，引起溶氧异常下降，可能有下列几种原因：好气性杂菌污染，大量的溶氧被消耗掉，可能使溶氧浓度在较短时间内下降到零附近，如果杂菌本身耗氧能力不强，溶氧浓度变化就可能不明显；菌体代谢发生异常现象，需氧要求增加，使溶氧浓度下降；某些设备或工艺控制发生故障或变化，也可能引起溶氧下降，如搅拌功率消耗变小或搅拌速度变慢，影响供氧能力，使溶氧降低。又如消沫剂因加量太多，也会引起溶氧浓度迅速下降。其他影响供氧的工艺操作，如停搅拌、闷罐（罐排气封闭）等，都会使溶氧浓度发生异常变化。

引起溶氧浓度异常升高的原因，在供氧条件没有发生变化的情况下，主要是耗氧出现改变，如菌体代谢出现异常，耗氧能力下降，使溶氧浓度上升。特别是污染烈性噬菌体，影响最为明显，产生菌尚未裂解前，呼吸已受到抑制，溶氧浓度有可能迅速上升，直到菌体破裂后，完全失去呼吸能力，溶氧浓度直线上升。

由上可知，从发酵液中的溶氧浓度的变化，就可以了解微生物生长代谢是否正常，工艺控制是否合理，设备供氧能力是否充足等问题，帮助查找发酵不正常的原因和控制好发酵生产。

（3）溶氧浓度的控制

发酵液的溶氧浓度是由供氧和需氧两方面所决定的。也就是说，当发酵的供氧量大于需氧量，溶氧浓度就上升，直到饱和；反之就下降。因此要控制好发酵液中的溶氧浓度，需从这两方面着手。

在供氧方面，主要是设法提高氧传递的推动力和液相体积氧传递系数的值。在可能的条件下，采取适当的措施来提高溶氧浓度，如调节搅拌转速或通气速率来控制供氧。但供氧量的大小还必须与需氧量相协调，也就是说要有适当的工艺条件来控制需氧量，使产生菌的生长和产物形成对氧的需求量不超过设备的供氧能力，使产生菌发挥出最大的生产能力，这对生产实际具有重要的意义。

发酵液的需氧量受菌体浓度、基质的种类和浓度以及培养条件等因素的影响，其中以菌体浓度的影响最为明显。发酵液的摄氧率是随菌体浓度增加而按比例增加，但氧的传递速率是随菌体浓度的对数关系减少。因此可以控制菌的比生长速率比临界值略高一点的水平，达到最适浓度。这是控制最适溶氧浓度的重要方法。最适菌体浓度既能保证产物的比生产速率维持在最大值，又不会使需氧大于供氧。这可以通过控制基质的浓度来实现对菌体浓度的控制。

除控制补料速度外，在工业上，还可采用调节温度（降低培养温度可提高溶氧浓度）、液化培养基、中间补水、添加表面活性剂等工艺措施，来改善溶氧水平。

8.5.4 pH 的影响及其控制

（1）pH 对发酵的影响

发酵培养基的 pH 对微生物生长具有非常明显的影响，也是影响发酵过程中各种酶活的重要因素。由于 pH 不当，可能严重影响菌体的生长和产物的合成，因此对微生物发酵来说有各自的最适生长 pH 和最适生产 pH。大多数微生物生长的 pH 范围是 3 ~ 6，最大生长速率的 pH 变化范围为 0.5 ~ 1.0。多数微生物生长都有最适 pH 范围及其变化的上下限，上限多在 8.5 左右，超过此上限，微生物将无法忍受而自溶；下限以酵母为最低，为 2.5，但菌体内的 pH 一般多在中性附近。pH 对产物的合成也有明显的影响，因为菌体生长和产物合成都是酶反应的结果，且仅仅是酶的种类不同而已，因此代谢产物的合成也有自己最适的 pH 范围。这两种 pH 范围对发酵控制来说都是很重要的参数。

pH 的变化对代谢活性产生影响：细胞内的 H^+ 或 OH^- 能够影响酶蛋白的解离度和电荷情况，改变酶的结构和功能，引起酶活性的改变。但培养基中的 H^+ 或 OH^- 离子并不是直接作用在胞内酶蛋白上，而是首先作用在胞外的弱酸（或弱碱）上，使之成为易于透过细胞膜的分子状态的弱酸（或弱碱）；它们进入细胞后，再行解离，产生 H^+ 或 OH^-，改变胞内原先存在的中性状态，进而影响酶的结构和活性。所以培养基中 H^+ 或 OH^- 是通过间接作用来产生影响的。pH 还影响菌体对基质的利用速度和细胞的结构，以致影响菌体的生长和产物的合成。pH 还影响菌体细胞膜的电荷状况，引起膜透性发生改变，进而影响菌体对营养物质的吸收和代谢产物的形成等。如同温度对发酵影响一样，pH 还对发酵液或代谢产物产生物理化学的影响，其中要特别注意的是对产物稳定性的影响。

由于 pH 的高低对菌体生长和产物的合成能产生上述明显的影响，所以在工业发酵中，维持所需最适 pH 已成为生产成败的关键因素之一。

（2）pH 的变化

在发酵过程中，pH 的变化决定于所用的菌种、培养基的成分和培养条件。在产生菌的代谢过程中，菌体本身具有一定的调整周围 pH 的能力，建成最适 pH 的环境。培养基中的营养物质的代谢，也是引起 pH 变化的重要原因，发酵所用的碳源种类不同，pH 变化也不一样。

（3）发酵 pH 的确定和控制

① 发酵 pH 的确定　微生物发酵的合适 pH 范围一般是在 5～8 之间，由于发酵是多酶复合反应系统，各酶的最适 pH 也不相同，因此，同一菌种，生长最适 pH 可能与产物合成的最适 pH 是不一样的。最适 pH 是根据实验结果来确定的，将发酵培养基调节成不同的出发 pH 进行发酵；在发酵过程中定时测定和调节 pH，以分别维持出发 pH，或者利用缓冲液来配制培养基以维持；定时观察菌体的生长情况，以菌体生长达到最高值的 pH 为菌体生长的最适 pH。以同样的方法，可测得产物合成的最适 pH。但同一产品的最适 pH，还与所用的菌种、培养基组成和培养条件有关。在确定最适发酵 pH 时，还要考虑培养温度的影响，若温度提高或降低，最适 pH 也可能发生变动。

② 发酵 pH 的控制　在了解发酵过程中最适 pH 的要求之后，就要采用各种方法来控制。首先须要考虑和试验发酵培养基的基础配方，使其有适当的配比，使发酵过程中的 pH 变化在合适的范围内。因为培养基中含有代谢产酸（如葡萄糖产生酮酸）和产碱（如 $NaNO_3$、尿素）的物质以及缓冲剂（如 $CaCO_3$）等成分，它们在发酵过程中会影响 pH 的变化，特别是 $CaCO_3$（能与酮酸等反应）能起到缓冲作用，所以其用量比较重要。在分批发酵中，常采用这种方法来控制 pH 的变化。

利用上述方法调节 pH 的能力是有限的，如果达不到要求，就可在发酵过程中直接加酸或碱和补料的方式来控制，特别是补料的方法，效果比较明显。过去是直接加入酸（如 H_2SO_4）或碱（如 NaOH）来控制，但现在常用的是以生理酸性物质 $(NH_4)_2SO_4$ 和碱性物质氨水来控制。它们不仅可以调节 pH，还可以补充氮源。当发酵的 pH 和氨氮含量都低时，补加氨水，就可达到调节 pH 和补充氨氮的目的；反之，pH 较高，氨氮含量又低时，就补加 $(NH_4)_2SO_4$。在加多了消沫剂的特殊情况下，还可提高空气流量加速脂肪酸的代谢，以补偿 pH 的调节。通氨一般是使用压缩氨气或工业用氨水（浓度 20% 左右），采用少量间歇添加或少量自动流加，可避免一次加入过多造成局部偏碱。

目前，已比较成功地采用补料的方法来调节 pH，如氨基酸发酵采用补加尿素的方法，特别是次生代谢产物抗生素发酵，更常用此法。这种方法，既可以达到稳定 pH 的目的，又可以不断补充营养物质，特别是能产生阻遏作用的物质，少量多次补加还可解除对产物合成的阻遏作用，提高产物产量。也就是说，采用补料的方法，可以同时实现补充营养、延长发酵周期、调节 pH 和培养液的特性（如菌体浓度等）等几个目的。

发酵液的 pH 变化乃是菌体产酸和产碱的代谢反应的综合结果，从代谢曲线的 pH 变化就可以推测发酵罐中的各种生化反应的进展和 pH 变化异常的可能原因，提出改进意见。在发酵过程中，要选择好发酵培养基的成分及其配比，并控制好发酵工艺条件，才能保证 pH 不会产生明显的波动，维持在最佳的范围内，得到良好的结果。

8.6 发酵产物的提取与精制

提取过程的目的是将发酵液中的微生物代谢产物初步浓缩和纯化。提取方法一般有吸附法、沉淀法、溶媒萃取法、离子交换法 4 种。精制是指将产物的浓缩液或粗制品进一步提纯并制成产品的过程，精制时仍可重复或交叉使用上述 4 种基本提取方法。此外，在精制过程中还常用结晶、重结晶、晶体洗涤、膜过滤、蒸发浓缩、层析凝胶分离、无菌过滤、干燥等。

8.6.1 吸附法

利用适当的吸附剂（如活性炭、白土、氧化铝等），在一定的pH条件下，使发酵液中的抗生素被吸附剂吸附，然后改变pH，以适当的洗脱剂（一般为有机溶剂）把抗生素从吸附剂上解吸下来，以达到浓缩和提纯的目的，这样的提取方法称为吸附法。如早期提取青霉素、链霉素、维生素B_{12}等都曾用过吸附法。目前提取丝裂霉素（自力霉素）、放线酮等也采用活性炭吸附法。此外，在抗生素精制过程中也常用活性炭吸附法来进行脱色和除去热原等。

吸附法的优点是操作简单，原料易解决，成本较低。但是，吸附法也存在一些缺点，如吸附性能不稳定，即便由同一工厂生产的活性炭，也会随批号不同而改变；选择性不高；不能连续操作，劳动强度大；影响环境卫生等。由于这些原因，工业生产上在抗生素发酵单位较高的情况下，一般已不采用此法，但随着新型吸附剂（大孔树脂吸附剂）的合成和应用成功，吸附法又展现出新的应用前景。

8.6.2 沉淀法

利用某些抗生素具有两性的性质，使其在等电点时从溶液中游离沉淀出来；或在一定pH条件下，能与某些酸、碱或金属离子形成不溶性或溶解度很小的复盐，使抗生素从发酵滤液中沉淀析出，当改变pH等条件时，此种复盐又易分解或重新溶解的特性，用来提取抗生素。例如四环素类抗生素在等电点时能形成游离碱沉淀，或在碱性条件下与钙、镁、钡等金属离子形成盐类沉淀。目前提取土霉素、四环素、金霉素等均采用沉淀法。

沉淀法的优点是设备简单，原料容易解决，节省溶媒，成本低，收率高。其缺点是过滤较困难，质量比溶媒法稍差一些，往往和溶媒法结合使用，以弥补沉淀法不足之处，才能获得较好的效果。目前用沉淀法提取四环素已取得了很大的进展。

8.6.3 溶媒萃取法

利用抗生素在不同的pH条件下以不同的化学状态（游离酸、碱或成盐状态）存在，以及它们在水及与水不互溶的溶媒中溶解度不同的特性，使抗生素从一种液体转移到另一种液体中去，以达到浓缩和提纯的目的，这种提取方法称为溶媒萃取法。例如青霉素在酸性下成游离酸状态，在醋酸丁酯中溶解度大，只要加入滤液体积的1/4至1/3量的上述溶媒充分搅拌均匀，绝大部分青霉素游离酸都能从滤液中转入溶媒中，再用离心机分离出溶媒提取液；而在中性条件下，青霉素又以成盐的状态存在，在水中溶解度大，因此又能用缓冲液与溶媒提取液相混，则青霉素的盐（钠盐或钾盐）又可以从溶媒转入缓冲液中，通过反复提取，就能达到浓缩和提纯之目的。溶媒萃取法在抗生素提取中应用较广，目前青霉素、红霉素、林可霉素、赤霉素、麦迪霉素、新生霉素、放线菌素D、创新霉素等提取均采用溶媒萃取法。此外，还有些抗生素在有机溶媒中溶解度很小，但能与某种物质形成复盐后可用溶媒来提取，这些加入的物质称为带溶剂，通常为带长链的有机酸或有机碱，这种提取方法称之为带溶法。例如金霉素与溴代十五烷基吡啶（PPB）结合，即可溶于有机溶媒中而进行提取。

溶媒萃取法的优点是浓缩倍数大，产品纯度高，能进行连续生产，生产周期短。但对设备要求高，溶媒耗量大，成本也较高，还要一整套溶媒回收装置和相应的防火、防爆措施等。

8.6.4 离子交换法

利用某些抗生素能解离为阳离子或阴离子的特性，使其与离子交换树脂进行选择性交换作用，再用洗脱剂（一般为酸、碱或有机溶媒）从树脂上将抗生素洗脱下来，以达到浓缩和提纯的目的。利用此法时，抗生素必须是极性化合物，即在溶液中能形成离子的化合物。对酸性抗生素可以用阴离子交换树脂来提取，对碱性抗生素可以用阳离子交换树脂来提取。例如链霉素、卡那霉素、巴龙霉素都是碱性抗生素，故可用阳离子交换树脂来提取。离子交换法在抗生素提取中的应用越来越广泛，目前链霉素、新霉素、卡那霉素、庆大霉素、巴龙霉素、春雷霉素、博莱霉素、万古霉素、杆菌肽等抗生素均采用离子交换法提取。

离子交换法的优点是成本低，设备较简单，操作亦方便，且能节约大量有机溶媒。但生产周期长，pH 变化较大，不太适宜稳定性差的抗生素。

8.6.5 膜过滤技术

膜过滤是一种根据不同物质分子大小不同而进行筛分的技术，膜表面密布许多细小的微孔，筛分过程与膜孔径大小相关。以膜两侧的压力差为驱动力，以膜为过滤介质。在一定的压力差下，当原液流过膜表面时，水及小于膜表面微孔径的物质通过而成为透过液，而原液中体积大于膜表面微孔径的物质被截留在膜的进液侧，成为浓缩液，因而实现对原液的分离和浓缩的目的。膜过滤技术根据膜孔径的不同，可分为微滤（MF）、超滤（UF）、纳滤（NF）、反渗透（RO）等。

微滤技术属于精密过滤的一种，微滤膜指过滤孔径在 0.1 ~ 1.0 μm 之间的过滤膜。微滤能够过滤掉溶液中 0.1 ~ 1.0 μm 之间的微粒和细菌。

超滤是介于微滤和纳滤之间的一种膜过程，对物质截留相对分子质量从 3 000 ~ 300 000 可选，适用于大分子物质与小分子物质分离、浓缩和纯化过程。

纳滤是指具有“纳米级孔”的膜过程，它介于超滤和反渗透之间，对有机物截留相对分子质量从 200 ~ 1 000，对二价离子特别是阴离子的截留率可达 99%，特别适用于低相对分子质量物质的浓缩、脱盐。

膜过滤技术具有以下优点：杂质去除范围广；没有相变化，能耗低；操作过程不需要热处理，对热敏感物质安全；浓缩和纯化可以同时完成；不需要使用化学试剂；设备和工艺相对简单，现场安全卫生，生产效率高。

以上几种提取方法都是用来提取存在发酵液中的代谢产物，但对于存在菌丝内部的代谢产物（如制霉菌素、灰黄霉素、球红霉素、两性霉素 B 等），就要选择一种适当的溶媒，采用固 - 液萃取的方法进行提取。这种方法是利用抗生素在不同的相中有不同的溶解度的特性，将固相中含有的抗生素转入液相，故亦称为固 - 液萃取法。利用这种方法所得到的提取液中代谢产物的浓度是很低的，故所得提取液还必须经过浓缩过程，而且所得产品的纯度也不够高，还必须采取有效措施进一步精制以提高产品质量。

8.7 发酵设备

发酵罐给微生物细胞的生长代谢提供一个最优化的环境，培养过程避免污染、保证纯菌培养，培养及消毒过程中不得游离出异物等，从而使其在生长代谢过程中产生出大量优质的所需产物。

为了达到该目的，理想的微生物细胞生物反应器必须具备如下一些基本要求：制造生物反应器所采用的一切材料稳定性要好，对微生物必须无毒性，一般要用不锈钢制成；密封性能良好，可避免一切外来的不必要的微生物的污染；生物反应器的结构必须使之具有良好的传质、传热和混合的性能；生物反应器内壁及管道焊接部位平整光滑和无裂缝，以减少微生物的沉积，利于清洗，消除灭菌死角；所有的连接接口均要用密封圈封闭，不留“死腔”，任何接口处均不得有泄漏；搅拌器转速和通气应适当；对培养环境中多种物理化学参数能自动检测和调节控制，控制的精确度高。

搅拌釜式生物反应器是最早被采用，也是至今应用最广的一种生物反应器（图 8-2），该生物反应器的组成部件有：发酵罐体、保证高传质作用的搅拌器、精细的温度控制和灭菌系统、空气无菌过滤

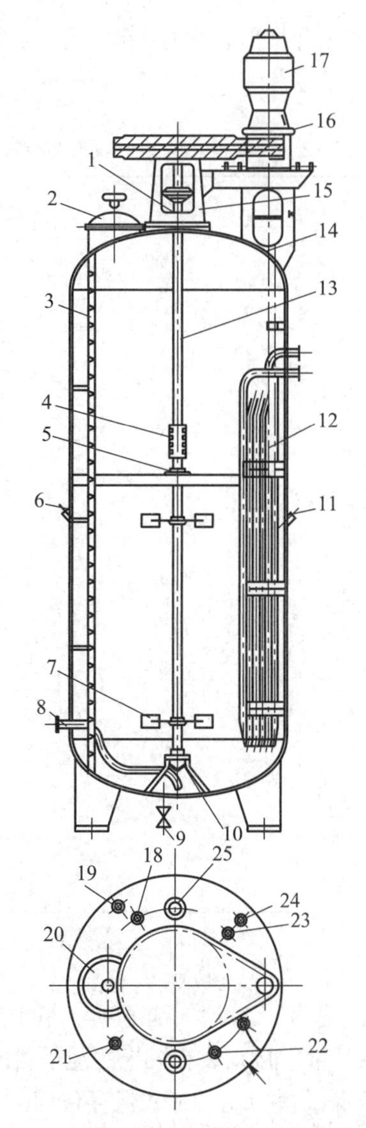

图 8–2 搅拌釜式生物反应器的结构

1. 轴封；2. 人孔（侧面观）；3. 梯子；4. 连轴节；5. 中间轴承；6. 热点偶联孔；7. 搅拌器；8. 通风管；9. 放料口；10. 底轴承；11. 温度计；12. 冷却管；13. 轴；14. 取样口；15. 轴承柱；16. 三角皮带传动；17. 电动机；18. 压力表；19. 取样口；20. 人孔（顶面观）；21. 进料口；22. 补料口；23. 排气口；24. 回流口；25. 视镜

装置、残留气体处理装置、参数测量与控制系统（如 pH、O_2、CO_2 等）以及培养液配制及连续操作装置等。包括搅拌器、挡板、蛇管（夹套）、空气分布器、接种口、取样口、排气口、放料口、人孔、视镜等。

8.8 发酵工程制药的应用实例

发酵工程在抗生素、氨基酸、核酸、维生素、有机酸、酶抑制剂、激素、免疫调节物以及其他生理活性物质的生产中，已经广泛应用。

8.8.1 在抗生素生产中的应用

抗生素作为医用、农用以及饲料添加剂等，已发展到近 200 个品种，其中多数用发酵方法生产。

虽然有不少半合成抗生素，但其母体化合物仍为发酵产物。下面以青霉素发酵为例说明抗生素发酵生产流程及工艺要求（表 8–2）。

表 8–2 青霉素发酵的一般工艺要求

操作变量	要求水平
发酵罐容积	150 ~ 200 m^3
装料率	~ 80%
输入机械功率	2 ~ 4 kW · m^{-3}
空气流量	30 ~ 60 N · m^{-3} · h^{-1}
空气压力（表压）	0.2 MPa
发酵罐压（表压）	0.035 ~ 0.07 MPa
液相体积传氧系数（K_La）	~ 200 · h^{-1}
发酵液温度	~ 25℃
发酵液 pH	~ 6.5
初始菌丝浓度	1 ~ 2 kg（干重）· m^{-3}
补料液中葡萄糖浓度	~ 500 kg · m^{-3}
葡萄糖补加率	1.0 ~ 2.5 kg · m^{-3} · h^{-1}
发酵液中铵氮浓度	0.25 ~ 0.34 kg · m^{-3}
发酵液中前体（苯乙酸）浓度	~ 1 kg · m^{-3}
发酵液中溶氧浓度	> 30% 饱和度
发酵周期	180 ~ 220 h

（1）种子

丝状菌的生产菌种保藏在砂土管内。由砂土孢子接入拉氏培养基的母瓶斜面上，25℃培养 6 ~ 7 d，长成绿色孢子，制成孢子悬浮液，接入装有大米的茄子瓶内。经 25℃，相对湿度 45% ~ 50%，培养 6 ~ 7 d，制成大米孢子，真空干燥，并以这种形式保存备用。

生产时按一定接种量移入种子罐内，25℃培养 40 ~ 45 h，菌丝浓度达 40%（体积比）以上，菌丝形态正常，即按 10% ~ 15% 的接种量移入繁殖罐内。经 25℃培养 13 ~ 15 h，菌丝体积达 40%（体积比）以上，残糖在 1.0% 左右，无菌检查合格便可作为发酵罐的种子。发酵罐的接种量为 30%。

球状菌的生产种子是由冷冻管孢子经混有 0.5% ~ 1.0% 玉米浆的三角瓶培养原始亲米孢子，然后再移入罗氏瓶培养生产大米孢子（又称生产米）。亲米和生产米均为 25℃静置培养，需经常观察生长发育情况，在培养到 3 ~ 4 d，大米表面长出明显小集落时要振摇均匀，使菌丝在大米表面能均匀生长，待 10 d 左右形成绿色孢子即可收获。亲米孢子成熟接入大米孢子后也需经过激烈振荡才可放置恒温培养，大米的孢子量要求每粒米 300 万只以上。亲米孢子、大米孢子都需保存在 5℃冰箱内。

工艺要求将新鲜的生产米（指收获后的孢子瓶在 10 d 以内使用）接入含有花生饼粉、玉米胚芽粉、葡萄糖、饴糖为主的种子罐内，28℃培养 50 ~ 60 h，当 pH 由 6.0 ~ 6.5 下降至 5.5 ~ 5.0，菌丝呈菊花团状，平均直径在 100 ~ 130 μm，每毫升的球数为 60 000 ~ 80 000 只，沉降率在 85% 以上，即可根据发酵罐球数控制 8 000 ~ 11 000 只 · mL^{-1} 范围的要求，计算移种体积，然后接入发酵罐，多余的种子液弃去。球状菌以新鲜孢子为佳，其生产水平优于真空干燥的孢子，能使青霉素发酵单位的罐批差异减少。

（2）培养基

① 碳源 青霉菌能利用多种碳源，如乳糖、蔗糖、葡萄糖、淀粉、天然油脂等。乳糖由于能被青

酶菌缓慢利用而维持青霉素分泌的有利条件，为青霉素发酵最佳碳源，但因货源少、价格高，普遍使用有困难。天然油脂如玉米油、豆油等也能作为青霉菌缓慢利用的有效碳源，但作为大规模使用，不论在来源和经济上是不可能的。目前生产上所用的主要碳源是葡萄糖母液和工业用葡萄糖，这些碳源最为经济合理。

② 氮源 玉米浆为青霉素发酵的主要氮源。玉米浆是淀粉生产的副产物，含有多种氨基酸，如精氨酸、谷氨酸、组氨酸、苯丙氨酸、丙氨酸以及苯乙胺等，后者为青霉素生物合成提供侧链的前体。以球状菌为例，氮源中玉米浆占一半以上，但工艺条件不同使质量不够稳定；因此经调整配方，以花生饼粉代替玉米浆，生产水平也可达到相近的技术指标，但发酵较激烈，装料系数受到影响。目前生产上所采用的氮源主要是花生饼粉、麸质粉、玉米胚芽粉及尿素等。

③ 前体 国内外青霉素发酵生产作为青霉素生物合成的前体有苯乙酸（或其盐类）、苯乙酰胺等。它们一部分直接结合到青霉素分子中，另一部分是作为养料和能源被利用，即被氧化为二氧化碳和水。这些前体物质对青霉菌都有一定的毒性，特别是苯乙酰胺毒性更大。

苯乙酰胺和苯乙酸浓度大于 0.1% 时，对青霉素产生菌生长和生物合成均有毒性；浓度加到 0.3% 时，菌丝停止生长。前体的毒性取决于培养基的 pH：苯乙酰胺在碱性 pH 时毒性较大，在中性 pH 时苯乙酰胺的毒性大于苯乙酸；而苯乙酸在酸性 pH 下毒性较大。为此，在整个发酵过程中前体在任何时候的浓度都不能大于 0.1%。加入硫代硫酸钠能降低其毒性。

④ 无机盐 无机盐主要包括硫、磷、钙、镁、铁等。①硫和磷：青霉菌液泡中含有硫和磷，此外青霉素的生物合成也需要硫。据国外报道，硫浓度降低时青霉素产量降至原来的 1/3，磷浓度降低时青霉素产量降至原来的 1/2。②钙、镁和钾：青霉素生物合成中合适的阳离子比例以钾 30%、钙 20%、镁 41% 为宜。中阳离子总浓度以 300 $mg \cdot L^{-1}$ 时青霉素产量最高。当镁离子少，钾离子多时，菌丝细胞将培养基中氮源转化成各种氨基酸的能力强。钙离子影响细胞的生长和培养基的 pH。③铁：铁易渗入菌丝内，在青霉素分泌期铁离子总量的 80% 是在胞内，它对青霉素发酵有毒害作用。

（3）培养条件控制

青霉菌生产过程可分为 3 个不同的代谢时期。①菌丝生长繁殖期：培养基中糖及含氮物质被迅速利用。以球状菌而言，孢子发芽后菌丝生长逐步发育成球状，菌体浓度迅速增加。对丝状菌而言，孢子发芽长出菌丝，分支旺盛，菌丝浓度增加很快。此时青霉素的分泌量很少。②青霉素分泌期：菌丝生长趋势减弱，间隙添加葡萄糖作碳源和花生饼粉、尿素作氮源，并间隙加入前体，此期间球状菌要求 pH 保持在 6.6 ~ 6.9 左右，丝状菌要求 pH 保持在 6.2 ~ 6.4，青霉素分泌旺盛。对球状菌而言，要求球体不可太松也不可太紧。对丝状菌而言，菌丝体内的空胞为小型至中型，要求脂肪粒消失，大型空胞不要出现。③菌丝自溶期：菌体衰老自溶。以球状菌而言，破裂的球体比例迅速增加；以丝状菌而言，大型空胞增加并逐渐扩大自溶。青霉素分泌停滞，pH 上升。青霉素发酵过程要求延长分泌期，缩短菌丝生长繁殖期，并通过工艺控制使菌丝自溶期尽可能晚出现。青霉素发酵工艺控制主要有以下几个方面。

① 加糖控制 丝状菌的加糖依据是残糖量及发酵过程 pH。一般残糖量降至 0.6% 左右、pH 上升后可开始加糖。加糖控制：0 ~ 72 h 残糖量控制在 0.6% ~ 0.8%，72 h 放罐时残糖量控制在 0.8% ~ 1.0%。加糖率每小时为 0.07% ~ 0.15%，每 2 h 加一次。球状菌加糖主要依据是 pH，一般在 20 h 左右当 pH 高于 6.5 时开始加糖，全程 pH 要求 6.7 ~ 7.0，根据 pH 高低酌情减增，放罐要求 pH 低于 7.0。加糖后 pH 高于要求时，要增加糖量，pH 低于要求时则减少糖量。若改变加糖方式，以葡萄糖流加代替每 2 h 的滴加，则可减少总的加糖量，还可提高发酵单位。

② 补料及添加前体 丝状菌发酵于接种后 8 ~ 12 h，发酵液浓度 40% 左右，液面较稳定时补入前体。当发酵单位上升到 2 500 $U \cdot mL^{-1}$ 开始补前体，每 4 h 补一次，使发酵液中残余苯乙酰胺浓度为 0.05% ~ 0.08%。若发酵过程 pH > 6.5 可随时加入 $(NH_4)_2SO_4$，使 pH 维持在 6.2 ~ 6.4，发酵液氨氮控制在 0.01% ~ 0.05%。

球状菌发酵因基础培养基内没有前体，所以在10 h左右就开始加入尿素、氨水和苯乙酸的混合物，每3 h加一次，由单位增长速度决定其加入量。

③ pH控制　青霉素发酵过程主要通过加葡萄糖控制pH，但加油多少对pH也有影响，故在加糖时要参考加油的多少，当油量加入较多要适当减少葡萄糖的加入量。一般要求：丝状菌发酵pH 6.2～6.4；球状菌发酵pH 6.7～7.0。

④ 温度控制　青霉菌生长最适温度高于青霉素分泌的最适温度。根据现有条件，种子罐培养丝状菌要求25℃，球状菌为28℃。发酵罐培养丝状菌要求培养温度在26℃—24℃—23℃—22℃之间变化，发酵液浓度48%～54%；球状菌培养温度在26℃—25℃—24℃之间变化，发酵液浓度在50%左右，都是分期变温培养，且前期罐温高于后期。

⑤ 通气与搅拌　青霉素发酵深层培养需要通入一定量的空气，并且不停地搅拌以保证溶解氧的浓度。通气比为1∶(1～0.8)(每分钟的体积比)左右。

发酵过程中根据菌丝浓度进行变速控制有利于不同发酵阶段的青霉素合成，通过初步试验，中、后期减慢转速对球状菌的生理生化代谢有利，它能提高发酵单位，并能节约能源。丝状菌和球状菌在种子罐培养时要求的转速不同，丝状菌种子罐的搅拌转速快于发酵罐，而球状菌种子罐的搅拌转速慢于发酵罐。

⑥ 泡沫与消沫　青霉素发酵过程不断产生泡沫。过去以天然油脂如豆油、玉米油等为消沫剂。以化学合成消沫剂“泡敌”(聚醚树脂类消沫剂)部分代替天然油脂，一般在菌丝生长繁殖期不宜多用，在发酵过程的中、后期可以将“泡敌”加水稀释后与豆油交替加入。

以豆油等天然油脂作消沫剂时要求少量多次的加入方式。一次多量加入影响青霉菌的呼吸代谢。

8.8.2　在氨基酸生产中的应用

发酵法是当前氨基酸工业的主要生产方法，发酵法生产氨基酸优于蛋白质水解与化学合成，可直接获得生理活性型的L-氨基酸，不需拆分工序。发酵法就是通过培养特殊的微生物，使其在发酵液中积累氨基酸，然后从发酵液中分离提取氨基酸产品的过程。目前可用发酵法生产20余种氨基酸，其中使用野生型菌株发酵的有L-谷氨酸、L-缬氨酸、DL-丙氨酸和L-丙氨酸4种，采用营养缺陷型突变株发酵的有L-赖氨酸、L-高丝氨酸、L-苏氨酸、L-缬氨酸、L-亮氨酸、L-脯氨酸、L-鸟氨酸和L-瓜氨酸8种，采用耐同系物突变株发酵的有L-赖氨酸、L-苏氨酸、L-缬氨酸、L-亮氨酸、L-异亮氨酸、L-精氨酸、L-组氨酸、L-苯丙氨酸、L-酪氨酸和L-色氨酸10种，采用加入适当前体发酵的有L-异亮氨酸、L-色氨酸、L-丝氨酸和L-苏氨酸4种，采用酶法生产的有L-天冬氨酸、L-赖氨酸、L-苏氨酸、L-5-羟基色氨酸、L-酪氨酸和L-半胱氨酸6种。下面以赖氨酸的生产为例进行介绍。

(1)培养基

① 碳源　赖氨酸产生菌只能利用葡萄糖、果糖、麦芽糖和蔗糖，糖质量对赖氨酸发酵影响较大。糖浓度对赖氨酸发酵液又影响，在一定范围内，赖氨酸生成量随糖浓度增加而增加。但是，糖浓度过大，发酵液的渗透压大，对菌体生长和赖氨酸生成均不利。因此，采取用低浓度糖发酵，不断补加糖的工艺为好。

② 氮源　赖氨酸发酵有机氮源和无机氮源都可使用。由于赖氨酸产生菌几乎都是谷氨酸产生菌的各种突变株，均是生物素缺陷型，需要生物素作为生长因子，所以有机氮源是这些因子的来源。另外，赖氨酸产生菌缺乏蛋白酶，不能直接分解蛋白质，必须将有机氮源水解后才能利用。有机氮源常用大豆饼粉、花生饼粉的水解液。无机氮源常用硫酸铵、尿素和氨水。

(2)培养条件控制

赖氨酸发酵过程分为两个阶段，发酵前期为菌体生长繁殖期，很少产生赖氨酸。当菌体生长一定时间后，转入产酸期。在工艺控制上，应根据两个阶段的不同而异。

① pH 控制　赖氨酸发酵最适 pH 6.5 ~ 7.0。在整个发酵过程中控制 pH 平稳为好。

② 温度控制　幼龄菌对温度敏感。在发酵前期，提高温度生长代谢加快，产酸期提前，但菌体的酶容易失活；菌体衰老后赖氨酸产量低。所以，赖氨酸发酵前期控制温度为 32℃，中后期温度为 34℃。

③ 通气与搅拌　赖氨酸生产中控制氧特别重要。赖氨酸的最大生成量是在供氧充分，细菌呼吸充足的条件下。供氧不足，细菌呼吸受抑制，赖氨酸产量降低。严重供氧不足，赖氨酸产量很低而积累乳酸，并可能导致赖氨酸生产受到不可逆抑制，这是由于供氧减少引起细胞结构发生变化，因而影响赖氨酸排出，使细胞内的赖氨酸和磷脂含量增加，但发酵液中赖氨酸的量很少。

8.8.3 在维生素生产中的应用

维生素 B_2、B_{12}、β- 胡萝卜素与维生素 D 的前体麦角醇均可由发酵法制取，维生素 C 可用一步发酵四步化学法或两步发酵一步化学法生产。

维生素 B_2 即核黄素，许多微生物如酵母、阿氏假囊酵母、假囊酵母、根霉菌、曲霉菌、青霉菌、梭状芽孢杆菌、产气杆菌和大肠杆菌等都可产生维生素 B_2，下面介绍阿氏假囊酵母生产维生素 B_2。

维生素 B_2 的发酵生产一般采用二级发酵形式。发酵培养基中常用的碳源是葡萄糖。如果采用少量的葡萄糖和一定数量的油脂作为混合碳源时，维生素 B_2 的产量可增加 4 倍。这可能是油脂的缓慢利用，解除了葡萄糖或其代谢产物对维生素 B_2 生物合成的阻遏作用。在烷烃类化合物作碳源时，虽然维生素 B_2 的产量比以糖质类作碳源时低，但发现此时菌体合成的维生素 B_2 易分泌到细胞外，可能是烷烃类物质影响细胞膜和细胞壁结构的缘故。培养基中常用的氮源有蛋白胨、鱼粉、骨胶等有机氮源。

在一定浓度的培养基中，通气效率是维生素 B_2 高产的关键。通气效果好，可促进大量膨大菌体的形成，维生素 B_2 的产量迅速上升，同时可缩短发酵周期。因此认为大量膨大菌体的出现是产量提高的生理指标。如在发酵后期补加一定量的油脂，能使菌体再生，形成第二代膨大菌体，可进一步提高产品产量。

产孢子菌种斜面于 25℃培养 9 d 后，用无菌水制成孢子悬浮液，接种至种子培养基中，于 30℃培养 30 ~ 40 h，并逐级扩大培养。然后扩大至一级种子罐于 30℃培养 20 h，再接入二级种子罐，接种量为 3%，于 30℃搅拌通气培养 20 h。

向 5 m^3 发酵罐中投入 3 000 L 培养液，灭菌后，按 2% ~ 3% 接种量将上述种子培养液接入发酵罐，于 30℃搅拌通风培养 160 h，中间补加一定量米糠油、骨胶及麦芽糖。

向上述发酵液中加入维生素 B_2 1.4 倍质量的 3- 羟基 -2- 萘甲酸钠溶液，用 2 mol · L^{-1} HCl 调 pH 5.0 ~ 5.5，加适量黄血盐及 $ZnSO_4$，于 70 ~ 80℃加热 10 min，滤除沉淀，得 3- 羟基 -2- 萘甲酸钠维生素 B_2 滤液。滤液用 2 mol · L^{-1} HCl 调 pH 2.0 ~ 2.5，5℃放置 8 ~ 12 h，倾出上层清液，下层悬浮物压滤，得 3- 羟基 -2- 萘甲酸维生素 B_2 沉淀。将沉淀用等量浓盐酸酸化，用 3 000 r · min^{-1} 离心 10 min 去除沉淀，上清液为维生素 B_2 溶液。沉淀为 3- 羟基 -2- 萘甲酸，可循环使用。向上层液中加入一定量 NH_4NO_3，于 60 ~ 70℃加热氧化 20 min，得维生素 B_2 溶液，加入 5 倍体积蒸馏水及维生素 B_2 晶种，搅匀，5℃结晶过夜，次日滤出结晶，得维生素 B_2 粗品结晶。将维生素 B_2 粗品用适量蒸馏水溶解后，用 1 mol · L^{-1} NaOH 溶液调 pH 5.0 ~ 6.0，滤去沉淀，向滤液中加适量维生素 B_2 晶种煮沸，结晶过夜，次日滤取结晶，水洗 2 次，抽干，于 80℃烘干，过 80 目筛得维生素 B_2 成品。

8.9 新技术在抗生素生产中的应用

抗生素作为重要的临床应用药物，在防病治病、保障人类健康方面起着极其重要的作用。几十年来，人们进行了不懈的努力来提高微生物产生抗生素的能力，常用的主要方法是用诱变剂单独或复合处理（如紫外线、化学等）微生物，通过筛选获得生产能力较高的突变株。同时，优化发酵过程，寻找最佳培养基组合和生产参数也发挥了重要作用。20 世纪 70 年代，重组 DNA 技术的兴起，在生产医药用蛋白多肽方面取得了突出的成果。80 年代，人们开始将这一技术应用于结构比较复杂的次生代谢产物的生物合成上，对链霉菌及近缘细菌的抗生素生物合成进行了深入的研究，使得重组 DNA 技术能在筛选新微生物药物资源和药物的微生物代谢修饰中得到了应用。随着链霉菌分子生物学的迅速发展，利用基因工程技术使微生物产生新抗生素和新代谢产物已成为现实。目前抗生素生物合成基因的重组工作进展较快，其主要内容包括生物合成酶基因的分离、质粒的选择、基因重组与转移、宿主表达等等。大部分具有重要应用价值抗生素的生物合成基因簇已经被克隆。通过 DNA 重组技术，在适宜的宿主菌中将特定的抗生素基因进行重组，产生了多种新的杂合抗生素（hybrid antibiotic）。当今已对一些抗生素的生物合成基因和抗性基因的结构、功能、表达和调控有了较深入的了解，利用重组微生物来提高已知代谢物的产量和发现新产物已引起高度重视。生物技术对抗生素的改造主要是利用基因重组技术来提高现有菌种的生产能力和改造现有菌种，使其产生新的代谢产物。

8.9.1 克隆抗生素生物合成基因的策略和方法

抗生素生物合成基因的克隆和分析是运用基因工程技术提高抗生素产量和寻找新抗生素的一个必不可少的步骤。

（1）抗生素生物合成基因的结构特点

由于抗生素是次生代谢产物，其生物合成有许多基因的参与和调控，机制相当复杂，因此了解抗生素生物合成基因的特点对抗生素基因克隆技术的设计和建立有重要意义。对已经克隆的抗生素生物合成基因簇进行结构分析，发现它们具有以下特点：

① 链霉菌抗生素生物合成基因组的一个典型特性是高 GC 含量，（G+C）达 70% 以上；三联体密码子中的第 3 个碱基的 G、C 比例极高。由于密码子有简并性，因而这并不改变氨基酸的种类。这种密码子内部的碱基选择的不对称性具有一定的实用价值，可用于可靠地预测开放阅读框架和 DNA 序列的编码链。利用这一特性，Bibb 等成功地预测了抗生链霉菌（*Streptomyces antibioticus*）的酪氨酸酶基因以及红霉素链霉菌（*S. erythreus*）的红霉素抗性基因的转录方向。

② 对已克隆的抗生素生物合成基因的分析发现，它们大多处于一个基因簇中，如次甲霉素、新霉素、红霉素、紫霉素、卡那霉素、土霉素、链霉素、嘌呤霉素、氯霉素等的生物合成基因都在一个基因簇中。根据对不同化学类别的抗生素生物合成基因的定位研究，发现参与每种抗生素生物合成的基因为 10 ~ 30 个，几乎总是成簇存在的，不仅包括生物合成酶的结构基因，也包括抗性基因、调节基因、抗生素分泌和与胞外处理功能有关的基因。

③ 抗生素生物合成基因除定位在染色体上外，还发现有的定位在质粒上。次甲霉素 A 生物合成基因就定位在天蓝色链霉菌的 SCP1 质粒上。

（2）克隆抗生素生物合成基因的策略和方法

目前已总结出 7 个利用质粒和噬菌体载体来克隆抗生素生物合成基因簇的方法，利用这些策略已经克隆了不同类型抗生素的生物合成基因（表 8-3）。这 7 个方法是：①在标准宿主系统中克隆检测单基因产物；②阻断变株法；③突变克隆法；④直接克隆法；⑤克隆抗生素抗性基因法；⑥寡核苷酸探针法；⑦同源基因杂交法。

随着高通量测序技术的快速发展，基因簇的克隆方法正在发生巨大变化。目前，微生物次生代谢产物的生物合成基因簇序列可以直接通过测定产生菌的基因组序列快速获得。现在已经被广泛应用的二代测序系统，如高通量测序（二代测序）和单分子 / 纳米孔测序（三代测序）原理不尽相同，各有优势。根据对测序精度要求的不同，可以选用不同的技术平台。目前，高通量测序价格即使中小实验室也能承受，微生物基因组框架图或精细图测序已经降至数千至数万元水平。因此，高通量测序极大地促进了次生代谢产物生物合成基因簇的测定，如果同一家族抗生素生物合成基因序列已经被报道，则可以通过同源序列比对分析非常方便地确定目标产物的生物合成基因簇。而对于少数无法通过生物信息学手段鉴定的生物合成基因簇，则仍然需要使用上面介绍的传统的抗生素生物合成基因簇克隆的方法克隆鉴定。

知识拓展 8-5
预测生物体次生代谢产物生物合成的数据库网站

表 8-3 克隆的抗生素生物合成基因所用的方法

	抗生素	克隆所用的方法
1. β－内酰胺	棒酸	与突变株互补
	异青霉素 N	环化酶序列，寡核苷酸探针
	头孢菌素 C	整个途径克隆到异源受体
2. 芳香多聚体	放线紫红素	与突变株互补
	榴菌素	利用 *actI* 基因作探针
	tetracenomycin C	与突变株互补
	土霉素	克隆抗性基因
3. 大环内酯类	泰乐菌素（泰乐星）	先纯化 *O*– 甲基转移酶，再利用寡核苷酸探针
	碳霉素	克隆抗性基因
	红霉素	克隆抗性基因
	米尔贝霉素	利用 *actI* 基因作探针
	杀假丝菌素	通过检测在 *Streptomyces lividans* 中表达的对氨基苯甲酸酶活性
	阿维菌素	与突变株互补
4. 氨基糖苷类	链霉素	与突变株互补
	福提霉素	与突变株互补
	西梭霉素	克隆抗性基因
5. 其他类	次甲基霉素	突变克隆法
	十一烷基灵菌红素	与突变株互补
	放线菌素 D	通过检测在 *S. lividans* 中表达的吩噁嗪酮合成酶活性
	bialaphos	克隆抗性基因，与突变株互补

随着测序技术的进步，越来越多的微生物基因组被测序，越来越多的生物信息学工具被开发用于次生代谢产物生物合成基因的分析。

8.9.2 几种典型的抗生素生物合成基因簇的结构

抗生素并非是单一基因的直接产物，而是由初级代谢产物经过一系列酶催化产生的次生代谢产物，其形成是一个复杂的、多因素的过程。抗生素的生物合成基因簇构成了抗生素合成与调控的基本元件，所以，如果想对抗生素生物合成途径进行研究和改造，必须了解所有与抗生素生物合成有关的基因。不同类型的抗生素生物合成具有很大的差别，目前大部分类型的抗生素生物合成基因簇都已有研究报道，下面以几种不同类型的抗生素为例，介绍抗生素生物生物合成过程及合成基因簇特点。

（1）红霉素

聚酮类化合物是一大类天然产物，包括芳香族、大环内酯类、安莎类、聚醚类。这类化学物具有重要的生物学活性，在临床上得到了广泛的应用，包括抗细菌、抗真菌、抗病毒、抗肿瘤及免疫抑制作用。虽然聚酮类化合物结构多样，但它们的生物合成机制却相似，均由聚酮合酶（PKS）这样一种多酶体系催化。聚酮合酶分为 3 类：Ⅰ型聚酮合酶、Ⅱ型聚酮合酶和Ⅲ型聚酮合酶。

大环内酯类抗生素红霉素、苦霉素、泰乐菌素、螺旋霉素，安莎类抗生素利福霉素、格尔德霉素，多烯类抗生素制霉菌素、两性霉素等聚酮类抗生素的生物合成过程都由Ⅰ型聚酮合酶催化。Ⅰ型聚酮合酶多酶复合物由含有一系列作用于碳链装配和修饰反应的活性位点的多功能蛋白质组成。这些活性位点按照重复单元形式排列，编码每个单元的 DNA 区域称为模块（module）。每个模块至少含有酮基合成酶（KS）、酰基转移酶（AT）和酰基载体蛋白（ACP）域。由 AT 选择一个延伸单元（通常是活化的乙酸或丙酸）连接到链上，KS 催化缩合反应，ACP 吸住链并接收从 AT 来的延伸单元以备下一步缩合反应。有些单元还含有酮基还原酶（KR）、脱水酶（DH）、烯醇还原酶（ER）和硫酯酶（TE）等功能域。每个单元在抗生素生物合成过程中通常只使用一次。

Ⅱ型聚酮合酶与Ⅰ型聚酮合酶主要区别在于催化单元在催化过程中多次重复使用。Ⅲ型聚酮合酶与Ⅰ型聚酮合酶和Ⅱ型聚酮合酶的区别是它不依赖于 ACP，而可以直接利用酰基辅酶 A 进行缩合反应。

以红霉素生物合成为例介绍Ⅰ型聚酮合酶类抗生素的生物合成过程。参与红霉素生物合成的基因簇长度约为 60 kb，整个基因簇由 23 个 ORF 组成（表 8-4）。中心部分约 35 kb，称为 *eryA*，由 3 个 ORF（*eryA Ⅰ*、*eryA Ⅱ*、*eryA Ⅲ*）组成，主要参与内酯环的合成。在红霉素生物合成途径中最早合成的中间体是 6- 脱氧红霉内酯 B（6-deoxyerythronolide B，6-dEB），它经过聚酮体合成途径合成。编码 6-dEB 的聚酮合酶由 3 个蛋白组成（DEBS1、DEBS2、DEBS3），分别由 *eryA Ⅰ*、*eryA Ⅱ*、*eryA Ⅲ* 基因编码，每个蛋白质由两个模块组成，这样一共有 6 个模块（图 8-3），每个模块中含有多个结构域，在整个聚酮合酶中一个结构域对应着它独特的功能。起始单位丙酰辅酶 A 经过 loading domain 的 AT 转移至 ACP，形成丙酰 -ACP；丙酰基再转移至 KS1 的半胱氨酸活性位点；第一个延伸单位甲基丙二酰辅酶 A 经过模块 1 中的 AT 转移至 ACP 上，然后与丙酰 -KS 缩合形成 2- 甲基 -3- 酮 - 戊酰辅酶 A。从

表 8-4 红色糖多孢菌中红霉素生物合成基因及其功能

基因名称	蛋白质的氨基酸数量	功能
eryC Ⅰ	398	dTDP-3- 酮基 -4,6- 双脱氧己糖 3 - 转氨酶
ermE	366	红霉素抗性基因
eryB Ⅰ	808	葡糖苷酶
eryB Ⅲ	414	dTDP-4- 酮基 -2,6- 双脱氧己糖 3-C 甲基转移酶
eryF	404	6- 脱氧红霉内酯羟化酶
ORF5	247	未知
eryG	306	*O*- 甲基转移酶
eryB Ⅱ	333	dTDP-4- 酮基 -6- 脱氧己糖 2,3 - 烯基还原酶
eryC Ⅲ	421	dTDP-D- 德胺糖：碳霉糖红霉内酯 B 糖基转移酶
eryC Ⅱ	361	dTDP-D- 德胺糖：碳霉糖红霉内酯 B 糖基转移酶
eryA Ⅲ	3 171	聚酮合酶模块 5 和 6
eryA Ⅱ	3 567	聚酮合酶模块 3 和 4
eryA Ⅰ	3 546	聚酮合酶模块 1 和 2
eryB Ⅳ	322	dTDP-4- 酮基 -6- 脱氧己糖 4- 酮还原酶
eryB Ⅴ	418	dTDP-L- 碳霉糖：红霉内酯 B 糖基转移酶
eryC Ⅵ	237	dTDP- 德胺糖 -*N*- 甲基转移酶

续表

基因名称	蛋白质的氨基酸数量	功能
eryBⅥ	487	dTDP-4 酮基 -6- 脱氧己糖 2,3 - 脱水酶
eryCⅣ	401	dTDP-6- 脱氧己糖 3,4 - 脱水酶
eryCⅤ	489	dTDP-4,6- 双脱氧己糖 3,4 - 烯酰还原酶
eryBⅦ	200	dTDP-4 酮基 -6- 脱氧己糖 3,5 - 差向异构酶
eryK	398	C - 12 羟化酶

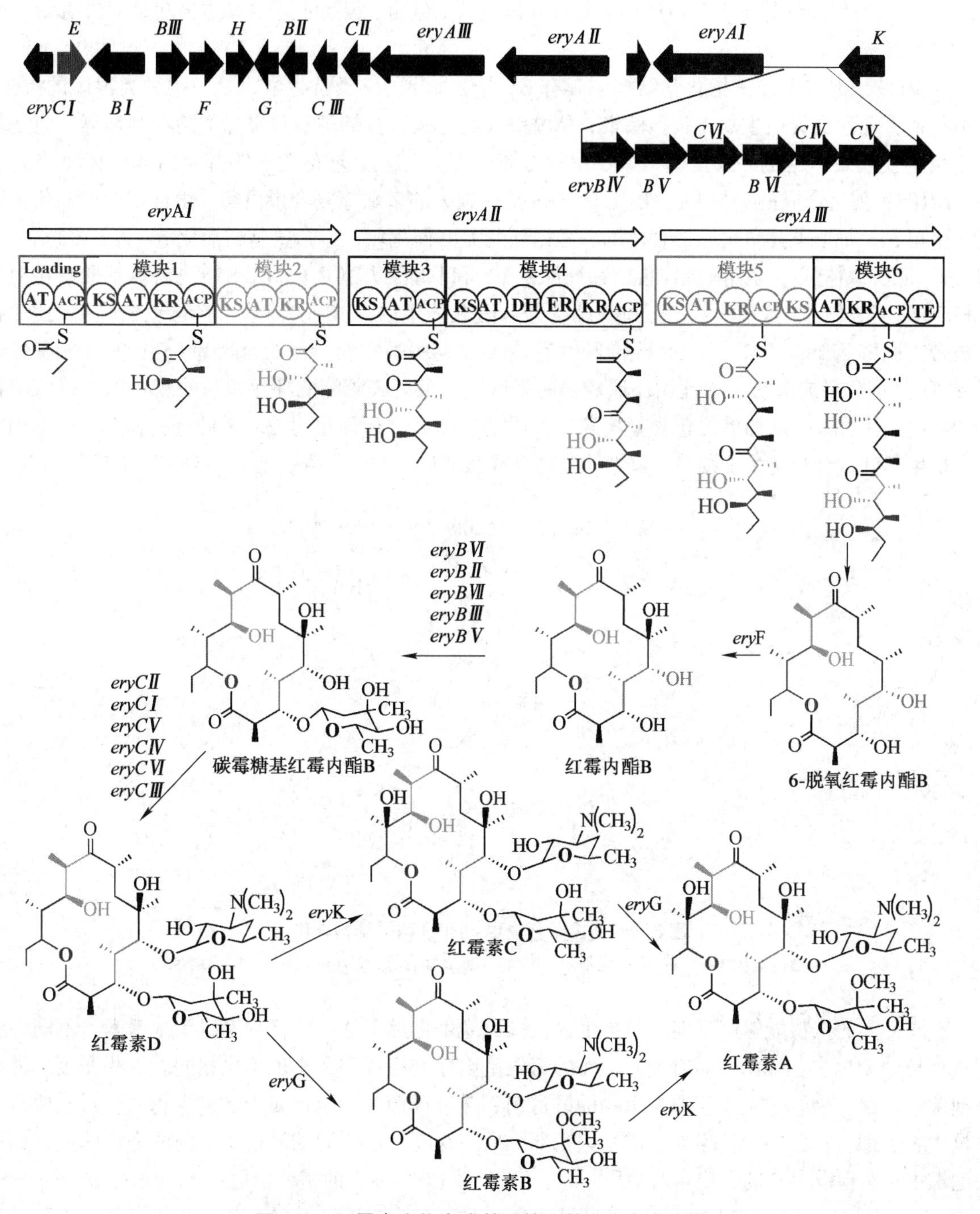

图 8-3 红霉素生物合成基因簇及其生物合成途径

模块 1 到模块 6 连续加入 6 个丙酸延伸单元，使链延伸。模块 1、2、5、6 有 KR 功能域，模块 4 有 KR、DH、ER 功能域，而模块 3 只有最小 PKS，不含任何还原性功能域。延伸完成的长链由 TE 功能域催化环化成红霉素的前体 6- 脱氧红霉内酯 B。

内酯环通过细胞色素 P450 单氧化酶（*eryF* 编码）使 C-6 位羟基化；*eryB* 组基因负责碳霉糖的形成和大环内酯 C-3 位糖苷化；*eryC* 组基因负责德胺糖的形成和大环内酯 C-5 位糖苷化，形成红霉素 D；*eryK* 编码 C-12 羟基化酶，催化红霉素 D 形成红霉素 C，*eryG* 编码 *O*- 甲基转移酶，在碳霉糖上加甲基形成终产物红霉素 A，但由于酶的底物特异性不强，红霉素 D 也可先在 *eryG* 催化下甲基化形成红霉素 C，红霉素 C 通过 *eryK* 催化形成红霉素 A。除生物合成基因外，抗生素生物合成基因簇中通常含有自身抗性基因，*ermE* 基因是红霉素抗性基因，编码一种甲基化酶，可以对核糖体 50 S 亚基上的 23S rRNA 进行甲基化修饰，阻碍红霉素与核糖体亚基的结合，从而赋予红霉素产生菌对红霉素抗性。

（2）青霉素

β- 内酰胺类抗生素是指化学结构中具有 β- 内酰胺环的一类抗生素，是一类种类很广的抗生素，其中包括青霉素及其衍生物、头孢菌素、单酰胺环类、碳青霉烯类和青霉烯类酶抑制剂等，它是现有抗生素中使用最广泛的一类。青霉素、头孢菌素、万古霉素、环孢菌素等都是由非核糖体多肽合成酶（NRPS）催化合成的。与 PKS 类似，NRPS 是一类大的多功能复合蛋白酶，由许多活性催化位点组成一个单元，每个单元负责肽链合成的一个循环所需的催化域，包括氨基酸活化域（A）、巯基化结构域（T，肽酰载体蛋白与酯酰载体蛋白都统称为 T）和肽缩合域（C）。NRPS 首先将氨基酸活化为腺嘌呤核苷酸，被活化的氨基酸残基通过硫酯键与肽酰载体蛋白（PCP）辅基 4′ 磷酸泛酰巯基乙胺结合，并被带入肽链延长的“A”位点，再转入“T”位点，与另一个经活化的氨酰基 -*S*-PCP 的氨基经肽缩合域（C）催化形成肽键。如此循环形成长的多肽链，最后经硫酯酶环化并从酶复合物上将肽链释放（图 8-4）。有的肽链延伸单位包含异构酶域、甲基化酶域、杂环化酶域对多肽进行修饰。除 NRPS 类肽类抗生素外，有些抗生素则使用核糖体生物合成肽类抗生素，如乳链菌肽、肉桂霉素等。

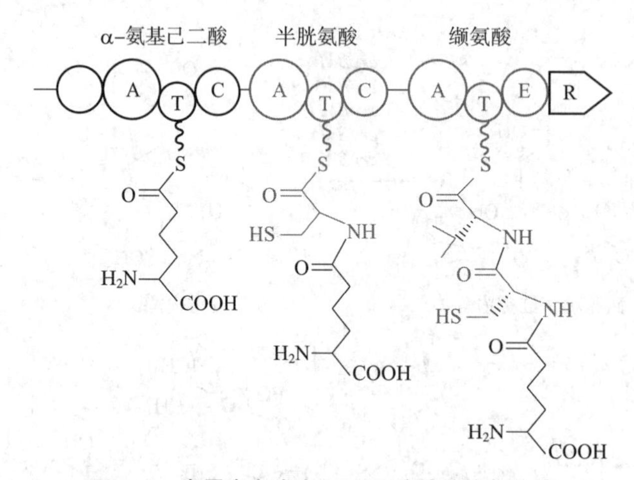

图 8-4　青霉素合成中 NRPS 酶的结构与作用

A：氨基酸活化域，T：巯基化结构域，C：肽缩合域，E：异构酶域，R：硫酯酶

不同种类的生物能够产生同一种抗生素，多种微生物都能够产生青霉素或头孢菌素。不同生物中同一种抗生素生物合成酶性质有差异，酶的编码基因序列组成和大小也不尽相同。这些产生青霉素或头孢菌素的微生物既包括属于原核生物的链霉菌、诺卡氏菌，也包括属于真核生物的青霉、曲霉。与原核生物类似，霉菌中的抗生素合成基因也部分成簇存在，但不同的簇位于不同的染色体上，如在顶头孢霉中，头孢霉素 C 的合成由两个分开的、位于不同染色体上的基因簇负责。*pcbAB*、*pcbC*、*cefD1*、*cefD2* 和一个抗生素外排基因 *cefT* 位于Ⅶ号染色体上，而 *cefEF* 和 *cefG* 位于 *I* 号染色体上。不同菌种

中 β- 内酰胺类抗生素以青霉素和头孢菌素（为例）生物合成基因及其功能见表 8-5。

β- 内酰胺类抗生素生物合成途径中的第一个有生物活性的中间体是异青霉素 N（青霉素 G 和头孢菌素 C 生物合成的分支点），异青霉素 N 是由 *pcbC* 基因编码的异青霉素 N 合成酶（isopenicillin N，IPNS）酶促形成的。这种基因是采用“反向遗传学”方法克隆到的。牛津大学的 Abraham 和同事首先纯化了 IPNS，礼来公司的研究者则获得其 N 端氨基酸序列。根据已知的氨基酸序列，以合成的寡核苷酸为探针，通过杂交来识别含有相关 DNA 序列的克隆体，经 DNA 序列分析发现了一个可读框，并能在大肠杆菌中表达，这种重组大肠杆菌可产生 IPNS，故证实已克隆到了 *pcbC* 基因。上述“反向遗传学”方法也成功地应用于克隆青霉素生物合成途径中的 *pcbAB*、*penDE* 基因和头孢菌素 C 生物合成途径中的 *cefEF*、*cefG* 基因。

表 8-5　青霉素和头孢菌素 C 生物合成基因及其功能

功能	基因名称	蛋白质的氨基酸数量	基因来源
δ-（L-α-氨基己二酰）-L-半胱氨酰 -D- 缬氨酸合成酶（ACVS）	*pcbAB*	3 712	*Acremonium chrysogenum*（顶头孢霉）
	pcbAB	3 792	*Penicllium chrysogenum*（产黄青霉）
	pcbAB	3 649	*Nocardia lactamdurans*（耐内酰胺诺卡氏菌）
	acvA	3 770	*Aspergillus nidulans*（构巢曲霉）
	pcbAB	3 781	*Streptomyces clavuligerus*（棒状链霉菌）
异青霉素 N 合成酶（IPNS）	*IPS*	338	*Acremonium chrysogenum*（顶头孢霉）
	IPNS	331	*Aspergillus nidulans*（构巢曲霉）
	IPS	331	*Penicllium chrysogenum*（产黄青霉）
	pcbC	328	*Nocardia lactamdurans*（耐内酰胺诺卡氏菌）
	IPNS	329	*Streptomyces clavuligerus*（棒状链霉菌）
酰基转移酶	*penDE*	357	*Aspergillus nidulans*（构巢曲霉）
	aat	357	*Penicllium chrysogenum*（产黄青霉）
异构酶（IPNE）	*cefD1*/*cefD2*	609/382	*Acremonium chrysogenum*（顶头孢霉）
	cefD	398	*Nocardia lactamdurans*（耐内酰胺诺卡氏菌）
	cefD	398	*Streptomyces clavuligerus*（棒状链霉菌）
扩环酶 / 羟化酶	*cefEF*	322	*Acremonium chrysogenum*（顶头孢霉）
	cefE	314	*Nocardia lactamdurans*（耐内酰胺诺卡氏菌）
	cefE	311	*Streptomyces clavuligerus*（棒状链霉菌）
	cefE	311	*Nocardia lactamdurans*
	cefF	318	*Streptomyces clavuligerus*（棒状链霉菌）
乙酰转移酶	*cefG*	444	*Acremonium chrysogenum*（顶头孢霉）

利用 β- 内酰胺类抗生素产生菌的无细胞系统，对青霉素和头孢菌素 C 生物合成途径进行的研究表明，在低等真核和原核产生菌中 β- 内酰胺类抗生素的生物合成途径基本相同。*pcbAB* 基因编码的 δ-（L-α- 氨基己二酰）-L- 半胱氨酰 -D- 缬氨酸合成酶（ACVS，属于 NRPS 类型酶）催化 L-α- 氨基己二酸、L- 半胱氨酸和 L- 缬氨酸缩合形成三肽（LLD-ACV），此三肽在 IPNS 催化下，从半胱氨酸和缬氨酸残基上去掉 4 个氢原子，形成了此途径中第一个具有 β- 内酰胺结构的化合物异青霉素 N

（图 8-5）。以异青霉素 N 为分支底物，经不同的合成酶催化，分别形成不同的 β- 内酰胺抗生素青霉素、头孢菌素 C 和头霉素（图 8-5）。在产黄青霉中，异青霉素 N 的 α- 氨基己二酰基侧链在 *penDE* 基因编码的酰基转移酶作用下被苯乙酰取代，生成青霉素 G。在顶头孢霉中，异青霉素 N 的 α- 氨基己二酰基在 *cefD* 基因编码的异构酶作用下发生构型的异构化，形成青霉素 N。青霉素 N 的五元噻唑环在扩环酶催化下，发生扩环反应，形成具有头孢菌素特征的六元环化合物——脱乙酰氧头孢菌素 C（deacetoxycephalosporin C，DAOC），这是此途径中的第一个头孢菌素类中间体；DAOC 再经 DAOC 羟化酶作用形成脱乙酰头孢菌素 C（deacetylcephalosporin C，DAC）。在顶头孢霉中编码扩环酶和羟化酶的 *cefEF* 基因是单一的可读框，它编码的一种多肽具有两种不同的酶促活性，是一个双功能蛋白；棒状链霉菌扩环酶和羟化酶则是两个蛋白质，分别由 *cefE* 和 *cefF* 基因编码。DAC 在 *cefG* 编码的 DAC 乙酰转移酶催化下，形成终产物头孢菌素 C（cephalosporin C，CPC）。

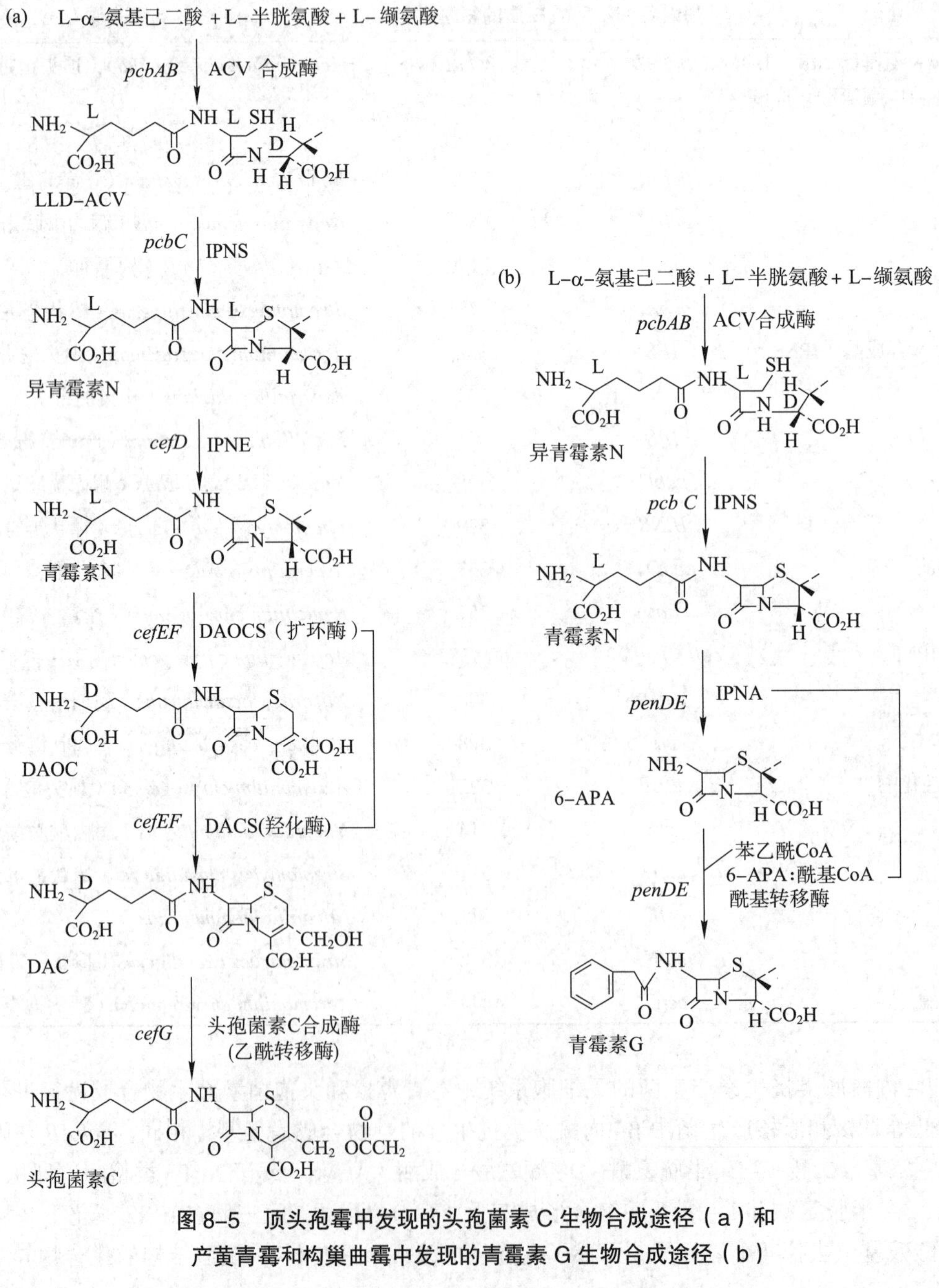

(a) L-α-氨基己二酸 + L-半胱氨酸 + L-缬氨酸
pcbAB ACV 合成酶
LLD-ACV
pcbC IPNS
异青霉素N
cefD IPNE
青霉素N
cefEF DAOCS（扩环酶）
DAOC
cefEF DACS(羟化酶)
DAC
cefG 头孢菌素C合成酶 (乙酰转移酶)
头孢菌素C

(b) L-α-氨基己二酸 + L-半胱氨酸 + L-缬氨酸
pcbAB ACV合成酶
异青霉素N
pcb C IPNS
青霉素N
penDE IPNA
6-APA
penDE 苯乙酰CoA 6-APA:酰基CoA 酰基转移酶
青霉素G

图 8-5 顶头孢霉中发现的头孢菌素 C 生物合成途径（a）和产黄青霉和构巢曲霉中发现的青霉素 G 生物合成途径（b）

（3）链霉素

链霉素是一种氨基糖苷类抗生素，链霉素的生物合成基因簇已通过突变株遗传互补方法先后被克隆，其生物合成基因簇的如图 8-6 所示，其各个基因及其功能见表 8-6。链霉素结构是由氨基环醇（链霉胍）、6- 脱氧己糖（二羟基链霉糖）和氨基己糖衍生物（*N*- 甲基 - 葡糖胺）组成。*strA*（*aph*D）编码链霉素 -6- 磷酸转移酶，*strK* 编码链霉素 6- 或 3″- 磷酸化酶。链霉胍的合成：磷酸肌醇经磷酸酶作用脱去磷酸基团，经脱氢酶（StrI/StrB）和转氨酶（StsC）作用形成 1 位氨基，通过 4 位磷酸化（StsE/StrN）和脒基转移酶（StsB1）催化形成脒基 - 青蟹 - 肌醇胺 -4- 磷酸，通过 4- 磷酸酶（StrO）脱去磷酸，接着通过 3- 脱氢酶（StrI/StsB）和转氨酶（StsA/StrS）催化形成脒基链霉胺，在 6- 磷酸转移酶（StsN/StrE）和 3- 脒基转移酶（StsB2/StsB1）作用下形成链霉胍。二羟基链霉糖的合成：以 6- 磷酸葡糖为底物，经 dTDP- 葡萄糖合酶（StrD）和 4′,6′- 脱水酶基因（StrE）催化，形成 dTDP-4- 酮基 - 脱氧己糖，异构酶（StrM）和还原酶（StrL）作用下形成 dTDP- 二羟基链霉糖。*N*- 甲基 -L- 葡糖胺的合成途径尚未研究清楚：起始底物可能是葡萄糖，其被 NDP 活化后经脱氢转氨，再经差向异构和脱磷酸形成 L- 葡糖胺，再经 *N*- 甲基转移酶（StsG）催化形成 *N*- 甲基 -L- 葡糖胺。磷酸化链霉胍与 dTDP- 二羟基链霉糖由糖苷转移酶催化形成二糖，再与 *N*- 甲基 -L- 葡糖胺形成二羟基 - 链霉素 -6- 磷酸，再经膜上的氧化酶转化为无活性的链霉素 -6- 磷酸，最后由胞外磷酸酶介导脱去磷酸，形成有活性的链霉素。

表 8-6 灰色链霉菌中链霉素生物合成基因及其功能

基因名称	蛋白质的氨基酸数量	功能
strU	427	推测的氧化还原酶
strV	584	推测的 ATP 结合转运蛋白（磷酸链霉素外排）
strW	580	推测的 ATP 结合转运蛋白（磷酸链霉素外排）
stsG	253	L- 谷氨酰胺酰基 -2-*N*- 甲基转移酶
stsF	229	推测的糖苷转移酶
stsE	330	推测的 ATP：鲨肌醇胺 4- 磷酸转移酶
stsD	214	功能未知
stsC	424	L- 谷氨酰胺：肌醇氨基转移酶
stsB	507	推测的脒基 - 鲨肌醇胺脱氢酶
stsA	410	推测的 L- 丙氨酸：*N*- 脒基 -3- 酮基 - 鲨肌醇胺氨基转移酶
strO	259	推测的 *N*- 脒基 - 鲨肌醇胺 -4- 磷酸酶
strN	319	推测的 *N*- 脒基链霉胺 6- 磷酸转移酶
strB2	350	推测的鲨肌醇胺 -4- 磷酸脒基转移酶
strM	200	dTDP-4- 脱氢鼠李糖 3,5- 异构酶
strL	304	dTDP-4- 酮基 -L- 鼠李糖还原酶
strE	329	dTDP-D- 葡萄糖 4,6- 脱水酶
strD	355	dTDP- 葡萄糖合酶
strR	350	转录调控基因
strA	343	链霉素 6- 磷酸转移酶（链霉素抗性基因）
strB1	348	L- 精氨酸：鲨肌醇胺 -4- 磷酸脒基转移酶
strF	284	功能未知

续表

基因名称	蛋白质的氨基酸数量	功能
strG	199	功能未知
strH	384	推测的磷酸葡糖胺变位酶
strI	348	推测的肌醇脱氢酶
strK	449	6- 磷酸链霉素磷酸水解酶
strS	378	推测的氨基转移酶
strT	317	推测的氧化还原酶
strZ	423	功能未知

知识拓展 8-6
链霉素生物合成的调控机制

抗生素生物合成受全局性调控和途径特异性调控，抗生素生物合成基因簇中除抗生素生物合成基因外，通常含有调控基因。A 因子（2- 异辛酰 -3R- 羟甲基 -γ- 丁内酯）是一种小分子化合物，起细菌荷尔蒙作用，能够调节链霉菌次生代谢产物合成和形态分化，A 因子作用浓度极低，低至 10^{-9} mol · L^{-1} 时仍然能起作用。A 因子特异受体 ArpA 与 *adpA* 基因启动子区域结合抑制其转录，而 A 因子浓度达到临界点时能与 ArpA 结合，使 ArpA 脱离 *adpA* 启动子，*adpA* 基因得以转录。两分子 AdpA 分别结合 *strR* 转录区上游 -270 和 -50 位点，从而激活 *strR* 基因的转录。而 StrR 是链霉素生物合成基因簇中唯一的调控基因，基因簇中所有基因都受 *strR* 的调控。而且 *strR* 基因受自身激活，这种自激活方法能够使 *strR* 快速转录，也使其他链霉素生物合成基因快速转录，从而使链霉素快速合成。

8.9.3 提高抗生素的产量

长期以来，工业生产中使用的抗生素高产菌株都是通过物理或化学手段进行诱变育种得到的。尽管目前诱变育种技术仍是改良微生物工业生产菌种的主要手段，但是利用基因工程技术有目的地定向改造菌种，改变基因的表达水平以提高菌种的生产能力也取得重要进展，得到了越来越广泛的应用。

（1）增加生物合成限速阶段基因的拷贝数

增加生物合成中限速阶段酶系基因的剂量有可能提高抗生素产量。抗生素生物合成途径中的某个阶段可能是整个合成中的限速阶段，如果能够确定生物合成途径中的“限速瓶颈”，并设法提高这个阶段酶系的基因拷贝数，在增加的中间产物对合成途径不产生反馈抑制的情况下，就有可能增加最终抗生素的产量。

由于抗生素的产量不仅受自身生物合成基因影响，而且与初级代谢途径生物合成基因有关，因此，单靠增加少数几个基因的拷贝数，来大幅提高抗生素产量并不容易实现，然而确有成功的例子。

知识拓展 8-7
通过操作工业用菌株中卤化酶提高金霉素产量

分析高产头孢菌素 C 工业菌株发酵液，发现还有青霉素 N 积累，表明合成途径中的下一步反应限制了这一中间体的转化。利用基因工程手段将一个带有 *cefEF* 基因的整合型重组质粒转入头孢菌素高产菌株顶头孢霉 394-4 中，所得的转化子产量提高 25%；在实验室小罐中产量提高最大达到 50%，而青霉素 N 的产量却降低了。这说明了 DACS/DAOCS 活性的增加使其底物的消耗也相应增加，由此认为从 IPN 到 DAOC 可能是生物合成中的限速阶段。由于 *cefEF* 基因拷贝数的增加，该菌株的细胞抽提液中 DACS/DAOCS 的活力提高了 1 倍，在中试罐发酵，无青霉素 N 中间体积累，头孢菌素 C 的产量提高了 15% 左右（图 8-7）。这些结果说明，在重组子顶头孢霉菌 LU4-79-6 中已有效地解除了头孢菌素 C 生物合成中的限速步骤。虽然在工业发酵中产量仅仅提高了 15% 左右，但对于头孢菌素 C 产生已高度开发的菌株来说，这仍然是重大的改进。这株基因工程菌现已应用于工业生产。

氯霉素由金色链霉菌（*Streptomyces aureofaciens*）发酵产生，由四环素氯化产生氯霉素是其生物

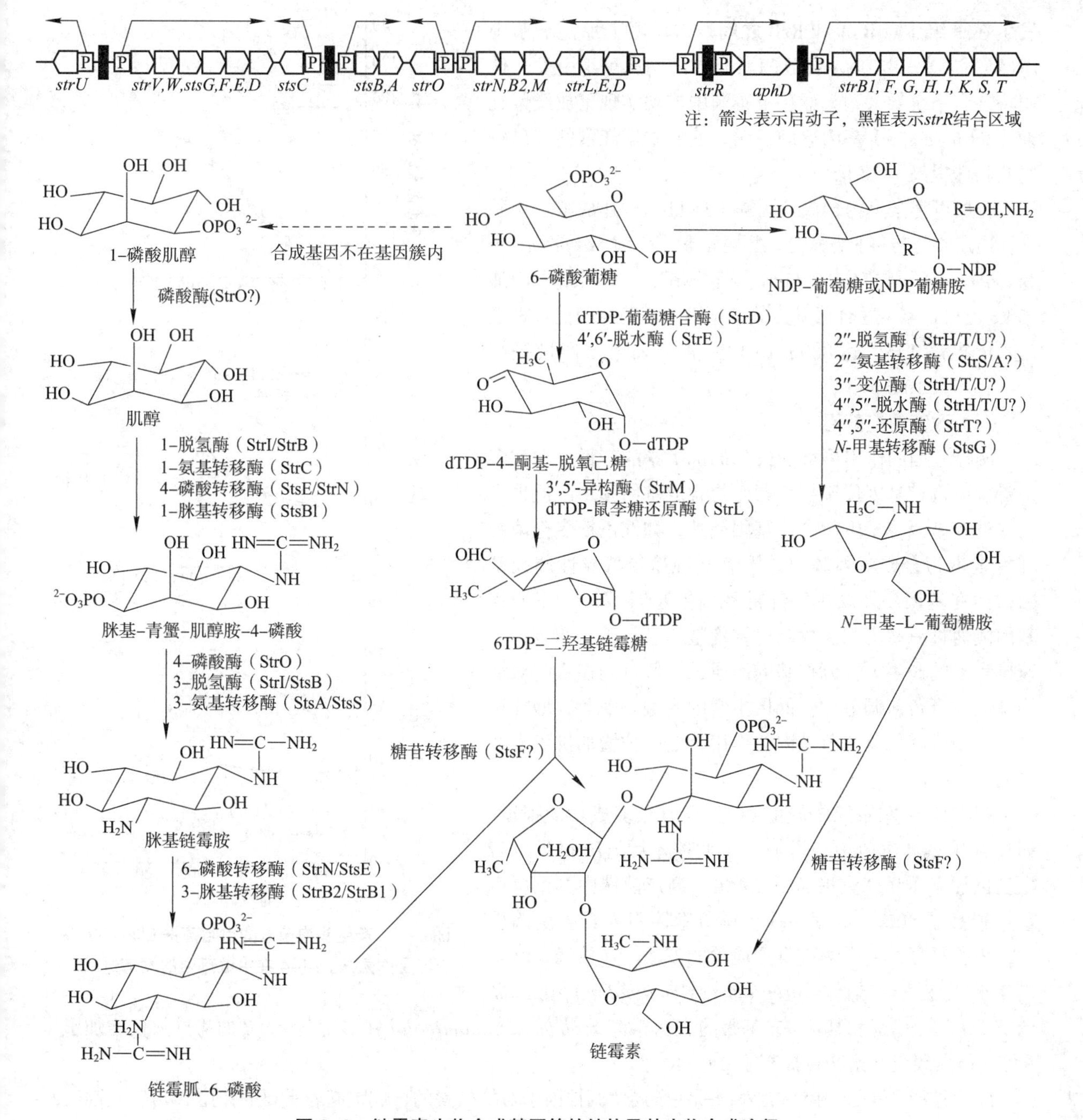

图 8-6　链霉素生物合成基因簇的结构及其生物合成途径

合成中的最后一个限速步骤。通过在一株工业用氯霉素产生菌中增加编码催化氯化反应的基因 *ctcP* 的拷贝数，发现增加 3 个 *ctcP* 基因拷贝时氯霉素产量较高，达到 25.9 g · L^{-1}，比出发菌株的氯霉素产量提高了 73%。由于使用的出发菌株是经过多轮诱变获得的高产菌株，使用传统育种方法提高产量已经比较困难，因此通过增加限速酶基因使氯霉素产量大幅度提高具有重要的意义。

知识拓展 8-8
在天蓝色链霉菌中扩增目标基因簇的方法

（2）增加部分或整个生物合成基因簇

人们发现许多工业生产用高产菌株基因组上携带多个拷贝的抗生素生物合成基因簇。例如，在青霉素高产菌株中，有 6 ~ 16 个 35 kb 的青霉素生物合成基因簇拷贝，该 35 kb 区域包含青霉素合成的基因 *pcbAB*、*pcbC*、*pcbDE*；一株卡那霉素高产菌株的卡那霉素生物合成基因簇数目高达 36 个。

Takeshi 等发现在卡那链霉菌中存在一个具有 DNA 释放酶活性的 ZouA，而卡那霉素基因簇的扩增发生在重组位点 RsA 和 RsB 之间，这说明卡那链霉菌中 DNA 的扩增是由 DNA 释放酶所介导的同源重组引发。他们将这套系统导入到天蓝色链霉菌中成功实现了放线紫红素（actinorhodin）基因簇的扩增，使放线紫红素的产量较原始菌株提高了 20 倍。

知识拓展 8-9
在生产菌中增加尼可霉素基因簇拷贝提高尼可霉素产量

将尼可霉素生物合成基因簇（35 kb）构建成整合型质粒，通过接合转移的方式导入尼可霉素产生菌 *Streptomyces ansochromogenes* 7100。与出发菌株相比，基因组中增加 35 kb 尼可霉素生物合成基因簇的基因工程菌株的尼可霉素 X 产量提高 4 倍，达 880 mg · L^{-1}；尼可霉素 Z 产量提高 1.8 倍，为 210 mg · L^{-1}。

（3）**改变调控基因**

知识拓展 8-10
红霉素生物合成受 *BldD* 调控因子调控

调控基因的作用可增加或降低抗生素的产量，在许多链霉菌中调控基因位于抗生素生物合成基因簇中。但也有一些调控基因位于生物合成基因簇外，如红色糖多孢菌中红霉素生物合成基因簇中并没有发现途径特异性调控基因，而在基因簇外发现了红霉素调控基因 *bldD*。正调控基因能通过一些正调控机制对结构基因进行正向调节，加速抗生素的产生。负调控基因能通过一些负调控机制对结构基因进行负向调节，降低抗生素的产量。因此，增加正调控基因或降低负调节基因的作用，是一种增加抗生素产量的可行方法。

利用调控基因增加抗生素产量已有很多成功的报道。如在泰乐星产生菌中，增加一正调控基因 *tylR* 拷贝，野生型菌株泰乐星产量提高了 4.9 倍，高产菌株中泰乐星产量也提高了 50%。将额外的正调节基因引入野生型菌株中，为获得高产量产物提供了简单的方法。在放线紫红素产生菌天蓝色链霉菌（*Streptomyces coelicolor*）中 *act Ⅱ* 调节 *act Ⅰ*、*act Ⅲ* 和其他 *act* 基因的表达，将 *act Ⅱ* 转入 *S. coelicolor* 中，尽管 *act Ⅱ* 的拷贝数仅增加了 1 倍，但放线紫红素产量提高了 20 ~ 40 倍。

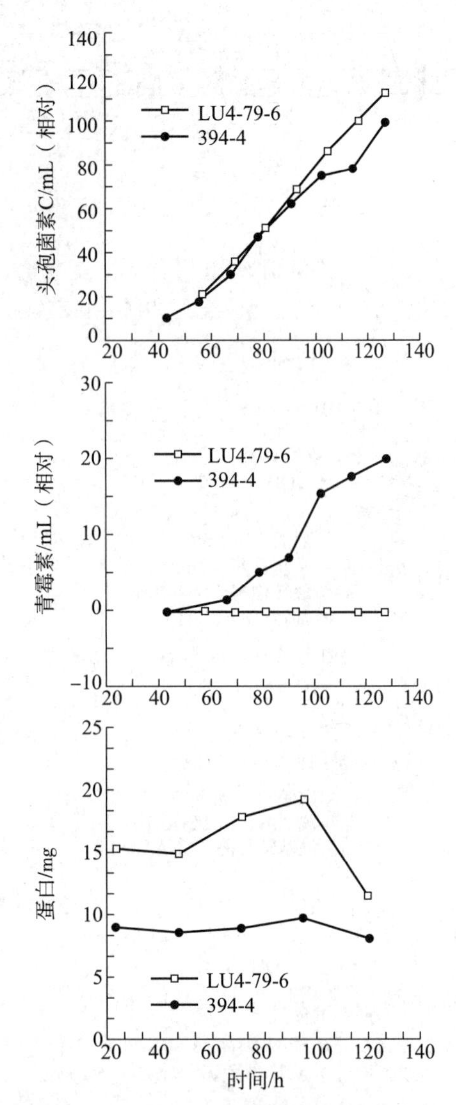

图 8-7 产生头孢菌素的重组菌株 LU4-79-6 与受体菌株 394-4 在中试罐中的发酵过程

知识拓展 8-11
操控 *hrdB* 基因提高工业用菌株中阿维菌素产量

除途径特异性的调控基因外，一些全局性调控因子对抗生素的合成也起着重要的作用。*hrdB* 基因编码阿维菌素产生菌中一种 σ 因子，σ^{hrdB} 通过调节正调控基因 *aveR* 和阿维菌素生物合成相关基因表达量，影响阿维菌素的产量。构建 σ^{hrdB} 突变体库，筛选得到了一株阿维菌素产量较工业生产菌株提高了 53% 的高产菌株 A56。

知识拓展 8-12
操控调控基因提高 platensimycin 和 platencin 产量

阻断负调控基因通常也能增加抗生素产量。*Streptomyces platensis* 产生 platensimycin 和 platencin，在出发菌株中产量分别为 15.1 mg · L^{-1} 和 2.5 mg · L^{-1}，而在负调控基因 *ptmR1* 阻断菌株产量分别提高至 323 mg · L^{-1} 和 255 mg · L^{-1}。

（4）**增加抗生素抗性**

由于抗生素对产生菌自身也有一定的毒性，因此大部分抗生素合成基因簇内包含耐药有关的基因。抗生素耐药机制有多种，如改变核糖体等抗生素作用靶点、通过耐药泵将抗生素排出等。菌种对自身抗生素的抗性与抗生素的产生密切相关。

阿维菌素生物合成基因簇上游的 *avtAB* 基因编码蛋白属于 ABC 转运蛋白家族，被认为可以外排阿维菌素。构建 *avtAB* 多拷贝表达质粒，增加阿维链霉菌中 *avtAB* 拷贝数从而增加其表达量，使一株阿维菌素高产菌株的产量提高了 50%，并使阿维菌素在胞内胞外的分布比例从 6∶1 下降为 4.5∶1。王以光利用螺旋霉素抗性基因，提高了螺旋霉素产生菌的自身抗性和发酵效价。

知识拓展 8–13
过表达 ABC 转运蛋白提高阿维菌素产量

（5）增加前体供应

生物合成前体的供应是决定次生代谢产物产量的重要因素。前体通常是在初级代谢过程中糖代谢、脂肪代谢、氨基酸代谢的过程中形成。增加前体供应是增加抗生素产量的重要方法。

他克莫司（FK506）是链霉菌发酵产生的一种重要的大环内酯类免疫抑制剂。每分子 FK506 生物合成需要 5 个甲基丙二酰辅酶 A。甲基丙二酰辅酶 A 生物合成可以由 3 种酶系催化形成：丙酰辅酶 A 羧化酶（PCC）、甲基丙二酰辅酶 A 异构酶（MCM）、丙二酰 / 甲基丙二酰连接酶。发现表达甲基丙二酰辅酶 A 异构酶效果最明显，使 FK506 产量提高了 1.5 倍。而后续研究者发现在一株经过诱变的 FK506 高产菌株中过表达 MCM 产量变化并不明显，而增加 PCC 却能明显增加 FK506 的产量。说明在不同菌株中甲基丙二酰辅酶 A 的主要合成途径并不相同。为了增加甲基丙二酰辅酶的合成量，培养基中添加丙酸乙烯酯，丙酸乙烯酯在脂肪酶作用下形成丙酸，接着形成丙酰辅酶 A，因此培养基中同时添加丙酸乙烯酯和 Tween 80（脂肪酶产生的促进剂），FK506 产量提高了 2.2 倍。而在添加丙酸乙烯酯和 Tween 80 基础上，同时在菌株中过表达丙酰辅酶 A 羧化酶，FK506 产量又提高了 1.6 倍。通过在培养基中添加甲基丙二酰辅酶 A 合成的底物以及过表达合成所需的酶，FK506 产量从 37.9 $mg \cdot g^{-1}$ 提高到 251.9 $mg \cdot g^{-1}$。

知识拓展 8–14
诱变结合代谢工程提高 FK506 产量

8.9.4 改善抗生素组分

许多抗生素产生菌可以产生多组分抗生素，由于这些组分的化学结构和性质非常相似，而其生物活性有时却相差很大，这给有效组分的发酵、提取和精制带来很大不便。随着对各种抗生素生物合成途径的深入了解以及基因重组技术的不断发展，应用基因工程方法可以定向地改造抗生素产生菌，获得只产生有效组分的菌种。

庆大霉素是一种氨基糖苷类抗生素，主要用于治疗细菌感染，尤其是革兰氏阴性菌引起的感染。庆大霉素由棘孢小单孢菌发酵生产，临床应用的庆大霉素含有庆大霉素 C1a、C2、C2a 和 C1 四种活性组分。依替米星是我国自主研发的新的半合成氨基糖苷类抗生素，由庆大霉素 C1a 经化学修饰生产制备。而由于庆大霉素 4 个主要组分化学性质相似，从庆大霉素发酵液分离制备庆大霉素 C1a 工艺复杂、产率低。缩减的庆大霉素的生物合成途径如图 8–8 所示，通过基因工程方法阻断庆大霉素生物合成中 C–6′ 甲基转移酶基因 *gacD*（*gntK*），使菌株不再产生庆大霉素 C2、C2a 和 C1，获得了主组分为庆大霉素 C1a、产量达 1 000 $\mu g \cdot mL^{-1}$ 的高产菌株。

G418 是庆大霉素生物合成的中间代谢产物，具有对多种原核和真核生物抑制活性，包括细菌、酵母、植物和哺乳动物细胞，也包括原生动物和蠕虫，在分子生物学实验中，是稳定转染最常用的抗性筛选试剂。通过阻断庆大霉素生物合成中 C–6′ 脱氢酶基因 *gacJ*，使 G418 成为代谢途径的终产物，构建获得了组分单一、产量高的 G418 产生菌株。

红霉素是由红色糖多孢菌（*Saccharopolyspora erythrea*）产生的一种大环内酯类抗生素。在红色糖多孢菌的发酵液中，主要产物是红霉素 A，除此之外还有红霉素 B、C 等副产物。其中红霉素 A 的抗菌活性最好，被应用于临床，同时也是合成的第二、三代红霉素衍生物的前体。其他几种组分相对红霉素 A 来说活性比较低，且副作用比较大，是红霉素产品中必须严格控制的杂质。因此红霉素发酵生产中要提高红霉素 A 的产量并设法降低红霉素 B、C 和 D 等副产物的产量。如图 8–9 所示，红霉素 D 经单加氧酶 EryK 和 *O*– 甲基转移酶 EryG 催化形成红霉素 A。因此要增加红霉素 A 的产量和相对含量，就需要增加 EryK 和 EryG 的量，同时需要控制他们的比例。通过采用同源重组和位点特异性整合相结合的方式，使改造后的菌株中 *eryK*∶*eryG* 基因拷贝数比率为 3∶2，两个基因转录量的比率为

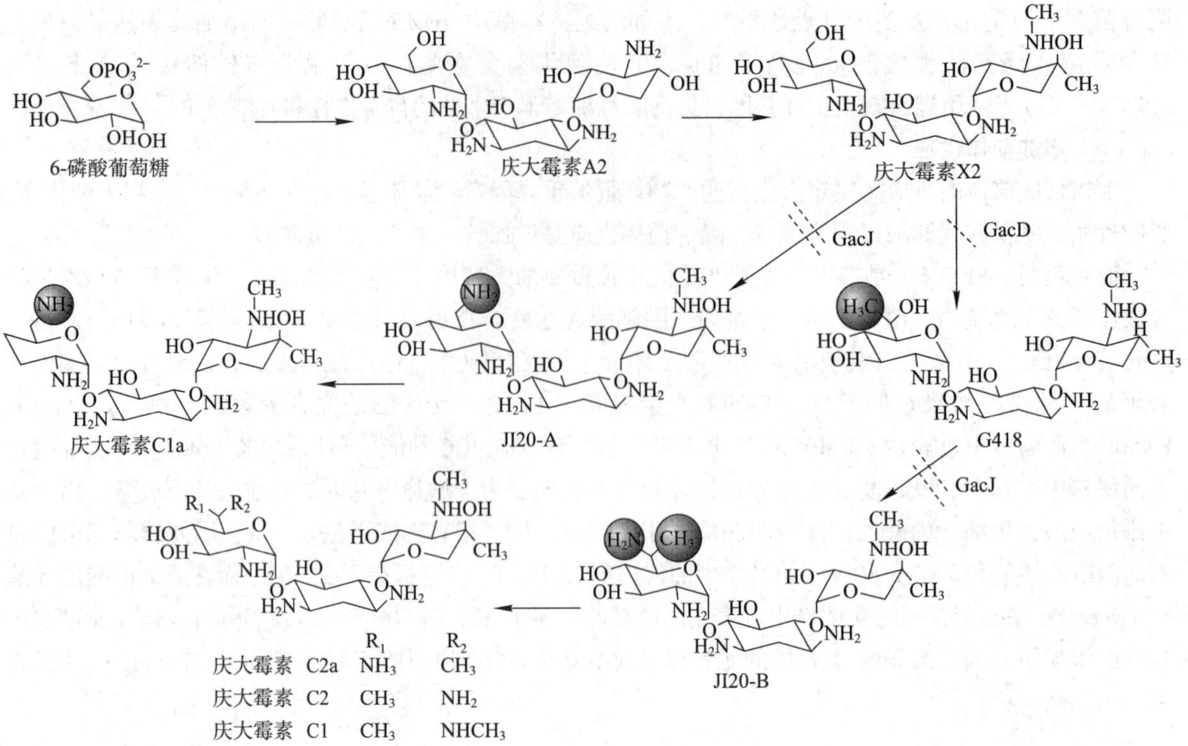

6-磷酸葡萄糖

庆大霉素A2

庆大霉素X2

GacJ

GacD

庆大霉素C1a

JI20-A

G418

GacJ

JI20-B

	R_1	R_2
庆大霉素 C2a	NH_3	CH_3
庆大霉素 C2	CH_3	NH_2
庆大霉素 C1	CH_3	$NHCH_3$

图 8-8 庆大霉素生物合成途径简图

教学视频 8-1

基因工程在改善发酵组分中的应用

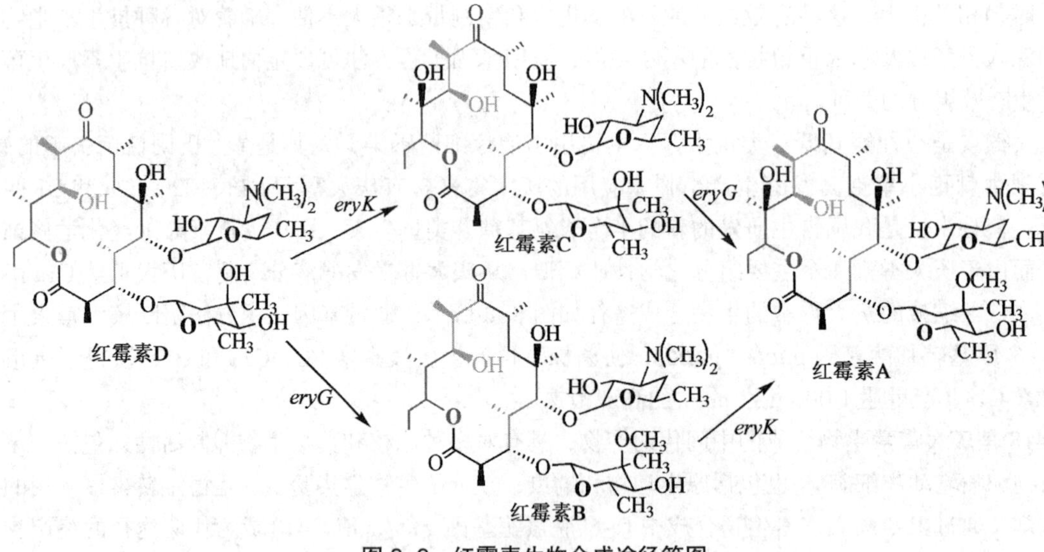

红霉素D

eryK

红霉素C

eryG

红霉素A

eryG

红霉素B

eryK

图 8-9 红霉素生物合成途径简图

2.5∶1 到 3.0∶1 时，红霉素 B 和 C 基本全转化为红霉素 A，同时红霉素总产量提高了约 25%。

通过改变酶的特异性改变发酵组分：多拉菌素是由 FDA 批准的一种大环内酯类抗寄生虫药物，对体内外寄生虫特别是某些线虫和节肢动物具有良好的驱杀作用。多拉菌素由 *bkd* 基因突变的阿维链霉菌（*Streptomyces avermitilis*）发酵生产，与阿维菌素相同，其产物由于 C-22、C-23 位结构不同而存在 CHC-B1 和 CHC-B2 两种结构，而且 CHC-B2 活性比 CHC-B1 活性低，因此提高 CHC-B1 含量是保证产品活性和质量的基础。C-22、C-23 位结构不同是由 AveC 蛋白引起，但增加 *aveC* 基因拷贝数并不影响 CHC-B1∶CHC-B2 之间的比例。通过半合成基因重排技术，对 AveC 蛋白中影响底物特异性的位点进行突变，筛选获得催化特异性提高的突变体，并将突变基因整合到已经敲除野生型 *aveC* 的生产菌株基因组中，使 CHC-B2∶CHC-B1 之间的比例降低了 23 倍，达到 0.07∶1。

知识拓展 8-15
DNA 重排 *aveC* 基因优化多拉菌素生产

8.9.5　改进抗生素生产工艺

抗生素的生物合成一般对氧的供应较为敏感，不能大量供氧往往是高产发酵的限制因素。为了使细胞处于有氧呼吸状态，传统方法往往只能改变最适操作条件、降低细胞生长速率或培养密度。提高供氧水平通常只从设备和操作角度考虑，着眼于提高溶氧水平或气液传质系数，提高发酵罐中无菌空气的通入量，并采用各种各样的搅拌装置使空气分散，以满足菌体的需氧要求。空气的压缩、冷却、过滤和搅拌都消耗大量的能源，而结果只有一小部分的氧得到利用，造成能源浪费。如在菌体内导入与氧有亲和力的血红蛋白，呼吸细胞器就能容易地获得足够的氧，降低细胞对氧的敏感程度，可以利用它来改善发酵过程中溶氧的控制强度。

教学视频 8-2
基因工程在改进发酵生产工艺中的应用

将一种丝状细菌——透明颤菌属（*Vitreoscilla*）细菌的血红蛋白基因克隆到放线菌中，可促进有氧代谢、菌体生长和抗生素的合成。*Vitreoscilla* 为一类专性好氧细菌，生存于有机物腐烂的死水池塘，在氧的限量下，透明颤菌血红蛋白（*Vitreoscilla* hemoglobin，VHb）受到诱导，合成量可扩增几倍。这一血红蛋白已经纯化，被证明含有两个亚基和 146 个氨基酸残基，相对分子质量为 1.56×10^5。透明颤菌血红蛋白基因（*Vitreoscilla* globin gene，*vgb*）已在大肠杆菌中得到克隆，经细胞内定位研究，证明大量的 VHb 存在于细胞间区，其功能是为细胞提供更多的氧给呼吸细胞器。VHb 最大诱导表达是在微氧条件下（溶氧水平低于空气饱和时的 20%），调节发生在转录水平，转录在完全厌氧条件下降低很多；而在低氧又不完全厌氧的情况下，诱导作用可达到最大，在贫氧条件下对细胞生长和蛋白合成有促进作用。

Magnolo 等将 *vgb* 克隆到天蓝色链霉菌中，在氧限量的条件下，*vgb* 的表达可使放线紫红素的产量提高 10 倍之多（图 8-10）；Demodena 等将 *vgb* 引入顶头孢霉中，限氧时血红蛋白表达量较高，头孢菌素 C 的产量比对照菌株提高 5 倍。

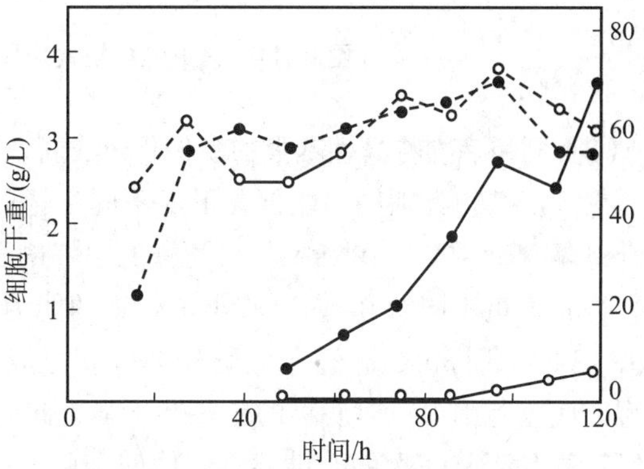

图 8-10　天蓝色链霉菌氧限量下发酵曲线
----- 示细胞干重；—— 示放线紫红素合成量；
● 示基因工程菌，表达 VHb；○ 示对照，不表达 VHb

8.9.6　产生新抗生素

应用基因工程技术改造菌种，产生新的杂合抗生素，这为微生物药物提供了一个新的来源。杂合抗生素是通过遗传重组技术产生的新的抗菌活性化合物。

教学视频 8-3
基因工程在生产杂合抗生素中的应用

（1）生物合成途径中某个酶基因的突变

抗生素生物合成是由一系列酶参与完成的，采用 DNA 重组技术使生物合成途径中的一种酶编码基因发生变化，则会使中间产物积累，也可能使合成途径越过变异的酶直接由后续酶作用进行生物合成，从而产生一系列新的抗生素衍生物。

① 6- 去氧红霉素 A　红霉素产生菌中 6- 去氧红霉内酯 B 在 C-6 羟化酶（*eryF* 基因调控）的作用下，转化成红霉内酯 B，如果 *eryF* 基因失活，则会得到 6- 去氧红霉内酯衍生物。根据这一原理，将含有部分 *eryF* 基因的重组质粒 pMW56-H23 转入红霉素产生菌原株中，利用基因阻断技术得到了变株 UW：pMW56-H23，该菌株可以产生新型红霉素衍生物 6- 去氧红霉素 A。由于该化合物在 C-6 位没有羟基，因此对酸稳定，临床效果好于半合成的甲红霉素（红霉素 C-6 位羟基经甲基化制得）。

② Δ-6，7- 脱水红霉素 C　编码红霉素内酯环聚酮体合成酶的基因是 *eryA* 第四单元中产生的

烯酰还原酶催化在内酯环 C-7 位上形成次甲基，如果烯酰还原酶基因失活，则聚酮体的烯基由于不能还原而成为新的聚酮体。用人工合成的寡核苷酸序列 GCTAGCCTGTC 置换染色体上的相应序列 GCAGGAGGTGTC，获得了基因失活的转化子，该转化子产生新化合物 Δ-6，7- 脱水红霉素 C。

（2）在生物合成途径中引入新的酶基因

Epp 等克隆了耐温链霉菌的 16 元大环内酯碳霉素的部分生物合成基因，将编码异戊酰辅酶 A 转移酶的 *carE* 基因转到产生类似结构的 16 元大环内酯抗生素螺旋霉素产生菌生二素链霉菌中，其转化子产生了 4″- 异戊酰螺旋霉素（图 8-11）。由于碳霉素异戊酰辅酶 A 转移酶具有识别螺旋霉素碳霉糖（mycarose）对应位置的能力，从而将异戊酰基转移到螺旋霉素 4″-OH 上。这是第一个有目的改造抗生素而获得新杂合抗生素的成功例子。在此基础上，中国医学科学院药物生物技术研究所王以光教授研究开发了国家一类新药异戊酰螺旋霉素（可利霉素），药效学研究表明可利霉素的抗菌活性及治疗效果优于乙酰螺旋霉素、麦迪霉素和红霉素。2019 年可利霉素作为一类新药获得国家药品监督管理局批准上市。这是迄今为止国内外唯一实现产业化的、利用合成生物学技术获得的“新抗生素”。

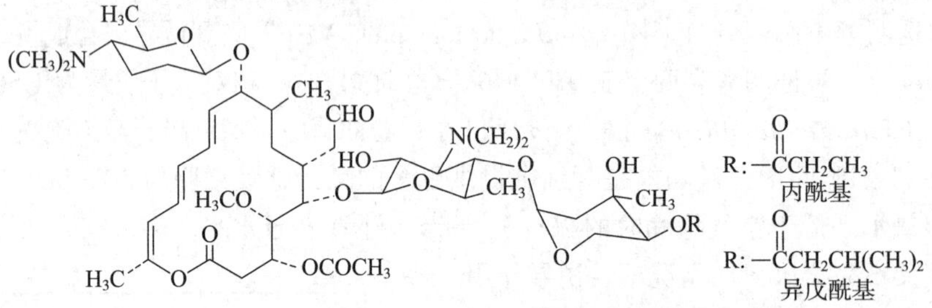

图 8-11　丙酰螺旋霉素和异戊酰螺旋霉素（可利霉素）的结构

（3）利用底物特异性不强的酶催化形成新产物

在一定结构类别中，能催化形成不同产物而底物的特异性不强的酶在新药研究中是非常有用的。异青霉素 N 合成酶（IPNS）是这类酶的很好例子，产黄青霉和顶头孢霉的 IPNS 具有惊人的环化新底物、得到大量不同的 β- 内酰胺类抗生素的能力，这是由于自由基中间产物能环化生成不同产物。编码 IPNS 的基因 *pcbC* 已经在大肠杆菌中获得成功表达。Huffman 等的研究表明，这种酶在一定结构类型的底物范围内，对底物的专一性不强，此酶合成异青霉素 N 及其类似物依赖于 D- 缬氨酸或一种新氨基酸是否是底物的 C 端残基。他们利用上述大肠杆菌 IPNS 基因工程菌，对 150 种人工合成的三肽底物进行体外酶促反应，探讨了 IPNS 催化人工合成的三肽形成 β- 内酰胺的能力，结果发现，其中有 80 多种可以被不同程度地转化为 β- 内酰胺类。在这 80 多种底物中，约 1/4 的产物具有抗菌活性，这就证实了利用 IPNS 和人工合成的三肽为底物，可以生物合成多种新型的 β- 内酰胺抗生素（图 8-12）。与此类似，以 α- 氨基己二酸和半胱氨酸结构类似物为底物，通过酶促作用，也可能获得 IPNS 新型的产物。

（4）激活沉默基因簇合成新的抗生素

知识拓展 8-16
通过激活沉默聚酮合酶发现一个 51 元环大环内酯活性化合物

目前，已经有多个链霉菌基因组被测序。每个已测序的基因组中发现有十几个次生代谢产物生物合成基因簇，而在人工培养条件下只有很少一部分基因簇表达，其他基因簇都处于“沉默”状态。这种现象提示人们现在使用的抗生素生产菌仍有巨大的研究开发新抗生素的潜力。因此如何激活“沉默”基因簇成为一重要的研究课题。常使用的方法有改变培养条件、表达自身或异源调控元件、替换强启动子等。

Streptomyces ambofaciens 23877 产生两种抗生素：大环内酯类抗生素螺旋霉素和肽类抗生素纺锤菌素，其基因组测序发现该菌基因组中有一个巨大的 I 型聚酮合酶基因簇，大小为 150 kb，但该基因簇编码的产物并没有被检测到。该基因簇中含有推测的途径特异性 LAL 调控子，在 *Streptomyces*

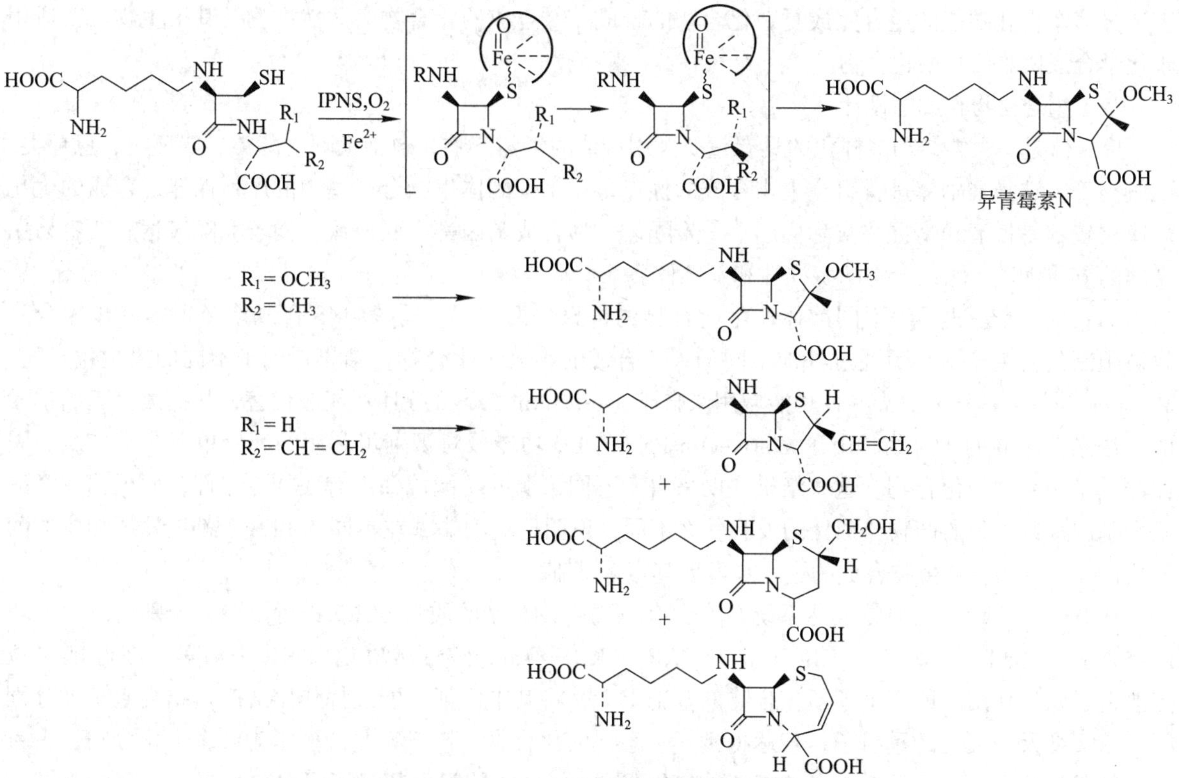

图 8-12 由异青霉素 N 合成酶（IPNS）产生的新 β- 内酰胺类化合物

IPNS 的铁结合位点用开圆环表示

ambofaciens 23877 中组成型过表达该调控子，成功将该沉默的 I 型聚酮激活，产生了 4 个 51 元大环内酯类抗生素，称为 stambomycins A–D。基因序列分析表明“沉默”基因簇中大部分都有调控基因，将这些调控基因过表达，可能激活“沉默”基因簇，产生新抗生素。

随着预测能力的提高和激活“沉默”基因簇方法的基因，相信未来会有越来越多的新抗生素被开发利用。

8.9.7 组合生物合成

（1）组合生物合成的概念

组合生物合成（combinatorial biosynthesis），是近年发展起来的技术，是在微生物次生代谢产物生物合成基因和酶学研究基础上形成的。由于微生物次生代谢产物生物合成是由多酶体系参与的，这些多酶体系中的各个酶系是由单个分开的具有明显的功能区域所组成，并按照一定的组织结构协调起作用，因此有针对性地对某些基因进行操作（如替换、阻断、重组等）均有可能改变其生物合成途径而产生新的代谢旁路，形成新的化合物。由于微生物的多样性和次生代谢产物的多样性，再加上目前可从未培养及难培养的天然资源获得有意义的基因，为生物合成基因的组合提供了更大的空间。近年来对一些次生代谢产物生物合成酶系结构与功能的深入研究及分子生物学技术的发展，促使组合生物合成这一创制新化合物的新技术得到了较大的发展。组合生物合成的兴起不仅从理论上加深了对次生代谢产物生物合成机理的研究，从实际上也开拓了人们利用微生物的多样性及可塑性有效地创制目的产物的可能性。目前这一领域已经成为世界生物技术新药研究的热点。

组合生物合成的基本过程是将不同来源的基因组合，在异源宿主细胞中进行基因表达，将宿主细胞产生的化合物分离提纯，对化合物的结构进行解析，推测生物合成规律。组合生物合成的特点是：

①通过多个催化功能的组合完成复杂化合物的合成。②合成的化合物为天然产物及其衍生物。③适用于化学合成困难的复杂化合物。

（2）组合生物合成的设计

聚酮体是一大类结构多样化的具有重要医用价值的天然产物，包括大环内酯类、四环类、蒽环类、聚醚类等。选择聚酮体进行组合生物合成的优点是：①聚酮体生物合成基因的序列保守，合成的生化规律比较容易摸清和掌握并实际应用。②聚酮体生物合成基因都串联成簇，便于克隆表达。③容易用发酵的方式生产。④化合物的多样性和新颖性。

Jacobson 等尝试了用不同前体产生化合物的构想。设计了红霉素 PKS 合成途径中第一步缩合步骤被阻断的突变子，然后通过外加不同的人工合成的小分子化合物，结果得到了不同的聚酮化合物。Marsden 等将红霉素 PKS 的 LD 功能域用来自于 avermectin PKS 的 LD 功能域代替，从而改变起始单元的办法来产生新的化合物。由于 avermectin PKS 的 LD 功能域对识别可利用的起始单元非常广泛，因此产生了一系列的化合物。这些结果表明来自于不同来源的功能域并没有底物专一性，而根据克隆的不同基因最终得到的产物与预计的没有什么不同，说明这些功能域在不同的 PKS 中都能发挥相应的酶催化活性。这为组合生物合成的进一步发展其定了基础。

McDaniel 等设计的质粒表达系统，对含有编码 *eryAI–Ⅱ* 的质粒 pCK7 进行改造，分别更改了模块 2、5、6 上的 AT → *rapAT2*、KR → *rapDH/KR4*、KR → *rapDH/ER/KRl* 以及 KR 失活等，在确证单位点改造已发挥作用、即产生了新化合物的基础上，又将其中已证实能发挥作用的改造结合起来，分别得到双突变及三突变的重组子，表达得到了一系列的化合物。该研究共产生了 100 多个化合物，占目前已知的所有聚酮化合物数量的 3%，更为重要的是，这一数目已超过了目前自然界所发现的不同大环内酯环结构的化合物的总量，初步显示了组合生物合成的威力。Xue 等构建的三质粒系统，先证明了将 *eryAI–Ⅲ* 3 个基因分别克隆至不同质粒上，然后将 3 个质粒同时转化链霉菌，表达得到的 6–DEB 和在一个质粒上克隆 3 个基因是等效的；有了这个基础，对 *eryAI–Ⅲ* 分别进行改造，对 *eryAI* 进行 4 种方案的改造，对 *eryAⅡ* 改造 1 个功能域，对 *eryAⅢ* 改造 7 个功能域（表 8–7），实验结果是共得到了 64 个不同的三质粒转化子。产物分析的结果表明其中 46 个转化子共产生了 43 个不同的聚酮化合物，它们包括 6–DEB、单个位点改变（11 个）、两个位点改变（26 个）及三个位点改变（5 个）的产物，其中 28 个是用单质粒系统已见报道的，另外 15 个则是全新的化合物。另外，将 *eryAⅢ* 的模块 6 去除，TE 连于模块 5 后，则得到了 5 个 12 元环的化合物，其中 1 个已有报道，另外 4 个则为新的化合物。

表 8–7　三质粒系统所采用的功能域替换计划

pKOS021 *eryAI*（DEBS1） 模块 1，2	pKOS025 *eryAII*（DEBS2） 模块 3	pKOS010 *eryAIII*（DEBS3） 模块 5	pKOS010 *eryAIII*（DEBS3） 模块 6
野生型	野生型	野生型	AT → *rapAT2*
AT → *rapAT2*	AT3 → *rapAT2*	AT → *rapAT2*	KR → *AT/ACP* linker
KR → *rapDH/KR4*		KR → *AT/ACP* linker	KR → *rapDH/KR4*
KR → *rapDH/ER/KR1*		KR → *rapDH/KR4*	
KS		KR → *rapDH/ER/KR1*	
		模块 5+TE	

呈模块方式组装的Ⅰ型 PKS 的合成机理被研究得相对清楚，因此以为数众多的Ⅰ型 PKS 为材料的组合生物合成已取得了长足的进展。对基因簇的改造可以在不同基因簇间酶分子亚基，起始模块的不

同，延伸模块的不同和数量，结构域之间的替换、缺失或失活、添加或激活，β- 酮基的还原程度，侧链基团立体异构的不同，新生链环化方式的不同，合成过程中或合成后的各种修饰，改变硫酯酶的位置缩短聚酮链的长度。既可以通过在染色体上进行同源交换，也可以通过相容的多质粒系统来实现，多质粒系统的采用极大地加速了基因簇的遗传操作和新产物的生物合成。

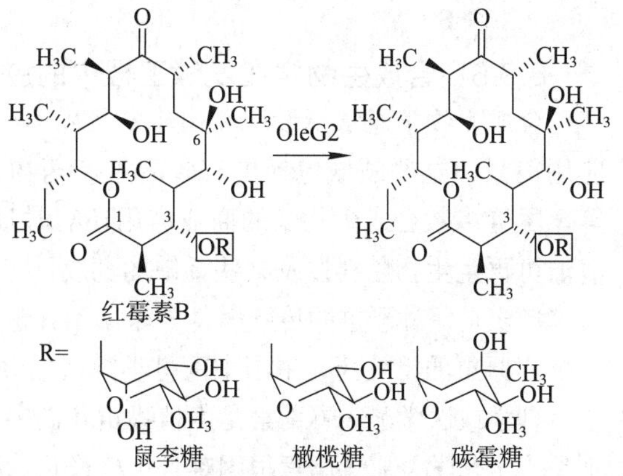

除对聚酮合酶进行改造外，对后修饰酶进行改造也是组合生物合成的一种有效的策略。聚酮类抗生素后修饰包括氧化还原、糖苷转移、甲基转移、酰基转移、氨基转移等多种修饰方式，对这些后修饰基因进行敲除、替换、插入等改造，可以组合产生多种化合物。如图 8-13 所示，OleG2 是竹桃霉素生物合成中的糖苷转移酶，正常情况下转运 NDP-L- 橄榄糖，但对糖供体和受体都具有一定的底物宽容性，能够催化转运橄榄糖、鼠李糖与红霉内酯 B 形成糖苷键，形成含有新糖苷的红霉素衍生物。

图 8-13 通过改变糖苷转移酶基因产生新的红霉素衍生物

与聚酮合酶类似，NRPS 也由多个模块组成，通过将不同模块进行替换，后修饰基因改造等多种不同的变化进行组合，就能够得到一系列新的化合物。以达托霉素类似物组合生物合成的例子作一简单介绍，如图 8-14 所示，*dptBC* 是达托霉素 NRPS 的一个基因，设计 PCR 引物扩增抗性基因作为筛选标记，引物上引入两个稀有酶切位点，引物两端分别含有 50bp 与 *dptBC* 上欲替换 CAT 或 CATE 区域同源区，通过 λ-Red 重组酶系统发生同源重组，将删除盒替换到 *dptBC* 基因上。将克隆到的欲替换模块酶切，该模块两端引入了与删除盒两端对应的同尾酶，酶切后与酶切掉删除盒的含 *dptBC* 基因的载体连接，即构建成功模块替换的载体。可以根据欲替换模块方便地设计替换一个或多个模块，与其他改造的基因进行组合生物合成。通过这种方法，获得了多个新的达托霉素的类似物。

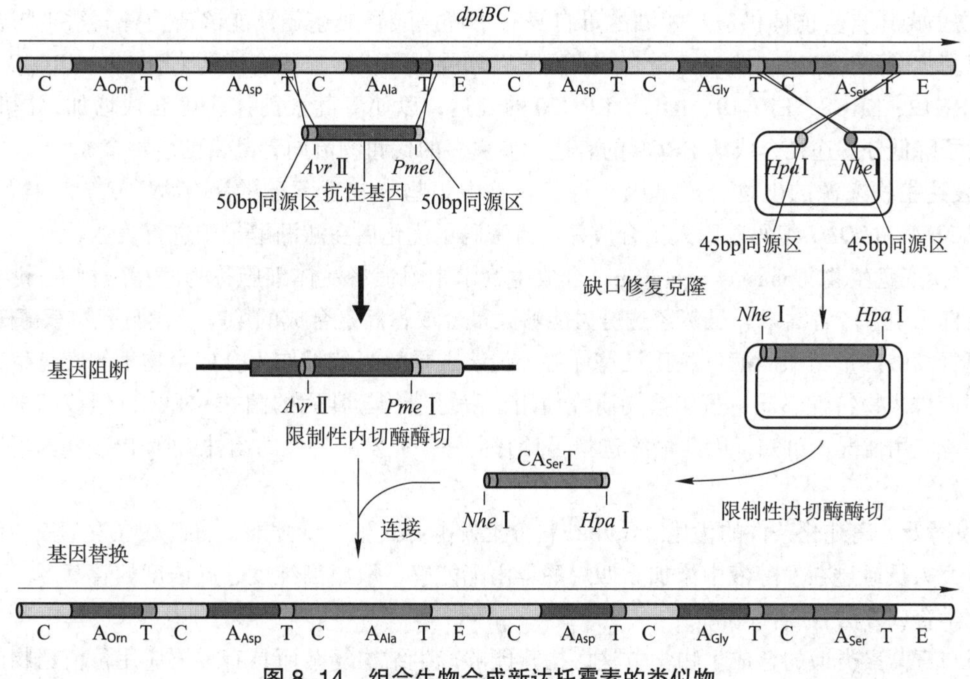

图 8-14 组合生物合成新达托霉素的类似物

8.9.8 合成生物学在发酵工程中的应用

合成生物学通常指设计和构建自然界不存在的新的生物实体。合成生物学在很多领域具有极好的应用前景，这些领域包括更有效的生产药物、以生物学为基础的化学品制造、环境污染的生物治理等。尽管多数合成生物学的商业应用还需时日，但现在研究人员已经研制合成微生物用以生产下一代清洁可再生生物燃料以及某些稀缺的药物。

疟疾是一种严重的传染病，全球每年有超过一百万人死于疟疾。由中国科学家最早发现的青蒿素是对抗疟原虫的特效药，中国中医科学院屠呦呦因开创性地从中草药中分离出青蒿素而荣获 2015 年诺贝尔生理学或医学奖。青蒿素是由植物黄花蒿中提取得到的，但由于来源有限且产量波动较大，一直供应不足。全化学合成青蒿素很困难且价格昂贵。科学家通过十余年努力，成功构建出能够高效发酵生产青蒿酸的基因工程酿酒酵母，产量可达 25 g · L^{-1}，以青蒿酸为原料进行化学半合成获得青蒿素（图 8–15）。

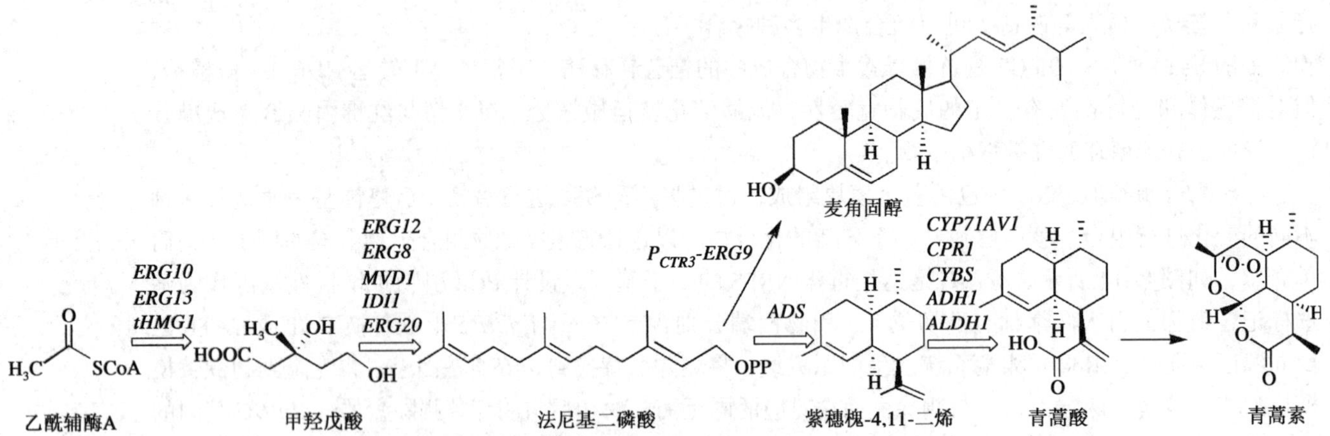

图 8–15　青蒿素合成途径

可通过多种方式增加青蒿酸的产量：

① 增强菌体自身前体供应　酿酒酵母自身有甲羟戊酸合成途径，能够产生青蒿素生物合成所需前体法尼基焦磷酸（FPP），为了大量合成青蒿素，增强甲羟戊酸途径合成酶 ERG10、ERG13、tHMG1（X3）、ERG12、ERG8、ERG19、IDI1、ERG20 的表达，以使青蒿素前体 FPP 合成增加；同时通过可诱导启动子降低分支途径合成酶 ERG9 的表达，使更多的代谢物流向青蒿素的生物合成。

② 表达植物来源的生物合成基因　将黄花蒿中生物合成青蒿酸的酶 *ADS*、*CYP71AV1*、*CPR*1、*CY5B*、*ADH1*、*ALDH1* 编码基因人工合成并进行密码子优化后在酿酒酵母中进行表达。

③ 更换底盘生物（chassis organism，合成生物学中习惯将受体细胞称为底盘生物）　科学家曾尝试在大肠杆菌中生产青蒿素，虽然经过努力能够大量合成青蒿素合成的第一个代谢产物紫穗槐 –4,11–二烯，但青蒿酸产量与酿酒酵母相比没有优势，最终选择酿酒酵母作为合成生物学的底盘生物。酿酒酵母不同菌株生物特性不同，虽然最初研究使用了酵母遗传学常用的菌株 S288C，但该菌株产孢子能力弱、工业应用情况不可知，因此最终选择了具有良好工业发酵特性的菌株 CEN.PK2 作为生产青蒿素的底盘生物。

④ 发酵及分离纯化条件的优化　采用补料分批发酵方式生产青蒿酸，青蒿酸在发酵液中沉淀形成结晶。研究人员通过在发酵液中添加十四烷酸异丙酯能够萃取出高纯度、高浓度的青蒿酸。青蒿酸接着通过化学合成方法合成青蒿素。

采用与青蒿素类似的合成生物学方法，构建能够产生结构复杂而具有重要应用价值药物的微生物菌种已经取得了可喜的进展，如利用酵母细胞生物合成植物来源的药物（如紫杉醇、吗啡），动物来

知识拓展 8–17
① 利用酿酒酵母生产苄基异喹啉生物碱；
② 利用微生物生产植物来源的苄基异喹啉生物碱；
③ 在酵母中利用简单碳源全生物合成氢化可的松

源的药物（如氢化可的松）等。

8.10 新技术在氨基酸和维生素生产中的应用

8.10.1 氨基酸

发酵法生产的氨基酸是菌体的一系列酶作用的初级代谢产物。过去用经典的育种方法对其产生菌进行选育，工作量大、盲目性高，还不能把不同菌株中的优良性状组合起来。以大肠杆菌为主的基因工程技术在生产氨基酸方面的应用已初见成效，氨基酸合成酶基因的克隆和表达研究已取得明显进展，目前利用生物技术已得到了苏氨酸、组氨酸、精氨酸和异亮氨酸等氨基酸的生产菌种。

氨基酸基因工程菌的构建的主要策略有：①借助于基因克隆与表达技术，将氨基酸生物合成途径中的编码限速酶基因转入生产菌中，通过增加基因剂量提高产量。转入的限速酶基因既可以是生产菌自身的内源基因，也可以是来自非生产菌的外源基因；②降低某些基因产物的表达速率，最大限度地解除氨基酸及其生物合成中间产物对其生物合成途径可能造成的反馈抑制；③消除生产菌株对产物的降解能力，以及改善细胞对最终产物的分泌通透性。

（1）苏氨酸基因工程菌

1980年已成功组建了苏氨酸基因工程菌，以大肠杆菌K12为供体，*thrB*⁻的大肠杆菌C600为受体菌，pBR322质粒为载体，克隆到一个6.5 kb DNA片段，其中含有苏氨酸的启动子、衰减子、操纵基因和结构基因*thrA*、*thrB*、*thrC*（图8-16），所组建的质粒命名为pTH1。质粒pTH1转入大肠杆菌C600后，能产生0.1 g · L^{-1}的苏氨酸。然后经体外诱变，又获得解除反馈抑制的质粒pTH2、pTH3，转化大肠杆菌C600后，使苏氨酸产量提高20倍以上。将这些质粒转入解除苏氨酸反馈抑制的菌株A56-121中，苏氨酸产量又明显提高，达到11 g · L^{-1}。目前苏氨酸基因工程菌通过发酵条件及菌种筛选研究，苏氨酸产量已达到65 g · L^{-1}。

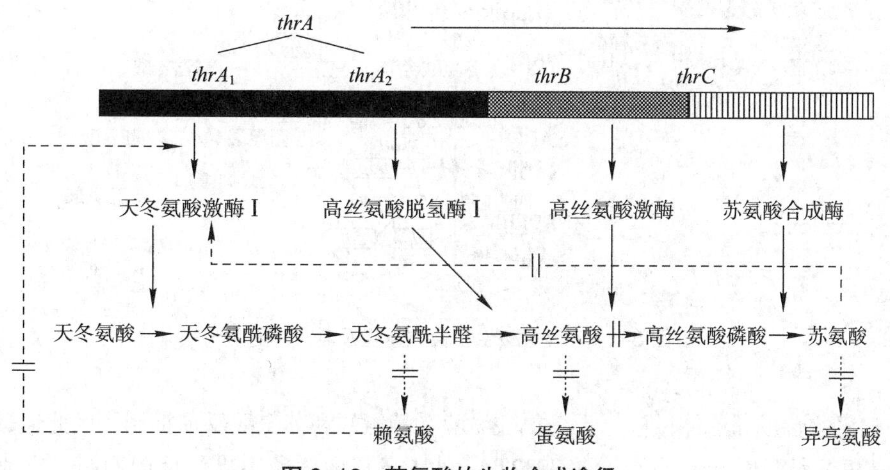

图8-16 苏氨酸的生物合成途径

将大肠杆菌的苏氨酸生物合成操纵子导入黄色短杆菌（*Brevibacterium flavum*）中，也可改善受体菌的苏氨酸生产能力，将大肠杆菌的苏氨酸生物合成操纵子克隆在pAJ220质粒上，构成重组质粒pAJ514，其中*thrA*基因编码的是天冬氨酸激酶-高丝氨酸脱氢酶的融合蛋白，两种酶均被改造成对苏氨酸反馈抑制产生抗性的变异形式。黄色短杆菌BBIB-19（AHV^r、*ile*$^-$）是苏氨酸结构类似物α-氨基-β-羟基戊酸（AHV）抗性和异亮氨酸（*Ile*）缺陷型突变株，解除了苏氨酸对苏氨酸生物合成途径关键酶的反馈调节和苏氨酸生成异亮氨酸的能力。重组质粒 pAJ514 转入黄色短杆菌 BBIB-19 中，获得的一个转化子 HT-16 的苏氨酸产量可达 27 g·L^{-1}，而原来受体菌的苏氨酸产量只有 11.5 g·L^{-1}；与此同时，转化子中 *thrB* 基因编码的高丝氨酸激酶的活性增加了 4.5 倍。

（2）赖氨酸基因工程菌

通过代谢工程，改造谷氨酸棒杆菌用以构建赖氨酸高产菌种。如图 8-17 所示，经过 12 步改造，使赖氨酸产量达到 120 g·L^{-1}，时空产率达到 4 g·L^{-1}·h^{-1}，超过了经过 50 年传统诱变育种获得的赖氨酸生产菌株产量。在此之前，虽然已经进行了很多尝试，但前期构建的赖氨酸基因工程菌均未达到工业生产用赖氨酸菌株的水平，但随着对谷氨酸棒杆菌代谢网络和赖氨酸生物合成研究的不断深入，在前人工作的基础上，已经能够通过代谢工程改造菌种，使之胜任工业化生产的要求。

知识拓展 8-18 利用系统代谢工程从零开始改造谷氨酸棒杆菌生产 L- 赖氨酸

知识拓展 8-19 时空产率

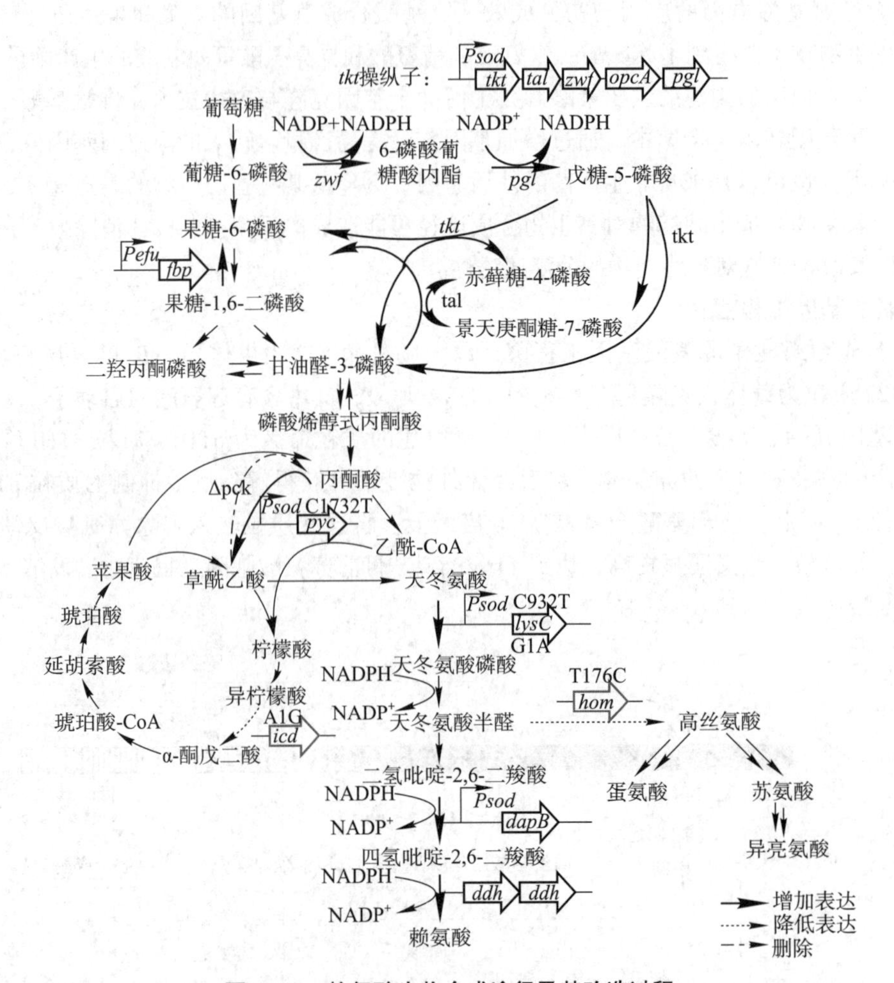

图 8-17 赖氨酸生物合成途径及其改造过程

① 增加赖氨酸合成和前体供应　天冬氨酸激酶受赖氨酸和苏氨酸反馈抑制，因此通过碱基替换实现天冬氨酸激酶编码基因 *lysC* 点突变（C932T），使天冬氨酸激酶不再受反馈抑制，也消除了对赖氨酸途径的调节作用。将 *lysC* 启动子替换为谷氨酸棒杆菌强启动子 *Psod* 以增加 *lysC* 突变基因的表达。

增加二氢叶酸还原酶（*dapB*）和二氨基庚二酸脱羧酶（*lysA*）的表达量，用以使更多的碳流经脱氢酶分支，流向赖氨酸合成。

通过生物信息学分析，脱氢酶分支是合成赖氨酸的最有利途径。增加一拷贝的二氨基庚二酸脱氢酶基因（*ddh*）。

通过改变丙酮酸羧化酶（*pyc*）增加草酰乙酸的合成：通过点突变（P458S）增加丙酮酸羧化酶活

性；将 *pyc* 自身启动子更换为强启动子 *Psod*。起初丙酮酸羧化酶改造后赖氨酸产量并没有明显增加，通过代谢流量分析，发现虽然草酰乙酸合成量增加，但草酰乙酸并没有流向赖氨酸合成，而是重新生成丙酮酸。采用降低三羧酸循环的流量的方法增加丙酮酸流向赖氨酸的量。

② 降低或删除竞争途径　为降低三羧酸循环的量，将异柠檬酸脱氢酶基因起始密码子 ATG 替换为稀有起始密码子 GTG，减少基因转录从而降低酶的表达。

高丝氨酸脱氢酶基因（*hom*）中引入一个点突变，降低该酶的活性，获得了“渗漏型”突变，减少天冬氨酸半醛流向分支途径苏氨酸的合成。这种方式优于阻断整个苏氨酸途径，因为阻断将导致苏氨酸、异亮氨酸和甲硫氨酸均不能合成，需要在培养基中额外添加这些氨基酸，将会导致生产成本大幅增加。

为了增加赖氨酸合成的前体草酰乙酸的供应，删除竞争途径 PEP 羧激酶基因（*pck*）。

③ 增加辅因子 NADPH 的供应　赖氨酸合成需要 NADPH，磷酸戊糖途径（PPP）是细胞产生 NADPH 的主要途径。为增加辅因子 NADPH 的供应，改造谷氨酸棒杆菌使更多葡萄糖经过磷酸戊糖途径代谢。在谷氨酸棒杆菌中，1,6- 二磷酸果糖激酶能够使代谢流向 PPP，将果糖 1,6- 二磷酸酶基因（*fbp*）自身启动子替换为强启动子（为延伸因子 Tu 基因 *eftu* 的启动子）以增强酶的转录表达量；增强 PPP 途径中的酶的表达，将 *tkt* 操纵子的启动子替换为强启动子 *Psod*，该操纵子包括葡糖 -6- 磷酸脱氢酶、转醛酶、转酮酶、6- 磷酸葡萄糖酸内酯酶。

8.10.2 维生素

除不饱和脂肪酸外，人体所需要的维生素还有 13 种之多，其中维生素 B_2、维生素 B_{12} 和维生素 C 主要是应用发酵工程来生产的。近年来，基因工程技术也应用到维生素合成中。

基因工程技术应用于构建维生素 C 的基因工程菌，使生产工艺大大简化。为生产维生素 C，国内外研究开发了多种方法，最早研究并应用于生产的是莱氏法生产维生素 C，莱氏法是以 D- 葡萄糖为原料，经催化氢化生成 D- 山梨醇，接着经弱氧化醋杆菌（*Acetobacter suboxydans*）等生物转化为 L- 山梨糖，从 L- 山梨糖到维生素 C 是化学合成过程。20 世纪 70 年代初，我国研究成功了“二步发酵法”来生产维生素 C。该法是以 D- 葡萄糖为原料，经催化氢化生成 D- 山梨醇，经弱氧化醋酸杆菌等生物转化为 L- 山梨糖，再以条纹假单胞菌为伴生菌和氧化葡萄糖酸杆菌为主要产酸菌的自然混合菌株进行第二步发酵，将 L- 山梨糖转化成 2- 酮基 -L- 古龙酸（2-keto-L-gulonic acid，2-KLG）。以后，人们又发现某些微生物能非常有效地直接把 D- 葡萄糖经中间体 2,5- 二酮基 -D- 葡萄糖酸（2,5-diketo-D-gluconic acid，2,5-DKG）生产 2-KLG，并建立起串联发酵法（图 8-18）。但是由于 2,5-DKG 对热不稳定，作为第二步发酵原料的 2,5-DKG 发酵液，只能用表面活性剂十二烷基磺酸钠在第一步发酵终末时杀死第一步菌，而不影响第二步菌生产，这不仅增加了能耗，也给生产带来不便，所以串联发酵法至今未用于工业生产。但串联发酵法的研究为基因工程菌的建立奠定了基础。

运用基因工程技术把第二步菌株中的相关基因转移到第一步菌株中，构建成新的基因工程菌株，从而使 D- 葡萄糖到 2-KLG 的生物转化过程，只需一种菌的一步发酵即可完成，使二步酶反应合并成为一步，使维生素 C 一步发酵法获得成功。Anderson 等和 Sonoyama 等为此分离纯化了棒状杆菌中的 2,5-DKG 还原酶，并证实了此酶在 C-5 位置上立体专一性地将 2,5-DKG 还原为 2-KLG。Anderson 等克隆了 2,5-DKG 还原酶基因，构建了表达载体，分别转入草生欧文氏菌（*Erwinia herbicola*）和柠檬欧文氏菌（*Erwinia citrus*）中表达。新基因工程菌能使葡萄糖氧化成为 2,5-DKG 以及 2,5-DKG 还原成为 2-KLG 的双重反应在同一菌种内进行，从而实现了从 D- 葡萄糖到 2-KLG 的一步发酵。

Anderson 等从棒状杆菌 SHS0007 中分离 2,5-DKG 还原酶的研究中发现，以 NADPH 为辅助因子时，2,5-DKG 还原酶立体专一性地还原 2,5-DKG 成 2-KLG；而以 NADH 为辅助因子时，该酶不表现活性。由于催化维生素 C 脱氢的酶并不产生 NADPH，NADPH 只能由磷酸戊糖途径产生，极有可能是

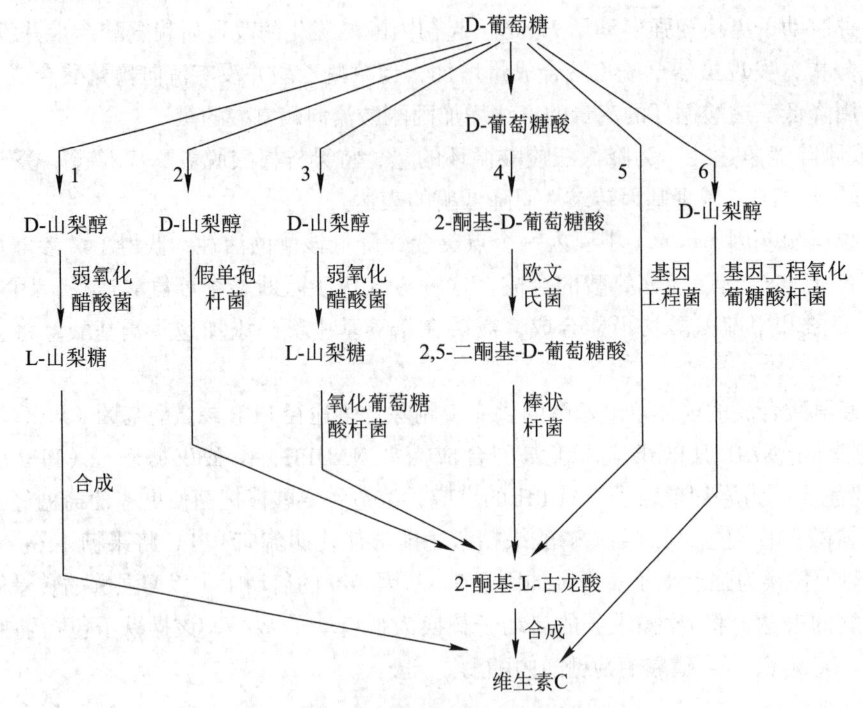

图 8–18　维生素 C 各种生成方法的途径

1. 莱氏法；2. 山梨醇途径；3. 二步发酵法；4. 串联发酵法；5. 基因工程菌发酵；6. 基因工程氧化葡萄糖酸杆菌发酵

整个反应的限制因素。利用构建的基因工程菌从葡萄糖直接发酵生成 2–KLG，工艺虽然简单，但转化率还不能令人满意。

目前使用的维生素 C 生产方法都是通过微生物氧化催化形成 2–KLG，再利用化学反应内酯化形成维生素 C。研究发现，被用于生产 2–KLG 的氧化葡萄糖酸杆菌也含有催化 2–KLG 中间代谢产物山梨酮糖直接产生维生素 C 的山梨酮糖脱氢酶（SNDH），可以省略化学反应形成维生素 C 的步骤。同时，氧化葡萄糖酸杆菌和其他醋酸菌细胞质中也含有一系列的催化山梨醇、山梨糖和山梨酮糖相互转化的脱氢酶系（图 8–19）。为了实现直接发酵生产维生素 C，帝斯曼公司（DSM）对利用氧化葡萄糖酸杆菌生产维生素 C 进行了大量的工作（表 8–8）。

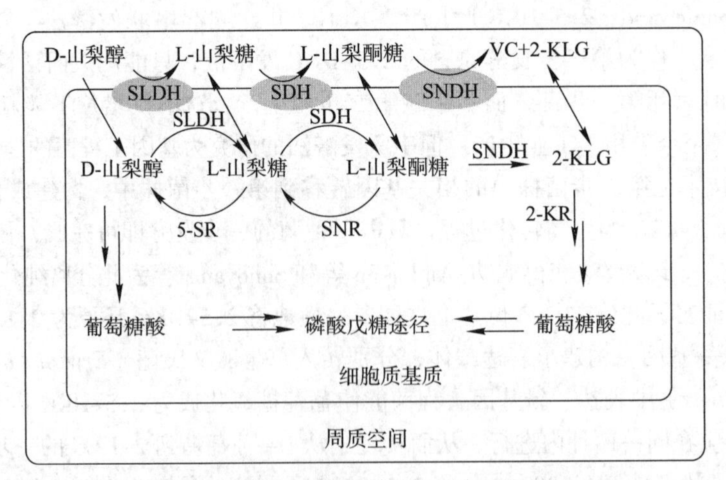

图 8–19　氧化葡萄糖酸杆菌中山梨醇代谢途径

SLDH 为 D– 山梨醇脱氢酶，SDH 为 L– 山梨糖脱氢酶，SNDH 为 L– 山梨酮糖脱氢酶，SR 为 D– 山梨醇还原酶，SNR 为 L– 山梨糖还原酶，KR 为 2–KLG 还原酶

表 8–8　不同的基因操作对氧化葡萄糖酸杆菌维生素 C 的产量的影响

氧化葡萄糖酸杆菌菌株	用下列物质为底物孵育 20h，维生素 C 产量 / (mg · L^{-1})		
	D– 山梨醇	L– 山梨糖	L– 山梨酮糖
17078	180	360	2 050
17078/*sndH*	750	760	3 890
17078/Δ*sts24*	1 460	1 330	5 210
17078/*sndH* Δ*sts24*	2 400	2 080	6 770
17078			1 300
17078/Δ*sms05*			1 800
17078/*sndH* Δ*sms05*			6 100
17078	240		
17078/*sndH*	640		
17078/*sndH* Δ*vcs01*	1 100		
17078	180	360	2 050
17078/*sndH*	750	760	2 890
17078/Δ*vcs08*	650	1 050	3 810
17078/*snd*H Δ*vcs08*	1 900	2 440	6 640

① 通过增加在 D– 山梨醇或 L– 山梨糖的直接代谢中发挥作用的蛋白质，能够提高维生素 C 产量。将含有山梨酮糖脱氢酶基因 *sndH* 的质粒转化入野生型菌株中，增加 *sndH* 的基因剂量，几乎使维生素 C 产量提高 1 倍，从 2.5 g · L^{-1} 提高到 4.2 g · L^{-1}。

② 通过改变糖转运蛋白（STS）增加周质空间中底物的相对含量，能够增加维生素 C 的产量。将维生素 C 合成的反应中间体（山梨醇、山梨糖、山梨酮糖）转运入细胞质中将降低产物合成效率和产量，因此找到这些糖转运蛋白并降低它们的转运功能，能够增加维生素 C 产量。如将糖转运蛋白基因 *sts24* 在氧化葡萄糖酸杆菌 DSM 17078 中阻断，维生素 C 产量得到了极大提高，甚至超过表达 *sndH* 基因的效果，使以山梨醇为底物生产维生素 C 的产量从 180 mg · L^{-1} 提高到 1 460 mg · L^{-1}，将 *sndH* 基因过表达和 *sts24* 基因阻断两者相结合后产量进一步提高，提高至 2 400 mg · L^{-1}。将细胞质中山梨糖等中间代谢物排出可能会提高维生素 C 产量，如将菌体中阿拉伯糖醇转运蛋白（*Sts01*）基因启动子替换为强启动子，同时表达 *snd*H 基因的基因工程菌株维生素 C 产量比只表达 *sndH* 基因的菌株提高了 20%。过表达 Sts18、阻断 Sts22 也使维生素 C 产量提高了至少 20%。针对其他的糖转运蛋白（如 Sts07、Sts15、Sts16、Sts17、Sts23 等）的基因操作都使维生素 C 产量得到了一定提高。

③ 改变山梨醇 / 山梨糖代谢系统蛋白（SMS）。减少细胞质中底物流向中心代谢途径的量也能够增加维生素 C 的产量，山梨酮糖流向中心代谢途径主要通过细胞质山梨酮糖脱氢酶（Sms05）催化，在氧化葡萄糖酸杆菌 DSM 17078 中阻断 *sms05* 后维生素 C 产量也大幅提高（表 8–8）。在其他的山梨醇 / 山梨糖代谢蛋白中，阻断 *sms02* 使维生素 C 产量提高 1 倍，阻断 *sms04*、过表达 *sms12*、过表达 *sms13*、过表达 *sms14* 都使维生素 C 产量提高了至少 20%。

④ 由于从葡萄糖合成维生素 C 涉及多步氧化还原反应，因此涉及呼吸链系统的蛋白（RCS）对维生素 C 的产量有重要影响。由于维生素 C 合成中山梨酮糖还原酶为 PQQ 依赖型，为了增加辅因子 PQQ 的量，通过同源双交换将 *rcs21* 基因自身启动子替换为强启动子，过表达 PQQ 合成蛋白（*rcs*21）也使过表达 *sndH* 基因的基因工程菌株维生素 C 产量又提高了 20%。分别过表达 Rcs23、Rcs24、

Rcs25也使维生素C产量提高了20%以上。基因工程改造其他的呼吸链系统蛋白，如Rcs01、Rcs02、Rcs05、Rcs06、Rcs07、Rcs08、Rcs27、Rcs28等也使维生素C产量得到了一定提高。由于一些未知的原因，阻断甘露糖-1-磷酸胍基转移酶/磷酸甘露糖异构酶（Vcs01）、谷氨酸天冬酰胺合成酶（Vcs08）也使维生素C产量得到了提高。从维生素C菌种改造可以看出，生物代谢是一复杂网络，各产物间相互联系、相互影响，因此要提高某一产物的产量，通常需要对多个靶点进行调整。

8.11 发酵工程制药的发展展望

发酵工程技术近年重点发展的方向是：①采用基因工程、代谢工程和合成生物学等先进技术选育菌种，大幅度提高菌种的生产能力，设计、构建能够产生结构复杂且具有重要应用价值药物的新菌种。②深入研究发酵过程，如过程中的生物学行为、化学反应、物质变化、发酵动力学、发酵传递力学等，以探索菌种的最适生产环境和有效的调控措施。③设计适合于合成目的产物的生物反应器和分离技术。

发酵工艺的改进在发酵工业中的潜力仍不可忽视。例如对发酵过程的一些重要参数进行实时监测和计算机程序控制，单这一项措施就可能提高发酵的单位产量，但目前很多参数的监测和控制在发酵工业中还没有实现。

代谢调控技术、连续发酵技术、高密度发酵技术、固定化增殖细胞技术、生物反应器技术、发酵与分离偶联技术、在线检测技术、自控和计算机控制技术、产物的分离纯化技术的发展，以及工艺、设备和工程等研究的进步，使发酵工程达到了一个新的高度，发酵工业的自动化、连续化成为可能。

开放讨论题

目前有哪些新技术、新方法应用到发酵工程中？与原有技术相比新技术有什么优势？新技术要得到广泛应用还需要改进、完善哪些方面？

思考题

1. 发酵工程与细胞工程有何异同？
2. 微生物菌种有哪些育种方法，各有何特点？
3. 影响发酵水平的主要因素有哪些？
4. 如何对发酵过程进行控制？如何实现发酵工艺最优化？
5. 生产中如何确定发酵产物的分离纯化工艺？

推荐阅读

1. WANG W，LI S，LI Z，et al. Harnessing the intracellular triacylglycerols for titer improvement of polyketides in Streptomyces [J]. Nature Biotechnology，2020，38 (1)：76-83.

点评：该文首次在代谢水平上清晰阐明链霉菌胞内三酰甘油（TAG）在衔接初级代谢和聚酮合成

过程中起着关键作用。通过精准动态控制内源TAG水平提高聚酮产量，实现了Ⅰ型聚酮类药物（阿维菌素）和Ⅱ型聚酮类药物（土霉素、杰多霉素）的链霉菌高产菌株构建。

2. PADDON C J, KEASLING J D. Semi-synthetic artemisinin: a model for the use of synthetic biology in pharmaceutical development [J]. Nature Reviews Microbiology, 2014, 12 (5): 355-367.

点评：该文总结了作者在利用合成生物学技术构建青蒿酸生产菌株中用到的方法和取得的成果。

3. BECKER J, ZELDER O, HAFNER S, et al. From zero to hero—design-based systems metabolic engineering of Corynebacterium glutamicum for L-lysine production [J]. Metabolic engineering, 2011, 13 (2): 159-168.

点评：在前人对赖氨酸生物合成和调控研究的基础上，利用基因工程的方法对野生型赖氨酸产生菌株代谢通路12个位点进行改造，代谢工程改造后的菌株产量超过了经过50年传统诱变育种获得的赖氨酸生产菌株产量。

网上更多学习资源……

◆教学课件　◆微课

（沈阳药科大学　倪现朴）